기초
신호 및
시스템

개념과 원리가
한눈에 보이는
200여 개의 풍부한 예제

HB 한빛아카데미
Hanbit Academy, Inc.

지은이 **이철희** chlee@kangwon.ac.kr

서울대학교 전기공학과에서 학사, 석사, 박사 과정을 1989년에 마쳤다. 1990년 강원대학교에 부임하여 현재까지 IT대학 전기전자공학부에 재직 중이다. 신호 및 시스템, 디지털 신호 처리, 제어 시스템, 지능 시스템 등을 주로 강의하고 있다. 근래에는 소프트 컴퓨팅(퍼지 이론, 신경망, 유전 알고리즘, 러프 집합)을 제어, 신호 처리, 지능 시스템에 응용하는 연구에 많은 관심을 갖고 있다. 저서로는 『신호 및 시스템』(다성출판사, 2001), 『디지털 신호 처리(2판)』(한빛아카데미, 2022), 『핵심이 보이는 신호 및 시스템(2판)』(한빛아카데미, 2023) 이 있다.

기초 신호 및 시스템 : 개념과 원리가 한눈에 보이는 200여 개의 풍부한 예제

초판발행 2016년 7월 18일
8쇄발행 2024년 1월 15일

지은이 이철희 / **펴낸이** 전태호
펴낸곳 한빛아카데미(주) / **주소** 서울시 서대문구 연희로2길 62 한빛아카데미(주) 2층
전화 02-336-7197 / **팩스** 02-336-7199
등록 2013년 1월 14일 제2017-000063호 / **ISBN** 979-11-5664-265-7 93560

총괄 박현진 / **책임편집** 김평화 / **기획·편집** 김은정 / **진행** 심진성
디자인 김연정 / **전산편집** 태을기획 / **제작** 박성우, 김정우
영업 김태진, 김성삼, 이정훈, 임현기, 이성훈, 김주성 / **마케팅** 길진철, 김호철, 심지연

이 책에 대한 의견이나 오탈자 및 잘못된 내용에 대한 수정 정보는 아래 이메일로 알려주십시오.
잘못된 책은 구입하신 서점에서 교환해 드립니다. 책값은 뒤표지에 표시되어 있습니다.

홈페이지 www.hanbit.co.kr / **이메일** question@hanbit.co.kr

지금 하지 않으면 할 수 없는 일이 있습니다.
책으로 펴내고 싶은 아이디어나 원고를 메일(**writer@hanbit.co.kr**)로 보내주세요.
한빛아카데미(주)는 여러분의 소중한 경험과 지식을 기다리고 있습니다.

지은이 머리말

신호 및 시스템의 길을 함께 걷는 어깨동무

신호 및 시스템은 최근 많은 대학의 공학 관련 학과들에서 필수 기초 과목으로 자리 잡아가고 있다. 이 책에는 학부 과정의 2, 3학년 학생들이 제어, 신호 처리, 통신을 비롯한 다양한 분야에서 신호와 시스템을 해석하고 설계하는 데 꼭 알아두어야 할 내용을 담았다. 이 책의 목표는 죽이 잘 맞는 친구처럼 편안하고 효율적으로 신호와 시스템을 이해하는 능력을 길러주는 것이다.

필자는 2015년에 이미 『핵심이 보이는 신호 및 시스템』을 한빛아카데미에서 출간했다. 동일한 주제의 이 책 『기초 신호 및 시스템』을 추가로 출간한 셈이다. 이 책의 집필을 결정하면서 스스로에게 수없이 많은 질문을 던졌다. 다루는 주제가 동일할 뿐만 아니라 그걸 풀어가는 사람도 똑같은 상황에서 얼마나 차별성 있는 결과물을 내놓을 수 있을까? 그럼에도 불구하고 지금 이 작업을 해야 할 이유가 있는가?

사실 이전에 출간한 『핵심이 보이는 신호 및 시스템』은 저자 나름으로 다년간의 준비를 거쳐 '개념 및 원리와 수학적 취급의 균형 잡힌 학습'을 모토로 내용 서술뿐만 아니라 세세한 구성에도 신경을 많이 쓴 책이다. 그럼에도 이 책을 다시 집필하기로 한 데는 배경 지식을 충분히 갖춘 전문가의 눈에 좋아 보이는 수준과 격조 있는 책도 좋지만, 문외한인 입문자들도 겁먹지 않고 편안하게 볼 수 있는 친근감 있는 책이 꼭 필요하고, 그것을 만들어내는 것이 어쩌면 더 가치 있는 일일 것이라는 주변의 설득에 공감했기 때문이다. 그래서 이 책을 쓰는 내내 지키고자 애썼던 원칙은 "몸에 좋은 것이라고 억지로 먹이려 하지 말고, 맛있게 잘 먹고 잘 소화시킬 수 있는 걸 주자", 딱 하나였다. 학생의 입장에서 볼 때 버거운 것은 덜어내고, 중요한 바탕 개념은 눈으로 볼 수 있게 하고, 핵심은 간결하게 요점 정리하고 예제를 통해 잘 익힐 수 있도록 부단히 신경을 썼다. 다시 살펴보니 여전히 허점투성이요 부족한 점이 많지만, 의도한 바가 나름의 평가를 받기를 간절히 바랄 뿐이다.

고개를 갸웃거릴 일에 겁 없이 뛰어들게 부추기고 용기를 주셨으며, 기획에서 출간까지 조언과 수고를 아끼지 않은 한빛아카데미(주) 관계자들께 심심한 감사를 드린다. 이 책이 보다 깔끔하고 편안하게 만들어진 것은 다 이들의 노력 덕택이다.

교단에 선 사람으로서 마땅히 해야 할 일을 이렇게 기꺼운 마음으로 할 수 있는 것은 가족들의 사랑과 지지 덕분이요, 은사의 가르치심의 그늘이 넓기 때문이다. 큰 감사를 표한다.

2016년 한여름 봄내 잣골에서
지은이 **이철희**

이 책의 구성

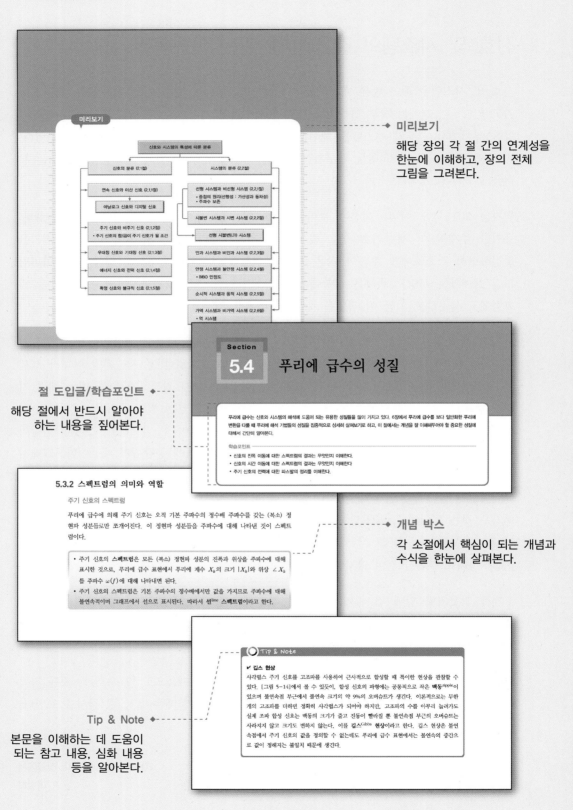

미리보기
해당 장의 각 절 간의 연계성을
한눈에 이해하고, 장의 전체
그림을 그려본다.

절 도입글/학습포인트
해당 절에서 반드시 알아야
하는 내용을 짚어본다.

개념 박스
각 소절에서 핵심이 되는 개념과
수식을 한눈에 살펴본다.

Tip & Note
본문을 이해하는 데 도움이
되는 참고 내용, 심화 내용
등을 알아본다.

❖ 이 책의 연습문제 답안은 다음 경로에서 다운로드할 수 있습니다.
http://www.hanbit.co.kr/src/4265

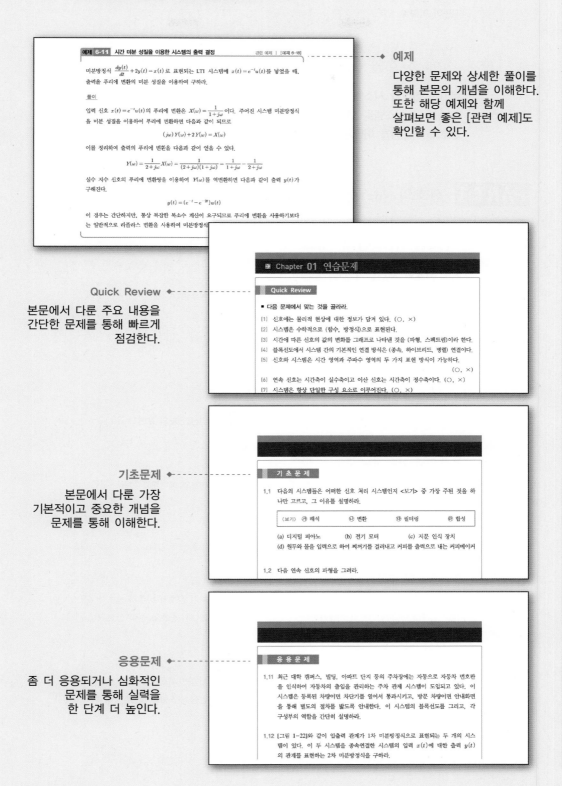

예제
다양한 문제와 상세한 풀이를 통해 본문의 개념을 이해한다. 또한 해당 예제와 함께 살펴보면 좋은 [관련 예제]도 확인할 수 있다.

Quick Review
본문에서 다룬 주요 내용을 간단한 문제를 통해 빠르게 점검한다.

기초문제
본문에서 다룬 가장 기본적이고 중요한 개념을 문제를 통해 이해한다.

응용문제
좀 더 응용되거나 심화적인 문제를 통해 실력을 한 단계 더 높인다.

목차

지은이 소개 • 2   이 책의 구성 • 4
지은이 머리말 • 3

들어가기 전에 신호와 시스템의 3W • 11

무엇이 신호와 시스템인가?(What) • 12
왜 신호와 시스템을 배우는가?(Why) • 13
신호와 시스템을 어떻게 다룰 것인가?(hoW) • 13

PART 1 신호와 시스템의 기초

Chapter 01 신호와 시스템의 개요 • 17

1.1 신호와 시스템의 개념 • 19
   1.1.1 신호 • 19   **1.1.2** 시스템 • 20
   1.1.3 신호 처리 • 22

1.2 신호와 시스템의 표현 • 23
   1.2.1 시각적 표현 : 파형과 블록선도 • 23
   1.2.2 이론적 표현 : 수학적 모형화 • 26

1.3 연속과 이산 • 29
   1.3.1 연속 신호와 이산 신호 • 29   **1.3.2** 이산 신호의 표현 • 30
   1.3.3 연속 시스템과 이산 시스템 • 32

1.4 관련 기초 개념 • 33
   1.4.1 정현파와 진폭, 위상, 주기, 주파수 • 33   **1.4.2** 신호의 에너지와 전력 • 37
   연습문제 • 40

Chapter 02 신호와 시스템의 분류 • 45

2.1 신호의 분류 • 47
   2.1.1 연속 신호와 이산 신호 • 47   **2.1.2** 주기 신호와 비주기 신호 • 49
   2.1.3 우대칭 신호와 기대칭 신호 • 51   **2.1.4** 에너지 신호와 전력 신호 • 54
   2.1.5 확정 신호와 불규칙 신호 • 56

2.2 시스템의 분류 • 57
   2.2.1 선형 시스템과 비선형 시스템 • 57   **2.2.2** 시불변 시스템과 시변 시스템 • 61
   2.2.3 인과 시스템과 비인과 시스템 • 64   **2.2.4** 안정 시스템과 불안정 시스템 • 66
   2.2.5 순시적(무기억) 시스템과 동적(기억) 시스템 • 68
   2.2.6 가역 시스템과 비가역 시스템 • 68
   연습문제 • 72

PART 2 연속 신호와 시스템

Chapter 03 기본적인 연속 신호와 연산 · 77

3.1 **기본적인 연속 신호** · 79

3.1.1 (단위) 계단 함수 · 79 　　3.1.2 사각 펄스 함수 · 81

3.1.3 부호 함수 · 83 　　3.1.4 (단위) 램프 함수 · 83

3.1.5 삼각 펄스 함수 · 84 　　3.1.6 연속 (단위) 임펄스 함수 · 84

3.1.7 샘플링 함수와 싱크 함수 · 86 　　3.1.8 지수함수 · 87

3.2 **연속 신호에 대한 기본 연산** · 91

3.2.1 신호의 합과 곱 · 91 　　3.2.2 신호의 진폭 변환 · 92

3.2.3 신호의 시간 변환 · 94 　　3.2.4 신호의 미분과 적분 · 96

3.2.5 연산 조합에 의한 신호의 표현 · 97

연습문제 · 100

Chapter 04 연속 시스템의 시간 영역 해석 · 105

4.1 **시간 영역 해석과 시스템의 응답** · 107

4.2 **임펄스 응답과 컨벌루션 표현** · 109

4.2.1 임펄스 응답 · 109 　　4.2.2 연속 LTI 시스템의 컨벌루션 표현 · 111

4.3 **컨벌루션 적분의 계산과 성질** · 115

4.3.1 컨벌루션 연산의 이해와 계산 · 115 　　4.3.2 컨벌루션 적분의 주요 성질 · 120

4.4 **임펄스 응답과 시스템 특성** · 125

4.4.1 임펄스 응답의 물리적 의미 · 125 　　4.4.2 임펄스 응답과 시스템의 주요 특성 · 126

4.5 **미분방정식과 LTI 시스템** · 128

4.5.1 미분방정식에 의한 LTI 시스템의 표현 · 128

4.5.2 연속 시스템의 표준형 구현도 · 130 　　4.5.3 미분방정식의 고전적 해법 · 132

연습문제 · 138

Chapter 05 연속 시간 푸리에 급수 · 143

5.1 **주파수와 신호의 표현** · 145

5.1.1 신호와 주파수 성분 · 145 　　5.1.2 변환과 기저 신호 · 149

5.1.3 주파수 영역 해석과 변환 · 151

5.2 **주기 신호와 푸리에 급수** · 152

5.2.1 푸리에 급수의 정의 · 152 　　5.2.2 (복소) 지수함수 형식 푸리에 급수 · 153

5.2.3 푸리에 계수의 결정 · 154

5.3 **푸리에 급수와 스펙트럼** · 163

5.3.1 푸리에 급수에 의한 주파수 분석과 주파수 합성 · 163

5.3.2 스펙트럼의 의미와 역할 · 167

5.4 푸리에 급수의 성질 · 174

    5.4.1 파형의 이동에 따른 스펙트럼의 변화 · 174

    5.4.2 파스발의 정리와 주기 신호의 전력 · 176

    연습문제 · 178

Chapter 06 연속 시간 푸리에 변환 · 183

6.1 푸리에 변환의 개요 · 185

    6.1.1 푸리에 급수의 확장 · 185   **6.1.2** 푸리에 변환의 정의 · 186

6.2 주요 신호의 푸리에 변환 · 191

6.3 푸리에 변환의 성질 · 196

    6.3.1 시간–주파수 쌍대성 · 196   **6.3.2** 선형성 · 198

    6.3.3 대칭성 · 199   **6.3.4** 시간 반전 · 200

    6.3.5 시간 척도조절 · 201   **6.3.6** 시간 이동 · 203

    6.3.7 주파수 이동과 변조 · 204   **6.3.8** 시간 미분 · 206

    6.3.9 주파수 미분 · 208   **6.3.10** 시간 컨벌루션 · 208

    6.3.11 주파수 컨벌루션(시간 곱) · 210   **6.3.12** 파스발의 정리 · 210

6.4 주기 신호의 푸리에 변환 · 213

6.5 주파수 응답 · 217

    6.5.1 주파수 응답의 개요 · 217

    6.5.2 주파수 응답을 이용한 시스템 출력 결정 · 221

    6.5.3 주파수 응답과 필터 · 226

    연습문제 · 230

Chapter 07 라플라스 변환 · 235

7.1 라플라스 변환의 개요 · 237

    7.1.1 라플라스 변환의 정의 · 237   **7.1.2** 라플라스 변환의 수렴 영역 · 240

7.2 주요 신호의 라플라스 변환 · 246

7.3 라플라스 변환의 성질 · 249

    7.3.1 선형성 · 249   **7.3.2** 시간 이동 · 250

    7.3.3 주파수 이동 · 252   **7.3.4** 시간 척도조절 · 253

    7.3.5 시간 미분 · 253   **7.3.6** 시간 적분 · 255

    7.3.7 주파수 미분 · 256   **7.3.8** 시간 컨벌루션 · 257

    7.3.9 초깃값 정리 · 258   **7.3.10** 최종값 정리 · 259

7.4 라플라스 역변환 · 262

    7.4.1 부분분수 전개에 의한 역변환의 원리 · 262

    7.4.2 $X(s)$가 단순극을 가질 경우 · 264

    7.4.3 $X(s)$가 다중극을 가질 경우 · 266

7.5 라플라스 변환에 의한 미분방정식 해석 • 271

7.6 전달 함수 • 277
    7.6.1 전달 함수의 개요 • 277   7.6.2 전달 함수의 극과 영점 • 284
    연습문제 • 288

PART 3 이산 신호와 시스템

Chapter 08 기본적인 이산 신호와 연산 • 293

8.1 기본적인 이산 신호 • 295
    8.1.1 이산 (단위) 임펄스 함수 • 295   8.1.2 이산 (단위) 계단 함수 • 296
    8.1.3 이산 지수함수 • 299   8.1.4 이산 (복소) 정현파 함수 • 301

8.2 이산 신호에 대한 기본 연산 • 304
    8.2.1 연속 신호와 동일한 연산 • 304   8.2.2 연속 신호와 다른 연산 • 306
    8.2.3 연산의 조합에 의한 이산 신호의 표현 • 309

8.3 샘플링 • 312
    8.3.1 디지털 신호의 생성 • 312   8.3.2 샘플링의 개요 • 314
    8.2.3 샘플링의 수학적 분석 : 임펄스열 변조 모델 • 318
    연습문제 • 321

Chapter 09 이산 시스템의 시간 영역 해석 • 325

9.1 임펄스 응답과 컨벌루션 표현 • 327
    9.1.1 임펄스 응답 • 327   9.1.2 이산 LTI 시스템의 컨벌루션 표현 • 330
    9.1.3 임펄스 응답과 시스템의 특성 • 334

9.2 컨벌루션 합의 계산과 성질 • 337
    9.2.1 컨벌루션 합의 계산 • 337   9.2.2 컨벌루션 합의 성질 • 344

9.3 차분방정식과 이산 시스템 해석 • 346
    9.3.1 차분방정식에 의한 LTI 시스템의 표현 • 346
    9.3.2 이산 시스템의 표준형 구현도 • 348   9.3.3 차분방정식의 풀이 : 반복 대입법 • 350
    9.3.4 차분방정식의 풀이 : 고전적 해법 • 353
    연습문제 • 360

Chapter 10 이산 시간 푸리에 급수 • 365

10.1 이산 정현파 신호의 특성 • 367

10.2 이산 시간 푸리에 급수(DTFS) • 369
    10.2.1 이산 시간 푸리에 급수의 정의 • 369

10.2.2 연속 시간 및 이산 시간 푸리에 급수의 관계 • 379

10.3 이산 시간 푸리에 급수의 성질 • 381

연습문제 • 384

Chapter **11** 이산 시간 푸리에 변환 • 387

11.1 이산 시간 푸리에 변환(DTFT)의 개요 • 389

11.1.1 이산 시간 푸리에 변환(DTFT) • 389

11.1.2 주기 신호의 이산 시간 푸리에 변환 • 396

11.1.3 다른 푸리에 표현들과의 관계 • 398

11.2 주요 신호의 이산 시간 푸리에 변환쌍 • 401

11.3 이산 시간 푸리에 변환의 성질 • 404

11.3.1 DTFT의 기본 성질 • 404   **11.3.2** 시간 컨벌루션 성질 • 411

11.3.3 파스발의 정리 • 412

11.4 DTFT를 이용한 이산 시스템 해석 • 415

11.4.1 이산 시스템의 주파수 응답 • 415

11.4.2 주파수 응답을 이용한 시스템 출력 결정 • 419

연습문제 • 423

Chapter **12** z 변환 • 427

12.1 z 변환의 개요 • 429

12.1.1 z 변환의 개요 • 429   **12.1.2** z 변환의 수렴 영역 • 432

12.2 주요 신호의 z 변환 • 439

12.3 z 변환의 성질 • 443

12.3.1 선형성 • 443   **12.3.2** 시간 이동 • 444

12.3.3 주파수 척도조절 • 446   **12.3.4** 주파수 미분 • 447

12.3.5 시간 컨벌루션 • 448   **12.3.6** 초깃값 정리 • 450

12.3.7 최종값 정리 • 450

12.4 z 역변환 • 454

12.4.1 멱급수 전개에 의한 z 역변환 • 454   **12.4.2** 부분분수 전개에 의한 z 역변환 • 456

12.5 z 변환에 의한 차분방정식 해석 • 462

12.6 전달 함수 • 466

12.6.1 전달 함수의 개요 • 466   **12.6.2** 전달 함수의 극과 영점 • 471

연습문제 • 476

부록 • 481

참고문헌 • 486

찾아보기 • 487

신호와 시스템의 3W

3W of Signals and Systems

- 무엇이 신호와 시스템인가?(What)
- 왜 신호와 시스템을 배우는가?(Why)
- 신호와 시스템을 어떻게 다룰 것인가?(hoW)

● 무엇이 신호와 시스템인가?(What)

음악을 듣고, TV를 보고, 휴대전화로 메시지를 주고받고, 컴퓨터로 주식 가격을 확인하는 등 신호와 시스템은 우리의 일상생활 어디에나 존재한다. 음악 소리, TV 영상, 휴대전화 메시지, 주식 가격은 '신호'이고, 오디오, TV, 휴대전화, 컴퓨터는 '시스템'이다. 이들은 비록 물리적 형태나 특성이 저마다 다르지만 모두 똑같이 '신호와 시스템'이라고 부른다.

이처럼 각양각색의 수많은 대상을 '신호와 시스템'이라는 하나의 용어로 표현하는 이유는 그것들이 공통되는 속성을 지니기 때문이다. 음악 소리, TV 영상, 휴대전화 메시지, 주식 가격은 사람들이 필요로 하는 정보를 담고 있다(신호)는 점에서, 오디오, TV, 휴대전화, 컴퓨터는 그러한 정보를 원하는 형태로 만들어 제공해준다(시스템)는 점에서 같다고 할 수 있다.

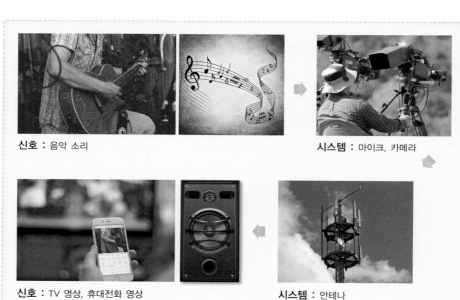

신호 : 음악 소리   **시스템 :** 마이크, 카메라

신호 : TV 영상, 휴대전화 영상
시스템 : TV, 휴대전화, 오디오   **시스템 :** 안테나

[그림 1] 일상생활에서 접하는 신호와 시스템의 예

● 왜 신호와 시스템을 배우는가?(Why)

전기통신, 정보통신, 계측, 제어, 음성/영상 처리, 회로 해석/설계, 원격 감시/제어, 생체의용공학, 기상 예측, 지진 예측, 진동 분석 등을 비롯하여 모든 기술 영역에서 신호와 시스템의 개념이 점점 보편화되고 있다. 신호와 시스템은 따로 분리해서 생각할 수 없는 개념으로, 다양한 신호와 시스템들을 능숙하게 다룰 수 있는 공통의 토대를 '신호 및 시스템'에서 잘 길러둔다면 적용 분야가 달라도 훨씬 쉽고 편하게 문제를 해결할 수 있을 것이다.

신호와 시스템을 중요시하고 주목하는 이유는 신호 속에 담겨 있는 정보 때문이다. 예를 들어 일기예보의 경우, 각 지역별로 기온, 습도, 강우량, 풍속 등에 관해 상세하게 알려준다. 이와 같은 날씨 데이터는 '사람들이 주말에 바닷가나 산으로 놀러 갈 것인지', '농부들이 비닐하우스 내부 온도를 얼마나 더 높일 것인지'에서부터 '기업이 청량음료나 아이스크림의 생산량을 늘릴 것인지 줄일 것인지', '우주 로켓의 발사를 언제 할 것인지' 등의 결정을 내리는 데 중요한 판단 자료로 작용한다. 또 다른 예로, 병원에 가서 검진을 받을 때 체온, 혈압, 맥박, 심전도 등을 측정하여 건강 상태를 확인하고 질병을 찾아내거나 예방할 수 있다. 또한 주식 가격의 변동 추이를 잘 알고 있다면, 어떤 주식을 언제 사고 팔 것인지를 올바르게 결정할 수 있을 것이다. 다시 말해, **신호의 관측과 분석을 통해 보다 합리적인 판단과 행동이 가능하고 대상을 효율적으로 통제(제어)할 수 있게 되는 것이다.** 이것이 우리가 신호와 시스템을 체계적으로 배우려는 이유이자 목적이다.

● 신호와 시스템을 어떻게 다룰 것인가?(hoW)

비록 우리가 '신호'와 '시스템', 두 가지를 다루지만, 둘을 따로 떼어서 생각하기 어려우므로 공통적으로 적용 가능한 취급 방법을 찾아야 한다. 뿐만 아니라 겉보기에는 너무 다른 **수많은 신호와 시스템을 모두 아울러 통일된 틀 안에서 체계적으로 나타내고 다룰 수 있게 하는 것이 무엇보다도 중요**한데, 이를 위해서는 어쩔 수 없이 수학의 힘을 빌리는 수밖에 없다. 수학은 대상을 추상화시켜 복잡한 문제를 정확하고 효율적으로 해결할 수 있게 해준다. 그러나 수학은 어디까지나 수단일 뿐이지 목적 그 자체는 아니므로, **수학적 절차에 의해 얻어진 결과와 물리적 의미를 결부시키려는 노력을 빠뜨려서는 안 된다.**

우리가 **신호 및 시스템과 관련하여 주로 하게 되는 일들은 크게 해석**analysis**과 설계**design**로 나눌 수 있다.** 예를 들어 전기회로에서 인가되는 전압, 전류에 대해 각 회로 소자의 전압, 전류 분포가 어떻게 되는지를 알아내는 것은 해석에 해당되고, 음성 신호의 잡음 제거나 손상된 영상의 깨끗한 복원을 위한 특별한 필터를 개발하는 것은 설계에 해당된다. 해석이든 설계든 간에 출발점은, 대상의 본질을 파악하고 공통된 특징을 추려내어 알기 쉬우면서도 간단명료하게 나타내는 일로서 이를 **모형화**modeling**라고 한다.** 전기회로는 대부분 구성이 간단하여 수학적 모형을 얻기가 비교적 쉽지만, 수많은 부품으로 이루어진 비행기의 경우는 다수의 신호가 상호 연관되어야 하므로 수학적 모형을 찾기가 어렵고, 복잡하다. 신호와 시스템의 수학적 모형이 구해지면, 용광로 온도, 자동차 속도, 전기회로의 전압 전류, 진자의 위치 등 물리적 형태와 특성이 전혀 다른 신호와 (이들을 발생시키는) 시스템이라 할지라도, 같은 틀 아래서 정량적인 분석과 이론적인 취급이 가능해진다.

사실 신호와 시스템의 수학적 모형화는 시작이 반이라는 속담이 딱 들어맞을 만큼 중요한 작업이지만, 이 책에서는 주로 수학적 모형화 이후의 작업, 특히 해석에 초점을 맞추어 중점적으로 다룰 것이다. 설계는 목적과 용도에 따라 적합한 방법을 적용하는 것이 바람직하므로 이 책에서는 다루지 않고, 필터는 신호 처리, 제어기는 제어 공학과 같이 각 응용 분야에서 맞춤으로 배우게 될 것이다.

한편 신호와 시스템은 보통 수학적으로 시간이나 주파수를 변수로 하여 나타내는데, **시간이 변수이면 시간 영역**time domain **표현, 주파수가 변수이면 주파수 영역**frequency domain **표현이라고 한다.** 신호와 시스템에 대한 시간 영역 표현과 주파수 영역 표현은 학생들을 이름 외에 학번으로 나타내기도 하는 것처럼 표현만 달라질 뿐이지 결코 신호와 시스템 그 자체가 바뀌는 것은 아니다. 어떤 특성들은 시간 영역에서 쉽게 파악되는 것이 있는가 하면, 주파수 영역에서 더 잘 볼 수 있는 것들도 있기 때문에 두 가지 표현 모두 익숙해져야 한다.

일반적으로 실험과 관측에 의해 얻을 수 있는 시간 영역 표현과 달리 **주파수 영역 표현은 시간 영역 표현에 대해 변환**transform**이라는 과정을 거쳐야만 얻을 수 있다.** 변환은 시간 영역과 주파수 영역을 이어주는 다리와 같다. 신호와 시스템과 관련하여 반드시 알아두어야 할 변환으로는 푸리에 급수/변환, 라플라스 변환, z 변환이 있다. 이들은 목적(주파수 영역 표현)이나 개념적 바탕과 구조는 같지만, 수학적 표현과 취급, 그리고 활용 등에서 조금씩 다르다. 변환을 능숙하게 사용하려면 미적분과 급수의 총합 계산을 잘 할 수 있어야 한다.

'신호와 시스템'을 어렵다고 생각하는 이유는 대부분 변환의 물리적 의미를 잘 이해하지 못하는 데다 변환에 필요한 수학 계산에서 어려움을 겪기 때문일 것이다. 변환은 이 책의 중반부 이후의 모든 내용이 그와 관련된 것일 만큼 신호와 시스템에서 중요한 주제로서 잘 익혀두어야 한다.

이상의 설명을 이해하기 쉽게 아래에 간략한 그림으로 나타내었다. [그림 2]를 보면 신호와 시스템에서 어떤 문제들을 어떤 흐름으로 다루는지 한눈에 파악할 수 있을 것이다.

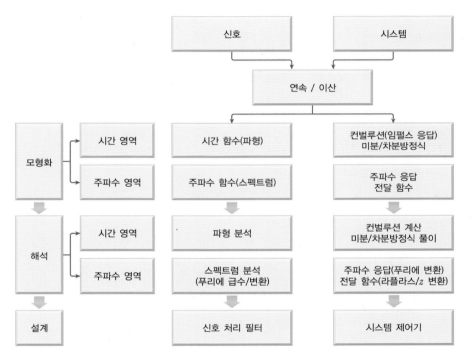

[그림 2] **신호와 시스템의 취급 흐름도**

앞에서도 말했듯이 이 책에서는 [그림 2]의 신호와 시스템을 취급하는 전체 흐름에서 중간의 몸통이라 할 수 있는 해석과 관련된 주제들과 방법을 중점적으로 다룬다. 이에 대한 사전 준비로 기초 개념 다지기부터 시작하여 연속 신호와 시스템의 시간 영역 해석 및 주파수 영역 해석, 이산 신호와 시스템의 시간 영역 해석 및 주파수 영역 해석의 순서로 신호와 시스템을 다루어나갈 것이다.

PART 1에서는 기초 개념의 정의, 신호와 시스템의 분류 등이 주요 내용이고, PART 2와 PART 3의 시간 영역 해석에서는 기본 신호와 연산, 임펄스 응답과 컨벌루션 표현 및 계산, 미분방정식 및 차분방정식의 해법과 시스템 특성의 파악 등이 중요하다. 그리고 PART 2와 PART 3의 주파수 영역 해석에서는 무엇보다도 주파수 영역으로 표현을 바꾸어주는 변환(푸리에 급수와 푸리에 변환, 라플라스 변환 및 z 변환)들을 배우고 익히는 게 가장 중요하고 이들을 이용해서 신호의 스펙트럼과 시스템의 주파수 응답/전달 함수를 구하고 신호와 시스템의 특성을 분석하는 데까지 학습하는 것이 주 목표라 하겠다.

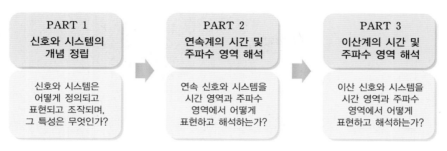

[그림 3] 이 책의 학습 흐름도

Chapter 01

신호와 시스템의 개요

Introduction to Signals and Systems

신호와 시스템의 개념 1.1
신호와 시스템의 표현 1.2
연속과 이산 1.3
관련 기초 개념 1.4

연습문제

학습목표

- 신호와 시스템의 개념을 이해할 수 있다.

- 신호와 시스템의 시각적 표현 방법을 이해할 수 있다.

- 신호와 시스템의 수학적 모형에 대해 이해할 수 있다.

- 연속 신호와 이산 신호의 차이를 이해할 수 있다.

- 정현파의 진폭, 위상, 주기, 주파수를 확실하게 익힐 수 있다.

- 신호의 에너지와 전력, 실효값에 대해 이해할 수 있다.

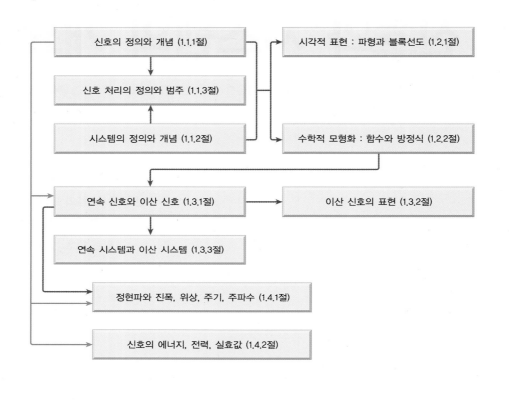

신호와 시스템의 개념

신호와 시스템은 일상적으로 쓰이는 가전제품과 전자기기에서부터 복잡한 산업시설이나 첨단 인공위성에 이르기까지 모든 기술 분야를 망라하여 실제적으로 나타나는 개념으로, 물리적 형태나 특성이 달라 닮은 구석이 전혀 없음에도 불구하고 그것들이 지니고 있는 공통적인 속성 때문에 똑같이 '신호'와 '시스템'이라고 부른다. 그러므로 먼저 신호와 시스템의 정의와 개념을 정확히 이해하는 것이 학습의 출발점이 된다.

학습포인트 ─────────────────────

- 신호와 시스템의 정의와 개념을 이해한다.
- 생활 속에서 접하는 신호와 시스템에는 어떤 것들이 있는지 알아본다.
- 신호 처리의 개념과 주요 범주를 알아본다.

1.1.1 신호

신호의 정의

> **신호**signal는 물리량의 변화 형태를 담은 자료/정보의 집합이다.
> - 신호는 다양한 물리적 현상의 동작 또는 성질을 표현한 것으로, 신호가 변화하는 패턴 속에 사람들이 필요로 하는 정보가 담겨 있다.
> - 신호는 수학적으로 독립변수의 함수로 표현되는데, 시간, 공간, 주파수 등이 독립변수로 쓰인다.

[그림 1-1]의 국내 최대 전력 부하나 심전도(ECG) 파형은 신호의 한 예이다. 그 외에도 신호에는 TV/라디오 방송 전파, 교통 신호등, 전기회로의 전압/전류, 의학에서의 혈압, 뇌전도(EEG), 회사의 월별/분기별 판매량, 매일의 주식 가격, 일별 평균 기온 및 월별 강수량과 같은 기상 데이터 등이 있다.

우리가 익숙한 대부분의 신호는 독립변수가 시간인 함수로 표현되지만, 전하밀도나 영상과 같은 신호들은 공간변수를 독립변수로 갖기도 한다. 또한 동영상과 같이 공간변수와 시간변수를 모두 독립변수로 가질 수도 있다.

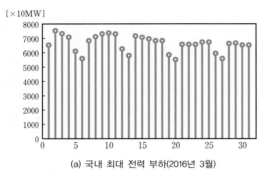 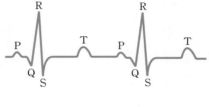

(a) 국내 최대 전력 부하(2016년 3월)   (b) 전형적인 심전도(ECG) 신호

[그림 1-1] 신호의 예

신호의 형태

신호를 나타내거나 저장하는 형태는 유일하지 않고 여러 가지가 있을 수 있다. 예를 들어 사람의 음성은 공기 중에 파동을 발생시켜 이로 인한 압력(음압) 변동을 귀로 전달하는 것이지만, 마이크를 통과한 음성은 전기신호인 전압으로 표현되며, 카세트테이프에 저장할 경우에는 자기신호로, CD나 MP3 파일로 저장할 때에는 이진 숫자열로 표현된다. 이때 마이크의 경우에는 시간에 따른 전압 값의 변화(전압 파형) 속에 음성에 관한 정보가 담기고, MP3 파일의 경우에는 이진 숫자열의 변화, 즉 이진 부호가 달라지는 양상 속에 음성에 관한 정보가 담긴다.

위치, 온도, 속도, 힘, 빛의 세기 등과 같은 물리적 신호들을 전기신호로 변환하면 편리하다. 왜냐하면, 전기신호는 측정이 쉽고 간단하게 표현할 수 있을 뿐만 아니라 전기전자회로나 컴퓨터 등을 통해 다양한 처리가 가능하기 때문이다. 또한 최근에는 디지털 기술과 소자의 비약적인 발전에 힘입어 신호를 디지털로 변환하여 처리하는 것이 추세가 되고 있다.

1.1.2 시스템

시스템의 정의

> **시스템**^system^은 특정한 목적에 맞도록 주어진 신호를 조작하고 처리해내는 장치이다.
> - 시스템은 들어오는 신호(입력)에 대한 반응으로 다른 신호(출력)를 만들어낸다.
> - 시스템은 입력, 출력, 그리고 동작 규칙에 의해 명확하게 규정되며, 수학적으로 하나 또는 여러 개의 방정식으로 표현된다.

신호를 이용하여 정보를 전달하거나 활용하고자 할 경우에는 필요한 신호를 만들어내거나 신호로부터 원하는 정보를 뽑아내야 하는데, 시스템이 그 역할을 담당한다. 즉 **시스템은 바라는 목적을 달성하는 데 필요한 기기**device**, 공정**process**, 알고리즘**algorithm **등의 각종 구성 요소**component**들이 하나로 묶인 집합체이다.** 예를 들어, [그림 1-2(a)]의 전기회로는 저항(R)과 커패시터(C)로 이루어져 입력 전압에 따라 단자 전압을 출력으로 낸다. [그림 1-2(b)]의 자동차는 차체, 엔진, 바퀴, 가속기, 브레이크, 변속기, 핸들 등으로 이루어져 있으며, 핸들과 가속기를 이용하여 차의 진행 방향과 주행 속도를 조절한다. 여기서 핸들 각과 가속기 페달 각은 입력 신호에 해당하고, 차의 진행 방향과 주행 속도는 출력 신호가 된다.

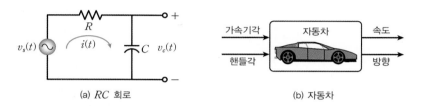

(a) RC 회로   (b) 자동차

[그림 1-2] **시스템의 예**

공학에서 주로 다루는 시스템의 예로는 전기전자회로, 음향/영상 장비, 자동차/비행기/배 등의 운송 장치, 통신 장비, 생산 설비 등을 들 수 있다. 한편 우리가 일상적으로 쓰는 경제 시스템이란 말처럼 눈에 보이는 물리적 실체를 가지지 않아도 시스템이 될 수 있으며, 이밖에 주식시장이나 인체와 같은 생체의 경우도 시스템의 좋은 예라 할 수 있다.

시스템의 구성

시스템은 전기전자회로나 기계장치와 같이 물리적으로 존재하는 요소(하드웨어)만으로 구성될 수도 있고, 시스템의 기능을 알고리즘화하여 컴퓨터 프로그램(소프트웨어)으로 구현할 수도 있다. 또한, 하드웨어와 소프트웨어를 결합한 형태로 구현되기도 한다. 한 예로 오디오 시스템에 달린 등화기equalizer의 경우, 예전에는 IC와 전기전자 부품들을 사용하여 만들어진 복잡한 회로였으나, 최근에는 알고리즘이 들어 있는 전용 칩 하나로 대체되는 경우가 일반적이다. 이것들은 클래식, 록 등 음향의 종류나 콘서트홀, 경기장 등 장소 유형에 맞추어 적절한 음향 효과를 재현할 수 있게 미리 프로그램화하여 간단한 버튼 조작으로 선택할 수 있게 되어 있는데, 이런 기능은 하드웨어만으로는 제공할 수 없다. 뿐만 아니라 소프트웨어를 시스템 구성에 활용하면, 프로그램의 수정, 변경, 교체만으로 기능 추가와 전환, 성능 개선과 조정 등을 손쉽게 해결할 수 있는 이점도 생긴다.

1.1.3 신호 처리

일반적으로 신호에는 유용한 정보와 불필요한 정보가 섞여 있다. 그러므로 **신호에서 유용한 정보를 뽑아내거나 목적과 용도에 맞게 가공, 개선하려면 의도적이고 계획된 조작이 필요한데, 이를 신호 처리**^{signal processing}**라고 한다. 신호의 처리는 시스템에 의해 이루어지며, 일반적으로 해석, 합성, 변환, 필터링 등의 작업을 수행하게 된다.** 대부분의 실제 응용에서 신호 처리는 다양한 기술과 시스템이 복합된 작업이다.

[그림 1-3]은 신호 처리에서 실제 어떤 일들이 이루어지는지 이해할 수 있도록, '알리바바와 40인의 도둑' 이야기에서 "열려라 참깨"라는 암호로 동굴 문을 여는 장면을 현대판 보안 시스템으로 바꾸어 나타낸 것이다. 일반적으로 해결해야 할 문제에 따라 [그림 1-3]의 작업들 중에서 필요한 것들을 골라 순서도 다르게 재조합하여 신호를 처리하게 된다.

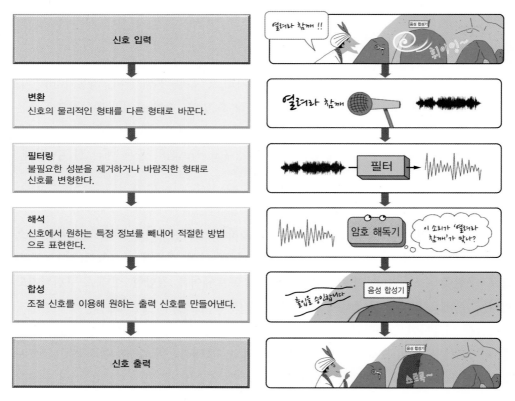

[그림 1-3] '알리바바와 40인의 도둑'의 현대판 보안 시스템의 신호 처리

신호와 시스템의 표현

신호와 시스템을 다룰 때 우선적으로 해야 할 일은 이들을 명확하고 알기 쉽게 나타내는 것이다. 신호와 시스템에 대한 표현 방법으로는 직관적이고 전체적인 이해를 쉽게 해주는 시각적 표현과 논리적으로 접근하고 분석할 수 있게 해주는 이론적 표현이 있다.

학습포인트 ──────────────

- 신호의 파형 개념을 확실히 해둔다.
- 블록선도의 개념과 쓰임을 파악한다.
- 블록선도의 연결 방법에 대해 알아본다. 특히 궤환 개념을 이해한다.
- 신호와 시스템의 시간 영역 표현과 주파수 영역 표현 개념을 이해한다.
- 신호와 시스템의 수학적 모형의 종류에 대해 알아본다.

1.2.1 시각적 표현 : 파형과 블록선도

신호의 파형

신호의 특성을 알아보기 위해 손쉽게 할 수 있는 일은 신호의 값의 변화를 그래프로 나타내는 일이다. 전기회로에 흐르는 전류는 오실로스코프를 이용하여 시간에 대해 연속적으로 값을 표시할 수 있고, 주식 가격은 매일 폐장시의 가격을 그래프로 나타낼 수 있다.

- 신호의 **파형**은 시간에 따른 신호의 값의 변화를 그래프로 나타낸 것이다.
- 신호의 파형으로부터 신호의 특성과 관련한 기초적인 정보들을 파악할 수 있다.

앞서 살펴보았던 [그림 1-1]은 신호 파형의 예로서, (a)에서는 우리나라의 최대 전력 부하가 주중에는 70,000[MW] 전후이지만 주말에는 60,000[MW] 이하 수준까지 떨어진다든지, (b)에서는 심장의 동작(P는 좌우 심방의 수축, QRS는 심실의 수축, T는 심실의 이완)에 따라 생체 전기 신호 값이 변화하는 양상을 한눈에 알 수 있다.

시스템과 블록선도

시스템은 [그림 1-4]와 같이 입력 단자와 출력 단자를 갖는 사각 블록으로 나타낸다. 사각 블록에는 시스템의 이름 또는 입력과 출력의 관계를 규정짓는 수식이나 그래프 등을 표시함으로써 시스템의 기능이나 동작 특성을 알아보기 쉽게 나타낸다.

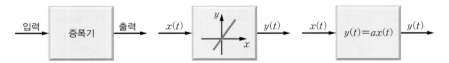

[그림 1-4] **시스템의 블록 표현**

시스템은 오직 하나의 시스템만으로 이루어지는 경우도 있지만, 대부분은 **부시스템** subsystem이라고 부르는 여러 개의 작은 시스템이 모여서 하나의 전체 시스템을 이룬다. 따라서 이런 경우에는 각 부시스템을 [그림 1-4]와 같은 사각 블록으로 나타낸 뒤 신호의 흐름에 따라 이들을 순서대로 연결하면 된다.

- **블록선도** block diagram는 시스템을 구성하는 각 부시스템을 사각 블록으로 나타내고, 블록 안에 그 시스템의 기능이나 특성을 말해주는 수식, 그래프, 명칭 등을 표시한 뒤 신호의 흐름에 따라 각 블록 간의 연결 관계를 그려 놓은 그림이다.
- 블록선도로부터 시스템의 전체적인 구성과 기능, 부시스템 간의 상호 관계 등을 한 눈에 파악할 수 있다.

1.1.3절에서 예로 들었던 '알리바바와 40인의 도둑' 이야기의 보안 시스템을 블록선도로 나타내보자. [그림 1-3]의 내용과 같이 크게 4개의 부시스템으로 나누어 블록마다 각 부시스템의 명칭을 표시하고 동작 순서에 맞추어 연결하여 나타내면 될 것이다. 이렇게 얻어진 블록선도가 [그림 1-5]이다.

[그림 1-5] '**알리바바와 40인의 도둑**'의 현대판 보안 시스템 블록선도

시스템의 연결

블록선도에서 시스템 간의 연결은 [그림 1-6]에 나타낸 것처럼 **종속** cascade연결과 **병렬** parallel연결의 두 가지 방법이 있다. 그리고 종속연결의 특수한 경우로 **궤환** feedback연결이 있는데, 이는 시스템에서 중요한 역할을 하며 널리 사용된다.

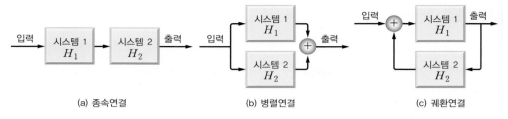

(a) 종속연결   (b) 병렬연결   (c) 궤환연결

[그림 1-6] **시스템의 연결 방법**

- **종속연결**은 두 시스템을 앞뒤로 연결하여 시스템 1의 출력이 시스템 2의 입력이 되는 형태의 연결이다([그림 1-6(a)]).

$$y(t) = H_2\{\,H_1\{x(t)\}\,\} \tag{1.1}$$

- **병렬연결**은 두 시스템을 나란히 늘어세우고 같은 입력을 인가하여 나오는 각각의 출력을 더해 전체 시스템 출력이 얻어지는 형태의 연결이다([그림 1-6(b)]).

$$y(t) = H_1\{x(t)\} + H_2\{x(t)\} \tag{1.2}$$

- **궤환연결**은 시스템 2의 출력이 다시 시스템 1의 입력단으로 되먹임^{feedback}되며 시스템 1의 출력이 전체 시스템의 출력이 되는 형태의 연결이다([그림 1-6(c)]).

식 (1.1)과 (1.2)에서 $H\{x\}$는 시스템 H에 x를 입력으로 넣었을 때 얻어진 결과(출력)를 뜻한다.

궤환은 폐로를 만들어 출력을 입력단으로 되먹여 입력과 비교될 수 있게 하는 동작으로, 많은 신호 처리 장치나 제어 시스템에서 요긴하게 사용된다. 실생활에서 흔히 볼 수 있는 궤환의 예로 자동차 진행 방향 조절(조향)을 들 수 있다. 운전자가 자기 차선을 지키며 앞으로 진행할 때, 계속 눈으로 차의 진행 방향을 확인하여 차선을 벗어나지 않도록 핸들(조향 장치)을 좌우로 조작함으로써 제 차선을 유지하도록 한다. 이를 간단하게 블록선도로 나타내면 [그림 1-7]과 같이 된다.

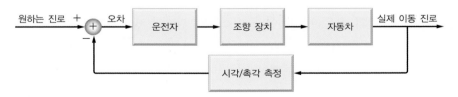

[그림 1-7] **자동차의 조향 제어**

[그림 1-8]은 화장실 좌변기의 수위를 자동으로 조절하는 시스템으로, 뜨개에 의해 물탱크의 물의 높이를 측정하여 목표로 하는 높이와 차이가 있으면 제어기가 공압밸브의 열림을 조정하여 물이 나오고 목표 수위에 도달하면 밸브를 닫아 물이 더 이상 나오지 않게 제어한다. 이 시스템의 구성과 동작을 나타내는 블록선도를 그려라.

[그림 1-8] **좌변기 자동 수위 조절 시스템**

풀이

시스템은 물탱크(플랜트^{plant}), 공압밸브(구동기^{actuator}), 제어기, 뜨개(감지기^{sensor})로 이루어진다. 시스템의 동작과 일치하도록 이들을 연결하여 블록선도로 그리면 [그림 1-9]와 같다.

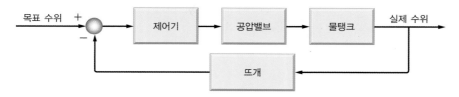

[그림 1-9] **좌변기 자동 수위 조절 시스템의 블록선도**

1.2.2 이론적 표현 : 수학적 모형화

수학적 모형화의 개념

수학의 힘을 빌리면 뉴턴의 운동 방정식이나 맥스웰의 전자기 방정식과 같이 신호와 시스템의 본질을 간결하게 수식으로 표현할 수 있다. 이를 **수학적 모형화**라고 한다. 수학적 모형화를 통해 물리적 형태와 특성이 전혀 다른 신호와 시스템들을 같은 틀로 취급하고 분석할 수 있다.

수학적 모형은 실제 신호와 시스템을 한 치의 오차 없이 완벽하게 표현한 것이 아니고 핵심적인 특성을 이상화시켜 나타낸 것이다. 그러므로 신호와 시스템에 대한 해석과 설계의 결과가 얼마나 잘 들어맞고 쓸모 있는가는 수학적 모형의 정확도에 달려 있다. 예를 들어, 앞서 살펴본 [그림 1-2(a)]의 전기회로는 실제 회로 그대로가 아니라 회로의 전자기적인 물리적 성질들을 저항과 커패시턴스로 단순화시켜 나타낸 모형이다. 실제로는 회로의 전기적 특성이 한 점에 집중되어 있지 않을 뿐더러 미미하지만 시간에 따라 값이 변한다. 그럼에도 불구하고 [그림 1-2(a)]와 같이 전기회로를 모형화하는 이유는 그렇게 단순화한 모형과 실제와의 차이, 즉 오차를 무시해도 신호와 시스템의 기본적인 특성을 묘사하거나 해석하는 데 지장이 없기 때문이다.

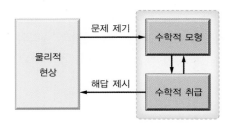

[그림 1-10] **신호와 시스템의 연구 체계**

신호와 시스템의 수학적 모형

수학적 모형에서 기본적으로 신호는 함수로, 시스템은 방정식으로 표현된다. 신호와 시스템 모두 시간이 함수의 변수인 **시간 영역**time domain 표현과 주파수가 함수의 변수인 **주파수 영역**frequency domain 표현의 두 가지 수학적 표현이 가능하다. 시간 영역 표현은 실험과 관측을 통해 직접 구할 수 있는 반면에, 주파수 영역 표현은 시간 영역 표현을 수학적으로 변환하여 얻는다.

> **신호의 수학적 모형 : 함수**
> - 신호는 수학적으로 **함수**로 표현된다.
> - 신호의 시간 영역 표현은 시간에 따른 값의 변화(파형)를 함수로 나타낸 것이다.
> - 신호의 주파수 영역 표현은 신호에 포함된 주파수 성분을 주파수의 함수로 나타낸 것으로, (주파수) **스펙트럼**spectrum이라고 한다.

예를 들어, 우리나라의 상용 전압은 시간 영역에서 $v(t) = 220\sqrt{2}\cos(120\pi t)$로 나타낼 수 있고, 주파수 영역에서는 $V(\omega) = 110\sqrt{2}\,[\delta(\omega + 120\pi) + \delta(\omega - 120\pi)]$로 나타내어진다.

> **시스템의 수학적 모형 : 방정식**
>
> - 시스템은 수학적으로 입력과 출력의 관계를 규정짓는 **방정식**으로 표현된다.
> - 시스템의 시간 영역 표현은 입출력 신호가 시간의 함수로 표현된 방정식으로, 미분/차분방정식과 컨벌루션 표현이 대표적이다.
> - 시스템의 주파수 영역 표현은 입출력 신호가 주파수의 함수로 표현된 수식으로, 주파수 응답과 전달 함수가 이에 해당된다.

예를 들어, [그림 1-2(a)]의 전기회로에 "회로 내에서 공급 전압과 소자에 의한 전압 강하는 같다"는 키르히호프^{Kirchhoff}의 전압 (평형의) 법칙(KVL)을 적용하여 입력과 출력의 관계에 대한 다음의 방정식을 세움으로써 그 전기회로의 동작 특성을 표현할 수 있다.

$$v_s(t) = v_R(t) + v_C(t) = Ri(t) + \frac{1}{C}\int i(t)\,dt \tag{1.3}$$

7장에서 배울 라플라스 변환을 이용하여 식 (1.3)을 변환하면 주어진 전기회로에 대한 주파수 영역 표현인 전달 함수를 얻을 수 있는데, 그 결과만 나타내면 다음과 같다.

$$H(s) = \frac{V_C(s)}{V_s(s)} = \frac{1}{RCs+1} \tag{1.4}$$

예제 1-2 딱딱한 물체(강체)의 운동 방정식

질량이 M인 쇠로 된 구슬과 같이 딱딱한 물체(강체)에 일정한 힘 F를 가하면 통로를 따라 직선 운동을 한다고 할 때, 물체가 움직이는 거리 $y(t)$를 출력으로 하는 운동 방정식을 구하라. 단, 운동하는 물체에 대한 통로의 마찰계수는 B이다.

풀이

딱딱한 물체는 탄성이 0이므로, 외부에서 가해진 에너지(힘)는 물체를 직선운동하게 만드는 것과 마찰로 소비되는 것으로 나누어진다. 물체의 속도를 v, 가속도를 a라고 할 때, 뉴턴의 운동 법칙에 의해 운동에 쓰이는 힘은 Ma, 마찰에 소비되는 힘은 Bv이다. 또한 속도는 움직인 거리의 미분(변화율), 가속도는 속도의 미분이므로 물체의 운동 방정식은 다음과 같이 된다.

$$F = Ma + Bv = M\frac{d^2y(t)}{dt^2} + B\frac{dy(t)}{dt}$$

1.3 연속과 이산

대부분의 신호는 시간 함수로 표현된다. 그러므로 이 절에서는 시간의 속성에 따른 신호(와 시스템)의 구분에 대해 살펴보고, 신호의 길이의 정의, 이산 신호의 특성, 연속 신호로부터 이산 신호를 얻는 과정 등에 대해 간략히 살펴보기로 한다. 또한 연속 시스템과 이산 시스템의 정의도 알아본다. 연속과 이산의 구분은 이 책 전체에서 계속 쓰이는 기초 개념이므로 잘 익혀두어야 한다.

학습포인트

- 연속 신호와 이산 신호의 정의와 차이를 이해한다.
- 신호의 길이에 대한 정의를 알아본다.
- 이산 신호의 표현과 기본적인 성질에 대해 알아본다.
- 연속 시스템과 이산 시스템의 정의를 알아본다.

1.3.1 연속 신호와 이산 신호

연속 신호와 이산 신호

신호에 대한 가장 기본적인 구분은 독립변수인 시간이 연속이냐 불연속이냐 하는 것이다. [그림 1-11]에서 보면 (a)와 (b) 둘 다 가로축이 시간 값을 나타내지만, (a)의 신호는 시간에 따라 계속 값이 변하므로 가로축에 대해 끊어지지 않고 연속적인 파형을 보이는 반면, (b)의 신호는 가로축에 대해 일정한 간격으로 불연속적인 신호 값이 나타난다. (a)의 경우를 **연속 (시간) 신호**continuous (time) signal, (b)의 경우를 **이산 (시간) 신호**discrete (time) signal라고 한다. 전압, 음성, 심전도 등은 시간에 대해 연속인 연속 신호이고, 상품의 분기별 판매량, 매일의 주식 가격, 일별 최고 온도 등은 시간에 대해 불연속적인 이산 신호이다.

- **연속 신호**는 신호가 시간에 대해 끊어지지 않고 지속적으로 나타나는, 즉 모든 시간에 대해 정의되는 신호이며, $x(t)$와 같이 나타낸다.
- **이산 신호**는 띄엄띄엄 특정한 시각에서만 정의되는 신호이며, $x[n]$과 같이 나타낸다.

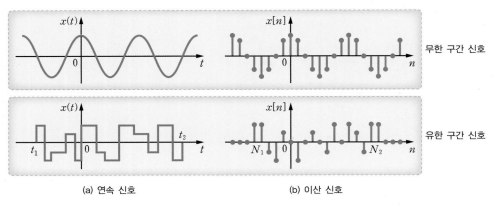

(a) 연속 신호   (b) 이산 신호

[그림 1-11] **연속 신호와 이산 신호**

신호의 길이

신호의 길이length는 신호의 **지속시간(구간)**duration이라고도 하며, 신호가 유효한 값을 갖는 시간 구간을 가리킨다. 신호는 길이에 따라 두 가지로 나뉜다.

- **연속 신호의 길이**는 신호가 존재하는 구간($t_1 \leq t \leq t_2$)의 길이 $L = t_2 - t_1$로 정의된다.
- **이산 신호의 길이**는 신호를 이루는($N_1 \leq n \leq N_2$) 샘플의 개수 $L = N_2 - N_1 + 1$로 정의된다.
- **유한 구간**finite duration **신호**는 시간적으로 유한한 길이를 갖는 신호이다.
- **무한 구간**infinite duration **신호**는 시간적으로 무한한 길이를 갖는 신호이다.

[그림 1-11]에서 윗줄은 무한한 시간에 걸쳐 값이 존재하는 무한 구간 신호이고, 아랫줄은 일정한 시간 구간 내에서만 값이 존재하는 유한 구간 신호이다.

1.3.2 이산 신호의 표현

이산 신호는 발생 순서대로 늘어놓으면 단순한 숫자의 나열(수열)에 지나지 않는다. 따라서 연속 신호에 비해 표현 및 취급하기가 쉽고 단순하며, 컴퓨터로 처리하기에 매우 적합하다. 다음의 두 표현은 같은 이산 신호를 나타낸 것으로, 식 (1.6)에서 숫자 아래 ↑는 기준 위치인 $n = 0$의 위치를 나타내는 표시이다. $x[0] = 1$, $x[1] = \dfrac{1}{3}$, …을 이산 신호의 **샘플**sample이라고 한다. 샘플의 발생 순서는 셀 수 있으므로, **이산 신호의 시간 값 n은 항상 정수가 된다.**

$$x[n] = \begin{cases} \left(\dfrac{1}{3}\right)^n, & n \geq 0 \\ (-2)^n, & n < 0 \end{cases} \tag{1.5}$$

$$x[n] = \left\{ \cdots,\ \frac{1}{4},\ -\frac{1}{2},\ \underset{\uparrow}{1},\ \frac{1}{3},\ \frac{1}{9},\ \frac{1}{27},\ \cdots \right\} \tag{1.6}$$

이산 신호에는 상품의 월별 판매량, 매일의 주식 가격 등과 같이 원래부터 이산 신호인 것들도 있지만, 병원에서 고열 증세를 보이는 응급 환자의 체온을 10분 간격으로 측정하는 경우처럼 연속 신호에 대해 특정한 시간 간격으로 값을 취하는 샘플링이라는 과정을 거쳐 얻어지는 것도 있다. 샘플을 취하는 시간 간격을 T_s라고 하면, 원래의 연속 신호와 샘플링된 이산 신호의 관계는 다음과 같이 나타낼 수 있다.

$$x[n] = x(t)\big|_{t = n T_s} = x(n T_s), \quad n = \cdots, -2, -1, 0, 1, 2, \cdots \tag{1.7}$$

연속 신호와 이산 신호의 표기
- **연속 신호** : 시간 변수 t, 함수 $x(t)$, (아날로그) 주파수 f, (아날로그) 각주파수 ω
- **이산 신호** : 시간 변수 n, 함수 $x[n]$, (디지털) 주파수 F, (디지털) 각주파수 Ω

예제 1-3 연속 신호와 이산 신호

다음의 신호를 그리고, 신호의 길이를 구하라.

(a) $x(t) = \begin{cases} \sin(0.5\pi t), & -1 \leq t \leq 3 \\ 0, & \text{그 외} \end{cases}$ 　　(b) $x(t) = \begin{cases} \cos(2\pi t), & 0 \leq t \leq 5 \\ 0, & \text{그 외} \end{cases}$

(c) (a)의 $x(t)$를 간격 $\dfrac{1}{3}$[초]로 샘플링한 이산 신호 $x[n]$

(d) (b)의 $x(t)$를 간격 0.5[초]로 샘플링한 이산 신호 $x[n]$

풀이

주어진 각 신호의 파형을 그리면 [그림 1-12]와 같다. 그림에서 보면, (a)의 $x(t)$는 길이 $L = 3 - (-1) = 4$, (b)의 $x(t)$는 길이 $L = 5 - 0 = 5$이다. 또한 (c)의 샘플링된 이산 신호 $x[n] = \sin\left(0.5\pi \dfrac{n}{3}\right) = \sin\left(\dfrac{\pi}{6}n\right)$은 길이 $N = 9 - (-3) + 1 = 13$으로 13개의 샘플로 이루어져 있다. (d)의 $x[n] = \cos\left(2\pi \dfrac{n}{2}\right) = \cos(\pi n)$은 길이 $N = 10 - 0 + 1 = 11$로 11개의 샘플을 가지고 있다. 이 결과에서 보듯이 연속 신호의 길이는 끝점에서 시작점을 빼면 되지만, 이산 신호의 길이는 끝점에서 시작점을 뺀 것에 1을 더해야 한다.

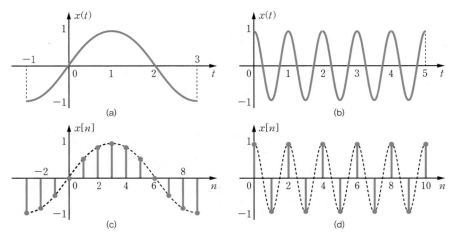

[그림 1-12] [예제 1-3]의 연속 신호와 이산 신호의 파형

1.3.3 연속 시스템과 이산 시스템

시스템도 다루는 신호의 속성에 따라 연속과 이산으로 구분할 수 있다.

- **연속 시스템**은 연속 신호를 입력으로 받아들여 처리한 뒤 연속 신호를 출력으로 내보내는 시스템이다.
- **이산 시스템**은 이산 신호를 입력으로 받아들여 처리한 뒤 이산 신호를 출력으로 내보내는 시스템이다.

디지털 시스템은 대표적인 이산 시스템으로서 연속 시스템에 비해 여러 가지 이점을 가지며, 마이크로프로세서와 컴퓨터의 발달로 값싸고 성능이 우수하게 만들 수 있기 때문에 연속 신호를 디지털 시스템을 이용하여 처리하는 경향이 가속화되고 있다. [그림 1-13]에 연속 시스템과 이산 시스템의 예를 나타내었다.

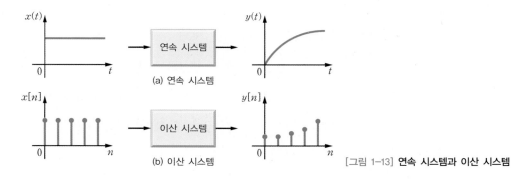

[그림 1-13] 연속 시스템과 이산 시스템

관련 기초 개념

이 절에서는 신호와 시스템과 관련하여 미리 알아두어야 할 필수적인 몇 가지 기초 개념에 대해 간략히 살펴보기로 한다.

학습포인트

- 정현파 신호와 관련하여 진폭, 위상, 주기, 주파수의 정의와 개념을 이해하고, 상호 간의 관계를 파악한다.
- 주파수와 신호 파형 사이의 관계를 이해한다.
- 위상과 시간축에서의 신호 이동과의 관련성을 파악한다.
- 신호의 에너지와 전력, 그리고 실효값의 정의와 개념을 이해한다.
- 데시벨의 정의를 알아본다.

1.4.1 정현파와 진폭, 위상, 주기, 주파수

정현파의 발생

정현파sinusoids는 신호와 시스템에서 가장 기본이 되는 신호로, 삼각함수의 사인과 코사인 함수로 정의된다. 정현파는 [그림 1-14]에 나타낸 것처럼 길이가 A인 실에 매달린 공을 반시계 방향으로 각속도 ω로 T초마다 한 바퀴씩 돌게끔 등속 회전 운동을 시킬때, 공의 위치 $x(t)$를 시간에 대해 그려서 얻을 수 있다. 수직축상의 위치를 그리면 코사인파가 되고, 수평축상의 위치를 그리면 사인파가 된다. 코사인파와 사인파의 파형은 모양이 같고, 다만 두 축이 이루는 각(직각)에 해당하는 $90°$의 각 차이만 가진다. 공이 한 바퀴씩 돌 때마다 정현파는 똑같은 기본 파형을 반복하게 된다.

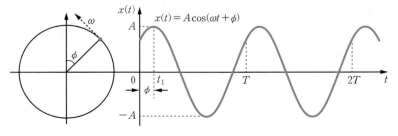

[그림 1-14] **정현파의 발생**

진폭, 위상, 주기, 주파수

[그림 1–14]에서 A는 정현파 $x(t)$가 진동하면서 가질 수 있는 값의 범위를, ω는 단위시간(1초)에 정현파가 이동할 수 있는 **라디안**^{radian} 각을, ϕ는 $t=0$에서 각으로 나타낸 정현파의 기준에 대한 상대적인 위치이다. 결국 다음과 같이 **정현파는 A, ϕ, ω의 세 가지 요소에 의해 완전하게 정의될 수 있다.**

$$x(t) = A\cos(\omega t + \phi) \tag{1.8}$$

여기서 A를 **진폭**^{amplitude}, ϕ를 **위상**^{phase}, ω를 **각주파수**^{radian frequency} 라고 부른다. 또한 공이 한 바퀴 도는 데(기본 파형을 만드는 데) 걸리는 시간 T를 **(기본)주기** ^{(fundamental) period}라고 하고, 역으로 단위시간(1초)에 대한 공의 회전 횟수(기본 파형의 반복 횟수) f를 **주파수**^{frequency}라고 한다.

> - **진폭** : 정현파가 진동하면서 가질 수 있는 값의 범위
> - **위상** : 각으로 표시된 정현파의 출발 위치
>   (기준점(원점)에서 코사인파의 꼭짓점(사인파의 영점)까지의 거리)
> - **(기본)주기** : 정현파가 기본 파형을 반복하는 (최소) 시간 간격
> - **주파수** : 정현파가 1초에 기본 파형을 반복하는 횟수(진동 횟수)
> - **각주파수** : 정현파가 1초에 이동할 수 있는 라디안 각

공이 T초에 한 바퀴 도는 동안 2π[rad]만큼의 각을 이동하므로, T와 ω, f 사이에는 다음과 같은 관계가 성립한다.

$$\omega = \frac{2\pi}{T} = 2\pi f \tag{1.9}$$

$$T = \frac{1}{f} = \frac{2\pi}{\omega} \tag{1.10}$$

$$f = \frac{1}{T} = \frac{\omega}{2\pi} \tag{1.11}$$

주파수와 위상의 물리적 의미

신호와 시스템을 다룰 때 자주 주파수의 관점에서 표현하고 분석하게 되는데, 이때 진폭(크기)과 위상의 차이나 변화를 파악하는 것이 중요하다. 그런데 진폭이 담고 있는 정보는 큰 어려움 없이 금방 이해되지만, 주파수와 위상은 그렇지 못하다. 그러므로 이 둘의 의미를 잘 이해해두어야 할 필요가 있다.

> ### 신호 파형과 주파수 및 위상의 관계
> - 주파수는 신호의 시간적인 변화 속도와 관련이 있으며, 주파수가 높을수록 신호 파형이 시간적으로 더 빨리 변한다.
> - 위상은 파형의 시간 이동과 연관되며, 뒤진^{lagging}(음의) 위상은 시간 지연, 앞선 ^{leading}(양의) 위상은 시간 선행에 해당된다.
> - 정현파를 시간축에서 같은 시간만큼 이동시키더라도 주파수에 따라 위상이 달라진다. 주파수가 높을수록 위상 값이 커진다.

[그림 1-15]의 두 정현파를 비교해보자. 주파수가 1[Hz]에서 2[Hz]로 두 배가 되어도 파형의 원래 모양은 바뀌지 않지만, 주기는 반으로 줄어든다. 이를 시간축의 관점에서 해석하면, 2[Hz] 정현파가 1[Hz]의 정현파에 비해 시간적으로 더 빨리 그 값이 변한다는 얘기가 된다. 다시 말해, **주파수가 높아질수록 신호의 파형은 시간적으로 더 급하게 변화한다.** 거꾸로, **파형이 시간적으로 더 빠른 변화를 보이는 신호에는 더 높은 주파수 성분이 포함된다.** 이처럼 신호의 파형 변화와 주파수는 밀접한 관계를 가진다.

또한 [그림 1-15]의 두 정현파는 $t = 0$이 아니라 t_1에서 꼭짓점에 이르므로 시간축 위에서 t_1만큼 오른쪽으로 파형의 이동이 이루어진 것, 즉 그만큼 시간적으로 지연이 일어난 것으로 볼 수 있다. 따라서 두 정현파는 지연 시간 t_1을 각으로 환산한 ϕ만큼의 위상을 갖게 된다. **위상은 정현파의 모양에는 영향을 주지 않는다.**

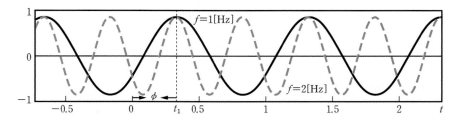

[그림 1-15] **정현파에 의한 주파수와 위상의 개념 이해**

정현파의 주기 T가 각으로는 2π[rad]에 대응되는 것을 이용하면, 위상 ϕ는 다음과 같이 구할 수 있다. 이때 $\cos(2\pi f t)$를 t_1만큼 지연시켜 구해도 같은 결과를 얻는다.

$$\phi = -2\pi \frac{t_1}{T} = -2\pi f t_1 \tag{1.12}$$

$$\cos(2\pi f(t - t_1)) = \cos(2\pi f t - 2\pi f t_1) = \cos(2\pi f t + \phi) \tag{1.13}$$

식 (1.12)로부터 쉽게 알 수 있듯이, **시간축에서 같은 시간만큼 이동하더라도 주파수에 따라 위상은 달라진다**는 사실은 꼭 유의해야 한다([그림 1-14]에서 보면 주파수는 신호의 속도라고 생각할 수 있는데, 속도가 빠르면 같은 시간 동안 회전할 수 있는 각이 더 클 것이다. 그렇기 때문에 위상을 시간이 아닌 각으로 표현한 것이다).

예제 1-4 정현파의 진폭, 주기, 주파수, 위상

[그림 1-16]의 코사인 정현파 신호에 대해 진폭, 주기, 주파수, 위상을 구하라.

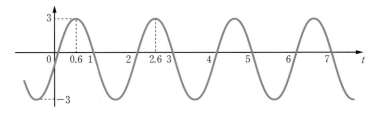

[그림 1-16] [예제 1-4]의 정현파 신호

풀이

그림에서 보면, 정현파가 3과 −3 사이를 진동하므로 진폭 $A = 3$이다. 그리고 2초마다 기본 파형이 반복되므로 주기 $T = 2$ [초]이다. 또한 주파수는 식 (1.11)에서 주기의 역수 관계이므로 $f = 0.5$[Hz], 각주파수로 나타내면 $\omega = 2\pi \times 0.5 = \pi$ [rad/sec]이다. 마지막으로 위상은 원점에서 제일 가까운 코사인파의 꼭짓점이 $t_1 = 0.6$ [초]에서 처음으로 발생하므로 뒤진 위상이 되며, 다음과 같이 식 (1.12)에 의해 각으로 환산하여 얻을 수 있다.

$$\phi = -\frac{t_1}{T} \times 2\pi = -\frac{0.6}{2} \times 2\pi = -0.6\pi$$

예제 1-5 주파수에 따른 위상의 차이

[그림 1-15]에서 $t_1 = 0.3$인 경우의 두 정현파 신호의 위상을 구하라.

풀이

위상이 0이고 주파수가 1[Hz]와 2[Hz]인 두 정현파는 다음과 같이 나타낼 수 있다.

$$x(t) = \cos(2\pi t), \ y(t) = \cos(4\pi t)$$

[그림 1-15]와 같이 이들을 $t_1 = 0.3$만큼 시간 지연시키면 다음과 같다.

$$x(t - t_1) = \cos(2\pi(t - t_1)) = \cos(2\pi t - 2\pi t_1) = \cos(2\pi t - 0.6\pi)$$
$$y(t - t_1) = \cos(4\pi(t - t_1)) = \cos(4\pi t - 4\pi t_1) = \cos(4\pi t - 1.2\pi)$$

위상이 $x(t-t_1)$은 $\phi_x = -0.6\pi$ 이지만, $y(t-t_1)$은 $\phi_y = -1.2\pi$ 이다. $y(t-t_1)$은 주파수가 2[Hz]로 $x(t-t_1)$의 주파수 1[Hz]의 두 배인데, 위상 또한 $\phi_y = 2\phi_x$로 두 배가 된다. 다시 말해 같은 시간 이동 값에 대한 정현파의 위상은 주파수에 비례하여 달라진다.

1.4.2 신호의 에너지와 전력

신호의 에너지, 전력, 실효값

신호의 특성을 정량적으로 나타내거나 비교하고자 할 때, 신호를 대표하기에 적절한 값들로 신호의 에너지와 전력, 그리고 실효값을 정의할 수 있다.

- **신호의 에너지**energy는 전 시간구간에 대해 신호 크기의 제곱을 모은 것으로 정의하며, 연속 신호에 대해서는 적분, 이산 신호에 대해서는 총합 연산이 된다.

  연속 신호 : $E = \lim\limits_{T\to\infty} \int_{-\frac{T}{2}}^{\frac{T}{2}} |x(t)|^2 dt$ (1.14a)

  이산 신호 : $E = \lim\limits_{N\to\infty} \sum\limits_{n=-N}^{N} |x[n]|^2$ (1.14b)

- **신호의 전력**power은 신호의 단위시간당 에너지(평균 에너지)로 정의된다.

  연속 신호 : $P = \lim\limits_{T\to\infty} \frac{1}{T} \int_{-\frac{T}{2}}^{\frac{T}{2}} |x(t)|^2 dt$ (1.15a)

  이산 신호 : $P = \lim\limits_{N\to\infty} \frac{1}{2N+1} \sum\limits_{n=-N}^{N} |x[n]|^2$ (1.15b)

이러한 정의가 [Joule]과 [Watt]를 단위로 하는 물리적 에너지와 전력을 말하는 것은 아니지만, [그림 1–17]의 단위저항 회로의 경우를 살펴보면 그 타당함을 알 수 있다. 그림에서 $R = 1[\Omega]$에 전압 $x(t)$를 인가하면 **옴**Ohm의 법칙에 의해 $x(t) = Ri(t)$이므로 $i(t) = x(t)$이다. 따라서 저항에서 소비되는 순시전력은 $p(t) = x(t)i(t) = x^2(t)$이고, 총 에너지는 순시전력을 모두 합한 것이므로 $E = \int_{-\infty}^{\infty} p(t)dt = \int_{-\infty}^{\infty} x^2(t)dt$가 된다. 그리고 저항에서 소비되는 평균전력은 총 에너지를 시간으로 나누면 되므로 $P = \lim\limits_{T\to\infty} \frac{1}{T} \int_{-T/2}^{T/2} x^2(t)dt$가 된다. 이 결과와 앞의 신호의 에너지와 전력에 관한 정의를 비교해보면 충분히 의미가 있음을 미루어 알 수 있다.

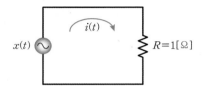

[그림 1-17] 단위저항 회로

- **신호의 실효값**(RMS 값)^{root mean square value}은 에너지 관점에서 신호의 실제적인 효과를 나타내는 값으로서 신호의 전력의 제곱근으로 정의된다.

연속 신호 : $x_{rms} = \sqrt{\lim_{T \to \infty} \frac{1}{T} \int_{-\frac{T}{2}}^{\frac{T}{2}} |x(t)|^2 \, dt}$ (1.16a)

이산 신호 : $x_{rms} = \sqrt{\lim_{N \to \infty} \frac{1}{2N+1} \sum_{n=-N}^{N} |x[n]|^2}$ (1.16b)

실효값의 정의는 신호의 전력과 에너지를 구할 때 값이 계속 변하는 신호 대신에 값이 일정한 전력의 제곱근으로 대체하더라도 결과는 변함이 없음에 근거한다. 모든 정현파는 주파수나 진폭에 상관없이 평균값이 0이 된다는 사실에서 알 수 있듯이, 평균값은 신호를 대표하기에는 적합하지 않으므로 실효값이 보편적인 신호의 대푯값으로 사용된다.

데시벨

데시벨^{decibel}은 신호의 상대적인 크기를 나타내는 데 사용되는 단위이다. 기준 신호에 대한 다른 신호의 전력비에 상용로그를 취한 값의 10배로 정의하며, dB로 표기한다.

$$10 \log \frac{P_2}{P_1} = 10 \log \frac{|x_2|^2}{|x_1|^2} = 20 \log \frac{|x_2|}{|x_1|} [\text{dB}]$$ (1.17)

[그림 1-17]의 전기회로를 다시 살펴보자. 저항의 순시 소비전력은 $p(t) = x(t) i(t)$ $= x^2(t)$이므로 전압 x_1[V]과 x_2[V]에 의한 소비전력의 비를 데시벨로 나타내면 식 (1.17)과 같음을 알 수 있다. 식 (1.17)에서 보듯이, **데시벨을 구할 때 신호의 전력비에 대해서는 10 log, 신호의 크기(이득) 비에 대해서는 20 log를 취함**을 명심해야 한다.

[그림 1-18]의 사각 펄스 신호와 상수 신호에 대해 각각 에너지와 전력을 구하라.

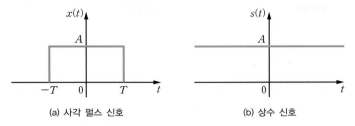

[그림 1-18] [예제 1-6]의 사각 펄스 신호와 상수 신호

풀이

(a) [그림 1-18(a)]의 사각 펄스 신호는 유한한 $[-T,\ T]$ 구간에서 유한한 값을 가지므로 에너지도 유한할 것이다. 에너지를 계산해보면 다음과 같다.

$$E = \int_{-\infty}^{\infty} |x(t)|^2\, dt = \int_{-T}^{T} A^2\, dt = A^2 t \Big|_{-T}^{T} = 2TA^2$$

에너지가 유한하므로 이를 시간 구간(∞)으로 나눈 전력은 0이 된다.

(b) [그림 1-18(b)]의 상수 신호는 전 시간 구간에 걸쳐 값이 A로 일정하므로 에너지는 무한해진다. 실제로 에너지를 계산하면 다음과 같다.

$$E = \int_{-\infty}^{\infty} |s(t)|^2\, dt = \int_{-\infty}^{\infty} A^2\, dt = A^2 t \Big|_{-\infty}^{\infty} = \infty$$

그러나 전력은 상수 A^2의 시간 평균이 되므로 유한하리라는 것을 그림으로부터 바로 알 수 있다. 실제로 전력을 계산해보면 다음과 같다.

$$P = \lim_{T \to \infty} \frac{1}{T} \int_{-T/2}^{T/2} |s(t)|^2\, dt = \lim_{T \to \infty} \frac{1}{T} \int_{-T/2}^{T/2} A^2\, dt = \lim_{T \to \infty} \frac{1}{T} A^2 t \Big|_{-T/2}^{T/2}$$

$$= \lim_{T \to \infty} \frac{1}{T} A^2 \left(\frac{T}{2} - \left(-\frac{T}{2} \right) \right) = A^2$$

$A_1 = 1$인 상수 신호 $s_1(t)$와 $A_2 = 2$인 상수 신호 $s_2(t)$의 전력비는 다음과 같이 된다.

$$10 \log \frac{P_2}{P_1} = 10 \log \frac{A_2^2}{A_1^2} = 10\log 4 = 6.02[\text{dB}]$$

Quick Review

■ 다음 문제에서 맞는 것을 골라라.

(1) 신호에는 물리적 현상에 대한 정보가 담겨 있다. (○, ×)

(2) 시스템은 수학적으로 (함수, 방정식)으로 표현된다.

(3) 시간에 따른 신호의 값의 변화를 그래프로 나타낸 것을 (파형, 스펙트럼)이라 한다.

(4) 블록선도에서 시스템 간의 기본적인 연결 방식은 (종속, 하이브리드, 병렬) 연결이다.

(5) 신호와 시스템은 시간 영역과 주파수 영역의 두 가지 표현 방식이 가능하다.

(○, ×)

(6) 연속 신호는 시간축이 실수축이고 이산 신호는 시간축이 정수축이다. (○, ×)

(7) 시스템은 항상 단일한 구성 요소로 이루어진다. (○, ×)

(8) 시스템은 입력과 출력을 가진다. (○, ×)

(9) 궤환연결은 병렬연결의 특수한 형태이다. (○, ×)

(10) 신호를 주파수의 함수로 표현한 것을 스펙트럼이라고 한다. (○, ×)

(11) 수학적 모형은 실제 신호와 시스템을 100% 완벽하게 표현한다. (○, ×)

(12) 하나의 정현파는 (파형, 진폭, 주파수, 파장, 위상)에 의해 완전히 정의된다.

(13) 정현파의 주파수와 주기는 서로 무관하다. (○, ×)

(14) 주파수는 (신호 값의 변화 속도, 파형의 시간 이동)과 관련이 있다.

(15) 서로 다른 정현파를 같은 시간만큼 지연시키면 위상은 항상 같다. (○, ×)

(16) 신호의 에너지와 전력은 각각 Joule과 Watt를 단위로 갖는 물리적인 양이다.

(○, ×)

(17) 어떤 신호의 에너지가 유한하면, 그 신호의 전력은 (0, 유한, 무한)하다.

(18) 에너지 관점에서 신호의 실제적 효과를 나타내는 값은 (평균값, 실효값, 최댓값)이다.

(19) 데시벨은 신호의 (절대적인, 상대적인) 크기를 나타내는 데 사용되는 단위이다.

(20) 데시벨은 신호의 크기(이득)비에 대해서는 $20\log$를 취한다. (○, ×)

기 초 문 제

1.1 다음의 시스템들은 어떠한 신호 처리 시스템인지 <보기> 중 가장 주된 것을 하나만 고르고, 그 이유를 설명하라.

> <보기> ㉮ 해석 ㉯ 변환 ㉰ 필터링 ㉱ 합성

(a) 디지털 피아노 (b) 전기 모터 (c) 지문 인식 장치
(d) 원두와 물을 입력으로 하여 찌꺼기를 걸러내고 커피를 출력으로 내는 커피메이커

1.2 다음 연속 신호의 파형을 그려라.

(a) $x(t) = \begin{cases} 1 - |t|, & |t| \leq 1 \\ 0, & \text{그 외} \end{cases}$ (b) $x(t) = e^{-|t|}$

1.3 다음 이산 신호의 파형을 그려라.

(a) $x[n] = \begin{cases} +1, & 0 \leq n \leq 3 \\ -1, & -4 \leq n < 0 \\ 0, & \text{그 외} \end{cases}$ (b) $x[n] = \cos(\pi n)$

1.4 순항 제어$^{\text{cruise control}}$ 시스템은 자동차가 장거리를 비교적 일정한 속도로 달릴 때 특정 속도에 대해 버튼을 눌러 설정함으로써 운전자가 가속기를 밟지 않고서도 일정한 속도로 운행할 수 있게 해주는 시스템이다. 이 순항 제어 시스템에 대한 동작원리를 간단히 설명하고 블록선도를 그려라.

1.5 [그림 1-19]와 같이 전류 전원을 갖는 RC 병렬회로의 수학적 모형을 구하라.

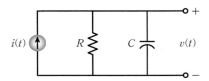

[그림 1-19]

1.6 누산기는 넣어주는 입력을 계속 더하여 출력으로 내는 이산 시스템이다. 입력 $x[n]$이 $n=0$부터 인가될 때 누산기의 동작을 표현하는 수학적 모형을 구하라.

1.7 [그림 1-20]과 같은 코사인 정현파 신호에 대해 진폭 A, 주기 T, 주파수 f_0, 위상 ϕ를 결정하라.

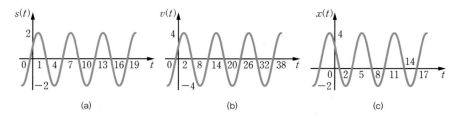

[그림 1-20]

1.8 [그림 1-21]의 지수 신호와 정현파 신호에 대해 에너지와 전력을 구하라.

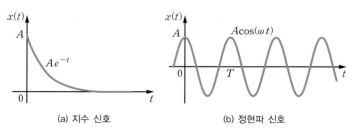

[그림 1-21]

1.9 [연습문제 **1.3**]의 이산 신호에 대해 에너지와 전력을 구하라.

1.10 [연습문제 **1.8**]의 [그림 1-21(b)]의 정현파 신호에서 $A=1$인 정현파에 대한 $A=2$인 정현파의 전력비를 데시벨로 나타내라.

1.11 최근 대학 캠퍼스, 빌딩, 아파트 단지 등의 주차장에는 자동으로 자동차 번호판을 인식하여 자동차의 출입을 관리하는 주차 관제 시스템이 도입되고 있다. 이 시스템은 등록된 차량이면 차단기를 열어서 통과시키고, 방문 차량이면 안내화면을 통해 별도의 절차를 밟도록 안내한다. 이 시스템의 블록선도를 그리고, 각 구성부의 역할을 간단히 설명하라.

1.12 [그림 1–22]와 같이 입출력 관계가 1차 미분방정식으로 표현되는 두 개의 시스템이 있다. 이 두 시스템을 종속연결한 시스템의 입력 $x(t)$에 대한 출력 $y(t)$의 관계를 표현하는 2차 미분방정식을 구하라.

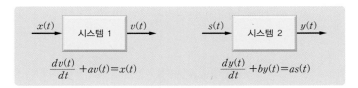

[그림 1–22]

1.13 [그림 1–23]과 같은 신호들에 대한 다음 설명 중 틀린 것을 고르고, 그 이유를 설명하라.

㉮ (a)의 정현파 $s(t)$와 이를 전파 정류한 (c)의 $x(t)$의 실효값은 같다.

㉯ 세 신호 모두 에너지는 무한하나 전력이 유한한 신호이다.

㉰ 세 신호 중에 $s(t)$를 두 배로 증폭하여 반파 정류한 (b)의 $v(t)$의 전력이 가장 작다.

㉱ $x(t)$의 $s(t)$에 대한 전력비는 0[dB], $v(t)$에 대한 전력비는 -3[dB]이다.

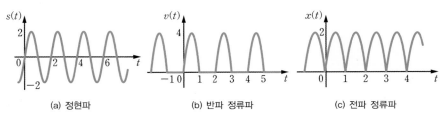

[그림 1–23]

1.14 [그림 1-24]의 연속 신호에 대해 에너지와 전력을 구하라.

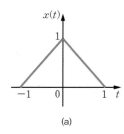

(a)

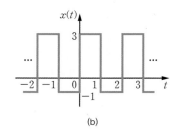

(b)

[그림 1-24]

1.15 [그림 1-25]의 이산 신호에 대해 에너지와 전력을 구하라.

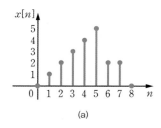

(a)

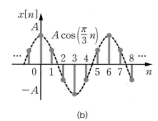

(b)

[그림 1-25]

Chapter 02

신호와 시스템의 분류

Classification of Signals and Systems

신호의 분류 2.1
시스템의 분류 2.2
연습문제

학습목표

- 신호의 주요 성질에 따른 분류를 이해할 수 있다.
- 아날로그 신호와 디지털 신호의 차이를 이해할 수 있다.
- 아날로그 신호에서 디지털 신호를 만드는 과정을 이해할 수 있다.
- 주기 신호의 특성과 신호의 대칭성에 대해 이해할 수 있다.
- 시스템의 주요 성질에 따른 분류를 이해할 수 있다.
- 선형성, 시불변성, 인과성과 안정도의 개념에 대해 이해할 수 있다.
- 선형 시불변(LTI) 시스템의 중요성을 이해할 수 있다.

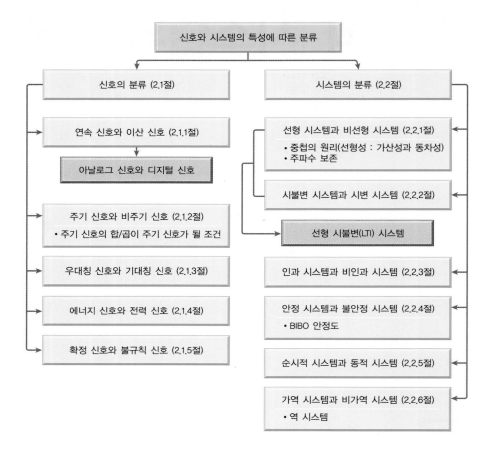

2.1 신호의 분류

다양한 신호들을 형태나 성질이 비슷한 것들끼리 묶어서 나누어 볼 수 있으며, 이에 따라 신호의 표현이나 취급이 달라질 수 있다. 이 절에서는 몇 가지 중요하고 유용한 신호의 분류에 대해 살펴본다. 기본적인 수식 표현은 연속 신호에 대해서만 나타낸다.

학습포인트

- 아날로그 신호와 디지털 신호의 차이를 이해하고, 아날로그 신호를 디지털 신호로 만드는 과정에 대해 알아본다.
- 주기 신호의 정의와 성질을 이해한다.
- 기대칭 함수와 우대칭 함수의 정의를 알고, 파형의 대칭성을 이용한 신호 표현을 잘 익혀둔다.
- 에너지 신호와 전력 신호의 정의를 알아둔다.
- 확정 신호와 불규칙 신호의 차이를 이해한다.

2.1.1 연속 신호와 이산 신호

시간 변수가 연속이냐 불연속이냐에 따라 연속 신호와 이산 신호로 나누는 것은 이미 1장의 1.3절에서 살펴보았다. 연속 신호와 이산 신호의 정의를 다시 써보면 다음과 같다.

> - **연속 신호**는 신호가 시간에 대해 끊어지지 않고 지속적으로 나타나는, 즉 모든 시간에 대해 정의되는 신호이며, $x(t)$와 같이 나타낸다.
> - **이산 신호**는 띄엄띄엄 특정한 시각에서만 정의되는 신호이며, $x[n]$과 같이 나타낸다.

매스컴이나 일상생활에서는 '아날로그'와 '디지털'이라는 용어가 흔히 쓰이고 있는데, 엄밀히 따지면 이것들은 연속 신호와 이산 신호의 특수한 경우에 해당된다.

아날로그 신호와 디지털 신호

신호는 시간뿐만 아니라 그 값(크기, 진폭)에 대해서도 연속 또는 불연속(이산)적으로 값을 가질 수 있다. 즉 신호는 [그림 2-1]과 같이 시간과 크기의 연속/이산 여부에 따라 네 종류로 나눌 수 있다. 이 중에서도 그림 (a)와 (d)는 다음과 같이 구분한다.

- **아날로그**analog **신호** : [그림 2-1(a)]. 연속 신호 중에서 시간과 크기 모두 연속적인 값을 갖는 신호이다.
- **디지털**digital **신호** : [그림 2-1(d)]. 이산 신호 중에서 시간과 크기 모두 이산적인 값만 갖는 신호이다.

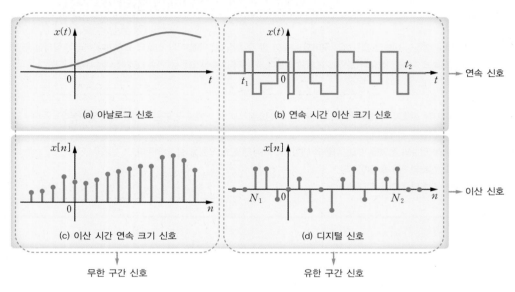

[그림 2-1] **시간과 크기에 따른 신호의 분류**

방송 전파, 음성 신호와 같이 우리가 일상생활에서 접하는 신호들은 대부분 아날로그 신호이며, 십 원 단위로 표시되는 매일의 주식 가격이나 0과 1로 표현되는 컴퓨터의 이진 신호는 대표적인 디지털 신호이다. 그러나 실제로는 좀 더 폭넓게 연속 신호를 아날로그 신호, 이산 신호를 디지털 신호라고 혼용해 쓰기도 한다. 예를 들어 '디지털 신호 처리'는 실제로는 이산 신호를 디지털 시스템으로 처리하는 분야이다.

최근 영상/음성과 같은 아날로그 신호를 HD TV나 MP3 플레이어 같은 디지털 시스템을 사용하여 처리하는 것이 보편화되어 있다. 이를 위해 아날로그 신호를 디지털 신호로 바꾸어야 하는데, 먼저 연속 신호를 일정한 시간 간격으로 순시값을 취하는 **샘플링**sampling을 통해 이산 신호로 바꾸어야 한다. 그런 다음 가게에서 상품 가격을 10원 단위로 매겨서 표시하듯이, 이산 신호에다 0.5, 1 등 특정한 간격으로 떨어진 값들만 가지도록 하는 **양자화**quantization 과정을 적용하여 디지털 신호를 얻는다. 마지막으로 컴퓨터 같은 디지털 시스템이 이해하고 처리할 수 있는 형태의 **이진 부호**binary code로 만드는 **부호화**coding 과정을 거쳐야만 비로소 디지털 시스템이 받아들여 처리할 수 있게 된다. [그림 2-2]는 아날로그 신호를 디지털 신호로 변환하는 과정을 나타낸 것이다.

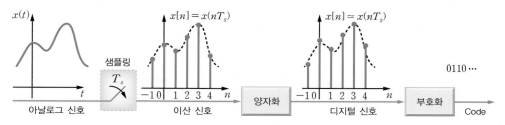

[그림 2-2] 아날로그 신호를 디지털 신호로 변환하는 과정

2.1.2 주기 신호와 비주기 신호

신호 파형의 주기성에 따라 주기 신호와 비주기 신호로 나눌 수 있다. 정현파처럼 동일한 파형이 끊임없이 반복되는 신호도 있고, 실수 지수 신호나 계단 신호와 같이 그렇지 않은 신호도 있다.

- **주기**periodic **신호**는 동일한 파형이 끊임없이 반복되는 신호로 다음 관계를 만족한다.

$$x(t + kT) = x(t), \quad k\text{는 정수} \tag{2.1a}$$

$$x[n + kN] = x[n], \quad k, N\text{은 정수} \tag{2.1b}$$

- **비주기**aperiodic **신호**는 위의 주기성을 만족하지 않는 신호이다.
- 파형이 반복되는 (최소) 시간 간격 T(또는 N)를 **(기본) 주기**(fundamental) period라고 한다.
- 두 주기 신호의 합인 신호는 각 주기 신호의 주기의 비가 유리수로 표현될 경우에 한해 주기 신호가 된다. 이때 주기는 각 주기 신호의 주기의 최소공배수가 된다.

$$\frac{T_1}{T_2}\left(\text{또는} \ \frac{N_1}{N_2}\right) = \frac{l}{k} \quad (k, l\text{은 정수}) \tag{2.2}$$

$x(t) = \sin t$는 $T = 2\pi, \ 4\pi, \ 6\pi, \ \cdots$ 등에 대해 모두 식 (2.1a)를 만족하지만, 기본 주기인 $T = 2\pi$를 $x(t) = \sin t$의 주기라고 한다. 식 (2.1b)에서 이산 신호는 시간 값 n이 항상 정수이므로 **주기 N도 정수**라는 조건이 붙는다.

예제 2-1 주기 신호의 판별

다음 신호가 주기 신호인지 판별하고, 만약 주기 신호라면 주기를 구하라.

(a) $x(t) = \cos\left(\dfrac{\pi}{3}t\right) + \sin\left(\dfrac{\pi}{2}t\right)$ (b) $y(t) = \cos\left(\dfrac{1}{3}t\right) + \sin\left(\dfrac{1}{2}t\right)$

(c) $z(t) = \cos\left(\dfrac{\pi}{3}t\right) + \sin\left(\dfrac{1}{2}t\right)$ 　　　　　　　　(d) $x[n] = \sin\left(\dfrac{3\pi n}{4}\right) + \cos\left(\dfrac{\pi n}{3}\right)$

풀이

(a) 주파수가 $x_1(t) = \cos\left(\dfrac{\pi}{3}t\right)$ 는 $\omega_1 = \dfrac{\pi}{3} = \dfrac{2\pi}{T_1}$, $x_2(t) = \sin\left(\dfrac{\pi}{2}t\right)$ 는 $\omega_2 = \dfrac{\pi}{2} = \dfrac{2\pi}{T_2}$ 이므로, 두 신호의 주기는 각각 $T_1 = 6$, $T_2 = 4$ 이다. 두 주기의 비 $\dfrac{T_1}{T_2} = \dfrac{6}{4}$ 이 유리수이므로 $x(t)$ 는 주기 신호이며, 주기는 두 정현파의 주기의 최소공배수로서 다음과 같다.

$$T = \frac{T_1 T_2}{\text{최대공약수}(T_1,\, T_2)} = \frac{6 \times 4}{2} = 12$$

이상과 같은 각 신호의 주기는 [그림 2-3]의 파형에서 바로 확인할 수 있다.

(b) $\cos\left(\dfrac{1}{3}t\right)$ 의 주파수는 $\omega_1 = \dfrac{1}{3} = \dfrac{2\pi}{T_1}$, $\sin\left(\dfrac{1}{2}t\right)$ 는 주파수가 $\omega_2 = \dfrac{1}{2} = \dfrac{2\pi}{T_2}$ 이므로, 두 신호의 주기는 각각 $T_1 = 6\pi$, $T_2 = 4\pi$ 이다. 두 주기의 비 $\dfrac{T_1}{T_2} = \dfrac{6\pi}{4\pi} = \dfrac{3}{2}$ 이 유리수이므로 $y(t)$ 는 주기 신호이며, 주기는 두 정현파의 주기의 최소공배수로서 다음과 같다.

$$T = \frac{T_1 T_2}{\text{최대공약수}(T_1,\, T_2)} = \frac{6\pi \times 4\pi}{2\pi} = 12\pi$$

각각의 주기 신호의 주기가 유리수로 주어졌던 (a)의 경우와 달리, 각 신호의 주기가 무리수임에도 불구하고 두 주기의 비는 유리수가 되어 $x(t)$ 는 주기 신호가 된다.

(c) $z_1(t) = \cos\left(\dfrac{\pi}{3}t\right)$ 의 주기는 $T_1 = 6$, $z_2(t) = \sin\left(\dfrac{1}{2}t\right)$ 의 주기는 $T_2 = 4\pi$ 이므로, 두 주기의 비는 $\dfrac{T_1}{T_2} = \dfrac{6}{4\pi}$ 이 되어 유리수가 아니다. 따라서 $z(t)$ 는 주기 신호가 아니다.

이 결과 또한 [그림 2-3]의 파형에서 확인할 수 있다. 그림을 잘 살펴보면 $z(t)$ 가 조금씩 달라져서 결코 같은 파형을 반복하지 않는다. 이처럼 각각의 신호가 주기 신호라 해도 이를 더한 신호는 반드시 식 (2.2)의 조건을 만족해야 주기 신호가 된다.

(d) 사인파의 주기 N_1 은 다음의 관계로부터 $\dfrac{3\pi N_1}{4} = 2\pi k$ 를 만족해야 하므로 $N_1 = 8$ 이 된다 (이산 신호의 주기는 정수가 되어야 함을 유의하라).

$$\sin\left(\frac{3\pi(n + N_1)}{4}\right) = \sin\left(\frac{3\pi n}{4} + \frac{3\pi N_1}{4}\right) = \sin\left(\frac{3\pi n}{4}\right)$$

마찬가지로 코사인파의 주기 N_2 도 $\dfrac{\pi N_2}{3} = 2\pi k$ 를 만족해야 하므로 $N_2 = 6$ 이 된다.

$$\cos\left(\frac{\pi(n + N_2)}{3}\right) = \cos\left(\frac{\pi n}{3} + \frac{\pi N_2}{3}\right) = \cos\left(\frac{\pi n}{3}\right)$$

두 주기의 비 $\dfrac{N_1}{N_2} = \dfrac{8}{6}$ 이 유리수이므로 $x[n]$은 주기 신호이며, 주기는 두 정현파의 주기의 최소공배수로서 다음과 같다.

$$N = \frac{N_1 N_2}{\text{최대공약수}(N_1, N_2)} = \frac{(8)(6)}{2} = 24$$

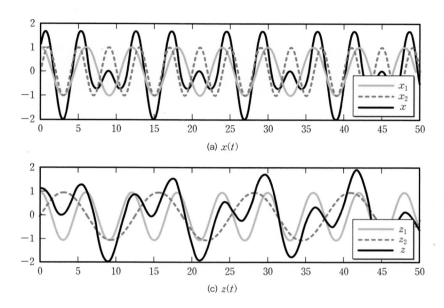

(a) $x(t)$

(c) $z(t)$

[그림 2-3] [예제 2-1]의 신호 파형

2.1.3 우대칭 신호와 기대칭 신호

코사인파와 사인파 같은 신호들은 파형이 특별한 대칭성을 지닌다. [그림 2-4]에서 보듯이 코사인파는 세로축에 대해 대칭으로 **우(함수)대칭 신호**, 사인파는 원점에 대해 $180°$ 대칭으로 **기(함수)대칭 신호**라고 한다.

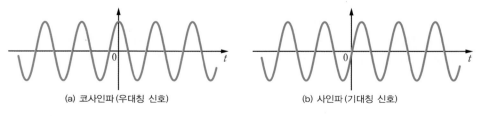

(a) 코사인파 (우대칭 신호)   (b) 사인파 (기대칭 신호)

[그림 2-4] 우대칭 신호와 기대칭 신호

- **우대칭**even symmetric **신호**는 파형이 세로축에 대해 대칭인 신호이다.

$$x(t) = x(-t) \tag{2.3}$$

- **기대칭**odd symmetric **신호**는 파형이 원점에 대해 180° 대칭인 신호이다.

$$x(t) = -x(-t) \tag{2.4}$$

- 신호 $x(t)$는 우대칭 신호 $x_e(t)$와 기대칭 신호 $x_o(t)$의 합으로 표현할 수 있다.

$$x(t) = \frac{[x(t) + x(-t)]}{2} + \frac{[x(t) - x(-t)]}{2} = x_e(t) + x_o(t) \tag{2.5}$$

예제 2-2 신호의 우대칭 성분과 기대칭 성분

$x(t) = \cos(2\pi t) + \sin(4\pi t)$의 우대칭 성분과 기대칭 성분을 구하라.

풀이

$x(t)$는 코사인파와 사인파의 합으로 이미 기대칭 성분과 우대칭 성분의 합으로 표현되어 있다. 따라서 식 (2.5)로 계산하더라도 우대칭 성분은 코사인파, 기대칭 성분은 사인파가 얻어질 것으로 예상할 수 있다.

식 (2.5)로부터 $x(t)$의 우대칭 성분과 기대칭 성분을 구하면 다음과 같다.

$$
\begin{aligned}
x_e(t) &= \frac{x(t) + x(-t)}{2} = \frac{[\cos(2\pi t) + \sin(4\pi t)] + [\cos(-2\pi t) + \sin(-4\pi t)]}{2} \\
&= \frac{\cos(2\pi t) + \sin(4\pi t) + \cos(2\pi t) - \sin(4\pi t)}{2} \\
&= \frac{2\cos(2\pi t)}{2} = \cos(2\pi t)
\end{aligned}
$$

$$
\begin{aligned}
x_o(t) &= \frac{x(t) - x(-t)}{2} = \frac{[\cos(2\pi t) + \sin(4\pi t)] - [\cos(-2\pi t) + \sin(-4\pi t)]}{2} \\
&= \frac{\cos(2\pi t) + \sin(4\pi t) - \cos(2\pi t) + \sin(4\pi t)}{2} \\
&= \frac{2\sin(4\pi t)}{2} = \sin(4\pi t)
\end{aligned}
$$

예상한 대로 우대칭 성분은 코사인 신호, 기대칭 성분은 사인 신호로 구해진다. [그림 2-5]에 $x(t)$와 $x_e(t)$, $x_o(t)$를 나타내었다. 그림에서 $x(t)$의 파형은 대칭성을 만족하지 않지만, $x_e(t)$와 $x_o(t)$는 각각 우대칭과 기대칭임을 볼 수 있다.

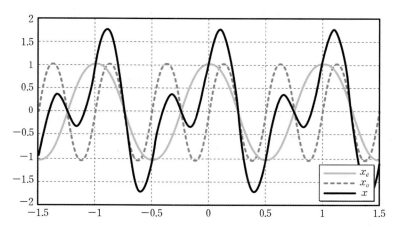

[그림 2-5] [예제 2-2]의 신호의 우대칭 성분과 기대칭 성분

[그림 2-6(a)]의 신호에 대해 기대칭 성분과 우대칭 성분을 구하라.

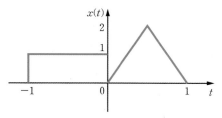 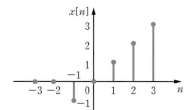

(a) 원 신호

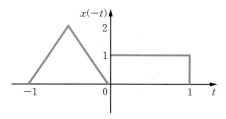 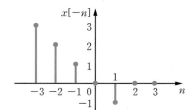

(b) 반사 신호

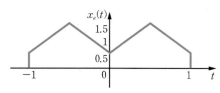 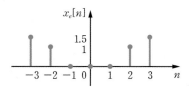

(c) 신호의 우대칭 성분

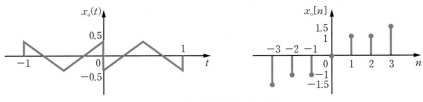

(d) 신호의 기대칭 성분

[그림 2-6] 신호의 우대칭 성분과 기대칭 성분에 의한 표현

풀이

식 (2.5)와 같이 [그림 2-6]의 (a)의 원 신호에서 시간축을 뒤집은 (b)의 반사 신호를 더하거나 빼서 크기를 반으로 줄이면 우대칭 성분과 기대칭 성분이 얻어진다. 그림에서 (c)의 우대칭 성분과 (d)의 기대칭 성분을 더하면 (a)의 원 신호가 얻어짐을 볼 수 있다.

2.1.4 에너지 신호와 전력 신호

신호는 에너지에 따라 에너지 신호와 전력 신호로 나눌 수 있다.

- **에너지 신호**는 에너지가 유한한 신호이다.

$$E = \lim_{T \to \infty} \int_{-\frac{T}{2}}^{\frac{T}{2}} |x(t)|^2 \, dt < \infty \tag{2.6}$$

- **전력 신호**는 에너지는 무한하나 전력이 유한한 신호이다.

$$P = \lim_{T \to \infty} \frac{1}{T} \int_{-\frac{T}{2}}^{\frac{T}{2}} |x(t)|^2 \, dt < \infty \tag{2.7}$$

길이가 유한한 유한 구간 신호는 에너지 신호이다. 길이가 무한한 무한 구간 신호 중에도 시간에 따라 크기가 감쇠하는 지수 신호와 같이 에너지 신호들이 많이 있다.

전력은 에너지의 시간에 대한 평균이므로 에너지 신호는 전력이 0이 된다([그림 2-7(a)]). [그림 2-7(b)]의 계단 신호와 같이 무한 에너지를 갖는 다수의 신호들은 전력이 유한한 전력 신호이다. 주기 신호는 한 주기 동안의 에너지가 유한하더라도 총 에너지는 무한하게 된다. 그러나 이 경우 한 주기의 에너지 평균이 곧 전체 구간의 에너지 평균이므로 전력은 유한하다. 따라서 **일반적으로 주기 신호는 전력 신호가 된다.**

그러나 모든 신호가 반드시 에너지 신호나 전력 신호가 되는 것은 아니다. [그림 2-7(c)]에 나타낸 것처럼 램프 신호와 같이 신호들 중에는 에너지와 전력이 모두 무한한 신호, 다시 말해 에너지 신호도 전력 신호도 아닌 신호들도 있다.

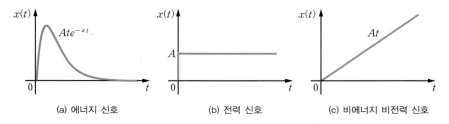

(a) 에너지 신호   (b) 전력 신호   (c) 비에너지 비전력 신호

[그림 2-7] 에너지 신호와 전력 신호의 예

예제 2-4   에너지 신호와 전력 신호

[그림 2-7]의 신호의 에너지와 전력을 구해 에너지 신호인지 전력 신호인지 확인하라.

풀이

(a)의 신호는 $x(t) = Ate^{-\alpha t}(\alpha > 0)$으로 표현할 수 있으므로 에너지를 계산하면

$$E = \int_{-\infty}^{\infty} |x(t)|^2 dt = \int_0^{\infty} A^2 t^2 e^{-2\alpha t} dt = -\frac{A^2}{2\alpha} t^2 e^{-2\alpha t}\Big|_0^{\infty} + \frac{2A^2}{2\alpha} \int_0^{\infty} t e^{-2\alpha t} dt$$

$$= \frac{A^2}{\alpha}\left(-\frac{1}{2\alpha} t e^{-2\alpha t}\Big|_0^{\infty} + \frac{1}{2\alpha} \int_0^{\infty} e^{-2\alpha t} dt\right) = -\frac{A^2}{4\alpha^3} e^{-2\alpha t}\Big|_0^{\infty} = \frac{A^2}{4\alpha^3}$$

이다. 따라서 에너지가 유한하므로 에너지 신호이다.

(b)의 신호는 $x(t) = A\,(t \geq 0)$로 표현할 수 있으므로

$$E = \lim_{T\to\infty} \int_{-T/2}^{T/2} |x(t)|^2 dt = \lim_{T\to\infty} \int_0^{T/2} A^2 dt = \lim_{T\to\infty} A^2 t\Big|_0^{T/2} = \lim_{T\to\infty} A^2 \frac{T}{2} = \infty$$

$$P = \lim_{T\to\infty} \frac{1}{T} \int_{-T/2}^{T/2} |x(t)|^2 dt = \lim_{T\to\infty} \frac{1}{T} \frac{A^2 T}{2} = \frac{A^2}{2}$$

이 된다. 에너지는 무한하지만 전력은 유한하므로 전력 신호이다.

(c)의 신호는 $x(t) = At\,(t \geq 0)$로 표현할 수 있으므로

$$E = \lim_{T\to\infty} \int_{-T/2}^{T/2} |x(t)|^2 dt = \lim_{T\to\infty} \int_0^{T/2} A^2 t^2 dt = \lim_{T\to\infty} \frac{A^2}{3} t^3\Big|_0^{T/2} = \lim_{T\to\infty} \frac{A^2}{3} \frac{T^3}{8} = \infty$$

$$P = \lim_{T\to\infty} \frac{1}{T} \int_{-T/2}^{T/2} |x(t)|^2 dt = \lim_{T\to\infty} \frac{1}{T} \frac{A^2}{3} \frac{T^3}{8} = \infty$$

가 되어 에너지와 전력이 모두 무한하므로, 에너지 신호도 전력 신호도 아니다.

2.1.5 확정 신호와 불규칙 신호

$x(t) = 3t + 2$와 같은 신호들은 시간 t의 값에 따라 신호의 값이 정해져 변함이 없다. 반면에 주사위를 500번을 한 세트로 던질 경우, 던질 때마다 결과는 달라지지만 주사위 각 면의 숫자가 나올 확률이나 기댓값 등의 통계적 성질은 변하지 않는다. 앞의 경우를 **확정**deterministic **신호**, 뒤의 경우를 **불규칙**random **신호**라고 한다.

> - **확정 신호**는 시간에 대해 미리 정해진 형태를 갖는 신호, 다시 말해 수식이나 표 또는 다른 규칙에 의해 명확하게 표현될 수 있는 신호이다.
> - **불규칙 신호**는 시간에 대해 미리 정해진 형태를 갖지 않아 신호의 값을 예측할 수는 없지만, 일정한 통계적 특성을 가지는 신호로서 확률적으로 취급해야 한다.

반도체 소자의 열잡음이나 통신 시스템의 잡음 등은 스펙트럼이 모든 주파수에 걸쳐 있기 때문에 **백색 잡음**white noise이라 한다. [그림 2-8]은 이의 한 예이다.

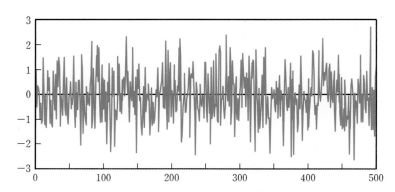

[그림 2-8] **불규칙 신호의 예 : 백색 잡음**

2.2

시스템의 분류

신호와 마찬가지로 시스템도 그 특성에 따라 여러 범주로 분류할 수 있다. 분류의 기준이 되는 성질들은 수학적으로 엄밀하게 정의되기는 하지만, 실제로는 입력에 대한 시스템의 작용이 어떻게 이루어지는가 하는 물리적인 현상을 반영한 것이므로 그 안에 담긴 개념을 잘 이해해야 한다. 1.3절에서 연속과 이산의 개념에 대해서 이미 다루었으므로 연속 시스템과 이산 시스템의 구분은 따로 살펴보지 않을 것이다. 그리고 시스템 특성의 기본적인 수식 표현은 연속 시스템에 대해서만 나타내고, 꼭 필요한 경우에만 이산 시스템에 대한 수식 표현도 함께 제시할 것이다.

학습포인트

- 선형성과 선형 시스템의 정의를 알아둔다.
- 중첩의 원리와 주파수 보존 등 선형 시스템의 특성에 대해 이해한다.
- 시불변성과 시불변 시스템에 대해 이해하고, 선형 시불변 시스템의 중요성을 인식한다.
- 인과성과 인과 시스템의 정의, 안정도 및 안정 시스템의 정의와 중요성을 이해한다.
- 동적 시스템과 순시적 시스템의 차이, 역 시스템과 가역 시스템의 개념을 이해한다.
- 분류에 적용되는 시스템의 성질들이 어떤 물리적 현상을 반영하는지 이해한다.

2.2.1 선형 시스템과 비선형 시스템

- **선형성**linearity은 가산성과 동차성의 두 가지 성질을 만족하는 것이다. 선형성을 다른 말로 **중첩의 원리**principle of superposition라고도 한다.

  가산성 : $H\{x_1\} = y_1, \ H\{x_2\} = y_2 \ \rightarrow \ H\{x_1 + x_2\} = H\{x_1\} + H\{x_2\} = y_1 + y_2$

  $$(2.8)$$

  동차성 : $H\{x\} = y \ \rightarrow \ H\{\alpha x\} = \alpha H\{x\} = \alpha y$ $\quad\quad\quad (2.9)$

- **선형 시스템**linear system은 입출력 관계가 선형성, 즉 중첩의 원리를 만족하는 시스템 이다.

  $$H\{\alpha x_1 + \beta x_2\} = \alpha H\{x_1\} + \beta H\{x_2\} = \alpha y_1 + \beta y_2 \quad\quad (2.10)$$

- **비선형 시스템**nonlinear system은 입출력 관계가 선형이 아닌 시스템이다.

- 선형 시스템에서는 출력에 입력의 주파수가 보존된다. 반면에, 비선형 시스템에서는 출력에 입력과 다른 주파수 성분이 생길 수 있다.

가산성additivity은 여러 신호가 동시에 입력될 때의 출력이 각 신호를 따로따로 입력시켰을 때 나오는 출력의 합과 같아지는 성질이고, **동차성**homogeneity은 입력의 크기를 두 배, 세 배로 했을 때 출력도 두 배, 세 배로 커지는 성질을 나타낸다. 전기회로에서 유용하게 쓰이는 원리로, 회로 내에 여러 개의 전원이 존재할 때 각각의 전원이 단독으로 존재할 때의 전류 전압 분포를 구하여 모두 더하면 된다는 중첩의 원리가 바로 식 (2.10)의 선형성과 같음을 알 수 있을 것이다.

RLC 회로와 같은 수동 전기회로는 대표적인 선형 시스템이며, [그림 2-9]에 나타낸 리미터, 포화기나 히스테리시스 회로 등은 비선형 시스템의 예이다.

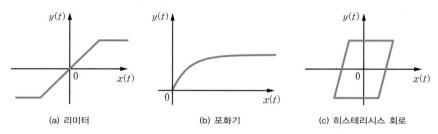

(a) 리미터   (b) 포화기   (c) 히스테리시스 회로

[그림 2-9] **비선형 시스템의 예**

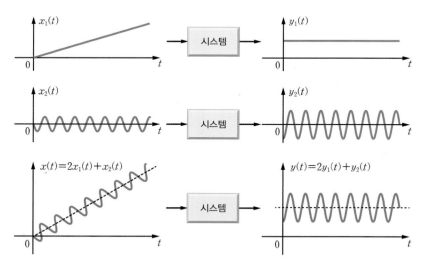

[그림 2-10] **연속 선형 시스템의 예(미분기)**

[그림 2-10]은 선형성을 만족하는 연속 시스템의 예(미분기)를 나타낸 것이다. 그림에서 보면, 이 시스템에서 입력 $x_1(t) = at$에 대한 출력은 $y_1(t) = a$, 입력 $x_2(t) = -\sin(2t)$

에 대한 출력은 $y_2(t) = -2\cos(2t)$이다. $x_1(t)$를 2배 한 것에 $x_2(t)$를 더하여 시스템의 입력으로 넣어주면 출력이 $y_1(t)$를 2배 한 것과 $y_2(t)$를 더한 값으로 나온다($y(t) = \dfrac{d}{dt}(2at - \sin(2t)) = 2a - 2\cos(2t)$). 따라서 이 시스템은 선형성을 만족하는 선형 시스템이다.

[그림 2-11]에는 이산 선형 시스템의 예를 보였다. 그림으로부터 식 (2.10)의 선형성을 만족함을 금방 알 수 있다.

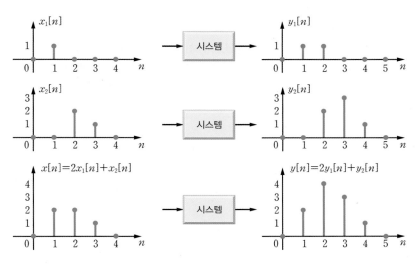

[그림 2-11] **이산 선형 시스템의 예**

선형성은 시스템이 지녀야 할 바람직한 특성으로, 신호와 시스템의 모형화와 해석에서 핵심이 되는 아주 중요한 개념이다. [그림 2-11]의 예에서 보았듯이, 만약 **아주 복잡한 형태를 지닌 임의의 입력 신호가 단순한 형태의 기본적인 신호들의 합으로 분해될 수 있다면, 선형 시스템인 경우에는 각각의 기본적인 신호들에 대한 응답을 분리하여 계산한 뒤에 이들을 더함으로써 수월하게 시스템의 출력을 구할 수 있다.** 하지만 비선형 시스템이라면 이러한 접근이 불가능하다.

예제 2-5 선형 시스템의 판별

입출력 관계가 다음과 같은 시스템이 있다. 이것이 선형 시스템인지 아닌지 판별하라.

(a) $y(t) = 2x(t) + 1$ (b) $y[n] = 2x[n]$

풀이

(a) 입력 $x_1(t)$와 $x_2(t)$에 대한 출력을 각각 $y_1(t)$와 $y_2(t)$라고 하자. 입력 $2x_1(t)$에 대한 출력은 $y'(t) = 2(2x_1(t)) + 1 = 4x_1(t) + 1 \neq 2y_1(t)$로 동차성이 만족되지 않는다. 그리고 입력 $x_1(t) + x_2(t)$에 대한 출력은 $y'(t) = 2(x_1(t) + x_2(t)) + 1 = 2x_1(t) + 2x_2(t) + 1$

$\neq y_1(t) + y_2(t)$로 가산성도 만족하지 않는다. 따라서 이 시스템은 비선형 시스템이다.

(b) 이번에는 (a)의 풀이처럼 동차성과 가산성을 따로 체크하지 않고 한꺼번에 식 (2.10)의 선형성이 만족되는지 확인해보자.

$$y[n] = H\{\alpha x_1[n] + \beta x_2[n]\} = 2(\alpha x_1[n] + \beta x_2[n]) = \alpha 2 x_1[n] + \beta 2 x_2[n]$$

$$= \alpha y_1[n] + \beta y_2[n]$$

선형성이 만족되므로 이 시스템은 선형 시스템이다.

이상의 결과에서 보듯이, 입력과 출력의 관계가 직선, 즉 선형으로 주어진다고 다 선형 시스템인 것은 아니다. 입력과 출력의 관계가 **입출력 공간에서 원점을 통과하는 일차식(직선 또는 평면)으로 나타나야** 선형성을 만족하는 선형 시스템이 된다.

예제 2-6 **적분기의 선형성 판별**

적분기의 입출력 관계는 $y(t) = \int x(t)dt$이다. 선형성을 판별하라.

풀이

입력 $x_1(t)$와 $x_2(t)$에 대한 시스템의 출력을 각각 $y_1(t)$와 $y_2(t)$라고 하자. 선형성을 판별하려면 다음과 같이 식 (2.10)이 성립하는지 확인하면 된다.

$$H\{\alpha x_1(t) + \beta x_2(t)\} = \int (\alpha x_1(t) + \beta x_2(t))\, dt = \alpha \int x_1(t)\, dt + \beta \int x_2(t)\, dt$$

$$= \alpha y_1(t) + \beta y_2(t)$$

선형성을 만족하므로, 적분기는 선형 시스템이다.

◯ Tip & Note

✔ 선형 시스템과 주파수 보존

입력의 제곱을 출력으로 내는 시스템 $y(t) = x^2(t)$를 생각해보자. 입력 $x_1(t)$와 $x_2(t)$에 대한 출력이 각각 $y_1(t)$와 $y_2(t)$일 때, 이 시스템에 입력 $x_1(t) + x_2(t)$를 인가하면 시스템 응답이 다음과 같이 선형성을 만족하지 않으므로 이 시스템은 비선형 시스템이다.

$$H\{x_1(t) + x_2(t)\} = (x_1(t) + x_2(t))^2 = x_1^2(t) + x_2^2(t) + 2x_1(t)x_2(t)$$

$$\neq x_1^2(t) + x_2^2(t) = y_1(t) + y_2(t)$$

이 시스템의 정현파 $x(t) = 2\cos(\omega_0 t)$에 대한 출력을 구해보면, 다음과 같이 주파수가 0인 직류 성분과 주파수가 $2\omega_0$인 정현파의 두 성분으로 구성되어 있으며, 입력 신호와 같은 주파수 성분은 존재하지 않음을 알 수 있다.

$$y(t) = 4\cos^2(\omega_0 t) = 2(1 + \cos(2\omega_0 t)) = 2 + 2\cos(2\omega_0 t)$$

반면에 $y(t) = 2x(t)$와 같은 선형 시스템에 정현파 입력 $x(t) = 2\cos(\omega_0 t)$를 인가하면, 시스템 출력은 $y(t) = 4\cos(\omega_0 t)$가 되어 출력의 주파수는 변하지 않는다.

이상의 논의에서 알 수 있듯이, **선형 시스템의 출력은 오로지 입력과 같은 주파수 성분만을 포함하는 반면에, 비선형 시스템에서는 출력에 입력과 다른 주파수 성분이 생길 수 있다.** 주파수 보존 성질은 선형 시스템이 갖는 좋은 특성의 하나로, 전기회로에서 교류 해석을 할 때 정현파 입력에 대한 크기와 위상의 변화만 계산하면 되는 것도 이 덕분이다. 이 성질은 뒤에 살펴보겠지만 6장의 주파수 응답 개념으로 연결되어 다양한 주파수 성분을 포함한 복잡한 입력에 대해서도 큰 어려움 없이 출력을 구할 수 있게 해준다.

2.2.2 시불변 시스템과 시변 시스템

- **시불변**time invariant **시스템**은 입력을 넣어주는 시간에 상관없이 같은 입력에 대해서는 항상 같은 반응을 나타내는 시스템이다. 따라서 입력 신호를 t_0만큼 지연해서 넣어주면 출력 신호도 t_0만큼 지연되어 나온다. 이때 출력의 파형은 변하지 않는다.

$$H\{x(t)\} = y(t) \ \rightarrow \ H\{x(t-t_0)\} = y(t-t_0) \tag{2.11}$$

- **시변**time varying **시스템**은 입력이 들어오는 시간에 따라 출력이 달라지는 시스템이다.
- 시불변 시스템이 되려면 시간에 따라 시스템의 특성이 바뀌지 않아야 한다. 따라서 시스템 방정식의 계수가 상수이면 시불변 시스템이고, 시간의 함수이면 시변 시스템이다.

시불변성은 출력이 입력의 형태(값)에만 종속이고, 적용되는 시점에는 독립적인 성질을 가리킨다. [그림 2-12]와 [그림 2-13]에 시불변 시스템과 시변 시스템의 예를 보였다. 시불변 시스템에서는 입력의 시간 이동에 대해서 출력 파형은 그대로 유지한 채 시간 이동만 있을 뿐이지만, 시변 시스템에서는 출력 파형 자체가 달라짐을 볼 수 있다.

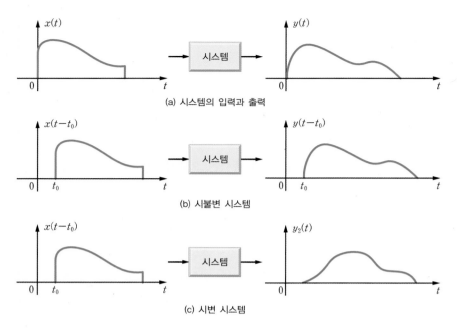

(a) 시스템의 입력과 출력

(b) 시불변 시스템

(c) 시변 시스템

[그림 2-12] **연속 시불변 시스템과 시변 시스템의 예**

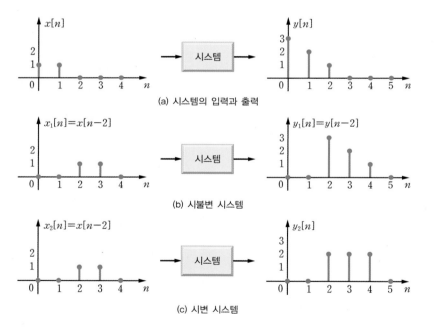

(a) 시스템의 입력과 출력

(b) 시불변 시스템

(c) 시변 시스템

[그림 2-13] **이산 시불변 시스템과 시변 시스템**

입출력 관계가 다음과 같은 시스템이 시불변인지 시변인지를 판별하라.

(a) $y(t) = \cos(x(t))$ (b) $y[n] = (n+1)x[n]$

풀이

(a) 시스템이 시불변 시스템인지 아닌지를 판별하려면 식 (2.11)의 관계가 성립하는지 확인하면 된다. 먼저 $y(t)$를 t_0만큼 시간 이동한 신호는 다음과 같고

$$y(t-t_0) = \cos(x(t-t_0))$$

t_0만큼 시간 이동한 입력 신호 $x'(t) = x(t-t_0)$를 인가했을 경우의 시스템 출력은

$$y'(t) = H\{x'(t)\} = \cos(x'(t)) = \cos(x(t-t_0)) = y(t-t_0)$$

가 되므로 이 시스템은 시불변 시스템이다.

(b) 주어진 방정식에서 출력을 n_0만큼 시간 지연하면, 즉 n 대신 $n-n_0$를 대입하면

$$y[n-n_0] = (n-n_0+1)x[n-n_0] \qquad \cdots ❶$$

와 같고, $x[n]$을 n_0만큼 시간 지연시킨 $x[n-n_0]$를 입력으로 넣었을 때 시스템의 출력을 $y_s[n] = H\{x[n-n_0]\}$라 하면 다음의 관계를 만족한다.

$$y_s[n] = (n+1)x[n-n_0] \qquad \cdots ❷$$

❶과 ❷를 비교하면 $x[n-n_0]$의 계수 항이 서로 다르므로 두 출력은 같지 않다. 그러므로 이 시스템은 시불변성을 만족하지 않는 시변 시스템이다.

이상의 결과에서 보듯이 **입출력 방정식의 계수, 즉 시스템의 파라미터가 상수가 아닌 시간 함수로 주어지면 시변 시스템이 된다.**

- **선형 시불변(LTI)**$^{\text{linear time invariant}}$ **시스템**은 선형이면서 시불변인 시스템이다.
- 신호 및 시스템 해석에서 주로 다루는 기본 시스템은 선형 시불변 시스템이다.

비선형 시스템보다는 선형 시스템이, 시변 시스템보다는 시불변 시스템이 시스템의 출력을 구하거나 특성을 해석하기가 쉽고 편리하므로, 선형 시불변 시스템을 중심으로 시스템을 다루게 된다.

어떤 선형 시불변 시스템의 입력 $x(t) = \cos\left(\dfrac{\pi}{2}t\right)$에 대한 출력이 $y(t) = \sin\left(\dfrac{\pi}{2}t\right)$라고 한다. 입력 $x(t) = 2\cos\left(\dfrac{\pi}{2}t\right) + \cos\left(\dfrac{\pi}{2}(t-1)\right)$에 대한 이 시스템의 출력을 구하라.

풀이

시스템의 출력은 선형성에 의해 $2\cos\left(\dfrac{\pi}{2}t\right)$와 $\cos\left(\dfrac{\pi}{2}(t-1)\right)$을 각각 입력으로 넣었을 때의 출력을 더한 것과 같다. 또한 시불변성에 의해 $\cos\left(\dfrac{\pi}{2}(t-1)\right)$에 대한 출력은 $\cos\left(\dfrac{\pi}{2}t\right)$에 대한 출력을 $t_0 = 1$만큼 시간 지연시킨 것과 같다. 그러므로 이 시스템의 주어진 입력 $x(t)$에 대한 출력은 다음과 같이 얻어진다.

$$y(t) = 2\sin\left(\frac{\pi}{2}t\right) + \sin\left(\frac{\pi}{2}(t-1)\right) = 2\sin\left(\frac{\pi}{2}t\right) + \sin\left(\frac{\pi}{2}t - \frac{\pi}{2}\right) = 2\sin\left(\frac{\pi}{2}t\right) - \cos\left(\frac{\pi}{2}t\right)$$

2.2.3 인과 시스템과 비인과 시스템

- **인과**causal **시스템**은 입력을 인가하기 전에는 출력이 발생하지 않는 시스템이다. 즉 인과 시스템의 출력은 현재 및 과거의 입력에만 의존하고 미래의 입력 값에는 무관하다.

$$x(t) = 0 \ (t \le t_0) \quad \rightarrow \quad y(t) = 0 \ (t \le t_0) \tag{2.12}$$

- **비인과**noncausal **시스템**은 미래의 입력에 대해 현재 반응할 수 있는 예측적 시스템이다.

시스템의 인과성은 미래의 입력이 현재의 출력에는 영향을 주지 못하는 입력에 대한 비예측적non-anticipatory 성질을 말한다.

[그림 2-14]와 [그림 2-15]는 인과 시스템과 비인과 시스템의 예를 보인 것이다. [그림 2-14]에서 보면, (a)의 경우에는 입력이 들어간 이후에 출력이 나오기 시작하므로 인과성을 만족하지만, (b)의 경우에는 입력이 들어오기도 전에 먼저 출력이 나오고 있으므로 비인과적인 시스템이다. [그림 2-15]에서도 (b)의 경우 입력은 $n = 0$에서 들어왔지만 그보다 앞선 시간인 $n = -1$에서 이미 출력 $y[-1]$이 나오므로, 인과성을 만족하지 않는 비인과 시스템이다.

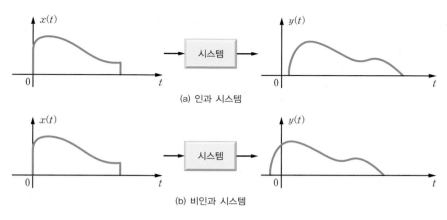

(a) 인과 시스템

(b) 비인과 시스템

[그림 2-14] **연속 인과 시스템과 비인과 시스템의 예**

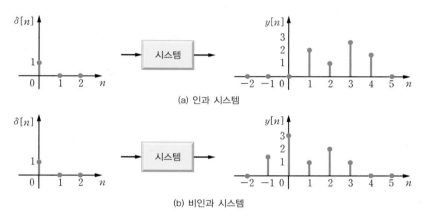

(a) 인과 시스템

(b) 비인과 시스템

[그림 2-15] **이산 인과 시스템과 비인과 시스템의 예**

실생활에서 접하는 물리적 시스템은 거의 인과 시스템이며, 특히 실시간 처리를 필요로 하는 경우에는 미래의 입력 값을 현재 시점에서 관측할 수 없기 때문에 비인과적인 동작을 하는 시스템을 물리적으로 구현하는 것이 불가능하다. 하지만 실시간 처리를할 필요가 없는 경우에는 입력 값을 모두 저장하고 있다가 특정 시점의 출력을 구하는데 이용할 수 있으므로 비인과 시스템을 구현할 수 있을뿐더러 매우 유용한 수단이 되기도 한다.

영상 처리의 경우를 예로 들어보자. 담고자 하는 영상을 디지털 캠코더를 이용해 디스크(저장 장치)에 녹화한 다음, 필터를 이용하여 화질을 개선시키는 작업을 한다. 이때 필터는 시간 t_0 순간의 영상을 그 순간뿐만 아니라 t_0을 전후한 시간의 데이터들을 이용해서 더 좋은 화질을 만들어낸다. 그렇다면 필터는 t_0보다 앞선 시간의 데이터를 사용하여 t_0 순간의 영상을 출력하였으므로 비인과 시스템이라 할 수 있다. 이러한 작업은 음성, 영상, 공간 탐사 등의 신호를 처리하는 데 효과적으로 활용된다.

입출력 관계가 다음과 같은 두 시스템 중 어느 것이 인과 시스템인지 판별하라.

(a) $y[n] = \dfrac{1}{N} \displaystyle\sum_{k=n-N+1}^{n} x[k]$

(b) $y(t) = \dfrac{1}{T} \displaystyle\int_{t-T/2}^{t+T/2} x(\tau)\,d\tau$

풀이

(a)는 n 순간의 출력 $y[n]$이 n 순간까지 들어온 N개의 입력 값에 대한 평균으로, 출력에 미래의 입력이 기여하지 않으므로 인과 시스템이다.

한편 (b)는 다음과 같이 다시 쓸 수 있다.

$$y(t) = \frac{1}{T} \int_{t-T/2}^{t} x(\tau)\,d\tau + \frac{1}{T} \int_{t}^{t+T/2} x(\tau)\,d\tau$$

여기서 두 번째 적분항은 t 이후부터 $t + \dfrac{T}{2}$ 까지 입력 값을 이용한 적분이므로 미래의 입력이 t 순간의 출력 $y(t)$에 기여한다. 따라서 비인과 시스템이다.

2.2.4 안정 시스템과 불안정 시스템

안정성은 시스템의 동작이 불안하지 않고 꾸준히 작동될 수 있는지에 관한 성질이다. 안정성은 모든 물리적 시스템에 요구되는 기본 특성으로서 **시스템을 설계하고 만들 때 우선적으로 시스템이 안정한가가 고려되어야 한다.** 안정도의 정의는 여러 가지가 있지만, 가장 기본적인 것은 **유한 입력 유한 출력(BIBO) 안정도**이다.

- **유한 입력 유한 출력(BIBO) 안정도**Bounded Input Bounded Output stability는 시스템의 입력이 유한한 크기를 가질 때 출력의 크기도 반드시 유한하게 보장되는 것으로 정의된다.

$$|x(t)| \leq M_x < \infty, \ \forall t \ \rightarrow \ |y(t)| \leq M_y < \infty, \ \forall t \qquad (2.13)$$

- **(BIBO) 안정**stable **시스템**은 BIBO 안정도를 만족하는 시스템으로 망가지지 않고 꾸준히 작동될 수 있는 시스템이다.
- **(BIBO) 불안정**unstable **시스템**은 BIBO 안정도를 만족하지 않는 시스템으로, 입력이 유한해도 출력이 점점 커져서 궁극적으로는 작동을 멈추거나 파괴되고 만다.

[그림 2-16]과 [그림 2-17]에 BIBO 안정 시스템과 BIBO 불안정 시스템의 예를 보였다. [그림 2-16(a)]는 RC 직렬회로에 직류 전압을 인가했을 때 회로 전류, [그림 2-16(b)]는 적분기에 직류를 인가했을 때의 출력이 이런 경우에 해당된다.

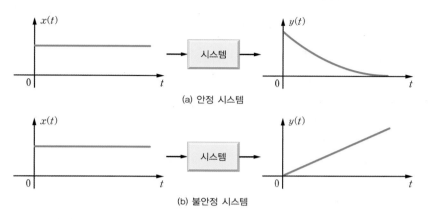

(a) 안정 시스템

(b) 불안정 시스템

[그림 2-16] **연속 안정 시스템과 불안정 시스템**

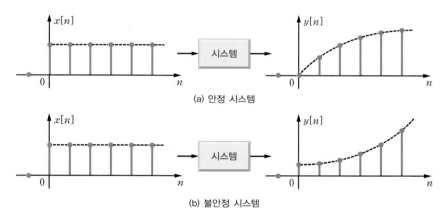

(a) 안정 시스템

(b) 불안정 시스템

[그림 2-17] **이산 안정 시스템과 불안정 시스템**

예제 2-10 안정도의 판별

입출력 관계가 다음과 같은 시스템이 있다. 이들 시스템의 안정도를 판별하라.

(a) $y[n] = x[n]x[n-3]$

(b) $y(t) = \int_0^t x(\tau)\,d\tau$

풀이

(a) 입력 $x[n]$이 $|x[n]| \le M_x$를 만족할 경우, 출력의 크기는 다음과 같이 유한하므로 이 시스템은 안정한 시스템이다.

$$|y[n]| = |x[n]x[n-3]| \le |x[n]||x[n-3]| \le M_x^2 < \infty$$

(b) 유한한 크기 조건을 만족하는 가장 단순한 신호의 하나인 $x(t) = A$를 적분기에 입력으로 넣어주면, 출력은 $y(t) = \int_0^t x(\tau)d\tau = \int_0^t A d\tau = At$가 된다. 시간이 무한대로 접근하면 출력은 $\lim_{t \to \infty} y(t) = \lim_{t \to \infty} At = \infty$로 무한히 커진다. 이처럼 입력의 크기가 유한하여도 출력이 무한해질 수 있으므로 불안정 시스템이다.

2.2.5 순시적(무기억) 시스템과 동적(기억) 시스템

- **동적**dynamic **시스템**(**기억 시스템**system with memory)은 저장 요소에 의한 기억을 가진 시스템으로 출력이 현재의 입력뿐만 아니라 과거의 입력에도 영향을 받는다. 따라서 입출력 관계가 미분(차분)방정식의 형태로 주어진다.
- **순시적**instantaneous **시스템**(**무기억**memoryless **시스템**)은 출력이 현재의 입력에만 의존하며 과거 사항이 아무런 영향을 끼치지 못하는 시스템으로 입출력 관계가 대수방정식으로 표현된다.

적분기, L이나 C 회로, 순차 논리 회로 등은 전형적인 동적 시스템이며, 저항 회로나 조합 논리 회로는 대표적인 순시적 시스템의 하나이다.

신호 및 시스템에서 다루는 대부분의 시스템은 출력이 현재의 입력뿐만 아니라 과거의 입력에도 영향을 받는 동적 시스템이다. 왜냐하면 순시적 시스템은 현재의 입력 값만 고려하면 되므로 특별한 분석이 필요 없지만, 동적 시스템은 과거의 이력을 파악해야만 현재의 출력을 구할 수 있어 특성을 분석하기가 복잡하고 까다롭기 때문이다.

2.2.6 가역 시스템과 비가역 시스템

통신 채널을 통해 신호를 전송할 때, 채널의 물리적 특성으로 인해 왜곡이 발생하여 수신 신호는 원래의 송신 신호와는 달라진다. 원래의 신호를 복원해내려면, 통신 채널의 작용과 완전히 거꾸로 동작하는 시스템을 수신단에 연결하면 될 것이다.

- **역 시스템**inverse system은 어떤 시스템에 대해 그 시스템의 출력을 입력으로 인가하여 그 시스템의 입력을 출력으로 얻게 되는 시스템이다.

$$y(t) = H\{x(t)\} \quad \rightarrow \quad H_I\{y(t)\} = x(t) \tag{2.14}$$

여기서 H_I는 시스템 H의 역 시스템을 나타낸다.

- **가역 시스템**^{invertible system}은 역 시스템이 존재하는 시스템으로 입출력 관계가 일대 일 대응이다.
- **비가역 시스템**^{non-invertible system}은 역 시스템이 존재하지 않는 시스템이다.

[그림 2-18]에 나타낸 것처럼 시스템과 그 역 시스템을 종속 연결하면 전체 시스템의 입 출력 관계는 항등 시스템이 된다. 그림에서 보면, 역 시스템은 원 시스템이 입력 $x(t)$에 대하여 행한 일을 거꾸로 돌려놓는 동작을 하게 되어 원 시스템의 영향이 무시된다.

[그림 2-18] **가역 시스템**

가역 시스템은 출력을 관찰해서 입력을 결정할 수 있는 시스템이므로, 서로 다른 입력 값에 대해 다른 출력이 나오게 된다면 그 시스템은 가역적이다. 즉 **시스템이 가역적 이기 위해서는 입출력 관계가 일대일 대응**이어야 한다. 만약 다른 입력에 대해 같은 출력을 낸다면, 그 출력에 대해 어느 입력을 역 시스템의 출력으로 내야할지 결정할 수 없으므로 비가역이다.

가역 시스템의 한 예로 [그림 2-19(a)]의 $y(t) = 2x(t)$를 생각해보자. 이의 역 시스템은 $x(t) = \dfrac{1}{2}y(t)$로 $y(t)$로부터 되돌아갈 수 있는 $x(t)$의 값이 오직 하나뿐이므로 가역적 이다. 반면에 [그림 2-19(b)]의 $y(t) = x^2(t)$는 두 개의 입력 $x(t) = \pm 1$로부터 출력 $y(t) = 1$이 얻어지므로, $y(t) = 1$로부터 거꾸로 돌아갈 수 있는 $x(t)$ 값을 유일하게 결정 할 수 없기 때문에 역 시스템이 존재하지 않는다. 즉 $y(t) = x^2(t)$는 비가역 시스템이다.

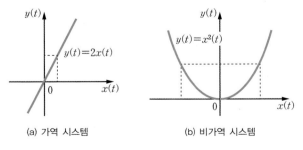

(a) 가역 시스템 (b) 비가역 시스템

[그림 2-19] **가역 시스템과 비가역 시스템의 예**

다음과 같이 주어진 신호에 주파수 ω_0인 정현파(반송파)를 곱하여 신호의 크기를 바꾸는 진폭 변조 시스템이 어떤 시스템 특성을 만족하는지 판별하라.

$$y(t) = H\{x(t)\} = x(t)\cos(\omega_0 t)$$

풀이

❶ **선형성** : $H\{\alpha x_1(t) + \beta x_2(t)\} = \alpha H\{x_1(t)\} + \beta H\{x_2(t)\}$의 성립 여부를 확인한다.

$$y(t) = H\{\alpha x_1(t) + \beta x_2(t)\} = (\alpha x_1(t) + \beta x_2(t))\cos(\omega_0 t)$$

$$= \alpha H\{x_1(t)\} + \beta H\{x_2(t)\} = \alpha x_1(t)\cos(\omega_0 t) + \beta x_2(t)\cos(\omega_0 t)$$

그러므로 진폭 변조 시스템은 선형성을 만족하는 선형 시스템이다.

❷ **시불변성** : $y(t-t_0) = H\{x(t-t_0)\}$의 성립 여부를 확인한다.

$$y(t-t_0) = x(t-t_0)\cos(\omega_0(t-t_0)) = x(t-t_0)\cos(\omega_0 t - \omega_0 t_0)$$

$$\neq H\{x(t-t_0)\} = x(t-t_0)\cos(\omega_0 t)$$

따라서 진폭 변조 시스템은 시불변성을 충족시키지 않는 시변 시스템이다.

❸ **인과성** : 미래의 입력이 현재의 출력에 영향을 끼치는지를 확인한다.
입출력 방정식으로부터 출력이 현재의 입력에만 의존하는 것을 볼 수 있다. 미래의 입력이 현재의 출력에 영향을 못 미치므로 진폭 변조 시스템은 인과 시스템이다.

❹ **안정성** : 유한한 입력에 대해 유한한 출력이 나오는지를 확인한다.
만약 입력이 유한하다면, 즉 $|x(t)| \leq M_x$라면,

$$|y(t)| = |x(t)\cos(\omega_0 t)| \leq |x(t)\|\cos(\omega_0 t)| \leq |x(t)| \leq M_x < \infty$$

가 되어, 유한한 입력에 대해 유한한 출력이 나오므로 안정 시스템이다.

❺ **기억성** : 시스템 표현식이 대수방정식인지 미분방정식인지를 확인한다.
진폭 변조 시스템의 입출력 방정식은 대수방정식으로서 출력이 현재의 입력에만 의존한다. 따라서 순시적 시스템이다.

❻ **가역성** : 입출력 관계가 일대일 대응을 만족하는지 확인하면 된다.
예를 들어, $x(t)=1$ & $\cos(\omega_0 t)=1$인 경우와 $x(t)=-1$ & $\cos(\omega_0 t)=-1$인 경우 모두 $y(t)=1$이 된다. 일대일 대응 관계가 아니므로 비가역적이다.

입출력 관계가 $y[n] = e^{x[n]}$ 으로 주어지는 이산 시스템이 어떤 시스템 특성을 만족하는지 판별하라.

풀이

❶ **선형성** : $H\{\alpha x_1[n] + \beta x_2[n]\} = \alpha H\{x_1[n]\} + \beta H\{x_2[n]\}$의 성립 여부를 확인한다.

$$H\{\alpha x_1[n] + \beta x_2[n]\} = e^{\alpha x_1[n] + \beta x_2[n]} = e^{\alpha x_1[n]} e^{\beta x_2[n]}$$

$$\neq \alpha e^{x_1[n]} + \beta e^{x_2[n]} = \alpha H\{x_1[n]\} + \beta H\{x_2[n]\}$$

그러므로 이 시스템은 선형성이 성립하지 않는 비선형 시스템이다.

❷ **시불변성** : $y[n - n_0] = H\{x[n - n_0]\}$의 성립 여부를 확인한다.

$$y[n - n_0] = e^{x[n - n_0]} = H\{x[n - n_0]\}$$

따라서 이 시스템은 시불변 시스템이다.

❸ **인과성** : 미래의 입력이 현재의 출력에 영향을 끼치는지를 확인한다.
입출력 방정식에서 바로 알 수 있듯이, 시간 n의 출력을 만드는 데 n 순간의 입력이 사용된다. 따라서 미래의 입력이 현재의 출력에 영향을 미치지 않으므로 인과 시스템이다.

❹ **안정성** : 유한한 입력에 대해 유한한 출력이 나오는지를 확인한다.
만약 입력 $x[n]$이 유한하다면, 즉 $|x[n]| \leq M_x$라면,

$$|y[n]| = |e^{x[n]}| = e^{x[n]} \leq e^{M_x} < \infty$$

가 되어, 유한한 입력에 대해 유한한 출력이 나오므로 안정 시스템이다.

❺ **기억성** : 시스템 표현식이 대수방정식인지 차분방정식인지를 확인한다.
주어진 시스템의 경우 대수방정식으로 표현되어 있으므로 순시적 시스템이다. 실제로 시스템은 입력 $x[n]$의 현재 시간 n에서의 값에만 의존하여 출력이 결정된다.

❻ **가역성** : 입출력 관계가 일대일 대응을 만족하는지 확인하면 된다.
역시스템에서 입력이 0일 때$(y[n] = 0)$, 출력값이 정의되지 않으므로 비가역적이다.

Quick Review

■ 다음 문제에서 맞는 것을 골라라.

[1] 디지털 신호는 (시간, 크기, 주파수)가 모두 (연속, 이산)적인 값을 갖는 신호이다.

[2] 아날로그 신호를 디지털 신호로 바꾸면 정보의 손실이 발생한다. (○, ×)

[3] A/D 변환에 포함되지 않는 기능은 (샘플링, 양자화, 복호화)이다.

[4] $t \geq 0$에서 존재하는 정현파는 비주기 신호이다. (○, ×)

[5] 이산 주기 신호의 주기는 반드시 (정수, 유리수, 실수)이다.

[6] 주기 6과 8인 주기 신호의 합으로 표현되는 신호의 주기는 (6, 8, 24, 없음)이다.

[7] $t \geq 0$에서 정의되는 신호는 우대칭 및 기대칭 성분의 합으로 나타낼 수 (있다, 없다).

[8] 신호 $\cos(\omega_0 t)$의 기대칭 성분은 0이다. (○, ×)

[9] 주기 신호는 에너지 신호이다. (○, ×)

[10] 모든 신호는 반드시 에너지 신호와 전력 신호 중의 하나가 된다. (○, ×)

[11] 시간에 따른 신호 값의 변화를 정확히 예측할 수 있는 것은 (확정, 불규칙) 신호이다.

[12] 시스템에서 선형성과 중첩의 원리는 서로 관련 없는 다른 성질이다. (○, ×)

[13] 선형 시스템에서는 출력에 입력의 (파형, 에너지, 주파수)가 보존된다.

[14] 입출력 관계가 $y(t) = ax(t) + b$인 시스템은 (선형, 비선형, 시불변, 시변) 시스템이다.

[15] 시불변 시스템은 시스템 파라미터가 시간에 종속적인 변수이다. (○, ×)

[16] 출력이 현재와 과거의 입력에 의존하면 (인과, 비인과, 동적, 순시적) 시스템이다.

[17] 실시간 처리가 이루어지는 물리적 시스템은 인과 시스템이다. (○, ×)

[18] BIBO 안정도는 입력 크기가 유한할 때 출력 크기가 (유한, 무한)한 성질이다.

[19] 동적 시스템의 입출력 관계는 대수 방정식으로 표현된다. (○, ×)

[20] 입출력 관계가 일대일 대응을 만족하는 시스템은 가역 시스템이다. (○, ×)

기 초 문 제

2.1 다음 신호들은 어떤 성질을 갖는 신호인지 <보기> 중에서 고르고, 근거를 밝혀라.

> 〈보기〉 ㉮ 아날로그 신호 ㉯ 디지털 신호 ㉰ 주기 신호
> ㉱ 기대칭 신호 ㉲ 우대칭 신호 ㉳ 불규칙 신호
> ㉴ 전력 신호 ㉵ 에너지 신호

(a) $x[n] = \cos(\pi n) + \cos\left(\dfrac{2\pi}{3}n\right)$ (b) $x(t) = e^{-|t|}\sin(120\pi t)$

(c) 동전 100번 던지기 결과 (앞면= 1, 뒷면= -1)

(d) $x(t) = [\,t\,]$ ($[\,t\,]$는 t에 가장 가까운 정수를 취하는 연산)

2.2 다음의 신호가 주기 신호인지 판별하라. 만약 주기 신호라면 주기를 구하라.

(a) $x(t) = \cos(6\pi t) + \sin(8\pi t)$ (b) $x(t) = 2\cos\left(3t + \dfrac{\pi}{6}\right) + \sin 4t$

(c) $x[n] = \cos\left(\dfrac{\pi}{4}n + \dfrac{\pi}{8}\right)$

(d) $x[n] = \cos\left(\dfrac{\pi}{5}n + \pi\right) + \sin\left(\dfrac{\pi}{10}n - \pi\right)$

2.3 [그림 2-20]의 신호에 대해 우대칭 성분과 기대칭 성분을 구하라.

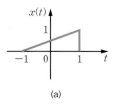

(a)

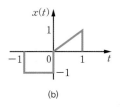

(b)

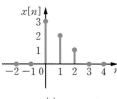

(c)

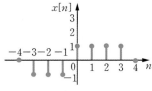

(d)

[그림 2-20]

2.4 다음의 신호에 대해 우대칭 성분과 기대칭 성분을 구하라.

(a) $x(t) = at^2 + bt + c$

(b) $x(t) = 2\cos\left(\pi t - \dfrac{\pi}{4}\right)$

(c) $x[n] = u[n]$

(d) $x[n] = e^{j\Omega n}$

2.5 다음의 시스템이 어떠한 성질을 만족하는지 <보기> 중에서 고르고, 근거를 밝혀라.

> ⟨보기⟩ ㉮ 선형 시스템　　ㄴ 비선형 시스템　　㉰ 시불변 시스템
>　　　　㉱ 시변 시스템　　㉲ 인과 시스템　　㉳ 안정 시스템
>　　　　㉴ 동적 시스템　　㉵ 가역 시스템

(a) $y(t) = \displaystyle\int_{-\infty}^{t} x(\tau)d\tau, \quad y(-\infty) = 0$

(b) $y(t) = tx(t)$

(c) $y(t) = \cos(x(t))$

(d) $y(t) = Kx(t+1)$

2.6 아래와 같은 입출력 관계를 갖는 시스템에 대해 선형성, 시불변성, 인과성, 안정성, 기억성, 가역성의 각 특성이 만족되는지를 결정하라.

(a) $y(t) = \dfrac{dx(t)}{dt}$

(b) $y(t) = \ln(x(t))$

(c) $y[n] = x[2n]$

(d) $y[n] = |x[n]|$

2.7 LTI 시스템에 [그림 2-21]의 (a) 신호를 입력으로 넣으면 출력으로 (b) 신호가 나온다고 한다. 이 시스템에 (c) 신호를 입력으로 넣었을 때 출력을 구하라.

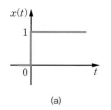

(a)

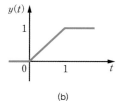

(b)

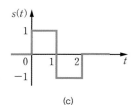

(c)

[그림 2-21]

2.8 LTI 시스템에 [그림 2-22]의 (a) 신호를 입력으로 넣으면 출력으로 (b) 신호가 나온다고 한다. 이 시스템에 (c) 신호를 입력으로 넣었을 때 출력을 구하라.

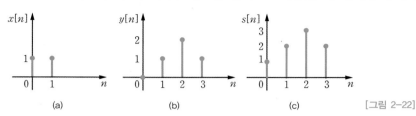

[그림 2-22]

2.9 [그림 2-23]의 RC 병렬 회로의 입력은 전류 전원 $i_s(t)$, 출력은 커패시터 C 양단의 전압 $v_C(t)$이다. 이 회로가 선형성, 시불변성, 인과성, 기억성, 가역성의 특성을 만족하는지 판별하라.

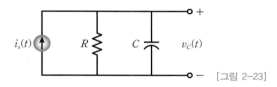

[그림 2-23]

2.10 다음과 같이 입력 값을 누적하여 더한 결과를 출력으로 내는 누산기가 선형성, 시불변성, 인과성, 안정성, 기억성, 가역성의 특성을 만족하는지 판별하라.

$$y[n] = \sum_{k=-\infty}^{n} x[k]$$

응용문제

2.11 다음의 신호가 주기 신호인지 판별하라. 만약 주기 신호라면 주기를 구하라.

(a) $x(t) = \sin(4\pi t)\cos(2\pi t)$ (b) $x(t) = \cos t + 3e^{-j2t}$

(c) $x[n] = \cos\left(\dfrac{3\pi n^2}{2} + \pi\right)$ (d) $x[n] = e^{j\frac{\pi}{2}n}\cos\left(\dfrac{\pi}{4}n\right)$

2.12 다음 신호가 어떤 대칭성을 만족하는지 판별하라.

(a) $x(t) = \sin(\omega_1 t)\sin(\omega_2 t)$

(b) $x(t) = \cos(\omega_1 t)\cos(\omega_2 t)$

(c) $x(t) = \cos(\omega_1 t)\sin(\omega_2 t)$

2.13 다음의 신호에 대해 에너지 신호 또는 전력 신호인지 판별하고, 맞으면 그 신호의 에너지 또는 전력을 구하라.

(a) $x(t) = \begin{cases} 1 - |t|, & |t| \le 1 \\ 0, & \text{그 외} \end{cases}$ (b) $x(t) = t\sin\left(\dfrac{\pi}{4}t\right)$

(c) $x[n] = (-0.5)^{|n|}$ (d) $x[n] = \begin{cases} (0.5)^n \cos(\pi n), & n \ge 0 \\ 0, & \text{그 외} \end{cases}$

2.14 시스템 L_1의 뒤에 시스템 L_2가 종속으로 연결되어 있다. 각 시스템의 입출력 관계가 다음과 같을 때, 물음에 답하라.

$$L_1 : y_1[n] = x_1[n] + 2x_1[n-2]$$
$$L_2 : y_2[n] = x_2[n-1] - 2x_2[n-3]$$

(a) 전체 시스템의 입출력 관계를 구하고 선형성, 시불변성, 인과성을 판별하라.

(b) 두 시스템의 연결 순서를 바꿀 경우에 대한 입출력 관계를 구하라.

(c) 만약 (a)와 (b)의 입출력 관계가 같다면 그 이유는 무엇인가?

2.15 입출력 관계가 다음과 같은 방정식으로 표현되는 시스템에 대해 선형성, 시불변성, 인과성, 기억성, 가역성의 특성이 만족되는지를 결정하라.

(a) $\dfrac{dy(t)}{dt} + 2y(t) = x(t)$ (b) $\dfrac{dy(t)}{dt} + 2y^2(t) = x(t)$

(c) $y[n] + y[n-1] = nx[n]$ (d) $y[n] - 2^n y[n-1] = x[n+1]$

Chapter 03

기본적인 연속 신호와 연산

Basic Continuous Signals and Operations

기본적인 연속 신호 3.1
연속 신호에 대한 기본 연산 3.2
연습문제

학습목표

- 기본적인 연속 신호들의 정의와 쓰임을 이해할 수 있다.

- 임펄스 신호, 계단 신호, (복소) 정현파 신호를 제대로 이해할 수 있다.

- 샘플링 함수와 싱크 함수의 정의와 형태를 잘 알아둔다.

- 연속 신호에 대한 기본 연산들의 종류와 성질을 이해할 수 있다.

- 진폭 변환과 시간 변환의 물리적 의미를 잘 이해할 수 있다.

- 기본 연산 조합에 의한 새로운 신호 산출 과정을 이해할 수 있다.

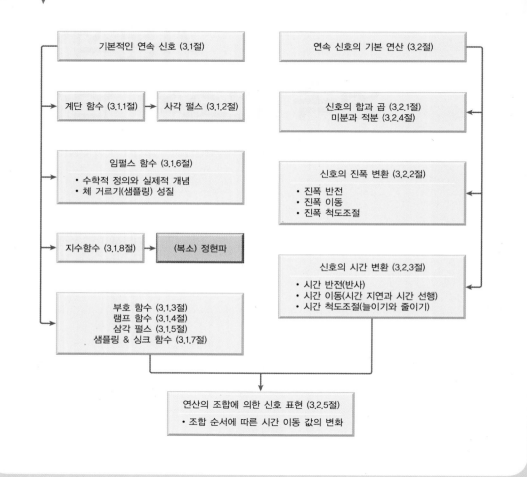

기본적인 연속 신호 (3.1절)

연속 신호의 기본 연산 (3.2절)

계단 함수 (3.1.1절) → 사각 펄스 (3.1.2절)

신호의 합과 곱 (3.2.1절)
미분과 적분 (3.2.4절)

임펄스 함수 (3.1.6절)
• 수학적 정의와 실제적 개념
• 체 거르기(샘플링) 성질

신호의 진폭 변환 (3.2.2절)
• 진폭 반전
• 진폭 이동
• 진폭 척도조절

지수함수 (3.1.8절) → (복소) 정현파

신호의 시간 변환 (3.2.3절)
• 시간 반전(반사)
• 시간 이동(시간 지연과 시간 선행)
• 시간 척도조절(늘이기와 줄이기)

부호 함수 (3.1.3절)
램프 함수 (3.1.4절)
삼각 펄스 (3.1.5절)
샘플링 & 싱크 함수 (3.1.7절)

연산의 조합에 의한 신호 표현 (3.2.5절)
• 조합 순서에 따른 시간 이동 값의 변화

기본적인 연속 신호

신호와 시스템을 다루는 과정에서 자주 나타나면서 중요한 기본적인 신호들이 있다. 이러한 기본 신호들을 이용하여 다양한 종류의 더 복잡한 신호를 표현할 수도 있고, 또한 공학적으로 문제를 접근하고 해결하는 데에도 매우 유용하게 활용할 수 있다.

학습포인트 ————————————————————————————————————

- (단위) 계단 함수의 정의와 용도를 이해하고, 계단 함수와 사각 펄스를 이용한 연속 신호의 표현을 잘 익혀둔다.
- 부호 함수와 램프 함수가 어떤 것인지 알아본다.
- (단위) 임펄스 함수의 개념과 성질을 이해하고, 임펄스 함수와 계단 함수의 관계를 알아본다.
- 샘플링 함수와 싱크 함수를 잘 익혀둔다.
- 오일러 공식과 삼각함수의 관계를 이해하고 익혀둔다.
- 지수함수의 종류와 차이를 이해하고, 특히 (복소) 정현파에 대해 잘 익혀둔다.

3.1.1 (단위) 계단 함수

- **(단위) 계단 함수**^{(unit) step function}는 $t = 0$에서 파형이 불연속으로 나타나는 계단 모양의 함수이다.

$$u(t) = \begin{cases} 1, & t > 0 \\ 0, & t < 0 \end{cases} \qquad (3.1)$$

- 계단 신호는 급작스런 입력 신호 값의 변화에 대해 시스템이 어떻게 반응하는가를 검사하는 데 활용할 수 있다.

[그림 3-1]은 단위 계단 함수의 파형으로 $t = 0$에서 전원 스위치를 켰을 때의 전압 모양과 같다. 이러한 단위 계단 함수의 특성을 이용하면 [그림 3-2]에 나타낸 것처럼 신호가 존재하는 구간을 제한하여 잘라낼 수 있다. 그림에서 보면, 단위 계단 함수 $u(t)$를 자르고 싶은 시간 t_0만큼 이동시켜 신호 $x(t)$와 곱하면 $t < t_0$에서의 $x(t)$의 값이 0이 되어 제거되는 효과를 가지게 된다.

$t \geq 0$에서만 값을 갖는 인과 신호를 나타내려면 $x(t)$에 $u(t)$를 곱해 $x(t)u(t)$로 나타내면 된다. 예를 들어, $x(t)u(t) = \cos(\omega_0 t)u(t)$는 $t \geq 0$에서만 값을 갖는다.

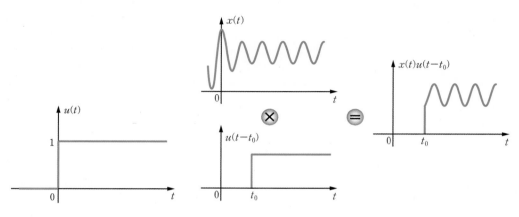

[그림 3-1] 단위 계단 함수   [그림 3-2] 단위 계단 함수의 스위치 역할

예제 3-1 계단 함수로 표현된 신호의 파형

다음에 주어진 신호를 그려라.

(a) $x(t) = u(t+2) - 2u(t) + u(t-1)$ (b) $x(t) = t[u(t+1) - u(t-2)]$

풀이

(a) $u(t+2)$와 $-2u(t)$, 그리고 $u(t-1)$을 각각 그려 더하면 된다. 또는 $x(t)$를 다시 쓰면 $x(t) = [u(t+2) - u(t)] - [u(t) - u(t-1)]$이다. 따라서 두 개의 사각 펄스 $[u(t+2) - u(t)]$와 $-[u(t) - u(t-1)]$을 각각 그려 더해도 된다. [그림 3-3(a)]에 이 신호의 파형을 나타내었다.

(b) [그림 3-3(b)]와 같이 t와 사각 펄스 $[u(t+1) - u(t-2)]$의 곱으로 구하면 된다.

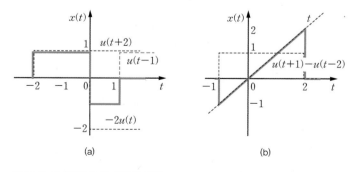

(a)   (b)

[그림 3-3] [예제 3-1] 신호의 파형

3.1.2 사각 펄스 함수

- **사각 펄스 함수**^{rectangular pulse function}는 유한한 시간 구간에서 상수 값을 갖는 함수로서 두 계단 함수의 합으로 표현할 수 있다.

$$\text{rect}\left(\frac{t}{2a}\right) = \begin{cases} 1, & -a < t < a \\ 0, & \text{그 외} \end{cases} \qquad (3.2)$$

$$\text{rect}\left(\frac{t}{2a}\right) = u(t+a) - u(t-a) \qquad (3.3)$$

- 사각 펄스 신호는 on-off 스위치 또는 게이트 신호 역할을 할 수 있다.

식 (3.2)의 정의로부터 $\text{rect}(t)$는 $a = \frac{1}{2}$로 너비가 1인 사각 펄스임을 알 수 있다. [그림 3-4(a)]는 사각 펄스 신호의 파형을 나타낸 것으로, [그림 3-4(b)]처럼 사각 펄스의 왼쪽 끝에서 시작하는 계단 함수에서 오른쪽 끝에서 시작하는 계단 함수를 뺀 것으로 볼 수 있다(식 (3.3)).

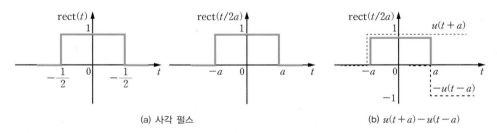

(a) 사각 펄스   (b) $u(t+a)-u(t-a)$

[그림 3-4] **사각 펄스 신호의 파형**

사각 펄스는 신호의 부분 추출에 유용하게 활용된다. 예를 들어, 신호 $x(t) = \cos(\pi t)$의 한 주기 성분만 뽑아내려면 [그림 3-5]와 같이 너비가 2인 사각 펄스를 시간축을 따라 오른쪽으로 1만큼 이동시켜 $x(t)$에 곱해주면 된다. 이를 수식으로 나타내면 식 (3.4)와 같다.

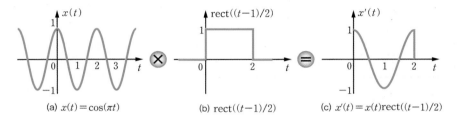

(a) $x(t) = \cos(\pi t)$ (b) $\text{rect}((t-1)/2)$ (c) $x'(t) = x(t)\text{rect}((t-1)/2)$

[그림 3-5] **사각 펄스에 의한 신호의 추출 예**

$$x'(t) = \cos(\pi t) \cdot \text{rect}\left(\frac{t-1}{2}\right) = \cos(\pi t)[u(t) - u(t-2)] \qquad (3.4)$$

지금까지 살펴본 것처럼, 사각 펄스(또는 계단 신호)는 다른 신호를 켜고 끄는 스위치의 역할을 할 수 있어 구간별로 다른 파형이나 불연속점을 갖는 **구간 연속**^{piecewise} ^{continuous} 신호를 수식으로 나타낼 때 유용하다.

예제 3-2 사각 펄스(계단 함수)를 이용한 구간 연속 신호의 표현

[그림 3-6]에 나타낸 신호 $x(t)$의 수식 표현을 구하라.

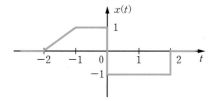

[그림 3-6] [예제 3-2]의 신호

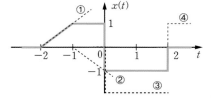

[그림 3-7] **4개의 신호의 합으로 표현된 [예제 3-2]의 신호**

풀이

구간별로 다른 파형이나 불연속점을 갖는 구간 연속 신호의 경우, [그림 3-5]에서 살펴본 것처럼 사각 펄스가 신호 성분을 뽑아내는 기능을 이용하여 쉽게 수식 표현을 구할 수 있다. $x(t)$는 파형이 다른 구간별로 나누어 다음과 같이 쓸 수 있다.

$$x(t) = \begin{cases} t+2, & -2 \leq t < -1 \\ 1, & -1 \leq t < 0 \\ -1, & 0 < t < 2 \\ 0, & \text{그 외} \end{cases}$$

따라서 각 구간별로 사각 펄스를 이용해 나타낸 것들을 모두 더하면 다음과 같이 $x(t)$의 수식 표현을 얻을 수 있는데, 신호의 수식이 결과적으로 계단 함수에 의해 표현됨을 알 수 있다.

$$x(t) = (t+2)[u(t+2) - u(t+1)] + [u(t+1) - u(t)] + (-1)[u(t) - u(t-2)]$$
$$= \underbrace{(t+2)u(t+2)}_{①} - \underbrace{(t+1)u(t+1)}_{②} - \underbrace{2u(t)}_{③} + \underbrace{u(t-2)}_{④}$$

수식에서 $u(\cdot)$는 ( ) 안의 시간 값이 0이 되는 순간에서 불연속점을 갖도록 시간 이동된 **계단 함수**이다. 즉 $u(t+2)$는 $t = -2$에서 시작되는 계단 신호이다. 위의 수식 표현은 4개의 신호의 합으로 되어 있음을 볼 수 있는데, 이를 그림으로 나타낸 것이 [그림 3-7]이다.

3.1.3 부호 함수

> • **부호 함수**^{signum function}는 시간 값이 양일 때는 $+1$, 음일 때는 -1의 값을 갖는 신호이다.
>
> $$\operatorname{sgn}(t) = \begin{cases} -1, & t < 0 \\ 0, & t = 0 \\ +1, & t > 0 \end{cases} \tag{3.5}$$
>
> • 부호 함수는 통신이나 제어 등에서 널리 사용된다.

[그림 3-8]은 부호 함수의 파형을 나타낸 것이다.

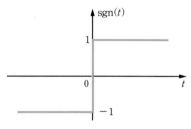

[그림 3-8] 부호 함수

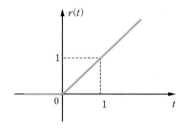

[그림 3-9] 단위 램프 함수

3.1.4 (단위) 램프 함수

> • **(단위) 램프 함수**^{(unit) ramp function}는 $t = 0$에서 시작하는 기울기 1인 직선으로 정의되며, 계단 함수를 적분하여 얻을 수 있다.
>
> $$r(t) = \begin{cases} t, & t \geq 0 \\ 0, & t < 0 \end{cases} \tag{3.6}$$
>
> $$\int_{-\infty}^{t} u(\tau)\,d\tau = t\,u(t) = r(t) \tag{3.7}$$
>
> • 램프 신호는 시간에 비례하여 직선적으로 증가하는 입력 신호에 대해 시스템이 어떻게 반응하는가를 검사하는 데 활용할 수 있다.

단위 램프 함수의 파형은 [그림 3-9]와 같다.

3.1.5 삼각 펄스 함수

- 삼각 펄스 함수는 크기와 넓이가 1인 삼각형으로 정의되는 신호이다.

$$tri(t) = \begin{cases} 1 - |t|, & |t| \leq 1 \\ 0, & |t| > 1 \end{cases} \tag{3.8}$$

[그림 3-10(a)]는 삼각 펄스의 파형을 나타낸 것이다. 삼각 펄스 함수는 [예제 3-1]에서처럼 사각 펄스를 이용하여 수식으로 나타내면 다음과 같이 램프 함수로 표현되는데, 이를 그림으로 나타낸 것이 [그림 3-10(b)]이다.

$$tri(t) = (t+1)[u(t+1) - u(t)] + (-t+1)[u(t) - u(t-1)]$$
$$= (t+1)u(t+1) - 2tu(t) + (t-1)u(t-1) \tag{3.9}$$
$$= r(t+1) - 2r(t) + r(t-1)$$

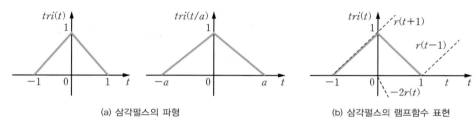

(a) 삼각펄스의 파형   (b) 삼각펄스의 램프함수 표현

[그림 3-10] **삼각 펄스 신호의 파형**

3.1.6 연속 (단위) 임펄스 함수

- **연속 (단위) 임펄스 함수**(unit) impulse function는 **디락 델타**Dirac delta라고도 한다. 물리적으로는 존재하지 않지만 수학적으로 다음과 같은 성질을 만족하는 함수로 정의되는 **특이 함수**singularity function이다.

$$\begin{cases} 1.\ \delta(t) \to \infty, & t = 0 \\ 2.\ \delta(t) = 0, & t \neq 0 \\ 3.\ \displaystyle\int_{-\infty}^{\infty} \delta(t)dt = 1 \\ 4.\ \delta(t) = \delta(-t) \end{cases} \tag{3.10}$$

- 연속 임펄스 함수는 $t = 0$인 순간에만 존재하며 그 크기를 정의할 수 없고, 다만 함수 아래의 면적이 1이고 우대칭을 만족하는 함수이다.

- 임펄스 함수는 [그림 3-11(b)]와 같이 화살표로 나타내고, 함수의 값(크기) 대신 그 면적을 **세기**strength라고 하여 함께 표시한다.
- 임펄스 함수는 계단 함수의 미분, 계단 함수는 임펄스 함수의 적분으로 표현 가능하다.

$$\delta(t) = \frac{du(t)}{dt} \tag{3.11}$$

$$u(t) = \int_{-\infty}^{t} \delta(\tau)\,d\tau \tag{3.12}$$

- 임펄스 함수는 신호에서 하나의 값만 뽑아내는 체 거르기(샘플링) 성질을 만족한다.

$$\int_{-\infty}^{\infty} x(t)\delta(t - t_0)\,dt = x(t_0) \tag{3.13}$$

임펄스 함수는 신호와 시스템의 특성을 이해하는 데 매우 중요한 위치를 차지하고 있는 신호이다. 그런데 **연속 임펄스 함수는 물리적으로 존재하지** 않으므로, 실용적인 관점에서 평범한 함수의 극한으로 간주하는 것이 오히려 쉽고 편리하다. [그림 3-11(a)]의 폭이 Δ이고 면적이 1인 사각 펄스 $\delta_\Delta(t)$에 대해 $\Delta \to 0$의 극한을 취하면 [그림 3-11(b)]에 나타낸 것처럼 단위 임펄스 함수를 얻게 된다.

$$\delta(t) = \lim_{\Delta \to 0} \delta_\Delta(t) \tag{3.14}$$

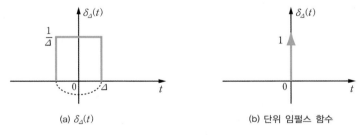

(a) $\delta_\Delta(t)$ (b) 단위 임펄스 함수

[그림 3-11] 극한 개념에 의한 연속 단위 임펄스 함수의 정의

한편, t_0만큼 시간 이동된 임펄스 함수 $\delta(t - t_0)$를 t_0에서 연속인 신호 $x(t)$와 곱한다면, $\delta(t - t_0)$는 $t = t_0$에서만 존재하므로 다음과 같이 될 것이다.

$$x(t)\delta(t - t_0) = x(t_0)\delta(t - t_0) \tag{3.15}$$

식 (3.15)의 우변은 세기가 $x(t_0)$인 임펄스 함수로서, 이를 적분하면 식 (3.10)의 성질에 의해 식 (3.13)의 결과를 얻게 된다. 이 결과는 **임의의 연속 신호 $x(t)$와 임펄스 함수를 곱하여 적분하는 것이 임펄스 함수가 존재하는 순간($t = t_0$)의 신호 값 $x(t_0)$만**

을 걸러내는 것과 같으므로 임펄스 함수의 체 거르기 성질^{sifting property} 또는 **샘플링 성질**^{sampling property}이라고 한다. 식 (3.13)은 식 (3.10) 대신에 연속 (단위) 임펄스 함수의 정의로 사용되기도 한다.

예제 3-3 임펄스 함수의 체 거르기 성질의 활용

다음의 적분 값을 구하라.

(a) $\displaystyle\int_{-2}^{5} \cos\left(5\pi t - \frac{\pi}{3}\right)\delta(t-6)dt$ (b) $\displaystyle\int_{-1}^{3} (t^2 + 2t + 3)\delta(t-2)dt$

풀이

(a) 임펄스 함수가 존재하는 시간 $t=6$이 적분 구간 $-2 \leq t \leq 5$ 내에 있지 않으므로 이 적분 값은 0이다.

(b) 임펄스 함수가 존재하는 시간 $t=2$가 적분 구간 $-1 \leq t \leq 3$ 내에 있으므로, 임펄스 함수의 체 거르기 성질을 적용하면 다음과 같다.

$$\int_{-1}^{3} (t^2 + 2t + 3)\delta(t-2)dt = t^2 + 2t + 3 \Big|_{t=2} = 2^2 + 2 \cdot 2 + 3 = 11$$

3.1.7 샘플링 함수와 싱크 함수

- **샘플링 함수**^{sampling function}는 다음과 같이 정의되는 신호이다.

$$Sa(t) = \frac{\sin t}{t} \tag{3.16}$$

- **싱크 함수**^{sinc function}는 샘플링 함수를 시간축에서 π만큼 압축시킨 신호이다.

$$\mathrm{sinc(t)} = \frac{\sin \pi t}{\pi t} \tag{3.17}$$

- 싱크(샘플링) 함수는 주파수 영역에서 신호를 해석할 때 사각 펄스 함수와 짝을 이루어 가장 많이 사용되는 중요한 신호이다.

샘플링 함수는 [그림 3-12(a)]에 나타낸 것처럼 연못에 돌멩이를 던졌을 때 퍼져나가는 물결의 단면을 닮은 모양을 하고 있다. 즉 $t=0$에서 최댓값 1을 가지고, t의 크기가 커질수록 진폭이 감소하며, $t = \pm k\pi\,(k=1,\ 2,\ 3,\ \cdots)$에서 값이 0이 되는 감쇠 정현파이다($t=0$에서의 값은 로피탈^{L'Hopital} 정리를 적용하여 구한다). 싱크 함수는

$t = \pm 1,\ \pm 2,\ \pm 3,\ \cdots$ 에서 그 값이 0이 되므로 샘플링 함수보다 좀 더 편리하다. 샘플링 함수와 싱크 함수를 특별히 구분하지 않고 싱크 함수로 통칭하기도 한다.

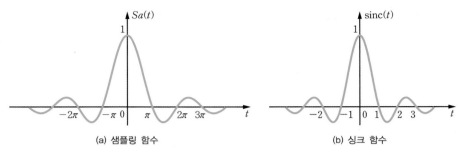

[그림 3-12] **샘플링 함수와 싱크 함수**

3.1.8 지수함수

- **지수함수**exponential function는 다음과 같이 정의되며, 지수 λ에 따라 3가지로 구분된다.

$$x(t) = Ae^{\lambda t} \tag{3.18}$$

- **실수 지수함수**는 λ가 실수, 즉 $\lambda = \sigma$인 경우로서 값에 따라 [그림 3-13]과 같이 3가지 형태를 갖는데, 지수적으로 감쇠하는 (b)의 경우가 주로 사용된다.

- **복소 정현파**는 λ가 순허수, 즉 $\lambda = j\omega$일 경우로서 삼각함수를 이용한 정현파 신호 표현 대신 신호와 시스템의 해석에 널리 사용된다.

$$x(t) = Ae^{j\omega t} = |A|e^{j\phi}e^{j\omega t} = |A|e^{j(\omega t + \phi)} \tag{3.19}$$
$$= |A|\{\cos(\omega t + \phi) + j\sin(\omega t + \phi)\}$$

- **복소 지수함수**는 λ가 복소수, 즉 $\lambda = \sigma + j\omega$인 가장 일반적인 형태의 지수함수로서 실수 지수 신호와 복소 정현파 신호가 복합된 특성을 가진다([그림 3-15]).

$$x(t) = Ae^{(\sigma + j\omega)t} = |A|e^{j\phi}e^{(\sigma + j\omega)t} = |A|e^{\sigma t}e^{j(\omega t + \phi)} \tag{3.20}$$
$$= |A|e^{\sigma t}\{\cos(\omega t + \phi) + j\sin(\omega t + \phi)\}$$

식 (3.19)와 식 (3.20)에서 (복소)계수 A는 극좌표 형태 $|A|e^{j\phi}$으로 나타낸 것이다.

지수함수는 신호와 시스템의 해석에서 중요한 함수이다. 다음과 같이 미분을 해도 함수의 형태가 바뀌지 않으므로 미분방정식으로 표현되는 연속 시스템의 해석이 편리해진다.

$$\frac{dx(t)}{dt} = \frac{d}{dt}(Ae^{\lambda t}) = \lambda Ae^{\lambda t} = \lambda x(t) \tag{3.21}$$

또한 이로 인해 지수함수인 복소 정현파를 이용하면 삼각함수를 이용한 정현파 표현보다 계산이 간편하다. 전기회로에서 정현파에 대한 교류 해석을 할 때 사용되는 **페이저**phasor 해석법은 이런 성질을 이용한 대표적 예이다.

실수 지수함수는 [그림 3-13]에 나타낸 것처럼 $\lambda > 0$이면 단조 증가, $\lambda < 0$이면 단조 감소, $\lambda = 0$일 때는 일정한 상수가 된다.

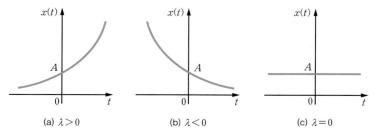

(a) $\lambda > 0$　　　(b) $\lambda < 0$　　　(c) $\lambda = 0$

[그림 3-13] **실수 지수함수**

지수 λ가 허수 또는 복소수인 지수함수를 다룰 때에는 **오일러 공식**Euler formula이 유용하다.

> **오일러 공식과 정현파**
> - 오일러 공식은 다음과 같이 지수가 순허수인 복소 지수함수가 실수부가 코사인 함수, 허수부가 사인 함수인 복소수와 같다는 관계를 일컫는다.
>
> $$e^{j\theta} = \cos\theta + j\sin\theta \tag{3.22}$$
>
> - 오일러 공식에 의해 삼각함수(정현파) $\cos\theta$ 및 $\sin\theta$는 다음과 같이 나타낼 수 있다.
>
> $$\cos\theta = \frac{e^{j\theta} + e^{-j\theta}}{2} \tag{3.23}$$
>
> $$\sin\theta = \frac{e^{j\theta} - e^{-j\theta}}{j2} \tag{3.24}$$

[그림 3-14]는 오일러 공식의 관계를 잘 보여주는 페이저도이다.

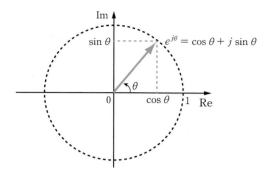

[그림 3-14] **오일러 공식의 페이저도**

식 (3.19)의 실수부 또는 허수부를 취하면 정현파 신호가 얻어진다. 그러므로 이를 복소 정현파 신호라고 하며, (곱셈과 미적분 등의 계산이 훨씬 편리하므로) 삼각함수를 이용한 정현파 신호 표현 대신 신호와 시스템의 해석에 널리 사용된다.

식 (3.20)의 복소 지수함수는 수식에서 보듯이 실수 지수 신호와 복소 정현파 신호가 곱해진 것이므로 두 신호의 특성이 복합되어 나타나는데, 실수부 $Re\{x(t)\}$ $= |A|e^{\sigma t}\cos(\omega t + \phi)$를 그린 [그림 3-15]에서 잘 살펴볼 수 있다.

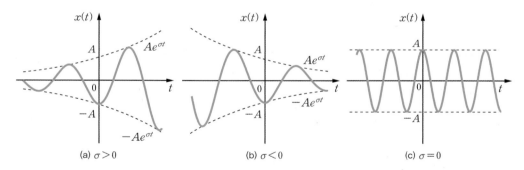

[그림 3-15] **복소 지수함수의 실수부**

지금까지 살펴본 지수 신호는 많은 분야의 물리적 시스템의 응답에서 나타난다. 전기 회로의 경우를 예로 들면, 실수 지수 신호는 RC 회로의 직류 응답에서, 복소 정현파 신호와 같은 (무감쇠) 정현파 신호는 저항이 없는 LC 회로의 교류 응답에서, 감쇠 정현파 신호는 RLC 회로의 교류 응답에서 잘 찾아볼 수 있다.

예제 3-4 **오일러 공식을 이용한 삼각함수의 복소 정현파 표현**

다음과 같이 삼각함수 정현파로 이루어진 신호를 복소 정현파를 이용한 표현으로 바꾸고, 이로부터 다시 간략화된 삼각함수 표현을 구하라.

$$x(t) = 2\cos\left(5\pi t - \frac{\pi}{3}\right) - 2\sin\left(5\pi t - \frac{\pi}{3}\right)$$

풀이

식 (3.23)과 식 (3.24)를 이용하여 주어진 신호의 정현파들을 복소 정현파로 바꾸어 간략화하면 다음과 같이 된다.

$$x(t) = 2\frac{e^{j\left(5\pi t - \frac{\pi}{3}\right)} + e^{-j\left(5\pi t - \frac{\pi}{3}\right)}}{2} - 2\frac{e^{j\left(\left(5\pi t - \frac{\pi}{3}\right)\right)} - e^{-j\left(5\pi t - \frac{\pi}{3}\right)}}{j2}$$

$$= (1 + j1)e^{j\left(5\pi t - \frac{\pi}{3}\right)} + (1 - j1)e^{-j\left(5\pi t - \frac{\pi}{3}\right)}$$

$$= \sqrt{2}\,e^{j\frac{\pi}{4}}e^{j\left(5\pi t - \frac{\pi}{3}\right)} + \sqrt{2}\,e^{-j\frac{\pi}{4}}e^{j\left(5\pi t - \frac{\pi}{3}\right)}$$

$$= \sqrt{2}\left(e^{j\left(5\pi t - \frac{\pi}{3} + \frac{\pi}{4}\right)} + e^{-j\left(5\pi t - \frac{\pi}{3} + \frac{\pi}{4}\right)}\right)$$

$$= 2\sqrt{2}\cos\left(5\pi t - \frac{\pi}{12}\right)$$

위 식에서 보듯이 삼각함수를 다룰 때 복소 정현파로 바꾸어 나타내면 합성이나 미적분 등 수학적 취급이 편리해진다.

예제 3-5 오일러 공식을 이용한 복소 지수함수의 표현

복소 지수함수 $x(t) = (1 + j\sqrt{3})e^{\left(-2 + j\frac{\pi}{4}\right)t}$ 을 삼각함수 형태로 표현하라.

풀이

계수 $A = 1 + j\sqrt{3}$ 을 극좌표 형태로 나타내면 $A = 1 + j\sqrt{3} = 2e^{j\frac{\pi}{3}}$ 이 된다.

$$|A| = \sqrt{1^2 + (\sqrt{3})^2} = 2, \quad \phi = \tan^{-1}\frac{\sqrt{3}}{1} = \frac{\pi}{3}$$

따라서 $x(t)$ 의 삼각함수 형태 표현은 다음과 같이 구해진다.

$$x(t) = 2e^{j\frac{\pi}{3}}e^{\left(-2 + j\frac{\pi}{4}\right)t} = 2e^{-2t}e^{j\left(\frac{\pi}{4}t + \frac{\pi}{3}\right)}$$

$$= 2e^{-2t}\left[\cos\left(\frac{\pi}{4}t + \frac{\pi}{3}\right) + j\sin\left(\frac{\pi}{4}t + \frac{\pi}{3}\right)\right]$$

연속 신호에 대한 기본 연산

시스템은 입력 신호가 들어오면 적절한 조작(연산)을 거쳐서 출력 신호를 내보낸다. 겉보기에 복잡한 신호일지라도 단순한 신호에 대해 기본적인 조작을 순차적으로 적용함으로써 얻을 수 있다. 신호는 크기(진폭)를 갖는 시간 함수로 표현되므로 신호에 대한 기본 조작은 시간과 진폭에 대한 연산이 되며, 반전, 이동, 척도조절이 이에 해당된다. 그 외에 두 신호의 합과 곱, 그리고 미분과 적분 연산 등을 연속 신호에 대한 기본 연산으로 포함시킬 수 있다.

학습포인트

- 신호에 대한 기본 연산은 어떤 것들인지 알아본다.
- 신호의 진폭에 대한 반전, 이동, 척도조절 연산을 이해한다.
- 신호의 시간에 대한 반전, 이동, 척도조절 연산을 이해한다.
- 신호에 기본 연산을 조합하여 적용할 때 시간 이동의 비교환적 특성을 잘 이해하고 익혀둔다.
- 기본 연산의 조합으로 새 신호를 만드는 방법을 잘 익혀둔다.

3.2.1 신호의 합과 곱

- 두 신호 $x(t)$와 $s(t)$에 대한 합과 곱은 다음과 같다.

합 : $y(t) = x(t) + s(t)$ (3.25)

곱 : $y(t) = x(t) \cdot s(t)$ (3.26)

신호의 합 연산의 예로는 정현파에 DC 오프셋offset을 더하여 사용하는 경우, 신호의 곱 연산의 대표적인 예로는 주어진 신호에 정현파를 곱하는 진폭 변조를 들 수 있다.[1]

예제 3-6   신호의 합과 곱

다음 신호의 파형을 그려라.

(a) $x(t) = e^{-t}\cos(2\pi t)u(t)$ (b) $y(t) = u(t) - x(t)$

---

[1] 진폭 변조에 대해서는 6장에서 자세히 다룬다.

$x(t)$는 실수 지수 신호 e^{-t}과 정현파 $\cos(2\pi t)$가 곱해진 신호이다. 이때 $u(t)$는 신호가 $t \geq 0$에서만 값을 갖도록 제한한 것으로 생각하면 된다. $y(t)$는 계단 신호 $u(t)$에서 $x(t)$를 뺀, 즉 $-x(t)$를 더한 신호이다. [그림 3-16]에 이들 신호의 파형을 나타내었다. (a)는 e^{-t}, (b)는 $\cos(2\pi t)$의 파형이고, (c)는 (a)와 (b)의 신호를 곱한 $x(t)$, 그리고 (d)는 $u(t)$와 $-x(t)$를 더한 $y(t)$를 그린 것이다. (c)와 (d)의 파형을 보면 두 신호의 곱과 합만으로도 원래의 신호와는 다른 전혀 새로운 신호를 만들 수 있음을 알 수 있다. (d)의 신호는 계단 신호 입력에 대한 시스템 출력 신호의 전형적인 형태 중의 하나이다.

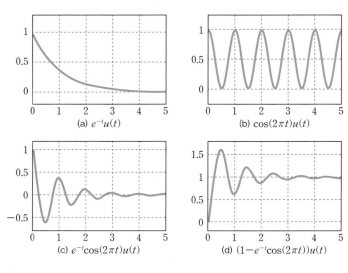

[그림 3-16] **신호의 합과 곱의 예**

3.2.2 신호의 진폭 변환

- 진폭 **반전**reversal은 값의 부호가 바뀌는 것으로서 시간축에 대해 대칭인 신호가 된다.

$$y(t) = -x(t) \tag{3.27}$$

- 진폭 **이동**shift은 파형의 변화 없이 세로축을 따라 평행 이동하는 동작이다.

$$y(t) = x(t) + a \tag{3.28}$$

- 진폭 **척도조절**scaling은 진폭의 값을 일정한 비율로 바꾸는 것으로서, $a > 1$인 경우를 증폭, $a < 1$인 경우를 감쇠라고 한다.

$$y(t) = ax(t) \tag{3.29}$$

인버터 회로에서 입력의 극성이 바뀌어 출력으로 나오는 것은 진폭 반전의 예이다. 생활에서 흔히 볼 수 있는 진폭의 척도조절 예로는 TV나 오디오의 볼륨을 조절하는 것을 들 수 있다. 또 천둥이 칠 때 먼 거리에서는 소리가 작게 들리는 것도 척도조절 중 진폭 감쇠의 한 예이다.

[그림 3-17]은 진폭에 대한 기본 연산의 예를 나타낸 것이다.

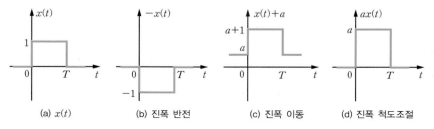

[그림 3-17] **신호의 진폭 변환**

예제 **3-7**   **신호의 진폭 변환**

[그림 3-18(a)]의 신호 $x(t)$에 대해 다음의 신호를 그려라.

(a) $s(t) = 2x(t)$　　　　　(b) $v(t) = -s(t)$　　　　　(c) $z(t) = v(t) + 2$

풀이

$s(t)$는 $x(t)$의 크기를 2배로 진폭 척도조절한 것이고, $v(t)$는 $s(t)$를 진폭 반전한 것, $z(t)$는 $v(t)$를 2만큼 진폭 이동한 것이다. 결과적으로 $z(t)$는 $z(t) = -2x(t) + 2$로서 $x(t)$에 대해 진폭의 척도조절, 반전, 이동의 3가지 변환을 모두 적용한 신호이다. 이들 신호의 파형을 [그림 3-18]에 나타내었다.

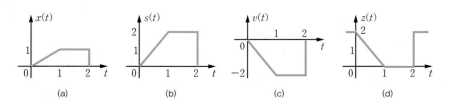

[그림 3-18] **신호의 진폭 변환 예**

3.2.3 신호의 시간 변환

- 시간 **반전**은 시간축을 거꾸로 뒤집는 것으로, 독립 변수인 t를 $-t$로 바꾼 것이다.

$$y(t) = x(-t) \tag{3.30}$$

- 시간 **이동**은 파형의 변화 없이 신호를 시간축에 대해 이동시키는 동작으로, $t_0 > 0$ 이면 시간 지연, $t_0 < 0$ 이면 시간 선행이다.

$$y(t) = x(t - t_0) \tag{3.31}$$

- 시간 **척도조절**은 시간축에 대해 늘이기(신장)^{stretching} 또는 줄이기(압축)^{contraction}를 하여 척도를 바꾸는 동작으로, $a > 1$이면 시간축 줄이기, $a < 1$이면 시간축 늘이기이다.

$$y(t) = x(at) \tag{3.32}$$

시간 반전은 [그림 3-19]에 나타낸 것처럼 수직축에 대칭인 상을 만드는 신호의 반사 연산이다. 실제 상황에서 시간 반전의 개념을 잘 보여주는 예로는 테이프에 음악(영상)을 녹음(녹화)한 뒤 이를 되감으면서 거꾸로 재생하는 경우를 들 수 있다.

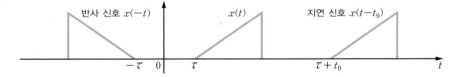

[그림 3-19] **신호의 시간 반전(반사)과 시간 이동**

[그림 3-19]에 나타낸 시간 이동 예는 시간 지연의 경우이다. 시간 지연은 많은 물리적인 현상에서 나타나고 활용된다. 번개가 칠 때 번쩍하고 빛이 보인 한참 뒤에야 천둥소리가 들리는 것은 빛과 소리의 속도 차이로 인해 소리가 시간적으로 지연되어 전달된 것이다. 또한 TV에서 스튜디오에서 특파원을 호출해 현장 중계를 할 때, 특파원이 스튜디오의 질문에 몇 초의 시간이 지난 뒤에 반응을 보이는 것도 전파 전달의 시간 지연 때문이다.

시간 척도조절에서 t 대신 $2t$가 될 때 시간축이 두 배로 늘어난 시간축 늘이기라고 착각하면 안 된다. [그림 3-20]에서와 같이 **시간 척도조절은 $a > 1$의 경우가 시간축에 대해 눌러 압축시키는 '줄이기', $a < 1$의 경우가 시간축에 대해 잡아당겨 늘이는 '늘이기'가 된다.**

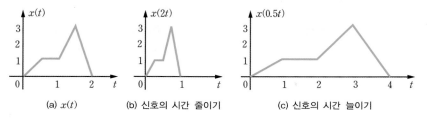

(a) $x(t)$	(b) 신호의 시간 줄이기	(c) 신호의 시간 늘이기

[그림 3-20] **연속 신호의 시간 척도조절**

TV 운동 경기 중계에서 가끔 보게 되는 슬로우 모션이나 자연의 봄-여름-가을-겨울 4계절의 풍경 변화를 아주 짧은 시간에 연속적으로 보여주는 일들은 고속/저속으로 촬영하여 저속/고속으로 재생함으로써 가능한 일들로서, 시간축에 대해 늘이기 또는 줄이기를 한 것이다. 이 외에도 방송에서 제보자의 목소리를 변조해 남자의 목소리를 고음의 여자 목소리에 가깝게, 여자 목소리를 굵직한 저음의 남자 목소리에 가깝게 내보낸다든지, 도플러 효과로 인해 소방차나 구급차의 사이렌 소리가 가까워질수록 주파수가 높은 고음으로 들리는 현상도 실생활에서 볼 수 있는 신호에 대한 시간 척도조절 결과들이다.

예제 3-8 신호의 시간 변환

관련 예제 | [예제 3-9]

[그림 3-21(a)]의 신호 $x(t)$에 대해 다음의 신호를 그려라.

(a) $s(t) = x(-t)$ (b) $v(t) = s(t-4)$ (c) $z(t) = v(2t)$

풀이

$s(t)$는 $x(t)$를 시간 반전한 반사 신호이고, $v(t)$는 $s(t)$를 $t_0 = 4$만큼 오른쪽으로 이동, 즉 시간 지연한 것이고, $z(t)$는 $v(t)$의 시간축을 척도조절하여 반으로 줄이기한 것이다. 결과적으로 $z(t)$는 $z(t) = x(-(2t-4))$로서 $x(t)$에 대해 시간 반전-이동(지연)-척도조절(줄이기)의 3가지 변환을 적용한 신호이다. 이들 신호의 파형을 [그림 3-21]에 나타내었다.

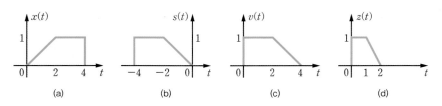

(a)	(b)	(c)	(d)

[그림 3-21] **신호의 시간 변환 예**

3.2.4 신호의 미분과 적분

미분과 적분은 연속 신호에 대해서만 가능한 연산이다.

- 다음과 같은 신호의 미분은 시간에 따른 신호 값의 변화율이라고 생각할 수 있다.

$$y(t) = \frac{dx(t)}{dt} \tag{3.33}$$

- 다음과 같이 정의되는 신호의 적분은 지금까지의 신호 값들을 계속 모아두는 동작이다.

$$y(t) = \int_{-\infty}^{t} x(\tau)\, d\tau \tag{3.34}$$

지금까지 살펴본 신호에 대한 기본 연산을 [표 3-1]에 요약하였다. 표의 '시스템' 항목은 이러한 기능을 수행하는 물리적인 시스템을 나타낸다.

[표 3-1] 연속 신호에 대한 기본 연산

연산	표현식	시스템
합	$y(t) = x(t) + s(t)$	가산기
곱	$y(t) = x(t) \cdot s(t)$	곱셈기
시간 적분	$y(t) = \int_{-\infty}^{t} x(\tau)\, d\tau$	적분기
시간 미분	$y(t) = \frac{dx(t)}{dt}$	미분기
진폭 척도조절	$y(t) = ax(t), \quad a > 1$	증폭기
	$y(t) = ax(t), \quad a < 1$	감쇠기
진폭 반전	$y(t) = -x(t)$	인버터
진폭 이동	$y(t) = x(t) + a$	오프셋
시간 척도조절	$y(t) = x(at), \quad a > 1$	시간축 줄이기
	$y(t) = x(at), \quad a < 1$	시간축 늘이기
시간 이동	$y(t) = x(t - t_0), \quad t_0 > 0$	지연기
	$y(t) = x(t + t_0), \quad t_0 > 0$	예측기
시간 반전	$y(t) = x(-t)$	반사기

3.2.5 연산 조합에 의한 신호의 표현

> **신호에 대한 기본 연산의 조합**
> - 어떤 신호에 기본 연산들을 순차적으로 조합하여 적용하면 새로운 신호가 얻어진다.
> - 하나의 신호에 여러 기본 연산을 조합하여 적용할 때, 연산의 적용 순서가 바뀌어도 같은 결과를 얻는다.
> - 시간 이동 연산은 다른 시간 변환 연산과 교환 법칙이 성립하지 않기 때문에 연산 순서를 바꾸면 시간 이동 값이 달라진다.

복잡한 신호라 할지라도, 대부분의 경우 지금까지 살펴본 기본 신호들과 같이 단순한 형태의 신호에 [표 3-1]의 여러 기본 연산을 순차적으로 조합함으로써 구할 수 있다. 예를 들어, $y(t) = -2x\left(-\dfrac{t}{2} + 1\right) + 1$은 $x(t)$에 대해 시간에 대한 반전, 척도조절, 이동과 진폭에 대한 반전, 척도조절, 이동 연산을 수행함으로써 얻을 수 있다.

한편 [그림 3-22]와 같이, 연산의 적용 순서가 뒤바뀌더라도 같은 결과를 얻게 된다. 다만 $x(t)$로부터 $x(-t+T) = x(-(t-T))$를 얻기 위해 '시간 반전-시간 이동' 순으로 조작할 때는 시간 이동이 T만큼 오른쪽으로 이동이지만, 연산 순서를 바꾸어 시간 이동을 먼저 시킬 경우에는 T만큼 왼쪽으로 이동시켜야 한다.

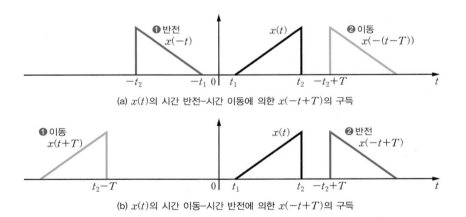

(a) $x(t)$의 시간 반전-시간 이동에 의한 $x(-t+T)$의 구득

(b) $x(t)$의 시간 이동-시간 반전에 의한 $x(-t+T)$의 구득

[그림 3-22] 시간 이동 연산의 순서 바꿈의 과정과 결과

예제 3-9　연속 신호에 대한 기본 연산의 조합　　　　관련 예제 ┃ [예제 3-8]

[그림 3-21(a)]의 신호 $x(t)$에 대해 $y(t) = x(-2t+4)$를 구하여 그려라.

풀이

[예제 3-8]의 풀이는 $y(t) = x(-(2t-4))$로 시간에 대해 반전($s(t)$)-이동($v(t)$)-척도조절 ($z(t)$)의 순서로 기본 연산을 조합하여 $y(t)$를 구한 것이다. 이때 시간 이동은 **4만큼 지연** 이다.

$y(t)$는 또한 ❶ $y(t) = x(2(-(t-2)))$ 또는 ❷ $y(t) = x(2(-t)+4)$로 나타낼 수 있다.

- **❶의 경우 : [그림 3-23(a)], 시간에 대해 척도조절-반전-이동**

  척도조절에 의해 $x_1(t) = x(2t)$를 구한 뒤, 이를 반전하여 반사 신호 $x_2(t) = x_1(-t)$를 얻고, 끝으로 $x_2(t)$를 이동(**2만큼 지연**)시켜 $x_3(t) = x_2(t-2)$를 얻음으로써 $y(t)$를 구한다.

- **❷의 경우 : [그림 3-23(b)], 시간에 대해 이동-반전-척도조절**

  $x(t)$를 이동(**4만큼 선행**)시켜 $x_4(t) = x(t+4)$를 구한 뒤, 이를 반전시켜 $x_5(t) = x_4(-t)$를 얻고, 끝으로 $x_5(t)$를 척도조절하여 $x_6(t) = x_5(2t)$를 얻음으로써 $y(t)$를 구한다.

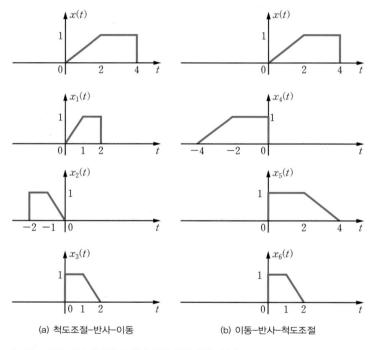

(a) 척도조절-반사-이동   (b) 이동-반사-척도조절

[그림 3-23] **기본 연산의 조합에 의한 연속 신호 얻기**

이상의 결과에서 알 수 있듯이 기본 연산의 순서를 바꾸더라도 같은 결과가 얻어진다. 다만 [그림 3-21]과 [그림 3-23(a)], 그리고 [그림 3-23(b)]를 비교해보면, 시간 이동 연산의 순서가 달라짐에 따라 시간 이동 값이 달라짐을 확인할 수 있다.

[예제 3-1]의 [그림 3-3(a)]의 신호 $x(t)$에 대해 $y(t) = -2x\left(-\dfrac{t}{2}+1\right)+1$을 구하여 그려라.

풀이

먼저 시간 변환 연산을 수행한 뒤에 진폭 변환 연산을 수행하는 것이 풀이가 좀 더 간편하다. $x\left(-\dfrac{t}{2}+1\right) = x\left(-\dfrac{1}{2}(t-2)\right)$이므로 시간에 대해 반전–척도조절(2배로 늘이기)–이동(2만큼 지연)의 순서로 연산을 적용한다. 즉 반전에 의해 반사 신호 $x_1(t) = x(-t)$를 구한 뒤, 이를 척도조절하여 $x_2(t) = x_1\left(\dfrac{1}{2}t\right)$를 얻고, 끝으로 $x_2(t)$를 이동(**2만큼 지연**)시켜 $x_3(t) = x_2(t-2)$를 얻는다. 이제 $x_3(t)$에 대해 반전–척도조절(2배 증폭)–이동(1만큼 상승)의 순서로 진폭 변환 연산을 적용하면 된다. 즉 반전에 의해 $x_4(t) = -x_3(t)$를 구한 뒤, 이를 척도조절하여 $x_5(t) = 2x_4(t)$를 얻고, 끝으로 $x_5(t)$를 이동시켜 $x_6(t) = x_5(t)+1$을 얻으면 $y(t) = x_6(t)$가 구해진다. 이상의 풀이 과정을 [그림 3-24]에 나타내었다.

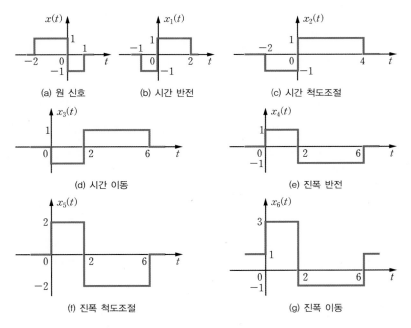

[그림 3-24] 기본 연산의 조합에 의한 연속 신호 얻기

Quick Review

■ 다음 문제에서 맞는 것을 골라라.

(1) 계단 함수 $u(t)$는 전 시간 구간에서 값이 1이다. (○, ×)

(2) (사각 펄스, 램프 함수, 지수함수)는 계단 함수에 의해 표현될 수 없다.

(3) 급작스런 입력 변화에 대한 반응을 검사하는 신호는 (계단 함수, 램프 함수)이다.

(4) 연속 임펄스 함수 $\delta(t)$는 $t = 0$에서 그 값(크기)이 1이다. (○, ×)

(5) $\displaystyle\int_{-\infty}^{\infty} x(t)\delta(t - t_0)\,dt = x(t_0)$는 임펄스 함수의 (체 거르기, 이동 적분) 성질이다.

(6) 물리적으로 존재하지 않는 신호는 (이산, 연속) 임펄스 함수이다.

(7) 모든 지수함수는 안정한 신호이다. (○, ×)

(8) 정현파와 지수함수는 아무런 관련이 없다. (○, ×)

(9) 지수함수를 미분하면 형태가 (같은, 다른) 함수가 된다.

(10) 진폭 반전은 (시간축, 크기축)에 대칭인 신호를 만들어낸다.

(11) 신호의 극성을 바꾸는 연산은 (진폭 반전, 시간 반전, 시간 척도조절) 연산이다.

(12) 신호의 진폭 이동은 $(t < 0,\ t \geq 0,\ -\infty < t < \infty)$에 대해 적용한다.

(13) 시간 반전은 (시간축, 크기축)에 대칭인 신호를 만들어낸다.

(14) $x(t + 3)$은 $x(t)$에 대해 시간 (선행, 지연)이다.

(15) $x(3t)$는 $x(t)$에 대해 시간축을 3배로 늘인 신호이다. (○, ×)

(16) $x(-2(t - 2))$는 $x(t)$를 시간 반전-(척도조절, 이동)-(척도조절, 이동)한 것이다.

(17) $x(t)$에 시간 반전-시간 척도조절-시간 이동 순으로 기본 연산을 적용하여 $x(-2t + 6)$을 얻을 때 시간 이동 값은 (3, 6)만큼 (선행, 지연)하면 된다.

(18) 기본 연산을 조합할 때 반드시 지켜야 할 우선순위가 있다. (○, ×)

(19) 신호에 대한 연산의 조합 순서를 바꾸면 시간 이동 값이 변할 수 있다. (○, ×)

(20) 연산 조합의 순서를 바꾸면 시간 이동 값은 달라지지만 이동 방향은 달라지지 않는다. (○, ×)

3.1 다음 연속 신호의 파형을 그려라.

(a) $x(t) = u(t-2) - 1$ (b) $x(t) = -u(-t+2)$

3.2 다음의 연속 신호를 그리고, 신호의 곱 형태가 아닌 수식 표현을 구하라.

(a) $x(t) = \begin{cases} 3, & |t| < 1 \\ 2, & 1 \le |t| < 3 \\ 1, & 3 \le |t| < 4 \\ 0, & \text{그 외} \end{cases}$ (b) $x(t) = u(t)u(4-t)$

3.3 [그림 3-25]의 신호에 대해 계단 신호를 이용한 수식 표현을 구하라.

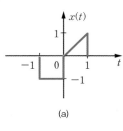
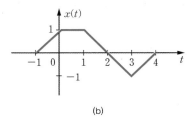

(a)   (b)

[그림 3-25]

3.4 부호 함수 $\text{sgn}(t)$에 대해 계단 함수를 이용한 수식 표현을 구하고, 이를 그림으로 나타내라.

3.5 다음과 같이 임펄스 함수가 포함된 적분을 계산하라.

(a) $\displaystyle\int_{-\infty}^{\infty} (t^2 - 3t + 2)\delta(t-2)dt$ (b) $\displaystyle\int_{-\infty}^{\infty} \cos(3(t+2))\delta(2t+4)dt$

3.6 오일러 공식을 이용하여 다음 신호를 삼각함수 합성하여 삼각함수로 나타내라.

(a) $x(t) = 2\cos(\pi t) + 2\sqrt{3}\sin(\pi t)$

(b) $x(t) = -2\cos\left(\pi t - \dfrac{3\pi}{4}\right) + 2\sin\left(\pi t + \dfrac{\pi}{4}\right)$

3.7 오일러 공식을 이용하여 다음 복소 신호를 삼각함수꼴로 나타내라.

(a) $x(t) = e^{-(2+j2)t} + e^{-(2-j2)t}$

(b) $x(t) = 2(1+j1)e^{(-3+j2)t}$

(c) $x(t) = e^{-(2+j2)t}e^{(1+j1)t}$

3.8 다음 복소 신호를 복소 지수함수꼴로 나타내라.

(a) $x(t) = \cos\left(\pi t + \dfrac{\pi}{4}\right) + j\sin\left(\pi t + \dfrac{\pi}{4}\right)$

(b) $x(t) = e^{-2t}\left[\cos(\pi t) - j\sin(\pi t)\right]$

3.9 [그림 3-26]의 신호 $x(t)$에 대해 다음의 신호를 그려라.

(a) $y_1(t) = 2x(-t)$

(b) $y_2(t) = x(2t-1)$

(c) $y_3(t) = x(-t+1)u(t)$

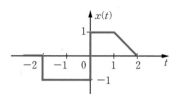

[그림 3-26]

3.10 [그림 3-27]과 같은 신호가 주어져 있다. 물음에 답하라.

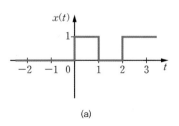

(a)

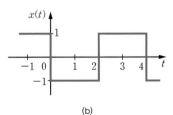

(b)

[그림 3-27]

(a) $u(t)$를 이용하여 $x(t)$를 표현하라.

(b) $u(t)$를 이용하여 $y(t)$를 표현하라.

(c) $x(t)$의 함수로 $y(t)$를 표현하라.

응 용 문 제

3.11 다음 연속 신호의 파형을 그려라.

(a) $x(t) = 2u(t+1)$

(b) $x(t) = u(-t-1) - u(t+1) + 1$

3.12 다음 연속 신호의 파형을 그려라.

(a) $x(t) = u(\cos(t))$

(b) $x(t) = t\sin(\pi t)$

3.13 다음의 연속 신호를 그리고, 계단 함수를 이용한 수식 표현과 램프 함수를 이용한 수식 표현을 구하라.

$$x(t) = \begin{cases} -t-3, & -3 \leq t < 2 \\ t+1, & -2 \leq t < 0 \\ -t+1, & 0 \leq t < 2 \\ t-3, & 2 \leq t < 3 \\ 0, & \text{그 외} \end{cases}$$

3.14 다음과 같이 임펄스 함수가 포함된 적분을 계산하라.

(a) $\displaystyle\int_{-\infty}^{\infty}\left(\delta(t)\cos(t)+\delta\left(t-\frac{\pi}{2}\right)\sin(t)\right)dt$

(b) $\displaystyle\int_{-\infty}^{\infty}(\cos(t))u\left(t-\frac{\pi}{4}\right)\delta(t)dt$

3.15 [그림 3-28]의 신호 $x(t)$에 대해 다음의 신호를 그려라.

(a) $y_1(t) = -2x(-t)$

(b) $y_2(t) = x\left(\dfrac{t}{2}+2\right)$

(c) $y_3(t) = x(-t+2)u(t)$

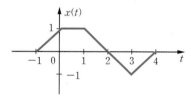

[그림 3-28]

Chapter 04

연속 시스템의 시간 영역 해석

Time Domain Analysis of Continuous Systems

시간 영역 해석과 시스템의 응답 4.1

임펄스 응답과 컨벌루션 표현 4.2

컨벌루션 적분의 계산과 성질 4.3

임펄스 응답과 시스템 특성 4.4

미분방정식과 LTI 시스템 4.5

연습문제

| 학습목표 |

• 시스템의 시간 영역 해석이 어떤 작업인지 이해할 수 있다.

• 임펄스 응답에 의한 시스템의 컨벌루션 표현을 이해할 수 있다.

• 그림을 이용한 컨벌루션 계산과 컨벌루션 성질의 시스템적 의미를 이해할 수 있다.

• 임펄스 응답의 물리적 의미와 시스템 특성과의 관계를 이해할 수 있다.

• 연속 LTI 시스템의 미분방정식 표현과 구현도를 이해할 수 있다.

• 미분방정식의 고전적 해법을 이해할 수 있다.

미리보기

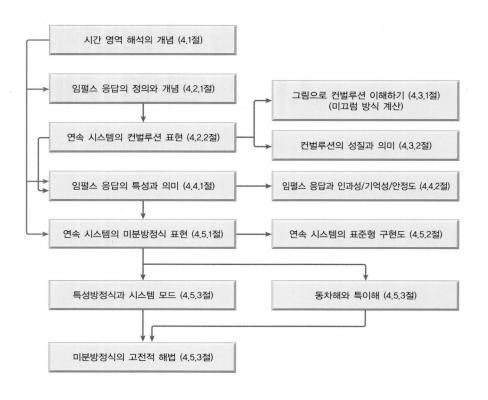

시간 영역 해석과 시스템의 응답

시간 함수로 표현한 입출력 신호와 관련하여, 시스템의 표현식을 구하여 입력에 대한 시스템의 출력을 결정하고 시스템의 특성을 해석하는 것을 시스템에 대한 시간 영역 해석이라고 한다. 이 절에서는 시스템의 시간 응답에 대한 기초적인 개념에 대해 살펴본다.

학습포인트
• 시스템의 시간 영역 해석이 어떤 일을 하는 것인지 이해한다.

시스템에서의 기본 과제는 입력을 넣었을 때 출력이 어떻게 될 것인지 알아내는 것이고, 이와 더불어 시스템의 여러 가지 성질을 파악하는 것이 중요하다. 이러한 작업을 '시스템 해석'이라고 한다. 이 책에서는 선형 시불변(LTI)$^{\text{Linear Time-Invariant}}$ 시스템을 위주로 모든 논의가 전개될 것이다. 왜냐하면 많은 물리적 현상들이 LTI 시스템으로 모형화되어도 충분하고, 이를 다루기 위한 이론이 잘 정립되어 있어 어렵지 않게 시스템의 특성을 해석할 수 있기 때문이다.

> **시스템의 시간 영역 해석**
> • **시간 영역 해석**은 시간 함수로 나타낸 입출력 신호와 관련하여 시스템의 표현식을 구하고, 이를 이용해 시스템의 출력과 특성을 분석하는 일이다.
> • **연속 시스템**은 시간 영역에서 보통 미분방정식으로 표현되는데, 이는 외부 입력에 대한 반응뿐만 아니라 시스템 내부의 초기 조건에 의한 반응까지도 고려된 모델이다.
> • **연속 시스템의 컨벌루션 (적분)** 표현은 오직 외부 입력에 대한 시스템의 반응만 나타내는 모델로서, 임펄스 입력에 대한 출력인 임펄스 응답이 핵심적인 역할을 한다.

시스템의 입출력 관계가 방정식으로 표현될 때, 이 방정식의 해가 바로 시스템의 출력, 즉 입력에 대한 시스템의 응답이 된다. 그런데 **시스템의 출력이 꼭 외부에서 넣어주는 입력에 의해서만 만들어지는 건 아니라는 사실은 주의해야 한다.** 예를 들어, 이미 충전이 되어 있는 커패시터에 저항을 연결하면 회로에 별도의 전원(외부 입력)을 연결하지 않았음에도 불구하고 전류가 흐른다. 이는 회로를 동작시키기 전에 이미 내부에 축적 에너지를 가지고 있었기 때문인데, 이러한 시스템의 초기 상태는 컨벌루션 표현으로는 반영할 수 없고, 미분방정식 표현에서 초기 조건으로 나타내게 된다.

그러므로 **오직 입력에 의한 시스템의 출력을 구할 때에는 컨벌루션 표현이나 초기 조건을 0으로 둔 미분방정식을 사용하면 되고, 입력뿐만 아니라 시스템의 초기 상태까지 고려한 출력을 구해야 할 경우에는 미분방정식을 사용해야 한다.** 결과적으로 미분방정식이 더 일반적인 시스템 표현이긴 하지만, 임펄스 응답을 이용한 컨벌루션 표현 또한 시스템이 출력을 만들어내는 동작 원리를 엿볼 수 있고 주파수 영역에서 시스템을 해석할 때도 활용도가 높으므로 둘 다 잘 알아둘 필요가 있다. 미분방정식의 풀이는 시간 영역에서 고전적 해법[1]을 이용하는 것보다 라플라스 변환[2]을 이용하는 것이 훨씬 간편하다.

Tip & Note

☑ 시스템 응답의 구분 : 영입력 응답과 영상태 응답

앞에서 설명한 것처럼 '출력을 만드는 원인'이 무엇인가를 따져보는 것은 시스템의 특성을 파악하고 분석하는 데 매우 유용하다. 오직 외부 입력에 의한 응답은 시스템 내부의 축적 에너지가 없을 때, 즉 시스템의 초기 상태(초기 조건)가 0일 때의 시스템 응답이라는 의미에서 **영상태 응답**zero state response이라고 한다. 거꾸로 순전히 시스템 내부의 축적 에너지, 즉 시스템의 초기 조건에 의한 응답은 외부 입력이 전혀 없을 때, 즉 입력이 0일 때의 시스템 응답이라는 의미에서 **영입력 응답**zero input response이라고 한다. 영상태 응답은 원하는 결과를 얻기 위하여 입력을 어떻게 적절히 조절해야 할 것인지에 대한 정보를 제공하는 반면에, 영입력 응답은 시스템 자체의 특성을 엿볼 수 있게 해준다.

---

1 고전적 해법에 대해서는 이후 4.5절에서 결과 중심으로 간략히 살펴볼 것이다.
2 라플라스 변환에 대해서는 이후 7장에서 자세히 살펴볼 것이다.

임펄스 응답과 컨벌루션 표현

임펄스 입력에 대한 시스템 출력을 임펄스 응답이라고 하는데, 이를 이용하여 입력과 출력의 관계를 컨벌루션(convolution)이라고 하는 매우 독특한 형태의 방정식으로 나타낼 수 있다. 이 절에서는 시스템의 임펄스 응답과 컨벌루션 표현에 대해 살펴본다.

학습포인트

- 임펄스 응답의 정의와 중요성을 이해한다.
- 컨벌루션 적분이 어떤 연산인지 알아본다.
- 연속 LTI 시스템에 대한 컨벌루션 표현의 유도 과정을 이해한다.

4.2.1 임펄스 응답

시스템이 넣어주는 입력 신호에 반응하여 내보내는 결과 신호를 시스템의 출력 또는 응답^{response}이라고 한다.

> **임펄스 응답**$^{\text{impulse response}}$은 시스템에 임펄스 신호 $\delta(t)$를 입력으로 넣었을 때의 시스템 응답을 말하며, $h(t)$로 표시한다.
>
> $$h(t) = L\{\delta(t)\} \tag{4.1}$$

[그림 4-1]은 임펄스 응답의 발생을 나타낸 것이다. 연속 임펄스 신호를 물리적으로 만들 수 없기 때문에 실제로 임펄스 응답을 구하는 것은 불가능하지만, 시스템의 수학적 표현식으로부터 임펄스 응답을 계산해 낼 수 있다.

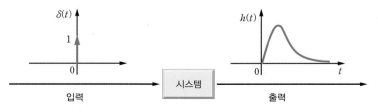

[그림 4-1] **시스템 임펄스 응답의 발생**

임펄스 신호는 $t = 0$이라는 찰나에만 존재하고 에너지가 1(단위에너지, $\int_{-\infty}^{\infty} \delta^2(t)\,dt = 1$)인 신호이다. 그러므로 임펄스를 입력으로 넣는 것은 순간적으로 잽싸게 시스템에 단위에너지를 건네주고 가만히 반응을 지켜보는 것과 같다. $t = 0$ 순간 이후에는 외부에서 더 이상 입력이 들어오지 않으므로, 시스템은 순간적으로 받은 단위에너지에 대해 자신의 고유한 성질대로 반응하여 출력으로 내보내게 되며 그것이 바로 임펄스 응답이다. 그러므로 임펄스 응답을 통해 시스템이 출력을 만들어내는 작용 원리를 고스란히 들여다볼 수 있고, 아울러 시스템의 여러 특성들을 파악할 수 있다.

시스템에 임의의 입력을 넣어주는 것은 매 순간마다 값을 달리하여 에너지를 지속적으로 시스템에 건네주는 것과 같으므로, 연속적으로 세기가 다른 임펄스 신호를 시스템에 넣어주는 것으로 생각할 수 있다. 그러므로 임펄스 응답을 이용하여 입력과 출력의 관계를 나타내볼 수 있을 것이다.

예제 4-1 **전기회로의 임펄스 응답**　　　　　　　　　　　　　　관련 예제 | [예제 4-2]

[그림 4-2]의 전기회로에서 전원 전압 $v_s(t)$를 입력, 회로 전류 $i(t)$를 출력이라고 할 때, 회로의 임펄스 응답을 구하라.

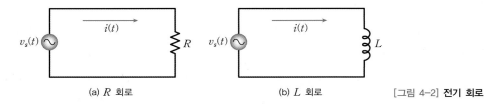

　　　　(a) R 회로　　　　　　　　　(b) L 회로　　　　　[그림 4-2] **전기 회로**

풀이

(a) 저항 회로는 옴의 법칙에 의해 $v_s(t) = R\,i(t)$와 같이 회로 방정식이 구해진다. 따라서 이 회로의 출력인 회로 전류는 $i(t) = \dfrac{1}{R} v_s(t)$가 되고, 이 회로의 임펄스 응답 $h(t)$는 입력 $v_s(t) = \delta(t)$로 두면 다음과 같이 구해진다.

$$h(t) = \frac{1}{R}\delta(t)$$

즉 저항 회로의 임펄스 응답은 임펄스 신호가 된다.

(b) 인덕터 회로는 회로 방정식이 $v_s(t) = L\dfrac{di(t)}{dt}$이고, 따라서 회로 출력인 회로 전류는 $i(t) = \dfrac{1}{L}\displaystyle\int_{-\infty}^{t} v_s(\tau)\,d\tau$와 같이 구해진다.

이 회로의 임펄스 응답 $h(t)$는 입력 $v_s(t) = \delta(t)$로 두면 식 (3.12)에 의해 다음과 같이 구해진다.

$$h(t) = \frac{1}{L} \int_{-\infty}^{t} \delta(\tau)\, d\tau = \frac{1}{L} u(t)$$

임펄스가 존재하기 전인 $t < 0$에서는 적분 값이 0이므로 $h(t) = 0$이 됨을 주의한다. 즉 인덕터 회로의 임펄스 응답은 계단 신호가 된다.

4.2.2 연속 LTI 시스템의 컨벌루션 표현

입력 신호를 매 순간마다 세기가 다른 임펄스 신호가 모여 있는 것으로 간주할 수 있다면, 또한 시스템에 임펄스 신호가 들어오는 시간이 달라도 응답의 형태가 바뀌지 않을뿐더러 각 임펄스 신호에 대한 출력을 모두 더하는 것으로 입력 신호에 대한 출력이 완전히 구해질 수 있다면, 시스템의 입력과 출력의 관계를 손쉽게 찾아낼 수 있을 것이다. 이런 성질은 시불변성과 중첩의 원리, 즉 선형성에 해당한다. 그러므로 선형 시불변(LTI) 시스템의 경우 임펄스 응답을 알고 있다면, 시스템의 선형성과 시불변성을 사용해 임의의 입력에 대한 시스템의 출력을 구할 수 있다. 다만 연속 시스템의 경우 임펄스 함수의 독특함으로 인해 (이산 시스템에 비해) 유도 과정이 조금 더 까다롭고 복잡할 뿐이다(9.1.2절을 먼저 보는 것이 이해에 도움이 될 수 있다).

연속 LTI 시스템의 입출력 관계 : 컨벌루션 표현

두 함수 $x(t)$, $h(t)$에 대한 다음과 같은 형태의 연산을 **컨벌루션 적분**convolution integral이라고 하고, 기호 $*$를 사용하여 나타낸다.

$$y(t) = \int_{-\infty}^{\infty} x(\tau) h(t-\tau)\, d\tau = x(t) * h(t) \tag{4.2}$$

이산 함수의 경우에도 수식의 구조와 성질이 비슷한 컨벌루션 합 연산이 정의되므로, 앞으로는 굳이 구분할 필요가 없는 한 식 (4.2)의 연산을 그냥 '컨벌루션'이라 부를 것이다.

LTI 시스템의 컨벌루션 표현

• LTI 시스템의 입력에 대한 출력은 입력과 임펄스 응답의 컨벌루션으로 나타낼 수 있다.

$$y(t) = \int_{-\infty}^{\infty} x(\tau) h(t-\tau)\, d\tau = x(t) * h(t) \tag{4.3}$$

- 인과 입력($x(\tau)=0$, $\tau<0$)에 대한 인과 시스템($h(\tau)=0$, $\tau<0$, 즉 $h(t-\tau)=0$, $\tau>t$)의 컨벌루션 표현은 식 (4.4)와 같이 적분 구간이 조절된다.

$$y(t) = \int_0^t x(\tau)h(t-\tau)\,d\tau \tag{4.4}$$

식 (4.3)은 **임펄스 응답만 주어지면 어떠한 임의의 입력 $x(t)$에 대해서도 시스템 응답을 구할 수 있음**을 의미하는 것으로, 임펄스 응답이 얼마나 중요한지 잘 보여준다.

컨벌루션 표현의 유도

임의의 입력 신호 $x(t)$에 대해 [그림 4-3]과 같이 임펄스 신호를 근사화한 폭이 Δ인 사각 펄스 $\delta_\Delta(t-k\Delta)$들로 쪼개어 모아 놓은 신호 $\tilde{x}(t)$를 생각해보자. $\tilde{x}(t)$에 대한 시스템의 출력 $\tilde{y}(t)$는 선형성(중첩의 원리)에 의해 각각의 사각 펄스에 대한 출력을 합하면 될 것이다. 이때 사각 펄스 $\delta_\Delta(t)$에 대한 시스템의 출력을 $\tilde{h}_\Delta(t)$라고 하면, $\delta_\Delta(t-n\Delta)$에 대한 출력은 시불변성에 의해 $\tilde{h}_\Delta(t-n\Delta)$가 된다. 마지막으로 $\Delta\to0$의 극한을 취하면, $\tilde{x}(t)$는 $x(t)$, $\delta_\Delta(t)$는 $\delta(t)$, $\tilde{h}_\Delta(t)$는 $h(t)$, $\tilde{y}(t)$는 $y(t)$가 될 것이다.

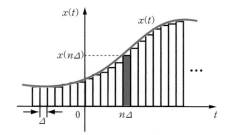

[그림 4-3] 입력 신호의 사각 펄스 근사화

이상의 설명을 수식으로 정리해보자. 먼저 $\tilde{x}(t)$는 다음과 같이 쓸 수 있다.

$$\tilde{x}(t) = \cdots + x(0)\Delta\,\delta_\Delta(t) + \cdots + x(k\Delta)\Delta\,\delta_\Delta(t-k\Delta) + \cdots \tag{4.5}$$
$$= \sum_{k=-\infty}^{\infty} x(k\Delta)\Delta\,\delta_\Delta(t-k\Delta)$$

$\Delta\to0$의 극한을 취하면 $\tilde{x}(t)$는 $x(t)$가 되며, 식 (4.5)에서 총합은 적분으로, $k\Delta$는 τ, Δ는 $d\tau$, 그리고 $\delta_\Delta(t-k\Delta)$는 $\delta(t-\tau)$로 바뀌어 다음과 같이 된다.

$$x(t) = \lim_{\Delta\to0}\tilde{x}(t) = \int_{-\infty}^{\infty} x(\tau)\delta(t-\tau)\,d\tau \tag{4.6}$$

식 (4.6)의 입력 신호에 대한 선형 시불변 시스템 L의 출력 $y(t)$는 다음과 같이 된다.

$$y(t) = L\{x(t)\} = L\left\{\int_{-\infty}^{\infty} x(\tau)\delta(t-\tau)\,d\tau\right\} \tag{4.7}$$

식 (4.7)은 시스템의 선형성에 의해 다음과 같이 되고,

$$y(t) = \int_{-\infty}^{\infty} L\{x(\tau)\delta(t-\tau)\}\,d\tau = \int_{-\infty}^{\infty} x(\tau)L\{\delta(t-\tau)\}\,d\tau \tag{4.8}$$

이에 시불변성을 적용하면 다음과 같이 입출력 관계를 표현하는 수식을 얻을 수 있다.

$$y(t) = \int_{-\infty}^{\infty} x(\tau)h(t-\tau)\,d\tau \tag{4.9}$$

예제 4-2 컨벌루션 표현에 의한 시스템 출력 구하기 관련 예제 | [예제 4-1]

[예제 4-1]의 [그림 4-2]의 저항 회로에 대해 전원 전압 $v_s(t)$를 입력, 회로 전류 $i(t)$를 출력이라고 할 때, 컨벌루션 표현을 이용하여 직류 전압 $v_s(t) = u(t)$에 대한 출력(계단 응답)을 구하라.

풀이

회로의 임펄스 응답은 [예제 4-1]에서 구한 것처럼 $h(t) = \dfrac{1}{R}\delta(t)$이다. $v_s(t) = u(t)$일 때의 출력은 식 (4.3)과 식 (3.13)의 임펄스 함수의 체 거르기 성질로부터 다음과 같이 구해진다.

$$y(t) = \int_{-\infty}^{\infty} u(\tau) \cdot \frac{1}{R}\delta(t-\tau)\,d\tau = \frac{1}{R}\int_{0}^{\infty} u(\tau)\delta(t-\tau)\,d\tau = \frac{1}{R}u(t)$$

이는 [예제 4-1]에서와 같이 옴의 법칙으로부터 직접 얻을 수 있는 당연한 결과이지만, 컨벌루션 표현의 유효성을 보여주기 위해 굳이 식 (4.3)을 이용하여 출력을 구해본 것이다.

예제 4-3 컨벌루션 표현에 의한 시스템 출력 구하기 관련 예제 | [예제 6-19]

임펄스 응답 $h(t) = e^{-t}u(t)$인 시스템에 계단 신호 $x(t) = u(t)$를 입력으로 넣었을 때 시스템의 출력(계단 응답) $y(t)$를 구하라.

풀이

시스템의 계단 응답은 식 (4.3)으로부터 다음과 같이 된다.

$$y(t) = \int_{-\infty}^{\infty} x(\tau)h(t-\tau)\,d\tau = \int_{-\infty}^{\infty} u(\tau)\,e^{-(t-\tau)}u(t-\tau)\,d\tau$$

$$= \int_{-\infty}^{\infty} e^{-(t-\tau)}u(\tau)u(t-\tau)\,d\tau$$

그런데 [그림 4-4]에서 보듯이 $u(\tau)u(t-\tau)$는 $t<0$이면 항상 0이고,

$t \geq 0$이면 $u(\tau)u(t-\tau) = \begin{cases} 1, & 0 \leq \tau \leq t \\ 0, & \text{그 외} \end{cases}$ 이므로 위 식은 다음과 같이 쓸 수 있다.

$$y(t) = \int_0^t e^{-(t-\tau)}d\tau = e^{-t}\int_0^t e^{\tau}d\tau = e^{-t}e^{\tau}\Big|_0^t = e^{-t}(e^t - 1) = (1-e^{-t})u(t)$$

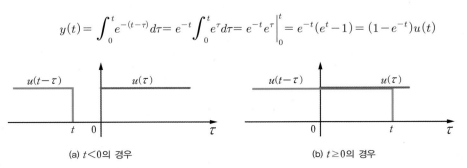

(a) $t<0$의 경우   (b) $t \geq 0$의 경우

[그림 4-4] t 값에 따른 $u(\tau)u(t-\tau)$

[그림 4-5]는 구해진 시스템의 계단 응답 파형을 그린 것이다. RC 회로와 같이 대부분의
간단한 안정 시스템들은 이 예제처럼 지수적으로 감소하는 임펄스 응답을 가진다. RC 회
로에서 직류 전압을 걸어주면 일정 시간이 지나 커패시터가 완전히 충전되면 더 이상 전류
가 흐르지 않고 충전 상태가 계속 유지되어 커패시터 양단 전압이 일정해지는데, [그림
4-5]에서 컨벌루션 표현에 의해 얻은 결과가 이에 잘 들어맞음을 볼 수 있다.

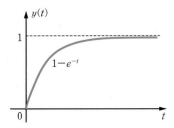

[그림 4-5] 시스템의 계단 응답

4.3 컨벌루션 적분의 계산과 성질

이 절에서는 그림을 이용하여 컨벌루션의 개념과 계산 과정을 이해해본다. 또한 컨벌루션 연산이 지니는 흥미로운 성질과 이들이 시스템에서 지니는 물리적 의미에 대해서도 살펴볼 것이다.

학습포인트 —————————————————————————

- 그림을 이용한 미끄럼 방식 컨벌루션 계산 원리와 방법을 익혀둔다.
- 컨벌루션 계산의 교환, 결합, 배분법칙의 시스템적 의미를 이해한다.
- 컨벌루션 계산의 임펄스와의 컨벌루션, 길이와 끝 성질의 활용을 잘 익혀둔다.

4.3.1 컨벌루션 연산의 이해와 계산

식 (4.2)의 컨벌루션 적분 계산에서 **계산이 진행되는 시간축과 결과를 표시하는 시간축이 다르다. 계산은 시간 변수 τ에 대해 이루어지고, 계산 결과만 시간 변수 t에 대해 표시된다.** 컨벌루션의 계산 원리를 이해하기 위해, [예제 4-3]에 대해 그림을 이용하여 컨벌루션 계산을 해보자. 컨벌루션 적분 정의식 식 (4.2)를 다시 써 보면 다음과 같다.

$$y(t) = \int_{-\infty}^{\infty} x(\tau) h(t-\tau) \, d\tau = \int_{-\infty}^{\infty} x(\tau) h(-(\tau-t)) \, d\tau \qquad (4.10)$$

우선 [그림 4-6(a)]에 나타낸 것처럼 식 (4.10)에 주어진 대로 컨벌루션할 신호의 시간축을 τ로 바꾼 뒤, [그림 4-6(b)]와 같이 두 신호 중의 하나인 $h(\tau)$를 시간축에 대해 뒤집는다($h(-\tau)$). 그런 다음 [그림 4-6(c), (d), (e)]처럼 계산해야 할 특정한 시간 순간(t)만큼 이동시켜($h(-(\tau-t)) = h(t-\tau)$) 움직이지 않은 신호 $x(\tau)$와 곱한 결과 ($x(\tau) h(t-\tau)$)를 적분하면(값들을 모두 모아 더하면), 비로소 하나의 시간 t에서의 신호값 $y(t)$가 구해진다. 그러므로 t를 $-\infty$에서 ∞까지 변화시켜 가며 이 과정을 수없이 반복해야 비로소 [그림 4-6(f)]와 같이 전 시간에 대한 결과를 얻을 수 있다.

이상과 같은 [그림 4-6]의 계산 과정을 정리하면, **컨벌루션은 신호 하나를 고정시키고 다른 하나를 시간축에 대해 뒤집은 다음 시간축의 $-\infty$에서부터 신호를 오른쪽으**

로 미끄러뜨리면서, 각 이동된 시간 순간마다 이동한 신호와 고정된 신호를 곱하여 얻어진 결과 값들을 모두 모아서(적분해서) 그 이동 시간 순간의 계산 값으로 취하는 연산이다. 이 같은 계산 방식을 **미끄럼 방식**^{sliding method}이라고 한다. 실제 계산은 고정 신호($x(\tau)$)와 반전 이동 신호($h(t-\tau)$)가 겹쳐지는 양상에 따라 시간 구간을 나누어 몇 번 정도만 식 (4.10)의 적분 계산을 반복하면 된다.

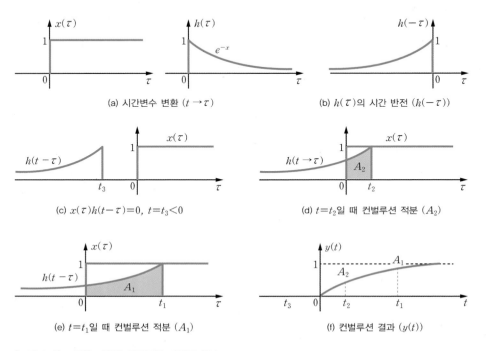

(a) 시간변수 변환 ($t \rightarrow \tau$)

(b) $h(\tau)$의 시간 반전 ($h(-\tau)$)

(c) $x(\tau)h(t-\tau)=0$, $t=t_3<0$

(d) $t=t_2$일 때 컨벌루션 적분 (A_2)

(e) $t=t_1$일 때 컨벌루션 적분 (A_1)

(f) 컨벌루션 결과 ($y(t)$)

[그림 4-6] 그림을 이용한 컨벌루션 계산의 설명

미끄럼 방식 컨벌루션 적분 계산 알고리즘

- 1단계 : 두 신호의 시간축을 변환한다($t \rightarrow \tau$).
- 2단계 : 신호 하나($x(\tau)$)를 고정시키고 다른 하나($h(\tau)$)를 시간 반전한다($h(-\tau)$).
- 3단계 : 시간 반전된 $h(-\tau)$을 τ축에서 시간 이동시킨 $h(t-\tau)$가 $x(\tau)$에 겹쳐지는 양상에 따라 아래의 네 구간으로 적분 구간을 나눈다.
  - ❶ 두 신호가 전혀 겹치지 않는 구간($x(t) * h(t) = 0$)
  - ❷ 두 신호가 부분적으로 겹치면서 겹치는 부분이 증가하는 구간
  - ❸ 두 신호가 완전히 겹치는 구간
  - ❹ 두 신호가 부분적으로 겹치면서 겹치는 부분이 감소하는 구간
- 4단계 : 3단계에서 나눈 구간별로 적분의 상한과 하한을 결정하여 적분을 계산한다.
- 5단계 : 4단계에서 구한 각 구간의 적분 결과를 시간축 t에 대해 그려 최종 컨벌루션 결과($y(t)$)를 얻는다. 또는 수식으로 표현한다.

예제 4-4 연속 신호에 대한 미끄럼 방식 컨벌루션 계산

[그림 4-7]의 신호 $x(t)$와 $h(t)$의 컨벌루션 $y(t)=x(t)*h(t)$를 구하고 그려라.

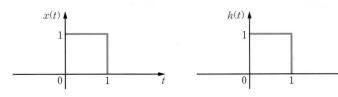

[그림 4-7] [예제 4-4]의 신호 $x(t)$, $h(t)$

풀이

① [그림 4-8(a)]와 같이 시간축을 t에서 τ로 바꾸고 $h(\tau)$를 뒤집어 $h(-\tau)$를 얻는다.

② $h(-\tau)$를 이동시킨 $h(t-\tau)$가 $x(\tau)$와 겹쳐지는 양상에 따라 계산 구간을 나눈다.

$t<0$: 전혀 겹치지 않음

$0 \le t<1$: $h(t-\tau)$가 $x(\tau)$에 겹치는 부분이 점점 증가([그림 4-8(b)])

$t=1$: $h(t-\tau)$가 $x(\tau)$에 완전히 겹침([그림 4-8(c)])

$1<t \le 2$: $h(t-\tau)$가 $x(\tau)$에 겹치는 부분이 점점 감소([그림 4-8(d)])

$t>2$: 전혀 겹치지 않음

③ $h(t-\tau)$가 $x(\tau)$와 겹치는 세 구간에 대해서만 식 (4.10)의 적분 계산을 수행한다.

$$0 \le t<1 : y(t)=\int_0^t 1\,d\tau=\tau\Big|_0^t=t$$

$$t=1 : y(t)=\int_0^1 1\,d\tau=\tau\Big|_0^1=1$$

$$1<t \le 2 : y(t)=\int_{t-1}^1 1\,d\tau=\tau\Big|_{t-1}^1=-t+2$$

④ 얻은 결과들을 모아서 [그림 4-8(e)]와 같이 $y(t)$를 그리면 된다. 그림에서 보듯이 너비가 같은 사각 펄스 둘을 컨벌루션하면 너비가 두 배인 삼각 펄스가 얻어진다.

이처럼 그림을 이용하면 쉽고 간편하게 컨벌루션 계산을 할 수 있다. **계산을 할 때 적분의 하한과 상한이 바르게 결정되도록 주의를 기울여야 한다.**

컨벌루션 결과를 수식으로 나타내면 다음과 같다.

$$y(t)=\begin{cases} t, & 0 \le t<1 \\ -t+2, & 1 \le t \le 2 \end{cases}$$

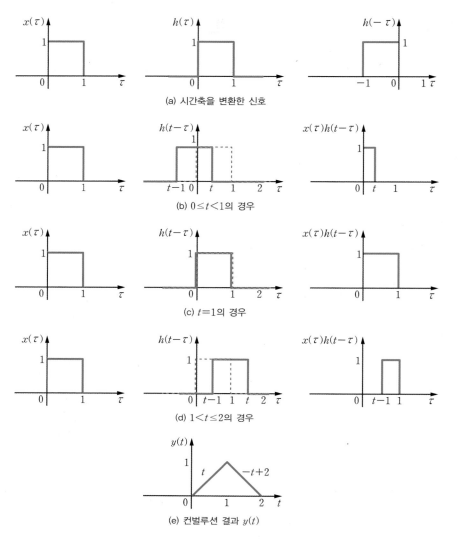

[그림 4-8] 그림을 이용한 [예제 4-4]의 미끄럼 방식 컨벌루션 계산

예제 **4-5** 연속 신호에 대한 미끄럼 방식 컨벌루션 계산   관련 예제 | [예제 4-6]

[그림 4-9]의 신호 $x(t)$와 $h(t)$의 컨벌루션 $y(t) = x(t) * h(t)$를 구하라.

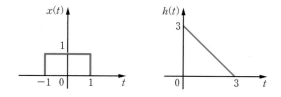

[그림 4-9] [예제 4-5]의 신호 $x(t)$, $h(t)$

풀이

주어진 신호 $x(t)$와 $h(t)$는 다음과 같이 수식으로 표현할 수 있다.

$$x(t) = \begin{cases} 1, & -1 \leq t \leq 1 \\ 0, & \text{그 외} \end{cases} \qquad h(t) = \begin{cases} -t+3, & 0 \leq t \leq 3 \\ 0, & \text{그 외} \end{cases}$$

① [그림 4-10(a)]와 같이 시간축을 t에서 τ로 바꾸고 $h(\tau)$를 뒤집어 $h(-\tau)$를 얻는다.

② $h(-\tau)$를 이동시킨 $h(t-\tau)$가 $x(\tau)$와 겹쳐지는 양상에 따라 계산 구간을 나눈다.

$t < -1$: 전혀 겹치지 않음([그림 4-10(b)])

$-1 \leq t < 1$: $h(t-\tau)$가 $x(\tau)$에 겹치는 부분이 점점 증가([그림 4-10(c)])

$1 \leq t < 2$: $h(t-\tau)$가 $x(\tau)$에 완전히 겹침([그림 4-10(d)])

$2 \leq t < 4$: $h(t-\tau)$가 $x(\tau)$에 겹치는 부분이 점점 감소([그림 4-10(e)])

$t > 4$: 전혀 겹치지 않음([그림 4-10(f)])

③ $h(t-\tau)$가 $x(\tau)$와 겹치는 세 구간에 대해서만 식 (4.10)의 적분 계산을 수행한다.

$$-1 \leq t < 1 \; : \; y(t) = \int_{-1}^{t} x(\tau)\,h(t-\tau)\,d\tau = \int_{-1}^{t} (\tau + 3 - t)\,d\tau$$
$$= \frac{1}{2}\tau^2 + (3-t)\tau \Big|_{-1}^{t} = -\frac{1}{2}(t^2 - 4t - 5)$$

$$1 \leq t < 2 \quad : \; y(t) = \int_{-1}^{1} x(\tau)\,h(t-\tau)\,d\tau = \int_{-1}^{1} (\tau + 3 - t)\,d\tau$$
$$= \frac{1}{2}\tau^2 + (3-t)\tau \Big|_{-1}^{1} = -2t + 6$$

$$2 \leq t < 4 \quad : \; y(t) = \int_{-3+t}^{1} x(\tau)\,h(t-\tau)\,d\tau = \int_{-3+t}^{1} (\tau + 3 - t)\,d\tau$$
$$= \frac{1}{2}\tau^2 + (3-t)\tau \Big|_{-3+t}^{1} = \frac{1}{2}(t-4)^2$$

④ 적분 결과들을 모아 [그림 4-10(g)]와 같이 $y(t)$를 그리면 된다. $y(t)$를 수식으로 나타내면 다음과 같다(계단 함수를 이용해 나타낼 수도 있다).

$$y(t) = \begin{cases} -\dfrac{1}{2}(t^2 - 4t - 5), & -1 \leq t < 1 \\ -2t + 6, & 1 \leq t < 2 \\ \dfrac{1}{2}(t-4)^2, & 2 \leq t < 4 \\ 0, & \text{그 외} \end{cases}$$

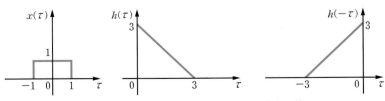

(a) 시간변수 변환($t \to \tau$) 및 시간 반전 신호($h(-\tau)$)

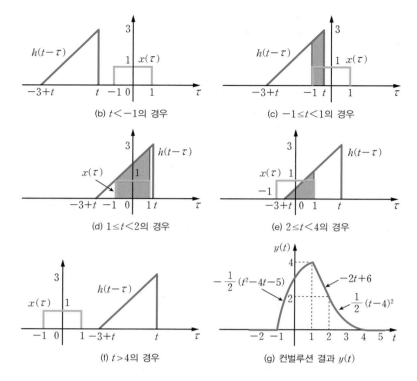

[그림 4-10] 그림을 이용한 [예제 4-5]의 미끄럼 방식 컨벌루션 계산

4.3.2 컨벌루션 적분의 주요 성질

컨벌루션이 지니고 있는 주요한 성질들은 시스템과 관련하여 물리적으로도 중요한 의미를 갖는다. 컨벌루션의 성질을 이용하면 계산이 간단해지고, 작은 시스템들을 연결하여 큰 시스템을 구성했을 때 전체 시스템의 임펄스 응답을 쉽게 찾아낼 수 있다.

- **교환법칙** : 신호의 순서를 바꾸어도 상관이 없다.

$$x(t) * h(t) = h(t) * x(t) \tag{4.11}$$

- **결합법칙** : 신호들이 조합되는 순서에 영향을 받지 않는다.

$$\{x(t) * h_1(t)\} * h_2(t) = x(t) * \{h_1(t) * h_2(t)\} \tag{4.12}$$

- **배분법칙** : 덧셈에 대한 배분법칙이 성립한다.

$$x(t) * \{h_1(t) + h_2(t)\} = x(t) * h_1(t) + x(t) * h_2(t) \tag{4.13}$$

- $x(t)$를 $\delta(t-t_0)$와 컨벌루션하면 $x(t)$가 t_0만큼 시간 이동된 결과가 얻어진다.

$$x(t) * \delta(t-t_0) = \int_{-\infty}^{\infty} x(\tau)\,\delta(t-t_0-\tau)\,d\tau = x(t-t_0) \qquad (4.14)$$

- 두 신호의 컨벌루션 결과는 각 신호의 시작 시각을 더한 순간에서 시작해서 각 신호가 끝나는 시각을 더한 순간까지 값을 가지는 신호가 된다.

$$x(t) = 0,\ \ t < t_1\ \ \&\ \ t > t_3,\ \ h(t) = 0,\ \ t < t_2\ \ \&\ \ t > t_4$$
$$\rightarrow y(t) = x(t) * h(t) = 0,\ \ t < t_1 + t_2\ \ \&\ \ t > t_3 + t_4$$

$$(4.15)$$

교환법칙에 따르면, 컨벌루션 계산에서 두 신호 중 어느 것을 뒤집어도 상관없다. 그러므로 **계산을 더 간편하게 만들어주는 신호를 뒤집어서 연산을 수행하면 된다**. 교환법칙을 시스템의 측면에서 해석하면, [그림 4-11(a)]처럼 입력 신호와 시스템의 임펄스 응답의 역할을 바꿔도 시스템의 출력이 같음을 의미한다. 그러나 이보다는 [그림 4-11(b)]에 나타낸 것처럼 **두 시스템이 종속연결되어 있을 경우 시스템의 연결 순서를 바꾸어도 입력에 대한 출력은 바뀌지 않는다**는 의미로 주로 활용된다.

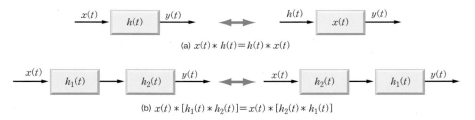

(a) $x(t) * h(t) = h(t) * x(t)$

(b) $x(t) * [h_1(t) * h_2(t)] = x(t) * [h_2(t) * h_1(t)]$

[그림 4-11] **컨벌루션의 교환법칙의 물리적 의미**

결합법칙은 [그림 4-12]에 나타낸 것처럼, **두 시스템이 종속연결되어 있을 경우 각 시스템의 임펄스 응답의 컨벌루션을 새로운 임펄스 응답으로 갖는 하나의 등가 시스템으로 대체할 수 있음**을 의미한다. 푸리에 변환이나 라플라스 변환과 같은 주파수 영역으로의 변환을 배우면 결합법칙이 시스템을 다룰 때 아주 중요하고 유용한 성질임을 알게 될 것이다.

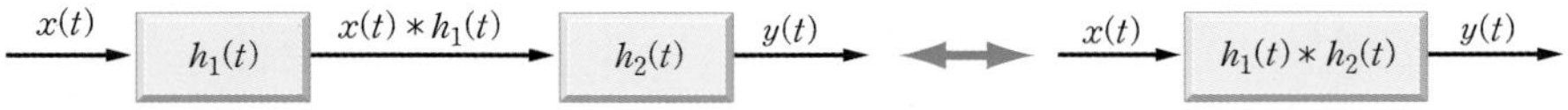

[그림 4-12] **컨벌루션의 결합법칙의 물리적 의미**

배분법칙은 [그림 4-13]에 나타낸 것처럼, **두 시스템이 병렬로 연결되어 있을 경우 각 시스템의 임펄스 응답을 더한 것을 새로운 임펄스 응답으로 갖는 하나의 등가 시스템으로 대체할 수 있음**을 의미한다.

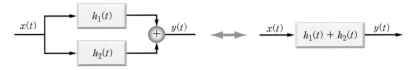

[그림 4-13] **컨벌루션의 배분법칙의 물리적 의미**

컨벌루션의 길이와 끝^{edge}에 관한 성질은 미리 컨벌루션 결과의 시간축상의 위치를 예측할 수 있게 해주므로, 컨벌루션이 바르게 계산되었는지 검토할 때 유용하게 활용할 수 있다. 예를 들어, [예제 4-5]에서 $x(t)$와 $h(t)$는 각각 $-1 \leq t \leq 1$, $0 \leq t \leq 3$에서 값을 갖고, 길이는 각각 $L_x = 2$, $L_h = 3$이다. 따라서 $y(t) = x(t) * h(t)$는 $-1 \leq t \leq 4$에서 값을 갖고, 길이는 $L_y = L_x + L_h = 5$가 될 것으로 예측할 수 있으며, 이는 [그림 4-10(g)]의 결과와 일치한다.

예제 4-6 연속 신호에 대한 미끄럼 방식 컨벌루션 계산 : 교환법칙 관련 예제 | [예제 4-5]

[예제 4-5]에서 신호 $x(t)$를 뒤집어서 컨벌루션 $y(t) = x(t) * h(t)$를 계산하라.

풀이

$h(\tau)$를 고정시키고 $x(\tau)$를 뒤집어서 이동시키더라도, [그림 4-14]에서 볼 수 있듯이 컨벌루션 계산을 위한 구간 구분은 변함이 없게 된다.

$$t < -1 \ : \ \text{전혀 겹치지 않음([그림 4-14(a)])}$$
$$-1 \leq t < 1 \ : \ h(t-\tau)\text{가 } x(\tau)\text{에 겹치는 부분이 점점 증가([그림 4-14(b)])}$$
$$1 \leq t < 2 \ : \ h(t-\tau)\text{가 } x(\tau)\text{에 완전히 겹침([그림 4-14(c)])}$$
$$2 \leq t < 4 \ : \ h(t-\tau)\text{가 } x(\tau)\text{에 겹치는 부분이 점점 감소([그림 4-14(d)])}$$
$$t > 4 \ : \ \text{전혀 겹치지 않음([그림 4-14(e)])}$$

[그림 4-14]를 [그림 4-10]과 비교해보면, 두 신호를 곱한 결과(짙게 색칠된 부분)들은 좌우가 뒤집혀 있을 뿐 모양이 완전히 일치하며, 다만 적분 하한과 상한이 다를 뿐이다. 각 시간 구간에 대한 $h(\tau)x(t-\tau)$의 면적 값은 다음과 같이 계산된다.

$$-1 \leq t < 1 \ : \ y(t) = \int_0^{1+t} h(\tau)\,x(t-\tau)\,d\tau = \int_0^{1+t} (-\tau+3)\,d\tau$$
$$= -\frac{1}{2}(t^2 - 4t - 5)$$

$$1 \leq t < 2 \ \ : \ y(t) = \int_{-1+t}^{1+t} h(\tau)\,x(t-\tau)\,d\tau = \int_{-1+t}^{1+t} (-\tau+3)\,d\tau$$
$$= -2t + 6$$

$$2 \leq t < 4 \ \ : \ y(t) = \int_{-1+t}^{3} h(\tau)\,x(t-\tau)\,d\tau = \int_{-1+t}^{3} (-\tau+3)\,d\tau = \frac{1}{2}(t-4)^2$$

이 결과는 $h(\tau)$를 뒤집었을 때와 완전히 일치하지만, 계산은 좀 더 간단하다. 이로부터 알 수 있듯이 컨벌루션 계산은 교환법칙에 의해 두 신호 중 어느 것을 뒤집어도 상관없으며, 계산을 보다 쉽고 편하게 하려면 더 단순한 형태의 신호를 뒤집는 것이 낫다.

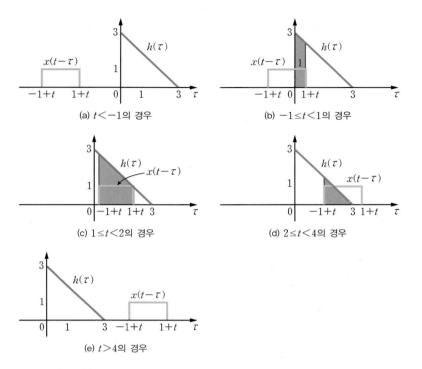

[그림 4-14] $x(\tau)$를 뒤집은 경우의 [예제 4-6]의 컨벌루션 계산

예제 4-7 상호 연결된 시스템의 임펄스 응답   관련 예제 | [예제 7-30]

[그림 4-15]와 같이 여러 개의 부시스템이 상호 연결된 시스템에 대해 다음을 구하라.

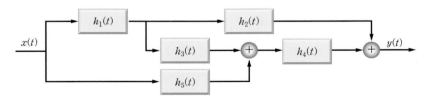

[그림 4-15] [예제 4-7]의 상호 연결된 시스템

(a) 전체 시스템의 임펄스 응답
(b) 각 부시스템의 임펄스 응답이 다음과 같을 때 전체 시스템의 임펄스 응답

$$h_1(t) = e^{-t}u(t), \ h_2(t) = e^{-t}u(t), \ h_3(t) = u(t), \ h_4(t) = \delta(t-1), \ h_5(t) = e^{-2t}u(t)$$

풀이

(a) 앞에서 살펴본 대로 종속연결된 경우에는 각 부시스템에 대한 임펄스 응답의 컨벌루션으로, 병렬연결된 경우에는 각 부시스템에 대한 임펄스 응답의 합의 형태로 표현하여 정리하면 전체 시스템의 임펄스 응답을 얻을 수 있다.

$h_1(t)$와 $h_2(t)$가 종속연결되어 있으므로 $h_1(t) * h_2(t)$이다. 또한 $h_1(t)$와 $h_3(t)$가 종속연결되어 있으므로 $h_1(t) * h_3(t)$가 되고, 이것이 다시 $h_5(t)$와 병렬연결되어 있으므로 $h_1(t) * h_3(t) + h_5(t)$가 되며, 다시 $h_4(t)$와 종속연결되므로 $[h_1(t) * h_3(t) + h_5(t)] * h_4(t)$가 된다. 이것과 $h_1(t) * h_2(t)$가 병렬연결되어 있으므로 둘을 더하면 전체 시스템의 임펄스 응답 $[h_1(t) * h_3(t) + h_5(t)] * h_4(t) + h_1(t) * h_2(t)$를 얻게 된다. 따라서 전체 시스템의 등가 단일 시스템을 나타내면 [그림 4-16]과 같다.

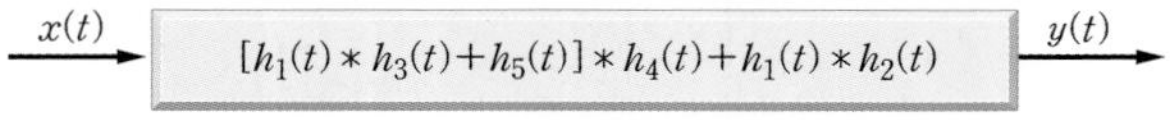

$$x(t) \longrightarrow \boxed{[h_1(t) * h_3(t) + h_5(t)] * h_4(t) + h_1(t) * h_2(t)} \longrightarrow y(t)$$

[그림 4-16] **등가 단일 시스템**

(b) 주어진 각 부시스템의 임펄스 응답을 대입하여 (a)의 풀이 중간 과정에서 얻어진 컨벌루션들을 계산하면 다음과 같다.

$$h_1(t) * h_2(t) = \int_{-\infty}^{\infty} e^{-\tau} e^{-(t-\tau)} u(\tau) u(t-\tau)\, d\tau = e^{-t} \int_0^t 1\, d\tau = t e^{-t} u(t)$$

$$h_1(t) * h_3(t) = \int_{-\infty}^{\infty} e^{-\tau} u(\tau) u(t-\tau)\, d\tau = \int_0^t e^{-\tau} d\tau = (1 - e^{-t}) u(t)$$

또한 $h_1(t) * h_3(t) + h_5(t) = (1 - e^{-t} + e^{-2t}) u(t)$ 이므로 임펄스와의 컨벌루션 성질로부터

$$[h_1(t) * h_3(t) + h_5(t)] * h_4(t) = (1 - e^{-t} + e^{-2t}) u(t) * \delta(t-1)$$
$$= (1 - e^{-(t-1)} + e^{-2(t-1)}) u(t-1)$$

이 된다. 따라서 전체 시스템의 임펄스 응답은 다음과 같이 구해진다.

$$h(t) = h_1(t) * h_2(t) + [h_1(t) * h_3(t) + h_5(t)] * h_4(t)$$
$$= t e^{-t} u(t) + (1 - e^{-(t-1)} + e^{-2(t-1)}) u(t-1)$$

임펄스 응답과 시스템 특성

임펄스 응답은 시스템의 컨벌루션 표현에도 필요할 뿐 아니라, 시스템 특성을 파악할 수 있으므로 매우 중요하다. 이 절에서는 임펄스 응답에 의한 시스템 출력 형성의 원리를 간단히 살펴보고, 인과성과 안정성 등 주요한 시스템 특성과의 연관성에 대해서도 알아본다.

학습포인트 ────────────

• 임펄스 응답이 시스템 출력 형성에 어떻게 관여하는지 알아본다.
• 임펄스 응답에 대한 인과성의 조건을 알아본다.
• 임펄스 응답에 대한 기억성의 조건을 알아본다.
• 임펄스 응답과 안정도의 관계를 이해한다.

4.4.1 임펄스 응답의 물리적 의미

• 임펄스 응답은 시스템의 고유한 특성을 반영한다.
• 임펄스 응답은 현재 시간 t에서 출력을 구성하는 과거 입력들에 대한 가중치 역할을 하므로, 과거의 입력 값들이 현재의 시스템 출력에 기여하는 정도를 알려준다.

4.2.1절에도 언급했듯이, 임펄스 응답은 시스템 내부의 자체 특성이 반영된 응답으로서, 시스템 특성에 대한 정보와 통찰력을 제공해준다. **임펄스 응답은 과거의 입력 값들이 현재의 시스템 출력에 기여하는 정도를 알려준다.** [그림 4-17]을 이용하여 이에 대해 살펴보자.

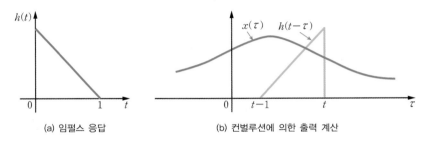

(a) 임펄스 응답 (b) 컨벌루션에 의한 출력 계산

[그림 4-17] **임펄스 응답에 의한 출력 생성 원리**

[그림 4-17(a)]의 임펄스 응답은 임펄스가 입력으로 인가되는 순간인 $t = 0$에서 가장 강하고 시간이 지남에 따라 점점 감쇠하여 소멸된다. 이 임펄스 응답은 인과적이며 안정한 시스템의 임펄스 응답의 전형적인 한 예이다. [그림 4-17(b)]는 시간 t 순간의 출력 $y(t)$를 구하기 위해 시간축 τ에서 입력 $x(t)$와 임펄스 응답 $h(t)$의 컨벌루션 계산을 나타낸 것이다. $x(\tau)$와 $h(t-\tau)$의 곱이 0이 되는 부분, 즉 $h(t-\tau)$의 값이 존재하는 구간 바깥의 입력들은 t 순간의 출력에 전혀 기여를 하지 못한다. 뿐만 아니라 임펄스 응답의 존재 구간 내에 있어 출력을 구성하는 데 기여하는 입력들은 겹쳐지는 임펄스 응답의 값에 비례하여 크기가 바뀐다. 다시 말해 **임펄스 응답은 시각 t에서의 출력을 구성하는 과거 입력들에 대한 가중치**weighting**의 역할을 한다.**

4.4.2 임펄스 응답과 시스템의 주요 특성

- 인과 시스템이 되려면 임펄스 응답이 $h(t) = 0$, $t < 0$을 만족해야 한다.
- 임펄스 응답 $h(t) = a\delta(t)$이면 순시적 시스템, $h(t) \neq a\delta(t)$이면 동적 시스템이다.
- 시스템이 BIBO 안정하려면 임펄스 응답이 **절대 적분 가능**absolutely integrable**해야 한다.**

$$\int_{-\infty}^{\infty} |h(t)|\,dt < \infty \tag{4.16}$$

인과성

임펄스 응답은 $t = 0$ 순간에 입력으로 임펄스가 들어왔을 때의 출력이다. 인과 시스템은 입력이 들어오기 이전의 시간인 $t < 0$에서 출력을 내지 않는 시스템이므로 $h(t) = 0$, $t < 0$이 되어야 한다.

기억성

임펄스 응답이 임펄스($h(t) = a\delta(t)$)인 시스템의 입출력 관계는 컨벌루션 표현과 임펄스 함수의 체 거르기 성질을 이용하면 다음과 같이 된다.

$$y(t) = \int_{-\infty}^{\infty} x(\tau)h(t-\tau)\,d\tau = \int_{-\infty}^{\infty} x(\tau)a\delta(t-\tau)\,d\tau = a\,x(t) \tag{4.17}$$

즉 임펄스 응답이 임펄스이면 출력이 현재의 입력에만 연관되므로 순시적 시스템이 된다. 이미 [예제 4-1]에서 저장(기억) 능력이 없는 저항 회로의 임펄스 응답이 임펄스 함수가 됨을 살펴본 바 있다.

안정도

시스템이 BIBO 안정하기 위한 조건도 임펄스 응답을 이용하여 구할 수 있다. 입력이 유한하여 $|x(t)| \le M_x$를 만족할 때, 출력도 유한한지 알아보기 위해 컨벌루션으로 표현된 연속 LTI 시스템의 출력의 절댓값을 취해보자.

$$|y(t)| = \left| \int_{-\infty}^{\infty} x(\tau) h(t-\tau) d\tau \right| = \left| \int_{-\infty}^{\infty} h(\tau) x(t-\tau) d\tau \right| \tag{4.18}$$

적분의 절댓값은 피적분 함수의 절댓값을 취한 뒤 적분을 한 값보다는 작거나 같으므로 다음과 같이 나타낼 수 있다.

$$|y(t)| \le \int_{-\infty}^{\infty} |h(\tau)||x(t-\tau)| d\tau \le M_x \int_{-\infty}^{\infty} |h(\tau)| d\tau \tag{4.19}$$

식 (4.19)로부터 출력이 유한하려면 식 (4.16)의 조건을 만족해야만 됨을 알 수 있다.

예제 4-8 임펄스 응답에 의한 시스템 특성 판별

다음의 임펄스 응답을 갖는 시스템의 인과성과 안정성을 판별하라.

(a) $h(t) = (t+1)e^{-t}u(t)$ (b) $h(t) = 2e^{2t}u(-t) + 3e^{3t}u(t)$

풀이

(a) $h(t) = 0$, $t < 0$이므로 이 시스템은 인과 시스템이다. 안정도를 판별하기 위해 다음과 같이 $|h(t)|$의 적분을 계산한다.

$$\int_{-\infty}^{\infty} |h(t)| dt = \int_{0}^{\infty} te^{-t} dt + \int_{0}^{\infty} e^{-t} dt = -te^{-t}\Big|_{0}^{\infty} + 2\int_{0}^{\infty} e^{-t} dt = 2 < \infty$$

식 (4.16)의 안정도 조건을 만족하므로 이 시스템은 안정하다. te^{-t}의 $t = \infty$에서의 값은 로피탈$^{\text{L'Hopital}}$의 정리에 의해 $\lim_{t \to \infty} \dfrac{t}{e^t} = \lim_{t \to \infty} \dfrac{1}{e^t} = 0$으로 구해진다.

(b) 이 시스템은 $e^{2t}u(-t)$에 의해 $h(t) \ne 0$, $t < 0$이므로 비인과 시스템이다. 마찬가지로 $|h(t)|$의 적분을 계산하면 다음과 같이 되어 이 시스템은 불안정 시스템이다.

$$\int_{-\infty}^{\infty} |h(t)| dt = \int_{-\infty}^{0} 2e^{2t} dt + \int_{0}^{\infty} 3e^{3t} dt = 1 + \infty = \infty$$

미분방정식과 LTI 시스템

4.2절에서 살펴본 임펄스 응답을 이용한 LTI 시스템의 컨벌루션 표현은 오직 외부 입력에 대한 시스템의 반응만 제공할 수 있을 뿐이다. 따라서 시스템의 완전한 동작 특성을 해석하기 위해서는 좀 더 일반적인 시스템 모델이 필요한데, 미분방정식은 이에 적합한 훌륭한 모델이다. 또한 미분방정식은 수학적으로 이론이 잘 정립되어 있기 때문에 시스템의 특성 해석에 편리하다. LTI 시스템을 표현하는 상수 계수 상미분방정식은 라플라스 변환을 이용하여 보다 쉽게 해를 구할 수 있으므로, 이 절에서는 결과 위주로 미분방정식의 해법을 간단히 살펴보기로 한다.

학습포인트

- LTI 시스템을 표현하는 미분방정식은 어떤 것인지 알아본다.
- 미분방정식을 이용한 LTI 시스템의 표준형 구현도를 잘 익혀둔다.
- 미분방정식의 고전적 해법을 잘 익혀둔다.
- 특성방정식, 특성근, 시스템 모드의 개념과 중요성을 이해한다.
- 동차해와 특이해를 구하는 방법에 대해 잘 익혀둔다.
- 초기 조건의 역할을 잘 이해한다.
- 임펄스 응답이 시스템 모드들로 이루어짐을 이해한다.

4.5.1 미분방정식에 의한 LTI 시스템의 표현

미분방정식 표현의 필요성

[그림 4–18]과 같은 RC 회로를 생각해보자. 오래 전부터 스위치를 a 단자(외부 전원)에 연결하여 커패시터가 충전되어 있는 상태일 때, $t = 0$에서 스위치를 b 단자로 바꾸어 연결하면 어떻게 될까? 외부에서 넣어주는 전기에너지가 더 이상 없음에도 불구하고 회로에는 (스위치의 연결을 바꾸기 전과 반대 방향으로) 전류가 흐른다. 이는 $t = 0$ 이전에 커패시터에 저장해 두었던 전기에너지에 의한 결과이다.

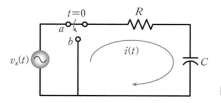

[그림 4–18] **RC 회로**

이 예에서 볼 수 있듯이, **외부에서 입력을 넣어주지 않더라도 시스템 내부의 저장 에너지에 의해 출력이 만들어질 수 있다.** 그런데 4.2절의 컨벌루션 표현은 외부에서 넣어주는 입력에 대한 응답만을 구할 수 있다. 따라서 시스템 내부 상태에 의한 시스템의 반응까지 함께 찾아줄 수 있는 시스템 표현이 필요한데, 미분방정식을 사용하면 초기 조건에 의해 그것이 가능해진다.

뉴턴의 운동 방정식 등 다양한 물리적 법칙을 통해 이미 친숙한 미분방정식은 광범위한 영역에서 시스템을 표현하는 모델로서 중요한 역할을 담당한다. 운동역학, 열역학, 유체역학, 전자기학을 비롯한 대부분의 공학, 자연과학 분야에서 해결해야 할 문제에 대한 수학적 모형이 기본적으로 미분방정식으로 표현되는 것을 볼 수 있다.

LTI 시스템의 미분방정식 표현

- LTI 시스템은 다음과 같은 꼴의 상수 계수를 갖는 선형 상미분방정식으로 표현된다.

$$\frac{d^n y(t)}{dt^n} + a_{n-1}\frac{d^{n-1}y(t)}{dt^{n-1}} + \cdots + a_0 y(t)$$
$$= b_m \frac{d^m x(t)}{dt^m} + b_{m-1}\frac{d^{m-1}x(t)}{dt^{m-1}} + \cdots + b_0 x(t) \tag{4.20}$$

- 인과 시스템이면 $n \geq m$ 의 관계가 성립한다. 여기서 n 을 시스템의 **차수**order라고 한다.
- 미분방정식의 해에는 입력에 대한 응답 성분과 함께 시스템 내부 상태(초기 조건)에 대한 응답 성분도 포함된다.

시스템을 표현한 미분방정식의 해가 곧 시스템의 출력이다. 식 (4.20)은 시스템의 출력이 현재 및 과거의 입력뿐만 아니라 과거의 출력에도 관련이 있음을 보여준다. 또한 이 미분방정식을 풀기 위해서는 n개의 초기 조건 $y(t_0), \dot{y}(t_0), \cdots, y^{(n-1)}(t_0)$가 필요하며, 초기 조건이 다르면 미분방정식의 해도 달라진다. 이는 곧 미분방정식으로부터 구해지는 시스템 응답에는 입력에 의한 것만이 아니라 시스템의 초기 상태에 의한 응답 성분도 포함되어 있음을 의미한다.

4.5.2 연속 시스템의 표준형 구현도

식 (4.20)의 미분방정식을 살펴보면, 입출력 변수에 대한 미분기, 상수 계수를 곱하는 곱셈기, 그리고 각 항들을 더하는 덧셈기로 구현할 수 있다. 실제로는 미분기 대신 적분기를 사용하여 연속 시스템의 구현도를 그린다. [그림 4-19]에 이들 기본 구성 요소를 나타내었다.

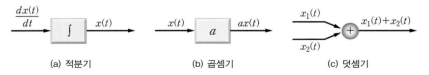

(a) 적분기   (b) 곱셈기   (c) 덧셈기

[그림 4-19] **연속 시스템의 기본 구성 요소**

별도의 중간 과정을 거칠 필요 없이 미분방정식으로부터 직접 기계적으로 그릴 수 있는 표준적인 시스템 구현도를 **표준형**canonical form 또는 **직접형**direct form이라고 하는데, 연속 시스템에는 기본적으로 두 개의 표준형이 있다.[3]

- **제1표준형**은 n개의 적분기를 일렬로 연결하고, 각 적분기의 입력단에 곱셈기를 달아 상응하는 입력 및 출력 계수를 곱한 뒤 이들을 더한 [그림 4-20]과 같은 구현도이다.
- **제2표준형**은 n개의 적분기를 일렬로 연결하고, 각 적분기의 출력단에 곱셈기를 달아 상응하는 입력 및 출력 계수를 곱한 뒤 이들을 더한 [그림 4-21]과 같은 구현도이다.
- 제1표준형과 제2표준형 구현도는 서로 **전치**transpose **관계**이다.

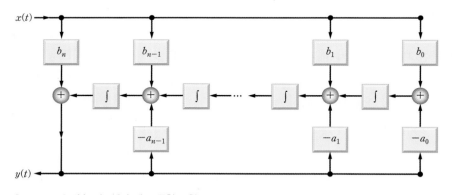

[그림 4-20] **연속 시스템의 제1표준형 구현도**

---

3 상세한 유도 과정은 『핵심이 보이는 신호 및 시스템』(한빛아카데미, 2015)을 참조하기 바란다.

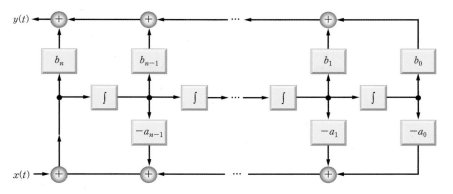

[그림 4-21] 연속 시스템의 제2표준형 구현도

[그림 4-20]과 [그림 4-21]을 잘 살펴보면, [그림 4-20]에서 **입력과 출력을 바꾸고 이에 맞춰 신호의 흐름, 즉 화살표의 방향을 반대로 하면 [그림 4-21]이 얻어짐을 알 수 있다**(물론 신호 흐름이 반대로 바뀌므로 덧셈기 위치는 달라진다). 이러한 두 구현도의 관계를 **전치**transpose **관계**라고 한다.

예제 **4-9** 연속 시스템의 표준형 구현도

다음의 미분방정식으로 표현되는 연속 시스템을 제1, 제2표준형으로 구현하라.

$$\frac{d^2y(t)}{dt^2} + 3\frac{dy(t)}{dt} + 2y(t) = \frac{dx(t)}{dt} + 4x(t)$$

풀이

미분방정식의 차수가 2이므로 먼저 적분기 2개를 일렬로 연결하고, 적분기의 입력단 쪽에 곱셈기를 달아 입력과 출력의 계수가 각각 곱해진 다음 더해져서 적분기에 입력되도록 그림을 그리면 제1표준형 구현도가 [그림 4-22(a)]와 같이 구해진다.

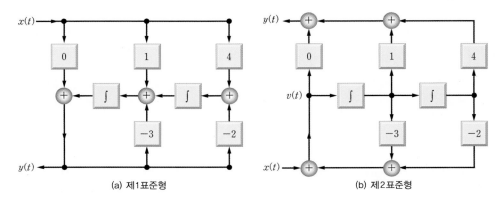

(a) 제1표준형 (b) 제2표준형

[그림 4-22] [예제 4-9]의 시스템의 표준형 구현도

반면에 제2표준형 구현도는 적분기의 출력단 쪽에 곱셈기를 달아 입력과 출력의 계수가 각각 곱해져서 더해지는 구조로 그러면 [그림 4-22(b)]의 구현도를 얻을 수 있다. 다른 방법으로 제1표준형 구현도의 입력과 출력을 바꾸고 화살표의 방향을 반대로 한 뒤 신호의 흐름이 반대로 바뀐 것에 맞추어 덧셈기 위치를 옮겨주어도 제2표준형 구현도를 얻을 수 있다.

4.5.3 미분방정식의 고전적 해법

미분방정식은 라플라스 변환을 이용하면 간편하게 해를 구할 수 있으므로, 이 절에서는 고전적 해법의 주요 결과와 의미만 간단히 소개하기로 한다.

미분방정식의 고전적 해법의 기본 개념

- 미분방정식의 해(완전해)는 동차해 $y_h(t)$와 특이해 $y_p(t)$의 합으로 주어진다.

$$y(t) = y_h(t) + y_p(t) \tag{4.21}$$

- **동차**homogeneous**해** $y_h(t)$는 특성방정식에서 구한 특성근을 이용하여 다음과 같은 형태로 구해지는 해로서, 시스템의 고유한 특성이 반영된 출력이다.

  ❶ 특성근들이 서로 다른distinct 값을 가질 경우

  $$y_h(t) = c_1 e^{\lambda_1 t} + c_2 e^{\lambda_2 t} + \cdots + c_n e^{\lambda_n t} \tag{4.22}$$

  ❷ 특성근 λ_1이 $r-$중근인 경우

  $$y_h(t) = (c_1 + c_2 t + \cdots + c_r t^{r-1}) e^{\lambda_1 t} + c_{r+1} e^{\lambda_{r+1} t} + \cdots + c_n e^{\lambda_n t} \tag{4.23}$$

- **특이**particular**해** $y_p(t)$는 [표 4-1]을 이용하여 결정되는 입력과 같은 꼴을 갖는 해로서, 입력의 특성이 반영된 출력이다.

- **특성**characteristic**방정식**은 미분방정식의 출력 항들로부터 다음과 같이 정의되며, 입력과는 무관하고 시스템 자체의 특성을 반영한다. 특성방정식의 해 $\{\lambda_i\}$를 **특성근**이라고 한다.

$$\lambda^n + a_{n-1}\lambda^{n-1} + \cdots + a_1\lambda + a_0 = (\lambda - \lambda_1)(\lambda - \lambda_2)\cdots(\lambda - \lambda_n) = 0 \tag{4.24}$$

- **초기 조건**은 출력 $y(t)$ 및 도함수들의 초깃값으로서 미분방정식의 해를 유일하게 결정하려면 꼭 필요하다. 초기 조건이 다르면 당연히 미분방정식의 해도 달라진다.

식 (4.24)의 특성방정식은 식 (4.20)의 미분방정식의 좌변 출력항들에 대해 미분 횟수 k인 항을 λ^k으로 대체하여 구성된 것이다. 따라서 미분방정식의 우변, 즉 입력항들과는 관련이 없으므로, **특성방정식은 입력과는 무관하게 시스템 자체의 특성을 반영한다**고 볼 수 있다. 특성근은 미분방정식에 따라 실수, 순허수, 복소수가 될 수 있다. 그러므로 가장 일반적인 형태는 $\lambda_i = \sigma_i + j\omega_i$이다.

동차해는 n개의 특성근 λ_1, λ_2, $\cdots$, λ_n에 대응되는 $e^{\lambda_1 t}$, $e^{\lambda_2 t}$, $\cdots$, $e^{\lambda_n t}$의 조합으로 주어진다. $\{e^{\lambda_i t}\}$은 특성근 $\{\lambda_i\}$가 미분방정식의 해, 즉 시스템의 출력으로 모습을 드러낸 것이라 **시스템 (특성**characteristic**/고유**eigen**) 모드**mode라고 한다. 동차해의 계수 c_1, c_2, $\cdots$, c_n은 미분방정식의 n개의 초기 조건을 이용하여 결정해야 한다.

특이해는 입력이 있을 때만 생기는 입력과 같은 꼴의 해로서, 시스템 모드 성분을 전혀 포함하지 않는다. 따라서 초기 조건과는 전혀 상관없이 독립적으로 구할 수 있다. 특이해를 구하는 과정은 먼저 [표 4-1]을 이용하여 특이해의 꼴을 결정한 뒤, 이를 미분방정식에 대입하여 등식의 양변을 비교함으로써 계수를 결정하여 특이해를 확정한다.

[표 4-1] 입력 형태에 따른 미분방정식의 **특이해**

입력 형태	특이해	
a	c	
$\cos(\omega_0 t + \theta)$	$c_1 \cos(\omega_0 t + \theta) + c_2 \sin(\omega_0 t + \theta)$ $= c \cos(\omega_0 t + \phi)$	
t^r	$c_r t^r + c_{r-1} t^{r-1} + \cdots + c_1 t + c_0$	
$e^{\alpha t}$	$\alpha \neq$ 특성근	$ce^{\alpha t}$
	$\alpha =$ 특성근	$cte^{\alpha t}$
	$\alpha = r$ 중 특성근	$ct^r e^{\alpha t}$
$(a_r t^r + a_{r-1} t^{r-1} + \cdots + a_0)e^{\alpha t}$	$(c_r t^r + c_{r-1} t^{r-1} + \cdots + c_1 t + c_0)e^{\alpha t}$	

동차해와 특이해를 각각 구하여 식 (4.21)과 같이 미분방정식의 완전해(일반해)를 얻었다 하더라도 아직 풀이가 끝난 것이 아니다. 마지막으로 주어진 초기 조건을 이용해 동차해의 계수를 결정해야만 미분방정식의 해가 유일하게 결정되어 시스템의 실제 동작과 일치하는 응답을 얻게 된다. 그러므로 **초기 조건이 다르면 미분방정식의 해, 즉 시스템의 출력이 달라진다.** 미분방정식의 해 식 (4.21)은 입력이 인가된 후의 시스템 응답을 나타내는 것이기 때문에 **반드시 초기 조건을 입력이 인가된 시점 이후의 값을 사용해야 한다**는 것을 주의해야 한다.

미분방정식의 풀이 과정 : 고전적 해법

미분방정식의 고전적 해법

- 1단계 : 미분방정식으로부터 특성방정식과 특성근 $\{\lambda_i\}$를 구한다.

$$\lambda^n + a_{n-1}\lambda^{n-1} + \cdots + a_1\lambda + a_0 = (\lambda - \lambda_1)(\lambda - \lambda_2)\cdots(\lambda - \lambda_n) = 0$$

- 2단계 : 특성근을 이용하여 동차해의 형태를 다음과 같이 둔다.

$$y_h(t) = c_1 e^{\lambda_1 t} + c_2 e^{\lambda_2 t} + \cdots + c_n e^{\lambda_n t} \text{ (특성근들이 서로 다른 경우)}$$

$$y_h(t) = (c_1 + c_2 t + \cdots + c_r t^{r-1})e^{\lambda_1 t} + c_{r+1}e^{\lambda_{r+1}t} + \cdots + c_n e^{\lambda_n t}$$

$$\text{(특성근 } \lambda_1 \text{이 } r\text{-중근)}$$

- 3단계 : [표 4-1]을 이용하여 입력과 같은 꼴로 특이해 $y_p(t)$를 설정하고, 이를 미분방정식에 대입하여 계수를 비교하여 값을 완전히 결정한다.

- 4단계 : $y(t) = y_h(t) + y_p(t)$라 두고, 입력이 인가된 후$(t=0^+)$의 초기 조건을 대입하여 동차해의 계수를 구함으로써 미분방정식의 완전한 유일해를 확정한다.

예제 4-10 고전적 해법에 의한 미분방정식의 해 　　　　　　관련 예제 ｜ [예제 7-22]

다음과 같은 미분방정식으로 표현되는 LTI 시스템에 대해 계단 입력 $x(t) = u(t)$에 대한 응답을 구하라. 단, 초기 조건은 $y(0) = 3$이다.

$$\frac{dy(t)}{dt} + 2y(t) = 2x(t)$$

풀이

주어진 미분방정식의 특성방정식과 특성근은 다음과 같이 된다.

$$\lambda + 2 = 0, \qquad \lambda = -2$$

따라서 동차해는 다음과 같다.

$$y_h(t) = ce^{-2t}$$

입력이 계단 신호, 즉 $t \geq 0$에서 상수이므로 특이해를 $y_p(t) = \alpha$라 두고 미분방정식에 대입하면, 상수의 미분은 0이고 $x(t) = 1$이므로 $2\alpha = 2$가 되어 $\alpha = 1$을 얻어 특이해는 $y_p(t) = 1$이된다. 따라서 미분방정식의 완전해(시스템의 출력)는 다음과 같다.

$$y(t) = y_h(t) + y_p(t) = ce^{-2t} + 1$$

이에 초기 조건 $y(0) = 3$을 대입하면

$$y(0) = c + 1 = 3$$

이므로 $c = 2$를 얻는다. 따라서 미분방정식의 완전해는 다음과 같이 구해진다.

$$y(t) = 2e^{-2t} + 1$$

예제 4-11 미분방정식의 해 : 특성근이 서로 다른 경우   관련 예제 | [예제 7-24]

다음과 같은 미분방정식으로 표현되는 LTI 시스템에 대해 계단 입력 $x(t) = u(t)$에 대한 응답(계단 응답)을 구하라. 단, 초기 조건은 $y(0) = 2$, $\dot{y}(0) = 1$이다.

$$\frac{d^2 y(t)}{dt^2} + 3\frac{dy(t)}{dt} + 2y(t) = \frac{dx(t)}{dt} + 4x(t)$$

풀이

주어진 미분방정식의 특성방정식과 특성근을 구하면

$$\lambda^2 + 3\lambda + 2 = (\lambda + 1)(\lambda + 2) = 0, \quad \lambda_1 = -1, \ \lambda_2 = -2$$

이므로, 따라서 동차해는 다음과 같다.

$$y_h(t) = c_1 e^{-t} + c_2 e^{-2t}$$

특이해를 $y_p(t) = \alpha$라 두고 이를 미분방정식에 대입하면, 미분항들은 0이므로 $2\alpha = 4$가 되므로 $y_p(t) = 2$를 얻는다. 미분방정식의 완전해(시스템의 출력)는 다음과 같이 된다.

$$y(t) = y_h(t) + y_p(t) = c_1 e^{-t} + c_2 e^{-2t} + 2$$

위 식을 한 번 미분하면 다음과 같이 된다.

$$\dot{y}(t) = -c_1 e^{-t} - 2c_2 e^{-2t}$$

$y(t)$와 $\dot{y}(t)$에 주어진 초기 조건을 대입하여 정리하면 다음의 관계를 얻는다.

$$\begin{cases} y(0) = c_1 + c_2 + 2 = 2 \\ \dot{y}(0) = -c_1 - 2c_2 = 1 \end{cases}$$

이를 연립으로 풀면 $c_1 = 1$, $c_2 = -1$을 얻는다. 따라서 미분방정식의 완전해는 다음과 같다.

$$y(t) = e^{-t} - e^{-2t} + 2$$

다음과 같은 미분방정식으로 표현되는 LTI 시스템에 대해 계단 입력 $x(t) = u(t)$에 대한 응답(계단 응답)을 구하라. 단, 초기 조건은 $y(0) = 2$, $\dot{y}(0) = 1$이다.

$$\frac{d^2y(t)}{dt^2} + 2\frac{dy(t)}{dt} + y(t) = x(t)$$

풀이

주어진 미분방정식의 특성방정식과 특성근을 구하면

$$\lambda^2 + 2\lambda + 1 = (\lambda+1)^2 = 0, \qquad \lambda_1 = \lambda_2 = -1$$

로 특성근이 중근이다. 따라서 동차해는 다음과 같다.

$$y_h(t) = (c_1 + c_2 t)e^{-t}$$

특이해를 $y_p(t) = \alpha$라 두고 이를 미분방정식에 대입하면, 미분항들은 0이므로 $\alpha = 1$이 되어 $y_p(t) = 1$이다. 따라서 미분방정식의 완전해(시스템의 출력)는 다음과 같이 된다.

$$y(t) = y_h(t) + y_p(t) = (c_1 + c_2 t)e^{-t} + 1$$

위 식을 한 번 미분하면 다음과 같이 된다.

$$\dot{y}(t) = c_2 e^{-t} - (c_1 + c_2 t)e^{-t} = (-c_1 + c_2 - c_2 t)e^{-t}$$

$y(t)$와 $\dot{y}(t)$에 주어진 초기 조건을 대입하여 정리하면 다음의 관계를 얻는다.

$$\begin{cases} y(0) = c_1 + 1 = 2 \\ \dot{y}(0) = -c_1 + c_2 = 1 \end{cases}$$

이를 연립으로 풀면 $c_1 = 1$, $c_2 = 2$를 얻는다. 따라서 미분방정식의 완전해는 다음과 같다.

$$y_h(t) = (1 + 2t)e^{-t} + 1$$

미분방정식과 임펄스 응답

임펄스 응답은 시스템에 임펄스 입력을 넣었을 때의 출력이므로, 미분방정식에서 입력 $x(t) = \delta(t)$로 두어 구할 수 있다. 그런데 $\delta(t)$는 $t = 0$인 순간에만 존재하므로 미분방정식의 우변은 $t = 0$와 $t > 0$의 두 경우로 나누어볼 수 있다. 예를 들어, [예제 4-10]의 미분방정식은 다음과 같이 쓸 수 있다.

$$\frac{dh(t)}{dt} + 2h(t) = \begin{cases} 2\delta(t), & t = 0 \\ 0, & t > 0 \end{cases} \qquad (4.25)$$

즉 $t > 0$에서는 시스템에 입력이 들어오지 않으므로, 미분방정식의 완전해는 입력에 의해 결정되는 특이해를 포함하지 않고 동차해만으로 이루어질 것이다. 다시 말해, **임펄스 응답은 동차해와 같은 꼴로서 시스템 모드 $\{e^{\lambda_i t}\}$으로 구성된다.** 그러므로 임펄스 응답은 시스템의 고유한 특성이 반영된 응답으로 시스템 특성에 대한 정보와 통찰력을 제공해준다. $t = 0$ 순간의 관계는 동차해의 계수 c를 구하는 데 필요한 조건을 찾는 데 쓰인다.

그런데 임펄스 응답이 시스템 모드 $\{e^{\lambda_i t}\}$으로 이루어지기 때문에, 임펄스 응답이 4.4.2절의 식 (4.16)의 안정도 조건을 만족시키기 위해서는 시스템 모드들이 시간이 지남에 따라 지수적으로 감쇠하여 0이 되지 않으면 안 된다. 그렇게 되기 위해서는 지수인 특성근의 실수부가 음의 값을 가져야만($Re(\lambda_i) < 0$) 한다. 이러한 관계를 복소 평면에 그림으로 나타내면 [그림 4–23]과 같다. $Re(\lambda_i) = 0$의 경우는 시스템이 안정에서 불안정으로 넘어가는 경계로 시스템 모드(임펄스 응답)가 순수 진동을 지속하므로 특별히 **임계 안정**^{marginally stable}이라고 구분하기도 한다.

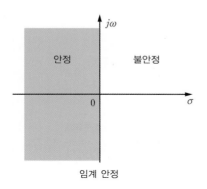

[그림 4–23] **특성근의 위치와 시스템 안정도**

Quick Review

■ 다음 문제에서 맞는 것을 골라라.

(1) 연속 시스템의 임펄스 응답은 물리적으로 구할 수 없다. (○, ×)

(2) 컨벌루션 표현의 유도에 쓰이지 않는 시스템 성질은 (선형성, 시불변성, 인과성)이다.

(3) LTI 시스템의 입력에 대한 출력은 임펄스 응답만 알면 항상 구할 수 있다. (○, ×)

(4) 시스템에 대한 컨벌루션 표현은 비선형 또는 시변 시스템에도 적용된다. (○, ×)

(5) 미끄럼 방식 컨벌루션 계산에서 두 신호 중 어느 것을 뒤집어도 상관없다. (○, ×)

(6) 컨벌루션 적분이 만족하지 않는 성질은 (교환, 결합, 배분, 곱) 성질이다.

(7) 종속연결한 시스템의 연결 순서를 바꾸면 (같은, 다른) 시스템이다.

(8) 종속연결의 등가 시스템의 임펄스 응답은 각 임펄스 응답의 (합, 곱, 컨벌루션)이다.

(9) 병렬연결의 등가 시스템의 임펄스 응답은 각 임펄스 응답의 (합, 곱, 컨벌루션)이다.

(10) 두 인과 신호의 컨벌루션은 $t < 0$에서도 값을 갖는다. (○, ×)

(11) 두 신호를 컨벌루션한 신호의 길이는 각 신호의 길이의 (합, 차, 곱)이다.

(12) 컨벌루션 계산을 하지 않고서도 결과 신호의 존재 구간을 알 수 있다. (○, ×)

(13) 임펄스 응답에 의해 현재 출력에 의한 과거 입력의 기여 정도가 결정된다. (○, ×)

(14) 인과 시스템은 $t < 0$에서 임펄스 응답의 값이 항상 0이 아니어도 된다. (○, ×)

(15) BIBO 안정한 연속 시스템의 임펄스 응답은 절대 (적분, 미분, 곱) 가능하다.

(16) 입력이 0이면 시스템은 응답을 발생하지 않는다. (○, ×)

(17) 연속 시스템 구현도에서 제1표준형이 주어지면 제2표준형을 그릴 수 있다. (○, ×)

(18) 시스템의 특성을 반영하지 못하는 것은 (시스템 모드, 동차해, 특이해)이다.

(19) 임펄스 응답은 시스템 모드들로 이루어진 동차해와 형태가 같다. (○, ×)

(20) 특성근이 음의 실수이면 시스템이 BIBO 안정이다. (○, ×)

4.1 LTI 시스템의 입출력 관계가 다음과 같이 주어질 때 시스템의 임펄스 응답을 구하라. 그리고 이를 이용하여 시스템의 인과성과 안정도를 판별하라.

(a) $y(t) = x(t-3)$　　　　　　　(b) $y(t) = \int_{-\infty}^{t} x(\tau-3)d\tau$

4.2 [그림 4-24]에 주어진 $x(t)$와 $h(t)$에 대해 컨벌루션 연산을 수행하고, 그 결과를 그려라.

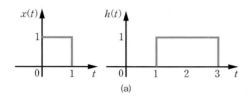
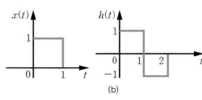

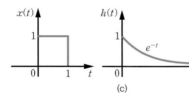

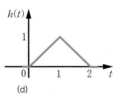

[그림 4-24]

4.3 임펄스 응답이 $h(t) = e^{-t}u(t)$인 LTI 시스템에 입력 $x(t)$가 다음과 같을 때 출력 $y(t)$를 구하라.

(a) $x(t) = \delta(t) + \delta(t-2)$　　　　(b) $x(t) = e^{-t}u(t)$

(c) $x(t) = e^{-2t}u(t)$

4.4 다음의 임펄스 응답을 갖는 LTI 시스템의 안정도를 판별하라.

(a) $h(t) = te^{-2t}u(t)$　　　　　　(b) $h(t) = \cos(2t)u(t)$

(c) $h(t) = e^{-2t}\cos(2t)u(t)$

4.5 [그림 4-25]와 같은 LTI 시스템에 대해 전체 시스템의 임펄스 응답을 구하라.

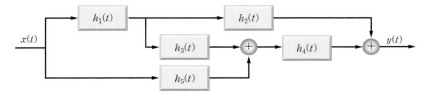

[그림 4-25]

4.6 다음의 미분방정식으로 표현되는 LTI 시스템에 대해 제1표준형 및 제2표준형 구현도를 그려라. 또한 특성방정식을 구하고 안정도를 판별하라.

(a) $\dfrac{d^2y(t)}{dt^2} + 5\dfrac{dy(t)}{dt} + 6y(t) = \dfrac{dx(t)}{dt} + x(t)$

(b) $\dfrac{d^2y(t)}{dt^2} + 9y(t) = 3\dfrac{dx(t)}{dt} + 2x(t)$

4.7 다음의 미분방정식으로 표현되는 LTI 시스템의 계단 응답을 구하라. 단, $y(0) = 0$, $\dot{y}(0) = 0$이다.

(a) $\dfrac{dy(t)}{dt} + y(t) = x(t)$ 　　　　　　(b) $\dfrac{d^2y(t)}{dt^2} + 3\dfrac{dy(t)}{dt} + 2y(t) = 2x(t)$

4.8 미분방정식 $\dfrac{dy(t)}{dt} + y(t) = x(t)$로 표현되는 LTI 시스템에 대해 다음의 입력과 초기 조건에 대한 시스템 응답을 구하라.

(a) $x(t) = u(t)$, $y(0) = 2$ 　　　　　(b) $x(t) = e^{-t}u(t)$, $y(0) = 1$

(c) $x(t) = e^{-2t}u(t)$, $y(0) = 1$ 　　　(d) $x(t) = 2u(t) + e^{-t}u(t)$, $y(0) = 5$

4.9 미분방정식 $\dfrac{d^2y(t)}{dt^2} + 3\dfrac{dy(t)}{dt} + 2y(t) = 2x(t)$로 표현되는 LTI 시스템에 대해 다음의 입력과 초기 조건에 대한 시스템 응답을 구하라.

(a) $x(t) = u(t)$, $y(0) = 1$, $\dot{y}(0) = 1$

(b) $x(t) = e^{-3t}u(t)$, $y(0) = 1$, $\dot{y}(0) = 1$

4.10 다음의 미분방정식으로 나타낸 연속 시스템의 안정도를 판별하라.

(a) $\dfrac{d^2y(t)}{dt^2} + 7\dfrac{dy(t)}{dt} + 12y(t) = \dfrac{dx(t)}{dt} + 3x(t)$

(b) $\dfrac{d^2y(t)}{dt^2} + 2\dfrac{dy(t)}{dt} + 5y(t) = x(t)$

(c) $\dfrac{d^2y(t)}{dt^2} + \dfrac{dy(t)}{dt} - 2y(t) = \dfrac{dx(t)}{dt} + x(t)$

(d) $\dfrac{d^2y(t)}{dt^2} - 2\dfrac{dy(t)}{dt} + 2y(t) = \dfrac{dx(t)}{dt} + x(t)$

응 용 문 제

4.11 [그림 4-26]에 주어진 $x(t)$와 $h(t)$에 대해 컨벌루션 연산을 수행하고, 그 결과를 그려라.

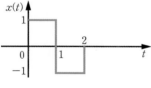
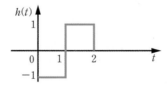

(a)

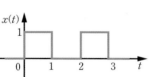
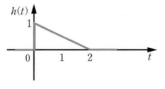

(b)

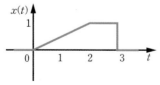
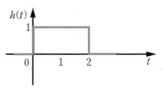

(c)

[그림 4-26]

4.12 다음의 함수 쌍에 대해 컨벌루션 $y(t) = x(t) * h(t)$를 구하고, 그 결과를 그려라.

    (a) $x(t) = e^{-t}(u(t+2) - u(t-2))$, $h(t) = \delta(t+1) - \delta(t-1)$

    (b) $x(t) = e^{-t}(u(t+2) - u(t-2))$, $h(t) = u(t)$

    (c) $x(t) = e^{-t}(u(t+2) - u(t-2))$, $h(t) = u(t+1) - u(t-5)$

4.13 어떤 LTI 시스템의 임펄스 응답은 $h(t) = u(t)$이다.

    (a) 이 시스템의 안정도를 판별하라.

    (b) 이 시스템의 입출력 관계식을 구하여 어떤 시스템인지 밝혀라.

4.14 미분방정식 $\dfrac{d^2 y(t)}{dt^2} + 7\dfrac{dy(t)}{dt} + 12y(t) = \dfrac{dx(t)}{dt} + 2x(t)$로 표현되는 LTI 시스템에 대해 각각 다음과 같은 입력이 인가될 때 시스템 출력을 구하라. 단, 초기 조건은 공통으로 $y(0) = 0$, $\dot{y}(0) = 1$이다.

    (a) $u(t)$ (b) $e^{-t}u(t)$ (c) $e^{-3t}u(t)$

4.15 미분방정식 $\dfrac{d^2 y(t)}{dt^2} + 4\dfrac{dy(t)}{dt} + 4y(t) = 4x(t)$로 표현되는 LTI 시스템에 대해 다음의 입력과 초기 조건에 대한 시스템 응답을 구하라.

    (a) $x(t) = u(t)$, $y(0) = 2$, $\dot{y}(0) = 2$

    (b) $x(t) = e^{-t}u(t)$, $y(0) = 2$, $\dot{y}(0) = 2$

Chapter 05

연속 시간 푸리에 급수

Continuous Time Fourier Series

주파수와 신호의 표현 5.1

주기 신호와 푸리에 급수 5.2

푸리에 급수와 스펙트럼 5.3

푸리에 급수의 성질 5.4

연습문제

학습목표

• 신호를 주파수 영역에서 표현하는 것의 유용성을 이해할 수 있다.

• 신호 표현의 변환과 기저 신호의 개념에 대해 이해할 수 있다.

• 푸리에 급수의 정의와 형식에 대해 이해할 수 있다.

• 직교성을 이용한 푸리에 계수의 계산에 대해 이해할 수 있다.

• 푸리에 급수에 의한 신호의 스펙트럼 표현과 의미에 대해 이해할 수 있다.

• 진폭 및 위상 스펙트럼의 역할을 이해할 수 있다.

• 푸리에 급수의 주요 성질을 이해할 수 있다.

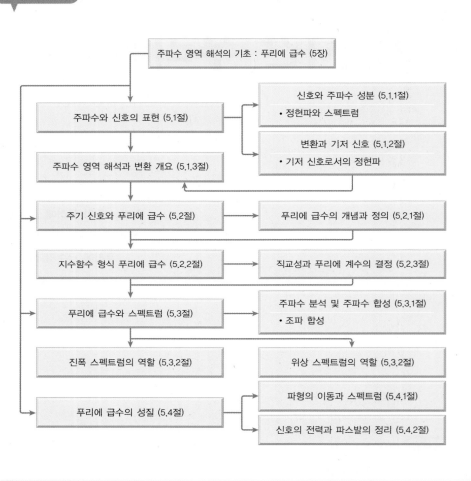

미리보기

주파수 영역 해석의 기초 : 푸리에 급수 (5장)

주파수와 신호의 표현 (5.1절)

신호와 주파수 성분 (5.1.1절)
• 정현파와 스펙트럼

변환과 기저 신호 (5.1.2절)
• 기저 신호로서의 정현파

주파수 영역 해석과 변환 개요 (5.1.3절)

주기 신호와 푸리에 급수 (5.2절)

푸리에 급수의 개념과 정의 (5.2.1절)

지수함수 형식 푸리에 급수 (5.2.2절)

직교성과 푸리에 계수의 결정 (5.2.3절)

푸리에 급수와 스펙트럼 (5.3절)

주파수 분석 및 주파수 합성 (5.3.1절)
• 조파 합성

진폭 스펙트럼의 역할 (5.3.2절)

위상 스펙트럼의 역할 (5.3.2절)

푸리에 급수의 성질 (5.4절)

파형의 이동과 스펙트럼 (5.4.1절)

신호의 전력과 파스발의 정리 (5.4.2절)

주파수와 신호의 표현

신호와 시스템을 주파수와 관련하여 나타내고 해석하는 것은 시간 영역에서 할 수 없었던 많은 일들을 가능하게 해준다. 시간의 함수에서 주파수의 함수로 신호의 표현을 바꾸는 작업을 '변환'이라고 한다. 이 절에서는 주파수와 신호의 스펙트럼, 그리고 신호의 표현을 바꾸기 위한 변환의 개념을 간단히 소개하기로 한다.

학습포인트

- 주파수의 개념과 이에 의한 신호 표현의 유용성에 대해 알아본다.
- 신호의 표현 변환을 위한 기저 신호의 개념과 정현파가 변환을 위한 기저 신호로 적합한 이유를 이해한다.
- 주파수 스펙트럼의 개념과 이를 나타내는 방법에 대해 알아본다.
- 주파수 영역 해석과 이에 관련된 변환의 개요에 대해 알아본다.

5.1.1 신호와 주파수 성분

신호를 처리하려면 그 특성을 잘 알아야 한다. 그런데 시간 함수인 신호의 파형만으로는 주기성과 같이 눈으로 확인 가능한 일부 특성 외에는 파악하기가 어렵다. 어떻게 하면 감추어진 신호의 특성들을 더 많이 알아낼 수 있을까? 이에 대한 해결책의 힌트는 햇빛을 프리즘에 통과시켰을 때 무지개 색깔이 나타나는 현상으로부터 얻을 수 있다. 이는 충분한 시간을 가지고 관찰함으로써 얻어지는 결과가 아니고 햇빛이 서로 다른 파장(주파수)을 갖는 성분들로 이루어져 있기 때문에 비롯된 것이다. '햇빛과 프리즘' 실험은 신호와 관련하여 다음과 같은 중요한 관점을 제시해준다.

신호의 주파수 성분

- (대부분의) 신호는 더 기본적인 신호들로 쪼갤 수 있다.
- (신호를 구성하는) 기본적인 신호들이 각기 다른 주파수를 대표하는 것이라면, 이는 신호를 주파수 성분별로 나누는 셈이 된다(이것이 바로 신호의 (주파수) 스펙트럼이다).
- 신호를 주파수의 관점에서 살펴보면, 신호의 특성을 파악하거나 다른 신호와 비교 분석할 때 편리하고 유용하다.

TV나 컴퓨터 모니터는 빨강(R), 초록(G), 파랑(B)의 세 빛깔(빛의 삼원색)을 가지고 수십만 가지의 색을 합성해 보여준다. 뒤집어 말하면 수많은 색도 결국 세 개의 빛깔로 쪼갤 수 있고, 그것들을 어떻게 섞느냐에 따라 빛깔이 달라진다는 것이다. 마찬가지로 신호에는 서로 다른 주파수 성분들이 섞여 있으며, 신호의 파형이나 특성은 이 주파수 성분들이 어떻게 섞여 있느냐에 따라 달라진다. 그러므로 신호를 주파수의 관점에서 다루고자 한다면, 빛의 삼원색과 같은 역할을 담당할 신호가 어떤 것인지, 그리고 그 신호들이 어떻게 섞여 있느냐를 찾아내는 방법이 무엇인지의 두 가지 문제가 해결되어야 한다.

[그림 5-1]의 신호를 살펴보자. (a)와 (b)의 두 신호 모두 주기 $T = 1$인 주기 신호이지만, 파형은 완전히 다르다. 그림에 나타낸 것처럼 (a)의 신호 $x(t)$는 주파수 1[Hz]와 2[Hz]인 두 개의 코사인파로 이루어졌고, (b)의 신호 $y(t)$는 주파수 1[Hz]와 3[Hz]인 두 개의 코사인파로 이루어졌다. 이를 알기 쉽게 나타낸 것이 오른쪽의 그림(스펙트럼)으로, 어떤 주파수의 코사인파가 얼마만 한 크기로 그 신호에 포함되어 있는지 나타낸 것이다(모든 코사인파의 위상이 0이므로 위상은 따로 표시하지 않았다). 그러나 왼쪽의 신호 파형만 보고 이런 사실들을 알아내기란 불가능하므로, 햇빛에 대한 프리즘과 같이 신호를 주파수 성분별로 나누어줄 수 있는 도구가 필요하다. 또한 과연 정현파(코사인파)가 빛의 삼원색과 같은 역할을 하는 신호인지도 확인되어야만 이 예의 결과를 일반화할 수 있을 것이다.

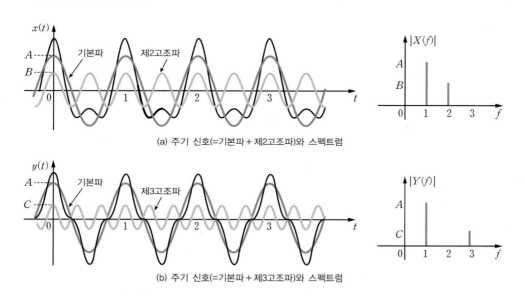

(a) 주기 신호(=기본파 + 제2고조파)와 스펙트럼

(b) 주기 신호(=기본파 + 제3고조파)와 스펙트럼

[그림 5-1] 같은 주기를 가지는 두 주기 신호

정현파의 스펙트럼

모든 정현파는 파형의 모양이 같으므로, 서로 구별할 수 있는 정보는 한 주기의 파형이 $t = 0$으로부터 얼마나 떨어진 위치에서 출발해서(위상 ϕ), 얼마만한 크기로(진폭 A), 얼마나 빨리 반복되는지(주파수 $f_0\,(\omega_0)$)에 관한 것뿐이다.

$$x(t) = A\cos\left(2\pi f_0 t + \phi\right) = A\cos\left(\omega_0 t + \phi\right) \tag{5.1}$$

따라서 정현파를 시간의 함수보다 주파수의 함수로 취급하여 주파수축 상에 진폭과 위상으로 나타내는 것이 정보를 훨씬 효과적으로 전달할 수 있다. 이것이 (주파수) 스펙트럼$^{\text{(frequency) spectrum}}$으로, 신호의 주파수 해석에서 가장 중요한 바탕 개념이 된다.

- **(주파수) 스펙트럼**은 정현파를 주파수의 함수로 취급하여 주파수축 상에서 정현파의 진폭과 위상을 나타낸 것이다([그림 5-2]). 진폭을 나타낸 것을 **진폭 스펙트럼**, 위상을 나타낸 것을 **위상 스펙트럼**이라고 한다.
- 스펙트럼 표현에는 삼각함수 정현파나 복소 정현파 양쪽을 모두 사용할 수 있다.

[그림 5-2]는 정현파의 스펙트럼을 나타낸 것이다. 식 (5.1)의 진폭과 위상을 [그림 5-2(a)]와 같이 바로 그릴 수도 있지만, 오일러 공식을 이용하여 정현파를 식 (5.2)와 같이 복소 정현파로 바꾸어 표현하고, 이것의 진폭과 위상을 [그림 5-2(b)]처럼 그리는 것이 더 일반적이다. 주파수축은 그림에서 보듯이 $f\,[\text{Hz}]$나 $\omega\,[\text{rad/sec}]$ 어느 쪽을 써도 상관없다.

$$x(t) = \frac{A}{2}e^{j\phi}e^{j2\pi f_0 t} + \frac{A}{2}e^{-j\phi}e^{-j2\pi f_0 t} = \frac{A}{2}e^{j\phi}e^{j\omega_0 t} + \frac{A}{2}e^{-j\phi}e^{-j\omega_0 t} \tag{5.2}$$

(a) 정현파의 진폭 및 위상 스펙트럼   (b) 복소 정현파의 진폭 및 위상 스펙트럼

[그림 5-2] **정현파의 스펙트럼 표현**

[그림 5-2]의 두 스펙트럼 표현을 비교하면, **복소 정현파를 이용한 스펙트럼에서는 음의 주파수 성분이 존재하며, 진폭은 반으로 줄고, 위상은 크기는 변함이 없지만 음의 주파수와 양의 주파수의 위상의 부호가 반대가 됨**을 알 수 있다.

[그림 5-3]의 신호 $x(t)$는 다음과 같이 주파수가 다른 두 개의 정현파를 더해 얻은 것이다. 이 신호의 스펙트럼을 그려라.

$$x(t) = 2\cos\left(6\pi t - \frac{\pi}{4}\right) + \cos\left(8\pi t - \frac{\pi}{3}\right)$$

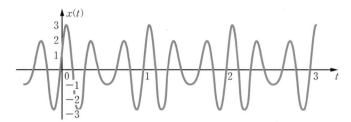

[그림 5-3] **[예제 5-1]의 신호 $x(t)$**

풀이

$x(t)$는 주파수가 3[Hz]와 4[Hz]인 두 개의 코사인파가 합쳐진 것으로, 3[Hz] 코사인파는 진폭 2, 위상 $-\frac{\pi}{4}$이고, 4[Hz]인 코사인파는 진폭 1, 위상 $-\frac{\pi}{3}$이다. 따라서 진폭 스펙트럼과 위상 스펙트럼은 [그림 5-4(a)]와 같이 그려진다.

또한 식 (5.2)를 이용하여 $x(t)$를 나타내면

$$x(t) = e^{-j\frac{\pi}{4}}e^{j6\pi t} + e^{j\frac{\pi}{4}}e^{-j6\pi t} + \frac{1}{2}e^{-j\frac{\pi}{3}}e^{j8\pi t} + \frac{1}{2}e^{j\frac{\pi}{3}}e^{-j8\pi t}$$

이 되므로 진폭 스펙트럼과 위상 스펙트럼을 [그림 5-4(b)]와 같이 그릴 수 있다.

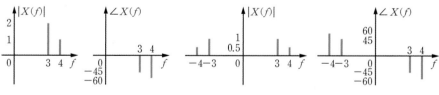

(a) 삼각함수 형식 스펙트럼   (b) 지수함수 형식 스펙트럼

[그림 5-4] **[예제 5-1]의 스펙트럼**

[그림 5-3]의 시간 파형만 봐서는 단순히 두 개의 정현파가 더해진 신호임을 알기 힘들겠지만, 스펙트럼을 구해보면 확연히 드러난다. 그러므로 신호를 주파수 성분으로 쪼개줄 수 있는, 다시 말해 스펙트럼을 구할 수 있는 도구인 '변환'이 필요한 것이다. 거꾸로 스펙트럼이 주어진다면, 주어진 수식과 같이 나타냄으로써 [그림 5-3]의 신호를 만들어 낼 수도 있다.

5.1.2 변환과 기저 신호

신호의 표현과 변환

> • **변환**transform은 신호의 표현을 바꾸는 작업으로, 결국 표현의 바탕이 되는 신호 집합 (기저)을 다르게 선택하는 것과 같다.
> • 변환을 통해 신호의 표현만 달라질 뿐 신호 자체가 달라지지는 않는다.

신호를 기본적인 신호들로 쪼개어 그 합으로 나타내는 문제는 벡터의 표현과 변환에 빗대어 생각해보면 좀 더 쉽게 이해할 수 있다. [그림 5-5(a)]의 $\vec{v}$는 수평축과 수직 축 방향의 크기가 1인 단위벡터 $\vec{i}$, $\vec{j}$를 이용해 두 방향 성분으로 쪼개어 더한 것과 같다. 즉 다음과 같이 나타낼 수 있는데, (x, y)를 $\vec{v}$의 **표현**representation이라고 한다.

$$\vec{v} = x\vec{i} + y\vec{j} = (x, \ y) \tag{5.3}$$

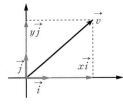

(a) 벡터의 표현　　(b) 좌표축의 회전 변환　　[그림 5-5] **벡터의 표현과 변환**

두 벡터 $\vec{i}$, $\vec{j}$만 주어지면 평면 위의 어떠한 벡터도 식 (5.3)으로 나타낼 수 있으므로, 빛깔에 대한 삼원색처럼 $\vec{i}$, $\vec{j}$가 평면 벡터 표현의 바탕 벡터가 된다. 그런데 [그림 5-5(b)]와 같이 좌표축을 θ만큼 회전시키면, $\vec{v}$는 다음과 같이 회전된 좌표축 방향의 단위벡터 $\vec{i}'$, $\vec{j}'$과 관련하여 바뀌어 표현된다.

$$\vec{v} = x'\vec{i}' + y'\vec{j}' = (x', \ y') \tag{5.4}$$

즉 벡터를 나타내기 위한 바탕 벡터가 $\vec{i}$, $\vec{j}$에서 $\vec{i}'$, $\vec{j}'$으로 바뀐 결과로 벡터의 표현 또한 (x, y)에서 (x', y')으로 바뀌며, 결국 (x', y')을 찾아내는 문제로 귀결된다. 이때 주의할 점은 표현만 달라졌을 뿐 $\vec{v}$ 자체가 달라지지는 않는다는 사실이다.

이 장에서 우리가 다루고자 하는 문제는 벡터 대신 신호를 그 대상으로 하고, 동일한 평면에서 대상의 표현을 바꾸는 [그림 5-5]의 경우와는 달리 시간 영역에서 주파수 영역으로 표현을 바꾸는 관계를 찾는 것만 다를 뿐 밑바탕에 깔린 개념은 동일하다.

기저 신호와 정현파

신호의 표현을 바꾸려면 먼저 바탕 신호 집합을 찾아야 한다. [그림 5-1]에서는 정현파들이, [그림 5-5]에서는 $\vec{i}$, $\vec{j}$ 또는 $\vec{i}'$, $\vec{j}'$이 그 역할을 함을 알 수 있다.

- **기저**basis **신호**는 신호에 대한 표현을 구하거나 바꾸는 데 바탕이 되는 신호들이다.

- 기저 신호 $\{\psi_i(t)\}$가 주어지면, 신호는 이들의 선형 결합으로 나타낼 수 있다.

$$x(t) = \sum_i c_i \psi_i(t) \tag{5.5}$$

- 신호의 (표현) 변환은 결국 식 (5.5)의 계수 c_i를 구하는 문제와 같다.

- 주파수 영역 변환 기저 신호 $\{\psi_i(t)\}$는 다음의 성질을 만족하는 것이 바람직하다.

  ❶ 형태가 단순하며, 신호의 표현을 구하기 쉬워야 한다.

  ❷ 다양하고 폭넓은 신호들을 표현할 수 있어야 한다.

  ❸ 표현된 신호에 대한 시스템의 응답을 편리하게 구해 나타낼 수 있어야 한다.

  ❹ 한 주파수에 대해 오직 하나의 기저 신호만 존재(일대일 대응)해야 한다.

변환과 기저의 이해를 위한 예로 [그림 5-6]에 나타낸 주민등록번호를 생각해보자. 이름과 주민등록번호는 사람에 대한 표현에 해당하고, 이름과 주민등록번호를 짝지어 주는 규칙이 변환이며, 주민등록번호의 13개의 십진 숫자 $\{\psi_i\}$가 기저 집합에 해당된다. [그림 5-6]의 예에서는 기저 ψ_6의 계수는 $c_6 = 8$, ψ_{10}의 계수는 $c_{10} = 3$이다.

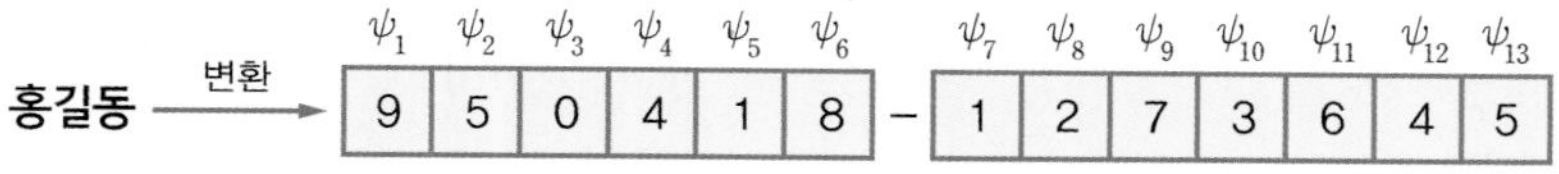

$$
\begin{array}{cccccc|ccccccc}
\psi_1 & \psi_2 & \psi_3 & \psi_4 & \psi_5 & \psi_6 & \psi_7 & \psi_8 & \psi_9 & \psi_{10} & \psi_{11} & \psi_{12} & \psi_{13}
\end{array}
$$

홍길동 →(변환)→ | 9 | 5 | 0 | 4 | 1 | 8 | - | 1 | 2 | 7 | 3 | 6 | 4 | 5 |

[그림 5-6] **변환의 예 : 이름과 주민등록번호**

기저 신호의 바람직한 성질들을 만족시키는 대표적인 신호가 정현파이다. 오직 하나의 주파수만 가지며(성질 ❹), 파형이 단순하고 직교성을 지닌다(성질 ❶). 직교성은 식 (5.5)의 계수를 쉽게 구할 수 있게 해준다. [그림 5-5]와 같이 직교좌표계를 사용하는 이유가 거기에 있다. 또한 푸리에 급수와 변환에 의해 광범위한 신호들을 표현할 수 있다(성질 ❷). 그리고 전기회로에 정현파 입력을 넣으면 출력 역시 같은 정현파로 크기와 위상만 달라지는 것에서 알 수 있듯이 시스템 응답을 편리하게 구할 수 있다(성질 ❸). 이 성질은 매우 유용한데, 예를 들어 회로에 [그림 5-1(b)]의 신호를 입력으로 인가할 경우, 그 자체로는 응답을 구하기가 매우 어렵지만, 신호를 두 개의 정현파의 합으로 표현하게 되면 중첩의 원리를 이용해 손쉽게 시스템 응답을 구할 수 있다.

5.1.3 주파수 영역 해석과 변환

신호와 시스템은 시간 영역에서 나타낼 수도 있고 주파수 영역에서 나타낼 수도 있다. 어떤 특성들은 시간 영역에서 쉽게 파악되는 것이 있는가 하면, 주파수 영역에서 더 잘 볼 수 있는 것들도 있다. 그런데 보통 실험과 관측에 의해 직접 얻을 수 있는 시간 영역 표현과 달리 **주파수 영역 표현은 시간 영역 표현에 대해 변환을 적용하여 간접적으로 얻어진다.** 변환은 시간 영역과 주파수 영역을 이어주는 다리와 같다. 변환에 의해 표현만 달라질 뿐이지 결코 신호와 시스템 그 자체가 바뀌는 것은 아니다.

일반적으로 **시간 영역에서 신호는 파형 함수, 시스템은 임펄스 응답으로 나타낸다. 주파수 영역에서는 신호는 스펙트럼, 시스템은 주파수 응답(또는 전달함수)으로 표현한다.** 이들 시간 영역 표현과 주파수 영역 표현을 이어주는 변환은 [그림 5-7]에 나타낸 것처럼 시간 영역에서의 속성에 따라 달라진다. 연속 주기 함수에 대해서는 (연속 시간) 푸리에 급수(5장), 연속 비주기 함수에 대해서는 (연속 시간) 푸리에 변환(6장), 이산 주기 함수에 대해서는 이산 시간 푸리에 급수(10장), 이산 비주기 함수에 대해서는 이산 시간 푸리에 변환(11장)이 있으며, 이 외에도 연속 함수에 대해서는 라플라스 변환(7장), 이산 함수에 대해서는 z 변환(12장)이 보다 일반적인 변환으로 존재한다. 주파수 영역 변환 도구가 이렇게 다양해도 개념적 토대는 공통적으로 앞 절의 설명에 뿌리를 두고 있다.

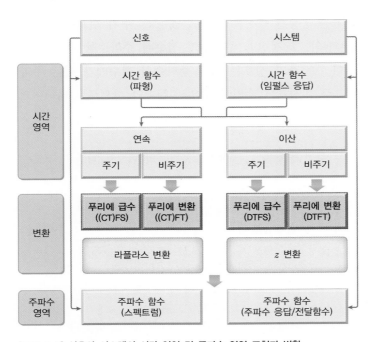

[그림 5-7] 신호와 시스템의 시간 영역 및 주파수 영역 표현과 변환

주기 신호와 푸리에 급수

정현파를 이용하여 주파수에 대한 신호의 표현을 찾는 방법은 푸리에(Fourier)가 제안하였다. 정현파 자체가 주기 신호일 뿐만 아니라 주기 신호는 같은 파형이 계속 반복되어 다루기가 편하므로, 주파수에 대한 신호의 표현을 찾아내는 문제를 주기 신호부터 살펴보도록 하자.

학습포인트

- 기본파, 고조파, 기본 주파수의 정의와 개념을 이해한다.
- 주기 신호에 대한 푸리에 급수(FS) 표현 방법을 잘 익혀둔다.
- 기저 신호의 직교성을 이용한 푸리에 계수의 결정 방법을 잘 익혀둔다.
- 푸리에 급수의 수렴 조건(디리클레 조건)과 이의 중요성에 대해 알아본다.
- 주요 주기 신호의 푸리에 급수 계산을 잘 익혀둔다.

5.2.1 푸리에 급수의 정의

[그림 5-1]을 보면 주기 신호들은 공통된 특징을 가지고 있는데, **주기 신호는 자신과 같은 주기를 갖는 정현파(기본파)와 그 정현파 주파수의 정수배 주파수를 갖는 정현파(고조파)들로만 이루어져 있다.** 즉 주기 신호는 기본 주파수의 정수배가 되는 주파수 성분만 가진다. 일반적으로 주기 신호는 수없이 많은 정현파의 합으로 나타내어지므로 무한급수 형태를 띠게 된다. 이것이 바로 푸리에 급수이다.

- **푸리에 급수(FS)**$^{Fourier\ Series}$는 주기 신호를 기본파와 고조파들의 합으로 나타낸 것으로 무한급수 형태가 된다.

$$x(t) = 직류(DC) + 기본파(\cos항 + \sin항) + 고조파들(\cos항 + \sin항)$$
$$= a_0 + \sum_{k=1}^{\infty} a_k \cos k\omega_0 t + \sum_{k=1}^{\infty} b_k \sin k\omega_0 t \tag{5.6}$$

- **기본파**$^{fundamental\ wave}$는 주기 신호와 같은 주기(T)를 갖는 정현파이다.
- **고조파**^{harmonics}는 기본파의 주파수(기본 주파수)의 정수배 주파수를 갖는 정현파이다. 즉 k고조파는 주파수가 $kf_0(k\omega_0,\ k=2,3,4,\cdots)$인 고조파이다.
- **기본 주파수**$^{fundamental\ frequency}$는 기본파의 주파수로서 $f_0 = \dfrac{1}{T}(\omega_0 = \dfrac{2\pi}{T})$이다.

식 (5.6)의 푸리에 급수 표현의 등식이 항상 성립하기 위해서는 유한한 값을 갖도록 푸리에 급수가 수렴해야 한다. 푸리에 급수의 수렴 조건을 **디리클레**^{Dirichlet} **조건**이라고 한다.

푸리에 급수의 수렴 조건 : 디리클레 조건

❶ 신호의 한 주기 내에서 $x(t)$는 절대 적분 가능해야 한다.

$$\int_T |x(t)|dt < \infty \tag{5.7}$$

$\int_T$ 는 한 주기에 대한 적분으로 시작점 위치에 무관하게 같은 결과가 얻어진다.

❷ 신호의 한 주기 내에 존재하는 극대·극소점의 수는 유한해야 한다.

❸ 신호의 한 주기 내에 존재하는 불연속점의 수는 유한해야 한다.

5.2.2 (복소) 지수함수 형식 푸리에 급수

삼각함수 형식 푸리에 급수가 물리적 의미를 직관적으로 이해하거나 시각화하기에는 편리한 점이 있으나, 이론적 해석에서는 오일러 공식을 이용하여 식 (5.6)의 정현파를 복소 정현파로 바꾸어 얻어지는 (복소) 지수함수 형식 푸리에 급수를 주로 사용한다. 왜냐하면 이 형식이 표현식과 계수를 구하는 식이 간결하고 취급이 쉽기 때문이다.

식 (5.6)의 삼각함수 정현파를 복소 정현파로 바꾼 뒤 정리하면 다음과 같이 된다.

$$
\begin{aligned}
x(t) &= a_0 + \sum_{k=1}^{\infty} (a_k \cos k\omega_0 t + b_k \sin k\omega_0 t) \\
&= a_0 + \sum_{k=1}^{\infty} \left(a_k \frac{e^{jk\omega_0 t} + e^{-jk\omega_0 t}}{2} + b_k \frac{e^{jk\omega_0 t} - e^{-jk\omega_0 t}}{2j} \right) \\
&= a_0 + \sum_{k=1}^{\infty} \left(\frac{a_k - jb_k}{2} e^{jk\omega_0 t} + \frac{a_k + jb_k}{2} e^{-jk\omega_0 t} \right) = \sum_{k=-\infty}^{\infty} X_k e^{jk\omega_0 t}
\end{aligned}
\tag{5.8}
$$

여기서 계수 X_k는 복소수로서 다음과 같고, $X_k = X_{-k}^*$를 만족한다.

$$
X_k = \begin{cases}
\frac{1}{2}(a_k - jb_k), & k > 0 \\
a_0, & k = 0 \\
\frac{1}{2}(a_k + jb_k), & k < 0
\end{cases}
\tag{5.9}
$$

식 (5.8)의 (복소) 지수함수 형식 푸리에 급수 표현은 복소 정현파 $e^{jk\omega_0 t}$을 기저 신호로 채택하여 복소 푸리에 계수 X_k로 주기 신호의 주파수 정보를 나타낸 것이다. 이때 X_k의 크기 $|X_k|$와 위상 $\angle X_k$가 곧 주파수 $k\omega_0$ 성분의 진폭과 위상이 된다.

5.2.3 푸리에 계수의 결정

주기 신호를 식 (5.8)과 같이 푸리에 급수로 표현하는 것은 결국 **푸리에 계수**Fourier coefficients X_k를 구하는 문제로 귀결된다. 기저 신호인 복소 정현파는 직교성을 지니고 있어서 푸리에 계수 X_k를 쉽게 구할 수 있다.

[그림 5-5]에서 보듯이 두 벡터 $\vec{i}$, $\vec{j}$가 직교하면 두 벡터의 내적은 $<\vec{i}, \vec{j}> = 0$이다. 이러한 내적과 직교성의 관계는 함수에 대해서도 변함이 없다.

> - 두 함수 $f(t)$, $g(t)$의 **내적**은 다음과 같이 정의된다.
>
> $$< f(t),\ g(t) > = \int_a^b f(t) \cdot g^*(t)\, dt \tag{5.10}$$
>
> 여기서 구간 $[a, b]$는 두 함수의 정의 구간이고, *는 복소 공액쌍을 나타낸다.
> - 두 함수의 내적 $< f(t),\ g(t) > = 0$이면 두 함수가 **직교한다**고 한다.

복소 정현파의 직교성을 알아보기 위해 $e^{jk\omega_0 t}$과 $e^{jm\omega_0 t}$의 내적을 구하면

$$\int_0^T e^{jk\omega_0 t} e^{-jm\omega_0 t} dt = \int_0^T e^{j(k-m)\omega_0 t}\, dt \tag{5.11}$$

가 되는데, $m \neq k$일 때와 $m = k$일 때로 나누어 값을 계산할 수 있다. $m \neq k$이면,

$$\int_0^T e^{j(k-m)\omega_0 t}\, dt = \frac{1}{j(k-m)\omega_0} e^{j(k-m)\frac{2\pi}{T}t} \Big|_0^T$$
$$= \frac{1}{j(k-m)\omega_0}(e^{j(k-m)2\pi} - 1) = 0 \tag{5.12}$$

이 되어 서로 다른 주파수의 복소 정현파들은 직교함을 알 수 있다. 한편 $m = k$, 즉 자신과의 내적은 다음과 같이 된다.

$$\int_0^T e^{j(k-m)\omega_0 t}\,dt = \int_0^T 1\,dt = T \qquad (5.13)$$

그러므로 식 (5.8)의 양변을 $e^{jm\omega_0 t}$과 내적을 취하여 정리하면 X_m이 구해진다.

$$X_m = \frac{1}{T}\int_0^T x(t)e^{-jm\omega_0 t}\,dt \qquad (5.14)$$

예제 5-2 주기 신호의 푸리에 급수 표현 관련 예제 | [예제 5-1]

[예제 5-1]의 신호 $x(t)$에 대한 지수함수 형식 푸리에 급수 표현을 구하라.

풀이

$x(t)$의 주기는 두 코사인파의 주기 $\frac{1}{3}$과 $\frac{1}{4}$의 최소공배수인 $T=1$이다. 그러므로 기본주파수는 $\omega_0 = 2\pi(f_0 = 1)$이다.

신호가 정현파들로만 구성된 경우에는 오일러 공식을 이용해 복소 정현파로 바꾸어 나타내는 것이 적분 형태의 푸리에 계수 계산식을 이용하는 것보다 훨씬 쉽고 간편하다.

$$\begin{aligned}
x(t) &= 2\cos\left(6\pi t - \frac{\pi}{4}\right) + \cos\left(8\pi t - \frac{\pi}{3}\right)\\
&= \left(e^{j\left(6\pi t - \frac{\pi}{4}\right)} + e^{-j\left(6\pi t - \frac{\pi}{4}\right)}\right) + \frac{1}{2}\left(e^{j\left(8\pi t - \frac{\pi}{3}\right)} + e^{-j\left(8\pi t - \frac{\pi}{3}\right)}\right)\\
&= \frac{1}{2}e^{j\frac{\pi}{3}}e^{-j8\pi t} + e^{j\frac{\pi}{4}}e^{-j6\pi t} + e^{-j\frac{\pi}{4}}e^{j6\pi t} + \frac{1}{2}e^{-j\frac{\pi}{3}}e^{j8\pi t}\\
&= \frac{1}{2}e^{j\frac{\pi}{3}}e^{-j4\omega_0 t} + e^{j\frac{\pi}{4}}e^{-j3\omega_0 t} + e^{-j\frac{\pi}{4}}e^{j3\omega_0 t} + \frac{1}{2}e^{-j\frac{\pi}{3}}e^{j4\omega_0 t}
\end{aligned}$$

푸리에 계수는 다음과 같으며 공액 대칭, 즉 $X_k = X_{-k}^*$를 만족함을 볼 수 있다.

$$\begin{cases}
X_{-4} = 0.5e^{j\frac{\pi}{3}}\\
X_{-3} = e^{j\frac{\pi}{4}}\\
X_3 \ = e^{-j\frac{\pi}{4}}\\
X_4 \ = 0.5e^{-j\frac{\pi}{3}}\\
X_k \ = 0, \quad \text{그 외}
\end{cases}$$

구해진 푸리에 계수는 [그림 5-4(b)]의 스펙트럼과 일치함을 확인할 수 있다.

다음의 주기 신호에 대해 지수함수 형식 푸리에 급수 표현을 구하고 스펙트럼을 그려라.

$$x(t) = 1 + 4\cos\left(\pi t - \frac{\pi}{4}\right) - 2\sin(2\pi t) + \cos\left(3\pi t + \frac{\pi}{3}\right)$$

풀이

신호가 정현파들로만 구성된 경우, [예제 5-2]의 풀이보다 좀 더 간편한 방법이 있다. 3개의 정현파 성분의 주파수가 각각 π, 2π, 3π이므로, 이 주기 신호의 기본 주파수는 $\omega_0 = \pi$이다. 따라서 $x(t)$는 DC, 기본파, 2고조파, 3고조파로 이루어진 신호이다. 일단 각 정현파 성분이 몇 고조파에 해당하는지 확인한 후에, 먼저 $k > 0$의 경우에 대해 $|X_k|$는 정현파 진폭의 반, $\angle X_k$는 코사인 정현파이면 위상을 그대로, 사인 정현파이면 위상에 $-\frac{\pi}{2}$를 더한 값으로 구한다. $(-1) = e^{\pm j\pi}$으로 두면 된다. 그런 다음 $k < 0$에 대해서는 $X_k = X_{-k}^*$의 관계를 이용하여 $|X_{-k}| = |X_k|$, $\angle X_{-k} = -\angle X_k$로 구하면 된다. 스펙트럼은 이를 그대로 그리면 되고, 푸리에 계수 X_k는 극좌표 형식 $X_k = |X_k|e^{j\angle X_k}$으로 구해주면 된다. 이렇게 구한 스펙트럼은 [그림 5-8]과 같고, 푸리에 계수는 다음과 같다.

$$\begin{cases} X_{-3} = 0.5e^{-j\frac{\pi}{3}} & X_3 = 0.5e^{j\frac{\pi}{3}} \\ X_{-2} = e^{-j\frac{\pi}{2}} & X_2 = e^{j\frac{\pi}{2}} \\ X_{-1} = 2e^{j\frac{\pi}{4}} & X_1 = 2e^{-j\frac{\pi}{4}} \\ X_0 = 1 & X_k = 0, \quad \text{그 외} \end{cases}$$

이로부터 다음과 같이 푸리에 급수 표현을 얻을 수 있다.

$$x(t) = \frac{1}{2}e^{-j\frac{\pi}{3}}e^{-j3\omega_0 t} + e^{-j\frac{\pi}{2}}e^{-j2\omega_0 t} + 2e^{j\frac{\pi}{4}}e^{-j\omega_0 t} + 1 + 2e^{-j\frac{\pi}{4}}e^{j\omega_0 t} + e^{j\frac{\pi}{2}}e^{j2\omega_0 t} + \frac{1}{2}e^{j\frac{\pi}{3}}e^{j3\omega_0 t}$$

이 풀이 방법은 삼각함수 정현파를 복소 정현파로 바꾸어 나타내는 과정이 불필요하므로 [예제 5-2]의 풀이에 비해 편리함을 느낄 수 있을 것이다.

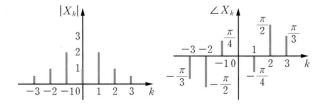

[그림 5-8] [예제 5-3]의 신호 $x(t)$의 스펙트럼

[그림 5-8]의 스펙트럼을 보면 **진폭 스펙트럼은 우대칭, 위상 스펙트럼은 기대칭**을 만족하는 것을 볼 수 있는데, 실수 신호의 스펙트럼은 이러한 대칭성을 지닌다.

주기 $T=1$ 인 주기 신호 $x(t)$의 푸리에 계수 X_k가 다음과 같을 때, 주기 신호를 구하라.

$$\begin{cases} X_{-3} = e^{j\frac{\pi}{3}} \\ X_{-1} = 2e^{-j\frac{\pi}{4}} \\ X_0 = 6 \\ X_1 = 2e^{j\frac{\pi}{4}} \\ X_3 = e^{-j\frac{\pi}{3}} \\ X_k = 0, \quad \text{그 외} \end{cases}$$

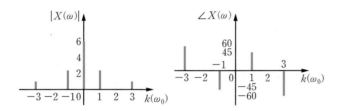

[그림 5-9] **[예제 5-4]의 신호 $x(t)$의 스펙트럼**

풀이

$x(t)$의 주기가 1이므로 기본 주파수는 $\omega_0 = 2\pi(f_0 = 1)$이다. 주어진 푸리에 계수를 이용하여 $x(t)$의 푸리에 급수 표현을 구하면 다음과 같다.

$$x(t) = \sum_{k=-\infty}^{\infty} X_k e^{jk\omega_0 t} = X_{-3} e^{-j3\omega_0 t} + X_{-1} e^{-j\omega_0 t} + X_0 + X_1 e^{j\omega_0 t} + X_3 e^{j3\omega_0 t}$$

$$= e^{j\frac{\pi}{3}} e^{-j6\pi t} + 2e^{-j\frac{\pi}{4}} e^{-j2\pi t} + 6 + 2e^{j\frac{\pi}{4}} e^{j2\pi t} + \frac{1}{2} e^{-j\frac{\pi}{3}} e^{j6\pi t}$$

오일러 공식을 이용하여 위 식을 정리하면 다음과 같이 $x(t)$가 얻어진다.

$$x(t) = 6 + 4\cos\left(2\pi t + \frac{\pi}{4}\right) + \cos\left(6\pi t - \frac{\pi}{3}\right)$$

X_k 대신 [그림 5-9]의 스펙트럼이 주어져도 같은 방법으로 주기 신호를 구할 수 있다.

다음의 푸리에 급수로 표현된 주기 신호를 구하라.

$$x(t) = (2+j2)e^{-j3t} + j2e^{-jt} + 3 - j2e^{jt} + (2-j2)e^{j3t}$$

풀이

$x(t)$로부터 기본 주파수는 $\omega_0 = 1$이며, DC 항, 기본파, 3고조파를 포함하고 있음을 알 수 있다. 푸리에 급수 표현으로부터 각 주파수 성분의 푸리에 계수를 구하면 다음과 같다.

$$\begin{cases} X_{-3} = 2+j2 = \sqrt{2^2+2^2}\,e^{j\tan^{-1}\frac{2}{2}} = 2\sqrt{2}\,e^{j\frac{\pi}{4}} \\[2mm] X_{-1} = j2 = 2e^{j\frac{\pi}{2}} \\[2mm] X_0 = 3 \\[2mm] X_1 = -j2 = 2e^{-j\frac{\pi}{2}} \\[2mm] X_3 = 2-j2 = \sqrt{2^2+2^2}\,e^{-j\tan^{-1}\frac{2}{2}} = 2\sqrt{2}\,e^{-j\frac{\pi}{4}} \end{cases}$$

X_k, $k > 0$을 이용하여 다음과 같이 바로 $x(t)$를 구할 수 있다.

$$x(t) = X_0 + \sum_k 2|X_k|\cos\left(k\omega_0 t + \angle X_k\right)$$

$$= 3 + 4\cos\left(t - \frac{\pi}{2}\right) + 4\sqrt{2}\cos\left(3t - \frac{\pi}{4}\right)$$

X_k 대신 스펙트럼이 주어져도 같은 방법으로 주기 신호를 구할 수 있으며, 이 방법이 [예제 5-4]의 방법에 비해 복소 정현파를 삼각함수 정현파로 바꾸는 과정이 불필요하므로 더 편리하다.

비교를 위해 [예제 5-4]와 같은 방법으로 풀어보자. 위에서 구한 극좌표 형식 X_k를 이용하여 주어진 푸리에 급수 표현을 다음과 같이 다시 쓸 수 있다.

$$x(t) = (2+j2)e^{-j3t} + j2e^{-jt} + 3 - j2e^{jt} + (2-j2)e^{j3t}$$

$$= 2\sqrt{2}\,e^{j\frac{\pi}{4}}e^{-j3t} + 2e^{j\frac{\pi}{2}}e^{-jt} + 3 + 2e^{-j\frac{\pi}{2}}e^{jt} + 2\sqrt{2}\,e^{-j\frac{\pi}{4}}e^{j3t}$$

여기에 오일러 공식을 이용하여 복소 정현파를 삼각함수 정현파로 바꾸어 정리하면 같은 결과를 얻게 된다. 앞의 방법이 더 간편함을 느낄 수 있을 것이다.

[표 5-1]은 많이 쓰이는 주기 신호들에 대한 푸리에 급수 전개 결과를 나타낸 것이다.

[표 5-1] 주요 주기 신호의 푸리에 급수

신호	파형	X_0	X_k, $k \neq 0$	0이 되는 항
방형파		0	$-j\dfrac{2A}{k\pi}$	$k=0$ k는 짝수
톱니파		$\dfrac{A}{2}$	$j\dfrac{A}{2k\pi}$	-
삼각파		$\dfrac{A}{2}$	$-\dfrac{2A}{k^2\pi^2}$	k는 짝수
전파 정류파		$\dfrac{2A}{\pi}$	$\dfrac{2A}{(1-4k^2)\pi}$	-
반파 정류파		$\dfrac{A}{\pi}$	$\dfrac{A}{(1-k^2)\pi}$	k는 홀수 단, $X_1 = -j\dfrac{A}{4}$
구형파		$\dfrac{2A\tau}{T}$	$\dfrac{2A\tau}{T}\operatorname{sinc}\dfrac{2k\tau}{T}$	-
임펄스열		$\dfrac{A}{T}$	$\dfrac{A}{T}$	-

예제 5-6 구형파(사각 펄스) 주기 신호의 푸리에 급수 전개

관련 예제 | [예제 5-13], [예제 6-3], [예제 6-17]

[그림 5-10]의 구형파(사각 펄스) 주기 신호의 푸리에 급수 표현을 구하라.

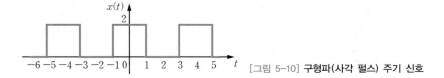

[그림 5-10] **구형파(사각 펄스) 주기 신호**

풀이

주기 신호의 한 주기 적분은 적분 구간의 시작점에 상관없이 그 값이 같다. 주기 $T=4$이므로, 기본 주파수는 $\omega_0 = \frac{2\pi}{4} = \frac{\pi}{2}$ (또는 $f_0 = \frac{1}{4}$)이다. 파형이 우대칭이므로 적분 구간을 $[-2,\ 2]$로 하여 푸리에 계수 X_k를 계산하면 다음과 같다.

$$
\begin{aligned}
X_k &= \frac{1}{T}\int_{-T/2}^{T/2} x(t)\,e^{-jk\omega_0 t}dt = \frac{1}{4}\int_{-1}^{1} 2\,e^{-jk\omega_0 t}dt \\
&= -\frac{1}{2}\frac{1}{jk\omega_0}e^{-jk\omega_0 t}\Big|_{-1}^{1} = -\frac{1}{\frac{k\pi}{2}}\frac{e^{-j\frac{k\pi}{2}} - e^{j\frac{k\pi}{2}}}{j2} = \frac{\sin\frac{k\pi}{2}}{\frac{k\pi}{2}} = \text{sinc}\frac{k}{2}
\end{aligned} \tag{5.15}
$$

$$
X_0 = \frac{1}{T}\int_{-T/2}^{T/2} x(t)\,dt = \frac{1}{4}\int_{-1}^{1} 2\,dt = \frac{1}{2}t\Big|_{-1}^{1} = 1
$$

따라서 $x(t)$의 지수함수 형식 푸리에 급수는 다음과 같다.

$$
x(t) = \sum_{k=-\infty}^{\infty} X_k e^{jk\omega_0 t} = \sum_{k=-\infty}^{\infty} \text{sinc}\left(\frac{k}{2}\right)e^{jk\frac{\pi}{2}t}
$$

[그림 5-11(a)]에 푸리에 계수 X_k를 나타내었다. [그림 5-10]의 신호처럼 신호가 실수 **신호이면서 우대칭일 경우에는 푸리에 계수 X_k가 실수가 된다.** 푸리에 계수가 실수인 경우에는 [그림 5-11(a)]와 같이 그림으로 나타낼 수 있으므로 간편하게 이를 그리고 (푸리에) 스펙트럼이라고 말하기도 하지만, 일반적으로 푸리에 계수 X_k는 복소수이므로 크기와 위상, 즉 진폭 스펙트럼과 위상 스펙트럼으로 나누어 그래프로 나타내야 한다. 진폭 스펙트럼은 X_k의 크기 $|X_k|$를 그려야 하므로, [그림 5-11(a)]의 X_k의 값이 음인 부분을 꺾어 올리면 된다. 그리고 $-1 = e^{\pm j\pi}$이므로, 위상 스펙트럼은 (X_k의 값이 음인) 꺾어 올린 부분에서 $\pm\pi$를 갖도록 그리되, $X_k = X_{-k}^*$가 만족되어야 하므로 기대칭이 되도록 그리면 된다. 이렇게 그린 구형파 주기 신호의 스펙트럼이 [그림 5-11(b)]이다.

[그림 5-11]의 스펙트럼을 보면 짝수 고조파 성분들은 0이므로, [그림 5-10]의 주기 신호는 홀수 고조파 성분들만 포함함을 알 수 있다. 즉 DC 성분과 0.25[Hz]의 기본파, 0.75[Hz]의 3고조파, 1.25[Hz]의 5고조파, … 등으로 구성된 신호로 무한개의 주파수 성분을 가진다.

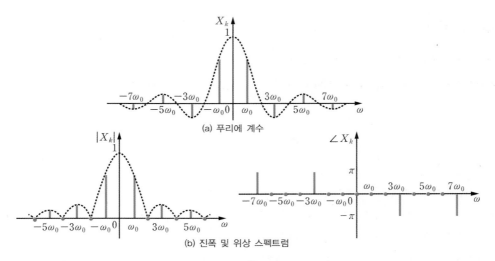

(a) 푸리에 계수

(b) 진폭 및 위상 스펙트럼

[그림 5-11] [예제 5-6]의 구형파 주기 신호의 푸리에 계수 및 스펙트럼

구형파(사각 펄스) 신호의 푸리에 계수(스펙트럼)는 sinc 함수가 된다는 사실은 잘 기억해 둘 필요가 있다.

예제 5-7 반파 정류파의 푸리에 급수 표현

[그림 5-12]는 반파 정류회로에 주기 $T=1$인 정현파 $\sin(2\pi t)$를 입력으로 인가하였을 때의 출력 파형이다. 이의 푸리에 급수 표현을 구하라.

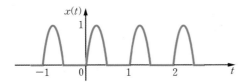

[그림 5-12] 반파 정류회로의 출력 파형

풀이

주기 $T=1$이므로 기본 주파수는 $\omega_0 = 2\pi$이다. 정현파를 복소 정현파로 바꾼 뒤 푸리에 계수를 계산하면 다음과 같다.

$$X_k = \frac{1}{T}\int_0^T x(t)\,e^{-j2\pi kt}\,dt = \int_0^{1/2} \frac{(e^{j2\pi t}-e^{-j2\pi t})}{j2}\,e^{-j2\pi kt}\,dt$$

$$= \frac{1}{j2}\left(\left.\frac{e^{-j(k-1)2\pi t}}{-j(k-1)2\pi}\right|_0^{1/2} - \left.\frac{e^{-j(k+1)2\pi t}}{-j(k+1)2\pi}\right|_0^{1/2}\right)$$

$$= \frac{1}{4\pi}\left(\frac{e^{-j(k-1)\pi}-1}{k-1} - \frac{e^{-j(k+1)\pi}-1}{k+1}\right) = \frac{1}{4\pi}\left(-\frac{e^{-jk\pi}+1}{k-1} + \frac{e^{-jk\pi}+1}{k+1}\right)$$

$$= \frac{1}{4\pi} e^{-j\frac{k\pi}{2}} \left(e^{-j\frac{k\pi}{2}} + e^{j\frac{k\pi}{2}} \right) \left(\frac{1}{k+1} - \frac{1}{k-1} \right)$$

$$= \frac{1}{(1-k^2)\pi} e^{-j\frac{k\pi}{2}} \cos\frac{k\pi}{2}$$

위 식에서 $k=1$이면 분모가 0이 되므로 따로 X_1을 계산해야 한다. 또한 k가 홀수이면 $\cos\frac{k\pi}{2}=0$이 되고, k가 짝수이면 $e^{-j\frac{k\pi}{2}}\cos\frac{k\pi}{2}=(\cos m\pi)^2=1$이 된다. X_1을 계산하면,

$$X_1 = \frac{1}{T} \int_0^T x(t)\, e^{-j2\pi t}\, dt = \int_0^{1/2} \frac{(e^{j2\pi t} - e^{-j2\pi t})}{j2} e^{-j2\pi t}\, dt$$

$$= \frac{1}{j2} t \Big|_0^{1/2} + \frac{1}{j2}\frac{1}{j4\pi} e^{-j4\pi t} \Big|_0^{1/2} = -j\frac{1}{4} - \frac{1}{8\pi}\left(e^{j2\pi} - 1\right)$$

$$= -j\frac{1}{4}$$

이다. 따라서 푸리에 계수 X_k는 다음과 같이 구해진다.

$$X_k = \begin{cases} -j\dfrac{1}{4}, & k=1 \\[2mm] \dfrac{1}{(1-k^2)\pi}, & k=\text{짝수} \\[2mm] 0, & k=\text{홀수},\ k \neq 1 \end{cases} \qquad \& \qquad X_{-k} = X_k^*$$

[그림 5-12]의 반파 정류 회로 출력의 푸리에 급수 표현은 다음과 같이 된다.

$$x(t) = \sum_{k=-\infty}^{\infty} X_k e^{-j2\pi kt}$$

푸리에 급수와 스펙트럼

푸리에 급수에 의해 신호는 스펙트럼으로 표현될 수 있고 이로부터 신호의 특성 분석을 비롯한 다양한 작업이 가능해진다. 이 절에서는 푸리에 급수, 그리고 진폭 및 위상 스펙트럼의 역할과 의미에 대해 알아본다.

학습포인트

- 푸리에 급수에 의한 주파수 분해 및 합성의 개념을 이해한다.
- 신호의 스펙트럼 표현에 대해 이해한다.
- 진폭 스펙트럼의 물리적 의미와 중요성에 대해 이해한다.
- 위상 스펙트럼의 물리적 의미와 중요성에 대해 이해한다.

5.3.1 푸리에 급수에 의한 주파수 분석과 주파수 합성

푸리에 급수는 (복소) 정현파를 이용하여 주기 신호의 시간 영역 표현과 주파수 영역 표현을 연결해주는 다리와 같다.

- **주파수 분석(분해)**은 (푸리에 급수에 의해) 주기 신호로부터 스펙트럼을 구하는 과정이다. 푸리에 계수의 계산식 식 (5.14)는 주파수 분석(분해)을 수행한다.

$$X_k = \frac{1}{T} \int_T x(t) e^{-jk\omega_0 t} dt$$

- 주파수 분석은 수렴 조건인 디리클레 조건을 만족하는 신호에 대해서만 가능하다.

- **주파수 합성**은 스펙트럼에 나타낸 대로 정현파들을 합하여 신호를 만드는 과정이다. 푸리에 급수의 표현식 식 (5.8)은 주파수 합성을 수행한다.

$$x(t) = \sum_{k=-\infty}^{\infty} X_k e^{jk\omega_0 t}$$

- 주파수 합성은 어떠한 형태의 스펙트럼이 주어지더라도 신호를 만들어낼 수 있다.

[그림 5-13(a)]는 시간축 정보 $x(t)$로부터 주파수축 정보 스펙트럼 $X(\omega)$를 구하는 주파수 분석 과정을, [그림 5-13(b)]는 주파수축 정보 스펙트럼 $X(\omega)$를 이용하여 시간축 정보 $x(t)$를 생성하는 주파수 합성 과정을 표시한 것이다.

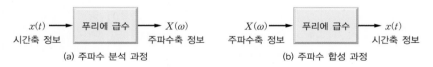

(a) 주파수 분석 과정   (b) 주파수 합성 과정

[그림 5-13] 푸리에 급수에 의한 주파수 분석 및 합성

푸리에 급수에 의한 주파수 합성은 기본파와 고조파를 이용하여 주기 신호를 만들어내므로 **조파 합성**이라고도 한다. 그런데 식 (5.8)은 복소 계수와 복소 지수함수로 표현되어 있는 까닭에 물리적으로 신호를 만들 수 없다. 따라서 [예제 5-4]와 [예제 5-5]에서 살펴본 것처럼, 오일러 공식에 의해 복소 정현파를 코사인파로 바꾸거나 스펙트럼으로부터 코사인파의 진폭($c_k = 2|X_k|$)과 위상($\phi_k = \angle X_k$)을 구하여 신호를 합성해야 한다. 조파 합성에서 또 다른 문제는, 식 (5.8)에 의하면 존재하는 모든 고조파를 더해서 신호를 만들도록 되어 있는데 무한한 주파수 성분을 가질 경우에는 물리적으로 불가능하다. 그러므로 신호의 왜곡 정도가 별로 문제가 되지 않을 수준에서 잘라서 근사화하는 수밖에 없다.

주파수 합성의 한 예로, [그림 5-14]는 고조파들을 차례로 더하여 사각펄스 신호를 합성하는 과정을 보인 것이다. 그림에서 보면, 3개의 고조파만 더해져도 사각펄스와 비슷한 모양을 갖추지만 아직 불연속점의 날카로운 모서리가 나타나지 않는다. 고조파의 수를 점차 늘려가면 모서리가 서서히 날카로워지며 신호는 사각펄스에 더욱 가까워진다. 이론적으로는 무한개의 고조파를 더해야만 정확히 사각펄스가 되지만 이는 불가능하므로, 실제로는 오차가 허용 범위 내로 들어오는 정도로 잘라서 합성하게 된다.

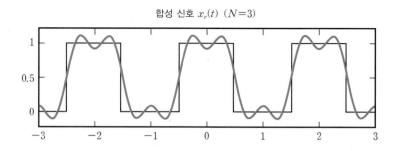

합성 신호 $x_r(t)$ $(N=3)$

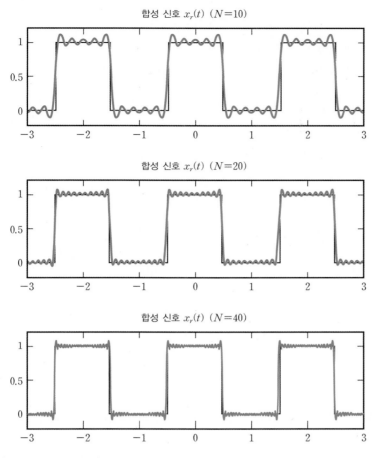

[그림 5-14] 주파수 합성에 의한 사각펄스 신호의 근사화

Tip & Note

✔ 깁스 현상

사각펄스 주기 신호를 고조파를 사용하여 근사적으로 합성할 때 특이한 현상을 관찰할 수 있다. [그림 5-14]에서 볼 수 있듯이, 합성 신호의 파형에는 공통적으로 작은 **맥동**[ripple]이 있으며 불연속점 부근에서 불연속 크기의 약 9%의 오버슈트가 생긴다. 이론적으로는 무한 개의 고조파를 더하면 정확히 사각펄스가 되어야 하지만, 고조파의 수를 아무리 늘려가도 실제 조파 합성 신호는 맥동의 크기가 줄고 진동이 빨라질 뿐 불연속점 부근의 오버슈트는 사라지지 않고 크기도 변하지 않는다. 이를 **깁스**[Gibbs] **현상**이라고 한다. 깁스 현상은 불연속점에서 주기 신호의 값을 정의할 수 없는데도 푸리에 급수 표현에서는 불연속의 중간으로 값이 정해지는 불일치 때문에 생긴다.

[그림 5-15]의 임펄스열 주기 신호의 스펙트럼을 구하라.

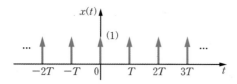

[그림 5-15] **임펄스열 신호**

풀이

임펄스열의 주기는 T이고, 기본 주파수는 $\omega_0 = \dfrac{2\pi}{T}$ 이다. 푸리에 계수를 구하면

$$X_k = \frac{1}{T} \int_{-T/2}^{T/2} x(t) e^{-jk\omega_0 t} dt = \frac{1}{T} \int_{-T/2}^{T/2} \delta(t) e^{-jk\omega_0 t} dt = \frac{1}{T}$$

이 된다. 마지막 등식은 임펄스 함수의 체 거르기 성질을 적용하여 얻어진 것이다. 따라서 $x(t)$의 푸리에 급수 전개는 다음과 같이 된다.

$$x(t) = \sum_{k=-\infty}^{\infty} X_k e^{jk\omega_0 t} = \sum_{k=-\infty}^{\infty} \frac{1}{T} e^{jk\omega_0 t}$$

임펄스열 신호의 스펙트럼은 진폭과 위상이 $|X_k| = \dfrac{1}{T}$, $\angle X_k = 0$이 되므로, 진폭 스펙트럼만 나타내면 [그림 5-16]과 같다.

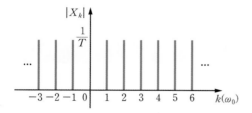

[그림 5-16] **임펄스열 신호의 진폭 스펙트럼**

[그림 5-17]은 어떤 주기 신호 $x(t)$의 스펙트럼이다. 주기 신호 $x(t)$를 구하라.

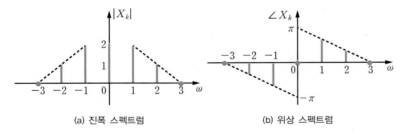

(a) 진폭 스펙트럼   (b) 위상 스펙트럼

[그림 5-17] **[예제 5-9]의 주기 신호 $x(t)$의 스펙트럼**

풀이

[그림 5-17]로부터 기본 주파수는 $\omega_0 = 1$이다. [예제 5-4]의 방법보다 [예제 5-5]의 방법이 좀 더 간편하므로, 그 방법으로 주기 신호를 합성해보자.

[그림 5-17]에서 신호가 DC, 기본파, 2고조파로 이루어짐을 알 수 있고, 각각의 진폭은 $|X_0| = 2$, $2|X_1| = 4$, $2|X_2| = 2$, 위상은 $\angle X_1 = \dfrac{2\pi}{3}$, $\angle X_2 = \dfrac{\pi}{3}$를 얻는다. 따라서 정현파의 합으로 표현된 주기 신호 $x(t)$는 다음과 같다.

$$x(t) = 2 + 4\cos\left(t + \frac{2\pi}{3}\right) + 2\cos\left(2t + \frac{\pi}{3}\right)$$

5.3.2 스펙트럼의 의미와 역할

주기 신호의 스펙트럼

푸리에 급수에 의해 주기 신호는 오직 기본 주파수의 정수배 주파수를 갖는 (복소) 정현파 성분들로만 쪼개어진다. 이 정현파 성분들을 주파수에 대해 나타낸 것이 스펙트럼이다.

- 주기 신호의 **스펙트럼**은 모든 (복소) 정현파 성분의 진폭과 위상을 주파수에 대해 표시한 것으로, 푸리에 급수 표현에서 푸리에 계수 X_k의 크기 $|X_k|$와 위상 $\angle X_k$를 주파수 $\omega(f)$에 대해 나타내면 된다.
- 주기 신호의 스펙트럼은 기본 주파수의 정수배에서만 값을 가지므로 주파수에 대해 불연속적이며 그래프에서 선으로 표시된다. 따라서 **선**^line **스펙트럼**이라고 한다.

진폭 스펙트럼의 역할

- 진폭 스펙트럼은 신호가 갖는 다양한 주파수 성분의 양(정현파의 진폭)을 나타낸다.
- 일반적으로 진폭 스펙트럼은 저주파에서 고주파로 갈수록 값이 감쇠하는 양상을 보인다.
- 파형의 시간적 변화가 완만한 신호는 진폭 스펙트럼의 감쇠가 급격하고, 반대로 시간적으로 파형이 급격한 변화를 보이는 신호는 진폭 스펙트럼의 감쇠가 완만하다.

1장의 1.4절에서 설명했듯이, 주파수가 높을수록 신호의 값의 변화 속도가 빨라진다. 그러므로 파형의 변화가 급하지 않은 신호는 높은 주파수 성분을 거의 포함하지 않는다. 따라서 진폭 스펙트럼은 주파수 증가에 따라 빠르게 감쇠한다. 반면에, 값이 빠르게 변하거나 사각펄스와 같이 급격한 변화를 포함하는 신호는 이를 구현하기 위해 많은 주파수 성분이 필요할 뿐 아니라 고주파 성분의 크기도 상대적으로 무시할 수 없는 값을 갖는다. 따라서 진폭 스펙트럼은 주파수 증가에 따라서 느리게 감쇠할 것이다. 신호들 중에서 파형의 변화가 가장 완만한 신호는 정현파이다. 그러므로 **신호의 파형이 정현파에 가까울수록 주파수 증가에 따른 진폭 스펙트럼의 감쇠가 더 빠르고 급해진다.**

예제 5-10 방형파 주기 신호의 스펙트럼
관련 예제 | [예제 5-11], [예제 5-13]

[그림 5-18]의 방형파 주기 신호의 스펙트럼을 구하여 그려라.

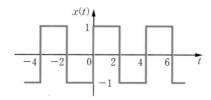

[그림 5-18] **방형파 주기 신호**

풀이

이 신호의 주기는 $T=4$이므로 기본 주파수는 $\omega_0 = \dfrac{\pi}{2}$ 이다. 푸리에 계수를 계산하면

$$X_k = \frac{1}{T}\int_{-T/2}^{T/2} x(t)e^{-jk\omega_0 t}\,dt = \frac{1}{4}\left(\int_{-2}^{0}(-1)e^{-jk\omega_0 t}\,dt + \int_{0}^{2}e^{-jk\omega_0 t}\,dt\right)$$

$$= \frac{2}{4}\left(-\frac{1}{jk\omega_0}e^{-jk\omega_0 t}\right)\Bigg|_{0}^{2} = j\frac{1}{k\pi}(e^{-jk\pi}-1) = \begin{cases} -j\dfrac{2}{k\pi}, & k=\text{홀수} \\ 0, & k=\text{짝수} \end{cases}$$

$$X_0 = \frac{1}{T}\int_{T} x(t)\,dt = 0$$

이 되므로, 푸리에 계수는 홀수 항만 존재하며 순허수가 됨을 확인할 수 있다. 구해진 푸리에 계수를 극좌표 형식으로 바꾸면 다음과 같다.

$$X_k = \begin{cases} -j\dfrac{2}{k\pi}, & k = \text{홀수} \\ 0, & k = \text{짝수} \end{cases} = \begin{cases} \dfrac{2}{|k|\pi}e^{-j\frac{\pi}{2}}, & k = \text{양의 홀수} \\ \dfrac{2}{|k|\pi}e^{j\frac{\pi}{2}}, & k = \text{음의 홀수} \\ 0, & k = \text{짝수} \end{cases} \tag{5.16}$$

따라서 X_k의 크기 $|X_k|$와 위상 $\angle X_k$를 주파수에 대해 그리면 [그림 5-19]와 같이 진폭 스펙트럼과 위상 스펙트럼이 얻어진다.

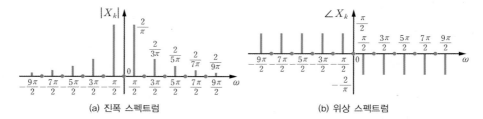

[그림 5-19] **방형파 주기 신호의 스펙트럼**

[그림 5-18]의 신호처럼 **신호가 실수 신호이면서 기대칭일 경우에는 푸리에 계수 X_k가 순허수가 된다.**

예제 5-11 　**진폭 스펙트럼의 역할 : 방형파와 삼각파** 　　　　관련 예제 | [예제 5-10]

[그림 5-20]에 나타낸 삼각파 주기 신호의 스펙트럼을 구하여 [예제 5-10]에서 구한 [그림 5-19]의 방형파 주기 신호의 스펙트럼과 비교하라.

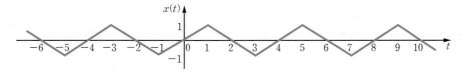

[그림 5-20] **삼각파 주기 신호**

풀이

그림으로부터 주기는 $T = 4$이므로 기본 주파수는 $\omega_0 = \dfrac{\pi}{2}$이다. 푸리에 계수를 계산하면 다음과 같다.

$$X_k = \frac{1}{T}\int_T x(t)e^{-jk\omega_0 t}dt = \frac{1}{4}\left(\int_{-1}^{1}te^{-jk\frac{\pi}{2}t}dt + \int_{1}^{3}(-t+2)e^{-jk\frac{\pi}{2}t}dt\right)$$

그런데 위 식의 두 번째 적분을 $t-2=t'$으로 치환하여 정리하면

$$\int_1^3 (-t+2)e^{-jk\frac{\pi}{2}t}dt = \int_{-1}^1 (-t')e^{-jk\frac{\pi}{2}(t'+2)}dt' = -e^{-jk\pi}\int_{-1}^1 t'e^{-jk\frac{\pi}{2}t'}dt'$$

이 되므로, 푸리에 계수의 계산식은 다음과 같이 된다.

$$X_k = \frac{1}{4}\left(1-e^{-jk\pi}\right)\int_{-1}^1 te^{-jk\frac{\pi}{2}t}dt$$

$$= \frac{1}{4}\left(1-(-1)^k\right)\left\{\frac{1}{\left(-jk\frac{\pi}{2}\right)}te^{-jk\frac{\pi}{2}t}\Big|_{-1}^1 - \int_{-1}^1 \frac{1}{\left(-jk\frac{\pi}{2}\right)}e^{-jk\frac{\pi}{2}t}dt\right\}$$

$$= \frac{1}{4}\left(1-(-1)^k\right)\left(-\frac{2}{jk\pi}\right)\left\{te^{-jk\frac{\pi}{2}t}\Big|_{-1}^1 - \left(-\frac{2}{jk\pi}\right)e^{-jk\frac{\pi}{2}t}\Big|_{-1}^1\right\}$$

따라서 X_k는 홀수항만 존재하며 다음과 같이 계산된다.

$$X_k = -\frac{1}{jk\pi}\left\{\left(e^{-jk\frac{\pi}{2}}+e^{jk\frac{\pi}{2}}\right)+\frac{2}{jk\pi}\left(e^{-jk\frac{\pi}{2}}-e^{jk\frac{\pi}{2}}\right)\right\}$$

$$= -\frac{1}{jk\pi}\left[\left\{(-j)^k+(j)^k\right\}+\frac{2}{jk\pi}\left\{(-j)^k-(j)^k\right\}\right]$$

$$= -\frac{4}{k^2\pi^2}(j)^k = \begin{cases} -j\dfrac{4}{k^2\pi^2}, & k=1,\ 5,\ 9,\ \cdots \\[2mm] j\dfrac{4}{k^2\pi^2}, & k=3,\ 7,\ 11,\ \cdots \end{cases}$$

삼각파 주기 신호도 실수 신호이며 기대칭이므로 X_k는 순허수가 된다.

[그림 5-21]에 삼각파 주기 신호의 스펙트럼을 나타내었다. [그림 5-19]의 방형파 주기 신호의 스펙트럼과 비교해보면 고조파 성분이 더 급격히 감소하고 있으며, 높은 주파수에서는 크기가 작아서 적은 수의 주파수 성분들만으로도 근사적으로 합성할 수 있음을 알 수 있다. 이에 반해 [그림 5-19]의 방형파 주기 신호의 진폭 스펙트럼은 고조파 성분의 감쇠가 느리고 높은 주파수에서도 무시할 수 없는 크기를 가짐을 볼 수 있다. 이것은 삼각파의 파형이 방형파보다는 정현파에 더 가깝게 완만하기 때문이다.

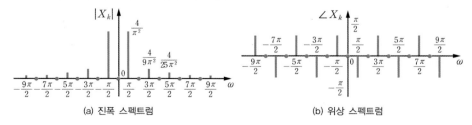

(a) 진폭 스펙트럼　　　　　　(b) 위상 스펙트럼

[그림 5-21] 삼각파 주기 신호의 스펙트럼

위상 스펙트럼의 역할

위상 스펙트럼은 정현파로 표시된 주파수 성분의 시간축 상의 위치를 표시한다. 따라서 진폭 스펙트럼이 같더라도 위상 스펙트럼이 다르면 합성되는 신호의 파형이 달라진다.

- 진폭 스펙트럼이 같더라도 위상 스펙트럼이 다르면 합성 신호는 달라진다.
- 시간축에서 모든 주파수 성분의 시간 이동이 똑같으면 합성된 파형이 변하지 않을 것이다. 이것은 위상이 주파수에 직선적으로 비례하는 선형 위상 조건을 의미한다.

[그림 5-22]의 신호는 모두 기본파와 3고조파가 더해져서 만들어진 것으로, 주파수 성분의 진폭은 같다.

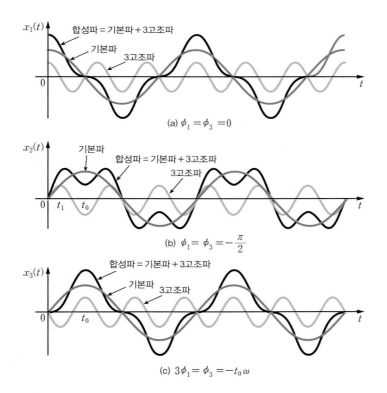

[그림 5-22] **신호 파형에 대한 위상 스펙트럼의 영향**

[그림 5-22(a)]의 $x_1(t)$는 기본파와 고조파의 위상이 $\phi_1 = \phi_3 = 0$으로 코사인파인 신호이고, [그림 5-22(b)]의 $x_2(t)$는 기본파와 고조파 모두 위상이 $\phi_1 = \phi_3 = -\pi/2$로 사인파인 신호로 파형이 $x_1(t)$와 다르다. 그 까닭은 기본파와 고조파의 위상은 같지만, 위상에 상응하는 시간 값이 기본파는 $t_0 (= 3t_1)$, 3고조파는 t_1으로 각 주파수 성분들의 시간 이동 값이 같지 않기 때문이다. 그런데 [그림 5-22(c)]와 같이 기본파와

3고조파가 같은 시간 값 t_0만큼 이동하게 되면 신호의 파형은 그대로 유지될 것이다. $x_3(t)$는 기본파의 위상이 $\phi_1 = -t_0\omega_0$, 3고조파의 위상은 $\phi_3 = 3\phi_1$으로 위상이 주파수에 비례한다. 다시 말해 위상 스펙트럼이 기울기가 $-t_0$인 직선 $\phi = -t_0\omega$ (선형 위상)가 된다.

이상의 논의로부터 알 수 있듯이, **주파수 성분들의 진폭과 위상을 함께 적절히 조합해야 임의의 주기 신호 $x(t)$를 합성할 수 있으며, 이 고유한 조합이 바로 (주파수/푸리에) 스펙트럼이다.**

예제 5-12 진폭 및 위상 스펙트럼의 중요성

주파수가 각각 1[Hz]와 2[Hz]인 코사인파가 있다. 이 코사인파의 진폭과 위상을 각각 다르게 해서 더하여 주기 1인 주기 신호를 다음과 같이 만들었다. 이 신호들의 파형을 그리고 비교하라.

$$x_1(t) = 2\cos 2\pi t + \cos 4\pi t$$

$$x_2(t) = \cos 2\pi t + 2\cos 4\pi t$$

$$x_3(t) = 2\cos 2\pi t + \cos\left(4\pi t - \frac{2\pi}{3}\right)$$

$$x_4(t) = 2\cos 2\pi t + 2\cos\left(4\pi t - \frac{4\pi}{3}\right)$$

풀이

4개의 신호는 모두 기본파와 2고조파를 더해 합성한 신호이다. $x_1(t)$를 기준으로, $x_2(t)$는 두 주파수 성분의 진폭을 다르게 한 것이고, $x_3(t)$는 2고조파의 위상을 달리 한 것이며, $x_4(t)$는 2고조파의 진폭과 위상을 달리 한 것이다. [그림 5-23]은 4개 신호의 주파수 성분과 합성 파형과 스펙트럼을 나타낸 것이다. 그림에서 보듯이 동일한 주파수 성분을 갖더라도 진폭과 위상의 변화에 따라 합성되는 파형은 완전히 달라진다.

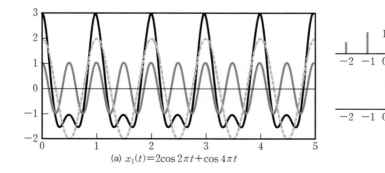

(a) $x_1(t) = 2\cos 2\pi t + \cos 4\pi t$

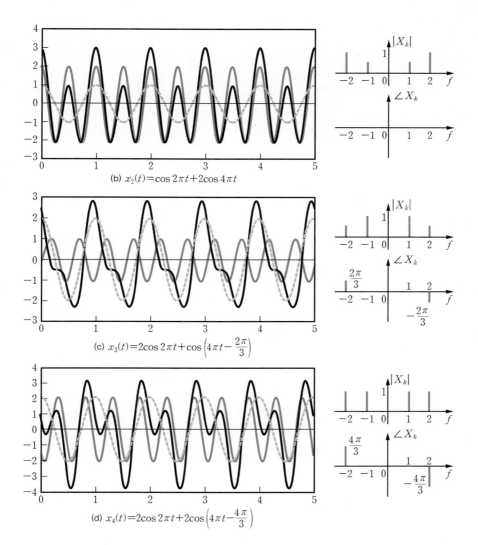

(b) $x_2(t) = \cos 2\pi t + 2\cos 4\pi t$

(c) $x_3(t) = 2\cos 2\pi t + \cos\left(4\pi t - \dfrac{2\pi}{3}\right)$

(d) $x_4(t) = 2\cos 2\pi t + 2\cos\left(4\pi t - \dfrac{4\pi}{3}\right)$

[그림 5-23] 진폭과 위상에 따른 합성 파형의 변화

푸리에 급수의 성질

푸리에 급수는 신호와 시스템의 해석에 도움이 되는 유용한 성질들을 많이 가지고 있다. 6장에서 푸리에 급수를 보다 일반화한 푸리에 변환을 다룰 때 푸리에 해석 기법들의 성질을 집중적으로 상세히 살펴보기로 하고, 이 절에서는 개념을 잘 이해해두어야 할 중요한 성질에 대해서 간단히 알아본다.

학습포인트

- 신호의 진폭 이동에 대한 스펙트럼의 결과는 무엇인지 이해한다.
- 신호의 시간 이동에 대한 스펙트럼의 결과는 무엇인지 이해한다
- 주기 신호의 전력에 대한 파스발의 정리를 이해한다.

5.4.1 파형의 이동에 따른 스펙트럼의 변화

신호를 처리할 때 직류 오프셋이 더해지거나 시간 지연이 발생하는 경우가 종종 있다. 직류 오프셋을 더하는 것은 신호가 수직축을 따라 상하로 이동하는 동작이고, 시간 지연은 수평축을 따라 좌우로 이동하는 동작에 해당된다. 두 경우 모두 파형의 형태는 그대로 유지되는데, 이러한 이동에 대해 신호의 스펙트럼은 다음과 같이 달라진다.

- **신호를 진폭 이동시켰을 때** : 진폭 스펙트럼의 DC 성분만 바뀌고, 나머지 기본파와 고조파의 스펙트럼(진폭 및 위상)은 변하지 않는다.
- **신호를 시간 이동시켰을 때** : 진폭 스펙트럼은 변하지 않으나, 위상 스펙트럼은 시간 이동 값에 비례하여(즉 선형적으로) 변하게 된다.

a만큼 진폭 이동(상하 이동)된 신호 $y(t) = x(t) + a$의 푸리에 급수는 다음과 같이 되어, 진폭 스펙트럼의 직류 성분만 X_0에서 $Y_0 = X_0 + a$로 바뀐다.

$$y(t) = x(t) + a = \sum_{k=-\infty}^{\infty} Y_k e^{jk\omega_0 t} = \sum_{k=-\infty}^{-1} X_k e^{jk\omega_0 t} + (X_0 + a) + \sum_{k=1}^{\infty} X_k e^{jk\omega_0 t} \quad (5.17)$$

또한 t_0만큼 시간 이동(좌우 이동)된 신호 $y(t) = x(t - t_0)$의 푸리에 급수는 다음과 같다.

$$y(t) = x(t-t_0) = \sum_{k=-\infty}^{\infty} Y_k e^{jk\omega_0 t} = \sum_{k=-\infty}^{\infty} X_k e^{jk\omega_0(t-t_0)} = \sum_{k=-\infty}^{\infty} e^{-jk\omega_0 t_0} X_k e^{jk\omega_0 t} \quad (5.18)$$

즉 $Y_k = e^{-jk\omega_0 t_0} X_k$이므로 $|Y_k| = |X_k|$, $\angle Y_k = \angle X_k - k\omega_0 t_0$가 되어, 진폭 스펙트럼은 변화 없이, 위상 스펙트럼은 시간 이동 값 $-t_0$를 기울기로 하여 직선적으로 감소하게 된다.

예제 5-13 파형 이동과 스펙트럼 : 구형파와 방형파의 스펙트럼 관련 예제 | [예제 5-6], [예제 5-10]

파형의 이동에 따른 스펙트럼의 변화 성질을 이용하여, [그림 5-24(a)]의 구형파의 푸리에 계수로부터 [그림 5-24(b)]의 방형파의 푸리에 계수를 구하라.

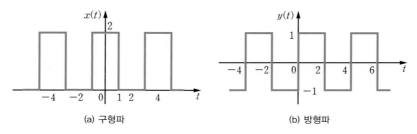

[그림 5-24] **구형파와 방형파 주기 신호**

풀이

[그림 5-24(b)]의 방형파 $y(t)$는 [그림 5-24(a)]의 구형파 $x(t)$를 수직축으로 $a = -1$만큼 이동시키고, 시간축을 따라 $t_0 = 1$만큼 오른쪽으로 이동, 즉 지연시킨 것과 같다. 따라서 두 신호의 관계는 $y(t) = x(t-1) - 1$이 되고, $y(t)$의 스펙트럼은 $x(t)$의 스펙트럼에서 진폭 스펙트럼의 DC 성분 및 위상 스펙트럼이 달라진다. 그러므로 방형파 $y(t)$의 푸리에 계수 Y_k는 구형파의 푸리에 계수 X_k로부터 식 (5.17)과 식 (5.18)의 관계를 이용하여 $Y_0 = X_0 - 1$, $Y_k = e^{-j\frac{\pi}{2}k} X_k$로 구할 수 있다. 그런데 $x(t)$의 푸리에 계수는 [예제 5-6]에서 $X_k = \mathrm{sinc}\dfrac{k}{2}$ (식 (5.15))로 구한 바 있으므로 $y(t)$의 푸리에 계수는 다음과 같이 된다.

$$Y_0 = X_0 - 1 = \mathrm{sinc}(0) - 1 = 1 - 1 = 0$$

$$Y_k = e^{-j\frac{\pi}{2}k} X_k = e^{-j\frac{\pi}{2}k}\,\mathrm{sinc}\left(\frac{k}{2}\right) = e^{-j\frac{\pi}{2}k}\frac{2}{k\pi}\sin\left(\frac{k\pi}{2}\right)$$

$$= \frac{2}{k\pi}e^{-j\frac{\pi}{2}k}\frac{e^{j\frac{\pi}{2}k} - e^{-j\frac{\pi}{2}k}}{j2} = -j\frac{1}{k\pi}(1 - e^{-j\pi k})$$

$$= \begin{cases} -j\dfrac{2}{k\pi}, & k = \text{홀수} \\ 0, & k = \text{짝수} \end{cases}$$

이 결과는 [예제 5-10]에서 구한 식 (5.16)의 푸리에 계수와 일치한다.

5.4.2 파스발의 정리와 주기 신호의 전력

주기 신호는 전력이 유한한 전력 신호이다. 주기 신호를 푸리에 급수로 표현할 때 전력에 대해 **파스발**Parseval의 정리라고 하는 다음의 관계가 성립된다.

$$P = \frac{1}{T} \int_T |x(t)|^2 \, dt = \sum_{k=-\infty}^{\infty} |X_k|^2 \tag{5.19}$$

- 주기 신호의 전력은 시간 영역에서 구하나 주파수 영역에서 구하나 마찬가지이다.
- 서로 다른 주파수 성분 간에는 전력이 전혀 만들어지지 않는다. 그러므로 주기 신호의 전력은 각 고조파 성분의 전력을 더하면 된다.
- $|X_k|^2$은 신호의 전력이 주파수 성분별로 어떻게 분포되어 있는지를 알려주므로 **전력 스펙트럼**power spectrum이라고 부른다.

푸리에 급수에 의해 신호의 표현만 주파수 함수로 바꾸었을 뿐 신호 자체가 바뀐 게 아니기 때문에 어느 영역에서 전력을 계산하든지 마찬가지라는 것은 당연한 결과이며, 서로 다른 주파수 성분 간에 전력이 만들어지지 않는 것은 푸리에 급수 표현의 기저 신호로 사용되는 (복소) 정현파의 직교성 때문이다.

$$\begin{aligned}
P &= \frac{1}{T} \int_T |x(t)|^2 \, dt = \frac{1}{T} \int_T \left(\sum_{k=-\infty}^{\infty} X_k e^{jk\omega_0 t} \right) \left(\sum_{m=-\infty}^{\infty} X_m^* e^{-jm\omega_0 t} \right) dt \\
&= \frac{1}{T} \sum_{k=-\infty}^{\infty} \int_T \left(\sum_{m=-\infty}^{\infty} X_k X_m^* e^{jk\omega_0 t} e^{-jm\omega_0 t} \right) dt \\
&= \frac{1}{T} \sum_{k=-\infty}^{\infty} X_k \sum_{m=-\infty}^{\infty} \left(X_m^* \int_T e^{j(k-m)\omega_0 t} \, dt \right) \\
&= \frac{1}{T} \sum_{k=-\infty}^{\infty} X_k X_k^* T = \sum_{k=-\infty}^{\infty} |X_k|^2
\end{aligned} \tag{5.20}$$

그런데 $X_{-k} = X_k^*$로부터 $|X_{-k}| = |X_k|$이므로, 식 (5.20)은 다음과 같이 쓸 수 있다.

$$P = \sum_{k=-\infty}^{\infty} |X_k|^2 = |X_0|^2 + \sum_{k=1}^{\infty} 2|X_k|^2 \tag{5.21}$$

한편, 식 (5.8)의 푸리에 급수 표현의 복소 정현파를 오일러 공식에 의해 코사인파로 바꾸면 다음과 같이 쓸 수 있다.

$$x(t) = \sum_{k=-\infty}^{\infty} X_k e^{jk\omega_0 t} = X_0 + \sum_{k=1}^{\infty} |X_k| \left(e^{j\angle X_k} e^{jk\omega_0 t} + e^{-j\angle X_k} e^{-jk\omega_0 t} \right)$$

$$= X_0 + \sum_{k=1}^{\infty} 2|X_k| \cos(k\omega_0 t + \angle X_k) \tag{5.22}$$

식 (5.22)의 k 고조파 정현파의 진폭을 c_k, 실효값을 $\bar{c}_k$라고 하면 $c_k = 2|X_k|$, $\bar{c}_k = \sqrt{2}|X_k|$이므로, 식 (5.21)은 다음과 같이 삼각함수 정현파로 나타낸 k고조파의 전력을 모두 더한 것이 된다. 이때 DC 성분에 대해서는 $c_0 = X_0$, $\bar{c}_0 = X_0$이다.

$$P = c_0^2 + \sum_{k=1}^{\infty} \left(\frac{c_k}{\sqrt{2}} \right)^2 = \sum_{k=0}^{\infty} \bar{c}_k^2 = \sum_{k=0}^{\infty} P_k \tag{5.23}$$

예제 5-14 푸리에 급수 표현에 의한 주기 신호의 전력

다음과 같이 푸리에 급수로 나타낸 주기 신호 $x(t)$의 전력을 계산하라.

$$x(t) = 5 + 10\sqrt{2}\cos(2\pi t) + 2\sqrt{2}\cos(4\pi t) + \sqrt{2}\cos(6\pi t)$$

풀이

주어진 신호는 주기 $T = 1$, 기본 주파수 $\omega_0 = 2\pi$인 주기 신호로, DC 성분과 기본파, 2고조파, 그리고 3고조파로 이루어진 신호이다. 신호의 전력을 직접 계산하면 다음과 같이 적분을 수행해야 한다.

$$P = \frac{1}{T} \int_T |x(t)|^2 dt = \int_T \left(5 + 10\sqrt{2}\cos(2\pi t) + 2\sqrt{2}\cos(4\pi t) + \sqrt{2}\cos(6\pi t) \right)^2 dt$$

위의 적분 계산은 복잡하고 까다로우므로, 파스발의 정리를 이용하여 스펙트럼으로부터 전력을 계산하는 것이 훨씬 쉽다. 각 주파수 성분의 푸리에 계수는 $X_0 = 5$, $X_1 = 5\sqrt{2}$, $X_2 = \sqrt{2}$, $X_3 = 0.5\sqrt{2}$이고 $X_{-k} = X_k$이므로 식 (5.19)에 의해 주어진 신호의 전력은 다음과 같이 계산된다.

$$P = \sum_{k=-3}^{3} |X_k|^2 = 5^2 + 2\{ (5\sqrt{2})^2 + (\sqrt{2})^2 + (0.5\sqrt{2})^2 \} = 130$$

이보다는 식 (5.23)을 이용하면 좀 더 간편하다. $x(t)$의 각 고조파 성분의 실효값이 $\bar{c}_0 = 5$, $\bar{c}_1 = 10$, $\bar{c}_2 = 2$, $\bar{c}_3 = 1$이므로, 전력은 식 (5.23)에 의해 다음과 같이 구해진다.

$$P = \sum_{k=1}^{3} \bar{c}_k^2 = 5^2 + 10^2 + 2^2 + 1^2 = 130$$

Quick Review

■ 다음 문제에서 맞는 것을 골라라.

(1) 신호의 표현을 바꾸는 수학적인 작업을 (해석, 변환, 모형화)라고 한다.

(2) 원래의 신호와 변환된 신호는 다른 신호이다. (○, ×)

(3) 주파수 영역 변환을 위한 기저 신호는 주파수와 (일대일, 다대일) 대응이어야 한다.

(4) 신호를 주파수 성분별로 나누어 해당 정현파들로 나타낸 것이 스펙트럼이다. (○, ×)

(5) 신호의 스펙트럼은 (진폭, 위상, 주파수)의 함수이다.

(6) 주기 신호는 연속적인 주파수 성분들을 갖는다. (○, ×)

(7) 주기 신호와 같은 주기를 갖는 정현파 성분을 (기본파, 고조파)라고 한다.

(8) 푸리에 급수 전개의 기저 신호들은 서로 직교성을 만족한다. (○, ×)

(9) 모든 주기 신호는 푸리에 급수 전개가 가능하다. (○, ×)

(10) 주기 신호의 스펙트럼은 (선, 연속) 스펙트럼이다.

(11) 진폭 스펙트럼은 시간축 상에서 각 정현파 성분의 위치를 나타낸다. (○, ×)

(12) 파형의 시간적 변화가 완만한 신호는 진폭 스펙트럼의 감쇠가 (빠르다, 느리다).

(13) 조파 합성으로 완벽한 사각펄스를 만들 수 (있다, 없다)

(14) 위상 스펙트럼은 합성된 신호의 파형과는 상관이 없다. (○, ×)

(15) 신호 파형이 똑같이 유지되려면 위상 스펙트럼이 선형이어야 한다. (○, ×)

(16) 신호의 상하 이동은 (직류, 기본파, 고조파) 스펙트럼의 변화를 가져온다.

(17) 진폭 스펙트럼이 달라지려면 신호를 시간축 상에서 이동시키면 된다. (○, ×)

(18) 시간이동에 대해 기본파 위상 변화가 θ라면 3고조파 위상 변화는 (θ, 3θ, 모름) 이다.

(19) 시간 영역에서 계산한 주기 신호 전력은 주파수 영역에서 계산된 값과 같다.

(○, ×)

(20) 홀수 고조파끼리는 서로 전력을 형성한다. (○, ×)

5.1 다음의 주기 신호에 대해 푸리에 급수를 구하고 스펙트럼을 그려라.

(a) $x(t) = 2\sin(\pi t) + \cos(3\pi t) - \cos(5\pi t)$

(b) $x(t) = 1 + 4\cos\left(\pi t - \dfrac{\pi}{4}\right) - \cos\left(3\pi t + \dfrac{\pi}{3}\right)$

(c) $x(t) = \cos\left(2\pi t + \dfrac{\pi}{4}\right) - \sin(4\pi t) + \sin\left(6\pi t - \dfrac{\pi}{3}\right)$

5.2 함수의 내적과 직교성을 이용하여 삼각함수 형식 푸리에 급수 식 (5.6)의 푸리에 계수를 계산하는 관계식을 구하라.

5.3 주기 신호의 지수함수 형식 푸리에 급수가 다음과 같을 때, 실수 주기 신호를 구하라.

(a) $x(t) = e^{j\frac{\pi}{2}}e^{-j3\pi t} + 2e^{j\frac{\pi}{3}}e^{-j\pi t} + 3 + 2e^{-j\frac{\pi}{3}}e^{j\pi t} + e^{-j\frac{\pi}{2}}e^{j3\pi t}$

(b) $x(t) = -je^{-j4\pi t} + (1 - j1)e^{-j2\pi t} + 2 + (1 + j1)e^{j2\pi t} + je^{j4\pi t}$

5.4 주기 신호의 스펙트럼이 [그림 5-25]와 같을 때, 주기 신호를 구하라.

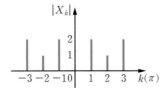
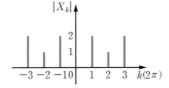
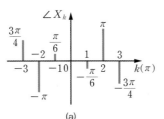

(a)　　　　　　　　(b)　　　　　[그림 5-25]

5.5 [그림 5-26]의 주기 신호에 대해 푸리에 급수를 구하고 스펙트럼을 그려라.

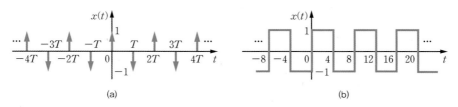

(a)

(b)

[그림 5-26]

5.6 [그림 5-27]의 주기 신호에 대해 지수함수 형식 푸리에 급수를 구하라.

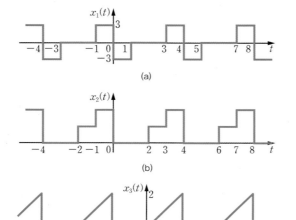

(a)

(b)

(c)

[그림 5-27]

5.7 [그림 5-28]은 전파 정류회로에 주기 $T = 1$인 정현파 $\sin(2\pi t)$를 입력으로 인가하였을 때의 출력 파형이다. 물음에 답하라.

(a) 이 신호의 푸리에 급수를 구하라.

(b) 정의식을 사용하지 말고 [예제 5-7]의 결과를 이용하여 푸리에 급수를 구하라.

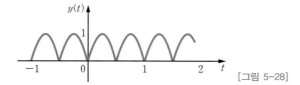

[그림 5-28]

5.8 [예제 5-11]의 결과를 이용하여 [그림 5-29] 신호의 푸리에 급수를 구하라.

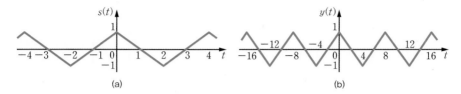

[그림 5-29]

5.9 주기 T인 주기 신호 $x(t)$의 푸리에 계수를 X_k라고 할 때, 주어진 주기 신호 $v(t)$에 대한 푸리에 급수 표현을 X_k를 이용하여 나타내라.

(a) $v(t) = x(t-1)$ (b) $v(t) = x(t)e^{j\frac{2\pi}{T}t}$

5.10 5[Ω]의 저항에 $x(t) = 10\sqrt{2}\cos t + 30\sqrt{2}\cos 2t + 20\sqrt{2}\cos 3t$의 전압을 인가했을 때 저항에서 소비되는 전력을 구하라.

응 용 문 제

5.11 다음 주기 신호에 대해 푸리에 급수를 구하고, 스펙트럼을 그려라.

(a) $x(t) = 1 + 4\sin\left(t - \dfrac{\pi}{4}\right) - 2\cos(2t) + \sin\left(3t + \dfrac{\pi}{3}\right)$

(b) $x(t) = 3 + \sqrt{3}\cos 2t + \sin 2t + \sin 3t - \dfrac{1}{2}\cos\left(5t + \dfrac{\pi}{3}\right)$

(c) $x(t) = (\sin 3\pi t)(\cos 5\pi t)$ (d) $x(t) = (\cos \pi t)^3$

5.12 주기 T인 주기 신호 $x(t)$의 푸리에 계수를 X_k라고 할 때, 주어진 주기 신호 $v(t)$에 대한 푸리에 급수 표현을 X_k를 이용해 나타내라.

(a) $v(t) = \dfrac{dx(t)}{dt}$ (b) $v(t) = x(t)\cos\left(\dfrac{2\pi}{T}t\right)$

5.13 [그림 5-30]의 주기 신호에 대해 지수함수 형식 푸리에 급수를 구하라.

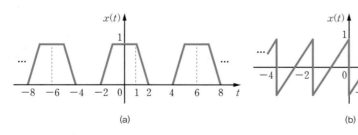

(a)   (b)

[그림 5-30]

5.14 [그림 5-31]의 주기 신호에 대해 지수함수 형식 푸리에 급수를 구하라.

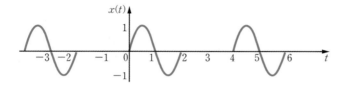

[그림 5-31]

5.15 [그림 5-32]의 구형파 주기 신호에 대해 다음 물음에 답하라.

(a) 푸리에 급수를 구하라.

(b) 이 신호를 100[Ω]의 저항에 인가할 때, 저항에서 소비되는 전력을 구하라.

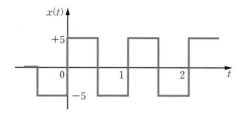

[그림 5-32]

Chapter 06

연속 시간 푸리에 변환

Continuous Time Fourier Transform

푸리에 변환의 개요 6.1

주요 신호의 푸리에 변환 6.2

푸리에 변환의 성질 6.3

주기 신호의 푸리에 변환 6.4

주파수 응답 6.5

연습문제

학습목표

• 푸리에 변환의 개념과 푸리에 급수와의 관계에 대해 이해할 수 있다.

• 주요 신호의 푸리에 변환쌍들을 잘 익혀둘 수 있다.

• 푸리에 변환이 갖는 여러 유용한 성질들을 이해하고 잘 활용할 수 있다.

• 주기 신호의 푸리에 변환에 대해 잘 이해할 수 있다.

• 주파수 응답의 개념과 중요성에 대해 이해할 수 있다.

• 신호와 시스템의 주파수 영역 특성을 이용하는 필터에 대해 이해할 수 있다.

미리보기

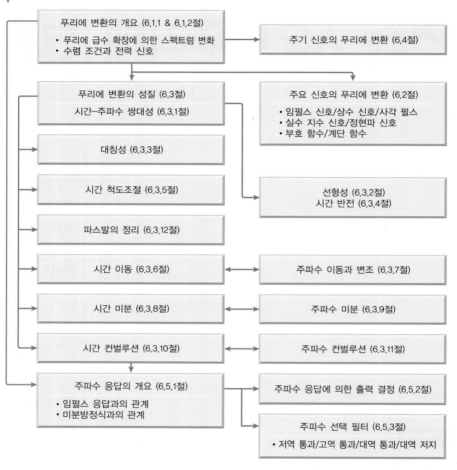

푸리에 변환의 개요 (6.1.1 & 6.1.2절)
• 푸리에 급수 확장에 의한 스펙트럼 변화
• 수렴 조건과 전력 신호

주기 신호의 푸리에 변환 (6.4절)

푸리에 변환의 성질 (6.3절)
시간–주파수 쌍대성 (6.3.1절)

주요 신호의 푸리에 변환 (6.2절)
• 임펄스 신호/상수 신호/사각 펄스
• 실수 지수 신호/정현파 신호
• 부호 함수/계단 함수

대칭성 (6.3.3절)

시간 척도조절 (6.3.5절)

선형성 (6.3.2절)
시간 반전 (6.3.4절)

파스발의 정리 (6.3.12절)

시간 이동 (6.3.6절)

주파수 이동과 변조 (6.3.7절)

시간 미분 (6.3.8절)

주파수 미분 (6.3.9절)

시간 컨벌루션 (6.3.10절)

주파수 컨벌루션 (6.3.11절)

주파수 응답의 개요 (6.5.1절)
• 임펄스 응답과의 관계
• 미분방정식과의 관계

주파수 응답에 의한 출력 결정 (6.5.2절)

주파수 선택 필터 (6.5.3절)
• 저역 통과/고역 통과/대역 통과/대역 저지

푸리에 변환의 개요

푸리에 급수로는 주기 신호만 주파수 영역으로 표현을 바꿀 수 있을 뿐이다. 주기 신호가 유용하고 중요한 형태의 신호이기는 하나 실제 문제에서 부딪치는 많은 신호들 중의 일부에 지나지 않는다. 따라서 더 폭넓게 비주기 신호에도 적용할 수 있는 주파수 영역 변환 도구가 필요하다. 이 절에서는 푸리에 급수의 개념을 확장하여 푸리에 변환을 유도하고, 그 특징을 간단히 살펴볼 것이다.

학습포인트

- 푸리에 급수(FS)로부터 푸리에 변환(FT)을 유도하는 과정에 대해 이해한다.
- 푸리에 변환의 정의와 특징을 이해한다.
- 전력 신호의 푸리에 변환에 대해 이해한다.

6.1.1 푸리에 급수의 확장

비주기 신호의 주파수 영역 변환 : 푸리에 급수의 확장
- 비주기 신호를 주파수 영역으로 변환하기 위해 현실적으로 손쉬운 해결책은 비주기 신호를 주기가 무한대, 즉 주기 $T = \infty$ 인 주기 신호로 간주해 푸리에 급수를 확장하는 것이다.
- $T \to \infty$ 이면 $\omega_0 \to 0$ 이 되어 스펙트럼이 연속적으로 이어지게 된다.

[그림 6-1]의 구형파 주기 신호를 가지고 살펴보자. 이 신호의 진폭 스펙트럼은 sinc 함수인 포락선을 따라 기본 주파수 ω_0 간격으로 늘어선 선 스펙트럼이다. 그런데 ω_0 는 주기 T 에 반비례하므로, T 를 크게 할수록 ω_0 는 점점 작아져서 선 스펙트럼의 배열 간격이 점점 줄어들어 조밀해진다. [그림 6-1]을 보면, 신호의 주기가 4배가 되면 선 스펙트럼의 간격이 $\frac{1}{4}$ 줄어들어 스펙트럼이 빽빽해진다([그림 6-1(b)]). 주기가 커질수록 더욱 빽빽해져 극단적으로 $T \to \infty$ 가 되면 $\omega_0 \to 0$ 이 되어 스펙트럼이 연속적으로 이어지게 된다 ([그림 6-1(c)]). 따라서 신호의 모든 주파수 성분을 다 모으는 일이 총합이 아니라 적분 연산으로 바뀌어야 하며, 이에 맞춰 변수도 변화할 것이다. 이렇게 얻어진 비주기 신호에 대한 주파수 영역 표현을 푸리에 급수와 구별하여 **푸리에 변환**^{Fourier transform}이라고 한다.

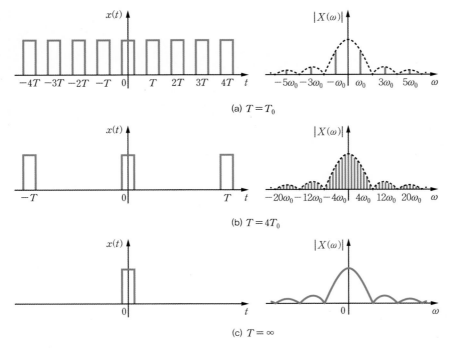

(a) $T = T_0$

(b) $T = 4T_0$

(c) $T = \infty$

[그림 6-1] 주기에 따른 스펙트럼의 변화

6.1.2 푸리에 변환의 정의

푸리에 계수 식 (5.14)를 이용하여 푸리에 급수 식 (5.8)을 다시 쓰면 다음과 같다.

$$x(t) = \sum_{k=-\infty}^{\infty} X_k e^{jk\omega_0 t} = \sum_{k=-\infty}^{\infty} \left(\frac{\omega_0}{2\pi} \int_{-T/2}^{T/2} x(t) e^{-jk\omega_0 t}\, dt \right) e^{jk\omega_0 t} \qquad (6.1)$$

푸리에 급수를 확장한 수학적 결과를 얻기 위해 $T \to \infty$ 의 극한을 취하면, $\omega_0 = 2\pi/T$는 무한소가 되어 $d\omega$로, $k\omega_0$는 연속 변수 ω로, 총합은 적분으로 바뀌어 다음과 같이 된다.

$$x(t) = \int_{-\infty}^{\infty} \left[\frac{d\omega}{2\pi} \int_{-\infty}^{\infty} x(t) e^{-j\omega t}\, dt \right] e^{j\omega t} = \frac{1}{2\pi} \int_{-\infty}^{\infty} \left[\int_{-\infty}^{\infty} x(t) e^{-j\omega t}\, dt \right] e^{j\omega t}\, d\omega \quad (6.2)$$

- (연속 시간) 푸리에 변환(CTFT)^{Continuous Time Fourier Transform}은 시간 함수로 표현된 신호 $x(t)$에 대해 주파수의 함수로 표현된 스펙트럼 $X(\omega)$를 구하는 **주파수 분석(분해)**이다.

$$X(\omega) = \mathscr{F}\{x(t)\} = \int_{-\infty}^{\infty} x(t)e^{-j\omega t}\, dt \qquad (6.3)$$

- (연속 시간) 푸리에 역변환(ICTFT)은 변환과는 정반대로 스펙트럼 $X(\omega)$로부터 시간 신호 $x(t)$를 구하는 **주파수 합성**이다.

$$x(t) = \mathscr{F}^{-1}\{X(\omega)\} = \frac{1}{2\pi} \int_{-\infty}^{\infty} X(\omega)e^{j\omega t}\, d\omega \qquad (6.4)$$

- $X(\omega) = |X(\omega)|e^{j\angle X(\omega)}$은 연속된 주파수에 대해 값을 갖는 복소함수로서, $|X(\omega)|$와 $\angle X(\omega)$를 각각 **진폭 스펙트럼과 위상 스펙트럼**이라 한다.
- 푸리에 급수와 마찬가지로, 식 (6.4)는 기저 신호 $e^{j\omega t}$을 이용해 $x(t)$를 주파수 성분별로 구분하여 표시한 것으로 이해할 수 있다.
- **푸리에 변환쌍**^{Fourier Transform Pair} $x(t) \Leftrightarrow X(\omega)$는 1:1 대응 관계가 성립하는 쌍이다.

연속 신호에 대한 푸리에 급수와 푸리에 변환의 역할을 알기 쉽게 [그림 6-2]에 나타내었다. 푸리에 변환에서 시간 영역에서 주파수 영역으로 표현을 바꾸는 것, 즉 $x(t) \rightarrow X(\omega)$는 변환, 거꾸로 주파수 영역에서 시간 영역 표현으로 되돌아오는 것, 즉 $X(\omega) \rightarrow x(t)$는 역변환이다. 따라서 푸리에 급수에서도 보았듯이, 변환은 신호를 주파수 성분으로 나누는 주파수 분석, 역변환은 주파수 성분들을 모아서 신호를 만드는 주파수 합성에 해당한다. 주기 신호의 스펙트럼은 기본 주파수의 정수배 성분들만 존재하는 선 스펙트럼으로 주파수에 대해 이산 함수였지만, 푸리에 변환에 의한 비주기 신호의 스펙트럼은 주파수에 대해 연속 함수이다.

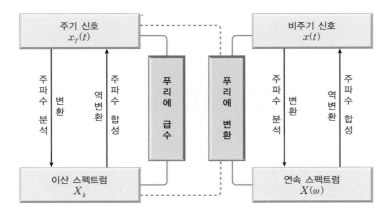

[그림 6-2] **신호의 시간 영역 및 주파수 영역 표현과 변환**

다음과 같은 임펄스 신호의 푸리에 변환을 구하라.

(a) $x(t) = \delta(t)$ (b) $y(t) = \delta(t - t_0)$

풀이

(a) 푸리에 변환의 정의식 식 (6.3)을 사용하여 임펄스 신호 $x(t) = \delta(t)$ 의 푸리에 변환을 구하면 임펄스 함수의 체 거르기 성질에 의해 다음과 같이 된다.

$$X(\omega) = \mathcal{F}\{\delta(t)\} = \int_{-\infty}^{\infty} \delta(t) e^{-j\omega t} dt = e^{-j\omega 0} = 1$$

(b) 마찬가지 방법으로 $y(t) = \delta(t - t_0)$ 의 푸리에 변환은 다음과 같이 구해진다.

$$Y(\omega) = \mathcal{F}\{\delta(t - t_0)\} = \int_{-\infty}^{\infty} \delta(t - t_0) e^{-j\omega t} dt = e^{-j\omega t_0}$$

두 결과를 비교하면, $Y(\omega) = e^{-j\omega t_0} X(\omega)$ 이다. **즉 신호를 t_0만큼 시간 지연시키면 주파수 영역에서 스펙트럼에 $e^{-j\omega t_0}$이 곱해짐**을 알 수 있다. 이에 대해서는 6.3절 푸리에 변환의 성질에서 다시 살펴볼 것이다.

푸리에 변환은 수렴 조건을 만족하는 신호에 대해서만 가능하다. 푸리에 변환을 주기 T가 무한대인 푸리에 급수로 간주했으므로, 수렴 조건 또한 이에 맞추어 푸리에 급수에 대한 디리클레 조건이 약간 변형된다.

푸리에 변환의 수렴 조건 : 디리클레 조건

❶ 전 시간 구간에 대해 $x(t)$는 절대 적분 가능해야 한다.

$$\int_{-\infty}^{\infty} |x(t)| dt < \infty \tag{6.5}$$

❷ 어떤 유한한 시간 구간에서 신호의 극대·극소점의 수는 유한해야 한다.
❸ 어떤 유한한 시간 구간에서 신호의 불연속점의 수는 유한해야 한다.

유한한 에너지를 갖는 에너지 신호는 식 (6.5)의 수렴 조건을 항상 충족시킨다. 이와 달리, 계단 신호나 주기 신호처럼 에너지는 무한하고 전력이 유한한 전력 신호는 식 (6.5)를 충족시키지 못해 이론적으로는 푸리에 변환이 불가능하다.

전력 신호의 푸리에 변환

- 전력 신호는 이론적으로는 푸리에 변환이 불가능하지만 필요에 의해 특별히 푸리에 변환이 존재하는 것으로 취급한다.
- 수렴 조건이 충족되지 않기 때문에 **전력 신호의 푸리에 변환은 식 (6.3)의 정의식을 사용하여 구할 수 없다.** 따라서 우회적인 방법을 이용하여 구해야 한다.
- 전력 신호의 푸리에 변환은 주파수 영역에서 임펄스 함수를 포함한다.

전력 신호에 대해서도 푸리에 변환이 가능한 것으로 취급하면, 대표적인 전력 신호인 주기 신호도 푸리에 변환으로 다룰 수 있게 된다. 그렇게 되면 푸리에 변환 하나만으로 주기, 비주기 가릴 것 없이 신호를 주파수 영역으로 변환할 수 있게 되므로 편리하다. 주기 신호의 푸리에 변환에 대해서는 6.4절에서 자세히 살펴보기로 한다.

예제 6-2 주파수 영역에서 임펄스로 표현되는 신호의 푸리에 역변환

다음과 같이 임펄스 함수로 표현되는 스펙트럼을 푸리에 역변환하여 대응되는 시간 신호를 구하라.

(a) $X(\omega) = 2\pi\delta(\omega)$ (b) $Y(\omega) = 2\pi\delta(\omega - \omega_0)$

풀이

(a) 식 (6.4)에 의해 $X(\omega)$를 푸리에 역변환하면, 임펄스 함수의 체거르기 성질에 의해

$$x(t) = \frac{1}{2\pi} \int_{-\infty}^{\infty} 2\pi\delta(\omega) e^{j\omega t} d\omega = e^{j0t} = 1$$

이 된다. 즉 $x(t)$는 모든 시간에서 값이 1인 상수(DC) 신호로서 전력 신호이다. 푸리에 변환의 정의식 식 (6.3)을 사용하여 직접 $x(t) = 1$을 변환하려고 하면, 식 (6.5)의 수렴 조건이 충족되지 않아 적분이 유한한 값으로 수렴하지 않기 때문에 $X(\omega)$를 구할 수 없다.

(b) 마찬가지 방법으로 $Y(\omega)$를 푸리에 역변환하면 다음과 같다.

$$y(t) = \frac{1}{2\pi} \int_{-\infty}^{\infty} 2\pi\delta(\omega - \omega_0) e^{j\omega t} d\omega = e^{j\omega_0 t}$$

구해진 시간 신호 $x(t) = e^{j\omega_0 t}$은 모든 시간에서 크기가 1이고, 위상 $\phi = \omega_0 t$만 시간에 따라 계속 달라지므로 전력 신호이다. 결과를 푸리에 변환쌍으로 나타내면 다음과 같다.

$$e^{j\omega_0 t} \Leftrightarrow 2\pi\delta(\omega - \omega_0) \tag{6.6}$$

두 결과를 비교하면 $y(t) = e^{j\omega_0 t} x(t)$이다. 즉 **스펙트럼을 ω_0만큼 주파수 이동시키면 시간 영역 영역에서 신호에 $e^{j\omega_0 t}$이 곱해짐**을 알 수 있다. 이에 대해서도 6.3절 푸리에 변환의 성질에서 다시 살펴볼 것이다.

예제 6-3 **구형파(사각 펄스) 신호의 푸리에 변환**　　　관련 예제 | [예제 5-6], [예제 6-4]

[그림 6-3(a)]의 구형파(사각 펄스) 신호에 대해 푸리에 변환을 구하라.

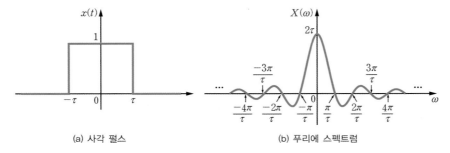

(a) 사각 펄스　　　　　　　　　　　(b) 푸리에 스펙트럼

[그림 6-3] **구형파(사각 펄스) 신호와 푸리에 스펙트럼**

풀이

그림의 구형파(사각 펄스) 신호를 수식으로 나타내면 다음과 같다.

$$x(t) = \mathrm{rect}\left(\frac{t}{2\tau}\right) = \begin{cases} 1, & |t| < \tau \\ 0, & \text{그 외} \end{cases}$$

이의 푸리에 변환은 정의식 식 (6.3)으로부터 다음과 같이 구해지며, [그림 6-3(b)]에 이를 나타내었다.

$$X(\omega) = \int_{-\tau}^{\tau} e^{-j\omega t} dt = -\frac{1}{j\omega}\left(e^{-j\omega\tau} - e^{j\omega\tau}\right) = 2\tau\frac{\sin(\tau\omega)}{\tau\omega}$$

$$= 2\tau \cdot \mathrm{sinc}\left(\frac{\tau\omega}{\pi}\right)$$

즉 사각 펄스 신호의 스펙트럼은 sinc 함수가 된다. 이 결과는 5장 [예제 5-6]에서 사각 펄스 주기 신호의 스펙트럼이 sinc 함수가 되었던 것에 부합하는 결과이다.

주요 신호의 푸리에 변환

기본적인 중요한 신호들의 푸리에 변환쌍을 알고 있으면, 이를 이용하여 다른 신호의 푸리에 변환을 쉽게 구하거나 주파수 영역 해석에 도움이 되는 정보를 파악할 수 있는 등 여러모로 편리하다.

학습포인트

• 임펄스 신호, DC 신호, 사각 펄스 신호의 푸리에 변환쌍을 익혀둔다.
• 계단 신호와 부호 함수의 푸리에 변환쌍을 익혀둔다.
• 실수 지수 신호의 푸리에 변환쌍과 스펙트럼의 특징을 익혀둔다.
• 전력 신호의 푸리에 변환쌍을 구하는 방법들을 익혀둔다.
• 변환쌍표에 제시된 주요 신호들의 푸리에 변환쌍을 익혀둔다.

임펄스 신호

임펄스 신호 $\delta(t)$의 푸리에 변환은 이미 [예제 6-1]에서 구한 바 있다. 임펄스 신호에 대한 푸리에 변환쌍은 다음과 같다.

$$\delta(t) \iff 1 \qquad (6.7)$$

[그림 6-4]는 임펄스 신호와 스펙트럼을 나타낸 것으로, 그림에서 보듯이 **임펄스 신호는 모든 주파수에서 크기 1로 일정한 주파수 성분을 가진다.** 이에 중첩의 원리를 결합시키면 임펄스 응답이 모든 주파수의 입력에 대한 시스템 응답이 됨을 알 수 있다.

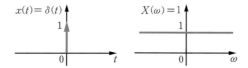

[그림 6-4] **임펄스 신호의 푸리에 변환쌍**

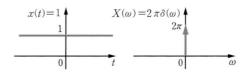

[그림 6-5] **상수(DC) 신호의 푸리에 변환쌍**

상수(DC) 신호

상수(DC) 신호 $x(t) = 1$의 푸리에 변환은 이미 [예제 6-2]에서 구한 바 있다. 상수(DC) 신호의 푸리에 변환쌍은 다음과 같다.

$$1 \quad \Leftrightarrow \quad 2\pi\delta(\omega) \qquad\qquad (6.8)$$

[그림 6-5]는 이 변환쌍을 나타낸 것으로, [그림 6-4]의 임펄스 신호의 변환쌍을 시간과 주파수 함수의 역할을 맞바꾸어 나타낸 것과 같음을 볼 수 있다. 이러한 성질을 시간-주파수 쌍대성이라고 하는데, 6.3절에서 자세히 살펴볼 것이다.

구형파(사각 펄스) 신호

[예제 6-3]의 풀이로부터 구형파(사각 펄스) 신호의 푸리에 변환쌍은 다음으로 주어진다.

$$\text{rect}\left(\frac{t}{2\tau}\right) \quad \Leftrightarrow \quad 2\tau \cdot \text{sinc}\left(\frac{\tau\omega}{\pi}\right) \qquad\qquad (6.9)$$

앞서 [예제 6-3]의 [그림 6-3]에 이 변환쌍이 나타나 있는데, [그림 6-6]은 [그림 6-3(b)]의 스펙트럼을 진폭 스펙트럼과 위상 스펙트럼으로 분리하여 나타낸 것이다.

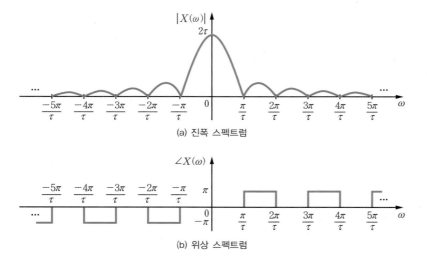

[그림 6-6] **사각 펄스의 푸리에 변환과 스펙트럼**

실수 지수 신호

실수 지수 신호 $x(t) = e^{-at}u(t)$의 푸리에 변환은 푸리에 변환의 정의식 식 (6.3)으로부터

$$X(\omega) = \int_0^\infty e^{-at} e^{-j\omega t}\,dt = -\frac{1}{a+j\omega} e^{-(a+j\omega)t}\bigg|_0^\infty = \frac{1}{a+j\omega}$$
$$= \frac{a}{a^2+\omega^2} - j\frac{\omega}{a^2+\omega^2} = \frac{1}{\sqrt{a^2+\omega^2}} e^{j\left(-\tan^{-1}\frac{\omega}{a}\right)} \qquad (6.10)$$

이다. 즉 실수 지수 신호의 푸리에 변환쌍은 다음과 같다.

$$e^{-at}u(t) \;\;\Leftrightarrow\;\; \frac{1}{a+j\omega} \qquad (6.11)$$

[그림 6-7]은 실수 지수 신호의 스펙트럼을 나타낸 것이다. [그림 6-7(b)]는 직교좌표 형식으로 표시한 것이고, [그림 6-7(c)]는 극좌표 형식으로 표시한 것이다. 그림에서 보듯이, **실수 신호의 스펙트럼은 항상 직교좌표 표현에서는 실수부가 우대칭, 허수부가 기대칭이 되며, 극좌표 표현에서는 진폭 스펙트럼이 우대칭, 위상 스펙트럼이 기대칭이 된다.**

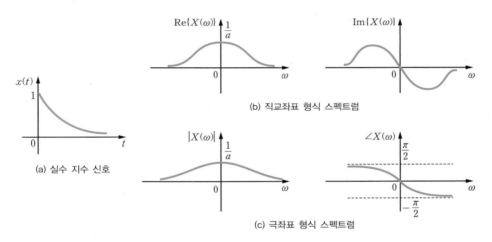

[그림 6-7] **실수 지수 신호의 두 가지 형식 스펙트럼**

정현파 신호

식 (6.6)의 변환쌍을 이용하면 정현파에 대한 푸리에 변환쌍도 손쉽게 구할 수 있다.

$$\mathscr{F}\{\cos\omega_0 t\} = \mathscr{F}\left\{\frac{e^{j\omega_0 t} + e^{-j\omega_0 t}}{2}\right\} = \pi\delta(\omega-\omega_0) + \pi\delta(\omega+\omega_0) \qquad (6.12)$$

$$\cos\omega_0 t \;\;\Leftrightarrow\;\; \pi\delta(\omega-\omega_0) + \pi\delta(\omega+\omega_0) \qquad (6.13)$$

$\pm\omega_0$에서 스펙트럼이 존재하는 것은 푸리에 급수 표현과 다를 바 없지만, 정현파 신호가 전력 신호이므로 스펙트럼이 임펄스로 이루어진 것이 다르다. 정현파의 푸리에 변환쌍을 그림으로 나타내면 [그림 6-8]과 같다.

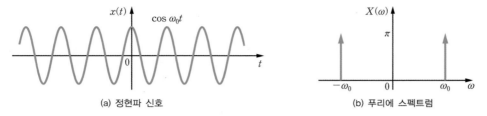

(a) 정현파 신호

(b) 푸리에 스펙트럼

[그림 6-8] **정현파 신호의 푸리에 변환쌍**

부호 함수

부호 함수는 전력 신호이므로 푸리에 변환의 정의식으로는 푸리에 변환을 구할 수 없다. 그런데 [그림 6-9]에 나타낸 것처럼, 부호 함수는 다음과 같이 생각할 수 있다.

$$x(t) = \operatorname{sgn}(t) = \begin{cases} +1, & t > 0 \\ -1, & t < 0 \end{cases} = \lim_{a \to 0}\left[e^{-at}u(t) - e^{at}u(-t)\right] \qquad (6.14)$$

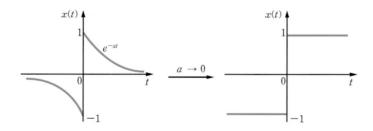

[그림 6-9] **실수 지수 신호의 극한에 의한 부호 함수**

따라서 실수 지수 신호의 푸리에 변환쌍 식 (6.11)을 이용하면 부호 함수의 푸리에 변환은 다음과 같이 된다.

$$X(\omega) = \lim_{a \to 0}\left[\mathscr{F}\{e^{-at}u(t)\} - \mathscr{F}\{e^{at}u(-t)\}\right] = \lim_{a \to 0}\left[\frac{1}{a+j\omega} - \frac{1}{a-j\omega}\right] = \frac{2}{j\omega} \quad (6.15)$$

즉 부호 함수에 대한 푸리에 변환쌍은 다음과 같다.

$$\operatorname{sgn}(t) \quad \Leftrightarrow \quad \frac{2}{j\omega} \qquad (6.16)$$

식 (6.16)에서 특이한 점은 부호 함수가 전력 신호임에도 푸리에 변환에 임펄스가 포함되지 않는다는 것이다. 이는 $t > 0$ 부분의 푸리에 변환에서 생기는 임펄스와 $t < 0$ 부분의 푸리에 변환에서 생기는 임펄스가 서로 상쇄되어 겉으로 드러나지 않기 때문이다.

(단위) 계단 신호

계단 신호 역시 수렴 조건을 만족하지 않는 전력 신호이다. 계단 신호는 상수(DC) 신호와 부호 함수를 이용하여 다음과 같이 표현할 수 있다.

$$u(t) = \frac{1}{2}\left[1 + \operatorname{sgn}(t)\right] \tag{6.17}$$

상수 신호의 푸리에 변환쌍 식 (6.8)과 부호 함수의 푸리에 변환쌍 식 (6.16)으로부터 계단 신호의 푸리에 변환은 다음과 같이 된다.

$$X(\omega) = \mathscr{F}\left\{\frac{1}{2}\right\} + \mathscr{F}\left\{\frac{1}{2}\operatorname{sgn}(t)\right\} = \pi\delta(\omega) + \frac{1}{j\omega} \tag{6.18}$$

따라서 계단 신호의 푸리에 변환쌍은 다음으로 주어진다.

$$u(t) \iff \pi\delta(\omega) + \frac{1}{j\omega} \tag{6.19}$$

지금까지 살펴본 푸리에 변환쌍들로부터 전력 신호의 푸리에 변환은 임펄스를 포함한다는 것을 확인할 수 있을 것이다.

이 절에서 살펴본 신호들을 포함해 널리 사용되는 주요 신호들에 대한 푸리에 변환쌍을 [부록]에 정리해 두었다.

푸리에 변환의 성질

푸리에 변환은 신호 및 시스템의 해석에 크게 도움이 되는 유용한 성질들이 많다. 주파수 영역 변환을 위한 푸리에 표현은 신호의 속성에 따라 (연속 시간) 푸리에 급수((CT)FS), (연속 시간) 푸리에 변환((CT)FT), 이산 시간 푸리에 급수(DTFS), 이산 시간 푸리에 변환(DTFT)의 네 종류가 있으나, 모두 밑바탕 개념은 같으므로 성질들도 비슷하다. 또한 라플라스 변환과 z 변환도 푸리에 표현의 연장선상에 있으므로 이들의 성질들도 마찬가지이다. 이 절에서는 이러한 주파수 영역 변환들의 성질에 대해 확실히 이해할 수 있도록 푸리에 변환의 성질들을 꼼꼼하게 살펴보고 활용법을 익혀두기로 한다.

학습포인트 ─

• 시간−주파수 쌍대성의 개념에 이해하고 활용 방법을 익힌다.
• 푸리에 변환의 대칭성에 대해 이해한다.
• 시간 척도조절에 따른 스펙트럼의 변화를 이해한다.
• 시간 이동 및 주파수 이동 성질을 알아본다.
• 변조 성질과 그 활용에 대해 알아본다.
• 시간 컨벌루션 및 주파수 컨벌루션 성질과 그 중요성을 이해한다.
• 파스발 정리와 의미를 이해한다.
• 실제 문제에 대한 푸리에 변환의 성질들의 활용법을 잘 익혀둔다.

6.3.1 시간−주파수 쌍대성

$$x(t) \Leftrightarrow X(\omega) \quad \rightarrow \quad X(t) \Leftrightarrow 2\pi x(-\omega) \tag{6.20}$$

[그림 6-4]와 [그림 6-5]를 보면, 임펄스 신호와 상수(DC) 신호의 푸리에 변환쌍은 시간 파형과 스펙트럼을 뒤바꾼 관계임을 알 수 있다. 다시 말해 **$x(t)$와 $X(\omega)$가 역할을 맞바꾸어도 둘의 짝은 여전히 변함없다.** 이처럼 푸리에 변환과 역변환 사이에 서로 시간 변수와 주파수 변수를 맞바꾸어도 푸리에 변환쌍이 그대로 유지되는 관계를 수학적으로 **쌍대성**duality이라고 한다. 식 (6.20)의 쌍대성은 푸리에 변환과 역변환의 정의식 식 (6.3)과 식 (6.4)에 $\omega \rightarrow t,\ t \rightarrow -\omega$ 로 바꾸어 대입하여 간단히 증명할 수 있다.

$$X(t) = \int_{-\infty}^{\infty} x(-\omega)e^{-jt(-\omega)}d\omega = \int_{-\infty}^{\infty} x(-\omega)e^{j\omega t}d\omega \qquad (6.21)$$

$$x(-\omega) = \frac{1}{2\pi}\int_{-\infty}^{\infty} X(t)e^{jt(-\omega)}dt = \frac{1}{2\pi}\int_{-\infty}^{\infty} X(t)e^{-j\omega t}dt \qquad (6.22)$$

시간–주파수 쌍대성을 이용하면, 까다로운 계산을 하지 않고도 이미 알고 있는 푸리에 변환쌍으로부터 새로운 변환쌍을 얻을 수도 있고, 신호의 해석이나 처리에서 시간과 주파수의 역할을 바꾸어 접근할 수도 있는 등 여러모로 편리하다. 예를 들어 사각 펄스의 (푸리에) 스펙트럼이 sinc 함수라는 사실을 알고 있다면, 계산할 필요 없이 sinc 함수의 스펙트럼은 사각 펄스가 된다는 것을 이끌어낼 수 있다. 또한 주기 신호의 스펙트럼은 이산 함수이고, 비주기 신호의 스펙트럼은 연속 함수라는 사실로부터 연속 신호의 스펙트럼은 비주기 함수, 이산 신호의 스펙트럼은 주기 함수라는 것을 미루어 알 수 있게 된다. 시간–주파수 쌍대성 개념은 푸리에 변환 전반에 통용되는 특성으로서, 이 절에서 설명되는 푸리에 변환들의 성질들 중 다수는 서로 쌍대 관계에 있는 것들이다.

예제 6-4 시간–주파수 쌍대성을 이용한 sinc 신호의 푸리에 변환   관련 예제 | [예제 6-3]

sinc 신호 $x(t) = \mathrm{sinc}\left(\dfrac{\tau t}{\pi}\right)$의 푸리에 변환을 구하라.

풀이

sinc 신호에 대한 푸리에 변환은 복잡하게 계산할 것이 아니라 식 (6.9)의 사각 펄스의 푸리에 변환쌍 $p(t) = \mathrm{rect}\left(\dfrac{t}{2\tau}\right) \Leftrightarrow P(\omega) = 2\tau \cdot \mathrm{sinc}\left(\dfrac{\tau\omega}{\pi}\right)$에 시간–주파수 쌍대성을 적용하여 다음과 같이 간단히 구할 수 있다.

$$P(t) = 2\tau \cdot \mathrm{sinc}\left(\frac{\tau t}{\pi}\right)$$

$$2\pi\, p(-\omega) = 2\pi \cdot \mathrm{rect}\left(-\frac{\omega}{2\tau}\right) = 2\pi \cdot \mathrm{rect}\left(\frac{\omega}{2\tau}\right)$$

따라서 새로운 푸리에 변환쌍이 다음과 같이 얻어진다.

$$\mathrm{sinc}\left(\frac{\tau t}{\pi}\right) \Leftrightarrow \frac{\pi}{\tau}\mathrm{rect}\left(\frac{\omega}{2\tau}\right) \qquad (6.23)$$

이 변환쌍 관계가 유효한지 다음과 같이 직접 역변환을 계산하여 확인할 수 있다.

$$x(t) = \frac{1}{2\pi}\int_{-\tau}^{\tau} \frac{\pi}{\tau}e^{j\omega t}d\omega = \frac{1}{2\tau}\frac{1}{jt}\left(e^{j\tau t} - e^{-j\tau t}\right) = \frac{1}{\tau t}\sin(\tau t) = \mathrm{sinc}\left(\frac{\tau t}{\pi}\right)$$

[그림 6-10]은 이 변환쌍을 나타낸 것으로, [그림 6-6]과 비교하면 t와 ω의 역할이 뒤바뀐 것을 확인할 수 있다. 이 경우뿐만 아니라 모든 변환쌍에 대해 시간-주파수 쌍대성을 적용하여 새로운 변환쌍을 얻을 수 있다.

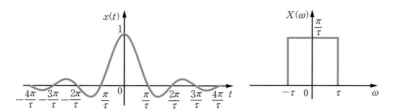

[그림 6-10] sinc 신호와 스펙트럼 : 푸리에 변환의 쌍대성

6.3.2 선형성

$$\alpha x_1(t) + \beta x_2(t) \iff \alpha X_1(\omega) + \beta X_2(\omega) \tag{6.24}$$

선형성은 푸리에 변환의 정의식 식 (6.3)으로부터 바로 얻어진다. 선형성은 간단한 기본 신호들의 선형 결합으로 이루어진 신호의 푸리에 변환을 쉽게 구할 수 있게 해준다. 이미 6.2절에서 정현파나 계단 신호의 푸리에 변환을 구하는 과정에서 선형성을 적용한 바 있다.

예제 6-5 선형성을 이용한 신호의 푸리에 변환　　　　　관련 예제 ｜ [예제 6-8]

[그림 6-11]의 신호 $x(t)$의 푸리에 변환을 구하라.

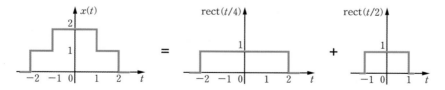

[그림 6-11] [예제 6-5]의 신호

풀이

[그림 6-11]에 나타낸 것처럼 $x(t)$는 두 개의 사각 펄스의 합으로 나타낼 수 있다.

$$x(t) = \text{rect}\left(\frac{t}{4}\right) + \text{rect}\left(\frac{t}{2}\right)$$

따라서 사각 펄스의 푸리에 변환쌍과 선형성을 이용하면 $x(t)$의 푸리에 변환은 다음과 같다.

$$X(\omega) = 4\operatorname{sinc}\left(\frac{2\omega}{\pi}\right) + 2\operatorname{sinc}\left(\frac{\omega}{\pi}\right)$$

이처럼 선형성을 이용하면 복잡한 적분 계산을 하지 않고도 간편하게 푸리에 변환을 구할 수 있다. 푸리에 변환의 정의식을 이용해 직접 계산하여 결과를 확인해보기 바란다.

6.3.3 대칭성

$$X(\omega) = X^*(-\omega) \quad \& \quad X^*(\omega) = X(-\omega), \quad x(t) \text{는 실수} \tag{6.25}$$

$$\begin{cases} Re\{X(\omega)\} = Re\{X(-\omega)\}, & x(t) \text{는 실수} \\ Im\{X(\omega)\} = -Im\{X(-\omega)\}, & x(t) \text{는 실수} \end{cases} \tag{6.26}$$

$$\begin{cases} |X(\omega)| = |X(-\omega)|, & x(t) \text{는 실수} \\ \angle X(\omega) = -\angle X(-\omega), & x(t) \text{는 실수} \end{cases} \tag{6.27}$$

$$\begin{cases} Re\{X(\omega)\} = Re\{X(-\omega)\}, & x(t) \text{는 실수 우함수} \\ Im\{X(\omega)\} = 0, & x(t) \text{는 실수 우함수} \end{cases} \tag{6.28}$$

$$\begin{cases} Re\{X(\omega)\} = 0, & x(t) \text{는 실수 기함수} \\ Im\{X(\omega)\} = -Im\{X(-\omega)\}, & x(t) \text{는 실수 기함수} \end{cases} \tag{6.29}$$

$x(t)$가 복소함수라면 공액인 $x^*(t)$의 푸리에 변환은 다음과 같이 된다.

$$\mathscr{F}\{x^*(t)\} = \int_{-\infty}^{\infty} x^*(t)e^{-j\omega t}dt = \left[\int_{-\infty}^{\infty} x(t)e^{j\omega t}dt\right]^* = X^*(-\omega) \tag{6.30}$$

만약 $x(t)$가 실수라면, $x^*(t) = x(t)$이고 $x(t) \Leftrightarrow X(\omega)$이므로 식 (6.25)의 관계가 성립한다. 즉 실수 신호의 푸리에 변환은 ω에 대해 **공액 대칭**conjugate symmetric이다. 이 성질은 실수 주기 신호 $x(t)$에 대한 푸리에 계수가 $X_k = X_{-k}^*$가 되는 것과 마찬가지이다. $X(\omega)$의 직교좌표 표현 $X(\omega) = Re\{X(\omega)\} + jIm\{X(\omega)\}$와 공액 대칭 성질을 결합하면 **실수 신호의 푸리에 변환의 실수부는 우대칭, 허수부는 기대칭**이라는 식 (6.26)이 얻어진다. 또한 극좌표 표현 $X(\omega) = |X(\omega)|e^{j\angle X(\omega)}$과 공액 대칭 성질을 결합하면 **실수 신호의 진폭 스펙트럼은 우대칭, 위상 스펙트럼은 기대칭**이라는 식 (6.27)이 얻어진다. 이미 [그림 6-7]의 실수 지수 신호의 푸리에 변환쌍에서 이를 확인한 바

있는데, 6.2절에서 구한 모든 실수 신호의 푸리에 변환쌍은 이러한 대칭성을 만족한다. 이러한 대칭성에 실수 신호 $x(t)$의 대칭성까지 결합시키면 식 (6.28)과 식 (6.29)를 얻을 수 있다. 즉 $x(t) = x(-t)$(우대칭)이면 $X(\omega)$는 우대칭이고(기대칭 성분=0이어야 하므로), 실수 우함수가 된다. 또한 $x(t) = -x(-t)$(기대칭)이면 $X(\omega)$도 기대칭이고(우대칭 성분=0이어야 하므로), 허수 기함수가 된다.

예제 6-6 기대칭 신호의 푸리에 변환의 대칭성 관련 예제 | [예제 6-9], [예제 6-12]

[그림 6-12]의 신호의 푸리에 변환을 구하여 대칭성을 확인하라.

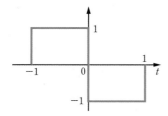

[그림 6-12] **기대칭 실수 신호**

풀이

푸리에 변환의 정의식을 이용하여 주어진 신호에 대한 푸리에 변환을 구하면 다음과 같다.

$$X(\omega) = \int_{-\infty}^{\infty} x(t)e^{-j\omega t}dt = \int_{-1}^{0} 1 \cdot e^{-j\omega t}dt + \int_{0}^{1}(-1)e^{-j\omega t}dt$$

$$= \frac{1}{-j\omega}e^{-j\omega t}\Big|_{-1}^{0} + \frac{1}{j\omega}e^{-j\omega t}\Big|_{0}^{1} = \frac{1}{j\omega}(e^{j\omega} + e^{-j\omega} - 2) = j\frac{2}{\omega}(1 - \cos\omega)$$

따라서 $X(\omega)$는 순허수 함수이다. $X(-\omega)$를 계산해보면 기대칭을 만족함을 알 수 있다.

$$X(-\omega) = j\frac{2}{-\omega}(1 - \cos(-\omega)) = -j\frac{2}{\omega}(1 - \cos\omega) = -X(\omega)$$

6.3.4 시간 반전

$$x(-t) \quad \Leftrightarrow \quad X(-\omega) \tag{6.31}$$

시간축을 뒤집으면 주파수축을 뒤집는 효과로 나타난다는 시간 반전 성질도 푸리에 변환의 정의식으로부터 쉽게 얻을 수 있다.

계단 함수의 푸리에 변환쌍을 이용하여 부호 함수의 푸리에 변환을 구하라.

풀이

부호 함수를 계단 함수로 나타내면 $\mathrm{sgn}(t) = u(t) - u(-t)$이므로, 계단 함수의 푸리에 변환 쌍과 시간 반전 성질을 이용하면 부호 함수의 푸리에 변환은 다음과 같이 구해진다.

$$\mathcal{F}\{\mathrm{sgn}(t)\} = \mathcal{F}\{u(t)\} - \mathcal{F}\{u(-t)\} = \left[\frac{1}{j\omega} + \pi\delta(\omega)\right] - \left[\frac{1}{j(-\omega)} + \pi\delta(-\omega)\right]$$

$$= \left[\frac{1}{j\omega} + \pi\delta(\omega)\right] - \left[-\frac{1}{j\omega} + \pi\delta(\omega)\right] = \frac{2}{j\omega}$$

이 결과는 식 (6.16)의 변환쌍과 일치한다. 위 식에서 스펙트럼의 임펄스 성분이 서로 상쇄 되어 부호 함수의 푸리에 변환에는 나타나지 않음을 확인할 수 있다.

6.3.5 시간 척도조절

$$x(at) \iff \frac{1}{|a|} X\left(\frac{\omega}{a}\right) \tag{6.32}$$

신호의 시간 척도를 바꾸면 스펙트럼에 정반대의 효과가 나타난다. 다시 말해, **시간 영역에서 신호를 압축하면 주파수 스펙트럼은 늘어나고, 역으로 신호를 늘이면 주파 수 스펙트럼이 압축된다.** 식 (6.32)는 푸리에 변환의 정의식에 $at = \tau$로 변수 치환하 여 쉽게 얻을 수 있다.

$$\int_{-\infty}^{\infty} x(at)e^{-j\omega t}\,dt = \begin{cases} \dfrac{1}{a}\displaystyle\int_{-\infty}^{\infty} x(\tau)e^{-j\frac{\omega}{a}\tau}\,d\tau, & a > 0 \\[3mm] -\dfrac{1}{a}\displaystyle\int_{-\infty}^{\infty} x(\tau)e^{-j\frac{\omega}{a}\tau}\,d\tau, & a < 0 \end{cases} = \frac{1}{|a|} X\left(\frac{\omega}{a}\right) \tag{6.33}$$

이 결과는 쉽게 개념적으로 이해할 수 있다. 시간축을 따라 신호 폭을 좁히면 신호의 변화가 빨라진다. 따라서 이런 신호를 합성하려면 더 높은 주파수 성분이 필요하게 되 므로 스펙트럼의 폭이 넓어지게 되는 것이다. 마찬가지로 시간축을 따라 늘인 신호는 더욱 느리게 변화하므로 신호 성분들의 주파수는 낮아질 것이고, 이에 따라 스펙트럼 의 폭은 줄어들게 된다. [그림 6-13]은 이런 결과를 잘 보여주고 있다.

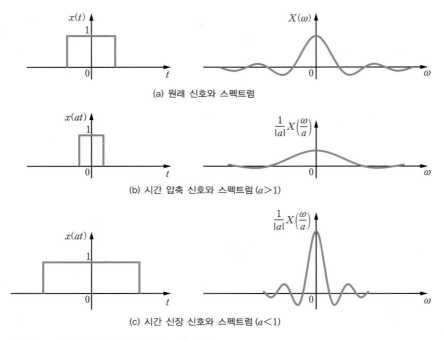

(a) 원래 신호와 스펙트럼

(b) 시간 압축 신호와 스펙트럼 ($a>1$)

(c) 시간 신장 신호와 스펙트럼 ($a<1$)

[그림 6-13] 푸리에 변환의 시간 척도조절 성질

시간 척도조절 효과의 예로 오디오 테이프에 목소리를 녹음하여 재생하는 경우를 생각해볼 수 있다. 재생 속도가 녹음 속도보다 빠르면(시간 압축) 스펙트럼이 확장되므로 목소리의 옥타브가 높아진다. 이와 반대로 재생 속도가 더 느리면(시간 신장) 주파수 대역이 낮아져서 저음의 굵은 남자 음성처럼 들리게 된다.

예제 6-8 시간 척도조절 성질을 이용한 푸리에 변환   관련 예제 | [예제 6-5]

사각 펄스의 푸리에 변환쌍 $\mathrm{rect}\left(\dfrac{t}{4}\right) \Leftrightarrow 4\,\mathrm{sinc}\left(\dfrac{2\omega}{\pi}\right)$가 주어질 때, 사각 펄스 $\mathrm{rect}\left(\dfrac{t}{2}\right)$의 푸리에 변환쌍을 구하라.

풀이

[예제 6-5]의 [그림 6-11]에서 보듯이 $\mathrm{rect}\left(\dfrac{t}{2}\right)$는 $\mathrm{rect}\left(\dfrac{t}{4}\right)$를 시간적으로 2배 압축한 것이다. 따라서 이의 푸리에 변환쌍은 시간 척도조절 성질에 의해 다음과 같이 구해진다.

$$\mathrm{rect}\left(\frac{t}{2}\right) = \mathrm{rect}\left(2\,\frac{t}{4}\right) \;\Leftrightarrow\; \frac{4}{2}\,\mathrm{sinc}\left(\frac{2}{\pi}\,\frac{\omega}{2}\right) = 2\,\mathrm{sinc}\left(\frac{\omega}{\pi}\right)$$

거꾸로 변환쌍 $\mathrm{rect}\left(\dfrac{t}{2}\right) \Leftrightarrow 2\,\mathrm{sinc}\left(\dfrac{\omega}{\pi}\right)$가 주어지면, $\mathrm{rect}\left(\dfrac{t}{4}\right)$의 푸리에 변환쌍은 다음과 같다.

$$\mathrm{rect}\left(\frac{t}{4}\right) = \mathrm{rect}\left(\frac{1}{2}\,\frac{t}{2}\right) \;\Leftrightarrow\; \frac{2}{1/2}\,\mathrm{sinc}\left(\frac{1}{1/2}\,\frac{\omega}{\pi}\right) = 4\,\mathrm{sinc}\left(\frac{2\omega}{\pi}\right)$$

6.3.6 시간 이동

$$x(t - t_0) \iff e^{-jt_0\omega}X(\omega) \qquad (6.34)$$

이미 5.4.1절에서 푸리에 급수의 경우에 대해 살펴보았듯이, **시간 이동에 대해 진폭 스펙트럼은 바뀌지 않고 위상 스펙트럼만 선형적으로 바뀐다.** 식 (6.34)도 푸리에 변환의 정의식으로부터 간단히 얻을 수 있다.

$$\mathcal{F}\{x(t - t_0)\} = \int_{-\infty}^{\infty} x(t - t_0)e^{-j\omega t}\,dt = \int_{-\infty}^{\infty} x(\tau)e^{-j\omega(\tau + t_0)}\,d\tau$$

$$= e^{-j\omega t_0}\int_{-\infty}^{\infty} x(\tau)e^{-j\omega\tau}\,d\tau = e^{-jt_0\omega}X(\omega) \qquad (6.35)$$

예제 6-9 시간 이동 성질을 이용한 푸리에 변환 　　　　　　　　관련 예제 | [예제 6-6]

시간 이동 성질을 이용하여 [예제 6-6]의 [그림 6-12]의 신호의 푸리에 변환을 구하라.

풀이

[그림 6-12]의 신호를 사각 펄스를 이용하여 나타내면 다음과 같다.

$$x(t) = \text{rect}\left(t + \frac{1}{2}\right) - \text{rect}\left(t - \frac{1}{2}\right)$$

사각 펄스의 푸리에 변환쌍과 시간 이동 성질을 이용하면 $x(t)$의 푸리에 변환은 다음과 같이 구해진다.

$$\mathcal{F}\{x(t)\} = \mathcal{F}\left\{\text{rect}\left(t + \frac{1}{2}\right)\right\} - \mathcal{F}\left\{\text{rect}\left(t - \frac{1}{2}\right)\right\}$$

$$= e^{j\frac{1}{2}\omega}\text{sinc}\left(\frac{\omega}{2\pi}\right) - e^{-j\frac{1}{2}\omega}\text{sinc}\left(\frac{\omega}{2\pi}\right) = \left(e^{j\frac{1}{2}\omega} - e^{-j\frac{1}{2}\omega}\right)\frac{\sin\left(\frac{\omega}{2}\right)}{\frac{\omega}{2}}$$

$$= \frac{2}{\omega}\cdot(j2)\sin^2\left(\frac{\omega}{2}\right) = j\frac{4}{\omega}\frac{1 - \cos\omega}{2}$$

$$= j\frac{2}{\omega}(1 - \cos\omega)$$

이 결과는 [예제 6-6]에서 구한 것과 일치한다.

6.3.7 주파수 이동과 변조

- 주파수 이동 : $x(t)e^{j\omega_0 t} \Leftrightarrow X(\omega - \omega_0)$ (6.36)

- 변조 : $x(t)\cos\omega_0 t \Leftrightarrow \dfrac{1}{2}\left[X(\omega+\omega_0)+X(\omega-\omega_0)\right]$ (6.37)

주파수 이동 성질은 시간 이동 성질과 쌍대 관계로서, 푸리에 역변환의 정의식에 식 (6.35)와 같이 변수 치환을 적용하면 쉽게 얻을 수 있다. 시간 영역에서 실수 신호에 복소 신호를 곱하는 것이 물리적으로 무의미해보이지만 지금부터 살펴볼 변조 성질에서 유용성을 확인할 수 있다.

- **변조**modulation는 어떤 신호에 다른 신호를 곱하여 새로운 신호를 만들어 내는 동작이다.
- **진폭 변조(AM)**Amplitude Modulation는 신호 $x(t)$ 에 정현파 $\cos\omega_0 t$ 를 곱하여 정현파의 진폭을 변조시킨다([그림 6-14]).
- 진폭 변조에 의해 반송파의 주파수로 스펙트럼의 대역 이동이 이루어진다.
- 정현파 $\cos\omega_0 t$ 는 신호 $x(t)$ 를 담아 나르는 역할을 하기 때문에 **반송파**carrier라고 하고, 주파수 ω_0 는 **반송 주파수**carrier frequency라고 한다.

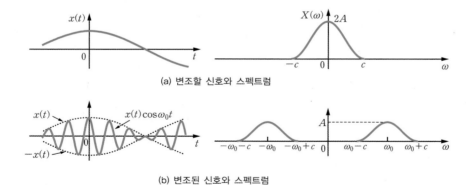

(a) 변조할 신호와 스펙트럼

(b) 변조된 신호와 스펙트럼

[그림 6-14] **신호의 진폭 변조와 스펙트럼의 대역 이동**

신호 $x(t)$ 에 정현파 $\cos\omega_0 t$ 를 곱하는 것은 오일러 공식에 의해 다음과 같이 복소 정현파를 곱하는 것과 같다.

$$x(t)\cos\omega_0 t = x(t)\frac{e^{j\omega_0 t}+e^{-j\omega_0 t}}{2} = \frac{1}{2}\left[x(t)e^{j\omega_0 t}+x(t)e^{-j\omega_0 t}\right]$$ (6.38)

식 (6.38)에 식 (6.36)의 주파수 이동 성질을 적용하면 식 (6.37)이 얻어진다. [그림 6-14]에 나타낸 것처럼 신호 $x(t)$에 주파수 ω_0인 정현파를 곱하여 진폭을 변조시키면 스펙트럼 $X(\omega)$가 $\pm\omega_0$만큼 대역 이동되는 것을 볼 수 있다.

이처럼 진폭 변조는 신호의 주파수 대역 이동에 이용한다. 예를 들어 모든 라디오 방송국이 동시에 음성신호들을 방송하면, 신호 상호 간에 간섭으로 인해 수신기는 그 방송들을 분리할 수 없을 것이다. 그러나 각 라디오 방송국이 서로 다른 반송 주파수를 할당받아 고유의 주파수 영역으로 주파수를 이동한 (변조된) 신호를 전송하면, 라디오 수신기는 원하는 방송의 주파수 대역에 동조하여 방송을 수신할 수 있게 된다. 변조를 사용하는 또 다른 이유는 많은 경우에 원래의 **기저 대역**baseband 신호가 전송채널(안테나, 동축케이블, 광섬유 등)로 전송하기에 적합하지 않기 때문이다. 예를 들어, 음성신호는 주파수대가 너무 낮아서, 즉 파장이 너무 길어서 이를 전파하려면 큰 안테나가 필요하다. 그런데 변조에 의해 (파장이 짧은) 높은 주파수 영역으로 스펙트럼을 이동시키면 안테나가 작아도 문제가 없게 된다.

예제 6-10 변조 성질을 이용한 푸리에 변환

실수 지수 신호의 푸리에 변환쌍 $e^{-at}u(t) \Leftrightarrow \dfrac{1}{a+j\omega}$ 과 푸리에 변환의 변조 성질을 이용하여 $x(t) = e^{-at}\cos(\omega_0 t)u(t)$의 푸리에 변환을 구하라.

풀이

$x(t)$는 실수 지수 신호 $e^{-at}u(t)$에 $\cos(\omega_0 t)$를 곱한 것이다. 따라서 식 (6.37)에 의해 다음과 같이 $x(t)$의 푸리에 변환을 구할 수 있다.

$$X(\omega) = \frac{1}{2}\left(\frac{1}{a+j(\omega+\omega_0)} + \frac{1}{a+j(\omega-\omega_0)} \right) = \frac{1}{2}\frac{a+j(\omega-\omega_0)+a+j(\omega+\omega_0)}{[a+j(\omega+\omega_0)]\,[(a+j(\omega-\omega_0)]}$$

$$= \frac{a+j\omega}{(a+j\omega)^2 + \omega_0^2}$$

6.3.8 시간 미분

$$\frac{dx(t)}{dt} \iff (j\omega)X(\omega) \qquad (6.39)$$

$$\frac{d^m x(t)}{dt^m} \iff (j\omega)^m X(\omega) \qquad (6.40)$$

시간에 대해 한번 미분할 때마다 $X(\omega)$에 $j\omega$가 한 번 곱해진다. 연속 LTI 시스템에 대한 수학적 표현이 미분방정식이라는 점에서 이 성질은 매우 유용하게 사용된다. 식 (6.39)는 푸리에 역변환 정의식의 양변을 시간에 대해 미분하여 쉽게 구할 수 있다.

$$\frac{dx(t)}{dt} = \frac{1}{2\pi}\int_{-\infty}^{\infty} X(\omega)\frac{de^{j\omega t}}{dt}d\omega = \frac{1}{2\pi}\int_{-\infty}^{\infty} j\omega X(\omega)e^{j\omega t}d\omega \qquad (6.41)$$

예제 6-11 시간 미분 성질을 이용한 시스템의 출력 결정 관련 예제 | [예제 6-18]

미분방정식 $\dfrac{dy(t)}{dt}+2y(t)=x(t)$ 로 표현되는 LTI 시스템에 $x(t)=e^{-t}u(t)$를 넣었을 때, 출력을 푸리에 변환의 미분 성질을 이용하여 구하라.

풀이

입력 신호 $x(t)=e^{-t}u(t)$의 푸리에 변환은 $X(\omega)=\dfrac{1}{1+j\omega}$이다. 주어진 시스템 미분방정식 을 미분 성질을 이용하여 푸리에 변환하면 다음과 같이 되므로

$$(j\omega)Y(\omega)+2Y(\omega)=X(\omega)$$

이를 정리하여 출력의 푸리에 변환을 다음과 같이 얻을 수 있다.

$$Y(\omega) = \frac{1}{2+j\omega}X(\omega) = \frac{1}{(2+j\omega)(1+j\omega)} = \frac{1}{1+j\omega} - \frac{1}{2+j\omega}$$

실수 지수 신호의 푸리에 변환쌍을 이용하여 $Y(\omega)$를 역변환하면 다음과 같이 출력 $y(t)$가 구해진다.

$$y(t) = (e^{-t}-e^{-2t})u(t)$$

이 경우는 간단하지만, 통상 복잡한 복소수 계산이 요구되므로 푸리에 변환을 사용하기보다 는 일반적으로 라플라스 변환을 사용하여 미분방정식을 해석한다.

관련 예제 | [예제 6-6], [예제 6-13], [예제 7-10]

[그림 6-15]의 삼각 펄스 신호에 대한 푸리에 변환을 직접 계산하지 말고 푸리에 변환의 성질을 사용하여 구하라.

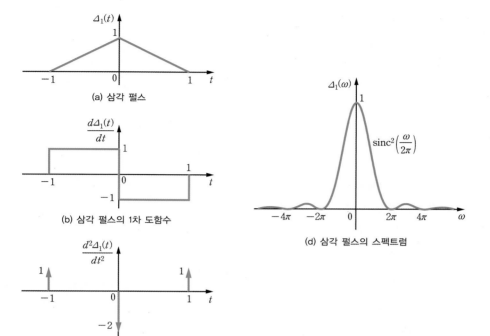

(a) 삼각 펄스

(b) 삼각 펄스의 1차 도함수

(c) 삼각 펄스의 2차 도함수

(d) 삼각 펄스의 스펙트럼

[그림 6-15] 시간 미분과 임펄스의 푸리에 변환쌍을 이용한 푸리에 변환

풀이

[그림 6-15(a)]에 나타낸 삼각 펄스 신호의 수식 표현은 다음과 같다.

$$\Delta_1(t) = \begin{cases} 1-|t|, & |t| \le 1 \\ 0, & \text{그 외} \end{cases}$$

이를 다음과 같이 한 번 미분하면 [그림 6-15(b)]와 같이 된다.

$$\frac{d\Delta_1(t)}{dt} = \text{rect}\left(t+\frac{1}{2}\right) - \text{rect}\left(t-\frac{1}{2}\right)$$

이의 푸리에 변환은 이미 [예제 6-6]에서 구하였다. 따라서 삼각 펄스의 푸리에 변환은 시간 미분 성질을 적용하여 다음과 같이 구해진다.

$$\Delta_1(\omega) = \frac{1}{j\omega}\mathscr{F}\left\{\frac{d\Delta_1(t)}{dt}\right\} = \frac{1}{j\omega}\frac{j2}{\omega}(1-\cos(\omega)) = \left(\frac{2}{\omega}\right)^2\sin^2\left(\frac{\omega}{2}\right) = \text{sinc}^2\left(\frac{\omega}{2\pi}\right)$$

[그림 6-15(b)]를 다음과 같이 한 번 더 미분하면 [그림 6-15(c)]처럼 임펄스열만 남는다.

$$\frac{d^2\Delta_1(t)}{dt^2} = [\delta(t+1) - 2\delta(t) + \delta(t-1)]$$

위 식을 푸리에 변환하면 다음과 같다.

$$\mathscr{F}\left\{\frac{d^2\Delta_1(t)}{dt^2}\right\} = (e^{j\omega} - 2 + e^{-j\omega}) = 2(\cos\omega - 1) = -4\sin^2\left(\frac{\omega}{2}\right) \qquad (6.42)$$

따라서 이 결과와 푸리에 변환의 미분 성질을 결합하여 삼각 펄스의 푸리에 변환을 다음과 같이 얻을 수 있다. [그림 6-15(d)]는 이 스펙트럼을 그린 것이다.

$$\Delta_1(\omega) = \frac{1}{(j\omega)^2}\mathscr{F}\left\{\frac{d^2\Delta_1(t)}{dt^2}\right\} = \frac{4}{\omega^2}\sin^2\left(\frac{\omega}{2}\right) = \mathrm{sinc}^2\left(\frac{\omega}{2\pi}\right)$$

이렇게 구하는 것이 앞에서처럼 [그림 6-15(b)]의 사각 펄스의 푸리에 변환을 구한 뒤 미분 성질을 적용해 얻는 것보다 더 간편하다. 물론 [그림 6-15(b)]의 사각 펄스의 푸리에 변환도 [예제 6-6]에서처럼 직접 계산하는 것보다 식 (6.42)에 시간 미분 성질을 적용하는 것이 더 쉽다.

일반적으로 직선 성분들로 구성되는 신호들의 경우 계속 미분을 수행하면 임펄스열들만 남게 된다. 임펄스 함수의 푸리에 변환은 1이므로 이에 시간 이동과 시간 미분 성질을 적용하면 매우 쉽게 푸리에 변환을 구할 수 있다.

6.3.9 주파수 미분

$$(-jt)x(t) \quad \Leftrightarrow \quad \frac{dX(\omega)}{d\omega} \qquad (6.43)$$

주파수 미분 성질은 시간 미분 성질과 쌍대 관계로서, 식 (6.41)과 같은 방법으로 푸리에 변환의 정의식의 양변을 주파수에 대해 미분하여 쉽게 얻을 수 있다.

6.3.10 시간 컨벌루션

$$x_1(t) * x_2(t) \quad \Leftrightarrow \quad X_1(\omega)X_2(\omega) \qquad (6.44)$$

시간 영역에서 두 신호의 컨벌루션은 주파수 영역에서 각 신호의 푸리에 변환(스펙트럼)의 곱하기가 된다. LTI 시스템의 출력이 입력과 임펄스 응답의 컨벌루션으로 주어진다는 점에서, 컨벌루션 계산을 간편하게 해주는 이 성질은 매우 유용하다. 다른 여러 가지 장점도 있지만 바로 이 점 때문에 우리는 많은 경우 주파수 영역에서 시스템을 다루게 된다. 시간 컨벌루션 성질은 컨벌루션과 푸리에 변환의 정의식을 이용하여 다음과 같이 얻어진다.

$$
\begin{aligned}
\mathscr{F}\{x_1(t) * x_2(t)\} &= \int_{-\infty}^{\infty}\left[\int_{-\infty}^{\infty}x_1(\tau)x_2(t-\tau)\,d\tau\right]e^{-j\omega t}\,dt \\
&= \int_{-\infty}^{\infty}x_1(\tau)\left[\int_{-\infty}^{\infty}x_2(t-\tau)e^{-j\omega t}\,dt\right]d\tau \\
&= \int_{-\infty}^{\infty}x_1(\tau)\left[\int_{-\infty}^{\infty}x_2(t')e^{-j\omega t'}\,dt'\right]e^{-j\omega\tau}\,d\tau \\
&= \left(\int_{-\infty}^{\infty}x_1(\tau)e^{-j\omega\tau}\,d\tau\right)\left(\int_{-\infty}^{\infty}x_2(t')e^{-j\omega t'}\,dt'\right) \\
&= X_1(\omega)X_2(\omega)
\end{aligned}
\tag{6.45}
$$

예제 6-13 시간 컨벌루션 성질을 이용한 삼각 펄스의 푸리에 변환 　　관련 예제 | [예제 6-12]

[그림 6-16]의 삼각 펄스 신호의 푸리에 변환을 구하라.

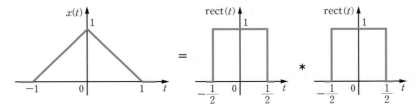

[그림 6-16] **삼각 펄스 신호**

풀이

[그림 6-16]에 나타낸 것처럼 삼각 펄스 $x(t)$는 크기와 폭이 절반인 두 사각 펄스의 컨벌루션으로 나타낼 수 있다. 즉 $x(t)=\text{rect}(t)*\text{rect}(t)$이므로 사각 펄스의 푸리에 변환쌍과 시간 컨벌루션 성질을 이용하면 다음과 같이 간단히 푸리에 변환이 구해진다.

$$
X(\omega)=\mathscr{F}\{\text{rect}(t)*\text{rect}(t)\}=\text{sinc}^2\left(\frac{\omega}{2\pi}\right)^2
$$

6.3.11 주파수 컨벌루션(시간 곱)

$$x_1(t)\,x_2(t) \quad \Leftrightarrow \quad \frac{1}{2\pi}X_1(\omega)*X_2(\omega) \tag{6.46}$$

시간 컨벌루션 성질의 쌍대 관계로 주파수 영역 컨벌루션 성질도 성립한다. 즉 **시간 영역에서 두 신호를 곱하는 동작은 주파수 영역에서 스펙트럼의 컨벌루션으로 나타난다.**
이 성질도 컨벌루션과 푸리에 역변환의 정의식을 이용하면 어렵지 않게 얻을 수 있다.

예제 6-14 주파수 컨벌루션 성질을 이용한 변조의 푸리에 변환

식 (6.37)의 변조의 푸리에 변환쌍을 주파수 컨벌루션 성질을 이용하여 구하라.

풀이

주파수 컨벌루션 성질을 이용하여 $x(t)\cos\omega_0 t$를 푸리에 변환하면 다음과 같다.

$$\mathcal{F}\{x(t)\cos\omega_0 t\} = \frac{1}{2\pi}X(\omega)*\pi\left[\delta(\omega+\omega_0)+\delta(\omega-\omega_0)\right]$$

그런데 위 식 우변의 임펄스와의 컨벌루션은 4.3.2절의 컨벌루션 성질 중에서 식 (4.12) $x(t)*\delta(t-t_0)=x(t-t_0)$에 의해 $X(\omega)*\delta(\omega\pm\omega_0)=X(\omega\pm\omega_0)$가 되므로 다음의 푸리에 변환쌍을 얻게 된다.

$$x(t)\cos\omega_0 t \quad \Leftrightarrow \quad \frac{1}{2}\left[X(\omega+\omega_0)+X(\omega-\omega_0)\right]$$

6.3.12 파스발의 정리

- 신호의 에너지에 대해 다음과 같은 파스발의 정리가 성립한다.

$$E = \int_{-\infty}^{\infty}|x(t)|^2\,dt = \frac{1}{2\pi}\int_{-\infty}^{\infty}|X(\omega)|^2\,d\omega \tag{6.47}$$

- 신호의 에너지는 시간 영역에서 구하나 주파수 영역에서 구하나 마찬가지이다.
- 서로 다른 주파수 성분 간에는 에너지가 전혀 만들어지지 않는다. 그러므로 신호의 에너지는 각 주파수 성분의 에너지를 모으면 된다.
- $|X(\omega)|^2$은 신호 $x(t)$가 갖는 에너지의 주파수 분포를 알려주기 때문에 **에너지 밀도 스펙트럼**energy density spectrum이라고 한다.

푸리에 급수에서는 주기 신호가 전력 신호이므로 파스발의 정리에 의해 전력 관계를 다루었지만, 푸리에 변환의 수렴 조건을 만족하는 신호의 경우 직접 에너지 관계를 다룰 수 있다.

식 (6.47)은 신호의 에너지의 정의와 푸리에 변환을 이용해 쉽게 얻을 수 있다.

$$E = \int_{-\infty}^{\infty} |x(t)|^2 dt = \int_{-\infty}^{\infty} x(t)x^*(t)\, dt$$

$$= \int_{-\infty}^{\infty} x(t) \left[\frac{1}{2\pi} \int_{-\infty}^{\infty} X^*(\omega)e^{-j\omega t}\, d\omega \right] dt \qquad (6.48)$$

$$= \frac{1}{2\pi} \int_{-\infty}^{\infty} X^*(\omega) \left[\int_{-\infty}^{\infty} x(t)e^{-j\omega t}\, dt \right] d\omega = \frac{1}{2\pi} \int_{-\infty}^{\infty} |X(\omega)|^2 d\omega$$

에너지 밀도 스펙트럼 $|X(\omega)|^2$은 스펙트럼의 크기만 관련되므로, **같은 에너지 밀도 스펙트럼을 가지는 신호가 여럿 존재할 수 있다. 그러나 어떤 신호이든 오직 하나의 에너지 밀도 스펙트럼만 가진다.**

신호의 에너지에 대한 계산은 쉽게 구해질 수도 있으나 종종 $|x(t)|^2$의 적분을 구하기가 쉽지 않다. 파스발의 정리는 이것을 직접 계산하는 대신에 주파수 영역에서 $|X(\omega)|^2$을 이용하여 에너지를 계산하는 것이다. 예를 들어, sinc 함수의 에너지는 주파수 영역에서 구하는 것이 훨씬 쉽다.

예제 6-15 파스발의 정리를 이용한 sinc 신호의 에너지 계산

$x(t) = \mathrm{sinc}(t)$의 에너지를 구하라.

풀이

시간 영역에서 $x(t)$의 에너지를 계산해보면 다음과 같다.

$$E = \int_{-\infty}^{\infty} |\mathrm{sinc}(t)|^2 dt = \int_{-\infty}^{\infty} \left| \frac{\sin \pi t}{\pi t} \right|^2 dt = \int_{-\infty}^{\infty} \frac{\sin^2(\pi t)}{\pi^2 t^2}\, dt$$

위 식의 적분 계산은 쉽지 않다. 그런데 $\mathrm{sinc}(t) \Leftrightarrow \mathrm{rect}\left(\dfrac{\omega}{2\pi} \right)$이므로 파스발의 정리를 적용하면 다음과 같이 간단히 신호의 에너지를 구할 수 있다.

$$E = \frac{1}{2\pi} \int_{-\infty}^{\infty} |X(\omega)|^2 d\omega = \frac{1}{2\pi} \int_{-\pi}^{\pi} 1\, d\omega = \frac{1}{2\pi} \omega \Big|_{-\pi}^{\pi} = 1$$

지금까지 살펴본 푸리에 변환의 성질들을 [표 6-1]에 정리하였다.

[표 6-1] 연속 시간 푸리에 변환(CTFT)의 주요 성질

	성질	푸리에 변환쌍
1	시간-주파수 쌍대성	$X(t) \Leftrightarrow 2\pi x(-\omega)$
2	선형성	$\alpha x(t) + \beta y(t) \Leftrightarrow \alpha X(\omega) + \beta Y(\omega)$
3	대칭성	$X^*(\omega) = X(-\omega), \ x(t)$는 실수 $\begin{cases} \mathrm{Re}\{X(\omega)\} = \mathrm{Re}\{X(-\omega)\}, & x(t)\text{는 실수} \\ \mathrm{Im}\{X(\omega)\} = -\mathrm{Im}\{X(-\omega)\}, & x(t)\text{는 실수} \end{cases}$ $\begin{cases} \lvert X(\omega) \rvert = \lvert X(-\omega) \rvert, & x(t)\text{는 실수} \\ \angle X(\omega) = -\angle X(-\omega), & x(t)\text{는 실수} \end{cases}$ $\begin{cases} \mathrm{Re}\{X(\omega)\} = \mathrm{Re}\{X(-\omega)\}, & x(t)\text{는 실수 우함수} \\ \mathrm{Im}\{X(\omega)\} = 0, & x(t)\text{는 실수 우함수} \end{cases}$ $\begin{cases} \mathrm{Re}\{X(\omega)\} = 0, & x(t)\text{는 실수 기함수} \\ \mathrm{Im}\{X(\omega)\} = -\mathrm{Im}\{X(-\omega)\}, & x(t)\text{는 실수 기함수} \end{cases}$
4	시간 반전	$x(-t) \Leftrightarrow X(-\omega)$
5	시간 척도조절	$x(at) \Leftrightarrow \dfrac{1}{\lvert a \rvert} X\left(\dfrac{\omega}{a}\right)$
6	시간 이동	$x(t-t_0) \Leftrightarrow e^{-jt_0\omega} X(\omega)$
7	주파수 이동	$x(t)e^{j\omega_0 t} \Leftrightarrow X(\omega - \omega_0)$
	변조	$x(t)\cos\omega_0 t \Leftrightarrow \dfrac{1}{2}\left[X(\omega - \omega_0) + X(\omega + \omega_0)\right]$
8	시간 미분	$\dfrac{d^m x(t)}{dt^m} \Leftrightarrow (j\omega)^m X(\omega), \quad m = 1, 2, \cdots$
9	주파수 미분	$-jtx(t) \Leftrightarrow \dfrac{dX(\omega)}{d\omega}$
10	시간 컨벌루션	$x(t) * y(t) \Leftrightarrow X(\omega) Y(\omega)$
11	주파수 컨벌루션	$x(t) y(t) \Leftrightarrow \dfrac{1}{2\pi} X(\omega) * Y(\omega)$
12	파스발의 정리	$\displaystyle\int_{-\infty}^{\infty} \lvert x(t) \rvert^2 \, dt = \dfrac{1}{2\pi} \int_{-\infty}^{\infty} \lvert X(\omega) \rvert^2 \, d\omega$

6.4 주기 신호의 푸리에 변환

주기 신호는 전력 신호이다. 전력 신호는 푸리에 변환이 이론적으로는 불가능하지만 특별히 존재하는 것으로 취급하기로 했으므로, 주기 신호는 푸리에 급수와 푸리에 변환의 두 가지 표현이 가능하다. 주기 신호에 대해서도 푸리에 변환을 사용하면 주기 신호와 비주기 신호를 일관적으로 취급할 수 있게 된다. 예를 들어, 어떤 신호가 주기 신호와 비주기 신호가 합쳐져 있을 경우에 이 두 성분을 나누어 푸리에 급수와 푸리에 변환으로 따로 변환하기보다 한꺼번에 푸리에 변환을 적용하는 것이 더 편리할 것이다.

학습포인트

• 주기 신호의 푸리에 급수와 푸리에 변환의 관계를 알아본다.
• 주기 신호와 비주기 신호의 푸리에 변환의 관계를 알아본다.

주기 신호 $x_T(t)$의 푸리에 급수와 푸리에 변환 $X_T(\omega)$, 그리고 $x_T(t)$의 한 주기만 떼어낸 비주기 신호 $x(t)$의 푸리에 변환 $X(\omega)$의 관계를 살펴보자.

$x_T(t)$의 푸리에 급수와 $x(t)$의 푸리에 변환 $X(\omega)$는 다음과 같다.

$$x_T(t) = \sum_{k=-\infty}^{\infty} X_k e^{jk\omega_0 t} \tag{6.49}$$

$$X(\omega) = \int_{-\infty}^{\infty} x(t) e^{-j\omega t} \, dt \tag{6.50}$$

$x(t) = \begin{cases} x_T(t), & 0 \le t \le T \\ 0, & \text{그 외} \end{cases}$ 이므로 주기 신호의 푸리에 계수 X_k는 다음과 같이 된다.

$$X_k = \frac{1}{T} \int_T x_T(t) e^{-jk\omega_0 t} \, dt = \frac{1}{T} \int_{-\infty}^{\infty} x(t) e^{-jk\omega_0 t} \, dt = \frac{1}{T} X(k\omega_0) \tag{6.51}$$

$x_T(t)$의 푸리에 변환은 식 (6.51)과 식 (6.6)의 변환쌍을 이용하면 다음과 같이 된다.

$$X_T(\omega) = \int_{-\infty}^{\infty} x_T(t) e^{-j\omega t} dt = \int_{-\infty}^{\infty} \left(\sum_{k=-\infty}^{\infty} X_k e^{jk\omega_0 t} \right) e^{-j\omega t} dt$$

$$= \sum_{k=-\infty}^{\infty} X_k \int_{-\infty}^{\infty} \left(e^{jk\omega_0 t} \right) e^{-j\omega t} dt = 2\pi \sum_{k=-\infty}^{\infty} X_k \delta(\omega - k\omega_0) \qquad (6.52)$$

$$= \frac{2\pi}{T} \sum_{k=-\infty}^{\infty} X(k\omega_0) \delta(\omega - k\omega_0) = \omega_0 \sum_{k=-\infty}^{\infty} X(k\omega_0) \delta(\omega - k\omega_0)$$

- 주기 신호의 푸리에 급수와 비주기 신호의 푸리에 변환의 관계

  X_k는 $X(\omega)$을 기본 주파수의 정수배, 즉 $k\omega_0$에서 샘플링하여 $\frac{1}{T}$배 한 것과 같다.

  $$X_k = \frac{1}{T} X(k\omega_0)$$

- 주기 신호의 푸리에 급수와 주기 신호의 푸리에 변환의 관계

  $X_T(\omega)$는 $k\omega_0$에 위치한 세기 $2\pi X_k$인 임펄스들로 이루어진다.

  $$X_T(\omega) = \sum_{k=-\infty}^{\infty} 2\pi X_k \delta(\omega - k\omega_0)$$

- 주기 신호의 푸리에 변환과 비주기 신호의 푸리에 변환의 관계

  $X_T(\omega)$는 $X(\omega)$을 $k\omega_0$에서 세기 ω_0인 임펄스들로 샘플링한 것이다.

  $$X_T(\omega) = \sum_{k=-\infty}^{\infty} \omega_0 X(k\omega_0) \delta(\omega - k\omega_0)$$

- 주기 신호의 푸리에 변환은 임펄스들로 구성된다.

어떤 경우이든지 주기 신호의 스펙트럼은 기본 주파수의 정수배인 $k\omega_0$에서만 존재하는 불연속적인 이산 함수임을 주의하라.

예제 6-16 임펄스열의 푸리에 급수 및 푸리에 변환   관련 예제 | [예제 5-8]

임펄스열 $p(t) = \sum_{m=-\infty}^{\infty} \delta(t - mT)$의 푸리에 급수 및 푸리에 변환을 구하라.

풀이

[예제 5-8]에서 구한 것처럼 임펄스열을 푸리에 급수로 나타내면 다음과 같이 된다.

$$P_k = \frac{1}{T} \int_T p(t) e^{-jk\omega_0 t} dt = \frac{1}{T} \int_{-\frac{T}{2}}^{\frac{T}{2}} \delta(t) e^{-jk\omega_0 t} dt = \frac{1}{T} e^{-jk\omega_0 0} = \frac{1}{T}$$

$$p(t) = \sum_{k=-\infty}^{\infty} P_k e^{jk\omega_0 t} = \sum_{k=-\infty}^{\infty} \frac{1}{T} e^{jk\omega_0 t}$$

임펄스열의 한 주기에 해당하는 비주기 신호 $x(t) = \delta(t)$의 푸리에 변환은 식 (6.7)에서 $X(\omega) = 1$이므로, 임펄스열의 푸리에 변환은 식 (6.52)로부터 다음과 같이 구해진다. 즉 임펄스열은 푸리에 변환 역시 주기와 세기가 모두 $\omega_0 (= \frac{2\pi}{T})$인 임펄스열이 된다.

$$P(\omega) = \omega_0 \sum_{k=-\infty}^{\infty} X(k\omega_0)\delta(\omega - k\omega_0) = \sum_{k=-\infty}^{\infty} \omega_0 \delta(\omega - k\omega_0)$$

$$p(t) = \sum_{k=-\infty}^{\infty} \delta(t - kT) \quad \Leftrightarrow \quad P(\omega) = \sum_{k=-\infty}^{\infty} \frac{2\pi}{T} \delta(\omega - k\omega_0) \qquad (6.53)$$

또한 $X(k\omega_0) = 1$이므로, 푸리에 계수 P_k는 $X(\omega)$와 관련하여 식 (6.51)의 관계를 만족함을 알 수 있다.

푸리에 급수에 의한 스펙트럼과 푸리에 변환에 의한 스펙트럼을 [그림 6-17]에 나타내었다. 그림에서 보듯이 푸리에 급수의 경우는 그냥 일반적인 선 스펙트럼이지만 푸리에 변환의 스펙트럼은 임펄스열로 표시된다.

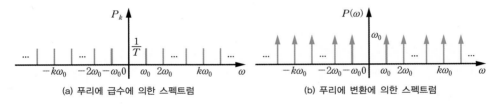

[그림 6-17] 주기 신호 임펄스열의 스펙트럼

예제 6-17 구형파(사각 펄스) 주기 신호의 푸리에 변환   관련 예제 | [예제 5-6]

[그림 6-18]의 구형파(사각 펄스) 주기 신호에 대해 푸리에 변환을 구하라.

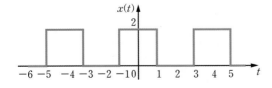

[그림 6-18] 구형파(사각 펄스) 주기 신호

풀이

구형파 주기 신호의 주기는 $T=4$이므로 기본 주파수는 $\omega_0 = \dfrac{\pi}{2}$이다. 한 주기를 떼어낸 비주기 사각 펄스는 다음과 같이 나타낼 수 있고,

$$x(t) = 2\text{rect}\left(\frac{t}{2}\right) = \begin{cases} 2, & |t| < 1 \\ 0, & \text{그 외} \end{cases}$$

이의 푸리에 변환은 6.2절의 사각 펄스 신호의 푸리에 변환쌍 식 (6.9)에 $\tau=1$을 대입하여 다음과 같이 얻어진다.

$$X(\omega) = 2 \cdot 2\tau \cdot \text{sinc}\left(\frac{\tau\omega}{\pi}\right) = 4\text{sinc}\left(\frac{\omega}{\pi}\right)$$

따라서 구형파 주기 신호의 푸리에 변환은 식 (6.52)에 의해 다음과 같이 된다.

$$X_T(\omega) = \omega_0 \sum_{k=-\infty}^{\infty} X(k\omega_0)\,\delta(\omega - k\omega_0) = 2\pi \sum_{k=-\infty}^{\infty} \text{sinc}\left(\frac{k}{2}\right)\delta\left(\omega - \frac{\pi}{2}k\right)$$

한편, [예제 5-6]에서 구한 푸리에 급수의 계수는 $X_k = \text{sinc}\left(\dfrac{k}{2}\right)$인데, 이를 $X(\omega)$와 관련하여 나타내면 다음과 같이 식 (6.51)의 관계가 만족됨을 볼 수 있다.

$$X_k = \text{sinc}\left(\frac{k}{2}\right) = \frac{1}{4}4\text{sinc}\left(\frac{1}{\pi} \cdot k\frac{\pi}{2}\right) = \frac{1}{T}X(k\omega_0)$$

[그림 6-19]는 푸리에 급수에 의한 스펙트럼 X_k와 푸리에 변환에 의한 스펙트럼 $X_T(\omega)$를 그린 것으로, 두 스펙트럼을 비교해보면 $X_T(\omega)$에서는 선 스펙트럼이 임펄스들로 이루어지며 그 세기가 X_k의 2π배가 됨을 볼 수 있다.

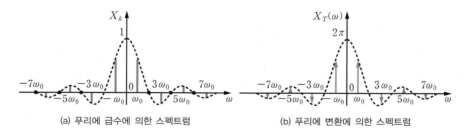

(a) 푸리에 급수에 의한 스펙트럼   (b) 푸리에 변환에 의한 스펙트럼

[그림 6-19] [예제 6-17]의 구형파 주기 신호의 스펙트럼

주파수 응답

시간 영역에서는 연속 LTI 시스템을 컨벌루션과 미분방정식으로 표현하고 해석하지만(4장), 풀이가 까다로울 뿐만 아니라 주파수와 관련한 정보를 전혀 제공하지 못한다. 그러므로 주파수 영역에서 시스템을 표현하고 해석할 수 있는 방법이 필요한데, 주파수 응답이 바로 좋은 해결책이다. 이 절에서는 주파수 응답의 개념과 임펄스 응답, 컨벌루션 표현, 미분방정식과의 관계를 살펴본 다음, 시스템 해석에 어떻게 활용되는지 간단히 알아볼 것이다.

학습포인트 —
- 시스템의 주파수 응답의 정의와 개념을 이해한다.
- 임펄스 응답, 주파수 응답, 미분방정식의 상호 관계를 이해한다.
- 푸리에 변환과 주파수 응답을 이용한 시스템의 출력 결정 방법에 대해 알아본다.
- 이상적인 주파수 선택 필터의 정의와 유형에 대해서 알아본다.

푸리에 변환을 이용하여 주파수 영역에서 시스템을 표현하고 해석하면 편리한 경우가 많다. 이러한 푸리에 변환 기법의 장점을 정리하면 다음과 같다.

❶ 신호와 시스템의 주파수 특성을 직관적이고 명확하게 나타낼 수 있다.
   푸리에 변환에 의해 신호의 스펙트럼과 시스템의 주파수 응답이 구해진다.
❷ 시스템의 입출력 관계가 컨벌루션으로 주어질 경우, 푸리에 변환에 의해 주파수 영역에서는 곱으로 표현되므로 해석이 용이하다.
❸ 시스템의 입출력 관계가 미분방정식으로 주어질 경우, 푸리에 변환의 시간 이동 성질을 이용하면 쉽게 결과를 얻을 수 있다.

6.5.1 주파수 응답의 개요

주파수 응답의 바탕 개념

시스템을 분석하고 해석하는 첫걸음은 입력에 대한 시스템의 출력이 어떻게 되는지 알아보는 것이다. 그런데 예를 들어 $t = 1$에서 크기가 똑같이 1이라 하더라도 입력이 계단 신호냐 정현파 신호냐에 따라 출력 값이 달라진다. 또한 입력이 $t=1$과 $t=3$에서 크기가 같더라도 출력 값이 다르다. 즉 입력과 출력의 크기에 일정한 관계가 형성되지 않기 때문에 시스템의 특성을 제대로 알려면 온갖 종류의 입력을 다 넣어서 오랜 시간 동안 관찰하는 수밖에 없는데, 이것은 너무 비효율적이고 무모하다. 그러므로 관점을 전환하여 입력의 주파수에 따라 시스템이 어떻게 반응하는지 살펴보는 것도 좋을 것이다. 이때 (복소) 정현파를 입력 신호로 선택하면 장점이 많다. 우선 정현파 신호는 주파수와 1:1 대응 관계이며, 이에 대한 출력 역시 같은 주파수의 정현파가 된다. 뿐만 아니라 푸리에 표현의 기저 신호이므로 그 틀을 그대로 활용할 수 있다. 이것이 시스템의 주파수 응답의 밑바탕에 깔린 생각이다.

주파수 응답의 정의

시스템의 주파수 응답은 이론적으로뿐만 아니라 실험적으로도 구할 수 있는 개념이다. **주파수 응답은 입력의 주파수 변화에 대한 시스템의 응답 특성으로 주파수의 함수이다.**

- 시스템의 **주파수 응답**frequency response $H(\omega)$는 주파수의 함수로 표현된 입력과 출력의 비, 즉 입력 $x(t)$의 푸리에 변환 $X(\omega)$에 대한 출력 $y(t)$의 푸리에 변환 $Y(\omega)$의 비로 정의한다.

$$H(\omega) = \frac{Y(\omega)}{X(\omega)} = |H(\omega)|e^{j\angle H(\omega)} \tag{6.54}$$

- 주파수 응답 $H(\omega)$의 크기 $|H(\omega)|$와 위상 $\angle H(\omega)$를 ω에 대해 각각 그린 것을 **진폭 (주파수) 응답**과 **위상 (주파수) 응답** 곡선이라고 한다.
- 주파수 응답은 입력 정현파에 대한 출력 정현파의 진폭과 위상 변화를 나타낸 것으로, 주파수에 따라 입력 신호의 크기와 위상을 증가 또는 감소시키는 시스템의 응답 특성을 보여준다.
- 주파수 응답은 시스템 임펄스 응답 $h(t)$의 푸리에 변환 $H(\omega) = \mathcal{F}\{h(t)\}$이다. 따라서 입력의 형태와 상관없고 시스템이 바뀌지 않는 한 달라지지 않는다.

주파수 응답은 실험적으로도 구할 수 있어 수학적 모델이 꼭 필요한 것은 아니라는 점에서도 매우 유용한 시스템 표현 및 해석 도구이다. 예를 들어, 전기회로의 입력단에 함수발생기를, 출력단에 오실로스코프를 연결한 뒤에 정현파의 진폭은 고정시킨 채 주파수만 조금씩 높여가며 인내심을 가지고 출력 파형의 진폭과 위상 변화를 측정하면 얻을 수 있다.

LTI 시스템의 입력 $x(t)$에 대한 출력 $y(t)$는 임펄스 응답 $h(t)$의 컨벌루션으로 주어진다.

$$y(t) = x(t) * h(t) = \int_{-\infty}^{\infty} x(\tau)h(t-\tau)\,d\tau \tag{6.55}$$

식 (6.55)를 푸리에 변환하면 시간 컨벌루션 성질에 의해 다음과 같이 된다.

$$Y(\omega) = X(\omega)H(\omega) \tag{6.56}$$

이로부터 주파수 응답은 다음과 같이 임펄스 응답의 푸리에 변환으로 얻어진다.

$$H(\omega) = \frac{Y(\omega)}{X(\omega)} = \mathcal{F}\{h(t)\} \tag{6.57}$$

결국 주파수 응답과 임펄스 응답은 같은 것으로 전자는 주파수 영역, 후자는 시간 영역에서 시스템을 나타낸 것이다. 그러므로 [그림 6-20]에 나타낸 것처럼 임펄스 응답 또는 주파수 응답 중 어느 것을 사용하여 LTI 시스템을 표시해도 무방하다.

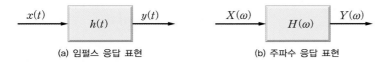

(a) 임펄스 응답 표현　　　　(b) 주파수 응답 표현

[그림 6-20] **연속 LTI 시스템의 표현**

식 (6.55)를 이용해 (복소) 정현파 입력 $x(t) = Ae^{j\omega t}$에 대한 시스템의 출력을 구해보자.

$$
\begin{aligned}
y(t) &= \int_{-\infty}^{\infty} h(\tau)\,x(t-\tau)\,d\tau = \int_{-\infty}^{\infty} h(\tau)Ae^{j\omega(t-\tau)}\,d\tau \\
&= \int_{-\infty}^{\infty} h(\tau)e^{-j\omega\tau}Ae^{j\omega t}\,d\tau = \left[\int_{-\infty}^{\infty} h(\tau)e^{-j\omega\tau}\,d\tau\right]Ae^{j\omega t} = H(\omega)x(t) \quad (6.58)\\
&= |H(\omega)|e^{j\angle H(\omega)}Ae^{j\omega t} = |H(\omega)|Ae^{j(\omega t + \angle H(\omega))}
\end{aligned}
$$

정현파 입력에 대한 LTI 시스템의 출력 역시 같은 주파수의 정현파로서 복소 계수 $H(\omega)$가 곱해진다. 즉 진폭이 $|H(\omega)|$배가 되고 위상이 $\angle H(\omega)$만큼 달라진다. 따라서 이 $H(\omega)$가 주파수 ω에 따른 시스템 응답을 결정하는 요소로서 곧 시스템의 주파수 응답이다.

미분방정식과 주파수 응답의 관계

입력 $x(t)$와 출력 $y(t)$를 갖는 LTI 시스템은 다음과 같은 미분방정식으로 표현된다.

$$\frac{d^n y(t)}{dt^n} + a_{n-1}\frac{d^{n-1}y(t)}{dt^{n-1}} + \cdots + a_0 y(t)$$
$$= b_m \frac{d^m x(t)}{dt^m} + b_{m-1}\frac{d^{m-1}x(t)}{dt^{m-1}} + \cdots + b_0 x(t) \tag{6.59}$$

식 (6.59)의 양변을 미분 성질을 이용하여 푸리에 변환하면 다음과 같이 된다.

$$(j\omega)^n Y(\omega) + a_{n-1}(j\omega)^{n-1}Y(\omega) + \cdots + a_1(j\omega)Y(\omega) + a_0 Y(\omega)$$
$$= b_m(j\omega)^m X(\omega) + b_{m-1}(j\omega)^{m-1}X(\omega) + \cdots + b_1(j\omega)X(\omega) + b_0 X(\omega) \tag{6.60}$$

이를 정리하여 $X(\omega)$에 대한 $Y(\omega)$의 비, 즉 주파수 응답 $H(\omega)$를 구하면 다음과 같다.

$$H(\omega) = \frac{Y(\omega)}{X(\omega)} = \frac{b_m(j\omega)^m + b_{m-1}(j\omega)^{m-1} + \cdots + b_0}{(j\omega)^n + a_{n-1}(j\omega)^{n-1} + \cdots + a_0} = \frac{\sum_{i=0}^{m} b_i(j\omega)^i}{\sum_{i=0}^{n} a_i(j\omega)^i} \tag{6.61}$$

여기서 $a_n = 1$이다. 식 (6.61)에서 $H(\omega)$는 다항식의 비로 나타낸 유리 함수가 된다. 이때 다항식은 $j\omega$의 거듭제곱 항들로 이루어지며, 분자 다항식의 계수는 미분방정식의 입력 항들의 계수와 같고, 분모 다항식의 계수는 미분방정식의 출력 항들의 계수와 같다. 그러므로 **미분방정식으로 표현된 LTI 시스템의 주파수 응답은 $X(\omega)$와 $Y(\omega)$를 계산하는 중간 과정을 거치지 않고 미분방정식으로부터 직접 식 (6.61)과 같이 구할 수 있다.** 미분방정식의 계수들에 의해 주파수 응답이 결정되므로, **주파수 응답은 시스템이 바뀌지 않는 한 달라지지 않으며 입력과는 무관하다**는 사실이 확인된다.

예제 6-18 주파수 응답, 임펄스 응답, 미분방정식의 결정   관련 예제 | [예제 6-11]

LTI 시스템에 입력 $x(t) = e^{-t}u(t)$를 넣었을 때 출력이 $y(t) = (e^{-t} - e^{-2t})u(t)$라고 한다. 이 시스템의 주파수 응답과 임펄스 응답, 그리고 시스템 미분방정식을 구하라.

풀이

우선 입력과 출력을 각각 푸리에 변환하면 다음과 같다.

$$X(\omega) = \mathscr{F}\{e^{-t}u(t)\} = \frac{1}{1+j\omega}$$

$$Y(\omega) = \mathscr{F}\left\{(e^{-t} - e^{-2t})u(t)\right\} = \frac{1}{1+j\omega} - \frac{1}{2+j\omega} = \frac{1}{(1+j\omega)(2+j\omega)}$$

주파수 응답은 정의식 식 (6.56) $H(\omega) = \dfrac{Y(\omega)}{X(\omega)}$ 로부터 다음과 같이 구할 수 있다.

$$H(\omega) = \frac{Y(\omega)}{X(\omega)} = \frac{\dfrac{1}{(1+j\omega)(2+j\omega)}}{\dfrac{1}{1+j\omega}} = \frac{1}{2+j\omega}$$

주파수 응답은 임펄스 응답을 푸리에 변환한 것이므로, 임펄스 응답은 얻어진 주파수 응답을 다음과 같이 푸리에 역변환하여 구할 수 있다.

$$h(t) = \mathscr{F}^{-1}\{H(\omega)\} = \mathscr{F}^{-1}\left\{\frac{1}{2+j\omega}\right\} = e^{-2t}u(t)$$

한편 미분방정식과 주파수 응답의 관계 식 (6.61)로부터 다음의 관계를 얻을 수 있고,

$$(2+j\omega)\,Y(\omega) = X(\omega)$$

이를 시간 미분 성질을 이용하여 역변환하면 다음의 미분방정식을 얻는다.

$$\frac{dy(t)}{dt} + 2y(t) = x(t)$$

이상의 결과는 [예제 6-11]에서 살펴본 것과 일치한다.

6.5.2 주파수 응답을 이용한 시스템 출력 결정

까다로운 컨벌루션 계산보다는 단순한 곱셈이 훨씬 간편하기 때문에 식 (6.56) $Y(\omega) = X(\omega)H(\omega)$를 이용하여 출력의 스펙트럼을 구한 뒤, 이를 푸리에 역변환하여 시스템 출력을 구하는 게 더 낫다.

> **주파수 응답을 이용한 시스템 출력 계산**
> ❶ 입력과 임펄스 응답의 푸리에 변환을 수행한다.
> ❷ 입력 스펙트럼에 시스템 주파수 응답을 곱해 출력 스펙트럼을 구한다.
> ❸ 출력 스펙트럼의 푸리에 역변환을 수행하여 출력 신호를 구한다.

이 계산 과정을 [그림 6-21]에 정리하여 나타내었다. 언뜻 보기에는 여러 단계를 거치므로 훨씬 더 복잡해 보이지만, 컴퓨터를 이용한 신호 처리에서 고속 푸리에 변환

(FFT)이라는 알고리즘을 이용하면 컨벌루션을 직접 계산하는 것보다는 훨씬 효율적이므로 널리 사용된다.

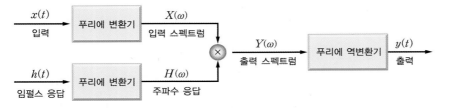

[그림 6-21] **주파수 응답과 푸리에 변환을 이용한 LTI 시스템의 출력 계산**

주파수 영역에서 스펙트럼 그래프를 이용하면 효과적으로 계산이 수행될 수 있을 뿐만 아니라, 주파수와 관련한 시스템의 동작 특성을 직관적으로 이해할 수 있다.

주파수 영역에서 출력 스펙트럼의 계산

• 출력의 진폭 스펙트럼은 입력의 진폭 스펙트럼에 시스템의 진폭 응답을 곱한 것이다.

$$|Y(\omega)| = |H(\omega)||X(\omega)| \tag{6.62a}$$

출력 진폭 스펙트럼＝시스템 진폭 응답×입력 진폭 스펙트럼 (6.62b)

• 출력의 위상 스펙트럼은 입력의 위상 스펙트럼에 시스템의 위상 응답을 더한 것이다.

$$\angle\,Y(\omega) = \angle\,H(\omega) + \angle\,X(\omega) \tag{6.63a}$$

출력 위상 스펙트럼＝시스템 위상 응답＋입력 위상 스펙트럼 (6.63b)

위의 결과는 $Y(\omega) = H(\omega)X(\omega)$를 다음과 같이 극좌표 형식으로 나타내어 얻어진 것이다.

$$|Y(\omega)|e^{j\angle\,Y(\omega)} = |H(\omega)|e^{j\angle\,H(\omega)}|X(\omega)|e^{j\angle\,X(\omega)}$$
$$= |H(\omega)||X(\omega)|e^{j(\angle\,H(\omega) + \angle\,X(\omega))} \tag{6.64}$$

예제 6-19 컨벌루션 표현에 의한 시스템 출력 구하기   관련 예제 | [예제 4-3]

임펄스 응답 $h(t) = e^{-t}u(t)$인 시스템에 계단 신호 $x(t) = u(t)$를 입력으로 넣었을 때 시스템의 출력(계단 응답) $y(t)$를 구하라.

풀이

[예제 4-3]에서는 컨벌루션을 이용하여 출력을 계산했는데, 이번에는 주파수 응답을 이용하여 출력을 구해보자. 주파수 응답은 임펄스 응답을 푸리에 변환하여 다음과 같이 구해진다.

$$H(\omega) = \frac{1}{1+j\omega}$$

입력 $x(t) = u(t)$의 푸리에 변환은 $X(\omega) = \frac{1}{j\omega} + \pi\delta(\omega)$이므로, 출력 스펙트럼 $Y(\omega)$는 다음과 같이 된다.

$$Y(\omega) = H(\omega)X(\omega) = \frac{1}{j\omega}H(j\omega) + \pi H(0)\delta(\omega) = \frac{1}{j\omega(1+j\omega)} + \pi\delta(\omega)$$

$Y(\omega)$의 역변환을 구하기 위해 우선 $Y(\omega)$를 부분분수로 전개하면 다음과 같다.

$$Y(\omega) = \frac{1}{j\omega} - \frac{1}{1+j\omega} + \pi\delta(\omega) = \left(\frac{1}{j\omega} + \pi\delta(\omega)\right) - \frac{1}{1+j\omega}$$

위 식 우변의 첫 번째 항은 단위 계단 신호의 푸리에 변환이고, 두 번째 항은 실수 지수 신호의 푸리에 변환이므로 $Y(\omega)$의 역변환은 다음과 같이 되어 계단 응답이 얻어진다.

$$y(t) = u(t) - e^{-t}u(t) = (1 - e^{-t})u(t)$$

이 결과는 [예제 4-3]에서 구한 결과와 일치한다.

이러한 풀이는 역변환의 계산 과정에서 부분 분수 전개가 요구되며, 계속 $j\omega$가 따라다니고 복소수 계산을 해야 하는 등 번거로운 면이 있다. 그러므로 컴퓨터 프로그램이 아닌 수작업으로 주파수 영역에서 시스템의 출력을 결정할 때에는 7장에서 배울 라플라스 변환과 전달 함수를 사용하는 것이 보다 일반적이다.

예제 **6-20** 주파수 응답을 이용한 시스템 출력의 결정 : 비주기 신호 입력 관련 예제 ㅣ [예제 7-28]

임펄스 응답 $h(t) = 2e^{-2t}u(t)$인 LTI 시스템의 주파수 응답과 입력 $x(t) = 2e^{-t}u(t)$의 스펙트럼을 이용하여 출력과 그 스펙트럼을 구하라.

풀이

주파수 응답은 임펄스 응답을 푸리에 변환하여 다음과 같이 구해진다.

$$H(\omega) = \frac{2}{2+j\omega}$$

$x(t) = 2e^{-t}u(t)$를 푸리에 변환하여 스펙트럼을 구하면 다음과 같다.

$$X(\omega) = \frac{2}{1+j\omega}$$

따라서 $Y(\omega)$는 다음과 같이 된다.

$$Y(\omega) = H(\omega)X(\omega) = \frac{2}{2+j\omega}\frac{2}{1+j\omega} = \frac{4}{1+j\omega} - \frac{4}{2+j\omega}$$

부분분수 전개된 $Y(\omega)$를 역변환하면 다음과 같이 출력이 구해진다.

$$y(t) = (4e^{-t} - 4e^{-2t})u(t)$$

한편 식 (6.62)와 식 (6.63)에 의해 출력 스펙트럼은 다음과 같이 나타낼 수 있다.

$$|Y(\omega)| = |H(\omega)||X(\omega)| = \frac{2}{\sqrt{\omega^2+4}}\frac{2}{\sqrt{\omega^2+1}}$$

$$\angle Y(\omega) = \angle H(\omega) + \angle X(\omega) = -\tan^{-1}\frac{\omega}{2} - \tan^{-1}\frac{\omega}{1}$$

이에 의한 출력 스펙트럼의 계산 과정을 [그림 6-22]에 그림으로 나타내었다.

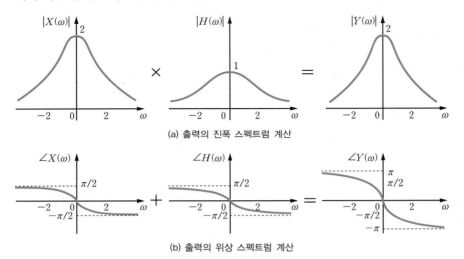

[그림 6-22] 시스템의 출력 스펙트럼 계산

예제 6-21 주파수 응답을 이용한 시스템 출력의 결정 : 주기 신호 입력

시스템의 주파수 응답이 [그림 6-23]과 같을 때(위상은 모든 주파수에 대해 0), 주기 신호 입력 $x(t) = 10\cos(\pi t) + 15\cos(3\pi t)$에 대한 출력 신호를 구하라.

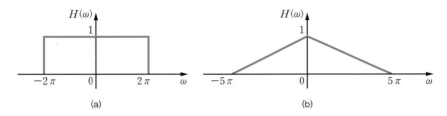

[그림 6-23] [예제 6-21]의 시스템의 주파수 응답

풀이

(a) 그림으로부터 시스템의 주파수 응답은 다음과 같이 쓸 수 있다.

$$H(\omega) = \text{rect}\left(\frac{\omega}{4\pi}\right) = \begin{cases} 1, & |\omega| \leq 2\pi \\ 0, & \text{그 외} \end{cases}$$

식 (6.13)의 코사인파의 푸리에 변환쌍을 이용하여 입력 $x(t)$의 푸리에 변환을 구하면 다음과 같으며, 이 스펙트럼을 [그림 6-24(a)]에 나타내었다.

$$X(\omega) = 15\pi\delta(\omega+3\pi) + 10\pi\delta(\omega+\pi) + 10\pi\delta(\omega-\pi) + 15\pi\delta(\omega-3\pi)$$

출력 $y(t)$의 스펙트럼은 다음과 같이 $X(\omega)$와 $H(\omega)$의 곱으로 구해지며, 이를 [그림 6-24(b)]에 나타내었다.

$$Y(\omega) = H(\omega)X(\omega) = 10\pi H(-\pi)\delta(\omega+\pi) + 10\pi H(\pi)\delta(\omega-\pi)$$
$$= 10\pi\delta(\omega+\pi) + 10\pi\delta(\omega-\pi)$$

식 (6.13)의 코사인파의 푸리에 변환쌍을 이용하여 이를 역변환하면 다음과 같이 출력 신호가 얻어진다.

$$y(t) = 10\cos(\pi t)$$

시스템의 차단 주파수 $\omega_c = 2\pi$ 밖에 있는 주파수 성분 $15\cos(3\pi t)$는 차단되어 출력으로 나오지 않는다. 이 예에서 볼 수 있듯이 **주기 신호 입력에 대한 LTI 시스템의 출력 또한 주기 신호가 된다**. 주기 신호의 경우에는 입력 신호의 푸리에 변환 대신 푸리에 급수를 이용해 계산해도 마찬가지 결과를 얻을 수 있다.

(b) 그림으로부터 시스템의 주파수 응답은 다음과 같이 쓸 수 있다.

$$H(\omega) = \Delta_{5\pi}(\omega) = \begin{cases} 1 - \dfrac{1}{5\pi}|\omega|, & |\omega| \leq 5\pi \\ 0, & \text{그 외} \end{cases}$$

(a)와 마찬가지로 출력 $y(t)$의 스펙트럼은 다음과 같이 구할 수 있으며, 이를 [그림 6-24(c)]에 나타내었다.

$$Y(\omega) = H(\omega)X(\omega) = 15\pi H(-3\pi)\delta(\omega+3\pi) + 10\pi H(-\pi)\delta(\omega+\pi)$$
$$+ 10\pi H(\pi)\delta(\omega-\pi) + 15\pi H(3\pi)\delta(\omega-3\pi)$$
$$= 6\pi\delta(\omega+3\pi) + 8\pi\delta(\omega+\pi) + 8\pi\delta(\omega-\pi) + 6\pi\delta(\omega-3\pi)$$

식 (6.13)의 코사인파의 푸리에 변환쌍을 이용하여 이를 역변환하면 다음과 같이 출력 신호가 얻어진다.

$$y(t) = 8\cos(\pi t) + 6\cos(3\pi t)$$

위 결과에서 시스템을 통과하면서 $\omega = 3\pi$의 정현파의 크기가 $\omega = \pi$의 정현파보다 작아졌는데, [그림 6-24(c)]를 보면 바로 알 수 있다.

이상에서 보듯이, **시스템 주파수 응답의 형태에 따라 입력의 각 주파수 성분에 대한 응답이 달라져 모든 주파수 성분을 합성한 출력도 달라진다.** 그러므로 입력에 대해 원하는 출력을 내는 시스템을 설계하는 것은 결국 적절한 주파수 응답을 결정하는 것과 같다.

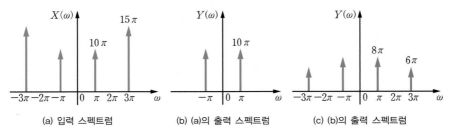

[그림 6-24] **입력과 출력의 스펙트럼**

6.5.3 주파수 응답과 필터

[예제 6-21]에서 보았듯이 신호와 시스템을 주파수 영역에서 표현하고 취급하는 것이 필요하고 좋은 이유가 잘 드러나는 응용 사례가 필터이다. **필터는 일반적으로 신호 속에 포함되어 있는 잡음과 같이 불필요하고 원하지 않는 성분들을 필수적이고 유용한 성분들과 분리해서 걸러내는 시스템이다.** 공기청정기, 커피메이커 등에 들어 있는 필터를 생각하면 이해가 쉬울 것이다. 잡음은 통상적으로 신호가 전달되는 경로 또는 처리 장치나 환경의 물리적 특성의 영향으로 생긴다. 예를 들면, 트랜지스터의 열잡음이나 전기적 특성의 불균일성이나 비대칭성으로 인한 통신 선로 잡음 등이 그것이다.

일반적으로 필터의 기능을 분류할 때 기준이 되는 것은 주파수 영역에서의 특성이다. 만약 신호 중의 필요한 성분과 불필요한 성분의 주파수가 서로 다르다면, 특정한 형태의 주파수 응답을 갖는 필터를 이용해 이들을 쉽게 분리해낼 수 있다. 이러한 필터를 **주파수 선택 필터**frequency selective filter라고 하며, 주파수 분리 특성에 따라 [그림 6-25]에 보인 것처럼 **저역 통과(LP)**Low Pass, **고역 통과(HP)**High Pass, **대역 통과(BP)**Band Pass, **대역 저지(BS)**Band Stop의 네 가지로 구별된다.

- **저역 통과(LP) 필터**는 $|\omega| < \omega_c$인 낮은 주파수 대역의 신호만 통과시키고, 그 외의 주파수 범위의 신호는 모두 차단하는 필터이다([그림 6-25(a)]).
- **고역 통과(HP) 필터**는 $|\omega| > \omega_c$인 높은 주파수 대역의 신호만 통과시키고, 그 외의 주파수 범위의 신호는 모두 차단하는 필터이다([그림 6-25(b)]).
- **대역 통과(BP) 필터**는 $\omega_{cl} < |\omega| < \omega_{ch}$인 주파수 대역의 신호만 통과시키고, 그 외의 주파수 범위의 신호는 모두 차단하는 필터이다([그림 6-25(c)]).
- **대역 저지(BS) 필터**는 $\omega_{cl} < |\omega| < \omega_{ch}$인 주파수 대역의 신호만 차단하고, 그 외의 주파수 범위의 신호는 모두 통과시키는 필터이다([그림 6-25(d)]).

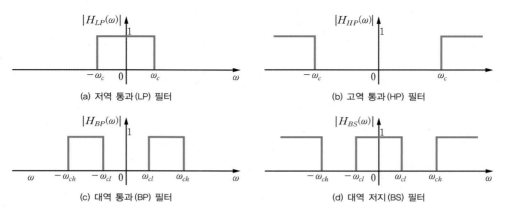

[그림 6-25] **이상적인 주파수 선택 필터**

[그림 6-25]에서 보듯이 필터의 주파수 특성은 신호를 통과시키는 주파수 구간인 **통과 대역**pass band과 신호를 차단하는 주파수 구간인 **저지 대역**stop band에 의해 결정된다.

[그림 6-25]의 필터는 필요한 주파수 성분들은 조금의 왜곡도 없이 그대로 통과시키고 불필요한 성분들은 100% 완벽하게 차단하는 필터인데, 물리적으로는 구현할 수 없기 때문에 이상적인 필터라고 한다. 물리적으로 구현 가능한 가장 간단한 필터로는 [그림 6-26]에 보인 것과 같이 R, L, C 소자를 사용한 전기회로가 있다.

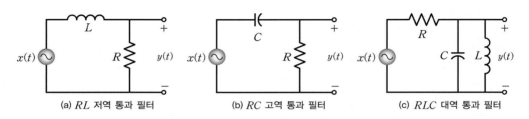

[그림 6-26] **간단한 물리적인 필터**

물리적인 필터의 주파수 응답은 [그림 6-25]와는 달리 통과 대역에서 저지 대역으로 점진적으로 옮겨간다. 따라서 신호를 통과시키는 경계인 **차단 주파수**cut-off frequency를 다음과 같이 최대 이득에 대해 전력이 반(− 3[dB])인, 즉 이득이 $\dfrac{1}{\sqrt{2}}$이 되는 주파수로 정의한다.

$$\frac{|H(\omega_c)|^2}{|H(\omega)|^2_{\max}} = \frac{1}{2} \qquad 또는 \qquad \frac{|H(\omega_c)|}{|H(\omega)|_{\max}} = \frac{1}{\sqrt{2}} \tag{6.65}$$

예제 6-22 간단한 물리적인 저역 통과 필터 : RC 회로

[그림 6-27(a)]의 RC 회로의 주파수 응답을 구하여 어떤 특성의 필터인지 판별하라. 그리고 $R = 0.5[\Omega]$, $C = 0.1[F]$일 때 다음의 입력에 대한 출력의 진폭 스펙트럼을 구하라.

(a) $\omega_0 = 1$인 정현파   (b) $\omega_0 = 15$인 정현파   (c) $\omega_0 = 98$인 정현파

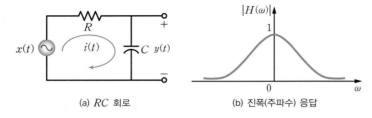

(a) RC 회로   (b) 진폭(주파수) 응답

[그림 6-27] RC 회로

풀이

키르히호프의 전압 법칙을 적용하여 회로 방정식을 세우면, $i(t) = C\dfrac{dy(t)}{dt}$ 이므로

$$v_R(t) + v_C(t) = RC\frac{dy(t)}{dt} + y(t) = x(t)$$

이다. 이를 푸리에 변환하면 $(RC(j\omega) + 1)Y(\omega) = X(\omega)$가 되므로 주파수 응답은 다음과 같다.

$$H(\omega) = \frac{Y(\omega)}{X(\omega)} = \frac{\dfrac{1}{RC}}{j\omega + \dfrac{1}{RC}}$$

따라서 진폭 응답, 즉 필터 이득은 다음과 같고, [그림 6-27(b)]와 같은 형태가 된다.

$$|H(\omega)| = \frac{\dfrac{1}{RC}}{\sqrt{\omega^2 + \left(\dfrac{1}{RC}\right)^2}} = \frac{20}{\sqrt{\omega^2 + 20^2}}$$

$|H(0)|=1$, $|H(\infty)|=0$으로 주파수가 높아짐에 따라 크기가 작아지므로 저역 통과 필터이다.

(a) $\omega_0 = 1$을 진폭 응답 식에 대입하면 다음과 같다.

$$|H(1)| = \frac{20}{\sqrt{1^2 + 20^2}} \simeq \frac{20}{20} = 1$$

이 정현파는 그대로 통과되어 출력으로 나온다.

(b) $\omega_0 = 15$를 진폭 응답 식에 대입하면 다음과 같다.

$$|H(15)| = \frac{20}{\sqrt{15^2 + 20^2}} = \frac{20}{25} = 0.8$$

차단 주파수가 $\omega_c = 1/RC = 20$이므로, 이 정현파는 주파수가 통과대역 안에 있으나 크기가 약간(20%) 감소되어 필터 출력으로 나타난다. 이는 [그림 6-27(b)]에서 보듯이 통과대역에서 필터의 이득이 1로 일정하지 않기 때문이다.

(c) $\omega_0 = 98$을 진폭 응답 식에 대입하면 다음과 같다.

$$|H(98)| = \frac{20}{\sqrt{98^2 + 20^2}} \simeq \frac{20}{100} = 0.2$$

이 정현파는 크기가 많이 감소하긴 하였으나, 그래도 작은 값(20%)이 출력에 포함된다. 즉 차단이 이루어지고 있지만 양호하진 않다.

이상의 결과를 보면, RC 저역 통과 필터가 필터링 동작을 하는 것은 분명하지만 특성이 썩 좋은 것은 아님을 확인할 수 있다.

Quick Review

■ 다음 문제에서 맞는 것을 골라라.

[1] 비주기 신호는 주파수에 대해 (이산, 연속)인 스펙트럼을 가진다.

[2] 모든 신호에 대해 푸리에 변환이 가능하다. (○, ×)

[3] (에너지, 전력) 신호는 푸리에 변환의 수렴 조건을 만족한다.

[4] 전력 신호의 푸리에 변환은 임펄스 함수를 포함한다. (○, ×)

[5] 주기 신호의 (CT)FT는 같은 파형 비주기 신호의 (CT)FT를 샘플링한 것이다.

(○, ×)

[6] (CT)FT는 시간 신호와 스펙트럼이 역할을 맞바꾸어도 변환쌍이 유지된다.

(○, ×)

[7] 실수 신호의 (진폭 스펙트럼, 위상 스펙트럼)은 우대칭을 만족한다.

[8] 실수 기함수 신호의 스펙트럼은 (실수, 허수, 복소수)이다.

[9] 시간 이동된 신호는 원 스펙트럼에서 진폭과 위상 스펙트럼 모두 변한다.

(○, ×)

[10] 시간축 상에서 신호를 압축하면 주파수축 상에서 스펙트럼이 (압축된다, 늘어난다).

[11] (CT)FT는 곱-컨벌루션 쌍대성이 성립한다. (○, ×)

[12] 신호의 다른 주파수 성분끼리도 에너지를 형성한다. (○, ×)

[13] 주파수 응답은 입력의 (파형, 주파수) 변화에 대한 시스템의 응답 특성이다.

[14] 주파수 응답은 입력의 형태에 따라 달라진다. (○, ×)

[15] 주파수 응답은 (임펄스 응답, 시스템 미분방정식, 초기 조건)과는 무관하다.

[16] 시스템 미분방정식의 계수에 의해 주파수 응답이 결정된다. (○, ×)

[17] 출력의 스펙트럼은 입력의 스펙트럼과 주파수 응답만 알면 구할 수 있다.

(○, ×)

[18] 출력의 진폭 스펙트럼은 입력의 진폭 스펙트럼과 진폭 응답의 (합, 곱)이다.

[19] 출력의 위상 스펙트럼은 입력의 위상 스펙트럼과 위상 응답의 (합, 곱)이다.

[20] 모든 주파수 성분을 지닌 백색 잡음을 주파수 선택 필터로 걸러낼 수 있다.

(○, ×)

6.1 [그림 6–28]과 같은 신호 $x(t)$의 푸리에 변환을 구하라.

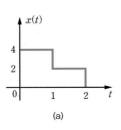
(a)

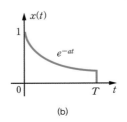
(b)

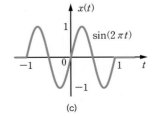
(c)

[그림 6–28]

6.2 다음 신호 중에서 푸리에 변환이 존재하는 것을 모두 골라라.

㉮ $x(t) = |t|$ ㉯ $x(t) = t\,u(t)$ ㉰ $x(t) = \dfrac{1}{t}$

㉱ $x(t) = e^{-2|t|}$ ㉲ $x(t) = t^2 e^{-2t} u(t)$

6.3 [그림 6–29]와 같은 스펙트럼 $X(\omega)$를 푸리에 역변환하여 신호 $x(t)$를 구하라.

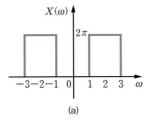
(a)

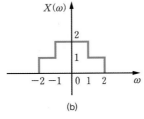
(b)

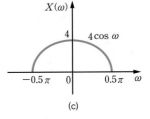
(c)

[그림 6–29]

6.4 다음 각 신호에 대해 푸리에 변환의 정의를 이용하여 구하고, [부록]의 푸리에 변환쌍표와 [표 6–1]의 푸리에 변환의 성질을 이용하여 푸리에 변환을 구하라.

(a) $x(t) = u(t) - u(t-4)$ (b) $x(t) = e^{-2t}[u(t) - u(t-4)]$

(c) $x(t) = t[u(t) - u(t-4)]$

6.5 푸리에 변환의 성질을 이용하여 다음 신호에 대한 푸리에 변환 $X(\omega)$를 구하라.

(a) $x(t) = \left[\sin(\omega_0 t)\right] u(t)$ (b) $x(t) = \dfrac{d}{dt}\left[e^{-\pi t} u(t)\right]$

(c) $x(t) = e^{-\pi t}\left[\sin(\omega_0 t)\right] u(t)$

6.6 [예제 6-6]의 [그림 6-12]의 신호 $x(t)$의 푸리에 변환을 다음의 서로 다른 방법으로 구하라.

(a) 푸리에 변환쌍 $u(t) \Leftrightarrow \pi\delta(\omega) + \dfrac{1}{j\omega}$ 과 시간 이동 성질을 이용한 방법

(b) 변환쌍 $\delta(t) \Leftrightarrow 1$과 시간 미분 및 시간 이동 성질을 이용한 방법

6.7 $x(t)$의 푸리에 변환이 다음과 같을 때, 다음에 대한 푸리에 변환을 구하라.

$$X(\omega) = \frac{1}{1+j\omega}$$

(a) $x(2t)$ (b) $x(3t-6)$

(c) $x(t) * x(t-2)$ (d) $x(t)\sin(2\pi t)$

6.8 푸리에 변환이 다음과 같을 때, 각 경우에 해당하는 신호 $x(t)$를 구하라.

(a) $X(\omega) = 2(\cos 2\omega)\left(\text{sinc}\,\dfrac{\omega}{\pi}\right)$ (b) $X(\omega) = e^{-a|\omega|},\; a > 0$

(c) $X(\omega) = \text{sinc}\left(\dfrac{\omega - 2\pi}{\pi}\right) + \text{sinc}\left(\dfrac{\omega + 2\pi}{\pi}\right)$

(d) $X(\omega) = j\left[u(-\omega) - u(\omega)\right]$

6.9 파스발의 정리를 이용하여 다음 신호의 에너지를 구하라.

(a) $x(t) = \dfrac{4}{2^2 + t^2}$ (b) $x(t) = \text{sinc}^2\left(\dfrac{t}{\pi}\right)$

6.10 [그림 6-30]의 전기 회로는 전류원 $x(t)$를 입력, C 양단의 전압 $y(t)$를 출력으로 한다. 물음에 답하라.

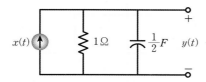

[그림 6-30]

(a) 이 회로의 주파수 응답을 구하고 그려라. 이 회로는 어떤 필터인가?

(b) 이 회로의 임펄스 응답을 구하라.

(c) $x(t) = e^{-3t}u(t)$를 입력으로 인가할 때 출력 $y(t)$를 구하라.

응 용 문 제

6.11 [그림 6-31]의 $x(t)$의 푸리에 변환이 $X(\omega) = \dfrac{1}{\omega^2}\left(e^{j\omega} - j\omega e^{j\omega} - 1\right)$로 주어졌다. 푸리에 변환의 성질을 이용하여 나머지 신호의 푸리에 변환을 구하라.

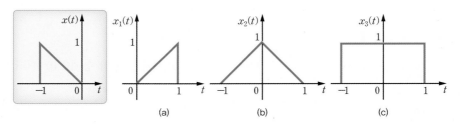

[그림 6-31]

6.12 신호 $x(t)$의 푸리에 변환이 $X(\omega) = \text{rect}(\omega/2)$일 때, 다음에 대한 푸리에 변환을 구하라.

(a) $tx(2t)$

(b) $(t-1)x(t+1)$

(c) $x(t) * \delta(t-2)$

(d) $\displaystyle\int_{-\infty}^{t} x(\tau)d\tau$

6.13 [그림 6–32]와 같은 스펙트럼 $X(\omega)$에 대한 푸리에 역변환을 구하라.

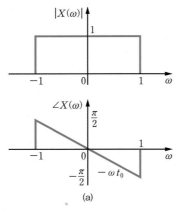
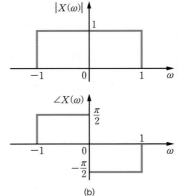

(a)   (b)

[그림 6–32]

6.14 $X(\omega) = \dfrac{1}{(a+j\omega)^2}$ 이 주어질 때,

(a) 푸리에 변환의 컨벌루션 성질을 이용하여 $x(t)$를 구하라.

(b) 푸리에 변환의 미분 성질을 이용하여 $x(t)$를 구하라.

6.15 다음 물음에 답하라.

(a) [그림 6–33(a)]와 같이 차단 주파수가 $100[\text{Hz}]$인 저역 통과(LP) 필터의 임
펄스 응답을 구하라.

(b) (a)의 결과와 푸리에 변환의 성질을 이용하여 [그림 6–33(b)]의 대역폭이
$200[\text{Hz}]$이고 대역 중심 주파수가 $1[\text{kHz}]$인 대역 통과(BP) 필터의 임펄스
응답을 구하라.

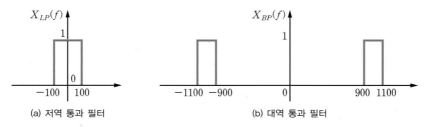

(a) 저역 통과 필터   (b) 대역 통과 필터

[그림 6–33]

Chapter 07

라플라스 변환

Laplace Transform

라플라스 변환의 개요 7.1

주요 신호의 라플라스 변환 7.2

라플라스 변환의 성질 7.3

라플라스 역변환 7.4

라플라스 변환에 의한 미분방정식 해석 7.5

전달 함수 7.6

연습문제

학습목표

- 라플라스 변환의 개념과 수렴 영역에 대해 이해할 수 있다.

- 주요 신호의 라플라스 변환쌍을 잘 익혀둘 수 있다.

- 라플라스 변환의 주요 성질을 이해할 수 있다.

- 부분분수 전개를 이용한 라플라스 역변환 방법을 잘 익혀둘 수 있다.

- 라플라스 변환을 이용한 미분방정식의 해석 방법에 대해 잘 익혀둘 수 있다.

- 전달 함수의 개념과 중요성에 대해 이해할 수 있다.

- 전달 함수의 극/영점의 역할과 중요성에 대해 이해할 수 있다.

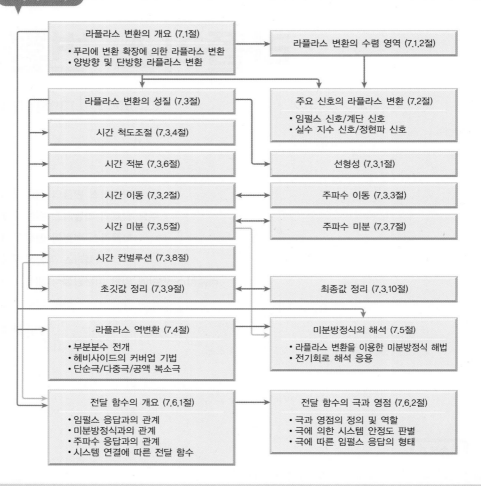

미리보기

라플라스 변환의 개요 (7.1절)
- 푸리에 변환 확장에 의한 라플라스 변환
- 양방향 및 단방향 라플라스 변환

라플라스 변환의 수렴 영역 (7.1.2절)

라플라스 변환의 성질 (7.3절)

주요 신호의 라플라스 변환 (7.2절)
- 임펄스 신호/계단 신호
- 실수 지수 신호/정현파 신호

시간 척도조절 (7.3.4절)

시간 적분 (7.3.6절)

선형성 (7.3.1절)

시간 이동 (7.3.2절)

주파수 이동 (7.3.3절)

시간 미분 (7.3.5절)

주파수 미분 (7.3.7절)

시간 컨벌루션 (7.3.8절)

초깃값 정리 (7.3.9절)

최종값 정리 (7.3.10절)

라플라스 역변환 (7.4절)
- 부분분수 전개
- 헤비사이드의 커버업 기법
- 단순극/다중극/공액 복소극

미분방정식의 해석 (7.5절)
- 라플라스 변환을 이용한 미분방정식 해법
- 전기회로 해석 응용

전달 함수의 개요 (7.6.1절)
- 임펄스 응답과의 관계
- 미분방정식과의 관계
- 주파수 응답과의 관계
- 시스템 연결에 따른 전달 함수

전달 함수의 극과 영점 (7.6.2절)
- 극과 영점의 정의 및 역할
- 극에 의한 시스템 안정도 판별
- 극에 따른 임펄스 응답의 형태

라플라스 변환의 개요

푸리에 급수를 확장하여 푸리에 변환을 얻었듯이, 다시 푸리에 변환을 확장하면 라플라스 변환이 얻어진다. 따라서 라플라스 변환은 주파수 영역 변환 중에서 변환 대상 신호의 집합이 가장 크다. 이 같은 변환의 확장의 밑바탕에는 수렴 조건이 관련되어 있다. 이 절에서는 라플라스 변환을 유도하고, 수렴 영역에 대해 간단히 살펴본다. 그리고 양방향 및 단방향 라플라스 변환의 차이를 알아보기로 한다.

학습포인트 ─────────────────────────────────────

• 푸리에 변환의 확장으로 라플라스 변환을 유도하는 개념을 이해한다.
• 라플라스 변환의 수렴 영역에 대해 알아본다.
• 양방향 라플라스 변환과 단방향 라플라스 변환의 차이를 이해한다.

7.1.1 라플라스 변환의 정의

라플라스 변환의 개념

전력 신호는 억지로라도 푸리에 변환이 존재하는 것으로 취급할 수 있었지만, 램프 신호 $r(t) = tu(t)$, $t^2u(t)$, 지수 신호 $e^{at}u(t)$ $(a > 0)$와 같이 에너지 신호도 전력 신호도 아닌 신호들까지 주파수 영역으로 변환하려면 더 일반화된 변환이 필요하다. 이런 신호들은 다음과 같은 푸리에 변환의 수렴 조건을 만족하지 않는다.

$$\int_{-\infty}^{\infty} |x(t)| dt < \infty \tag{7.1}$$

식 (7.1)의 수렴 조건을 충족시키기 위한 하나의 대안으로 $x(t)$에 지수 함수 $e^{-\sigma t}$ $(\sigma > 0)$을 곱해보자. 즉 $\tilde{x}(t) = x(t)e^{-\sigma t}$으로 두면, $x(t)$가 $e^{-\sigma t}$보다 더 빠른 속도로 증가하지 않는 한 $\lim_{t \to \infty} \tilde{x}(t) = 0$이 되므로 $\tilde{x}(t)$는 다음과 같이 절대 적분이 가능해진다.

$$\int_{-\infty}^{\infty} |\tilde{x}(t)| dt = \int_{-\infty}^{\infty} |x(t)e^{-\sigma t}| dt < \infty \tag{7.2}$$

따라서 $\tilde{x}(t)$는 푸리에 변환이 존재하며 다음과 같이 쓸 수 있다.

$$\widetilde{X}(\omega) = \int_{-\infty}^{\infty} \widetilde{x}(t)e^{-j\omega t}dt = \int_{-\infty}^{\infty} x(t)e^{-\sigma t}e^{-j\omega t}dt = \int_{-\infty}^{\infty} x(t)e^{-(\sigma+j\omega)t}dt \quad (7.3)$$

원래 구하려던 것은 $x(t)$에 대한 주파수 영역 표현이므로, 식 (7.3)에서 $\sigma + j\omega \triangleq s$로 두면 $\widetilde{X}(\omega)$는 $X(s)$로 나타낼 수 있고 **복소 주파수** s에 대한 변환으로 생각할 수 있다. 이것이 바로 **라플라스**^{Laplace} **변환**으로 푸리에 급수/변환과 개념적 일관성을 유지하고 있다. 푸리에 급수로부터 라플라스 변환에 이르기까지 주파수 영역 변환의 확장 개념을 정리하여 그림으로 나타내면 [그림 7-1]과 같다.

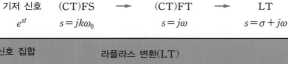

[그림 7-1] **주파수 영역 변환의 확장**

양방향 라플라스 변환과 단방향 라플라스 변환

$x(t)$와 $X(\omega)$가 1:1로 대응되는 푸리에 변환과 달리, 라플라스 변환은 수렴 영역에 따라 변환쌍이 유일하지 않을 수 있어 양방향 및 단방향 변환으로 나누어 취급한다.

- **양방향**^{bilateral} **라플라스 변환** : $X(s) = \mathcal{L}\{x(t)\} = \int_{-\infty}^{\infty} x(t)e^{-st}dt$ (7.4)

- **단방향**^{unilateral} **라플라스 변환** : $X(s) = \mathcal{L}\{x(t)\} = \int_{0}^{\infty} x(t)e^{-st}dt$ (7.5)

- 양방향 라플라스 변환은 $-\infty < t < \infty$의 시간 범위에 존재하는 모든 신호를 변환할 수 있다. 따라서 비인과 신호의 변환이 가능하다.
- 양방향 라플라스 변환은 수렴 영역이 지정되지 않으면 $x(t)$와 $X(s)$가 1:1 대응이 되지 않는다. 그러므로 항상 수렴 영역을 표시해야 한다.
- 단방향 라플라스 변환은 인과 신호($x(t) = 0$, $t < 0$)만을 대상으로 한 변환이다.
- 단방향 라플라스 변환은 $x(t)$와 $X(s)$가 1:1로 대응된다. 그러므로 수렴 영역을 별도로 표시할 필요가 없다.
- **라플라스 역**^{inverse}**변환** : $x(t) = \mathcal{L}^{-1}\{X(s)\} = \dfrac{1}{2\pi j}\int_{c-j\infty}^{c+j\infty} X(s)e^{st}ds$ (7.6)

라플라스 변환 또한 $\mathcal{L}\{\,\cdot\,\}$와 변환쌍 $x(t) \Leftrightarrow X(s)$로 나타낸다. **라플라스 변환은 수렴 조건을 충족시키기 위해 변환 기저 신호인 복소 지수 함수 e^{st}의 지수로 푸리에 변환의 $s = j\omega$(기저 신호 $e^{j\omega t}$) 대신 $s = \sigma + j\omega$(기저 신호 $e^{(\sigma + j\omega)t}$)를 사용한 것이다.**

양방향 라플라스 변환은 적분 구간이 $(-\infty,\ \infty)$이므로 식 (7.2)의 수렴 조건만 만족되면 어떠한 신호라도 변환 가능하다. 따라서 $t < 0$에서 값을 가지는 비인과 신호의 변환도 가능하다. 반면에 단방향 라플라스 변환은 적분의 하한이 0으로, 인과 신호만을 대상으로 한다. 양방향 라플라스 변환에서는 $X(s)$에 대응되는 $x(t)$가 유일하지 않아서 역변환을 위해서는 단 하나의 신호를 특정할 수 있도록 수렴 영역이 항상 주어져야만 한다. 그러나 단방향 라플라스 변환에서는 $x(t)$와 $X(s)$가 1:1로 대응되어 역변환을 할 때에도 아무런 어려움이 없다. 게다가 대부분의 물리적인 시스템은 인과적이며 인과 신호를 취급하므로, 단방향 라플라스 변환을 주로 사용하게 된다.

예제 7-1 인과 신호의 양방향 라플라스 변환 관련 예제 ㅣ [예제 7-2], [예제 7-3], [예제 7-4]

인과 신호 $x(t) = e^{-at}u(t)$의 양방향 라플라스 변환을 구하라.

풀이

정의식 식 (7.4)에 의해 $x(t)$의 양방향 라플라스 변환은 다음과 같이 구해진다.

$$X(s) = \int_{-\infty}^{\infty} e^{-at}u(t)e^{-st}dt = \int_{0}^{\infty} e^{-at}e^{-st}dt = \left.\frac{1}{s+a}e^{-(s+a)t}\right|_{0}^{\infty}$$

그런데 다음과 같이 $X(s)$는 $Re(s) = \sigma > -a$인 영역에서만 식 (7.2)의 수렴 조건을 만족시켜 값을 가지며, 식 (7.7)과 같이 된다.

$$\lim_{t\to\infty} e^{-(s+a)t} = \lim_{t\to\infty} e^{-(\sigma+a)t}e^{-j\omega t} = \begin{cases} 0, & Re(s) = \sigma > -a \\ \infty, & Re(s) = \sigma < -a \end{cases}$$

$$X(s) = \frac{1}{s+a}, \quad Re(s) = \sigma > -a \tag{7.7}$$

즉 $X(s)$는 $x(t)$의 지수 a가 양수인지 음수인지에 상관없이 $Re(s) = \sigma > -a$만 만족되면 항상 존재한다. 이와 달리 $x(t)$의 푸리에 변환은 식 (7.1)의 수렴 조건이 충족되는 $a > 0$인 경우에만 존재한다. 예를 들어, $e^{-2t}u(t)$는 식 (7.1)의 수렴 조건을 만족하므로 푸리에 변환과 라플라스 변환이 모두 존재한다. 그러나 $e^{2t}u(t)$는 식 (7.1)의 수렴 조건을 만족하지 않아 푸리에 변환은 존재하지 않지만, $\sigma > 2$로 선정하면 식 (7.2)의 수렴 조건이 만족되므로 라플라스 변환은 가능하다. 이는 두 변환의 차이를 보여주는 좋은 예라고 할 수 있다.

7.1.2 라플라스 변환의 수렴 영역

[예제 7-1]에서 보았듯이 $X(s)$를 계산하는 적분은 모든 s 값에 대해 수렴하지는 않는다. 식 (7.2)의 **수렴 조건을 충족시켜 라플라스 변환 $X(s)$가 존재하는 복소수 s의 집합을 라플라스 변환의 수렴 영역(ROC)**^{Region Of Convergence}이라고 한다.

수렴 영역과 단방향 라플라스 변환의 필요성

양방향 라플라스 변환에서는 서로 다른 두 시간 신호가 수렴 영역만 다를 뿐 똑같은 $X(s)$로 표현되는 경우가 발생한다. 따라서 역변환을 통해 $X(s)$로부터 오직 하나의 $x(t)$로 되돌아가기 위해서는 반드시 $X(s)$의 수렴 영역이 지정되어야만 한다. 다음 예제를 통해 이를 살펴보자.

예제 7-2 **비인과 신호의 양방향 라플라스 변환**　　관련 예제 ｜ [예제 7-1], [예제 7-3], [예제 7-4]

비인과 신호 $x(t) = -e^{-at}u(-t)$의 양방향 라플라스 변환을 구하라.

풀이

정의식 식 (7.4)에 의해 $x(t)$의 양방향 라플라스 변환은 다음과 같이 구해진다.

$$X(s) = \int_{-\infty}^{\infty} -e^{-at}u(-t)e^{-st}dt = \int_{-\infty}^{0} -e^{-at}e^{-st}dt = \frac{1}{s+a}e^{-(s+a)t}\Big|_{-\infty}^{0}$$

그런데

$$\lim_{t \to -\infty} e^{-(s+a)t} = \lim_{t \to -\infty} e^{-(\sigma+a)t}e^{-j\omega t} = \begin{cases} 0, & Re(s) = \sigma < -a \\ \infty, & Re(s) = \sigma > -a \end{cases}$$

이므로 $X(s)$는 $Re(s) = \sigma < -a$인 영역에서만 수렴하여 값을 가지며, 다음과 같이 된다.

$$X(s) = \frac{1}{s+a}, \quad Re(s) = \sigma < -a \tag{7.8}$$

[예제 7-1]에서 구한 식 (7.7)과 식 (7.8)을 비교하면, 두 신호의 양방향 라플라스 변환이 수렴 영역을 제외하고는 같음을 알 수 있다. 그러므로 주어진 $X(s)$에 대해 하나 이상의 역변환이 존재할 수 있다. 다시 말해 **양방향 라플라스 변환에서 수렴 영역이 지정되지 않으면 $X(s)$와 $x(t)$가 1:1 대응이 되지 않는다.**

[예제 7-1]의 신호 $e^{-at}u(t)$는 특정 시점(원점)으로부터 시간축의 오른쪽 방향으로만 값을 갖는 신호로서 **우편향**^{right-sided} 신호라고 한다. 반대로 [예제 7-2]의 신호 $-e^{-at}u(-t)$

는 시간축의 왼쪽 방향으로만 값을 갖는 신호로서 **좌편향**left-sided 신호라고 한다. 그리고 우편향 신호와 좌편향 신호가 더해진, 다시 말해 $(-\infty, \infty)$ 구간에 존재하는 신호는 **양 방향 신호**라고 한다.

[그림 7-2]는 [예제 7-1]과 [예제 7-2]의 신호와 수렴 영역을 나타낸 것이다. 그림을 보면 두 신호 및 수렴 영역의 특징과 차이를 확연히 알 수 있다. [예제 7-1]의 우편향 신호의 라플라스 변환의 수렴 영역은 $j\omega$축에 평행한 경계선 $\sigma = -a$의 오른쪽 면이 되고, 반대로 [예제 7-2]의 좌편향 신호의 라플라스 변환의 수렴 영역은 $\sigma = -a$의 왼쪽 면이 된다.

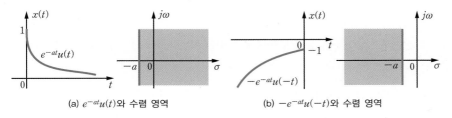

(a) $e^{-at}u(t)$와 수렴 영역   (b) $-e^{-at}u(-t)$와 수렴 영역

[그림 7-2] [예제 7-1], [예제 7-2] 신호의 양방향 라플라스 변환의 수렴 영역

결국 하나의 $X(s)$에 대해 $x(t)$가 1:1 대응이 되지 않는 것은 양방향 라플라스 변환이 좌편향 신호와 우편향 신호를 모두 변환할 수 있기 때문이다. 만약 변환 가능한 대상 신호를 둘 중의 하나로 제한한다면 이런 애매모호함은 사라질 것이다. 식 (7.5)의 **단방향 라플라스 변환은 적분 하한이 0으로 $t \geq 0$에서만 값을 갖는 인과 신호, 즉 우편향 신호만을 변환 대상으로 하기 때문에 하나의 $X(s)$에 대해 하나의 $x(t)$만 대응된다.** 따라서 굳이 수렴 영역을 지정하지 않더라도 역변환에 아무런 문제가 없게 된다. 앞에서 살펴본 예의 경우에도, 단방향 라플라스 변환으로는 $e^{-at}u(t)$만 변환 가능하고 $-e^{-at}u(-t)$는 변환이 안 되므로 $X(s) = \dfrac{1}{s+a}$에 대응하는 시간 신호는 $e^{-at}u(t)$ 하나뿐이다. 이 같은 편리함 외에도, **실제적으로 다루는 시스템과 신호가 대부분 인과적이기 때문에 단방향 라플라스 변환만으로도 충분하다.** 인과 신호에 대해서는 양방향 라플라스 변환을 하더라도 정의식 식 (7.4)의 적분 하한이 0이 되어 단방향 라플라스 변환과 같아진다. 따라서 이 책에서는 단방향 라플라스 변환만을 다룰 것이다. 이후 별도의 언급이 없는 한 라플라스 변환이라 하면 단방향 라플라스 변환을 뜻한다.

다음 신호의 양방향 라플라스 변환과 수렴 영역을 구하라.

(a) $x(t) = e^{-2t}u(t) - e^{t}u(t)$ (b) $x(t) = e^{-2t}u(t) + e^{t}u(-t)$

(c) $x(t) = e^{t}u(-t) - e^{-2t}u(-t)$ (d) $x(t) = -e^{t}u(t) - e^{-2t}u(-t)$

풀이

(a) [예제 7–1]의 풀이로부터 $x(t)$의 양방향 라플라스 변환은 다음과 같이 구해진다.

$$X(s) = \mathcal{L}\{e^{-2t}u(t)\} + \mathcal{L}\{-e^{t}u(t)\} = \frac{1}{s+2} - \frac{1}{s-1} = -\frac{3}{s^2+s-2}$$

이때 수렴 영역은 우편향 항 $e^{-2t}u(t)$의 $\sigma = Re\{s\} > -2$와 또 다른 우편향 항 $-e^{t}u(t)$의 $\sigma = Re\{s\} > 1$을 동시에 만족해야 하므로 $\sigma = Re\{s\} > 1$이다. 수렴 영역이 존재하므로 $X(s)$가 $x(t)$의 라플라스 변환이 된다.

(b) [예제 7–1]과 [예제 7–2]의 풀이로부터 $x(t)$의 양방향 라플라스 변환은 다음과 같이 구해진다.

$$X(s) = \mathcal{L}\{e^{-2t}u(t)\} + \mathcal{L}\{e^{t}u(-t)\} = \frac{1}{s+2} - \frac{1}{s-1} = -\frac{3}{s^2+s-2}$$

이때 수렴 영역은 우편향 항 $e^{-2t}u(t)$의 $\sigma = Re\{s\} > -2$와 좌편향 항 $e^{t}u(-t)$의 $\sigma = Re\{s\} < 1$을 동시에 만족해야 하므로 $-2 < \sigma = Re\{s\} < 1$이다. 이 역시 수렴 영역이 존재하므로 $X(s)$가 $x(t)$의 라플라스 변환이 된다.

(c) [예제 7–2]의 풀이로부터 $x(t)$의 양방향 라플라스 변환은 다음과 같이 구해진다.

$$X(s) = \mathcal{L}\{e^{t}u(-t)\} + \mathcal{L}\{-e^{-2t}u(-t)\} = -\frac{1}{s-1} + \frac{1}{s+2} = -\frac{3}{s^2+s-2}$$

수렴 영역은 좌편향 항 $e^{t}u(-t)$의 $\sigma = Re\{s\} < 1$과 또 다른 좌편향 항 $-e^{-2t}u(-t)$의 $\sigma = Re\{s\} < -2$를 동시에 만족해야 하므로 $\sigma = Re\{s\} < -2$이다. 수렴 영역이 존재하므로 $X(s)$가 $x(t)$의 라플라스 변환이 된다.

(d) [예제 7–1]과 [예제 7–2]의 풀이로부터 $x(t)$의 양방향 라플라스 변환은 다음과 같이 구해진다.

$$X(s) = \mathcal{L}\{-e^{t}u(t)\} + \mathcal{L}\{-e^{-2t}u(-t)\} = -\frac{1}{s-1} + \frac{1}{s+2} = -\frac{3}{s^2+s-2}$$

수렴 영역은 우편향 항의 $\sigma = Re\{s\} > 1$과 좌편향 항의 $\sigma = Re\{s\} < -2$를 동시에 만족해야 하는데 겹치는 구간이 존재하지 않는다. 따라서 라플라스 변환이 존재하지 않는다. 즉 $X(s)$는 $x(t)$의 라플라스 변환이 아니다.

4가지 경우 모두 똑같이 $X(s) = -\dfrac{3}{s^2+s-2}$ 이 되지만, 해당되는 시간 신호는 모두 다르고, (d)의 경우는 수렴 영역이 존재하지 않으므로 라플라스 변환을 할 수가 없다. [그림 7-3]은 4가지 신호와 수렴 영역을 나타낸 것이다. 그림에서 보듯이 신호에 따라 수렴 영역이 존재하거나 존재하지 않으므로 반드시 수렴 영역을 따져봐야만 한다. 단방향 라플라스 변환으로 변환이 가능한 신호는 (a)의 경우뿐이다.

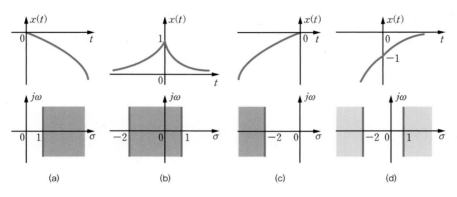

[그림 7-3] [예제 7-3]의 신호와 라플라스 변환의 수렴 영역

신호 유형에 따른 수렴 영역의 형태

[그림 7-3]에서 본 것처럼 신호에 따라 라플라스 변환의 수렴 영역이 다르다. [그림 7-4]에 신호의 유형에 따른 라플라스 변환의 수렴 영역을 나타내었다.

라플라스 변환의 수렴 영역은 다음과 같은 특징을 보인다.
❶ 수렴 영역은 $j\omega$축에 평행한 면으로 구성된다.
❷ 유한구간 신호는 전 s-평면이 수렴 영역이 된다.
❸ 우편향 신호는 경계선 a의 오른쪽 평면이 수렴 영역이다.
❹ 좌편향 신호는 경계선 b의 왼쪽 평면이 수렴 영역이다.
❺ 양방향 신호는 일반적으로 좌편향 신호의 경계선 b와 우편향 신호의 경계선 a 사이의 띠 형태로 수렴 영역이 주어진다($b > a$). 만약 $b < a$이면 수렴 영역이 정의되지 않는다. 즉 라플라스 변환이 존재하지 않는다.
❻ 수렴 영역이 $j\omega$축을 포함하지 않는 신호들은 라플라스 변환은 존재하지만 푸리에 변환은 존재하지 않는다.

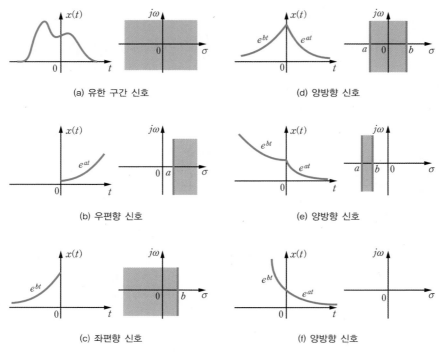

(a) 유한 구간 신호   (d) 양방향 신호

(b) 우편향 신호   (e) 양방향 신호

(c) 좌편향 신호   (f) 양방향 신호

[그림 7-4] 신호의 유형에 따른 양방향 라플라스 변환의 수렴 영역

푸리에 변환과 라플라스 변환의 정의식을 비교하면, 다음과 같이 푸리에 변환과 라플라스 변환의 관계를 얻을 수 있다.

$$X(\omega) = X(s)|_{s=j\omega} \tag{7.9}$$

즉 **푸리에 변환은 s-평면의 $j\omega$축을 따라 라플라스 변환을 계산한 값**이라고 할 수 있으므로, 수렴 영역이 $j\omega$축을 포함하지 않으면 푸리에 변환을 구할 수 없게 된다.

예제 7-4   **양방향 라플라스 변환과 수렴 영역**   관련 예제 | [예제 7-1], [예제 7-2]

다음 신호의 양방향 라플라스 변환과 수렴 영역을 구하라.

(a) $x(t) = \text{rect}(t/2a)$ (b) $x(t) = u(t)$

(c) $x(t) = A$ (d) $x(t) = e^{-|t|}$

풀이

(a) 사각 펄스 $x(t) = \text{rect}(t/2a)$는 유한 구간 신호로서 양방향 라플라스 변환은 다음과 같다.

$$X(s) = \int_{-\infty}^{\infty} x(t)e^{-st}dt = \int_{-a}^{a} e^{-st}dt = -\frac{1}{s}e^{-st}\Big|_{-a}^{a} = \frac{1}{s}(e^{as} - e^{-as})$$

이 경우 수렴 영역은 전체 s-평면이다.

(b) 계단 신호 $x(t) = u(t)$는 우편향 신호이자 인과 신호로서 양방향 라플라스 변환은 단방향 라플라스 변환과 같고

$$X(s) = \int_{-\infty}^{\infty} u(t)e^{-st}dt = \int_{0}^{\infty} e^{-st}dt = -\frac{1}{s}e^{-st}\Big|_{0}^{\infty} = \frac{1}{s}, \quad \sigma > 0$$

과 같이 된다. $X(s)$의 수렴 영역 $Re(s) = \sigma > 0$은 $s = j\omega$축을 포함하지 않으므로 계단 신호는 푸리에 변환이 존재하지 않는다. 6장에서 살펴본 것처럼, 계단 신호는 이론적으로 푸리에 변환이 불가능하지만 필요에 의해 억지로 푸리에 변환이 존재하는 것처럼 간주했을 뿐이다. 그 결과 $X(\omega) = \mathscr{F}\{u(t)\} = \pi\delta(\omega) + \frac{1}{j\omega}$에는 임펄스 $\delta(\omega)$가 포함되어 $j\omega = s$로 두더라도 라플라스 변환과 같아지지 않는 것이다.

(c) 상수 신호 $x(t) = A$는 양방향 신호로서 양방향 라플라스 변환은 다음과 같이 구해진다.

$$X(s) = \int_{-\infty}^{\infty} Ae^{-st}dt = \int_{-\infty}^{0} Ae^{-st}dt + \int_{0}^{\infty} Ae^{-st}dt = -\frac{A}{s}e^{-st}\Big|_{-\infty}^{0} - \frac{A}{s}e^{-st}\Big|_{0}^{\infty}$$

그런데 [예제 7-1]과 [예제 7-2]의 풀이에서 보았듯이, 위 식 우변의 첫 번째 항은 $\lim_{t \to -\infty} e^{-st} = 0$, $\sigma < 0$, 두 번째 항은 $\lim_{t \to \infty} e^{-st} = 0$, $\sigma > 0$이므로 두 항이 공통으로 만족하는 수렴 영역이 존재하지 않는다. 따라서 이 신호는 라플라스 변환이 불가능하다.

(d) $x(t) = e^{-|t|}$은 양방향 신호로 $x(t) = e^{-|t|} = e^{-t}u(t) + e^{-(-t)}u(-t)$이므로 [예제 7-1]과 [예제 7-2]의 풀이로부터 $x(t)$의 양방향 라플라스 변환은 다음과 같이 구해진다.

$$X(s) = \mathcal{L}\{e^{-t}u(t)\} + \mathcal{L}\{e^{t}u(-t)\} = \frac{1}{s+1} - \frac{1}{s-1} = -\frac{2}{s^2-1}$$

이때 수렴 영역은 우편향 항의 $\sigma = Re\{s\} > -1$과 좌편향 항의 $\sigma = Re\{s\} < 1$을 동시에 만족해야 하므로 $-1 < \sigma = Re\{s\} < 1$이다. 수렴 영역이 존재하므로 위에서 구한 $X(s)$는 $x(t) = e^{-|t|}$의 라플라스 변환이 맞다.

자주 사용되는 기본적이고 중요한 신호들에 대한 라플라스 변환쌍을 알고 있으면 역변환을 비롯해 여러모로 편리하다. 이 절에서는 몇 가지 주요 신호들에 대한 라플라스 변환쌍을 구해보기로 한다.

학습포인트

- 임펄스 신호, 계단 신호, 램프 신호 등의 라플라스 변환쌍을 익혀둔다.
- 지수 신호와 정현파 신호에 대한 라플라스 변환쌍을 익혀둔다.
- 변환쌍표에 제시된 주요 신호들의 라플라스 변환쌍을 익혀둔다.

임펄스 신호

임펄스 신호의 라플라스 변환은 임펄스의 체 거르기 성질을 이용하면 다음과 같다.

$$\mathcal{L}\{\delta(t)\} = \int_{0^-}^{\infty} \delta(t)e^{-st}dt = e^{-s\cdot 0} = 1 \tag{7.10}$$

즉 다음과 같은 라플라스 변환쌍이 성립한다.

$$\delta(t) \Leftrightarrow 1 \tag{7.11}$$

(단위) 계단 신호

계단 신호의 라플라스 변환은 이미 [예제 7-4(b)]에서 구하였으며, 변환쌍은 다음과 같다.

$$u(t) \Leftrightarrow \frac{1}{s} \tag{7.12}$$

(단위) 램프 신호

라플라스 변환의 정의식 식 (7.5)로부터 램프 신호의 라플라스 변환은 다음과 같이 된다.

$$\mathcal{L}\{r(t)\} = \int_0^\infty te^{-st}dt = -\frac{1}{s}te^{-st}\Big|_0^\infty - \int_0^\infty -\frac{1}{s}e^{-st}dt = -\frac{1}{s^2}e^{-st}\Big|_0^\infty = \frac{1}{s^2} \quad (7.13)$$

즉 다음의 라플라스 변환쌍이 성립한다.

$$r(t) \Leftrightarrow \frac{1}{s^2} \tag{7.14}$$

지수 신호

지수 신호 $e^{-at}u(t)$의 라플라스 변환 또한 [예제 7-1]에서 구한 바 있으며, 다음의 라플라스 변환쌍이 성립한다.

$$e^{-at}u(t) \Leftrightarrow \frac{1}{s+a} \tag{7.15}$$

정현파 신호

코사인파의 라플라스 변환은 정의식과 오일러 공식을 이용하여 다음과 같이 구할 수 있다.

$$\begin{aligned}
\mathcal{L}\{\cos(\omega_0 t)u(t)\} &= \int_0^\infty \cos(\omega_0 t)e^{-st}dt = \frac{1}{2}\int_0^\infty \left[e^{j\omega_0 t} + e^{-j\omega_0 t}\right]e^{-st}dt \\
&= -\frac{1}{2}\left[\frac{1}{s-j\omega_0}e^{-(s-j\omega_0)t} + \frac{1}{s+j\omega_0}e^{-(s+j\omega_0)t}\right]\Big|_0^\infty \\
&= \frac{1}{2}\left[\frac{1}{s-j\omega_0} + \frac{1}{s+j\omega_0}\right] = \frac{s}{s^2+\omega_0^2}
\end{aligned} \tag{7.16}$$

같은 방법으로 사인파에 대한 라플라스 변환도 얻을 수 있다. 따라서 정현파의 라플라스 변환쌍은 다음과 같이 된다.

$$\cos(\omega_0 t)u(t) \Leftrightarrow \frac{s}{s^2+\omega_0^2} \tag{7.17}$$

$$\sin(\omega_0 t)u(t) \Leftrightarrow \frac{\omega_0}{s^2+\omega_0^2} \tag{7.18}$$

이외에도 여러 기본적인 신호들에 대한 라플라스 변환쌍을 [부록]에 정리해 두었다.

다음 신호의 라플라스 변환을 구하라.

(a) $x(t) = t^2 u(t)$ 　　　　　　(b) $x(t) = te^{-at} u(t)$ 　　　　　　(c) $x(t) = e^{-at}\cos(\omega_0 t) u(t)$

풀이

(a) 정의식 식 (7.5)에 의해 $t^2 u(t)$의 라플라스 변환은 다음과 같이 구해진다.

$$x(t) = \mathcal{L}\{t^2\} = \int_0^\infty t^2 e^{-st} dt = -\frac{1}{s} t^2 e^{-st}\Big|_0^\infty - \int_0^\infty 2t\left(-\frac{1}{s}e^{-st}\right)dt$$

$$= \frac{2}{s}\int_0^\infty t e^{-st} dt = \frac{2}{s}\mathcal{L}\{t\} = \frac{2}{s^3}$$

위 식은 $\lim\limits_{t\to\infty} t^2 e^{-st} = 0 (Re(s) = \sigma > 0)$과 $\mathcal{L}\{t\} = \dfrac{1}{s^2}$ 임을 이용하여 얻어진 것이다.

(b) 정의식 식 (7.5)에 의해 라플라스 변환은 다음과 같이 된다.

$$X(s) = \mathcal{L}\{te^{-at}\} = \int_0^\infty te^{-at} e^{-st} dt = \int_0^\infty te^{-(s+a)t} dt$$

$$= -\frac{1}{s+a} te^{-(s+a)t}\Big|_0^\infty + \frac{1}{s+a}\int_0^\infty e^{-(s+a)t} dt$$

$$= -\frac{1}{s+a} te^{-(s+a)t}\Big|_0^\infty - \frac{1}{(s+a)^2} e^{-(s+a)t}\Big|_0^\infty = \frac{1}{(s+a)^2}$$

(c) 정의식 식 (7.5)와 오일러 공식으로부터 지수 감쇠 정현파의 라플라스 변환은 다음과 같이 구해진다. 이 경우에도 계산 과정에 지수 함수의 극한이 0이 됨을 이용한다.

$$X(s) = \mathcal{L}\{e^{-at}\cos(\omega_0 t)\} = \int_0^\infty e^{-at}\cos(\omega_0 t) e^{-st} dt$$

$$= \int_0^\infty e^{-at} \frac{e^{j\omega_0 t} + e^{-j\omega_0 t}}{2} e^{-st} dt = \int_0^\infty \frac{e^{-(s+a-j\omega_0)t} + e^{-(s+a+j\omega_0)t}}{2} dt$$

$$= -\frac{1}{2}\left(\frac{1}{(s+a) - j\omega_0} e^{-(s+a-j\omega_0)t} + \frac{1}{(s+a) + j\omega_0} e^{-(s+a+j\omega_0)t}\right)\Bigg|_0^\infty$$

$$= \frac{1}{2}\left(\frac{1}{(s+a) - j\omega_0} + \frac{1}{(s+a) + j\omega_0}\right) = \frac{(s+a)}{(s+a)^2 + \omega_0^2}$$

따라서 다음과 같은 변환쌍을 얻게 된다.

$$e^{-at}\cos(\omega_0 t) \Leftrightarrow \frac{(s+a)}{(s+a)^2 + \omega_0^2}$$

7.3 라플라스 변환의 성질

라플라스 변환에는 신호 및 시스템의 해석에 크게 도움이 되는 유용한 성질들이 많다. 이 성질들을 활용하면 기본적인 변환쌍들로부터 다양한 신호들의 라플라스 변환을 쉽게 구할 수 있다. 또한 이들은 연속 LTI 시스템을 나타낸 미분방정식의 해를 구하고 특성을 살펴보는 데에도 유용하게 쓰인다. 라플라스 변환은 푸리에 변환((CT)FT)을 일반화한 것으로 볼 수 있기 때문에 그 성질도 푸리에 변환과 유사하다. 이 절에서는 라플라스 변환의 성질들을 살펴보고 관련 예제를 통해 그 활용법을 익히도록 한다.

학습포인트

- 시간 이동 및 주파수 이동 성질을 알아본다.
- 시간 미분 및 시간 적분 성질과 그의 활용에 대해 알아본다.
- 주파수 미분 및 주파수 적분 성질에 대해 알아본다.
- 시간 척도조절 및 주파수 척도조절 성질을 이해한다.
- 시간 컨벌루션 성질과 그 중요성을 이해한다.
- 초깃값 정리와 최종값 정리에 대해 이해한다.
- 라플라스 변환의 성질과 푸리에 변환의 성질의 유사성에 대해 이해한다.
- 실제 문제에 대한 라플라스 변환의 성질들의 활용법을 잘 익혀둔다.

7.3.1 선형성

$$\alpha x_1(t) + \beta x_2(t) \Leftrightarrow \alpha X_1(s) + \beta X_2(s) \tag{7.19}$$

푸리에 변환과 마찬가지로, 라플라스 변환도 선형성을 만족한다. 신호가 간단한 기본 신호들의 선형 결합으로 주어질 때 선형성을 이용하면 라플라스 변환을 쉽게 구할 수 있다. 신호 $x_1(t)$와 $x_2(t)$의 라플라스 변환이 각각 $X_1(s)$, $X_2(s)$라면, 선형성은 정의식 식 (7.5)로부터 다음과 같이 얻어진다.

$$\begin{aligned} \mathcal{L}\{\alpha x_1(t) + \beta x_2(t)\} &= \int_0^\infty (\alpha x_1(t) + \beta x_2(t))e^{-st}dt \\ &= \alpha \int_0^\infty x_1(t)e^{-st}dt + \beta \int_0^\infty x_2(t)e^{-st}dt \\ &= \alpha X_1(s) + \beta X_2(s) \end{aligned} \tag{7.20}$$

신호 $x(t) = \cos^2(\omega_0 t)u(t)$의 라플라스 변환을 구하라.

풀이

주어진 신호를 삼각함수의 배각 공식을 이용해 다시 쓰면 다음과 같다.

$$x(t) = \cos^2(\omega_0 t)u(t) = \frac{1}{2}(1 + \cos(2\omega_0 t))u(t)$$

따라서 선형성을 적용하면, 계단 신호의 라플라스 변환쌍 식 (7.12)와 코사인파의 라플라스 변환쌍 식 (7.17)로부터 다음과 같이 라플라스 변환이 구해진다.

$$X(s) = \frac{1}{2}\left[\mathcal{L}\{u(t)\} + \mathcal{L}\{\cos(2\omega_0 t)u(t)\}\right]$$
$$= \frac{1}{2s} + \frac{s}{2(s^2 + (2\omega_0)^2)} = \frac{s^2 + 2\omega_0^2}{s(s^2 + 4\omega_0^2)}$$

7.3.2 시간 이동

$$x(t-t_0)u(t-t_0) \Leftrightarrow e^{-t_0 s}X(s) \qquad (7.21)$$

t_0만큼 시간 지연된 신호 $x(t-t_0)u(t-t_0)$의 라플라스 변환은 다음과 같이 된다.

$$\mathcal{L}\{x(t-t_0)u(t-t_0)\} = \int_{t_0}^{\infty} x(t-t_0)e^{-st}dt = \int_{0}^{\infty} x(\tau)e^{-s(\tau+t_0)}d\tau$$
$$= e^{-t_0 s}\int_{0}^{\infty} x(\tau)e^{-s\tau}d\tau = e^{-t_0 s}X(s) \qquad (7.22)$$

시간 이동 성질은 시간 지연, 즉 $t_0 > 0$에 대해서만 성립한다. 왜냐하면 만약 $t_0 < 0$이면 [그림 7-5(b)]에 나타낸 것처럼 $x(t-t_0)u(t-t_0)$가 인과적 신호가 아니어서 $t < 0$의 신호 값들이 라플라스 변환 계산에서 제거되고 점선으로 표시된 신호에 대한 변환이 이루어진다. [그림 7-5(d)]와 [그림 7-5(e)]의 경우에도 마찬가지로 [그림 7-5(a)]와 같은 파형의 신호가 아니다. [그림 7-5(c)]와 같이 $e^{-(t-2)}u(t-2)$로 표현되어야만 식 (7.21)의 변환쌍이 성립하게 된다.

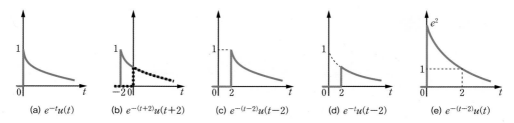

(a) $e^{-t}u(t)$ (b) $e^{-(t+2)}u(t+2)$ (c) $e^{-(t-2)}u(t-2)$ (d) $e^{-t}u(t-2)$ (e) $e^{-(t-2)}u(t)$

[그림 7-5] $x(t)u(t)$ 표현과 신호의 시간 이동

시간 이동 성질은 다음 예에서 설명되는 것처럼 계단 함수를 이용하여 표현 가능한 구분 연속piecewise continuous 신호의 라플라스 변환을 구할 때 매우 편리하다.

예제 7-7 시간 이동 성질을 이용한 라플라스 변환

[그림 7-6(a)]의 신호 $x(t)$의 라플라스 변환을 시간 이동 성질을 이용하여 구하라.

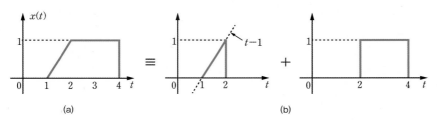

(a)   (b)

[그림 7-6] [예제 7-7]의 신호

풀이

주어진 신호 $x(t)$는 [그림 7-6(b)]에 보인 것처럼 두 성분의 합으로 나타낼 수 있다. 첫 번째 성분은 $1 \le t \le 2$ 구간에 대해 $t-1$이므로 $(t-1)[u(t-1)-u(t-2)]$로 나타낼 수 있고, 두 번째 성분은 $u(t-2)-u(t-4)$로 나타낼 수 있다. 그러므로 $x(t)$는 다음과 같이 나타낼 수 있다.

$$x(t) = (t-1)[u(t-1)-u(t-2)] + [u(t-2)-u(t-4)]$$
$$= (t-1)u(t-1)-(t-1)u(t-2)+u(t-2)-u(t-4)$$
$$= (t-1)u(t-1)-(t-2)u(t-2)-u(t-4)$$

이때 시간 이동 성질을 이용하기 위해서는 신호의 시작점을 지정하는 계단 함수와 이에 곱해진 신호의 시간 변수 값을 일치시켜야 한다는 것을 주의해야 한다. 위 식에 선형성 및 시간 이동 성질을 적용하면 다음과 같이 $x(t)$의 라플라스 변환이 구해진다.

$$X(s) = \frac{1}{s^2}e^{-s} - \frac{1}{s^2}e^{-2s} - \frac{1}{s}e^{-4s}$$

7.3.3 주파수 이동

$$x(t)e^{s_0 t} \Leftrightarrow X(s - s_0) \tag{7.23}$$

이 성질은 다음과 같이 $x(t)e^{s_0 t}$의 라플라스 변환을 구해서 간단히 증명할 수 있다.

$$\mathcal{L}\left\{x(t)e^{s_0 t}\right\} = \int_0^\infty x(t)e^{s_0 t}e^{-st}dt \tag{7.24}$$
$$= \int_0^\infty x(t)e^{-(s-s_0)t}dt = X(s - s_0)$$

지수 함수 $e^{-at}u(t)$의 라플라스 변환은 계단 신호 $u(t)$의 라플라스 변환쌍에 주파수 이동 성질을 적용해 얻을 수도 있으며, [예제 7-5]에서 구한 지수 감쇠 정현파의 라플라스 변환도 정현파의 라플라스 변환쌍에 주파수 이동 성질을 적용하면 매우 간편하게 구할 수 있다.

$$e^{-at}\cos(\omega_0 t)u(t) \Leftrightarrow \frac{s + a}{(s + a)^2 + \omega_0^2} \tag{7.25}$$

$$e^{-at}\sin(\omega_0 t)u(t) \Leftrightarrow \frac{\omega_0}{(s + a)^2 + \omega_0^2} \tag{7.26}$$

예제 7-8 주파수 이동 성질을 이용한 변조 신호의 라플라스 변환

변조 신호 $x(t)\cos(\omega_c t)$의 라플라스 변환을 구하라.

풀이

변조 신호는 오일러 공식을 이용하여 다음과 같이 쓸 수 있다.

$$x(t)\cos(\omega_c t) = x(t) \cdot \frac{1}{2}\left(e^{j\omega_c t} + e^{-j\omega_c t}\right)$$

따라서 주파수 이동 성질을 적용하면 다음과 같이 라플라스 변환쌍이 구해진다.

$$x(t)\cos\omega_c t \Leftrightarrow \frac{1}{2}\left[X(s - j\omega_c) + X(s + j\omega_c)\right] \tag{7.27}$$

7.3.4 시간 척도조절

$$x(\alpha t) \Leftrightarrow \frac{1}{\alpha} X\left(\frac{s}{\alpha}\right) \qquad (7.28)$$

시간 척도조절은 $\alpha > 0$의 경우만 해당되며, 적분의 변수 치환을 이용해 얻을 수 있다.

$$\begin{aligned}
\mathcal{L}\{x(\alpha t)\} &= \int_0^\infty x(\alpha t) e^{-st} dt = \int_0^\infty x(\tau) e^{-s \cdot \frac{\tau}{\alpha}} \frac{1}{\alpha} d\tau \\
&= \frac{1}{\alpha} \int_0^\infty x(\tau) e^{-\frac{s}{\alpha} \cdot \tau} d\tau = \frac{1}{\alpha} X\left(\frac{s}{\alpha}\right), \quad \alpha > 0
\end{aligned} \qquad (7.29)$$

예제 7-9 시간 척도조절 성질을 이용한 라플라스 변환

계단 신호 $u(t)$를 시간 척도조절한 $u(\alpha t)$의 라플라스 변환을 구하라.

풀이

계단 신호는 시간을 아무리 줄이거나 늘이더라도 그냥 계단 신호가 된다. 즉 어떠한 $\alpha > 0$에 대해서도 $u(\alpha t) = u(t)$이다. 식 (7.28)의 시간 척도조절 성질을 이용하여 $u(\alpha t)$의 라플라스 변환을 구하면

$$\mathcal{L}\{u(\alpha t)\} = \frac{1}{\alpha} U\left(\frac{s}{\alpha}\right) = \frac{1}{\alpha} \frac{1}{s/\alpha} = \frac{1}{s}$$

이 되어 계단 신호의 라플라스 변환이 결과로 얻어진다. 즉 $u(\alpha t) = u(t)$이다.

7.3.5 시간 미분

$$\frac{dx(t)}{dt} \Leftrightarrow s X(s) - x(0^-) \qquad (7.30)$$

$$\frac{d^n x(t)}{dt^n} \Leftrightarrow s^n X(s) - s^{n-1} x(0^-) - \cdots - s x^{(n-2)}(0^-) - x^{(n-1)}(0^-) \qquad (7.31)$$

식 (7.30)은 미분 신호에 대한 라플라스 변환의 계산식에 부분 적분을 적용하여 증명할 수 있다. 이때 $X(s)$의 수렴 영역에서 $\lim_{t \to \infty} x(t) e^{-st} = 0$ 임을 이용한다. 식 (7.30)의 성질을 반복해서 적용하여 일반화하면, n차 미분에 대한 식 (7.31)의 관계를 얻는다.

$$\mathcal{L}\left\{\frac{dx(t)}{dt}\right\} = \int_{0^-}^{\infty} \frac{dx(t)}{dt}e^{-st}\,dt = x(t)e^{-st}\Big|_{0^-}^{\infty} + s\int_{0^-}^{\infty} x(t)e^{-st}\,dt \quad (7.32)$$

$$= -x(0^-) + sX(s)$$

시간 미분 성질에 의해 시간 영역에서 미분은 주파수 영역에서 s의 곱으로 나타난다. 그러므로 **미분방정식이 s 영역에서 대수방정식으로 바뀌어 풀이가 쉬워진다.** 또한 초기 조건이 자동적으로 포함되므로 한 번에 미분방정식의 완전해를 구할 수 있다.

예제 7-10 시간 미분 성질을 이용한 라플라스 변환 관련 예제 | [예제 6-12]

[그림 7-7(a)]의 신호 $x(t)$의 라플라스 변환을 시간 미분 성질을 이용하여 구하라.

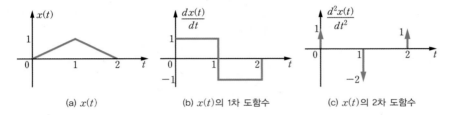

(a) $x(t)$ (b) $x(t)$의 1차 도함수 (c) $x(t)$의 2차 도함수

[그림 7-7] [예제 7-10]의 신호와 미분

풀이

[그림 7-7(a)]의 신호는 [예제 6-12]의 삼각 펄스를 $t=1$만큼 시간 지연한 것으로, (b)와 (c)에 $x(t)$의 1차 도함수와 2차 도함수가 나타나 있다. 2차 도함수는 다음과 같이 임펄스 함수들로만 이루어지므로 라플라스 변환의 정의식에 의한 적분을 수행할 필요 없이 시간 이동 성질을 이용하여 간단히 라플라스 변환을 할 수 있다.

$$\frac{d^2x(t)}{dt^2} = \delta(t) - 2\delta(t-1) + \delta(t-2)$$

위 식의 좌변에 시간 미분 성질을 적용하여 라플라스 변환하면 다음과 같이 된다.

$$\mathcal{L}\left\{\frac{d^2x(t)}{dt^2}\right\} = s^2X(s) - sx(0^-) - \dot{x}(0^-) = s^2X(s) = 1 - 2e^{-s} + e^{-2s}$$

이를 $X(s)$에 관해 정리하면 다음과 같이 $x(t)$의 라플라스 변환이 구해진다.

$$X(s) = \frac{1}{s^2}(1 - 2e^{-s} + e^{-2s})$$

이 예와 같이 **직선의 조합으로 구성된 신호**에 대해서는 미분을 통해 임펄스열로 변환한 뒤 시간 미분 성질을 적용하면 라플라스 변환을 쉽게 구할 수 있다.

7.3.6 시간 적분

$$\int_0^t x(\tau)\,d\tau \Leftrightarrow \frac{1}{s}X(s) \tag{7.33}$$

$$\int_{-\infty}^t x(\tau)\,d\tau \Leftrightarrow \frac{1}{s}X(s) + \frac{1}{s}\int_{-\infty}^0 x(t)\,dt \tag{7.34}$$

시간 영역에서 적분은 주파수 영역에서 s로 나누는 것과 같다. 시간 영역에서 미분과 적분은 서로 역의 관계인데, 주파수 영역에서도 유지되고 있음을 볼 수 있다.

식 (7.33)의 변환쌍은 라플라스 변환의 정의식으로부터 구할 수 있다. 두 번째 등식 첫 항은 상한($t = \infty$)에서 $e^{-st} \to 0$, 하한($t = 0$)에서 $\int_0^t x(\tau)\,d\tau \to 0$이므로 0이 된다.

$$\begin{aligned}
\mathcal{L}\left\{\int_0^t x(\tau)\,d\tau\right\} &= \int_0^\infty \left[\int_0^t x(\tau)\,d\tau\right]e^{-st}\,dt \\
&= -\left[\int_0^t x(\tau)\,d\tau\right]\frac{1}{s}e^{-st}\Bigg|_0^\infty + \frac{1}{s}\int_0^\infty x(t)e^{-st}\,dt = \frac{1}{s}X(s)
\end{aligned} \tag{7.35}$$

식 (7.34)의 적분 하한이 $-\infty$인 시간 적분은, 가령 전기회로에서 커패시터가 $t = 0$ 이전에 다른 전원에 의해 충전되고 있다든지 하는 등의 여러 실제 응용문제에서 부딪친다. 이런 경우는 다음과 같이 적분 구간을 $t < 0$과 $t \geq 0$의 두 구간으로 나누면, 우변의 첫째 항이 정적분으로서 상수이기 때문에 식 (7.34)로 변환쌍이 구해지는 것이다.

$$\int_{-\infty}^t x(\tau)\,d\tau = \int_{-\infty}^0 x(\tau)\,d\tau + \int_0^t x(\tau)\,d\tau \tag{7.36}$$

예제 7-11 시간 적분 성질을 이용한 라플라스 변환

램프 신호 $r(t) = tu(t)$의 라플라스 변환을 정의식으로 직접 적분 계산을 하지 말고 구해보라.

풀이

$r(t) = \int_0^t u(\tau)\,d\tau$에 시간 적분 성질을 적용하면 다음과 같이 라플라스 변환이 얻어진다.

$$R(s) = \mathcal{L}\left\{\int_0^t u(\tau)\,d\tau\right\} = \frac{1}{s}U(s) = \frac{1}{s}\frac{1}{s} = \frac{1}{s^2}$$

7.3.7 주파수 미분

$$-tx(t) \Leftrightarrow \frac{dX(s)}{ds} \tag{7.37}$$

$$t^n x(t) \Leftrightarrow (-1)^n \frac{d^n X(s)}{ds^n} \tag{7.38}$$

식 (7.38)은 식 (7.37)의 관계를 반복 적용하면 얻어지며, 식 (7.37)은 다음과 같이 간단히 구할 수 있다.

$$\frac{dX(s)}{ds} = \frac{d}{ds} \int_0^\infty x(t)e^{-st}dt = \int_0^\infty x(t)\frac{d}{ds}(e^{-st})dt$$

$$= \int_0^\infty -tx(t)e^{-st}dt = \pounds\{-tx(t)\} \tag{7.39}$$

예제 7-12 주파수 미분 성질을 이용한 라플라스 변환

$x(t) = t^n u(t)$의 라플라스 변환을 구하라.

풀이

계단 신호의 라플라스 변환 $U(s) = \dfrac{1}{s}$ 을 s에 대해 계속 미분해나가면

$$\frac{dU(s)}{ds} = (-1)\frac{1}{s^2}$$

$$\frac{d^2 U(s)}{ds^2} = (-1)^2 \frac{2 \cdot 1}{s^3}$$

$$\frac{d^3 U(s)}{ds^3} = (-1)^3 \frac{3 \cdot 2 \cdot 1}{s^4}$$

$$\vdots$$

$$\frac{d^n U(s)}{ds^n} = (-1)^n \frac{n \cdot (n-1) \cdots \cdot 1}{s^{n+1}}$$

이 되므로, 식 (7.38)로부터 다음과 같이 $x(t)$의 라플라스 변환이 얻어진다.

$$X(s) = \pounds\{t^n u(t)\} = (-1)^n \frac{d^n U(s)}{ds^n} = (-1)^n (-1)^n \frac{n!}{s^{n+1}} = \frac{n!}{s^{n+1}}$$

7.3.8 시간 컨벌루션

$$x_1(t) * x_2(t) \Leftrightarrow X_1(s)X_2(s) \qquad (7.40)$$

푸리에 변환의 성질과 마찬가지로 시간 영역에서 두 신호의 컨벌루션은 주파수 영역에서 대수 곱으로 변환된다. LTI 시스템의 입력에 대한 출력은 입력과 임펄스 응답의 컨벌루션으로 주어지므로 라플라스 변환과 컨벌루션 성질을 이용하면 보다 간편하게 해결할 수 있다. 이는 미분방정식의 풀이에 이용되는 시간 미분 성질과 더불어 라플라스 변환이 시스템 해석에 보편적으로 활용되도록 하는 주된 원인이다.

시간 컨벌루션 성질은 컨벌루션된 신호를 직접 라플라스 변환하여 쉽게 증명할 수 있다.

$$
\begin{aligned}
\mathcal{L}\{x_1(t)*x_2(t)\} &= \int_0^\infty \left[\int_0^\infty x_1(\tau)x_2(t-\tau)d\tau \right] e^{-st}dt \\
&= \int_0^\infty x_1(\tau) \left[\int_0^\infty x_2(\lambda)e^{-s(\tau+\lambda)}d\lambda \right] d\tau \\
&= \left(\int_0^\infty x_1(\tau)e^{-s\tau}d\tau \right)\left(\int_0^\infty x_2(\lambda)e^{-s\lambda}d\lambda \right) \\
&= X_1(s)X_2(s)
\end{aligned}
\qquad (7.41)
$$

예제 7-13 시간 컨벌루션 성질을 이용한 라플라스 변환

$\int_0^t x(\tau)d\tau$의 라플라스 변환을 정의식으로 직접 적분 계산을 하지 말고 구해보라.

풀이

$\int_0^t x(\tau)d\tau$는 다음과 같이 $x(t)$와 계단 신호 $u(t)$의 컨벌루션으로 나타낼 수 있다.

$$x(t) * u(t) = \int_0^\infty x(\tau)u(t-\tau)d\tau = \int_0^t x(\tau)d\tau$$

따라서 시간 컨벌루션 성질을 적용하면 다음과 같이 라플라스 변환이 구해진다.

$$\mathcal{L}\left\{ \int_0^t x(\tau)d\tau \right\} = \mathcal{L}\{x(t)*u(t)\} = X(s)U(s) = \frac{1}{s}X(s)$$

시간 적분 성질을 얻는 데 이 방법이 식 (7.35)보다 간편함을 볼 수 있다.

동일한 두 사각 펄스 $x_1(t) = x_2(t) = \text{rect}\left(\dfrac{t-1}{2}\right) = u(t) - u(t-2)$의 컨벌루션
$y(t) = x_1(t) * x_2(t)$를 구하라.

풀이

주어진 신호의 라플라스 변환은 계단 신호의 변환쌍으로부터 다음과 같이 되고

$$X_1(s) = X_2(s) = \frac{1-e^{-2s}}{s}$$

$y(t)$의 라플라스 변환은 시간 컨벌루션 성질을 적용하면 다음과 같이 된다.

$$Y(s) = \mathcal{L}\{x_1(t) * x_2(t)\} = X_1(s)X_2(s) = \left[\frac{1-e^{-2s}}{s}\right]^2 = \frac{1-2e^{-2s}+e^{-4s}}{s^2}$$

램프 신호의 라플라스 변환쌍과 시간 이동 성질을 이용하여 $Y(s)$를 역변환하면 다음과 같이 간편하게 $y(t) = x_1(t) * x_2(t)$를 얻을 수 있다.

$$y(t) = x_1(t) * x_2(t) = tu(t) - 2(t-2)u(t-2) + (t-4)u(t-4)$$

주어진 신호와 구해진 컨벌루션 결과를 [그림 7-8]에 나타내었다. 직접 컨벌루션 계산을 수행하여 구해본다면, 라플라스 변환을 이용한 풀이가 비록 여러 단계를 거치지만 계산이 간편하여 실제적으로는 더 편리함을 알 수 있을 것이다.

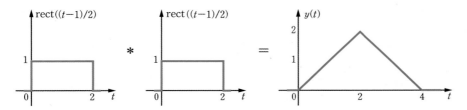

[그림 7-8] **사각 펄스와 컨벌루션 결과**

7.3.9 초깃값 정리

$$x(0^+) = \lim_{s \to \infty} sX(s) \tag{7.42}$$

신호 $x(t)$ 대신 $X(s)$가 주어진 경우에 $x(t)$의 $t = 0^+$에서의 값, 즉 초깃값을 구해야 한다면, $X(s)$를 역변환하여 $x(t)$를 구한 뒤 이에 $t = 0^+$을 대입하는 것보다는 초깃

값 정리를 사용하는 것이 훨씬 편리하다. 초깃값 정리는 미분 신호의 라플라스 변환에 $s \to \infty$의 극한을 취함으로써 간단히 보일 수 있다.

$$\lim_{s \to \infty} \int_{0^+}^{\infty} \frac{dx(t)}{dt} e^{-st} dt = \lim_{s \to \infty} \left[sX(s) - x(0^+) \right] = 0 \tag{7.43}$$

7.3.10 최종값 정리

$$x(\infty) = \lim_{t \to \infty} x(t) = \lim_{s \to 0} sX(s) \tag{7.44}$$

신호 $x(t)$ 대신 $X(s)$가 주어진 경우에 $x(t)$의 정상상태 값을 구해야 한다면, $X(s)$를 역변환하여 $x(t)$를 구한 뒤 이에 $t = \infty$를 대입하는 것보다는 최종값 정리를 사용하는 것이 훨씬 편리하다. 최종값 정리도 미분 신호의 라플라스 변환에 $s \to 0$의 극한을 취해 간단히 보일 수 있다. 아래 두 식의 우변을 비교하면 식 (7.44)의 결과를 얻게 된다.

$$\lim_{s \to 0} \int_{0}^{\infty} \frac{dx(t)}{dt} e^{-st} dt = \lim_{s \to 0} \left[sX(s) - x(0) \right] \tag{7.45}$$

$$\lim_{s \to 0} \int_{0}^{\infty} \frac{dx(t)}{dt} e^{-st} dt = \int_{0}^{\infty} \frac{dx(t)}{dt} (\lim_{s \to 0} e^{-st}) dt = \int_{0}^{\infty} \frac{dx(t)}{dt} dt \tag{7.46}$$

$$= \left[x(\infty) - x(0) \right]$$

최종값 정리는 정상상태 값을 가지는 신호, 다시 말해 시간이 지나면 유한한 값으로 수렴하는 안정한 신호에 대해서만 적용해야 한다. 그렇지 않다면 최종값 정리를 적용하여 값이 얻어지더라도 실제의 물리적 현상과는 모순이 발생한다. 예를 들어, 정현파 $x(t) = \cos(\omega_0 t) u(t)$의 라플라스 변환에 최종값 정리를 적용하면 다음과 같이 된다.

$$x(\infty) = \lim_{s \to 0} sX(s) = \lim_{s \to 0} \frac{s^2}{s^2 + \omega_0^2} = 0 \tag{7.47}$$

정현파는 끊임없이 진동하여 정상상태 값이 없음에도, 최종값 정리를 적용하면 정상상태 값 0이 얻어져 물리적 현상에 위배된다. 이런 모순이 발생하는 이유는 $X(s)$가 안정한 신호가 아니기 때문인데, 7.6절에서 $X(s)$와 안정도의 관계를 살펴보게 될 것이다.

다음과 같이 신호 $x(t)$의 라플라스 변환 $X(s)$가 주어질 경우에 $x(t)$의 초깃값 $x(0^+)$와 정상상태 값 $x(\infty)$를 구하라.

$$X(s) = \frac{s^2+4s+5}{(s+1)(s+2)(s+3)}$$

풀이

주어진 $X(s)$에 초깃값 정리를 적용하면 다음과 같이 간단히 $x(0^+)$를 얻을 수 있다.

$$x(0^+) = \lim_{s\to\infty} sX(s) = \lim_{s\to\infty} \frac{s^3+4s^2+5s}{(s+1)(s+2)(s+3)} = 1$$

만약 초깃값 정리가 없다면 라플라스 역변환의 복잡한 과정을 거쳐야 한다. $X(s)$를 부분분수로 전개하여 계단 신호의 라플라스 변환쌍과 주파수 이동 성질을 이용하면 다음과 같이 역변환이 구해진다.

$$x(t) = \mathcal{L}^{-1}\{X(s)\} = \mathcal{L}^{-1}\left\{\frac{1}{s+1} - \frac{1}{s+2} + \frac{1}{s+3}\right\} = (e^{-t} - e^{-2t} + e^{-3t})u(t)$$

이 결과에 $t=0^+$을 대입하면 같은 결과 $x(0^+)=1$을 얻는다.

또한 $X(s)$에 최종값 정리를 적용하면 다음과 같이 간단히 $x(\infty)$를 얻게 된다.

$$x(\infty) = \lim_{s\to 0} sX(s) = \lim_{s\to 0} \frac{s^3+4s^2+5s}{(s+1)(s+2)(s+3)} = 0$$

이는 앞에서 구한 $x(t)$에 $t=\infty$를 대입하여 쉽게 확인할 수 있다.

이상에서 알 수 있듯이, 초깃값 정리와 최종값 정리는 라플라스 역변환의 복잡한 과정을 거치지 않고서도 간편하게 신호의 초깃값과 정상상태 값을 구할 수 있게 해주므로 매우 유용한 성질이라 할 수 있다.

지금까지 살펴본 라플라스 변환의 성질들을 [표 7-1]에 정리하여 나타내었다. 라플라스 변환의 성질은 푸리에 변환의 성질과 비슷하며, 다양한 예를 통해 본 것처럼 신호와 시스템의 해석에 유용하게 또 자주 활용되므로 잘 익혀두어야 한다.

[표 7-1] 라플라스 변환의 주요 성질

	성질	라플라스 변환쌍
1	선형성	$\alpha x_1(t) + \beta x_2(t) \Leftrightarrow \alpha X_1(s) + \beta X_2(s)$
2	시간 이동	$x(t-t_0)u(t-t_0) \Leftrightarrow e^{-t_0 s}X(s)$
3	주파수 이동	$x(t)e^{s_0 t} \Leftrightarrow X(s-s_0)$
4	시간 척도조절	$x(\alpha t) \Leftrightarrow \dfrac{1}{\alpha}X\left(\dfrac{s}{\alpha}\right)$
5	시간 미분	$\dfrac{dx(t)}{dt} \Leftrightarrow sX(s) - x(0^-)$ $\dfrac{d^n x(t)}{dt^n} \Leftrightarrow s^n X(s) - s^{n-1}x(0^-) - \cdots - sx^{(n-2)}(0^-) - x^{(n-1)}(0^-)$
6	시간 적분	$\displaystyle\int_0^t x(\tau)\,d\tau \Leftrightarrow \dfrac{1}{s}X(s)$ $\displaystyle\int_{-\infty}^t x(\tau)\,d\tau \Leftrightarrow \dfrac{1}{s}X(s) + \dfrac{1}{s}\int_{-\infty}^0 x(t)\,dt$
7	주파수 미분	$-tx(t) \Leftrightarrow \dfrac{dX(s)}{ds}$ $t^n x(t) \Leftrightarrow (-1)^n \dfrac{d^n X(s)}{ds^n}$
8	시간 컨벌루션	$x_1(t) * x_2(t) \Leftrightarrow X_1(s)X_2(s)$
9	초깃값 정리	$x(0^+) = \lim\limits_{s\to\infty} sX(s)$
10	최종값 정리	$x(\infty) = \lim\limits_{t\to\infty} x(t) = \lim\limits_{s\to 0} sX(s)$

라플라스 역변환

라플라스 변환을 이용하여 주파수 영역에서 신호와 시스템을 다루더라도 최종적으로는 다시 시간 영역 표현을 구해야 할 경우가 많다. 주파수 함수인 $X(s)$를 시간 함수인 $x(t)$로 되돌리는 동작이 라플라스 역변환인데, 라플라스 역변환의 정의식 식 (7.6)은 복소 적분을 필요로 한다. 이보다는 $X(s)$를 변환쌍표에 있는 간단한 기본 신호들의 라플라스 변환의 합으로 표현될 수 있도록 부분분수로 전개하여 역변환하는 것이 훨씬 쉽다. 부분분수 전개의 핵심은 각 부분분수 항의 계수를 쉽게 구하는 방법이다. 따라서 이 절에서는 부분분수 전개에 의한 역변환의 원리와 부분분수 항의 계수 결정에 대해서 자세히 살펴보기로 한다.

학습포인트 ──────────────────────────────

- 부분분수 전개에 의한 라플라스 역변환의 원리를 이해한다.
- 부분분수의 계수를 결정하기 위한 헤비사이드의 커버업 기법의 원리를 이해한다.
- 단순극, 다중극, 공액복소극에 따른 부분분수의 계수 계산 방법과 이에 따른 역변환 결과의 형태를 잘 익혀둔다.

7.4.1 부분분수 전개에 의한 역변환의 원리

$x(t)$를 라플라스 변환한 $X(s)$로부터 다시 $x(t)$를 구하는 것을 라플라스 역변환이라 하며, 식 (7.6)의 정의식을 다시 써보면 다음과 같다.

$$x(t) = \mathcal{L}^{-1}\{X(s)\} = \frac{1}{2\pi j}\int_{c-j\infty}^{c+j\infty} X(s)e^{st}ds \qquad (7.48)$$

이 수식은 복소 적분에 대한 고급 수학 지식을 필요로 하므로, 손쉬운 역변환 방법을 찾는 것이 필요하다. 만약 간단한 조작을 통해 $X(s)$를 라플라스 변환쌍표에 나와 있는 간단한 함수의 합으로 표현할 수만 있다면, 이로부터 손쉽게 역변환을 수행할 수 있을 것이다.

그런데 $X(s)$는 일반적으로 다음과 같이 분모, 분자가 s의 다항식인 분수 형태가 된다.

$$X(s) = \frac{N(s)}{D(s)} = \frac{b_m s^m + b_{m-1}s^{m-1} + \cdots + b_1 s + b_0}{a_n s^n + a_{n-1}s^{n-1} + \cdots + a_1 s + a_0} \qquad (7.49)$$

$X(s)$의 분모 다항식 $D(s) = 0$을 만족하는 n개의 근 $\{p_i\}$를 $X(s)$의 **극**^{pole}이라고 하는데, $D(s)$를 $(s-p_i)$의 인수로 인수분해하면 $X(s)$를 다음과 같이 부분분수의 합으로 나타낼 수 있다.

$$X(s) = \frac{N(s)}{D(s)} = \frac{b_m s^m + b_{m-1}s^{m-1} + \cdots + b_1 s + b_0}{a_n(s-p_1)(s-p_2)(s-p_3)\cdots(s-p_n)}$$

$$= \frac{K_1}{s-p_1} + \frac{K_2}{s-p_2} + \frac{K_3}{s-p_3} + \cdots + \frac{K_n}{s-p_n} \tag{7.50}$$

만약 $D(s)$가 $(s-p_i)^r$ 항을 포함하면, 즉 극 p_i가 r중극이면 식 (7.50)의 부분분수 전개에 분모가 $(s-p_i)$, $(s-p_i)^2$, $\cdots (s-p_i)^r$인 항들이 포함된다. 부분분수로 전개한 $X(s)$는 다음과 같은 변환쌍 항들의 합으로 표현되므로, 이를 이용하면 별도의 계산 없이 바로 역변환이 가능해진다.

$$\frac{1}{s+a} \Leftrightarrow e^{-at}u(t) \tag{7.51}$$

$$\frac{1}{(s+a)^{k+1}} \Leftrightarrow \frac{1}{k!}t^k e^{-at}u(t) \tag{7.52}$$

부분분수 전개를 이용한 역변환에서 키 포인트는 각 부분분수 항의 계수 K_i를 결정하는 것이다. 통분하여 양변의 계수를 비교하여 구할 수는 있지만 계산이 복잡하고 까다로워서, 헤비사이드의 커버업 기법이라는 간편한 방법을 사용하여 계수를 구하게 된다. 이 기법에서는 $X(s)$의 극이 단순극인지 다중극인지에 따라 계수 결정 방법이 조금 달라진다.

◯ TIP & NOTE

✔ $X(s)$의 분자에 $e^{-t_0 s}$ 항이 포함된 경우의 역변환 : 시간 지연

시간 지연을 갖는 신호, 예를 들어 $u(t-t_0)$와 같은 신호는 $X(s) = \dfrac{e^{-t_0 s}}{s}$이 유리 함수로 표현되지 않고 분자에 $e^{-t_0 s}$ 항이 포함된다. 이런 $X(s)$에 대해서는 $e^{-t_0 s}$을 뺀 부분분수 $\dfrac{1}{s}$의 역변환 $u(t)$에 시간 이동 성질을 적용하여 $u(t-t_0)$와 같이 구하면 된다.

7.4.2 $X(s)$가 단순극을 가질 경우

$X(s)$가 서로 값이 다른 **단순극**^{distinct poles}을 가질 경우에는 다음과 같은 과정으로 부분분수 전개하여 라플라스 역변환하면 된다.

> **❶** $X(s)$의 극 $\{p_i\}$를 구하여(분모 $D(s)$를 인수분해해서) 부분분수로 전개한다.
>
> $$X(s) = \frac{K_1}{s - p_1} + \frac{K_2}{s - p_2} + \cdots + \frac{K_n}{s - p_n} \qquad (7.53)$$
>
> **❷** 다음과 같이 부분분수 항의 계수 $K_i\,(i = 1, \cdots, n)$를 구한다.
>
> $$K_i = (s - p_i)X(s)\big|_{s = p_i} \qquad (7.54)$$
>
> **❸** 식 (7.51)의 변환쌍을 이용하여 다음과 같이 역변환한다.
>
> $$x(t) = \left(K_1 e^{p_1 t} + K_2 e^{p_2 t} + \cdots + K_n e^{p_n t}\right)u(t) \qquad (7.55)$$

부분분수 항의 계수 K_i를 계산하는 식 (7.54)의 방법을 **헤비사이드**^{Heaviside} **커버업** ^{cover-up} 기법이라고 한다. 식 (7.53)의 양변에 $(s - p_i)$를 곱하면 다음과 같이 된다.

$$(s - p_i)X(s) = K_1 \frac{s - p_i}{s - p_1} + \cdots + K_i \frac{s - p_i}{s - p_i} + \cdots + K_n \frac{s - p_i}{s - p_n} \qquad (7.56)$$

식 (7.56)의 좌변은 $X(s)$의 분모에 있는 $(s - p_i)$ 항이 약분되어 제거된다. 그리고 우변은 i번째 부분분수 항만 분모, 분자 사이에 $(s - p_i)$의 약분이 일어나서 계수 K_i만 남고, 나머지 항들은 모두 분자에 $(s - p_i)$ 항을 포함한다. 따라서 식 (7.56)의 양변에 $s = p_i$를 대입하면 K_i를 제외한 나머지 계수 항들은 모두 0이 되어 K_i를 구할 수 있다.

예제 7-16 단순극에 대한 라플라스 역변환

다음과 같은 $X(s)$를 라플라스 역변환하여 $x(t)$를 구하라.

$$X(s) = \frac{s + 4}{s^2 + 3s + 2}$$

풀이

$X(s)$를 부분분수 전개하면 다음과 같이 된다.

$$X(s) = \frac{s + 4}{(s + 1)(s + 2)} = \frac{K_1}{s + 1} + \frac{K_2}{s + 2} \qquad \cdots\ ❶$$

부분분수 항의 계수는 식 (7.54)로부터 다음과 같이 구할 수 있다.

$$K_1 = (s+1)X(s)\big|_{s=-1} = \frac{s+4}{s+2}\bigg|_{s=-1} = \frac{3}{1} = 3$$

$$K_2 = (s+2)X(s)\big|_{s=-2} = \frac{s+4}{s+1}\bigg|_{s=-2} = \frac{2}{-1} = -2$$

구해진 K_1, K_2 값을 ❶에 대입한 뒤 식 (7.51)의 변환쌍을 이용하여 역변환하면 다음과 같이 $x(t)$를 얻을 수 있다.

$$x(t) = \mathcal{L}^{-1}\left\{\frac{3}{s+1} - \frac{2}{s+2}\right\} = (3e^{-t} - 2e^{-2t})u(t)$$

예제 7-17 단순극에 대한 라플라스 역변환

다음과 같은 $X(s)$를 라플라스 역변환하여 $x(t)$를 구하라.

$$X(s) = \frac{3s+5}{s^3 + 6s^2 + 11s + 6}$$

풀이

$X(s)$를 부분분수 전개하면 다음과 같이 된다.

$$X(s) = \frac{3s+5}{(s+1)(s+2)(s+3)} = \frac{K_1}{s+1} + \frac{K_2}{s+2} + \frac{K_3}{s+3} \qquad \cdots ❶$$

부분분수 항의 계수는 식 (7.54)로부터 다음과 같이 구할 수 있다.

$$K_1 = (s+1)X(s)\big|_{s=-1} = \frac{3s+5}{(s+2)(s+3)}\bigg|_{s=-1} = \frac{2}{(1)(2)} = 1$$

$$K_2 = (s+2)X(s)\big|_{s=-2} = \frac{3s+5}{(s+1)(s+3)}\bigg|_{s=-2} = \frac{-1}{(-1)(1)} = 1$$

$$K_3 = (s+3)X(s)\big|_{s=-3} = \frac{3s+5}{(s+1)(s+2)}\bigg|_{s=-3} = \frac{-4}{(-2)(-1)} = -2$$

구해진 K_1, K_2, K_3 값을 ❶에 대입한 뒤 식 (7.51)의 변환쌍을 이용하여 역변환하면 다음과 같이 $x(t)$를 얻을 수 있다.

$$x(t) = \mathcal{L}^{-1}\left\{\frac{1}{s+1} + \frac{1}{s+2} - \frac{2}{s+3}\right\} = (e^{-t} + e^{-2t} - 2e^{-3t})u(t)$$

다음과 같은 $X(s)$를 라플라스 역변환하여 $x(t)$를 구하라.

$$X(s) = \frac{(2s+5)e^{-2s}}{s^2+5s+6}$$

풀이

$X(s)$에서 시간 지연항 e^{-2s}을 제외한 $X'(s)$를 부분분수로 전개하면 다음과 같다.

$$X'(s) = \frac{2s+5}{(s+2)(s+3)} = \frac{K_1}{s+2} + \frac{K_2}{s+3}$$

부분분수 항의 계수는 식 (7.54)로부터 다음과 같이 구해진다.

$$K_1 = \frac{2s+5}{(s+2)(s+3)}(s+2)\Big|_{s=-2} = \frac{2s+5}{s+3}\Big|_{s=-2} = 1$$

$$K_2 = \frac{2s+5}{(s+2)(s+3)}(s+3)\Big|_{s=-3} = \frac{2s+5}{s+2}\Big|_{s=-3} = 1$$

구해진 K_1, K_2 값을 대입한 뒤 식 (7.51)의 변환쌍을 이용하여 $X'(s)$를 라플라스 역변환하면 다음과 같다.

$$x'(t) = (e^{-2t} + e^{-3t})u(t)$$

$x'(t)$에 $t_0=2$의 시간 이동 성질을 적용하면 $x(t)$는 다음과 같이 구해진다.

$$x(t) = x'(t-2) = \left(e^{-2(t-2)} + e^{-3(t-2)}\right)u(t-2)$$

7.4.3 $X(s)$가 다중극을 가질 경우

$X(s)$가 r중의 **다중극**repeated poles을 가지면 다음과 같은 과정으로 부분분수 전개하여 라플라스 역변환하면 된다.

❶ $X(s)$의 극 $\{p_i\}$를 구하여(분모 $D(s)$를 인수분해해서) 부분분수로 전개한다.

$$X(s) = \left[\frac{K_{11}}{s-p_1} + \frac{K_{12}}{(s-p_1)^2} + \cdots + \frac{K_{1r}}{(s-p_1)^r}\right] + \left[\frac{K_{r+1}}{s-p_{r+1}} + \cdots + \frac{K_n}{s-p_n}\right]$$

(7.57)

❷ 단순극에 대응되는 부분분수 항의 계수 $K_i\,(i=r+1,\,\cdots,\,n)$를 다음과 같이 구한다.

$$K_i = (s - p_i) X(s) \big|_{s = p_i} \tag{7.54}$$

다중극에 대응되는 부분분수 항의 계수 K_{1j} ($j = r, \cdots, 1$)를 다음과 같이 구한다.

$$K_{1j} = \frac{1}{(r-j)!} \frac{d^{r-j}}{ds^{r-j}} \left[(s - p_1)^r X(s) \right] \bigg|_{s = p_1} \tag{7.58}$$

❸ 식 (7.51)과 식 (7.52)의 변환쌍을 이용하여 다음과 같이 역변환한다.

$$x(t) = \left[\left(K_{11} + K_{12}t + \cdots + K_{1r}\frac{t^{r-1}}{(r-1)!} \right) e^{p_1 t} + K_{r+1}e^{p_{r+1}t} + \cdots + K_n e^{p_n t} \right] u(t) \tag{7.59}$$

$X(s)$가 r중 다중극을 가지면, 식 (7.57)과 같이 1차부터 r차까지 빠짐없이 부분분수 항을 전개해야만 분자 다항식이 어떠한 경우라도 맞춰질 수 있다. 다중극의 부분분수 항들의 계수를 결정하는 식 (7.58)의 원리는 아래에서 예제를 통해 간단히 알아보게 될 것이다. **다중극에 대응되는 r개의 부분분수 항들의 계수는 분모의 차수가 제일 높은 항의 계수 K_{1r}부터 시작하여 거꾸로 (미분에 의해) 하나씩 차수를 낮춰가며 계산하고, 제일 마지막에 K_{11}을 계산한다.**

예제 7-19 다중극에 대한 라플라스 역변환

다음과 같은 $X(s)$를 라플라스 역변환하여 $x(t)$를 구하라.

$$X(s) = \frac{s^2 + 5s + 6}{s^3 + 3s^2 + 3s + 1}$$

풀이

$X(s)$를 부분분수 전개하면 다음과 같이 된다.

$$X(s) = \frac{s^2 + 5s + 6}{(s+1)^3} = \frac{K_{11}}{s+1} + \frac{K_{12}}{(s+1)^2} + \frac{K_{13}}{(s+1)^3} \qquad \cdots ❶$$

❶의 양변에 $(s+1)^3$을 곱하면 다음과 같이 된다.

$$(s+1)^3 X(s) = s^2 + 5s + 6 = K_{11}(s+1)^2 + K_{12}(s+1) + K_{13} \qquad \cdots ❷$$

❷의 양변에 $s = -1$을 대입하면 $K_{13} = 2$를 얻는다. ❷를 s에 대해 미분하면

$$\frac{d}{ds}\{(s+1)^3 X(s)\} = 2s + 5 = 2K_{11}(s+1) + 1 \cdot K_{12} \qquad \cdots ❸$$

❸의 양변에 $s = -1$을 대입하면 $K_{12} = 3$을 얻는다. 다시 ❸을 s에 대해 미분하면

$$\frac{d^2}{ds^2}\{(s+1)^3 X(s)\} = 2 = 2 \cdot 1 \cdot K_{11} \qquad \cdots \text{❹}$$

❹의 양변에 $s=-1$ 을 대입하면 $K_{11} = \dfrac{2}{2!} = 1$ 을 얻는다. 따라서 $X(s)$의 역변환 $x(t)$는 다음과 같이 구해진다.

$$x(t) = \mathcal{L}^{-1}\left\{\frac{1}{s+1} + \frac{3}{(s+1)^2} + \frac{2}{(s+1)^3}\right\} = (1+3t+t^2)e^{-t}u(t)$$

이상의 풀이 과정에서 보듯이, 다중극의 부분분수 항들의 계수는 최고차 항을 $X(s)$의 양변에 곱하여 계속 미분하면서 극값을 대입해 높은 차수에서 낮은 차수 항으로 차례로 구해나간다. 이때 미분 동작에 의해 계수 앞에 미분 횟수만큼의 팩토리얼(!)이 곱해져 있으므로 극값을 대입해 얻은 값을 반드시 미분 횟수만큼의 팩토리얼로 나누어주어야 한다. 이 일련의 풀이 과정을 수식화한 것이 바로 식 (7.58)이다.

예제 7-20 다중극에 대한 라플라스 역변환

다음과 같은 $X(s)$를 라플라스 역변환하여 $x(t)$를 구하라.

$$X(s) = \frac{s+3}{(s+1)^3(s+2)}$$

풀이

$X(s)$를 부분분수 전개하면 다음과 같이 된다.

$$X(s) = \frac{s+3}{(s+1)^3(s+2)} = \frac{K_{11}}{s+1} + \frac{K_{12}}{(s+1)^2} + \frac{K_{13}}{(s+1)^3} + \frac{K_4}{s+2}$$

단순극 $s=-2$ 항의 계수 K_4는 식 (7.54)에 의해 다음과 같이 구해진다.

$$K_4 = (s+2)X(s)\big|_{s=-2} = \frac{s+3}{(s+1)^3}\bigg|_{s=-2} = \frac{1}{-1} = -1$$

3중극 $s=-1$ 에 대응되는 항의 계수 K_{11}, K_{12}, K_{13}은 식 (7.58)로부터 다음과 같이 된다. 이때 계산 순서가 분모가 최고차 항인 K_{13}부터 거꾸로 내려감을 주의해야 한다.

$$K_{13} = (s+1)^3 X(s)\big|_{s=-1} = \frac{s+3}{s+2}\bigg|_{s=-1} = \frac{2}{1} = 2$$

$$K_{12} = \frac{d}{ds}(s+1)^3 X(s)\bigg|_{s=-1} = \frac{-1}{(s+2)^2}\bigg|_{s=-1} = \frac{-1}{1} = -1$$

$$K_{11} = \frac{1}{2}\frac{d^2}{ds^2}(s+1)^3 X(s)\bigg|_{s=-1} = \frac{1}{2}\frac{2}{(s+2)^3}\bigg|_{s=-1} = \frac{1}{2}\frac{2}{1} = 1$$

따라서 $X(s)$의 역변환 $x(t)$는 다음과 같이 구해진다.

$$x(t) = \mathcal{L}^{-1}\left\{\frac{1}{s+1} - \frac{1}{(s+1)^2} + \frac{2}{(s+1)^3} - \frac{1}{s+2}\right\} = \left[(1-t+t^2)e^{-t} - e^{-2t}\right]u(t)$$

$X(s)$가 공액 복소극을 가질 경우

$X(s)$가 공액 복소극을 가지면 다음과 같이 부분분수 전개하여 역변환하면 된다.

❶ 2개의 1차 공액 복소극 부분분수 항을 다음과 같이 하나의 2차 부분분수로 둔다.

$$X'(s) = \frac{K_c}{s-(\alpha+j\beta)} + \frac{K_c^*}{s-(\alpha-j\beta)} = \frac{As+B}{s^2-2\alpha s + \alpha^2 + \beta^2} \tag{7.60}$$

❷ 분수 소거법을 이용하여 2차 부분분수의 계수를 구하여 다음과 같이 나타낸다.

$$X'(s) = \frac{As+B}{s^2-2\alpha s+\alpha^2+\beta^2} = \frac{A(s-\alpha)}{(s-\alpha)^2+\beta^2} + \frac{C\beta}{(s-\alpha)^2+\beta^2} \tag{7.61}$$

❸ 코사인파 및 사인파의 변환쌍, 그리고 삼각함수 합성을 이용하여 역변환한다.

$$x'(t) = \left[Ae^{\alpha t}\cos(\beta t) + Ce^{\alpha t}\sin(\beta t)\right]u(t)$$
$$= \sqrt{A^2+C^2}\,e^{\alpha t}\cos\left(\beta t - \tan^{-1}\frac{C}{A}\right)u(t) \tag{7.62}$$

공액 복소극 항의 라플라스 역변환은 지수 감쇠(증가) 정현파가 된다.

$X(s)$가 식 (7.60)과 같은 공액 복소극을 가지는 경우, 두 극의 값이 서로 다르므로 기본적으로는 단순극의 경우와 동일하다. 이때 $X(s)$의 분자 다항식 계수가 실수가 되기 위해 공액 복소극 부분분수 항들의 계수들도 공액 복소수가 되는데, 그냥 식 (7.54)를 이용해서 구하면 된다. 그러나 이렇게 역변환하는 방법은 복소수 계산이 포함되어 까다롭고 불편하므로 식 (7.61)을 이용하여 역변환하는 것이 낫다.

다음과 같은 $X(s)$를 라플라스 역변환하여 $x(t)$를 구하라.

$$X(s) = \frac{4(s+1)^2}{s(s^2+2s+2)}$$

풀이

$X(s)$는 $s = -1 \pm j1$의 공액 복소극을 가진다. $X(s)$를 식 (7.60)처럼 2차 인수를 포함하는 형태로 전개하면 다음과 같다.

$$X(s) = \frac{4(s+1)^2}{s(s^2+2s+2)} = \frac{K_1}{s} + \frac{As+B}{s^2+2s+2} = \frac{2}{s} + \frac{As+B}{s^2+2s+2}$$

단순극 $s=0$의 계수 $K_1 = 2$는 식 (7.54)를 이용하여 다음과 같이 계산된 것이다.

$$K_1 = sX(s)\big|_{s=0} = \frac{4(s+1)^2}{s^2+2s+2}\bigg|_{s=0} = 2$$

분수 소거법으로 $s(s^2+2s+2)$를 $X(s)$ 전개식의 양변에 곱하여 정리하면 다음과 같고,

$$4(s+1)^2 = 2(s^2+2s+2) + s(As+B) = (2+A)s^2 + (4+B)s + 4$$

양변의 계수를 비교해 $A=2$, $B=4$를 얻는다. 따라서 $X(s)$는 다음과 같이 쓸 수 있다.

$$X(s) = \frac{2}{s} + \frac{2s+4}{s^2+2s+2} = \frac{2}{s} + \frac{2(s+1)}{(s+1)^2+1^2} + \frac{2\cdot1}{(s+1)^2+1^2}$$

따라서 정현파의 변환쌍을 이용하여 역변환하면 다음과 같이 된다.

$$x(t) = 2 + 2e^{-t}\cos t + 2e^{-t}\sin t = 2 + 2\sqrt{2}\,e^{-t}\cos(t-45°)$$

두 번째 등식은 다음과 같은 삼각함수 합성 공식을 이용하여 정리한 것이다.

$$A\cos x + C\sin x = \sqrt{A^2+C^2}\,(\cos x\cos\theta - \sin x\sin\theta) = \sqrt{A^2+C^2}\,\cos(x+\theta)$$

$$\theta = -\tan^{-1}\frac{C}{A}$$

라플라스 변환에 의한 미분방정식 해석

연속 LTI 시스템을 나타내는 상수 계수 선형 미분방정식에 라플라스 변환의 시간 미분 성질을 적용하면 s에 대한 대수방정식으로 바뀔 뿐만 아니라, 변환 과정에서 초기 조건이 자동적으로 포함되기 때문에 해를 구하기가 훨씬 간편하다. 따라서 이 절에서는 라플라스 변환을 이용한 미분방정식의 해법을 살펴보고 전기회로에 응용해보기로 한다.

학습포인트

• 라플라스 변환과 시간 미분 성질을 이용한 미분방정식의 풀이 방법을 잘 익혀둔다.
• 입력 인가 전후의 초기 조건 차이와 중요성에 대해 이해한다.
• 라플라스 변환을 이용한 전기회로 해석 방법을 잘 익혀둔다.

라플라스 변환을 이용한 미분방정식의 풀이

실제 시스템은 인과적이고 입력을 넣는 순간을 시간 기점 $t = 0$으로 두는 것이 일반적이다. 따라서 단방향 라플라스 변환만으로 충분히 시스템을 주파수 영역에서 해석할 수 있다.

❶ 미분방정식을 라플라스 변환한다. 이때 시간 미분 성질에 의해 초기 조건은 방정식에 자동적으로 포함된다.

$$\frac{d^k y(t)}{dt^k} \Leftrightarrow s^k Y(s) - \sum_{i=0}^{k-1} s^{k-1-i} y^{(i)}(0^-) \qquad (7.63)$$

❷ s에 대한 대수방정식을 미지수 $Y(s)$에 대해 푼다. 이 결과는 s에 대한 유리 함수 형태로 주어진다.

❸ 얻어진 $Y(s)$에 대해 부분분수 전개한 뒤 라플라스 역변환하여 응답을 구한다.

이 방법은 '시간 함수의 변환 → 주파수 영역에서 대수방정식 풀이 → 시간 영역으로 역변환'의 과정을 거쳐 해를 구하므로 언뜻 보기에는 복잡해보이지만, 실제로는 시간 영역에서의 고전적 해법에 비해 오히려 풀이가 쉽고 간단하다. 4장에서 고전적 해법을 이용하여 풀었던 예제를 라플라스 변환을 이용하여 풀어보도록 하자.

다음의 미분방정식으로 표현되는 LTI 시스템에 대해 계단 입력 $x(t) = u(t)$에 대한 응답을 구하라. 단, 초기 조건은 $y(0^-) = 3$이다.

$$\frac{dy(t)}{dt} + 2y(t) = 2x(t)$$

풀이

주어진 미분방정식을 라플라스 변환하면 다음과 같이 된다.

$$s\,Y(s) - y(0^-) + 2\,Y(s) = 2X(s) \qquad \cdots \; ❶$$

식 ❶을 $Y(s)$에 대해 정리하여 입력의 라플라스 변환 $X(s) = \dfrac{1}{s}$과 주어진 초기 조건 값을 대입하면 다음과 같이 된다.

$$Y(s) = \frac{y(0^-)}{s+2} + \frac{2}{s+2}X(s) = \frac{3}{s+2} + \frac{2}{s(s+2)} \qquad \cdots \; ❷$$

식 ❷의 우변의 첫 번째 항은 초기 조건에 의한 응답이고, 두 번째 항은 입력에 의한 응답이다. 또한 식 ❷의 우변의 두 항 모두 분모에 $s+2$의 공통인수를 가지고 있는데, 이것은 주어진 미분방정식의 특성다항식(방정식)과 동일하므로 이를 부분분수 전개하여 역변환하면 시스템 모드 항이 얻어진다. 그리고 식 ❷에서 보면 초기 조건에 의한 응답이 입력과는 무관하게 분리되어 있으므로 $t = 0^-$의 초기 조건을 써야 한다. 식 ❷의 우변 항들은 분모에 공통인수를 가지고 있으므로 합쳐서 다음과 같이 부분분수 전개할 수 있다. 이때 앞의 항은 시스템 모드, 뒤의 항은 입력에 연관된 항이다.

$$Y(s) = \left[\frac{K_1}{s+2} \right] + \left[\frac{K_2}{s} \right] \qquad \cdots \; ❸$$

식 (7.54)를 이용하여 부분분수 항들의 계수를 구하면 다음과 같다.

$$K_1 = (s+2)\,Y(s)\big|_{s=-2} = \left(3 + \frac{2}{s}\right)\bigg|_{s=-2} = 3 + \frac{2}{-2} = 2$$

$$K_2 = s\,Y(s)\big|_{s=0} = \left(\frac{3s}{s+2} + \frac{2}{s+2}\right)\bigg|_{s=0} = 0 + \frac{2}{2} = 1$$

구한 값을 식 ❸에 대입하여 역변환을 구하면 다음과 같이 시스템 응답이 얻어진다.

$$y(t) = \mathcal{L}^{-1}\left\{ \left[\frac{2}{s+2} \right] + \left[\frac{1}{s} \right] \right\} = [2e^{-2t}] + [1] \qquad \cdots \; ❹$$

이 결과는 [예제 4-10]에서 고전적 해법으로 얻은 결과와 일치한다. 또한 식 ❹에서 출력의 첫째 항은 고전적 해법에서 구한 동차해와, 둘째 항은 특이해와 같음을 볼 수 있다.

다음의 미분방정식으로 표현되는 LTI 시스템에 대해 입력 $x(t) = e^{-2t}u(t)$에 대한 응답을 구하라. 단, 초기 조건은 $y(0^-) = 1$, $\dot{y}(0^-) = -7$이다.

$$\frac{d^2 y(t)}{dt^2} + 5\frac{dy(t)}{dt} + 4y(t) = 6x(t)$$

풀이

주어진 미분방정식을 라플라스 변환하면 다음과 같이 된다.

$$s^2 Y(s) - sy(0^-) - \dot{y}(0^-) + 5s\,Y(s) - 5y(0^-) + 4Y(s) = 6X(s) \qquad \cdots\ ❶$$

식 ❶을 $Y(s)$에 대해 정리하여 $X(s) = \dfrac{1}{s+2}$을 대입하면 다음과 같이 된다.

$$
\begin{aligned}
Y(s) &= \frac{y(0^-)s + \dot{y}(0^-) + 5y(0^-)}{s^2 + 5s + 4} + \frac{6}{s^2 + 5s + 4}X(s) \\[2mm]
&= \frac{s-2}{(s+1)(s+4)} + \frac{6}{(s+1)(s+4)(s+2)}
\end{aligned}
\qquad \cdots\ ❷
$$

식 ❷의 우변은 분모에 공통인수가 있으므로 합쳐서 부분분수 전개할 수 있다.

$$Y(s) = \frac{K_1}{s+1} + \frac{K_2}{s+4} + \frac{K_3}{s+2} \qquad \cdots\ ❸$$

식 ❷를 통분하지 않고 그대로 식 (7.54)에 의해 부분분수의 계수를 계산하면 다음과 같다.

$$K_1 = (s+1)\,Y(s)\big|_{s=-1} = \left(\frac{s-2}{s+4} + \frac{6}{(s+4)(s+2)}\right)\bigg|_{s=-1} = \frac{-3}{3} + \frac{6}{(3)(1)} = 1$$

$$K_2 = (s+4)\,Y(s)\big|_{s=-4} = \left(\frac{s-2}{s+1} + \frac{6}{(s+1)(s+2)}\right)\bigg|_{s=-4} = \frac{-6}{-3} + \frac{6}{(-3)(-2)} = 3$$

$$K_3 = (s+2)\,Y(s)\big|_{s=-2} = \left(\frac{(s+2)(s-2)}{(s+1)(s+4)} + \frac{6}{(s+1)(s+4)}\right)\bigg|_{s=-2} = 0 + \frac{6}{(-1)(2)} = -3$$

구한 값을 식 ❸에 대입하여 역변환을 구하면 다음과 같이 시스템 응답이 얻어진다.

$$y(t) = \mathcal{L}^{-1}\left\{\frac{1}{s+1} + \frac{3}{s+4} + \frac{-3}{s+2}\right\} = (e^{-t} + 3e^{-4t} - 3e^{-2t})u(t) \qquad \cdots\ ❹$$

미분방정식 $\dfrac{d^2y(t)}{dt^2}+3\dfrac{dy(t)}{dt}+2y(t)=\dfrac{dx(t)}{dt}+4x(t)$ 로 표현되는 LTI 시스템에 대해 계단 입력 $x(t)=u(t)$ 에 대한 응답을 다음의 초기 조건에 대하여 구하라.

(a) $y(0^-)=0,\ \dot{y}(0^-)=0$ (b) $y(0^-)=2,\ \dot{y}(0^-)=0$

풀이

주어진 미분방정식을 라플라스 변환하면 다음과 같이 된다.

$$s^2Y(s)-sy(0^-)-\dot{y}(0^-)+3sY(s)-3y(0^-)+2Y(s)=sX(s)+4X(s) \quad \cdots \ ❶$$

식 ❶을 $Y(s)$ 에 대해 정리하여 $X(s)=\dfrac{1}{s}$ 을 대입하면 다음과 같이 된다.

$$Y(s)=\frac{y(0^-)s+\dot{y}(0^-)+3y(0^-)}{s^2+3s+2}+\frac{s+4}{s^2+3s+2}X(s) \quad \cdots \ ❷$$

$$=\frac{y(0^-)s+\dot{y}(0^-)+3y(0^-)}{s^2+3s+2}+\frac{s+4}{s(s+1)(s+2)}$$

식 ❷의 두 번째 항은 입력에 의한 응답으로 초기 조건과는 무관하다. 따라서 이에 대해 먼저 부분분수 전개하여 역변환하자.

$$Y_i(s)=\frac{s+4}{s(s+1)(s+2)}=\frac{K_1}{s}+\frac{K_2}{s+1}+\frac{K_3}{s+2} \quad \cdots \ ❸$$

식 (7.54)를 이용하여 부분분수 항들의 계수를 계산하면 다음과 같다.

$$K_1=s\,\frac{s+4}{s(s+1)(s+2)}\bigg|_{s=0}=\frac{s+4}{(s+1)(s+2)}\bigg|_{s=0}=\frac{4}{(1)(2)}=2$$

$$K_2=(s+1)\,\frac{s+4}{s(s+1)(s+2)}\bigg|_{s=-1}=\frac{s+4}{s(s+2)}\bigg|_{s=-1}=\frac{3}{(-1)(1)}=-3$$

$$K_3=(s+2)\,\frac{s+4}{s(s+1)(s+2)}\bigg|_{s=-2}=\frac{s+4}{s(s+1)}\bigg|_{s=-2}=\frac{2}{(-2)(-1)}=1$$

식 ❸에 대입하여 역변환하면 다음과 같이 입력에 대한 시스템 응답 $y_i(t)$ 가 얻어진다.

$$y_i(t)=\mathcal{L}^{-1}\left\{\frac{2}{s}-\frac{3}{s+1}+\frac{1}{s+2}\right\}=2-3e^{-t}+e^{-2t} \quad \cdots \ ❹$$

이제 식 ❷의 첫 번째 항으로부터 초기 조건에 의한 응답 $y_s(t)$ 를 계산해보자.

(a) $y(0^-)=0,\ \dot{y}(0^-)=0$

이 경우는 식 ❷의 첫 번째 항이 0이 된다. 즉 시스템 응답은 입력만의 출력이다.

$$y(t)=y_i(t)=2-3e^{-t}+e^{-2t}$$

이처럼 **미분방정식으로 표현된 시스템에서 입력만에 의한 응답을 구하고 싶을 때에는** $t = 0^-$**의 초기 조건을 0으로 두고 라플라스 변환을 이용하여 풀면 된다.**

이때 $y(0^+) = 2 - 3e^0 + e^0 = 0$, $\dot{y}(0^+) = 3e^0 - 2e^0 = 1$이다. 주어진 초기 조건과 비교하면, $y(0^+) = y(0^-)$이지만 $\dot{y}(0^+) \neq \dot{y}(0^-)$임을 알 수 있다. 이처럼 **시스템에 따라서** $t = 0^-$**의 초기 조건과** $t = 0^+$**의 초기 조건이 다를 수 있다.** 둘의 구분 없이 $t = 0$에서의 초기 조건이 주어진 경우는 두 초기 조건이 같은 경우라고 보면 된다.

(b) $y(0^-) = 2$, $\dot{y}(0^-) = 0$

식 ❷의 첫 번째 항에 주어진 초기 조건을 대입하여 정리한 뒤, 부분분수로 전개하면 다음과 같다.

$$Y_s(s) = \frac{2s+6}{(s+1)(s+2)} = \frac{K_1}{s+1} + \frac{K_2}{s+2} \qquad \cdots \ ❺$$

식 (7.54)를 이용하여 부분분수 항들의 계수를 구하면 다음과 같다.

$$K_1 = (s+1)\frac{2s+6}{(s+1)(s+2)}\bigg|_{s=-1} = \frac{4}{1} = 4$$

$$K_2 = (s+2)\frac{2s+6}{(s+1)(s+2)}\bigg|_{s=-2} = \frac{2}{-1} = -2$$

식 ❺에 대입하여 역변환하면 다음과 같이 초기 조건에 의한 시스템 응답이 얻어진다.

$$y_s(t) = \mathcal{L}^{-1}\left\{\frac{4}{s+1} - \frac{2}{s+2}\right\} = 4e^{-t} - 2e^{-2t} \qquad \cdots \ ❻$$

따라서 시스템의 응답은 식 ❹의 $y_i(t)$와 식 ❻의 $y_s(t)$를 더하여 다음과 같이 구해진다.

$$y(t) = y_s(t) + y_i(t) = [4e^{-t} - 2e^{-2t}] + [2 - 3e^{-t} + e^{-2t}] \qquad \cdots \ ❼$$

$$= [e^{-t} - e^{-2t}] + [2]$$

이때 $y(0^+) = e^0 - e^0 + 2 = 2$, $\dot{y}(0^+) = -e^0 + 2e^0 = 1$로 $t = 0^-$의 초기 조건과 다르지만, [예제 4-11]의 초기 조건과는 일치한다. 그러므로 식 ❼의 마지막 등식의 첫 번째 항은 [예제 4-11]의 고전적 해법의 동차해, 두 번째 항은 특이해와 같다.

라플라스 변환을 이용한 미분방정식의 풀이가 유용한 대표적인 예로 전기회로를 들 수 있다. 미적분을 포함한 회로 방정식을 시간 미분 및 시간 적분 성질을 이용하여 라플라스 변환하면 s에 대한 대수방정식으로 바뀌고 복소수 계산을 필요로 하지 않으므로 해석하기가 매우 간편해진다.

[그림 7-9(a)]의 전기회로에 직류 전압 $x(t) = 5u(t)$를 인가할 때 출력 전압 $y(t)$를 구하라. 단, 초기 조건은 $i(0^-) = 2$, $v_C(0^-) = 1$이다.

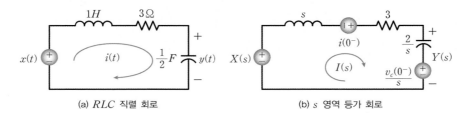

(a) RLC 직렬 회로   (b) s 영역 등가 회로

[그림 7-9] [예제 7-25]의 RLC 직렬 회로와 s 영역 등가 회로

풀이

키르히호프의 전압 (평형) 법칙(KVL)을 적용하여 회로 방정식을 구하면 된다.

$$x(t) = v_L(t) + v_R(t) + v_C(t) = \frac{di(t)}{dt} + 3i(t) + 2\int i(t)\,dt$$

이를 라플라스 변환하면 다음과 같고, [그림 7-9(b)]는 등가 회로이다.

$$X(s) = sI(s) - i(0^-) + 3I(s) + \frac{2}{s}I(s) + \frac{1}{s}v_C(0^-)$$

주어진 초기 조건을 대입하여 위 식을 정리하면 다음과 같이 된다.

$$(s^2 + 3s + 2)I(s) = i(0^-)s - v_C(0^-) + sX(s) = 2s - 1 + s\frac{5}{s} = 2s + 4$$

따라서 폐로 전류의 라플라스 변환은 $I(s) = \dfrac{2}{s+1}$ 가 되고, 출력 전압은 다음과 같이 된다.

$$Y(s) = \mathcal{L}\{v_C(t)\} = \frac{2}{s}I(s) + \frac{1}{s}v_C(0^-) = \frac{4}{s(s+1)} + \frac{1}{s} = \frac{5}{s} - \frac{4}{s+1}$$

이를 역변환하면 회로의 출력 전압 $y(t)$가 다음과 같이 구해진다.

$$y(t) = \mathcal{L}^{-1}\left\{\frac{5}{s} - \frac{4}{s+1}\right\} = (5 - 4e^{-t})u(t)$$

7.6 전달 함수

푸리에 변환에 의한 주파수 응답 외에 주파수 영역에서 시스템을 나타내는 또 다른 표현으로 라플라스 변환에 의한 전달 함수가 있다. 라플라스 변환이 갖는 장점으로 인해 전달 함수는 주파수 응답보다 훨씬 폭넓게 시스템 해석과 설계에 활용된다. 따라서 이 절에서는 전달 함수의 개념, 주파수 응답 및 임펄스 응답과의 상호 관계, 그리고 극과 영점의 정의와 중요성에 대해 살펴보기로 한다. 또한 전달 함수로부터 안정도 등의 시스템 특성을 해석하는 방법에 대해서도 알아볼 것이다.

학습포인트

- 전달 함수의 정의, 그리고 전달 함수, 주파수 응답, 임펄스 응답, 미분방정식의 상호 관계를 이해한다.
- 시스템(전달 함수)의 극과 영점의 정의와 역할 및 중요성에 대해 이해한다.
- 극의 위치에 따른 임펄스 응답의 형태와 시스템의 안정도를 판별하는 방법에 대해 알아본다.

7.6.1 전달 함수의 개요

전달 함수의 정의

전달 함수도 주파수 응답과 마찬가지로 주파수 영역에서 나타낸 입력과 출력의 비이다. 하지만 겉보기에 복소수가 드러나지 않아 취급이 편리하고 주파수 응답을 전달 함수의 특수한 경우로 취급할 수 있기 때문에 시스템 해석에 일반적으로 다양하게 활용된다.

- 시스템의 **전달 함수**transfer function $H(s)$는 복소 주파수 s의 함수로 표현된 입력과 출력의 비, 즉 입력 $x(t)$의 라플라스 변환 $X(s)$에 대한 출력 $y(t)$의 라플라스 변환 $Y(s)$의 비로 정의한다.

$$H(s) = \frac{Y(s)}{X(s)} = \frac{N(s)}{D(s)} \tag{7.64}$$

- 전달 함수는 s에 관한 유리 함수로서 시스템이 입력을 출력 쪽으로 전달한 정도를 보여주는 함수이다.
- 전달 함수는 시스템 임펄스 응답 $h(t)$의 라플라스 변환 $H(s) = \mathcal{L}\{h(t)\}$이다. 따라서 입력의 형태와는 무관하고 시스템이 바뀌지 않는 한 달라지지 않는다.

임펄스 응답이 $h(t)$인 LTI 시스템의 입출력 관계는 $y(t) = x(t) * y(t)$로 주어지므로, 라플라스 변환의 시간 컨벌루션 성질에 의해 $Y(s) = H(s)X(s)$가 된다. 이로부터 전달 함수는 임펄스 응답의 라플라스 변환과 같음을 알 수 있다.

$$H(s) = \mathcal{L}\{h(t)\} = \frac{Y(s)}{X(s)} \tag{7.65}$$

임펄스 응답의 라플라스 변환이 전달 함수이므로 시스템의 블록선도 표현에서 [그림 7-10]과 같이 임펄스 응답 대신 전달 함수를 이용해 나타낼 수 있으며, 이는 널리 쓰인다.

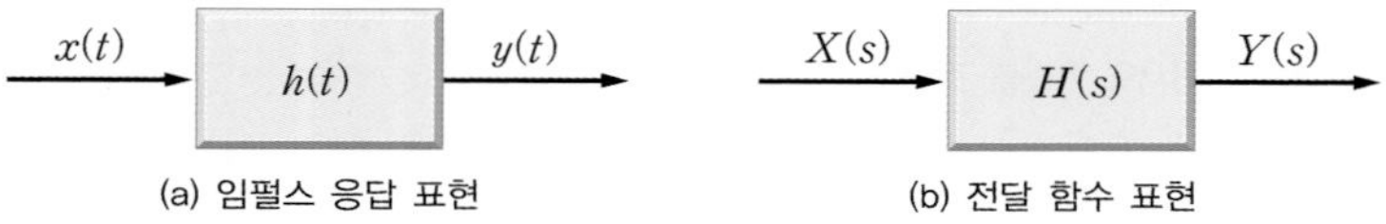

(a) 임펄스 응답 표현   (b) 전달 함수 표현

[그림 7-10] **연속 LTI 시스템의 표현**

미분방정식과 전달 함수의 관계

전달 함수는 시스템을 표현한 미분방정식으로부터 구할 수도 있다. 다음과 같은 미분방정식으로 시스템이 주어질 경우를 살펴보자.

$$a_n \frac{d^n y(t)}{dt^n} + a_{n-1} \frac{d^{n-1} y(t)}{dt^{n-1}} + \cdots + a_0 y(t) = b_m \frac{d^m x(t)}{dt^m} + \cdots + b_0 x(t) \tag{7.66}$$

- 시스템 미분방정식 식 (7.66)을 라플라스 변환하면 다음과 같이 전달 함수가 얻어진다.

$$H(s) = \frac{Y(s)}{X(s)} = \frac{b_m s^m + b_{m-1} s^{m-1} + \cdots + b_1 s + b_0}{a_n s^n + a_{n-1} s^{n-1} + \cdots + a_1 s + a_0} = \frac{N(s)}{D(s)} \tag{7.67}$$

- 전달 함수의 분모 $D(s) = 0$인 방정식을 전달 함수(시스템)의 특성방정식이라고 하며, 시스템의 고유한 특성을 반영한다.

$$D(s) = a_n s^n + a_{n-1} s^{n-1} + \cdots + a_0 = 0 \tag{7.68}$$

식 (7.66)을 시간 미분 성질을 이용하여 라플라스 변환하면 다음과 같다. 이때 **전달 함수는 오직 입력에 대한 출력의 비를 나타내므로, 모든 초기 조건은 0으로 두고 변환해야 한다.**

$$(a_n s^n + a_{n-1} s^{n-1} + \cdots + a_0) Y(s) = (b_m s^m + b_{m-1} s^{m-1} + \cdots + b_0) X(s) \tag{7.69}$$

이를 정리하여 입력과 출력의 비로 전달 함수 $H(s)$를 구하면 식 (7.67)이 얻어진다. 식 (7.67)에서 전달 함수의 분모 $D(s)=0$은 변수의 표기만 λ 대신 s로 바뀌었을 뿐, 4장에서 살펴본 미분방정식의 특성방정식과 같다. 한편 주파수 응답과 달리 전달 함수의 수식 표현에는 복소수 표현이 겉으로 전혀 나타나지 않기 때문에 취급이 편리하다.

식 (7.67)의 분자 다항식의 계수는 미분방정식의 입력 항들의 계수와, 분모 다항식의 계수는 출력 항들의 계수와 같다. 그러므로 **전달 함수는 별다른 중간 계산 과정을 거칠 필요 없이 미분방정식으로부터 직접 간단히 구할 수 있다. 거꾸로, 전달 함수가 주어지면 식 (7.66)과 같이 미분방정식으로 바로 바꾸는 것도 어렵지 않다.** 또한 이러한 결과로부터, 비록 전달 함수가 입력과 출력의 비로 정의되지만 시스템이 바뀌지 않는 한 달라지지 않으며, 입력의 형태와는 무관한 시스템의 고유한 성질이라는 사실을 다시 한 번 확인할 수 있다.

전달 함수와 주파수 응답

주파수 응답과 전달 함수 둘 다 주파수 영역에서 LTI 시스템을 표현하는 방법으로 어떤 변환 방법에 의해 임펄스 응답을 주파수 영역 표현으로 바꾼 것인가의 차이만 있을 뿐 본질은 같다. **주파수 응답은 임펄스 응답 $h(t)$를 푸리에 변환한 것이고, 전달 함수는 $h(t)$를 라플라스 변환한 것이다.** 그런데 라플라스 변환에서 $s=j\omega$로 두면 푸리에 변환이 되므로 **주파수 응답을 전달 함수의 특수한 경우로 취급할 수 있다.**

$$H(\omega)=\left.H(s)\right|_{s=j\omega}=\left.\frac{b_m s^m + b_{m-1} s^{m-1} + \cdots + b_1 s + b_0}{a_n s^n + a_{n-1} s^{n-1} + \cdots + a_1 s + a_0}\right|_{s=j\omega} \tag{7.70}$$

시스템의 필터링 특성을 분석할 때 등 일부 경우를 제외하면, 전달 함수 쪽이 복소수 계산을 피할 수 있을 뿐만 아니라 필요하다면 식 (7.70)에 의해 주파수 응답도 구할 수 있어 훨씬 편리하므로 시스템의 취급과 분석에는 전달 함수가 일반적으로 사용된다.

예제 7-26 미분방정식으로부터 전달 함수와 임펄스 응답 결정

다음의 미분방정식으로 표현되는 LTI 시스템의 전달 함수와 임펄스 응답을 구하라.

$$\frac{d^2 y(t)}{dt^2} + 5\frac{dy(t)}{dt} + 6y(t) = x(t)$$

풀이

모든 초기 조건을 0으로 두고 주어진 미분방정식을 라플라스 변환하면 다음과 같다.

$$s^2 Y(s) + 5s Y(s) + 6 Y(s) = X(s)$$

따라서 전달 함수는 식 (7.67)로부터 다음과 같이 구해진다.

$$H(s) = \frac{Y(s)}{X(s)} = \frac{1}{(s+2)(s+3)}$$

임펄스 응답을 구하기 위해 $H(s)$를 부분분수로 전개하면

$$H(s) = \frac{K_1}{s+2} + \frac{K_2}{s+3} = \frac{1}{s+2} - \frac{1}{s+3}$$

$$K_1 = (s+2) H(s) \big|_{s=-2} = \frac{1}{s+3} \bigg|_{s=-2} = \frac{1}{1} = 1$$

$$K_2 = (s+3) H(s) \big|_{s=-3} = \frac{1}{s+2} \bigg|_{s=-3} = \frac{1}{-1} = -1$$

이 되고, 라플라스 역변환을 수행하면 다음의 임펄스 응답을 얻게 된다.

$$h(t) = \mathcal{L}^{-1}\{H(s)\} = \mathcal{L}^{-1}\left\{ \frac{1}{s+2} - \frac{1}{s+3} \right\} = (e^{-2t} - e^{-3t}) u(t)$$

예제 7-27 입출력으로부터 전달 함수, 임펄스 응답, 미분방정식의 결정

LTI 시스템에 입력 $x(t) = e^{-3t} u(t)$를 넣었을 때 출력이 $y(t) = (e^{-t} - e^{-2t}) u(t)$라고 한다. 이 시스템과 관련하여 다음을 구하라.

(a) 전달 함수   (b) 임펄스 응답   (c) 시스템 미분방정식

풀이

(a) 우선 입력과 출력을 각각 라플라스 변환하면 다음과 같다.

$$X(s) = \mathcal{L}\left\{ e^{-3t} u(t) \right\} = \frac{1}{s+3}$$

$$Y(s) = \mathcal{L}\left\{ (e^{-t} - e^{-2t}) u(t) \right\} = \frac{1}{s+1} - \frac{1}{s+2} = \frac{1}{(s+1)(s+2)}$$

전달 함수는 식 (7.64)로부터 다음과 같이 구해진다.

$$H(s) = \frac{Y(s)}{X(s)} = \frac{\dfrac{1}{(s+1)(s+2)}}{\dfrac{1}{s+3}} = \frac{s+3}{(s+1)(s+2)} = \frac{s+3}{s^2+3s+2}$$

(b) 임펄스 응답을 구하기 위해 $H(s)$를 부분분수로 전개하면

$$H(s) = \frac{K_1}{s+1} + \frac{K_2}{s+2} = \frac{2}{s+1} - \frac{1}{s+2}$$

$$K_1 = (s+1)H(s)\big|_{s=-1} = \frac{s+3}{s+2}\bigg|_{s=-1} = \frac{2}{1} = 2$$

$$K_2 = (s+2)H(s)\big|_{s=-2} = \frac{s+3}{s+1}\bigg|_{s=-2} = \frac{1}{-1} = -1$$

이 되고, 라플라스 역변환을 수행하면 다음의 임펄스 응답을 얻게 된다.

$$h(t) = \mathcal{L}^{-1}\{H(s)\} = \mathcal{L}^{-1}\left\{\frac{2}{s+1} - \frac{1}{s+2}\right\} = (2e^{-t} - e^{-2t})u(t)$$

(c) 한편 $H(s)$로부터 다음의 관계를 얻을 수 있고,

$$(s^2 + 3s + 2)Y(s) = (s+3)X(s)$$

$$s^2 Y(s) + 3s Y(s) + 2Y(s) = sX(s) + 3X(s)$$

이를 시간 미분 성질을 이용하여 역변환하면 다음의 미분방정식을 얻는다.

$$\frac{d^2 y(t)}{dt^2} + 3\frac{dy(t)}{dt} + 2y(t) = \frac{dx(t)}{dt} + 3x(t)$$

예제 7-28 전달 함수를 이용한 시스템 출력의 결정 　　　관련 예제 | [예제 6-20]

임펄스 응답 $h(t) = 2e^{-2t}u(t)$인 LTI 시스템의 입력 $x(t) = 2e^{-t}u(t)$에 대한 출력을 구하라.

풀이

시스템의 전달 함수는 임펄스 응답을 라플라스 변환하여 $H(s) = \dfrac{2}{s+2}$가 되고, 또한 입력 $x(t) = 2e^{-t}u(t)$를 라플라스 변환하면 $X(s) = \dfrac{2}{s+1}$가 되므로, 라플라스 변환의 시간 컨벌루션 성질에 의해 $Y(s)$는 다음과 같이 된다.

$$Y(s) = H(s)X(s) = \frac{2}{s+2}\frac{2}{s+1} = \frac{K_1}{s+1} + \frac{K_2}{s+2} = \frac{4}{s+1} - \frac{4}{s+2}$$

$$K_1 = (s+1)Y(s)\big|_{s=-1} = \frac{4}{s+2}\bigg|_{s=-1} = \frac{4}{1} = 4$$

$$K_2 = (s+2)Y(s)\big|_{s=-2} = \frac{4}{s+1}\bigg|_{s=-2} = \frac{4}{-1} = -4$$

부분분수 전개된 $Y(s)$를 역변환하면 다음과 같이 출력이 구해진다.

$$y(t) = (4e^{-t} - 4e^{-2t})u(t)$$

만약 이 시스템의 주파수 응답을 구해야 할 필요가 있다면 식 (7.70)을 이용하여 다음과 같이 구하면 된다.

$$H(\omega) = H(s)|_{s=j\omega} = \frac{2}{2+j\omega}$$

출력의 스펙트럼도 마찬가지 방법으로 구할 수 있다.

$$Y(\omega) = Y(s)|_{s=j\omega} = \frac{4}{(1+j\omega)(2+j\omega)}$$

이상에서 볼 수 있듯이, 전달 함수와 라플라스 변환을 이용하는 쪽이 [예제 6-20]에서 살펴본 것처럼 주파수 응답과 푸리에 변환을 사용하는 것보다 계산이 간편하고 편리하다.

시스템 연결에 따른 전달 함수

- 시스템이 종속연결되면 전달 함수는 각 시스템의 전달 함수를 곱하면 된다.

$$H(s) = H_1(s) \cdots H_M(s) \tag{7.71}$$

- 시스템이 병렬연결되면 전달 함수는 각 시스템의 전달 함수를 더하면 된다.

$$H(s) = H_1(s) + \cdots + H_M(s) \tag{7.72}$$

- 전달 함수는 시스템 연결 순서와는 무관하게 동일하다.

컨벌루션 적분의 성질에 라플라스 변환의 시간 컨벌루션 성질(종속연결)과 선형성(병렬연결)을 적용하면 위의 결과가 얻어진다. 이를 [그림 7-11]에 나타내었다.

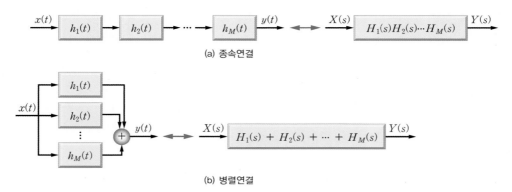

(a) 종속연결

(b) 병렬연결

[그림 7-11] **시스템 연결에 따른 전달 함수**

예제 7-29 궤환연결된 시스템의 전달 함수

[그림 7-12]와 같이 궤환연결된 시스템의 전달 함수를 구하라.

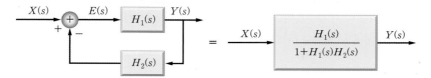

[그림 7-12] 궤환연결 시스템의 전달 함수

풀이

궤환연결은 시스템 출력이 입력단으로 되먹임(궤환)되는 형태로서 실제로 흔히 사용되는 연결이다. 그림으로부터 신호들의 관계는 다음과 같다.

$$\begin{cases} Y(s) = H_1(s)E(s) \\ E(s) = X(s) - H_2(s)Y(s) \end{cases}$$

아래의 식을 위의 식에 대입하여 정리하면 $(1 + H_1(s)H_2(s))Y(s) = H_1(s)X(s)$가 되므로 궤환연결 시스템의 전달 함수는 다음과 같이 구해진다.

$$H(s) = \frac{Y(s)}{X(s)} = \frac{H_1(s)}{1 + H_1(s)H_2(s)}$$

예제 7-30 상호 연결된 시스템의 임펄스 응답 관련 예제 | [예제 4-7]

[그림 7-13]과 같이 여러 개의 부시스템이 상호 연결된 시스템의 전달 함수를 구하라. 단 $h_1(t) = e^{-t}u(t)$, $h_2(t) = e^{-t}u(t)$, $h_3(t) = u(t)$, $h_4(t) = \delta(t-1)$, $h_5(t) = e^{-2t}u(t)$이다.

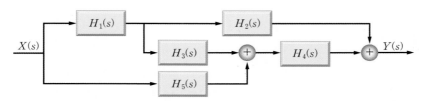

[그림 7-13] [예제 7-30]의 상호 연결된 시스템

풀이

종속연결된 경우에는 각 부시스템의 전달 함수의 곱으로, 병렬연결된 경우에는 각 부시스템의 전달 함수의 합으로 표현하여 정리하면 전체 시스템의 전달 함수를 구할 수 있다.

$H_1(s)$와 $H_2(s)$가 종속연결되어 있으므로 $H_1(s)H_2(s)$이다. 또한 $H_1(s)$와 $H_3(s)$가 종속

연결되어 있으므로 $H_1(s)H_3(s)$가 되고, 이것이 다시 $H_5(s)$와 병렬연결되어 있으므로 $H_1(s)H_3(s) + H_5(s)$가 되며, 다시 $H_4(s)$와 종속연결되므로 $[H_1(s)H_3(s) + H_5(s)]H_4(s)$가 된다. 이것과 $H_1(s)H_2(s)$가 병렬연결되어 있으므로 둘을 더하면 전체 시스템의 전달 함수 $H(s) = [H_1(s)H_3(s) + H_5(s)]H_4(s) + H_1(s)H_2(s)$를 얻게 된다. 따라서 전체 시스템의 등가 단일 시스템을 나타내면 [그림 7-14]와 같다.

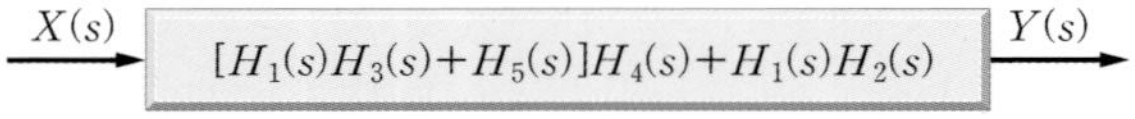

$$X(s) \longrightarrow \boxed{[H_1(s)H_3(s) + H_5(s)]H_4(s) + H_1(s)H_2(s)} \longrightarrow Y(s)$$

[그림 7-14] 등가 단일 시스템

주어진 각 부시스템의 임펄스 응답을 라플라스 변환하면 각 부시스템의 전달 함수를 다음과 같이 얻는다.

$$H_1(s) = \frac{1}{s+1}, \quad H_2(s) = \frac{1}{s+1}, \quad H_3(s) = \frac{1}{s}, \quad H_4(s) = e^{-s}, \quad H_5(s) = \frac{1}{s+2}$$

따라서 전체 시스템의 전달 함수는 다음과 같이 되고,

$$H(s) = [H_1(s)H_3(s) + H_5(s)]H_4(s) + H_1(s)H_2(s)$$

$$= \left(\frac{1}{s+1} \frac{1}{s} + \frac{1}{s+2} \right) e^{-s} + \frac{1}{s+1} \frac{1}{s+1} = \frac{(s^2 + 2s + 2)e^{-s}}{s(s+1)(s+2)} + \frac{1}{(s+1)^2}$$

이를 역변환하면 다음과 같이 임펄스 응답을 구할 수 있다.

$$h(t) = \left(1 - e^{-(t-1)} + e^{-2(t-1)} \right) u(t-1) + te^{-t}u(t)$$

7.6.2 전달 함수의 극과 영점

극과 영점의 정의 및 역할

시스템의 전달 함수 $H(s)$와 관련하여 s 평면에서 두 종류의 특별한 s 값에 관심을 가지게 된다. 하나는 $H(s)$의 값이 0이 되는 경우이고, 다른 하나는 $H(s)$의 값이 정의되지 않는 경우이다. 전자를 영점, 후자를 극이라고 한다.

$$H(s) = \frac{N(s)}{D(s)} = \frac{b_m s^m + b_{m-1} s^{m-1} + \cdots + b_1 s + b_0}{a_n s^n + a_{n-1} s^{n-1} + \cdots + a_1 s + a_0}$$

$$= K \frac{(s - z_1)(s - z_2) \cdots\cdots (s - z_m)}{(s - p_1)(s - p_2) \cdots\cdots (s - p_n)}$$

(7.73)

- $H(s)$의 **극**^{pole}은 분모 다항식 $D(s) = 0$을 만족하는 n개의 근 $\{p_i\}$, 즉 $H(s)$의 값이 정의되지 않는 s 값이다.

$$D(s) = a_n(s - p_1)(s - p_2) \cdots (s - p_{n-1})(s - p_n) = 0 \qquad (7.74)$$

- $H(s)$의 **영점**^{zero}은 분자 다항식 $N(s) = 0$을 만족하는 m개의 근 $\{z_i\}$, 즉 $H(s)$의 값이 0이 되는 s 값이다.

$$N(s) = b_m(s - z_1)(s - z_2) \cdots (s - z_{m-1})(s - z_m) = 0 \qquad (7.75)$$

- 극과 영점이 복소수가 될 경우에는 반드시 공액쌍으로 존재한다.
- 전달 함수의 분모 $D(s) = 0$은 시스템의 특성방정식이므로 극이 곧 특성근이다. 그러므로 극에 의해 시스템 자체의 고유한 특성을 나타내는 시스템 모드가 결정되고, 따라서 극에 의해 안정도, 과도 응답 등 시스템 동작 특성이 지배된다.
- 임펄스 응답은 시스템 모드들로 이루어지므로 그 형태가 극에 의해 결정된다.
- 식 (7.67)에서 보듯이, 전달 함수의 분자 $N(s)$는 미분방정식 우변의 입력 항들에 의해 결정되므로 영점은 시스템과 입력의 연관 작용을 결정하는 요소이다.

극과 영점을 s 평면에 나타내면 파악하기가 좋은데, 극은 ×, 영점은 ○으로 표시한다.

극에 의한 임펄스 응답의 형태

전달 함수를 부분분수로 전개하여 역변환하면 시스템의 임펄스 응답이 얻어진다. 이로부터 임펄스 응답의 형태가 극에 의해 결정됨을 알 수 있다.

$$H(s) = \sum_{i=1}^{n} \frac{K_i}{s - p_i} \quad \Leftrightarrow \quad h(t) = \sum_{i=1}^{n} K_i e^{p_i t} \qquad (7.76)$$

극의 위치에 따른 시스템 임펄스 응답의 형태를 [그림 7-15]에 보였다. 그림에서 (2)는 중극을 뜻한다.

- 극이 s 평면의 우반면에 있으면 임펄스 응답이 발산하여 시스템은 불안정하다.
- 공액 복소극의 경우 진동이 발생한다. 공액 복소극이 허축상에 있으면 순수 진동한다.
- 극이 s 평면의 허축에서 멀리 떨어질수록 임펄스 응답 값의 감소(증가) 속도가 빠르고, 실축에서 멀리 떨어질수록 값의 진동 속도(주파수)가 빨라진다.
- 허축 상에 중극을 가질 경우에는 진동하며, 발산하는 불안정 시스템이 된다.

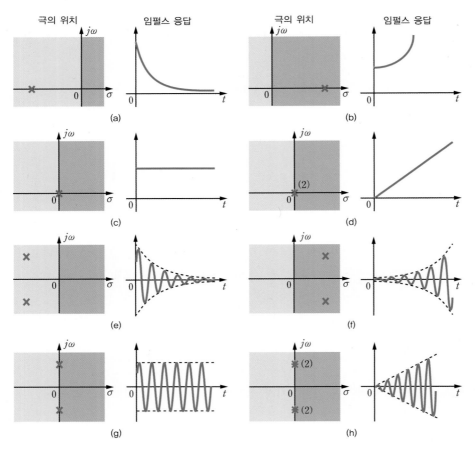

[그림 7-15] 극의 위치에 따른 임펄스 응답의 형태

극과 시스템 안정도

- 인과 LTI 시스템이 BIBO 안정하기 위해서는 $Re(p_i) = \sigma_i < 0$, 다시 말해 전달 함수의 극 p_i가 s 평면에서 좌반면에 존재해야 한다.

4장에서 인과 LTI 시스템이 BIBO 안정이기 위해서는 임펄스 응답이 다음과 같이 절대 적분 가능해야 함을 살펴본 바 있다.

$$\int_0^\infty |h(t)|\, dt < \infty \tag{7.77}$$

임펄스 응답에 대한 라플라스 변환의 정의식에 절댓값을 취하면 다음을 얻을 수 있다.

$$|H(s)| = \left| \int_0^\infty h(t) e^{-st} dt \right| \le \int_0^\infty |h(t)| |e^{-st}| dt \qquad (7.78)$$

전달 함수의 극 $s = p_i (= \sigma_i + j\omega_i)$에서는 식 (7.78)의 좌변은 ∞가 되고, 이때 만약 $\sigma \ge 0$이면 $|e^{-\sigma_i t}| \le M = 1$이므로 식 (7.78)은 다음과 같게 된다.

$$\infty \le \int_0^\infty |h(t)| |e^{-\sigma_i t}| dt \le \int_0^\infty |h(t)| dt \qquad (7.79)$$

이는 식 (7.77)의 BIBO 안정 조건에 어긋난다. 따라서 $Re(p_i) = \sigma_i < 0$이어야 한다. 이러한 결론은 [그림 7-15]에서도 확인할 수 있다.

예제 7-31 시스템의 안정도 판별

전달 함수가 다음과 같은 LTI 시스템의 안정도를 판별하라.

(a) $H(s) = \dfrac{(s+4)(s-5)}{(s+1)(s+2)(s+3)}$ (b) $H(s) = \dfrac{(s+2)(s+3)}{(s+1)(s^2+2s+2)}$

(c) $H(s) = \dfrac{(s+3)(s-4)}{(s^2+1)(s+2)}$ (d) $H(s) = \dfrac{(s+4)(s+5)}{(s-1)(s+2)(s+3)}$

(e) $H(s) = \dfrac{(s+3)(s-4)}{(s^2+1)^2(s+2)}$ (f) $H(s) = \dfrac{(s-3)(s+3)}{(s+1)(s+2)(s-3)}$

풀이

(a) 극이 $s = -1, -2, -3$으로 모두 좌반면에 있다. 그러므로 안정한 시스템이다.

(b) 극이 $s = -1, -1 \pm j1$로 모두 좌반면에 있다. 그러므로 안정한 시스템이다.

(c) 극이 $s = -2, \pm j1$로 하나는 좌반면, 나머지 둘은 허축 상에 있다. 그러므로 임계 안정한 시스템이다. 안정, 불안정으로 나누면 불안정한 시스템이다.

(d) 극이 $s = 1, -2, -3$으로 극 하나가 우반면에 있다. 그러므로 불안정한 시스템이다.

(e) 극이 $s = -2, \pm j1, \pm j1$로 허축 상에 공액 복소 극이 중극으로 존재한다. 그러므로 불안정한 시스템이다.

(f) 극이 $s = -1, -2, 3$으로 극 하나가 우반면에 있지만, $s = 3$의 영점과 상쇄되어 사라지므로 좌반면에 $s = -1, -2$만 있는 셈이다. 그러므로 안정한 시스템이다.

Quick Review

■ 다음 문제에서 맞는 것을 골라라.

[1] 라플라스 변환은 푸리에 변환에 비해 더 (많은, 적은) 신호를 변환할 수 있다.

[2] 라플라스 변환은 모든 신호를 주파수 영역으로 변환할 수 있다. (○, ×)

[3] (좌편향, 우편향) 신호는 수렴 영역이 $j\omega$축에 평행한 경계선의 오른쪽 평면이다.

[4] 단방향 라플라스 변환은 (인과, 비인과) 신호를 대상으로 한다.

[5] 라플라스 변환의 수렴 영역이 $j\omega$축을 포함해야만 푸리에 변환이 존재한다.
(○, ×)

[6] 임펄스 응답이 $h(t)$인 시스템의 입력 $x(t)$에 대한 출력 $y(t)$를 주파수 영역에서 나타내면 $Y(s) = H(s)X(s)$가 된다. (○, ×)

[7] 최종값 정리는 (모든, 안정한) 신호에 대해 적용 가능하다.

[8] 6차 $X(s)$가 3중극을 가지면 (4, 5, 6)개의 부분분수 항으로 전개된다.

[9] 공액 복소극을 갖는 $X(s)$를 역변환하면 (실수, 복소수) 함수가 된다.

[10] 라플라스 변환을 이용한 미분방정식 풀이의 초기 조건은 $t = 0^+$ 값이다.
(○, ×)

[11] 미분방정식을 라플라스 변환하여 구한 출력 $Y(s)$는 기본적으로 영입력 응답과 영상태 응답의 두 성분으로 구분된다. (○, ×)

[12] 시스템의 전달 함수는 입력의 형태에 따라 달라질 수 있다. (○, ×)

[13] 전달 함수는 (임펄스 응답, 미분방정식, 특성방정식)으로부터 구할 수 있다.

[14] 시스템의 특성방정식은 전달 함수의 (분모, 분자)$= 0$인 방정식이다.

[15] 두 시스템을 종속연결한 시스템의 전달 함수는 각 전달 함수의 (합, 곱)과 같다.

[16] 임펄스 응답의 형태는 극의 위치에 따라 결정된다. (○, ×)

[17] 시스템에 대한 입력의 연관 작용을 지배하는 것은 (극, 영점)이다.

[18] 전달 함수의 극과 시스템 미분방정식의 특성근은 같다. (○, ×)

[19] 시스템이 안정하려면 (극, 영점)이 s 평면의 (우반면, 좌반면)에 위치해야 한다.

[20] 전달 함수에서 $(s = \sigma,\ s = j\omega,\ s = \sigma + j\omega)$로 두면 주파수 응답이 된다.

7.1 라플라스 변환의 정의식을 이용하여 다음 신호의 라플라스 변환을 구하라.

(a) $x(t) = e^{-at}(u(t) - u(t-1))$ (b) $x(t) = t^2 u(t)$

(c) $x(t) = t\cos(\omega_0 t)u(t)$ (d) $x(t) = (1 - e^{-t})u(t-1)$

7.2 다음의 신호의 라플라스 변환을 구하라.

(a) $x(t) = (t+1)u(t)$ (b) $x(t) = (t-1)u(t)$

(c) $x(t) = tu(t-1)$ (d) $x(t) = (t-1)u(t-1)$

7.3 $X(s) = \dfrac{s+3}{s^2 + 3s + 2}$ 일 때, 다음 신호의 라플라스 변환을 구하라.

(a) $y(t) = 2x(2t)$ (b) $y(t) = tx(t)$

(c) $y(t) = \dfrac{dx(t)}{dt}$ (d) $y(t) = \displaystyle\int_{-\infty}^{t} x(\tau)d\tau$

7.4 다음에 주어진 두 신호 $x(t)$와 $h(t)$의 컨벌루션 $y(t) = x(t) * h(t)$를 라플라스 변환을 이용하여 구하라.

(a) $x(t) = u(t),\ h(t) = u(t)$

(b) $x(t) = \delta(t) + \delta(t-4),\ h(t) = u(t)$

(c) $x(t) = u(t),\ h(t) = e^{-t}u(t)$

(d) $x(t) = e^{-t}u(t),\ h(t) = e^{-2t}u(t)$

7.5 다음과 같이 주어지는 $X(s)$의 라플라스 역변환을 구하라.

(a) $X(s) = \dfrac{4s+2}{s^2 + 6s + 8}$ (b) $X(s) = \dfrac{5}{s^2(s+2)}$

(c) $X(s) = \dfrac{s+3}{(s+1)^3(s+2)}$ (d) $X(s) = \dfrac{(2s+5)e^{-2s}}{s^2 + 5s + 6}$

7.6 신호 $x(t)$의 라플라스 변환이 다음과 같을 때, 신호의 초깃값과 최종값을 초깃값 정리와 최종값 정리를 사용하여 구하고, $X(s)$를 라플라스 역변환하여 $x(t)$를 구해 얻어진 값이 맞는지 확인하라.

(a) $X(s) = \dfrac{s}{(s+1)(s+2)}$ (b) $X(s) = \dfrac{s+4}{s(s+2)}$

(c) $X(s) = \dfrac{s+2}{s(s+1)^2}$ (d) $X(s) = \dfrac{s^2+2s}{s^2(s^2+2s+2)}$

7.7 다음 미분방정식으로 표현된 시스템의 출력을 라플라스 변환을 이용하여 구하라.

(a) $\dfrac{d^2 y(t)}{dt^2} + 3\dfrac{dy(t)}{dt} + 2y(t) = \dfrac{dx(t)}{dt}$,

$y(0^-) = 2$, $\dot{y}(0^-) = -3$, $x(t) = u(t)$

(b) $\dfrac{d^2 y(t)}{dt^2} + 4\dfrac{dy(t)}{dt} + 4y(t) = \dfrac{dx(t)}{dt} + x(t)$,

$y(0^-) = 2$, $\dot{y}(0^-) = 1$, $x(t) = e^{-t}u(t)$

7.8 다음의 LTI 시스템에 대해 전달 함수, 임펄스 응답, 계단 응답을 구하라.

(a) $\dfrac{d^2 y(t)}{dt^2} + 5\dfrac{dy(t)}{dt} + 4y(t) = 2x(t)$

(b) $\dfrac{d^2 y(t)}{dt^2} + 5\dfrac{dy(t)}{dt} + 4y(t) = 2\dfrac{dx(t)}{dt} + 6x(t)$

(c) $\dfrac{d^3 y(t)}{dt^3} + 3\dfrac{d^2 y(t)}{dt^2} + 4\dfrac{dy(t)}{dt} + 2y(t) = 2x(t)$

7.9 시스템의 입력과 출력이 다음과 같을 때 전달 함수와 임펄스 응답을 구하라.

(a) $x(t) = e^{-2t}u(t)$, $y(t) = e^{-t}u(t) - 3e^{-2t}u(t)$

(b) $x(t) = e^{-3t}u(t)$, $y(t) = e^{-t}u(t) - e^{-2t}u(t) + e^{-3t}u(t)$

(c) $x(t) = u(t)$, $y(t) = tu(t) - e^{-3t}u(t)$

7.10 전달 함수가 다음과 같은 시스템의 안정도를 판별하라.

(a) $H(s) = \dfrac{s+5}{s^2+3s+8}$

(b) $H(s) = \dfrac{s-2}{s^2-3s+2}$

(c) $H(s) = \dfrac{2}{s^2+4}$

(d) $H(s) = \dfrac{s+3}{s^2-2s+5}$

(e) $H(s) = \dfrac{s^2+3s+5}{s^3+2s^2+5s+4}$

(f) $H(s) = \dfrac{s^2-3s+2}{s^3+6s^2+11s+6}$

응용문제

7.11 [그림 7–16]에 나타낸 신호에 대해 다음 물음에 답하라.

(a) 신호 $x(t)$를 수식으로 표현하라.

(b) 라플라스 변환의 정의식을 이용하여 직접 적분으로 구하라.

(c) 라플라스 변환쌍표와 시간 이동 성질을 이용하여 라플라스 변환을 구하라.

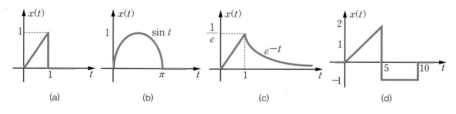

[그림 7–16]

7.12 라플라스 변환쌍표와 시간이동 성질을 이용하여 다음 신호의 라플라스 변환을 구하라.

(a) $x(t) = 3(t-3)u(t-2)$

(b) $x(t) = 3t[u(t-1) - u(t-3)]$

(c) $x(t) = e^{-(t-\tau)}u(t-\tau)$

(d) $x(t) = te^{-2t}u(t-1)$

7.13 인과 주기 신호의 라플라스 변환은 첫 번째 주기의 라플라스 변환을 알면 구해진다. 다음 물음에 답하라.

(a) 신호 $x(t)$의 첫 번째 주기만 떼어낸 신호를 $\hat{x}(t)$라고 하고 이의 라플라스 변환을 $\hat{X}(s)$라고 하면 $X(s) = \dfrac{1}{1 - e^{-Ts}} \hat{X}(s)$가 됨을 보여라.

(b) [그림 7-17]의 인과 주기 신호에 대한 라플라스 변환을 구하라.

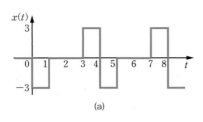
(a)

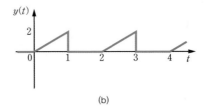
(b)

[그림 7-17]

7.14 RL 및 RC 직렬 회로에 대해 다음을 구하라. 단, 시스템의 출력은 폐로 전류이다.

(a) 미분방정식   (b) 임펄스 응답

(c) 주파수 응답   (d) 전달 함수

7.15 [그림 7-18]의 전기회로에서 $R_1 = 2$, $R_2 = 4$, $L = 1$, $C = 0.5$일 때 출력 전압 $y(t)$를 구하라. 단, 입력 전압은 $x(t) = 6u(t)$, 초기 조건은 $i_2(0^-) = 4$, $v_C(0^-) = 6$이다.

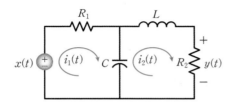

[그림 7-18]

Chapter 08

기본적인 이산 신호와 연산

Basic Discrete Signals and Operations

기본적인 이산 신호 8.1

이산 신호에 대한 기본 연산 8.2

샘플링 8.3

연습문제

학습목표

- 기본적인 이산 신호들의 정의와 쓰임을 이해할 수 있다.

- 몇 가지 기본 연속 신호와 이산 신호의 차이점을 파악할 수 있다.

- 신호에 대한 기본 연산들의 종류와 성질을 이해할 수 있다.

- 연속 신호와 이산 신호의 시간 척도조절 연산의 차이를 이해할 수 있다.

- 기본 연산의 조합에 의해 새로운 신호를 얻는 과정을 이해할 수 있다.

- A/D 변환에 의한 디지털 신호의 생성 과정을 이해할 수 있다.

- 샘플링과 주파수 영역에서의 효과에 대해 이해할 수 있다.

- 주파수 중첩과 샘플링 정리를 이해할 수 있다.

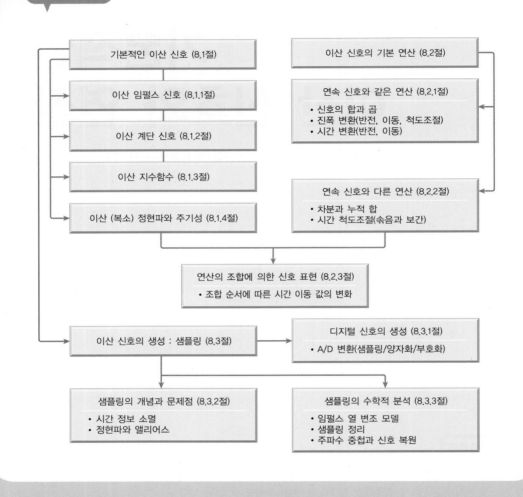

기본적인 이산 신호 (8.1절)

이산 임펄스 신호 (8.1.1절)

이산 계단 신호 (8.1.2절)

이산 지수함수 (8.1.3절)

이산 (복소) 정현파와 주기성 (8.1.4절)

이산 신호의 기본 연산 (8.2절)

연속 신호와 같은 연산 (8.2.1절)
• 신호의 합과 곱
• 진폭 변환(반전, 이동, 척도조절)
• 시간 변환(반전, 이동)

연속 신호와 다른 연산 (8.2.2절)
• 차분과 누적 합
• 시간 척도조절(솎음과 보간)

연산의 조합에 의한 신호 표현 (8.2.3절)
• 조합 순서에 따른 시간 이동 값의 변화

이산 신호의 생성 : 샘플링 (8.3절)

디지털 신호의 생성 (8.3.1절)
• A/D 변환(샘플링/양자화/부호화)

샘플링의 개념과 문제점 (8.3.2절)
• 시간 정보 소멸
• 정현파와 앨리어스

샘플링의 수학적 분석 (8.3.3절)
• 임펄스 열 변조 모델
• 샘플링 정리
• 주파수 중첩과 신호 복원

8.1 기본적인 이산 신호

이산 신호는 연속 신호를 샘플링한 것으로 간주할 수 있다. 그러므로 기본 이산 신호들은 그에 대응되는 기본 연속 신호들과 꼴과 특성이 거의 같다. 그러나 이산 임펄스 신호와 이산 정현파 신호 등 간에는 흥미로운 차이점도 있으므로 이러한 차이들을 특히 유의해서 익혀두면 좋을 것이다. 램프 신호, 샘플링 신호와 같은 몇몇 기본 신호들은 3장의 기본 연속 신호들을 샘플링한 것과 완전히 같으므로 여기서 중복해서 다루지는 않을 것이다. 푸리에 변환에서도 그러했듯이, 신호에 대해서도 연속 신호에 대해서는 기본적으로 '연속'이란 용어를 생략하고 이산 신호에만 '이산'이라는 용어를 붙여서 구분이 될 수 있도록 한다.

학습포인트

- 이산 (단위) 임펄스 함수와 연속 임펄스 함수의 차이점을 이해한다.
- 이산 (단위) 계단 함수의 정의와 용도를 잘 알아둔다.
- 이산 임펄스 함수와 이산 계단 함수의 관계를 이해한다.
- 이산 계단 함수와 이산 임펄스 함수를 이용한 이산 신호의 표현을 잘 익혀둔다.
- 이산 지수함수의 종류와 차이를 파악하고 이해한다.
- 이산 정현파의 성질과 연속 정현파 신호와의 차이점을 알아본다.

8.1.1 이산 (단위) 임펄스 함수

이산 (단위) 임펄스 $\delta[n]$은 물리적으로 존재하며, 파형은 [그림 8-1(a)]와 같다. 연속 임펄스 함수와 마찬가지로 $\delta[n-k]$는 [ ] 안이 0인 시간($n=k$)에서만 존재한다.

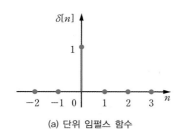

(a) 단위 임펄스 함수

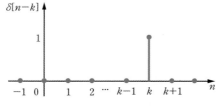

(b) 시간 이동된 임펄스

[그림 8-1] 이산 (단위) 임펄스 함수

- **이산 임펄스 함수**는 연속 임펄스 함수와 달리 $n = 0$에서만 1의 값을 가지는 단순한 신호로서, **크로네커 델타**Kronecker delta 또는 **단위 샘플**unit sample **함수**라고 한다.

$$\delta[n] = \begin{cases} 1, & n = 0 \\ 0, & n \neq 0 \end{cases} \tag{8.1}$$

- 이산 임펄스 함수는 이산 신호를 표현하는 데 기본 신호로 사용된다. 이산 신호는 시간 이동된 임펄스 신호들의 가중합 형태로 나타낼 수 있다.

$$x[n] = \cdots + x[-1]\delta[n+1] + x[0]\delta[n] + \cdots + x[k]\delta[n-k] + \cdots$$
$$= \sum_{k=-\infty}^{\infty} x[k]\delta[n-k] \tag{8.2}$$

- 이산 임펄스 함수도 연속 임펄스 함수와 같이 체 거르기(샘플링) 성질을 만족한다.

$$x[n] = \sum_{k=-\infty}^{\infty} x[k]\delta[n-k] \tag{8.3}$$

식 (8.2)와 식 (8.3)은 같은 식이지만 해석이 달라진다. 식 (8.3)은 $x[n]$의 모든 시간 샘플들을 다 모은 것($\sum_{k=-\infty}^{\infty} x[k]$)에 시간 $k = n$에만 존재하는 임펄스 $\delta[k-n]$을 곱하여 그 순간의 신호 값 $x[n]$만 남기는 동작과 같다. 그러므로 **"늘어놓은 이산 신호 샘플들 중에서 특정한 시간(n)에서의 샘플($x[n]$)만 임펄스 함수를 이용하여 뽑아낸다."**고 해석한다.

8.1.2 이산 (단위) 계단 함수

- **이산 (단위) 계단 함수**는 $n \geq 0$에서 값이 항상 1인 함수, 즉 직류 신호로서 연속 계단 함수를 샘플링한 것으로 볼 수 있다.

$$u[n] = \begin{cases} 1, & n \geq 0 \\ 0, & n < 0 \end{cases} \tag{8.4}$$

- 이산 계단 함수도 $n = 0$을 경계로 한 on-off 스위치 동작으로 취급할 수 있어 다른 여러 종류의 신호를 표현하는 데 매우 유용하게 사용된다.
- $\delta[n]$과 $u[n]$은 다음의 관계를 만족한다.

$$\delta[n] = u[n] - u[n-1] \tag{8.5}$$

$$u[n] = \sum_{k=-\infty}^{n} \delta[k] \tag{8.6}$$

이산 계단 함수 $u[n]$의 파형은 [그림 8-2]에, 식 (8.5)의 관계는 [그림 8-3]에 나타내었다. 또한 $n \geq 0$에서 식 (8.6)은 우변이 항상 $\delta[0]$을 포함하므로 값이 1이 된다.

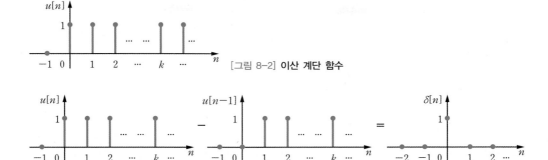

[그림 8-2] 이산 계단 함수

[그림 8-3] 이산 계단 함수와 이산 임펄스 함수의 관계

예제 8-1 이산 계단 함수를 이용한 이산 사각 펄스의 표현

사각 펄스 $\text{rect}\left[\dfrac{n}{6}\right] = \begin{cases} 1, & -3 \leq n \leq 3 \\ 0, & \text{그 외} \end{cases}$ 의 이산 계단 함수를 이용한 표현을 구하라.

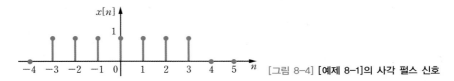

[그림 8-4] [예제 8-1]의 사각 펄스 신호

풀이

구간 $[-3, 3]$에서 값이 1이 되어야 하므로, $n = -3$에서 시작하는 $u[n+3]$에서 $n = 4$에서 시작하는 $u[n-4]$를 빼야 한다. 따라서 주어진 사각 펄스는 다음과 같이 계단 함수를 이용하여 나타낼 수 있다.

$$\text{rect}\left[\frac{n}{6}\right] = u[n+3] - u[n-4]$$

계단 함수를 이용한 신호의 표현에서 연속 신호에서는 $\text{rect}\left(\dfrac{t}{6}\right) = u(t+3) - u(t-3)$과 같이 신호의 끝 순간에서 시작하는 계단 신호를 빼지만, **이산 신호에서는 신호의 끝 순간보다 1만큼 더 오른쪽으로 이동된 계단 신호를 뺀**다는 점을 조심한다. 또한 연속 사각 펄스의 길이는 $6(=3-(-3))$이지만, 이산 사각 펄스의 길이는 샘플의 개수 $7(=3-(-3)+1)$이 된다.

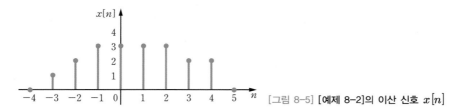

다음 그림과 같은 이산 신호를 임펄스 신호와 계단 신호를 이용하여 나타내라.

[그림 8-5] [예제 8-2]의 이산 신호 $x[n]$

풀이

임펄스 신호를 이용하여 신호를 나타내는 것은 매우 쉽다. 신호를 각각의 시간 성분으로 쪼갠 후, 식 (8.2)에서 해당되는 시간의 신호 샘플 값을 대입하기만 하면 되므로 다음과 같이 되고, [그림 8-6(a)]는 이러한 과정을 나타낸 것이다.

$$x[n] = \delta[n+3] + 2\delta[n+2] + 3\delta[n+1] + 3\delta[n]$$
$$+ 3\delta[n-1] + 3\delta[n-2] + 2\delta[n-3] + 2\delta[n-4]$$

계단 신호를 이용하여 신호를 나타내려면, 신호를 같은 함수 꼴로 표현될 수 있는 성분들로 나누어야 한다. 주어진 신호는 [그림 8-6(b)]의 위 그림과 같이 쪼갤 수 있다.

❶ 4개의 샘플로 구성된 기울기 1인 램프 신호($-4 \leq n \leq -1$)
❷ 3개의 샘플로 된 크기가 3인 사각 펄스($0 \leq n \leq 2$)
❸ 2개의 샘플로 된 크기가 2인 사각 펄스($3 \leq n \leq 4$)

각각의 성분을 계단 함수를 이용해 표현한 뒤, 모두 더하면 다음과 같은 결과를 얻는다.

$$x[n] = (n+4)(u[n+4] - u[n]) + 3(u[n] - u[n-3]) + 2(u[n-3] - u[n-5])$$
$$= (n+4)u[n+4] - nu[n] - u[n] - u[n-3] - 2u[n-5]$$

계단 신호를 이용한 표현은 신호를 어떻게 쪼개느냐에 따라 달라질 수 있다. [그림 8-6(b)]의 아래 그림과 같이 쪼개면 다음과 같다.

❶ 3개의 샘플로 구성된 기울기 1인 램프 신호($-4 \leq n \leq -2$)
❷ 4개의 샘플로 된 크기가 3인 사각 펄스($-1 \leq n \leq 2$)
❸ 2개의 샘플로 된 크기가 2인 사각 펄스($3 \leq n \leq 4$)

이를 계단 함수를 이용하여 표현하면 다음과 같다.

$$x[n] = (n+4)(u[n+4] - u[n+1]) + 3(u[n+1] - u[n-3]) + 2(u[n-3] - u[n-5])$$
$$= (n+4)u[n+4] - (n+1)u[n+1] - u[n-3] - 2u[n-5]$$

표현식이 바르게 구해졌는지 확인해 보려면 시간 변수 n에 적당한 값을 대입하여 그림의 신호와 값이 일치하는지를 따져보면 된다.

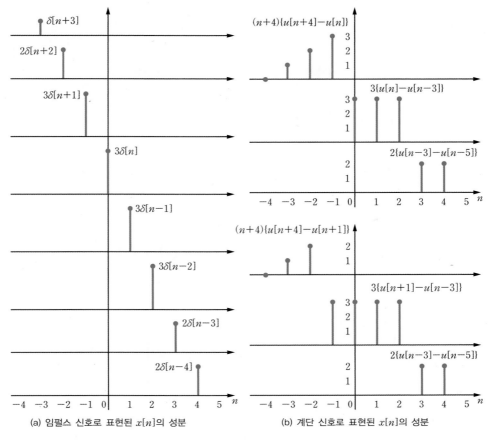

[그림 8-6] 임펄스 신호와 계단 신호를 이용하여 표현된 신호 $x[n]$

(a) 임펄스 신호로 표현된 $x[n]$의 성분
(b) 계단 신호로 표현된 $x[n]$의 성분

8.1.3 이산 지수함수

이산 지수함수의 일반적인 표현은 다음과 같으며, a의 값에 따라 3가지로 구분된다.

$$x[n] = Ca^n \tag{8.7}$$

- **이산 실수 지수함수** : a가 실수인 경우로서, a 값에 따라 [그림 8-7]과 같이 6가지 형태를 갖는다. 특히 a가 음수이면 음과 양의 값이 번갈아 가면서 나타난다.
- **이산 복소 지수함수** : a가 복소수인 가장 일반적인 형태의 지수함수로서 실수 지수 신호와 복소 정현파 신호가 복합된 특성을 가진다([그림 8-8]).

$$x[n] = |C|e^{j\phi}r^n e^{j\Omega n} = |C|r^n e^{j(\Omega n + \phi)} \tag{8.8}$$
$$= |C|r^n \{\cos(\Omega n + \phi) + j\sin(\Omega n + \phi)\}$$

- **이산 복소 정현파** : $|a| = r = 1$ 일 경우로서, 연속 신호의 경우와 마찬가지로 삼각 함수를 이용한 정현파 신호 표현 대신 신호와 시스템의 해석에 널리 사용된다.

$$x[n] = |C|e^{j(\Omega n + \phi)} = |C|\cos(\Omega n + \phi) + j\sin(\Omega n + \phi) \qquad (8.9)$$

지수 λ의 값에 따라 세 가지로 나뉘었던 연속 실수 지수함수([그림 3-13])와는 달리, 이산 실수 지수함수는 밑수 a가 음수이면 $x[n] = (-1)^n|a|^n$이 되어 부호가 음과 양으로 번갈아 가면서 바뀐다. 따라서 [그림 8-7]에 나타낸 것처럼 파형이 여섯 가지 형태로 나뉜다.

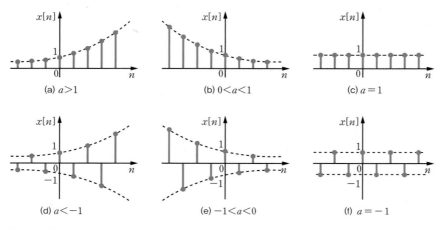

[그림 8-7] 이산 실수 지수함수

복소 지수함수는 극좌표로 나타내면 $C = |C|e^{j\phi}$, $a = re^{j\Omega}$이 되어 식 (8.8)로 표현되며, [그림 8-8]에 나타낸 것처럼 실수부(허수부)가 포락선 $\pm|C|r^n$을 따라 진폭의 크기가 지수적으로 증가하거나 감소하면서 주파수 Ω로 정현적으로 진동하는 신호이다.

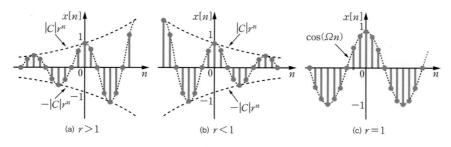

[그림 8-8] 이산 복소 지수함수의 실수부

복소 정현파는 $|a| = r = 1$인 지수함수로서, 이산 (복소) 정현파는 연속 신호의 경우와 다른 특성을 가지고 있기 때문에 다음 절에서 따로 살펴볼 것이다.

8.1.4 이산 (복소) 정현파 함수

식 (8.9)의 복소 정현파에서 논의가 단순해지도록 계수 $C = 1$로 두면 다음과 같다.

$$x[n] = e^{j\Omega_0 n} = \cos(\Omega_0 n) + j\sin(\Omega_0 n) \tag{8.10}$$

식 (8.10)의 이산 복소 정현파는 연속 복소 정현파 신호 $e^{j\omega_0 t}$을 샘플링한 것으로 간주할 수 있으며, 연속 신호에서와 마찬가지로 삼각함수를 이용한 정현파 신호 표현 대신 신호와 시스템의 해석에 널리 사용된다. 한편 이산 (복소) 정현파는 연속 (복소) 정현파에 비해 다음과 같이 확연히 다른 특성도 가지고 있다.

- 이산 (복소) 정현파 신호가 주기 신호가 되려면 각주파수를 2π로 나눈 값, 즉 (디지털) 주파수가 유리수여야 한다.

$$\frac{\Omega_0}{2\pi} = F_0 = \frac{k}{N} \quad (k,\ N\text{은 정수}) \tag{8.11}$$

- 각주파수가 Ω_0와 $\Omega_0 + 2\pi k$인 두 이산 정현파는 서로 구분되지 않는 같은 신호이다.

$$e^{j(\Omega_0 + 2\pi k)n} = e^{j\Omega_0 n}e^{j2\pi kn} = e^{j\Omega_0 n} \tag{8.12}$$

- 이산 정현파 신호는 주파수 $0 \le \Omega \le 2\pi$ $(0 \le F \le 1)$ 범위 내에서만 구분할 수 있고, 가질 수 있는 최대 주파수가 $\Omega_{\max} = 2\pi$ $(F_{\max} = 1)$를 넘지 않는다.
- 이산 주기 정현파 신호의 최대 주파수는 $\Omega_{\max} = \pi$ $(F_{\max} = 0.5)$이다.

연속 (복소) 정현파 신호는 항상 주기 신호이지만, **이산 (복소) 정현파 신호는 비주기 신호가 될 수도 있다.** 이산 주기 신호는 주기 N에 대해 $x[n+N] = x[n]$이 성립해야 하므로 다음을 만족해야 한다.

$$e^{j\Omega_0(n+N)} = e^{j\Omega_0 n}e^{j\Omega_0 N} = e^{j\Omega_0 n} \tag{8.13}$$

따라서 $e^{j\Omega_0 N} = 1$, 다시 말해 $\Omega_0 N = 2\pi k$가 되어야만 주기 신호가 된다. 이로부터 식 (8.11)의 조건이 얻어진다. 만약 $\Omega/2\pi$ 또는 F가 유리수가 아니라면, 이산 정현파 신호의 샘플들은 아무리 시간이 지나더라도 결코 동일한 값을 반복하지 않는다. 예를 들어, [그림 8-9(a)]의 이산 정현파는 주기 $N = 12$로 같은 샘플들이 반복되고 있는, 즉 디지털 주파수 $F_0 = \dfrac{1}{N} = \dfrac{1}{12}$로 식 (8.11)의 조건을 만족하는 주기 신호이다. 그러나

[그림 8-9(b)]의 정현파는 $F_1 = \dfrac{\Omega_1}{2}\pi = \dfrac{10}{63\sqrt{2}}$ 로 유리수가 아니며, 똑같은 샘플 값들이 주기적으로 반복되지 않는다. $\cos(\sqrt{2}\,\pi n)$ 이나 $\cos(0.5n)$ 등도 마찬가지이다.

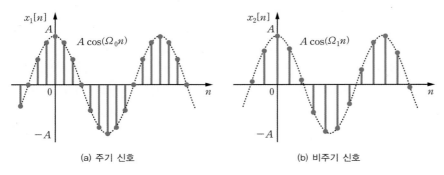

(a) 주기 신호   (b) 비주기 신호

[그림 8-9] 이산 정현파 신호의 주기성

예제 8-3 이산 (복소) 정현파의 주기성

다음 이산 정현파 신호가 주기 신호인지 판별하고, 주기 신호라면 그 주기를 구하라.

(a) $x[n] = \cos\left(\dfrac{5\pi}{6}n\right)$ (b) $x[n] = \cos\left(\dfrac{2}{5}n\right)$ (c) $x[n] = e^{j\frac{2\pi}{3}n}$

풀이

(a) $\Omega_0 = \dfrac{5\pi}{6}$ 이므로 $F_0 = \dfrac{\Omega_0}{2\pi} = \dfrac{5}{12}$ 이다. (디지털) 주파수가 유리수이므로 이 정현파는 주기 신호이다. 주기는 $\dfrac{5}{12} = \dfrac{k}{N}$ 를 만족하는 가장 작은 정수 N을 구하면 되는데, 분모, 분자가 약분이 안 되므로 그냥 $k=5$, $N=12$를 취하면 된다. 즉 주기는 $N=12$이다. **이산 주기 신호의 주기는 반드시 정수가 되어야 함**을 주의해야 한다.

(b) $\Omega_0 = \dfrac{2}{5}$ 이므로 $F_0 = \dfrac{\Omega_0}{2\pi} = \dfrac{1}{5\pi}$ 이다. (디지털) 주파수가 유리수가 아니므로 이 정현파는 주기 신호가 아니다.

(c) $\Omega_0 = \dfrac{2\pi}{3}$ 이므로 $F_0 = \dfrac{\Omega_0}{2\pi} = \dfrac{1}{3}$ 이다. (디지털) 주파수가 유리수이므로 이 복소 정현파는 주기 신호이다. 주기는 $\dfrac{1}{3} = \dfrac{k}{N}$ 를 만족하는 가장 작은 정수인 $N=3$이다.

예제 8-4 이산 정현파 신호의 동일성

$x_1[n] = \cos\left(\dfrac{\pi}{6}n\right)$과 $x_2[n] = \cos\left(\dfrac{13\pi}{6}n\right)$이 같은 신호임을 보여라.

풀이

다음과 같이 간단한 계산에 의해 $x_1[n]$과 $x_2[n]$이 같음을 바로 보일 수 있다.

$$x_2[n] = \cos\left(\left(\frac{\pi}{6}+2\pi\right)n\right) = \cos\left(\frac{\pi}{6}n+2\pi n\right) = \cos\left(\frac{\pi}{6}n\right) = x_1[n]$$

즉 주파수 $\Omega_2 = \dfrac{13\pi}{6}$인 이산 정현파는 주파수 $\Omega_1 = \dfrac{\pi}{6}$인 이산 정현파인 셈이다. 이 결과는 **$2\pi$의 정수배만큼 떨어져 있는 주파수를 갖는 무수한 이산 정현 신호들이 구분되지 않는 같은 신호**라는 사실을 확인해주는 것으로, 그렇기 때문에 이산 정현파 신호는 구태여 $[0,\ \infty]$의 주파수 구간에서 나타낼 필요 없이 **$[0,\ 2\pi]$ 구간에서만 나타내면 충분하다.**

예제 8-5 이산 주기 정현파의 최대 주파수

이산 주기 정현파가 가질 수 있는 최대 주파수를 구하라.

풀이

주파수는 주기에 반비례하므로 주파수가 높으려면 주기가 짧아야 한다. 이산 신호에서 주기가 가장 짧은 경우는 주기가 $N=1$인 경우로 [그림 8-10]에서 파란색으로 표현된 샘플들로만 이루어진 이산 신호이다. 이 경우는 신호 값이 모든 시간 변수 n에 대해 같게 되므로, 오히려 주파수가 0으로 최저인 직류(DC) 신호와 같다. 두 번째로 주기가 짧은 $N=2$의 경우, 주파수는 $F = \dfrac{1}{N} = \dfrac{1}{2}$ $\left(\Omega_0 = \dfrac{2\pi}{N} = \dfrac{2\pi}{2} = \pi\right)$이다. 따라서 이산 주기 정현파가 가질 수 있는 최대 주파수는 $0.5(\pi)$이다. 이에 대응하는 이산 주기 정현파는 [그림 8-10]과 같이 n의 증가에 따라 최댓값, 최솟값이 번갈아가며 나타나는 형태가 된다.

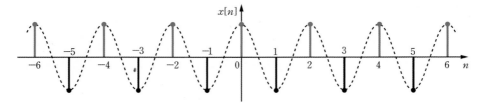

[그림 8-10] **최대 주파수를 갖는 이산 주기 정현파($N=2$)**

이산 신호에 대한 기본 연산

연속 신호와 마찬가지로 이산 신호에 대한 기본 연산은 당연히 진폭과 시간에 대한 반전, 이동, 척도조절이다. 그 외에 두 신호의 합과 곱, 그리고 연속 신호의 미분과 적분에 상응하는 차분과 누적 합 연산 등을 기본 연산으로 포함시킬 수 있다. 시간 척도조절이 연속 신호와 이산 신호의 차이가 가장 큰 연산이며, 두 신호의 합과 곱, 그리고 진폭 변환(반전, 이동, 척도조절) 및 척도조절을 제외한 시간 변환(반전, 이동)은 연속 신호와 이산 신호 모두 전혀 다를 바 없는 공통적인 조작이다.

학습포인트 ──

- 신호에 대한 기본 연산은 어떤 것들인지 알아본다.
- 신호의 진폭과 시간에 대한 반전, 이동, 척도조절 연산을 이해한다.
- 연속 신호와 이산 신호에 대해 차이를 갖는 기본 연산과 그 차이점을 잘 알아둔다.
- 이산 신호에 대한 시간 척도조절 연산(솎음과 보간)을 잘 알아둔다.
- 신호에 기본 연산을 조합하여 적용할 때 시간 이동의 비교환적 특성을 잘 이해하고 익혀둔다.
- 기본 연산의 조합으로 새 신호를 만드는 방법을 잘 익혀둔다.

8.2.1 연속 신호와 동일한 연산

연속 신호의 경우와 차이가 전혀 없는 연산들에 대해서는 중복을 피하기 위해 아래에 연산의 정의만 정리하여 제시한다.

두 신호의 합과 곱

- 두 신호 $x[n]$과 $s[n]$에 대한 합과 곱은 다음과 같다.

$$합 : y[n] = x[n] + s[n] \qquad (8.14)$$

$$곱 : y[n] = x[n] \cdot s[n] \qquad (8.15)$$

또한 신호의 진폭 변환과 시간 변환의 연산은 다음과 같이 정리할 수 있다.

신호의 진폭 변환

- 진폭 **반전**은 값의 부호가 바뀌는 것으로서 시간축에 대해 대칭인 신호를 만들어낸다.

$$y[n] = -x[n] \qquad (8.16)$$

- 진폭 **이동**은 다음과 같이 파형의 변화 없이 세로축을 따라 평행이동하는 동작이다.

$$y[n] = x[n] + a \qquad (8.17)$$

- 진폭 **척도조절**은 다음과 같이 진폭의 값을 일정한 비율로 바꾸는 것으로서, $a > 1$ 인 경우를 증폭, $a < 1$의 경우를 감쇄라고 한다.

$$y[n] = ax[n] \qquad (8.18)$$

신호의 시간 변환

- 시간 **반전**은 시간축을 거꾸로 뒤집는 것으로서, 독립 변수인 n을 $-n$으로 바꾼 것이다.

$$y[n] = x[-n] \qquad (8.19)$$

- 시간 **이동**은 파형의 변화 없이 신호를 시간축을 따라 이동시키는 동작으로, $n_0 > 0$ 이면 시간 지연, $n_0 < 0$이면 시간 앞섬이다.

$$y[n] = x[n - n_0] \qquad (8.20)$$

이산 신호에 대한 진폭 변환(반전, 이동, 척도조절) 연산과 시간 반전 및 시간 이동 연산의 예를 각각 [그림 8-11]과 [그림 8-12]에 보였다.

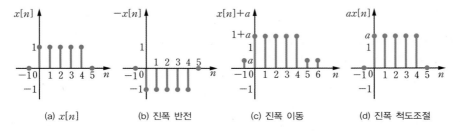

(a) $x[n]$ (b) 진폭 반전 (c) 진폭 이동 (d) 진폭 척도조절

[그림 8-11] **이산 신호의 진폭 변환 연산의 예**

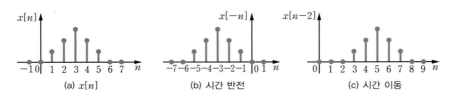

(a) $x[n]$ (b) 시간 반전 (c) 시간 이동

[그림 8-12] **이산 신호의 시간 반전과 시간 이동의 예**

8.2.2 연속 신호와 다른 연산

이산 신호의 차분과 누적 합

이산 신호는 시간에 대해 불연속이기 때문에 미분과 적분이 정의되지 않는 대신, 미분과 적분의 등가 연산이라 할 수 있는 차분과 누적 합이 정의된다.

> - **차분**difference은 다음과 같이 하나 뒤진(또는 앞선) 시간의 신호 값과의 차이로 기울기를 근사화한 것이다.
>
> $$y[n] = \Delta x[n] = x[n] - x[n-1] \tag{8.21}$$
>
> - **누적 합**summation은 다음과 같이 지금까지의 신호 값들을 계속 쌓아서 모아두는 동작으로서 적분을 근사화한 것으로 생각할 수 있다.
>
> $$y[n] = \sum_{k=-\infty}^{n} x[k] \tag{8.22}$$

시간적으로 하나 앞서거나 뒤선 신호와의 차이로 정의되는 차분은 시간 n에서 신호의 기울기(변화량)인 미분을 거칠게 근사화한 것이라고 볼 수 있다. 하나 앞선 시간의 신호 값과의 차이로 기울기를 근사화한 것을 **전향**forward **차분**, 하나 뒤진 시간의 신호 값과의 차이를 사용한 것은 **후향**backward **차분**이라고 구분하기도 하지만, 현재 시간 n보다 시간적으로 앞선 신호의 값은 알 수 없는 경우가 대부분이므로 실제 문제에서는 후향 차분이 주로 사용된다.

구분구적법에 의하면 적분은 함수를 잘게 잘라서 얻어지는 각 띠의 면적의 합으로 이해할 수 있으므로 식 (8.22)의 누적 합 연산은 근사화한 적분으로 받아들일 수 있을 것이다.

이산 신호의 시간 척도조절 : 솎음과 보간

신호의 기본 연산 중에서 연속 신호와 이산 신호의 차이가 가장 뚜렷한 것이 바로 시간 척도조절이다. 이러한 차이는 이산 신호의 시간 변수가 정수 값만을 가지는 데에서 비롯된다.

- 이산 신호에 대한 시간 척도조절은 수식 표현으로는 연속 신호의 경우와 다를 바 없으나, 척도조절 인자 a의 값에 대한 제약과 함께 실제 동작은 차이를 가진다.

$$y[n] = x[an] \qquad (8.23)$$

- **솎음**decimation은 $a > 1$(a는 반드시 정수)인 경우로 시간이 a의 배수(an)에 해당되는 샘플들만 남기고 나머지는 솎아내 버리는 시간축 줄이기 연산이다.
- 솎음에 의해 정보의 손실이 발생한다.
- **보간**interpolation은 $a < 1$($\dfrac{1}{a}$은 반드시 정수)인 경우로 원 신호의 샘플들 사이에 다른 샘플들을 끼워 넣는 시간축 늘이기 연산인데, 끼워 넣을 신호 값에 대한 정보가 주어져 있지 않으므로 적당한 방법으로 끼워 넣을 샘플 값을 결정해야 한다.

솎음(시간축 줄이기, $a > 1$)의 경우, 식 (8.23)에서 보면 $y[n]$의 시간 변수도 정수가 되어야 하므로 a는 반드시 정수여야 하고, 신호 샘플들 중에서 시간이 a의 배수(an)에 해당되는 것들만을 남겨서 다시 차례로 줄을 세우고 나머지는 버려버리는 동작이 된다. 예를 들어, [그림 8-13(b)]는 $a = 2$로 [그림 8-13(a)]의 원 신호에서 2의 배수인 시각에 발생하는 신호 샘플들만 남긴 것으로서 $y[0] = x[0]$, $y[1] = x[2]$, $y[2] = x[4]$, $\cdots$ 이고 $x[1]$, $x[3]$, $x[5]$, $\cdots$ 의 신호 샘플들은 솎아내 버려 샘플의 수가 반으로 줄어든다. 그런 까닭에 이 연산을 **솎음** 또는 **다운 샘플링**down-sampling이라고 부른다. 연속 신호에 대한 시간 척도조절에서는 원 신호의 파형 형태가 그대로 유지된 채로 폭의 변화만 발생하였지만, 그림에서 볼 수 있듯이 **이산 신호에 대한 솎음 조작은 완전히 다른 파형의 신호가 결과로서 얻어질 수도 있다.**

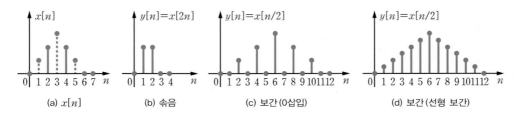

(a) $x[n]$ (b) 솎음 (c) 보간(0삽입) (d) 보간(선형 보간)

[그림 8-13] 이산 신호의 시간 척도조절 – 솎음과 보간

보간(시간축 늘이기, $a < 1$)의 예로 $a = 1/2$의 경우를 살펴보자. $y[0] = x[0]$, $y[1] = x[1/2]$, $y[2] = x[1]$, $y[3] = x[3/2]$, $y[4] = x[2]$, $\cdots$ 이 된다. 이것은 원 신호 $x[1]$, $x[2]$, $x[3]$, $\cdots$ 사이에 샘플을 하나씩 끼워 넣는 동작과 같고, 그 결과 전체 샘플의 개수는 2배로 늘어나게 된다. 그러므로 이를 **보간** 또는 **업 샘플링**up-sampling이라고 한다. 그런데 끼워 넣을 $x[1/2]$, $x[3/2]$, $x[5/2]$, $\cdots$ 의 값이 원 신호에는 존재하지 않으

므로 이에 해당되는 $y[n]$의 값을 정할 수가 없다. 보통은 [그림 8-13(c)]와 같이 그 값을 0으로 하거나 [그림 8-13(d)]와 같이 앞뒤의 두 샘플 값들의 평균을 취하여 신호가 담고 있는 정보를 크게 왜곡하지 않는 범위 내에서 적당한 값을 선택하여 이 문제를 해결한다.

지금까지 살펴본 이산 신호에 대한 기본 연산을 [표 8-1]에 요약하였다.

[표 8-1] 이산 신호에 대한 기본 연산

연산	표현식	시스템
합	$y[n] = x[n] + s[n]$	덧셈기
곱	$y[n] = x[n] \cdot s[n]$	곱셈기
시간 누적 합	$y[n] = \sum_{k=-\infty}^{n} x[k]$	누산기
시간 차분	$y[n] = \Delta x[n] = x[n] - x[n-1]$	(후향) 차분기
진폭 척도조절	$y[n] = ax[n], \quad a > 1$	증폭기
	$y[n] = ax[n], \quad a < 1$	감쇠기
진폭 반전	$y[n] = -x[n]$	인버터
진폭 이동	$y[n] = x[n] + a$	오프셋
시간 척도조절	$y[n] = x[an], \quad a > 1$인 정수	다운 샘플러
	$y[n] = x[n/a], \quad a > 1$인 정수	업 샘플러
시간 반전	$y[n] = x[-n]$	반사기
시간 이동	$y[n] = x[n-n_0], \quad n_0 > 0$	지연기
	$y[n] = x[n+n_0], \quad n_0 > 0$	예측기

예제 8-6 이산 신호의 솎음과 보간

[그림 8-14]의 신호에 대해 다음의 신호를 그려라.

(a) $y[n] = x[3n]$
(b) $z[n] = y[n/3]$

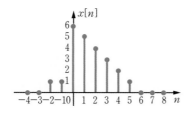

[그림 8-14] [예제 8-6]의 신호

풀이

(a) $y[n]$은 $x[n]$을 세 샘플마다 하나씩만 남기고 나머지는 버리는 솎음 연산을 적용하면 된다. 따라서 [그림 8-15(a)]처럼 그릴 수 있다. 이때 주의할 점은 $n=0$을 기준으로 좌우로 3배수에 속하는 샘플들을 남겨야 한다는 점이다.

(b) $z[n]$은 (a)에서 구한 $y[n]$의 샘플들 사이마다 두 개의 새로운 샘플을 끼워 넣는 보간에 해당된다. 이때 0을 끼워 넣게 되면 [그림 8-15(b)], 선형 보간을 하게 되면 [그림 8-15(c)]와 같은 결과가 얻어진다.

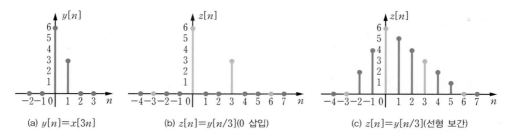

(a) $y[n]=x[3n]$ (b) $z[n]=y[n/3]$(0 삽입)   (c) $z[n]=y[n/3]$(선형 보간)

[그림 8-15] **솎음과 보간에 의한 결과 신호**

[그림 8-15]의 결과에서 보듯이, **연속 신호와 달리 이산 신호는 시간축을 a배로 줄이기를 했다가 다시 a배로 늘이기를 해도 원래의 이산 신호가 얻어지지 않는다.**

8.2.3 연산의 조합에 의한 이산 신호의 표현

실제로 접하는 대부분의 신호들은, 형태가 단순해 간단한 함수로 표현할 수 있는 기본 신호들보다는 파형이 복잡하고 복합적이다. 그러나 아주 특수한 경우를 제외하면 아무리 복잡한 신호라 할지라도 단순한 형태의 신호로부터 [표 8-1]의 여러 기본 연산을 순차적으로 조합하여 적용함으로써 구할 수 있다.

이산 신호에 대한 기본 연산의 조합
- 어떤 신호에 기본 연산들을 순차적으로 조합하여 적용하면 새로운 신호가 얻어진다.
- 하나의 신호에 여러 기본 연산을 조합하여 적용할 때, 연산의 적용 순서가 바뀌어도 같은 결과를 얻는다.
- 시간 이동 연산은 다른 시간 변환 연산과 교환 법칙이 성립하지 않기 때문에 연산 순서를 바꾸면 시간 이동 값이 달라진다.

$x\left[\dfrac{2}{3}n\right]$과 같이 시간 척도조절 값이 정수가 아닌 경우에는 정수의 비로 만든 뒤에 먼저 솎음을 적용한 뒤에 보간하면 된다. 순서를 바꾸어도 상관없다.

예제 8-7 이산 신호에 대한 기본 연산의 조합

[그림 8-16]의 $x[n]$에 대해 다음을 구하여 그려라.

(a) $y[n] = x[2n-4]$ (b) $y[n] = x\left[\dfrac{2}{3}n\right]$

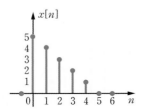

[그림 8-16] [예제 8-7]의 신호

풀이

(a) $y[n] = x[(2n)-4] = x[2(n-2)]$이므로, $x[n]$에 기본 연산을 적용하여 $y[n]$을 얻는 방법은 다음의 두 가지가 있으며, [그림 8-17]에 이 과정을 나타내었다.

❶ $x[(2n)-4]$의 경우, 먼저 $x[n]$을 $n_0 = 4$만큼 시간 이동한 뒤($x[n-4]$), 2배로 솎음을 적용하여($x[(2n)-4]$) $y[n]$을 얻는다.

❷ $x[2(n-2)]$의 경우, 2배로 솎음을 먼저 적용하고($x[2n]$), 나중에 $n_0 = 2$만큼 시간 이동을 시켜서 $y[n]$을 얻는다.

시간 이동을 먼저 한 경우에는 시간 이동 값이 4이지만 나중에 시간 이동을 한 것은 시간 이동 값이 2로, 연산 순서가 바뀌면 시간 이동 값이 달라짐을 확인할 수 있다.

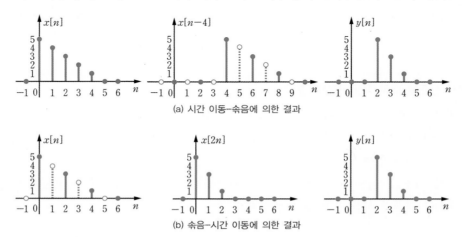

(a) 시간 이동-솎음에 의한 결과

(b) 솎음-시간 이동에 의한 결과

[그림 8-17] 기본 연산의 조합에 의한 $y[n] = x[2n-4]$ 얻기

얻어진 결과는 다음과 같이 $y[n] = x[2n-4]$에 n 값을 직접 대입하여 확인할 수 있다.

$$y[0] = x[-4] = 0, \ y[1] = x[-2] = 0, \ y[2] = x[0] = 5, \ y[3] = x[2] = 3, \ y[4] = x[4] = 1$$

(b) $x[n]$에 먼저 솎음($x[2n]$)을 적용한 뒤에 보간($x\left[\dfrac{2}{3}n\right]$)으로 0 삽입을 적용한 결과를 [그림 8-18(a)]에 나타내었다. 순서를 바꾸어 먼저 보간($x\left[\dfrac{n}{3}\right]$)을 한 뒤에 솎음($x\left[\dfrac{2}{3}n\right]$)을 한 결과는 [그림 8-18(b)]이며, 두 결과는 동일하다. 다시 말해 보간과 솎음의 순서를 바꾸어도 상관없다.

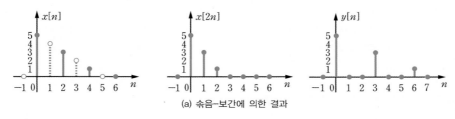

(a) 솎음-보간에 의한 결과

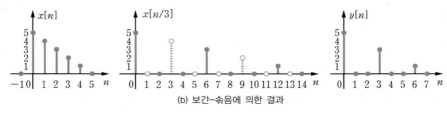

(b) 보간-솎음에 의한 결과

[그림 8-18] **기본 연산의 조합에 의한** $y[n] = x\left[\dfrac{2}{3}n\right]$ **얻기**

이 경우에도 $y[n] = x\left[\dfrac{2}{3}n\right]$에 n 값을 직접 대입하면, 다음과 같이 $y[n]$은 $\dfrac{2}{3}n$이 정수가 되어 $x[n]$의 값을 가질 수 있는 경우에만 0이 아닌 원래 신호의 값을 가짐을 확인할 수 있다.

$$y[0] = x[0] = 5, \ y[3] = x[2] = 3, \ y[6] = x[4] = 1$$

샘플링

연속 신호에서 이산 신호를 얻으려면 샘플링을 거쳐야 한다. 샘플링 동작 자체는 아주 단순하지만 주파수 중첩 현상과 맞물려 샘플링 주기(주파수)의 선정은 매우 중요하다. 이 절에서는 샘플링에 의해 어떤 문제가 발생하며 원인이 무엇인지 간단히 살펴보고, 수학적인 분석을 통해 샘플링 정리의 결과를 이끌어 낼 것이다.

학습포인트

- A/D 변환에 의한 디지털 신호의 생성 과정에 대해 이해한다.
- 샘플링의 개념과 이에 의한 연속 신호의 이산 신호 변환을 이해한다.
- 샘플링 주파수에 대한 앨리어스 신호의 개념을 이해한다.
- 샘플링에 의해 주파수 스펙트럼에는 어떤 현상이 일어나는지 알아본다.
- 섀넌의 샘플링 정리에 대해 알아본다.
- 주파수 중첩 현상이 무엇인지, 또 이는 어떤 영향을 나타내는지 알아본다.

8.3.1 디지털 신호의 생성

영상이나 음성과 같이 실생활에서 우리가 접하는 대부분의 신호는 아날로그이지만, HD TV나 MP3 플레이어 같은 디지털 시스템을 사용하여 처리하는 것이 보편적이다. 그런데 디지털 시스템을 구성하는 반도체 소자들은 디지털 신호에 대해서만 정상적으로 작동하므로, 우선 아날로그 신호를 디지털 시스템에 적합한 디지털 신호로 바꾸는 **아날로그/디지털(A/D) 변환**Analog to Digital Conversion 과정이 필요하다. A/D 변환은 [그림 8-19]에 보인 것처럼 샘플링, 양자화, 부호화의 세 과정으로 이루어진다.

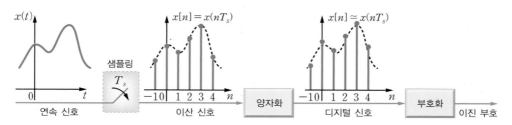

[그림 8-19] **아날로그 신호의 A/D 변환**

> A/D **변환**은 아날로그 신호를 샘플링-양자화-부호화를 거쳐 디지털 신호로 바꾼다.
> - **샘플링**^{sampling} : 연속 신호에 대해 시간 간격을 두고 순시값을 취하여 이산 신호로 만드는 과정
> - **양자화**^{quantization} : 신호의 크기에 대해 이산화시켜 신호의 값을 유한개의 등급(레벨)으로 나누는 과정
> - **부호화**^{coding} : 신호를 디지털 시스템이 이해하고 처리할 수 있는 형태의 **이진 부호** binary code로 만드는 과정

양자화

샘플링으로 아날로그 신호를 이산 신호로 바꾸었다고 디지털 시스템이 이 신호를 바로 처리할 수 있는 것은 아니다. 양자화는 신호 값을 디지털 시스템이 이진 비트로 표현 가능한 만큼의 구간으로 나누어 **원래의 신호 값 대신 그 구간의 대푯값(레벨)으로 바꿔치기하는 동작**이다. 양자화 레벨 수는 몇 비트로 수치를 나타내느냐에 따라 결정된다. 만약 B비트라면 양자화 레벨의 최대 수는 2^B개이다. 예를 들어, 온도 변화가 $0°$~$500°C$인 보일러의 온도를 센서로 측정하여 컴퓨터에 입력시키는 경우, 데이터 포맷이 8비트라면 구분 가능한 경우의 수는 $2^8 = 256$가지이므로 $500°$를 256등급으로 나눈 것 중에 가장 가까운 것으로 측정값을 데이터화하게 된다. **양자화에 의해 필연적으로 양자화 레벨과 실제 신호의 차이만큼 정보의 손실이 생긴다. 이를 양자화 오차라고 하는데,** 디지털 시스템의 성능 저하나 작동 불능을 일으키는 원인이 된다.

부호화

디지털 시스템은 0과 1이 약속된 방식으로 조합된 정보만 인식할 수 있다. **부호화는 디지털 신호를 기계가 이해하는 0과 1의 조합으로 바꾸는 작업**으로, 영문 알파벳을 조합하여 뜻이 통하는 단어나 문장을 만드는 것과 같다. 다만 사람이 아니라 기계가 알아들을 수 있도록 하는 점이 다를 뿐이다. 이때 서양의 대부분의 국가들이 같은 알파벳을 사용하면서도 동일한 대상을 가리키는 말들이 제각기 다르듯이, 부호화도 똑같이 1과 0을 사용하지만 어떤 원리의 코드를 쓰느냐에 따라 그 결과가 달라진다. **부호화를 통해 잡음의 영향을 줄일 수 있을 뿐만 아니라, 데이터 압축, 보안성 강화, 오류 검출 및 정정 등의 기능을 덧붙일 수 있다.** 데이터 압축의 예로, 음악 CD의 wav 파일은 1초당 데이터 양이 $1411.2[kbps]$($44.1[kbps] \times 16[bit] \times 2$채널)이지만, 압축한 MP3 파일은 $192[kbps]$ 정도면 그럭저럭 들을만하고, $320[kbps]$면 꽤 양호한 음질을 제공한다.

8.3.2 샘플링의 개요

샘플링의 개념

- **샘플링**sampling은 연속 신호를 시간 간격을 두고 순시값들을 취해 이산 신호를 얻는 동작이다. 즉 연속 신호 $x(t)$로부터 수열 $x(t_0)$, $x(t_1)$, $x(t_2)$, $\cdots$ 을 만든다.
- 보통 일정한 시간 간격(T_s)으로 샘플링하는 **균일 샘플링**uniform sampling을 사용한다.

$$x[n] = x(nT_s) \tag{8.24}$$

- 샘플링 간격 T_s를 **샘플링 주기**, $f_s = \dfrac{1}{T_s}$ ($\omega_s = \dfrac{2\pi}{T_s}$)를 **샘플링 주파수**라고 한다.

연속 신호를 샘플링할 때, 보통 같은 시간 간격으로 샘플을 취한다. 이때 **샘플링 간격 사이의 아날로그 신호에 대한 정보는 잃어버리게 된다.** 그러므로 '샘플링한 이산 신호를 원래의 연속 신호로 되돌릴 수 있도록' 샘플링 간격을 적절하게 선정하는 것이 중요하다.

정현파의 샘플링

5장, 6장에서 신호를 주파수가 다른 정현파 성분들로 쪼갤 수 있음을 보았다. 그러므로 정현파에 대한 샘플링의 효과를 안다면 신호에 대한 샘플링의 효과도 알 수 있을 것이다.

샘플링의 문제점

- 연속 정현파를 샘플링하여 이산 신호로 만드는 과정에서 시간 정보가 사라지므로 디지털 주파수 $F(\Omega)$는 물리적인 차원을 가지지 않는다.
- 정현파를 샘플링하여 주파수 $\Omega_0(F_0)$인 이산 정현파를 만들 수 있는 샘플링 주기 T_s와 연속 정현파 주파수 ω_0의 조합은 무수히 많다.
- 주파수 $f_0 + l f_s$ (l은 정수)인 정현파를 샘플링 주파수 f_s로 샘플링하면 주파수 f_0인 정현파와 샘플링한 결과가 같고, 이를 **앨리어스**alias라고 한다.

$$\cos\left(2\pi\left(f_0 + l f_s\right)nT_s\right) = \cos\left(2\pi f_0 n T_s\right) \tag{8.25}$$

연속 정현파 신호 $x(t) = A\cos\left(\omega_0 t\right)$를 주기 T_s로 샘플링하면, 다음과 같은 이산 정현파 신호를 얻을 수 있다.

$$x[n] = x(nT_s) = A\cos(\omega n T_s) = A\cos(\Omega_0 n) \qquad (8.26)$$

$\Omega_0 = \omega_0 T_s[\text{rad}]$는 이산 정현파의 디지털 (각)주파수로서 아날로그 (각)주파수 $\omega_0[\text{rad/sec}]$와 달리 시간과 무관하여 물리적인 차원은 사라지고 숫자열의 발생 순서만 정해질 뿐이다. 따라서 $\Omega_0 = \omega_0 T_s$를 만족하는 ω_0와 T_s의 조합은 무수히 많다.

예제 8-8 샘플링 주기를 달리하여 같은 이산 정현파 얻기

$\cos(\pi t)$를 샘플링 주기 $T_s = 0.2$로 샘플링하여 얻은 이산 신호 $x[n]$과 같은 이산 신호가 얻어지도록 $\cos(2\pi t)$와 $\cos(4\pi t)$에 대한 샘플링 주기를 각각 구하고, 이들 정현파를 샘플링한 이산 신호를 그려라.

풀이

$x(t) = \cos(\pi t)$를 샘플링 주기 $T_s = 0.2$로 샘플링하면 다음의 이산 신호가 얻어진다.

$$x[n] = x(nT_s) = \cos(\pi \times n \times 0.2) = \cos(0.2\pi n) = \cos(\Omega_0 n)$$

따라서 이산 정현파 신호의 주파수는 $\Omega_0 = \omega_0 \times T_s = 0.2\pi$이다. $\Omega_0 = 0.2\pi$가 되도록 하는 $\cos(2\pi t)$와 $\cos(4\pi t)$에 대한 샘플링 주기는 다음과 같다.

$$\cos(2\pi t) \;:\; T_s = \frac{0.2\pi}{\omega_0} = \frac{0.2\pi}{2\pi} = 0.1$$

$$\cos(4\pi t) \;:\; T_s = \frac{0.2\pi}{\omega_0} = \frac{0.2\pi}{4\pi} = 0.05$$

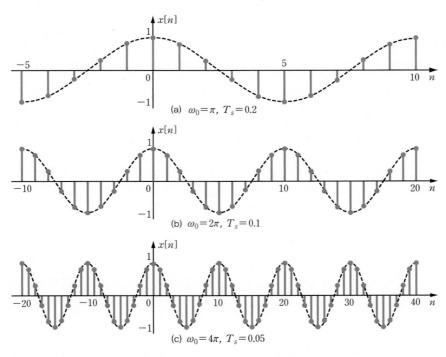

(a) $\omega_0 = \pi$, $T_s = 0.2$

(b) $\omega_0 = 2\pi$, $T_s = 0.1$

(c) $\omega_0 = 4\pi$, $T_s = 0.05$

[그림 8-20] 서로 다른 주파수와 샘플링 주기의 조합에 의한 동일 이산 신호

[그림 8-20]은 세 정현파 신호를 샘플링 주기를 달리하여 샘플링한 결과이다. [그림 8-20(a)]는 $\omega_0 = \pi$, $T_s = 0.2$, [그림 8-20(b)]는 $\omega_0 = 2\pi$, $T_s = 0.1$, [그림 8-20(c)]는 $\omega_0 = 4\pi$, $T_s = 0.05$의 경우로서, 셋 모두 $\Omega_0 = 0.2\pi$인 같은 이산 정현파가 된다. 그림에서 보면, 한 주기 동안 같은 위치에서 같은 개수(10)의 샘플들을 취하고 있다. 이처럼 $\Omega_0 = 0.2\pi$가 되는 ω_0와 T_s의 조합은 [그림 8-20]의 경우 외에도 무수히 많다.

샘플링에 의해 같은 이산 신호를 만들 수 있는 정현파가 무수히 많다면, 샘플링된 이산 신호를 원래의 연속 신호로 되돌릴 때 어떤 주파수의 연속 정현파로 복원해야 할지 혼란이 생긴다. '만약 샘플링 주기에 대한 정보가 주어진다면 아무런 문제가 없지 않을까'라고 생각할 수 있으나, 샘플링 주기를 같게 하더라도 복원 시의 혼란은 여전히 남는다. [그림 8-21]은 $T_s = 0.8$로 고정시켜 놓고 정현파 $\cos \pi t$, $\cos 1.5\pi t$, $\cos 6\pi t$를 샘플링한 결과인데, 그림에서 보듯이 똑같은 이산 신호가 얻어진다.

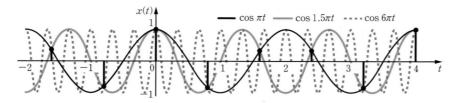

[그림 8-21] 앨리어스를 샘플링하여 동일한 이산 신호를 얻은 예

이는 정현파(삼각함수)가 $\cos\theta = \cos(\theta + 2\pi k)$, $k = \cdots, -1, 0, 1, \cdots$과 같이 2π의 주기성을 갖기 때문에 생기는 현상이다. 그로 인해 주파수가 $f_0 + l f_s$ (l은 정수)인 정현파를 샘플링 주파수 f_s로 샘플링하면, 주파수 f_0인 정현파를 샘플링한 것과 같은 결과를 얻게 된다. 그래서 이들을 앨리어스[1]라고 하는 것이다.

$$\cos\big(2\pi(f_0 + l f_s) n T_s\big) = \cos\big(2\pi f_0 n T_s + 2\pi l n f_s T_s\big)$$
$$= \cos\big(2\pi f_0 n T_s + 2\pi l n\big) \qquad (8.27)$$
$$= \cos\big(2\pi f_0 n T_s\big)$$

[그림 8-21]의 경우, 샘플링 주파수 $f_s = 1.25$이므로 $\cos \pi t$의 주파수를 $f_0 = 0.5$라고 할 때, $\cos 1.5\pi t = \cos(-1.5\pi t)$는 $f_0 - f_s$, $\cos 6\pi t$는 $f_0 + 2f_s$를 샘플링한 것에 해당되어 결과적으로 똑같은 이산 신호가 얻어진다.

---

1 alias는 '가명', '별명'이라는 뜻이다.

이산 신호 $x[n] = \cos\left(\dfrac{\pi}{2}n\right)$ 은 연속 신호 $x(t)$ 를 $f_s = 20$ [Hz]로 샘플링하여 얻은 것이다.

(a) 이 신호를 발생시키기 위한 두 개의 다른 연속 신호를 구하라.

(b) (a)에서 구한 연속 신호에 대해 샘플링 주기를 달리 하여 같은 $x[n]$을 얻을 수 있다면, 그 샘플링 주기를 구하라.

풀이

(a) 주어진 샘플링 주파수로부터 샘플링 주기를 구하면 다음과 같다.

$$T_s = \frac{1}{f_s} = \frac{1}{20} = 0.05$$

주어진 이산 신호로부터 $\Omega_0 = \omega_0 T_s = \dfrac{\pi}{2}$ 이므로

$$\omega_0 = \frac{\Omega_0}{T_s} = \frac{\dfrac{\pi}{2}}{0.05} = 10\pi \quad \text{또는} \quad f_0 = \frac{\omega_0}{2\pi} = 5$$

이다. 따라서 같은 샘플링 주기로 같은 이산 신호를 얻을 수 있는 앨리어스들의 주파수는

$$\omega_l = \omega_0 + l\omega_s = 10\pi + 40\pi l \quad \text{또는} \quad f_l = f_0 + l f_s = 5 + 20l$$

이 되고, 같은 $x[n]$으로 샘플링되는 연속 신호는 다음과 같다.

$$x(t) = \cos\left((10\pi + 40\pi l)t\right)$$

두 개의 서로 다른 연속 신호를 얻기 위하여 $l = 0,\ 1$을 대입하면

$$x_0(t) = \cos(10\pi t)$$

$$x_1(t) = \cos(10\pi t + 40\pi t) = \cos(50\pi t)$$

(b) 정현파의 2π 주기성에 의해 다음이 성립한다.

$$\cos(\omega_0 n T_s) = \cos(\omega_0 n T_s + 2\pi nk) = \cos\left(\omega_0 n\left(T_s + \frac{2\pi}{\omega_0}k\right)\right)$$

즉 $T_s{}' = T_s + \dfrac{2\pi}{\omega_0}k$ $(k = 1,\ 2,\ 3,\ \cdots)$ 로 샘플링하면 같은 이산 신호를 얻게 된다. (a)에서 구한 두 연속 신호 중 $x_0(t)$의 주파수는 $\omega_{00} = 10\pi$, $x_1(t)$의 주파수는 $\omega_{10} = 50\pi$ 이므로, 얻어진 조건을 각각에 대해 적용하면 다음과 같이 된다.

$$T_s{}' = T_s + 0.2k \quad \text{그리고} \quad T_s{}' = T_s + \frac{0.2}{5}k$$

두 신호에 대해 공통인 샘플링 주기가 되려면 두 조건이 동시에 만족되도록 선택해야 한다. 즉 $T_s{}' = T_s + 0.2k = 0.1 + 0.2k$ $(k = 1,\ 2,\ 3,\ \cdots)$ 로 샘플링하면 같은 $x[n]$을 얻게 된다.

8.3.3 샘플링의 수학적 분석 : 임펄스열 변조 모델

샘플링된 이산 신호로부터 연속 신호를 복원하는 것과 샘플링 주기의 관련성을 파악하려면 우선 샘플링 동작을 수학적으로 분석해 볼 필요가 있다.

- 샘플링은 연속 신호에 임펄스열을 곱하는 변조로 모델링할 수 있다([그림 8-22]).

$$x_s(t) = x(t)p(t) = \sum_{k=-\infty}^{\infty} x(kT_s)\delta(t-kT_s) \tag{8.28}$$

- 샘플링된 신호의 스펙트럼은 연속 신호의 주파수 스펙트럼이 주기 $\omega_s(f_s)$로 반복된다.

$$X_s(\omega) = \frac{1}{T_s}\sum_{k=-\infty}^{\infty} X(\omega-k\omega_s) \tag{8.29}$$

샘플링은 수학적으로 [그림 8-22]에 보인 것처럼 연속 신호 $x(t)$에 무한 임펄스열 $p(t)$를 곱한 일종의 변조 동작으로 모델링할 수 있으며, 샘플링의 결과로 얻어진 $x_s(t)$는 수식적으로 다음과 같이 나타낼 수 있다.

$$x_s(t) = x(t)p(t) = x(t)\left(\sum_{k=-\infty}^{\infty}\delta(t-kT_s)\right) = \sum_{k=-\infty}^{\infty} x(kT_s)\delta(t-kT_s) \tag{8.30}$$

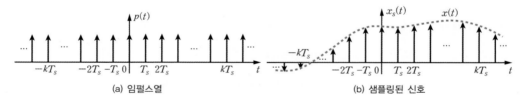

(a) 임펄스열   (b) 샘플링된 신호

[그림 8-22] **샘플링의 임펄스열 변조 모델링**

임펄스열 변조 모델의 푸리에 변환은 주파수 컨벌루션 성질에 의해 주파수 영역에서 두 신호 스펙트럼의 컨벌루션이 되므로, 샘플링된 신호의 스펙트럼은 다음과 같다.

$$X_s(\omega) = \frac{1}{2\pi}X(\omega) * P(\omega) = \frac{1}{2\pi}X(\omega) * \sum_{k=-\infty}^{\infty}\frac{2\pi}{T_s}\delta(\omega-k\omega_s)$$

$$= \frac{1}{T_s}\sum_{k=-\infty}^{\infty} X(\omega) * \delta(\omega-k\omega_s) = \frac{1}{T_s}\sum_{k=-\infty}^{\infty} X(\omega-k\omega_s) \tag{8.31}$$

[그림 8-23(a)]와 같이 어떤 주파수 범위에서만 스펙트럼이 존재하는 **대역 제한**band limited 신호($X(\omega) = 0$, $\omega > \omega_b$)를 샘플링 주파수 ω_s로 샘플링하였다고 하자. 만약 $\omega_b < \dfrac{\omega_s}{2}$라면, 식 (8.29)로부터 샘플링된 신호 $x_s(t)$의 스펙트럼은 원래 신호의 주파수 스펙트럼이 겹치지 않고 ω_s의 정수배마다 반복되어 [그림 8-23(b)]와 같이 된다. 이 경우에는 이상적인 저역통과 필터를 사용하여 **기저대역**baseband의 스펙트럼만 추출한 뒤 증폭기로 T_s 배만큼 증폭하면, [그림 8-23(d)]와 같은 주파수 스펙트럼을 갖는 신호를 얻는데, 이는 [그림 8-23(a)]와 일치하므로 정확하게 신호 $x(t)$를 복원한 것이다. 그러나 만약 $\omega_b > \dfrac{\omega_s}{2}$라면, $x_s(t)$의 주파수 스펙트럼은 [그림 8-23(c)]와 같이 ω_s의 정수배마다 반복되는 원래 신호의 주파수 스펙트럼이 서로 겹쳐서 나타난다. 이 경우에는 저역통과 필터를 거쳐 얻어지는 신호의 주파수 스펙트럼이 [그림 8-23(e)]와 같이 원래 신호의 주파수 스펙트럼과 다르므로 $x(t)$를 제대로 복원할 수 없게 된다.

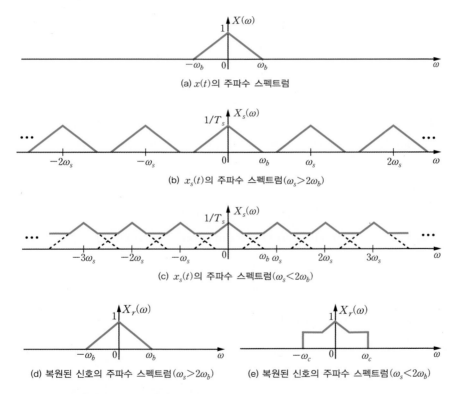

(a) $x(t)$의 주파수 스펙트럼

(b) $x_s(t)$의 주파수 스펙트럼($\omega_s > 2\omega_b$)

(c) $x_s(t)$의 주파수 스펙트럼($\omega_s < 2\omega_b$)

(d) 복원된 신호의 주파수 스펙트럼($\omega_s > 2\omega_b$)

(e) 복원된 신호의 주파수 스펙트럼($\omega_s < 2\omega_b$)

[그림 8-23] **샘플링의 효과와 저역통과 필터를 이용한 신호의 복원**

이상의 논의로부터 신호를 완전하게 복원하기 위한 샘플링 조건을 제시한 것이 **섀넌**Shannon 또는 **나이퀴스트**Nyauist의 샘플링 정리이다.

- $x(t)$가 대역 제한 신호일 때, 샘플링 주파수 $\omega_s(f_s)$가 신호의 최고 주파수 $\omega_b(f_b)$의 2배 이상이면 샘플링된 이산 신호로부터 $x(t)$를 정확하게 복원할 수 있다. 이를 **샘플링 정리**^{sampling theorem}라고 한다.

$$\omega_s \geq 2\omega_b \quad \text{또는} \quad f_s \geq 2f_b \tag{8.32}$$

- **나이퀴스트 샘플링 주파수**는 식 (8.32)를 만족하는 최소 주파수 $f_s = 2f_b$이다.
- **주파수 중첩**^{aliasing}은 샘플링 정리의 조건이 충족되지 않아서 샘플링의 결과로 주기적으로 반복되는 원 신호의 주파수 스펙트럼이 겹쳐지게 되는 현상이다([그림 8-23]).
- 주파수 중첩이 발생하면 복원한 신호가 원래의 신호와는 다르게 왜곡된다.

예제 8-10 나이퀴스트 샘플링 주파수

다음 신호에 대한 나이퀴스트 샘플링 주파수를 결정하라.

(a) $x(t) = 10\cos(20\pi t) - 5\cos(100\pi t) + 20\cos(400\pi t)$

(b) $x(t) = 10\cos(300\pi t)\sin(150\pi t)$

풀이

(a) $x(t)$의 세 주파수 성분의 주파수는 $f_1 = 10$, $f_2 = 50$, $f_3 = 200$으로서 가장 큰 주파수는 $f_3 = 200[\text{Hz}]$이다. 따라서 나이퀴스트 샘플링 주파수는 다음과 같다.

$$f_s = 2f_3 = 400[\text{Hz}] \quad \text{또는} \quad \omega_s = 2\pi f_s = 800\pi$$

(b) 주어진 신호를 다시 쓰면 다음과 같고

$$x(t) = 10\cos(300\pi t)\sin(150\pi t) = 5(\sin(450\pi t) - \sin(150\pi t))$$

$x(t)$의 두 주파수 성분의 주파수는 $f_1 = 225$, $f_2 = 75$로서 가장 큰 주파수는 $f_1 = 225[\text{Hz}]$이다. 따라서 나이퀴스트 샘플링 주파수는 다음과 같다.

$$f_s = 2f_1 = 450[\text{Hz}] \quad \text{또는} \quad \omega_s = 2\pi f_s = 900\pi$$

Quick Review

■ 다음 문제에서 맞는 것을 골라라.

(1) 물리적으로 존재하는 신호는 (이산, 연속) 임펄스 함수이다.

(2) 이산 단위 임펄스 함수 $\delta[n]$은 체 거르기 성질을 만족하지 않는다. (○, ×)

(3) $\delta[n]$을 이용하여 임의의 이산 신호를 표현할 수 (있다, 없다).

(4) $x[n] = \begin{cases} 1, & 0 \le n \le 3 \\ 0, & \text{그 외} \end{cases}$ 와 같은 신호는 $(u[n] - u[n-3],\ u[n] - u[n-4])$이다.

(5) 모든 이산 (복소) 정현파는 주기 신호이다. (○, ×)

(6) $\cos(\Omega_0 n)$과 $\cos((\Omega_0 + 8\pi)n)$은 같은 신호이다. (○, ×)

(7) 이산 (복소) 정현파가 가질 수 있는 최대 각주파수는 $(1,\ 2\pi,\ \infty)$이다.

(8) 연속 신호의 적분에 상응하는 이산 신호의 연산은 (차분, 증분, 누적 합)이다.

(9) 이산 신호의 시간 척도조절 $x[an]$에서 a는 어떠한 값도 가질 수 있다. (○, ×)

(10) $x[2n]$은 $x[n]$에 대한 (솎음, 보간, 업 샘플링)이다.

(11) $x[n]$에 대한 $y[n] = x\left[\dfrac{n}{2}\right]$의 값은 항상 유일하다. (○, ×)

(12) 신호에 대한 연산의 조합 순서를 바꾸면 시간 이동 값이 변할 수 있다. (○, ×)

(13) A/D 변환에 포함되지 않는 기능은 (샘플링, 양자화, 복호화)이다.

(14) 샘플링에 의해 같은 이산 신호를 얻을 수 있는 연속 정현파는 유일하다. (○, ×)

(15) 디지털 주파수는 물리적인 차원이 없다. (○, ×)

(16) 앨리어스는 (샘플링, 꺾기, 기본) 주파수의 정수배만큼 차이가 나는 주파수 집합이다.

(17) 연속 신호 복원은 주파수 영역에서 (저역, 고역) 통과 필터를 이용하면 가능하다.

(18) 주파수 중첩은 샘플링에 의해 주기 반복되는 스펙트럼이 겹치는 현상이다.

(○, ×)

(19) 샘플링 정리는 모든 신호에 대해 유효하다. (○, ×)

(20) 주파수 중첩이 발생 않는 최소 샘플링 주파수를 (나이퀴스트, 섀넌) 주파수라 한다.

8.1 다음의 이산 신호를 그려라.

(a) $x[n] = \delta[n+1] - \delta[n] + u[n+1] - u[n-2]$

(b) $x[n] = (1-n)(u[n+2] - u[n-3])$

8.2 다음의 이산 신호를 그리고 임펄스 함수를 이용하여 표현하라.

(a) $x[n] = \begin{cases} 1, & n=0 \\ 2, & n=1 \\ 3, & n=2 \\ 0, & \text{그 외} \end{cases}$ (b) $x[n] = \begin{cases} 2, & |n| \le 1 \\ 1, & 1 < |n| \le 3 \\ -1, & n = \pm 4 \\ 0, & \text{그 외} \end{cases}$

8.3 [연습문제 8.2]의 신호를 계단 함수를 이용하여 표현하라.

8.4 [그림 8-24]의 신호를 계단 신호를 이용하여 표현하라.

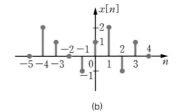

(a)   (b)

[그림 8-24]

8.5 [그림 8-25]에 주어진 신호 $x[n]$에 대해 다음의 신호를 그려라.

(a) $y_1[n] = x[-n+2]$ (b) $y_2[n] = x[2n-4]$

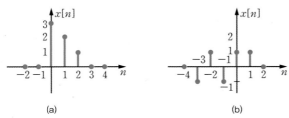
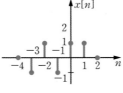

(a)   (b)   [그림 8-25]

8.6 다음과 같이 임펄스 함수가 포함된 신호를 계산하라.

(a) $x[n] = \sum_{n=-\infty}^{\infty} (2)^n \delta[n-3]$

(b) $x[n] = \cos(0.2\pi n) \sum_{k=0}^{\infty} \delta[n-10k]$

8.7 다음의 연속 정현파 $x(t)$를 주기 T_s로 샘플링하여 $x[n]$을 얻었다.

$$x(t) = \cos(20\pi t), \quad x[n] = \cos\left(\frac{\pi}{5}n\right)$$

(a) 이 결과에 부합하는 샘플링 주기 T_s를 구하라.

(b) (a)에서 구한 T_s는 유일한가? 그렇지 않다면 다른 T_s를 구하라.

8.8 연속 신호 $x(t)$를 $f_s = 10[\text{Hz}]$로 샘플링함으로써 다음의 이산 신호를 얻었다. 이 신호를 발생시키기 위한 두 개의 다른 연속 신호를 구하라.

(a) $x[n] = \cos(\pi n)$

(b) $x[n] = \cos\left(\frac{\pi}{8}n\right)$

8.9 이산 신호 $x[n] = 2\cos\left(0.2\pi n - \frac{\pi}{4}\right)$는 연속 신호 $x(t) = A\cos(2\pi f_0 t + \phi)$를 샘플링 주파수 $f_s = 100[\text{Hz}]$로 샘플링하여 얻은 것이다. $x[n]$을 만들 수 있는 연속 신호들 중에서 $|f_0| \le 200[\text{Hz}]$인 것을 구하라.

8.10 다음 신호에 대한 나이퀴스트 샘플링 주파수를 결정하라.

(a) $x(t) = \operatorname{sinc}(400t)$

(b) $x(t) = 4\cos(120\pi t)\sin(40\pi t)$

(c) $x(t) = 5\cos(6\pi t) - 2\cos(30\pi t) + 10\cos(200\pi t)$

8.11 다음의 이산 신호를 그려라.

(a) $x[n] = (n+2)u[n+2] - nu[n-4] - 2u[n-6]$

(b) $x[n] = \displaystyle\sum_{k=-\infty}^{n} k^2(\delta[k+2] - \delta[k-2])$

8.12 [연습문제 **8.5**]의 [그림 8-25]의 신호에 대해 다음의 신호를 그려라.

(a) $y_3[n] = x\left[\dfrac{n}{2}\right]$

(b) $y_4[n] = x[n-2]u[n]$

8.13 다음과 같은 신호 $x(t)$를 샘플링 주기 $T_s = 0.01$로 샘플링하여 $x[n]$을 얻었다.

$$x(t) = \sin(20\pi t), \ x[n] = x(nT_s) = \sin(20\pi nT_s)$$

(a) 사인파의 한 주기 동안 얼마나 많은 샘플이 취해지겠는가?

(b) 사인파 $y(t) = \sin(\omega_0 t)$가 모든 n에 대해 $y(nT_s) = x(nT_s)$가 되면서 $\omega_0 > 20\pi$인 주파수 ω_0를 찾아라.

(c) (b)의 ω_0에 대해 $x(t)$의 한 주기 동안 나오는 샘플의 개수를 구하라.

8.14 이산 신호 $x[n] = A\cos(2\pi F_0 n + \phi)$는 연속 신호 $x(t) = \sin(30\pi t)$를 샘플링 주파수 f_s로 샘플링하여 얻은 것이다. 샘플링 주파수가 아래와 같을 때 디지털 주파수 F_0와 위상 ϕ의 값을 결정하라.

(a) $f_s = 10\,[\text{Hz}]$ (b) $f_s = 30\,[\text{Hz}]$ (c) $f_s = 40\,[\text{Hz}]$

8.15 $x(t)$의 나이퀴스트 샘플링 주파수가 f_s일 때, 다음의 각 신호들의 나이퀴스트 샘플링 주파수를 구하라.

(a) $x(2t)$ (b) $x^2(t)$ (c) $x(t)\cos(2\pi f_c t)$

Chapter 09

이산 시스템의 시간 영역 해석

Time Domain Analysis of Discrete Systems

임펄스 응답과 컨벌루션 표현 9.1

컨벌루션 합의 계산과 성질 9.2

차분방정식과 이산 시스템 해석 9.3

연습문제

학습목표

- 임펄스 응답의 개념과 이와 연관하여 시스템 특성들을 이해할 수 있다.

- 임펄스 응답에 의한 시스템의 컨벌루션 표현을 이해할 수 있다.

- 그림을 이용한 컨벌루션 계산과 컨벌루션의 성질을 이해할 수 있다.

- 이산 LTI 시스템의 차분방정식 표현과 구현도를 이해할 수 있다.

- 차분방정식의 반복 대입법과 이의 활용을 이해할 수 있다.

- 차분방정식의 고전적 해법을 이해할 수 있다.

미리보기

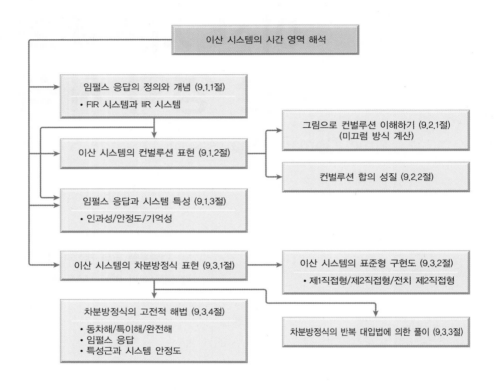

이산 시스템의 시간 영역 해석

임펄스 응답의 정의와 개념 (9.1.1절)
• FIR 시스템과 IIR 시스템

이산 시스템의 컨벌루션 표현 (9.1.2절)

그림으로 컨벌루션 이해하기 (9.2.1절)
(미끄럼 방식 계산)

컨벌루션 합의 성질 (9.2.2절)

임펄스 응답과 시스템 특성 (9.1.3절)
• 인과성/안정도/기억성

이산 시스템의 차분방정식 표현 (9.3.1절)

이산 시스템의 표준형 구현도 (9.3.2절)
• 제1직접형/제2직접형/전치 제2직접형

차분방정식의 고전적 해법 (9.3.4절)
• 동차해/특이해/완전해
• 임펄스 응답
• 특성근과 시스템 안정도

차분방정식의 반복 대입법에 의한 풀이 (9.3.3절)

임펄스 응답과 컨벌루션 표현

임펄스 응답의 정의와 물리적인 의미, LTI 시스템에 대한 컨벌루션 표현, 임펄스 응답과 시스템 특성의 관련성 등 연속 시스템의 시간 영역 해석(4장)에서 다루었던 주요 개념과 결과들은 이산 시스템의 시간 영역 해석에서도 여전히 유효하다. 다만 결과의 수학적 표현이 조금 달라질 뿐이다. 따라서 이 절에서는 4장과 내용의 중복을 되도록 피하면서 이산 시스템의 임펄스 응답과 이를 이용한 이산 LTI 시스템의 컨벌루션 표현, 그리고 시스템 특성과의 관계 등에 대해 결과 위주로 간단히 살펴보기로 한다.

학습포인트 ────────────────────────

- 임펄스 응답의 개념과 중요성을 이해한다.
- FIR과 IIR 시스템이 무엇인지, 그리고 그 특징과 차이를 이해한다.
- 이산 시스템의 입출력 관계가 컨벌루션으로 표현되는 과정을 이해한다.
- 임펄스 응답에 의한 시스템 특성 판별에 대해 잘 익혀둔다.

9.1.1 임펄스 응답

> **임펄스 응답**impulse response은 시스템에 임펄스 신호 $\delta[n]$을 입력으로 넣었을 때의 시스템 응답을 말하며, $h[n]$으로 표현한다.
>
> $$h[n] = L\{\delta[n]\} \tag{9.1}$$

임펄스 응답은 시스템 동작에 대한 이해와 물리적 의미의 파악을 손쉽게 해준다. [그림 9-1]은 임펄스 입력에 의한 임펄스 응답을 보여준다. 수학적으로만 정의될 수 있었던 $\delta(t)$와 달리 $\delta[n]$은 명확하고 단순한 신호이므로, 이산 시스템의 임펄스 응답은 물리적으로 이해하는 데 전혀 어려움이 없고 실험적으로도 쉽게 얻을 수 있다.

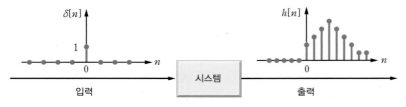

[그림 9-1] **시스템 임펄스 응답의 발생**

[그림 9-2]는 임펄스 응답 $h[n]$의 대표적인 형태 4가지를 보인 것으로, 이들로부터 인과성, 안정성 등의 시스템 특성이 임펄스 응답과 어떻게 관련되는지 간단히 살펴볼 수 있다. [그림 9-2(a)]는 입력이 들어온 $n = 0$ 순간에만 $h[n]$이 존재하는 순시적 시스템이며, 나머지는 모두 동적 시스템의 임펄스 응답이다. 그 중에서도 [그림 9-2(b)]는 $h[n]$이 $n = 0$ 이전에 값을 가지지만 시간이 지남에 따라 0으로 수렴하므로 비인과적이나 안정한 시스템을, [그림 9-2(c)]는 $h[n]$이 $n = 0$ 이전에는 값을 가지지 않지만 시간에 따라 값이 계속 증가하므로 인과적이나 불안정한 시스템을 나타낸다. 마지막으로 [그림 9-2(d)]는 인과적이며 안정한 시스템으로서, 이와 같은 이산 시스템이 실제로 사용되는 시스템이다.

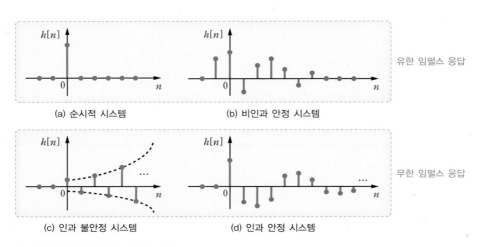

[그림 9-2] **여러 시스템의 임펄스 응답**

[그림 9-2]의 임펄스 응답을 신호의 길이 관점에서 살펴보면 다음과 같이 구분할 수 있다.

- **유한 임펄스 응답(FIR)**^Finite Impulse Response 시스템은 임펄스 응답의 길이(샘플 수)가 유한한 시스템이다([그림 9-2(a)], [그림 9-2(b)]).
- FIR 시스템의 차분방정식은 **이동 평균(MA)**^Moving Average 항으로만 이루어진다.
- **무한 임펄스 응답(IIR)**^Infinite Impulse Response **시스템**은 임플스 응답의 길이가 무한한 시스템이다([그림 9-2(c)], [그림 9-2(d)]).
- IIR 시스템의 차분방정식은 반드시 **자기 회귀(AR)**^Auto-Regressive 항을 포함한다.

FIR 시스템은 출력이 **현재와 과거의 입력 값들의 가중 합, 즉 입력 신호의 이동 평균 (MA)**으로 주어지고, IIR 시스템은 출력이 현재의 입력뿐만 아니라 **과거 출력 값들의**

가중 합, 즉 출력 신호의 자기 회귀(AR) 항들을 포함한다는 사실을 다음의 예제에서 확인할 수 있다.

예제 9-1 이산 시스템의 임펄스 응답

다음의 차분방정식으로 표현되는 이산 시스템의 임펄스 응답을 구하라.

(a) $y[n] = ax[n] + bx[n-1]$　　　　　　　(b) $y[n] + ay[n-1] = bx[n]$

풀이

(a) 임펄스 응답 $h[n]$은 $x[n] = \delta[n]$일 때의 출력이므로 $h[n] = a\delta[n] + b\delta[n-1]$이 된다. $n = 0$부터 n 값을 1씩 증가시키며 반복 대입으로 계산하면

$$n = 0 \text{ 일 때}, \quad h[0] = a\delta[0] + b\delta[-1] = a \cdot 1 + b \cdot 0 = a$$
$$n = 1 \text{ 일 때}, \quad h[1] = a\delta[1] + b\delta[0] = a \cdot 0 + b \cdot 1 = b$$
$$n = 2 \text{ 일 때}, \quad h[2] = a\delta[2] + b\delta[1] = a \cdot 0 + b \cdot 0 = 0$$
$$n = 3 \text{ 일 때}, \quad h[3] = a\delta[3] + b\delta[2] = a \cdot 0 + b \cdot 0 = 0$$
$$\vdots$$

이므로, 이 시스템의 임펄스 응답은 $h[0] = a$와 $h[1] = b$의 단 두 개의 샘플로 이루어짐을 알 수 있다. 따라서 FIR 시스템이다.

풀이 과정에서 보듯이 차분방정식은 미분방정식과는 달리 손쉬운 풀이가 가능하다. 이 방법을 반복 대입법이라고 하는데, 9.3.2절에서 제대로 살펴볼 것이다.

(b) 주어진 차분방정식에서 $x[n] = \delta[n]$이라 놓고 좌변에 $y[n]$만 남기고 다시 정리하면 $h[n] = -ah[n-1] + b\delta[n]$이다. 앞에서와 마찬가지로 $n = 0$부터 n을 1씩 증가시키며 반복 대입으로 계산해야 하는데, 다만 우변에 $h[n-1]$(이를 자기 회귀항이라 함)이 있으므로 $n = 0$ 이전의 $h[n]$의 값이 필요하다는 점이 다르다. **임펄스 응답을 구할 때는 모든 시스템의 초기 조건을 0으로 둔다**는 조건으로부터 $h[-1] = 0$이므로

$$n = 0 \text{ 일 때}, \quad h[0] = -ah[-1] + b\delta[0] = (-a) \cdot 0 + b \cdot 1 = b$$
$$n = 1 \text{ 일 때}, \quad h[1] = -ah[0] + b\delta[1] = (-a) \cdot b + b \cdot 0 = (-a)b$$
$$n = 2 \text{ 일 때}, \quad h[2] = -ah[1] + b\delta[2] = (-a) \cdot (-a)b + b \cdot 0 = (-a)^2 b$$
$$\vdots$$
$$n = k \text{ 일 때}, \quad h[k] = -ah[k-1] + b\delta[k] = (-a) \cdot (-a)^{k-1}b + b \cdot 0 = (-a)^k b$$
$$\vdots$$

이다. 따라서 임펄스 응답은 다음과 같이 된다.

$$h[n] = (-a)^n b, \quad n \geq 0$$

계산 과정을 다시 살펴보면, $\delta[n]$이 $n=0$인 경우에만 값을 가지므로 그 이후의 $h[n]$은 전적으로 이전의 출력 값에 의해 순환적으로 생성됨을 볼 수 있다. 이 시스템은 (a)의 시스템과는 달리 임펄스 응답이 무한한 개수의 샘플들로 이루어지므로 IIR 시스템이다.

예제 9-2 FIR 시스템과 IIR 시스템

다음의 임펄스 응답을 갖는 시스템이 FIR 시스템인지 아니면 IIR 시스템인지 판별하라.

(a) $h[n] = \text{rect}\left[\dfrac{n}{8}\right]$
(b) $h[n] = \text{sinc}\left[\dfrac{n}{3}\right]$

(c) $h[n] = (0.5)^n u[n]$
(d) $h[n] = (-n+5)(u[n] - u[n-5])$

풀이

(a) 사각 펄스 임펄스 응답의 길이는 유한하므로 이 시스템은 FIR 시스템이다.
(b) 싱크 함수 임펄스 응답은 길이가 무한하므로 이 시스템은 IIR 시스템이다.
(c) 지수 함수 임펄스 응답은 길이가 무한하므로 이 시스템은 IIR 시스템이다.
(d) 임펄스 응답의 길이가 $N=5$이므로 이 시스템은 FIR 시스템이다.

9.1.2 이산 LTI 시스템의 컨벌루션 표현

이산 LTI 시스템의 입출력 관계 : 컨벌루션 표현

이산 임펄스 $\delta[n]$의 단순함 덕택에 이산 시스템에 대한 컨벌루션 표현은 연속 시스템의 경우에 비해 쉽게 얻을 수 있다. 이때 유도 과정에서의 기본적인 틀은 연속 시스템과 같이 오직 시스템의 선형성과 시불변성만을 사용한다.

두 함수 $x[n]$, $h[n]$에 대한 다음과 같은 형태의 연산을 **컨벌루션 합**^{convolution summation}이라 하고, 기호 $*$ 를 사용하여 나타낸다.

$$y[n] = \sum_{k=-\infty}^{\infty} x[k]h[n-k] = x[n] * h[n] \tag{9.2}$$

LTI^{Linear Time-Invariant} 시스템의 컨벌루션 표현은 임펄스 응답 $h[n]$만 주어진다면 어떠한 임의의 입력 $x[n]$에 대해서도 시스템 응답을 구할 수 있음을, 그래서 임펄스 응답이 얼마나 중요한지를 보여준다.

- LTI 시스템의 입력에 대한 출력은 입력과 임펄스 응답의 컨벌루션으로 나타낼 수 있다.

$$y[n] = \sum_{k=-\infty}^{\infty} x[k]\,h[n-k] = x[n] * h[n] \tag{9.3}$$

- 인과 입력($x[k] = 0,\ k < 0$)에 대한 인과 시스템($h[n] = 0,\ n < 0$, 즉 $h[n-k] = 0,$ $k > n$)의 컨벌루션 표현은 아래와 같이 총합 구간이 조절된다.

$$y[n] = \sum_{k=0}^{n} x[k]\,h[n-k] \tag{9.4}$$

식 (9.3)의 출력 $y[n]$은 시스템 내부의 초기 상태와는 무관하게(즉 초기 상태가 0일 때) 순전히 외부에서 넣어준 입력만으로 만들어지는 시스템의 출력이므로 영상태 응답이다.

컨벌루션 표현의 유도

임의의 입력 신호 $x[n]$은 다음과 같이 시간 이동된 임펄스 신호들의 가중 합으로 나타낼 수 있다.

$$x[n] = \cdots + x[-1]\delta[n+1] + x[0]\delta[n] + \cdots + x[k]\delta[n-k] + \cdots$$
$$= \sum_{k=-\infty}^{\infty} x[k]\,\delta[n-k] \tag{9.5}$$

식 (9.5)의 입력 신호에 대한 선형 시불변 시스템 L의 출력 $y[n]$은 선형성에 의해

$$y[n] = L\left\{ \sum_{k=-\infty}^{\infty} x[k]\delta[n-k] \right\} = \sum_{k=-\infty}^{\infty} L\{x[k]\delta[n-k]\}$$
$$= \sum_{k=-\infty}^{\infty} x[k]\,L\{\delta[n-k]\} \tag{9.6}$$

가 되고, 이에 시불변성을 적용하면 다음과 같이 입출력 관계를 표현하는 수식이 얻어진다.

$$y[n] = \sum_{k=-\infty}^{\infty} x[k]\,h[n-k] \tag{9.7}$$

이러한 컨벌루션 표현의 유도 원리를 다음 예제를 통해 확인해보자.

[그림 9-3]은 이산 LTI 시스템의 임펄스 응답 $h[n]$과 입력 신호 $x[n]$을 나타낸 것이다. 이 입력에 대한 시스템의 출력을 구하라.

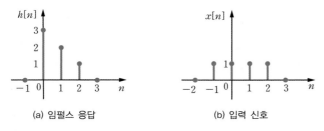

(a) 임펄스 응답   (b) 입력 신호

[그림 9-3] [예제 9-3]의 임펄스 응답과 입력 신호

풀이

$x[n]$은 식 (9.5)에 의해 다음과 같이 임펄스 성분들의 합으로 나타낼 수 있다.

$$x[n] = 1 \cdot \delta[n+1] + 1 \cdot \delta[n] + 1 \cdot \delta[n-1] + 1 \cdot \delta[n-2]$$

$$= \sum_{k=-1}^{2} x[k]\delta[n-k]$$

[그림 9-4(a)]는 이러한 $x[n]$의 분해 결과를 나타낸 것이다. 선형성(중첩의 원리)을 적용하여 각 임펄스 성분 $x[k]\delta[n-k]$에 대한 시스템 응답을 모두 더하면 시스템의 출력을 얻게된다. 이때 시불변성에 의해 $x[k]\delta[n-k]$에 대한 시스템 응답은 [그림 9-4(b)]에 나타낸 것처럼 $x[k]h[n-k]$가 되고, 이들을 모두 더하면 $y[n]$이 된다.

$$y[n] = 1 \cdot h[n+1] + 1 \cdot h[n] + 1 \cdot h[n-1] + 1 \cdot h[n-2]$$

$$= \sum_{k=-1}^{2} x[k]h[n-k]$$

(9.8)

결국 선형성과 시불변성에 의해 시스템의 출력이 식 (9.8)과 같이 컨벌루션 관계로 표현된 것을 알 수 있다. [그림 9-4]의 계산 과정에서 주목할 점은, 계산이 특정한 n 값에 대해 진행되는 것이 아니라 k에 대해 -1, 0, 1, 2의 순서로 계산이 먼저 수행된 다음, 최종적으로 각 n 값에 대한 결과를 얻는다는 사실이다. 이와 같은 계산 방법은 컨벌루션 표현의 원리를 이해하기에는 매우 좋지만, 계산이 시간의 흐름을 따라 진행되지 않을 뿐만 아니라 $x[n]$의 길이가 긴 경우에는 비효율적이므로 바람직한 방법은 아니다. 따라서 연속 시스템의 경우와 마찬가지로 미끄럼 방식으로 계산을 하는 것이 일반적이며, 9.2절에서 여기에 대해 다룰 것이다.

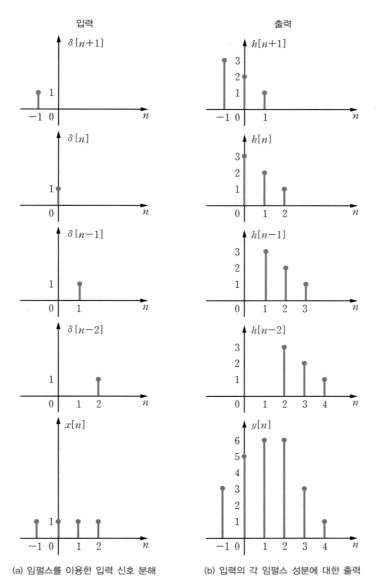

入力 / 출력

(a) 임펄스를 이용한 입력 신호 분해　　(b) 입력의 각 임펄스 성분에 대한 출력

[그림 9-4] 임펄스의 중첩에 의한 이산 시스템 출력 계산 : 컨벌루션

예제 9-4 컨벌루션 : 임펄스 응답을 이용한 계단 응답 구하기

임펄스 응답이 $h[n] = (0.5)^n u[n]$인 LTI 시스템의 계단 응답 $s[n]$을 구하라.

풀이

계단 입력 $x[n] = u[n]$과 임펄스 응답 $h[n] = (0.5)^n u[n]$의 컨벌루션을 계산하면, $h[n-k] = 0$, $k > n$이므로 다음과 같이 된다.

$$s[n] = \sum_{k=-\infty}^{\infty} u[k]h[n-k] = \sum_{k=0}^{n} h[n-k]$$

$$= \sum_{k=0}^{n} h[k] = \sum_{k=0}^{n} (0.5)^k = \frac{1-(0.5)^{n+1}}{1-0.5} = -(0.5)^n + 2$$

위 풀이 과정으로부터 얻은 다음의 관계는 인과 LTI 시스템의 임펄스 응답과 계단 응답의 관계를 나타낸다.

$$s[n] = \sum_{k=0}^{n} h[k] \tag{9.9}$$

9.1.3 임펄스 응답과 시스템의 특성

[그림 9-2]에서 보았듯이, 임펄스 응답으로부터 시스템의 특성을 알아낼 수 있는 것은 연속 시스템이나 이산 시스템이나 다르지 않다. 따라서 결과들만 간단히 살펴보기로 한다.

- 인과 시스템이 되려면 임펄스 응답이 다음을 만족해야 한다.

$$h[n] = 0, \ n < 0 \tag{9.10}$$

- 시스템이 BIBO 안정하려면 임펄스 응답이 **절대 총합 가능**absolutely summable해야 한다.

$$\sum_{k=-\infty}^{\infty} |h[k]| < \infty \tag{9.11}$$

- 임펄스 응답이 $h[n] = a\delta[n]$ 이면 순시적 시스템이고, $h[n] \neq a\delta[n]$ 이면 동적 시스템이다.

인과성

이산 LTI 시스템의 컨벌루션 표현식에서 다음과 같이 구간을 나누어보자.

$$y[n] = \sum_{k=-\infty}^{\infty} x[k]h[n-k] = \sum_{k=-\infty}^{n} x[k]h[n-k] + \sum_{k=n+1}^{\infty} x[k]h[n-k] \tag{9.12}$$

나누어진 첫 번째 구간의 총합에는 $x[n]$, $x[n-1]$, $x[n-2]$, ⋯ 이 사용되고, 두 번째 구간의 총합에는 $x[n+1]$, $x[n+2]$, ⋯ 이 사용된다. 시간 n 이후의 미래의 입력을 사용하고 있는 두 번째 구간의 총합이 0이 되어야 시스템이 인과적이다. 어떠한 임의의 입력 $x[n]$에 대해서도 이 조건이 만족되려면 $h[n-k]=0,\ k>n$, 다시 말해 $h[n]=0,\ n<0$이 성립하는 경우뿐이다.

안정도

입력이 유한하여 $|x[n]|\le M_x$를 만족할 때, 출력도 유한한지 알아보기 위해 컨벌루션으로 표현된 이산 LTI 시스템의 출력의 절댓값을 취해보자.

$$|y[n]|=\left|\sum_{k=-\infty}^{\infty} h[k]x[n-k]\right| \le \sum_{k=-\infty}^{\infty}|h[k]||x[n-k]| \le M_x\sum_{k=-\infty}^{\infty}|h[k]| \tag{9.13}$$

식 (9.13)에서 출력이 유한하기 위해서는 식 (9.11)을 만족해야 한다.

기억성

임펄스 응답이 임펄스($h[n]=a\delta[n]$)인 시스템의 입출력 관계는 컨벌루션 표현과 임펄스 함수의 체 거르기 성질을 이용하면 다음과 같이 된다.

$$y[n]=\sum_{k=-\infty}^{\infty} x[k]h[n-k]=\sum_{k=-\infty}^{\infty} x[k]a\delta[n-k]=a\,x[n] \tag{9.14}$$

즉 임펄스 응답이 임펄스이면 출력이 현재의 입력에만 연관되므로 순시적 시스템이 된다.

예제 9-5 임펄스 응답과 시스템의 인과성 및 안정도

다음의 임펄스 응답을 갖는 LTI 시스템의 인과성과 안정성을 판별하라.

(a) $h[n]=(0.5)^n\cos(2n)u[n]$

(b) $h[n]=(-1)^n u[n+1]$

(c) $h[n]=(2)^n u[1-n]$

풀이

(a) 인과성은 $h[n]=0,\ n<0$을 만족하는지 살펴보면 된다. $h[n]=(0.5)^n\cos(2n)u[n]$으로, $h[n]=0,\ n<0$이므로 인과 시스템이다. 그리고 안정도는 식 (9.11)의 조건을 만족하는지 살펴보면 되는데, 다음과 같이 안정도 조건을 만족하므로 안정한 시스템이다.

$$\sum_{n=-\infty}^{\infty}|h[n]|=\sum_{n=-\infty}^{\infty}\left|(0.5)^n\cos(2n)u[n]\right|$$

$$\le \sum_{n=0}^{\infty}\left|(0.5)^n\right||\cos(2n)| \le \sum_{n=0}^{\infty}(0.5)^n=\frac{1}{1-0.5}=2<\infty$$

(b) $h[-1] = -1$이므로 $h[n] = 0$, $n < 0$이 만족되지 않는다. 따라서 비인과 시스템이다. 그리고 다음과 같이 식 (9.11)의 안정도 조건도 만족하지 않으므로 불안정한 시스템이다.

$$\sum_{n=-\infty}^{\infty} |h[n]| = \sum_{n=-\infty}^{\infty} |(-1)^n u[n+1]| = \sum_{n=-1}^{\infty} 1 = \infty$$

(c) 주어진 시스템은 $h[n] = (2)^n u[1-n]$으로 $h[n] \neq 0$, $n < 0$이다. 따라서 비인과 시스템이다. 그리고 다음과 같이 식 (9.11)의 안정도 조건을 만족하므로 안정한 시스템이다.

$$\sum_{n=-\infty}^{\infty} |h[n]| = \sum_{n=-\infty}^{\infty} |(2)^n u[1-n]| = \sum_{n=-\infty}^{1} 2^n = \sum_{n=-1}^{\infty} 2^{-n} = \frac{2}{1-0.5} = 4 < \infty$$

예제 9-6 누산기의 인과성, 기억성, 안정도 판별

다음과 같은 누산기의 인과성, 기억성, 안정도를 판별하라.

$$y[n] = \sum_{k=-\infty}^{n} x[k]$$

풀이

시스템의 출력을 입력과 임펄스 응답의 컨벌루션으로 나타내면 다음과 같다.

$$y[n] = \sum_{k=-\infty}^{\infty} x[k]h[n-k]$$

두 식을 비교하면 다음의 관계를 얻을 수 있다.

$$h[n-k] = \begin{cases} 1, & k \leq n \\ 0, & k > n \end{cases}$$

따라서 누산기의 임펄스 응답은 다음과 같이 계단 신호가 된다.

$$h[n] = \begin{cases} 1, & n \geq 0 \\ 0, & n < 0 \end{cases}$$

임펄스 응답이 식 (9.10)의 관계를 만족하므로 인과 시스템이며, 또한 $h[n] \neq a\delta[n]$이므로 기억을 가지는 동적 시스템이다. 한편 $h[n]$의 절대 총합은 다음과 같이 되므로,

$$\sum_{k=-\infty}^{\infty} |h[k]| = \sum_{k=0}^{\infty} 1 = \infty$$

식 (9.11)의 조건을 만족하지 않는다. 그러므로 누산기는 BIBO 불안정이다.

컨벌루션 합의 계산과 성질

컨벌루션 합도 컨벌루션 적분과 이름이 같은 만큼 계산의 기본 구조나 성질은 동일하다. 다만 총합과 적분이라는 수학 연산의 차이에 의해 수식 표현들이 조금 달라질 뿐이다. 그러므로 이 절에서도 간략하게 결과를 위주로 이들에 대해 살펴보기로 한다.

학습포인트

- 컨벌루션 계산에서 시간축의 변환 관계를 이해한다.
- 컨벌루션의 미끄럼 방식 계산 알고리즘을 잘 익혀둔다.
- 컨벌루션 합의 주요 성질과 의미를 알아본다.
- 컨벌루션 계산에서 컨벌루션 성질의 활용을 잘 익혀둔다.

9.2.1 컨벌루션 합의 계산

식 (9.2)의 컨벌루션 합의 계산에서, 계산이 진행되는 시간축과 결과를 표시하는 시간축이 다르다. 실제 계산은 시간 변수 k에 대해 이루어지고, 계산 결과만 시간 변수 n에 대해 표시된다. 식 (9.2)를 다시 쓰면 다음과 같다.

$$y[n] = \sum_{k=-\infty}^{\infty} x[k]\,h[n-k] = \sum_{k=-\infty}^{\infty} x[k]\,h[-(k-n)] \qquad (9.15)$$

식 (9.15)는 일단 시간축을 k로 바꾸고, 두 신호 중의 하나인 $h[k]$를 시간축에 대해 뒤집은 후($h[-k]$), 값을 계산해야 할 특정한 시간 순간(n)만큼 이동시켜 ($h[-(k-n)] = h[n-k]$), 고정된 신호 $x[k]$와 곱한 결과($x[k]h[n-k]$)의 샘플 값들을 모두 더함으로써 비로소 하나의 특정 시간 n에서의 신호 값 $y[n]$이 구해짐을 말해준다. 그러므로 $y[n]$의 전체 신호를 얻으려면, n을 $-\infty$에서 ∞까지 변화시키며 식 (9.15)의 계산을 수없이 반복해야만 한다. 그런데 이 동작은 결국 시간 반전한 신호 $h[-k]$를 시간축을 따라 왼쪽에서 오른쪽으로 한 시간 스텝씩 미끄러뜨리면서 각 순간마다 식 (9.15)를 계산하는 것과 같으므로 **미끄럼 방식**^{sliding method}이라고 한다.

- 1단계 : 두 신호의 시간축을 변환한다($n \rightarrow k$).
- 2단계 : 신호 하나($x[k]$)를 고정시키고 다른 하나($h[k]$)를 시간 반전한다($h[-k]$).
- 3단계 : 시간 반전된 $h[-k]$를 k축에서 n_0만큼 이동시켜 $h[n_0-k]$를 구한다.
- 4단계 : $h[n_0-k]$와 $x[k]$를 곱하여 얻은 결과의 샘플 값들을 모두 더해 $n=n_0$ 순간의 컨벌루션 값 $y[n_0]$을 얻는다.
- 5단계 : $-\infty$에서 $+\infty$까지 모든 n에 대해 이를 반복하여 얻은 결과를 시간축 n에 대해 그려 최종 컨벌루션 결과($y[n]$)를 얻는다.

아래 [예제 9-7]과 같이 간단한 유한 구간 신호들의 컨벌루션일 경우에는 풀이에서 보듯이 $h[n-k]$를 $x[k]$와 더 이상 겹쳐지지 않을 때까지 한 스텝씩 미끄러뜨리면서 계산하면 된다. 그리고 [예제 9-9]와 같이 수식만으로 컨벌루션 계산을 수행해야 할 경우에는 컨벌루션 적분의 경우와 마찬가지로 시간 반전된 $h[n-k]$가 $x[k]$에 겹쳐지는 양상에 따라 다음과 같이 네 개의 구간으로 나누어 계산하면 편리하다.

❶ 두 신호가 전혀 겹치지 않는 구간
❷ 두 신호가 부분적으로 겹치면서 겹치는 부분이 증가하는 구간
❸ 두 신호가 완전히 겹치는 구간
❹ 두 신호가 부분적으로 겹치면서 겹치는 부분이 감소하는 구간

예제 9-7 미끄럼 방식에 의한 컨벌루션 계산   관련 예제 | [예제 9-3]

[예제 9-3]에 대해 미끄럼 방식으로 컨벌루션 계산을 수행하라.

풀이

우선 [그림 9-5(a)]처럼 시간축을 k로 바꾸고 $h[k]$를 뒤집어 $h[-k]$를 구한다. $h[-k]$를 n만큼 시간 이동시킬 때 $x[k]$와 $h[-k]$가 전혀 겹치지 않는 구간은 $n<-1$과 $n>4$이고, 이 때 출력은 $y[n]=0$이다. [그림 9-5(c)]와 같이 $n=-1$에서부터 시작하여 $n=4$까지 $h[-k]$를 한 칸씩 오른쪽으로 이동시킬 때마다 매번 두 신호를 곱한 결과를 모두 더하면 그 n 값 순간의 컨벌루션 값이 된다. 그러므로 이를 시간축을 n으로 하여 모두 나타내면 $y[n]=x[n]*h[n]$을 구할 수 있다.

이 결과는 다음과 같이 식 (9.8)에 n을 1씩 증가시키며 대입하여 계산한 것과 일치한다.

$$n=-1 \quad : \quad y[-1]=x[-1]h[0]+x[0]h[-1]+x[1]h[-2]+x[2]h[-3]$$
$$n=0 \quad : \quad y[0]=x[-1]h[1]+x[0]h[0]+x[1]h[-1]+x[2]h[-2]$$

$$n=1 \quad : \quad y[1] = x[-1]h[2] + x[0]h[1] + x[1]h[0] + x[2]h[-1]$$

$$n=2 \quad : \quad y[2] = x[-1]h[3] + x[0]h[2] + x[1]h[1] + x[2]h[0]$$

$$n=3 \quad : \quad y[3] = x[-1]h[4] + x[0]h[3] + x[1]h[2] + x[2]h[1]$$

$$n=4 \quad : \quad y[4] = x[-1]h[5] + x[0]h[4] + x[1]h[3] + x[2]h[2]$$

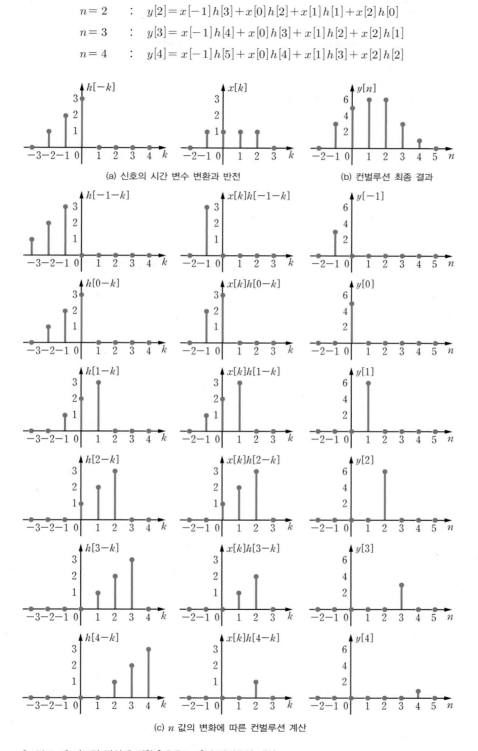

(a) 신호의 시간 변수 변환과 반전

(b) 컨벌루션 최종 결과

(c) n 값의 변화에 따른 컨벌루션 계산

[그림 9-5] 미끄럼 방식에 의한 [예제 9-3]의 컨벌루션 계산

[그림 9-5]의 계산 방식은 보기에는 복잡한 것 같아도 시간 흐름(n의 증가)을 따라 순차적으로 계산이 진행되므로 [그림 9-4]의 계산 방식보다 편리하고 실용적이다. 그런데 그림을 그려 계산을 하는 것은 매우 번거로우므로, 길이가 짧은 이산 신호의 경우 실제 계산은 [표 9-1]에 나타낸 것처럼 그림의 계산 과정을 간편화하여 표로 작성하는 것이 편리하다.

[표 9-1] [예제 9-7]의 미끄럼 방식 컨벌루션 계산표

n \ k		-3	-2	-1	0	1	2	3	4	
$x[k]$				1	1	1	1			$y[n]$
$h[n-k]$	-1	1	2	3						3
	0		1	2	3					5
	1			1	2	3				6
	2				1	2	3			6
	3					1	2	3		3
	4						1	2	3	1

표를 작성할 때, $x[k]$와 $h[n-k]$가 겹치기 시작할 때부터 겹치기가 끝날 때까지의 n과 k의 값을 표의 첫째 열과 첫째 행에 기록한다. 그리고 다음 행에 고정 신호 $x[k]$의 값을 해당되는 k 값 아래 적는다. 그런 다음, 겹치기가 가장 먼저 발생하는 $h[n-k]$의 값을 해당되는 n 값의 행에 기록한 뒤, 한 칸씩 오른쪽으로 미끄러뜨리면서 나머지 행들을 채운다. $h[n-k]$의 각 행을 $x[k]$행에 열 별로 곱하여 이를 다 더한 값을 $y[n]$의 해당 칸에 채우면 표가 완성된다. [표 9-1]에서 $k = -3, -2$ 의 두 열과 $k = 3, 4$의 두 열은 $x[k]$와 $h[n-k]$의 겹침이 생기지 않아 필요 없지만, $h[n-k]$의 미끄럼 동작을 보여주기 위해 나타낸 것이다.

[표 9-1]에서 $n = [-1, 0]$은 두 신호가 부분적으로 겹치면서 겹치는 부분이 증가하는 구간, $n = [1, 2]$는 두 신호가 완전히 겹치는 구간, $n = [3, 4]$는 두 신호가 부분적으로 겹치면서 겹치는 부분이 감소하는 구간임을 알 수 있다.

예제 **9-8** 미끄럼 방식에 의한 컨벌루션 계산 : 구간의 구분

[그림 9-6(a)]의 $h[n]$과 [그림 9-6(b)]의 $x[n]$의 컨벌루션을 구하라.

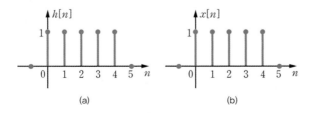

(a)   (b)

[그림 9-6] [예제 9-8]의 컨벌루션할 신호

풀이

$x[n]$과 $h[n]$은 같은 신호이다. 시간축을 n에서 k로 바꾸고 $h[k]$를 뒤집은 뒤 이동시키면, $n < 0$ 또는 $n > 8$ 구간에서는 $x[k]$와 $h[n-k]$가 겹치지 않으므로 컨벌루션 값이 0이 된다. 따라서 [그림 9-7]과 같이 구간 $0 \leq n \leq 8$에 대해서만 계산을 진행하면 된다. $n = 0$일 때는 하나의 샘플만 겹치므로 컨벌루션 값은 1이고, $h[n-k]$를 오른쪽으로 미끄러뜨리면 겹치는 샘플의 개수가 하나씩 늘어나서 컨벌루션 값은 1씩 증가하게 된다([그림 9-7(a)]). $n = 4$가 되면 $h[n-k]$는 $x[k]$와 완전히 겹쳐져서 컨벌루션의 값이 최대가 된다([그림 9-7(b)]). 계속해서 $h[n-k]$를 미끄러뜨리면 겹쳐지는 부분이 하나씩 줄어들게 되어 컨벌루션 값도 1씩 감소한다([그림 9-7(c)]). $n = 9$가 되면 더 이상 겹치는 샘플이 존재하지 않으므로 컨벌루션의 계산도 끝난다.

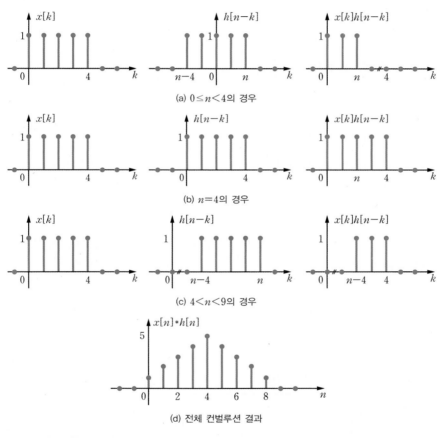

(a) $0 \leq n < 4$의 경우

(b) $n = 4$의 경우

(c) $4 < n < 9$의 경우

(d) 전체 컨벌루션 결과

[그림 9-7] [예제 9-8]의 컨벌루션 계산의 구간 분할과 결과

입력이 [그림 9-8(a)]의 $x[n]$일 때 출력이 [그림 9-8(b)]의 $y[n]$인 LTI 시스템의 임펄스 응답 $h[n]$을 구하고, 이를 이용하여 입력이 [그림 9-8(c)]의 $v[n]$일 때 출력 $z[n]$을 구하라.

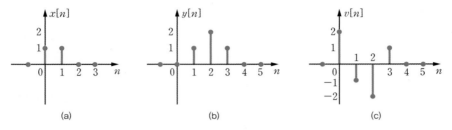

[그림 9-8] [예제 9-9]의 신호들

풀이

$x[n]$을 임펄스 성분으로 분해하면 $x[n] = \delta[n] + \delta[n-1]$이므로 $y[n] = h[n] + h[n-1]$이 된다. 여기에 n을 1씩 증가시켜가며 대입하면 다음과 같이 임펄스 응답 $h[n]$을 얻을 수 있는데, 이를 [그림 9-9(a)]에 나타내었다.

$$n = 0 \; : \; y[0] = h[0] = 0 \qquad \therefore \; h[0] = 0$$
$$n = 1 \; : \; y[1] = h[1] + h[0] = 1 \qquad \therefore \; h[1] = 1$$
$$n = 2 \; : \; y[2] = h[2] + h[1] = 2 \qquad \therefore \; h[2] = 1$$
$$n = 3 \; : \; y[3] = h[3] + h[2] = 1 \qquad \therefore \; h[3] = 0$$

이제 임펄스 응답 $h[n]$을 알고 있으므로 입력 $v[n]$에 대한 시스템 출력 $z[n]$을 컨벌루션을 이용하여 다음과 같이 계산할 수 있다.

$$z[n] = v[n] * h[n] = \sum_{k=0}^{3} v[k]\, h[n-k]$$

이의 미끄럼 방식 계산표는 [표 9-2]와 같고 구해진 출력 $z[n]$은 [그림 9-9(b)]와 같다.

[표 9-2] [예제 9-9]의 미끄럼 방식 컨벌루션 계산표

	n $\diagdown$ k	0	1	2	3	
$v[k]$		2	-1	-2	1	$z[n]$
$h[n-k]$	1	1				2
	2	1	1			1
	3		1	1		-3
	4			1	1	-1
	5				1	1

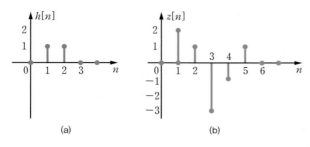

[그림 9-9] [예제 9-9]의 임펄스 응답과 출력

예제 9-10 미끄럼 방식에 의한 컨벌루션 계산

임펄스 응답이 $h[n] = 4(0.5)^n(u[n] - u[n-4])$인 이산 LTI 시스템의 계단 응답을 컨벌루션 $y[n] = x[n] * h[n]$으로 구하고, 그 결과를 그려라.

풀이

$h[n] = [4, \ 2, \ 1, \ 0.5]$는 길이가 유한하지만 입력 $x[n] = u[n]$이 길이가 무한한 우편향 신호이므로 [예제 9-7]처럼 그림이나 표를 이용하여 컨벌루션을 계산하기는 힘들다. 그러므로 다음과 같이 세 구간으로 나누어 $y[n] = x[n] * h[n]$을 계산하는 것이 좋다.

❶ 두 신호가 전혀 겹치지 않는 구간 : $n < 0$

$$y[n] = 0$$

❷ 두 신호가 부분적으로 겹치면서 겹치는 부분이 증가하는 구간 : $0 \leq n < 3$

$$y[n] = \sum_{k=0}^{n} h[k]x[n-k]$$

$$y[0] = h[0]x[0] = 4$$

$$y[1] = h[0]x[1] + h[1]x[0] = 6$$

$$y[2] = h[0]x[2] + h[1]x[1] + h[2]x[0] = 7$$

❸ 두 신호가 완전히 겹치는 구간 : $n \geq 3$

이 구간에서는 $x[n-k]$의 값이 항상 1이므로 임펄스 응답의 샘플 값들을 다 더한 값으로 컨벌루션 계산값이 고정된다.

$$y[n] = \sum_{k=0}^{n} h[k]x[n-k]$$

$$y[n] = h[0]x[n] + h[1]x[n-1] + h[2]x[n-2] + h[3]x[n-3] = 7.5$$

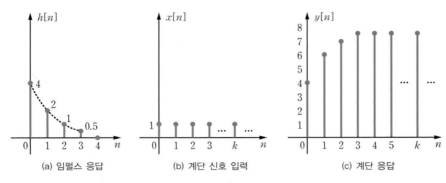

[그림 9-10] [예제 9-10]의 신호들

9.2.2 컨벌루션 합의 성질

컨벌루션 합은 4.3.2절에서 살펴본 컨벌루션 적분의 성질들을 똑같이 만족한다. 또한 그 성질들이 시스템과 관련하여 물리적으로 갖는 의미도 변함이 없다. 그러므로 이 절에서 다시 반복하여 설명하지 않고 결과만 [표 9-3]에 정리하였다.

[표 9-3] 컨벌루션 합의 성질

성질	표현식	
교환법칙	$x[n] * h[n] = h[n] * x[n]$	(9.16)
결합법칙	$(x[n] * h_1[n]) * h_2[n] = x[n] * (h_1[n] * h_2[n])$	(9.17)
배분법칙	$x[n] * (h_1[n] + h_2[n]) = x[n] * h_1[n] + x[n] * h_2[n]$	(9.18)
이동 성질	$y[n - n_0] = x[n - n_0] * h[n]$	(9.19)
임펄스와의 컨벌루션	$x[n] * \delta[n - n_0] = x[n - n_0]$	(9.20)
컨벌루션의 길이와 끝	$x[n] = 0, \ n < n_1 \ \& \ n > n_2, \quad h[n] = 0, \ n < n_3 \ \& \ n > n_4$ $\rightarrow \ y[n] = x[n] * h[n] = 0, \ n < n_1 + n_3 \ \& \ n > n_2 + n_4$	

한 가지 주의할 점은, 이산 신호의 길이는 존재 구간에서의 샘플 수로 정의되므로 **컨벌루션 결과 신호의 길이는 컨벌루션되는 두 신호의 길이를 더한 것에서 1을 빼야한다**는 것이다. 다시 말해 길이 N_x인 $x[n]$과 길이 N_h인 $h[n]$의 컨벌루션 $y[n] = x[n] * h[n]$의 길이는 $N_y = N_x + N_y - 1$이 된다. [예제 9-7]에서 $x[n]$은 $-1 \le n \le 2$, $h[n]$은 $0 \le n \le 2$에서 값을 갖고, 길이가 각각 $N_x = 4$, $N_h = 3$이다. 그리고 두 신호의 컨벌루션 $y[n] = x[n] * h[n]$은 $-1 \le n \le 4$에서 값을 갖고, 길이가 $N_y = N_x + N_h - 1 = 6$이 됨을 [그림 9-5]로부터 확인할 수 있다.

[그림 9-11]의 시스템의 임펄스 응답을 구하라. 각 부시스템의 임펄스 응답은 다음과 같다.

$$h_1[n] = \delta[n] - \delta[n-1] \qquad h_2[n] = 3\delta[n] \qquad h_3[n] = \delta[n-1]$$

$$h_4[n] = \left(\frac{1}{2}\right)^n u[n] \qquad h_5[n] = 2\delta[n-1] - \delta[n-2] \qquad h_6[n] = \delta[n] + u[n]$$

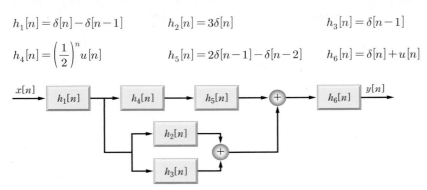

[그림 9-11] [예제 9-11]의 상호 연결된 시스템

풀이

종속연결이면 각 시스템의 임펄스 응답의 컨벌루션, 병렬연결이면 각 시스템 임펄스 응답의 합으로 임펄스 응답이 구해지므로, 전체 시스템의 임펄스 응답은 다음과 같다.

$$h[n] = h_1[n] * \{(h_2[n] + h_3[n]) + h_4[n] * h_5[n])\} * h_6[n]$$

우선 $h_2[n] + h_3[n]$을 계산하면 $h_2[n] + h_3[n] = 3\delta[n] + \delta[n-1]$이고, $h_4[n] * h_5[n]$을 계산하면

$$h_4[n] * h_5[n] = \left(\frac{1}{2}\right)^n u[n] * (2\delta[n-1] - \delta[n-2])$$

$$= 2\left(\frac{1}{2}\right)^{n-1} u[n-1] - \left(\frac{1}{2}\right)^{n-2} u[n-2] = 2\delta[n-1]$$

이다. 따라서 $h_6[n]$을 제외한 나머지 부분의 임펄스 응답은 다음과 같이 계산된다.

$$h_1[n] * \{(h_2[n] + h_3[n]) + h_4[n] * h_5[n]\}$$

$$= (3\delta[n] + 3\delta[n-1]) - (3\delta[n-1] + 3\delta[n-2]) = 3\delta[n] - 3\delta[n-2]$$

마지막으로 위의 결과와 $h_6[n]$을 컨벌루션하면 전체 시스템의 임펄스 응답이 구해진다.

$$h[n] = 3(\delta[n] - \delta[n-2]) * (\delta[n] + u[n])$$

$$= 3(\delta[n] - \delta[n-2]) + 3(u[n] - u[n-2])$$

$$= 6\delta[n] + 3\delta[n-1] - 3\delta[n-2]$$

차분방정식과 이산 시스템 해석

이산 LTI 시스템에서는 차분방정식이 연속 시스템에서의 미분방정식과 같은 역할을 한다. 차분방정식을 이용한 이산 시스템의 시간 영역 해석은 미분방정식을 이용한 연속 시스템의 시간 영역 해석과 거의 같은 구조와 논리를 지닌다. 따라서 이 절에서는 둘을 대비해가며 결과 위주로 차분방정식의 해법과 시스템 해석에 대해 간단히 살펴보기로 한다.

학습포인트

- LTI 시스템을 표현하는 차분방정식에 대해 알아보고, 이를 이용한 LTI 시스템의 구현도를 익힌다.
- 반복 대입법에 의한 차분방정식의 풀이를 알아본다.
- 차분방정식의 고전적 해법에 대해 살펴본다.
- 특성방정식과 특성근, 시스템 모드의 정의와 개념을 이해한다.
- 동차해와 특이해를 구하는 방법을 잘 익혀둔다.
- 차분방정식의 풀이에 있어서 초기 조건의 중요성을 이해한다.
- 차분방정식으로부터 임펄스 응답을 구하는 방법을 알아본다.
- 시스템 모드(특성근)와 관련된 안정도의 조건을 알아본다.

9.3.1 차분방정식에 의한 LTI 시스템의 표현

이산 신호는 인구 조사, 적립금 문제, 기상 예측 등과 같이 본질적으로 이산 시간 상황에서 자연 발생하거나 연속 신호의 샘플링 결과로부터 발생하기도 한다. 이산 신호를 처리하는 이산 LTI 시스템은 상수 계수 선형 차분방정식으로 표현된다.

- LTI 시스템은 상수 계수를 갖는 차분방정식으로 표현된다.

$$y[n] + a_1 y[n-1] + \cdots + a_p y[n-p] = b_0 x[n] + \cdots + b_q x[n-q] \qquad (9.21)$$

- 차분방정식의 해에는 입력에 대한 응답과 함께 시스템 내부 상태를 나타내는 초기 조건에 대한 응답도 포함된다.

식 (9.21)은 시스템의 출력이 현재 및 과거의 입력 값뿐만 아니라 과거의 출력 값에도 관련이 있음을 보여준다. 또한 [예제 9-1(b)]에서도 보았듯이 식 (9.21)의 차분방정식을 풀기 위해서는 p개의 초기 조건 $y[-1]$, $y[-2]$, $\cdots$, $y[-p]$가 필요하다. 그러므로 입력에 의한 응답뿐만 아니라 초기 조건에 의한 응답도 해에 포함될 것이다.

식 (9.21)의 차분방정식을 좌변에 $y[n]$만 남기고 다시 쓰면 다음과 같다.

$$y[n] = (-a_1 y[n-1] - \cdots - a_p y[n-p]) + (b_0 x[n] + \cdots + b_q x[n-q]) \qquad (9.22)$$

식 (9.22)는 이산 LTI 시스템의 출력이 현재와 과거의 입력 값들의 가중 합, 즉 입력 신호의 **이동 평균(MA)**^{Moving Average} 항과 과거 출력 값들의 가중 합, 즉 출력 신호의 **자기 회귀(AR)**^{Auto-Regressive} 항들로 구성됨을 보여준다.

예제 9-12 IIR 시스템의 차분방정식 표현

임펄스 응답이 $h[n] = a^n u[n]$인 이산 인과 LTI 시스템의 차분방정식 표현을 구하라.

풀이

임펄스 응답의 길이가 무한하므로 IIR 시스템이다. 입출력 관계를 컨벌루션으로 나타내면

$$y[n] = \sum_{k=0}^{\infty} h[k]x[n-k] = \sum_{k=0}^{\infty} a^k x[n-k] \qquad \cdots \text{❶}$$

$$= x[n] + a x[n-1] + a^2 x[n-2] + \cdots + a^k x[n-k] + \cdots$$

로 항이 무한개인 MA 모델이 된다. 식 ❶을 $y[n-1]$에 대해 다시 쓰면

$$y[n-1] = \sum_{k=0}^{\infty} a^k x[n-1-k] \qquad \cdots \text{❷}$$

$$= x[n-1] + a x[n-2] + \cdots + a^{k-1} x[n-k] + \cdots$$

가 된다. 식 ❶에서 식 ❷에 a를 곱하여 빼면 다음의 차분방정식을 얻게 된다.

$$y[n] - a y[n-1] = x[n] \qquad \cdots \text{❸}$$

식 ❶은 물리적으로 구현이 불가능하지만, 식 ❸은 시간 지연 소자, 곱셈기, 덧셈기가 각각 하나씩만 있으면 되므로 시스템을 간단하게 구현할 수 있다.

위의 예제에서 보았듯이 FIR 시스템은 기본적으로 유한개의 이동 평균(MA) 항들로만 이루어진 차분방정식으로 나타낼 수 있으나, IIR 시스템은 반드시 자기 회귀(AR)를 포함한 차분방정식으로 표현되어야 한다.

9.3.2 이산 시스템의 표준형 구현도

식 (9.21)의 차분방정식을 보면, **입출력 변수에 대한 시간 지연기, 상수 계수를 곱하는 곱셈기, 그리고 방정식의 각 항들을 더하는 덧셈기로 이산 시스템을 구현할 수 있음을** 알 수 있다. 시간 지연기는 입력 신호를 한 시간 단위(스텝)만큼 지연시키는 요소로서, z^{-1}으로 시간 지연 동작을 표시한다. [그림 9-12]는 이들 기본 구성 요소들을 나타낸 것이다.

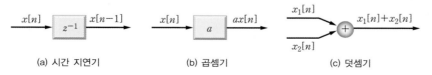

(a) 시간 지연기   (b) 곱셈기   (c) 덧셈기

[그림 9-12] **이산 시스템의 기본 구성 요소**

이산 시스템의 구현도는 기본적으로 필요한 만큼의 시간 지연기들을 일렬로 연결하고, 각 지연기의 출력단마다 탭을 내어 곱셈기를 달아 계수를 곱하여 더하는 **탭부 지연기 열**tapped delay line 구조를 이룬다. 연속 시스템의 경우와 마찬가지로 별도의 중간 과정을 거칠 필요 없이 차분방정식으로부터 직접 기계적으로 그릴 수 있는 표준적인 시스템 구현도를 **표준형**canonical form 또는 **직접형**direct form이라고 하는데, 이산 시스템에는 기본적으로 3개의 표준형이 있다.

> **이산 LTI 시스템의 직접형(표준형) 구현도**
> - **제1직접형**은 차분방정식 표현대로 출력항과 입력항으로 분리하고 각각 별도의 시간 지연기 열을 사용하여 나타낸 [그림 9-13(a)]의 구현도이다.
> - **제2직접형**은 차분방정식을 출력항과 입력항의 두 개의 식으로 분리하여 구현한 뒤 시간 지연기를 공통으로 묶은 [그림 9-13(b)]와 같은 구현도이다.
> - **전치 제2직접형**은 차분방정식에서 같은 시간 지연을 갖는 항들끼리 묶어서 하나의 시간 지연기 열을 사용한 [그림 9-13(c)]와 같은 구현도이다.
> - 제2직접형과 전치 제2직접형 구현도는 서로 **전치**transpose **관계**이다.

입력과 출력에 대해 시간 지연기 열을 공통으로 사용하는 제2직접형, 전치 제2직접형이 적분기 열을 공통으로 사용했던 연속 시스템의 제1표준형(직접형)과 제2표준형(직접형)에 상응하는 구조이다.

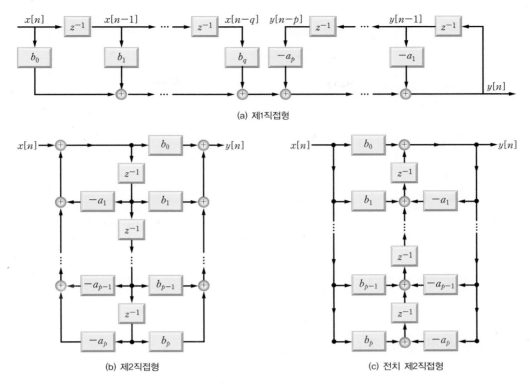

(a) 제1직접형

(b) 제2직접형　　　　　　　(c) 전치 제2직접형

[그림 9-13] 이산 시스템의 직접형(표준형) 구현도

[그림 9-13(b)]에서 입력과 출력을 바꾸고 이에 맞춰 신호의 흐름, 즉 화살표의 방향을 반대로 하면 [그림 9-13(c)]가 얻어짐을 알 수 있다(물론 신호 흐름이 반대로 바뀌므로 덧셈기 위치는 달라진다). 이러한 두 구현도의 관계를 **전치 관계**라고 한다.

예제 **9-13**　이산 시스템의 구현도

다음 차분방정식으로 표현되는 이산 시스템의 구현도를 그려라.

$$y[n] + 2y[n-1] + 0.96y[n-2] = 2x[n-1] + 3x[n-3]$$

풀이

차분방정식으로부터 직접 제1직접형, 제2직접형, 전치 제2직접형 구현도를 그리면 [그림 9-14]와 같다.

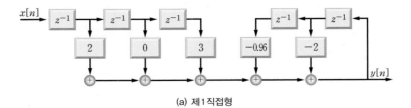

(a) 제1직접형

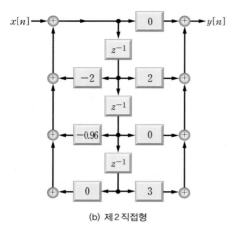

(b) 제2직접형

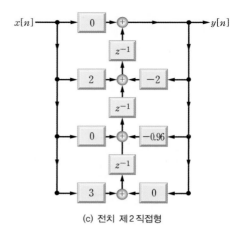

(c) 전치 제2직접형

[그림 9-14] [예제 9-13]의 이산 시스템의 직접형 구현도

9.3.3 차분방정식의 풀이 : 반복 대입법

차분방정식의 해석적인 풀이는 미분방정식과 다를 바 없지만, 복잡한 풀이 과정을 거치지 않고도 간단하게 해를 구할 수 있다.

> **반복 대입법**repetitive substitution**에 의한 차분방정식의 풀이**
>
> • 1단계 : 차분방정식의 좌변에 $y[n]$만 남기고 우변으로 넘겨 정리한다.
>
> $$y[n] = -a_1 y[n-1] - \cdots - a_p y[n-p] + b_0 x[n] + \cdots + b_q x[n-q] \quad (9.23)$$
>
> • 2단계 : 시작 시점 $n = i$에서 주어진 초기 조건 $y[i-1]$, $\cdots$, $y[i-k]$와 이미 알고 있는 입력 값들을 대입하여 $y[i]$를 계산한다.
>
> • 3단계 : 차분방정식에서 n을 1 증가시켜 직전에 구한 $y[i]$와 이미 알고 있는 과거 출력 및 입력 값들을 대입하여 $y[i+1]$을 계산한다.
>
> • 4단계 : 3단계의 과정을 반복한다.

반복적으로 직전 단계의 결과를 대입하여 순차적으로 차분방정식의 해를 구하는 반복 대입법은 계산하기에 쉬울 뿐만 아니라 컴퓨터에 의한 수치적 계산에도 매우 적합하다. 그러나 반복 대입법은 기본적으로 닫힌 꼴closed form의 해를 제공하지 않기 때문에 초기의 몇몇 값 또는 경향을 파악하거나 간단한 응용에는 쓸모가 있지만 시스템의 해석과 설계에 보편적으로 활용되기에는 한계가 있다.

은행에 계좌를 개설하여 월 이율 r로 매월 초에 정기적으로 예금을 하면 통장에 이자를 포함한 계좌의 총 잔고가 바로 표시된다고 한다. 매월 초에 예금한 직후의 계좌 잔고를 나타내는 차분방정식을 구하라. 그리고 매월 예금액이 10만원이고 월이율이 1%인 경우에 대해 구해진 차분방정식을 이용하여 처음 몇 개월의 계좌 잔고를 계산하라.

풀이

n번째 월 초에 불입하는 예금액을 $x[n]$, 이 예금액이 입금된 직후에 계산된 총 잔고를 $y[n]$이라 하면, 총 잔고는 직전 월의 총 잔고 $y[n-1]$과 이에 대한 한 달 동안의 이자 수입 $ry[n-1]$, 그리고 n번째 월에 입금한 예금액의 합이 되므로 다음과 같이 된다.

$$y[n] = y[n-1] + ry[n-1] + x[n] = (1+r)y[n-1] + x[n] \qquad \cdots \ ❶$$

매월 예금액이 10만원이고 월이율이 1%이면 $x[n] = 10(만원)(n \geq 0)$이고 $r = 0.01$에 해당된다. 계좌를 개설하기 이전에는 잔액이 없으므로 $y[-1] = 0$이고, 따라서 첫 예금이 이루어진 직후의 잔액은 위의 차분방정식에 $n = 0$으로 두어 구하면 된다.

$$n = 0 일 \ 때, \ y[0] = 1.01y[-1] + x[0] = 1.01(0) + 10 = 10$$

그 다음 달부터의 총 잔액은 n을 1씩 증가시켜가며 계산 결과를 반복적으로 대입하여 풀면 다음과 같이 된다.

$$n = 1 일 \ 때, \ y[1] = 1.01y[0] + x[1] = 1.01(10) + 10 = 20.1$$
$$n = 2 일 \ 때, \ y[2] = 1.01y[1] + x[2] = 1.01(20.1) + 10 = 30.301$$
$$n = 3 일 \ 때, \ y[3] = 1.01y[2] + x[3] = 1.01(30.301) + 10 = 40.604$$
$$\vdots$$

이 방법은 간단한 계산으로 쉽게 해를 구할 수 있다는 점은 좋지만, 초기의 몇몇 값이 아니라 5년 뒤 총 잔액 $y[60]$과 같이 한참 뒤의 값을 알고자 할 경우에는 $n = 60$이 될 때까지 계산 과정을 되풀이해야만 하는 불편한 점도 있다. 이럴 때 닫힌 꼴의 해를 안다면 $n = 60$을 대입하여 바로 계산할 수 있으므로 편리할 것이다.

1차 또는 2차 정도의 간단한 차분방정식이라면 반복적 대입법을 이용하여 닫힌 꼴의 해를 구할 수도 있다. 예금 잔고에 대한 차분방정식 식 ❶에서 n을 1씩 증가시키며 계산을 진행하되, 변수에 그 값을 바꾸어 넣지 않고 그대로 둔 채 다음 단계의 계산에 대입하는 과정을 반복하면 닫힌 꼴의 해를 얻을 수 있다. 즉 $n = 0$의 경우는 다음과 같고,

$$y[0] = 1.01y[-1] + x[0]$$

$n = 1$로 증가시킨 뒤 위의 결과를 다시 차분방정식에 대입하면 다음과 같다.

$$y[1] = 1.01y[0] + x[1] = 1.01(1.01y[-1] + x[0]) + x[1]$$

이를 계속 반복하면 다음과 같이 전개된다.

$$y[2] = 1.01y[1] + x[2] = 1.01(1.01^2 y[-1] + 1.01x[0] + x[0]) + x[2]$$

$$y[3] = 1.01y[2] + x[3] = 1.01(1.01^3 y[-1] + 1.01^2 x[0] + 1.01x[1] + x[2]) + x[3]$$

$$\vdots$$

$$y[n] = (1.01)^{n+1} y[-1] + (1.01)^n x[0] + (1.01)^{n-1} x[1] + \cdots + 1.01x[n-1] + x[n]$$

$$\vdots$$

이로부터 닫힌 꼴의 $y[n]$은 다음과 같이 얻어진다.

$$y[n] = (1.01)^{n+1} y[-1] + \sum_{i=0}^{n} (1.01)^i x[n-i]$$

위 식에 $n = 60$을 대입하면 간단하게 $y[60]$을 얻을 수 있다.

$$y[60] = (1.01)^{61} y[-1] + \sum_{i=0}^{60} (1.01)^i x[60-i]$$
$$= \sum_{i=0}^{60} (1.01)^i \cdot 10 = 10 \frac{(1.01)^{61} - 1}{1.01 - 1} = 10 \frac{0.835}{0.01} = 835$$

차분방정식의 차수가 높아지면 이런 식으로 닫힌 꼴의 해를 구하기가 매우 복잡하므로, 이런 경우에는 다음 절의 해석적인 방법을 이용한다.

예제 9-15 반복 대입법에 의한 차분방정식의 풀이 : IIR 시스템 　　관련 예제 | [예제 9-18]

다음 차분방정식과 같은 인과 LTI 시스템의 임펄스 응답을 반복 대입법으로 구하라.

$$y[n] - 4y[n-1] + 4y[n-2] = x[n]$$

풀이

임펄스 응답을 구하기 위해 $x[n] = \delta[n]$이라 두고, 차분방정식을 다시 정리하면 다음과 같다.

$$h[n] = 4h[n-1] - 4h[n-2] + \delta[n]$$

인과 시스템이므로 $h[-1] = h[-2] = 0$이고, $n = 0$부터 순차적으로 $h[n]$의 값을 구하면 다음과 같이 전개된다.

$$n = 0 \text{ 일 때, } \quad h[0] = 4h[-1] - 4h[-2] + \delta[0] = 1 = 1 \times 2^0$$
$$n = 1 \text{ 일 때, } \quad h[1] = 4h[0] - 4h[-1] + \delta[1] = 4 = 2 \times 2^1$$
$$n = 2 \text{ 일 때, } \quad h[2] = 4h[1] - 4h[0] + \delta[2] = 12 = 3 \times 2^2$$
$$n = 3 \text{ 일 때, } \quad h[3] = 4h[2] - 4h[1] + \delta[3] = 32 = 4 \times 2^3$$
$$n = 4 \text{ 일 때, } \quad h[4] = 4h[3] - 4h[2] + \delta[4] = 80 = 5 \times 2^4$$

$$\vdots$$

$$n = k \text{ 일 때, } h[k] = 4h[k-1] - 4h[k-2] + \delta[k] = (1+k) \times 2^k$$
$$\vdots$$

위 식으로부터 임펄스 응답의 수열 및 닫힌 꼴 표현은 다음과 같이 된다.

$$h[n] = [1, \ 4, \ 12, \ 32, \ 80, \ \cdots \ ]$$
$$\uparrow$$
$$h[n] = (1+n)2^n u[n]$$

이 경우는 비교적 쉽게 닫힌 꼴의 해를 구했지만 항상 그런 것은 아니다.

9.3.4 차분방정식의 풀이 : 고전적 해법

차분방정식의 고전적 해법은 미분방정식의 해법과 매우 유사하다. 그러므로 여기에서는 고전적 해법에 대한 중요한 결과들만 간단히 소개하기로 한다.

차분방정식의 고전적 해법의 기본 개념

- 차분방정식의 해(완전해)는 동차해 $y_h[n]$과 특이해 $y_p[n]$의 합으로 주어진다.

$$y[n] = y_h[n] + y_p[n] \tag{9.24}$$

- **동차해** $y_h[n]$은 특성방정식에서 구한 특성근을 이용하여 다음과 같은 형태로 구해지는 해로서, 시스템의 고유한 특성이 반영된 출력이다.

  ❶ 특성근들이 서로 다른distinct 값을 가질 경우
  $$y_h[n] = c_1 \gamma_1^n + c_2 \gamma_2^n + \cdots + c_p \gamma_p^n \tag{9.25}$$

  ❷ 특성근 γ_1이 m-중근인 경우
  $$y_h[n] = (c_1 + c_2 n + \cdots + c_m n^{m-1})\gamma_1^n + c_{m+1}\gamma_{m+1}^n + \cdots + c_p \gamma_p^n \tag{9.26}$$

- **특이해** $y_p[n]$은 [표 9-4]를 이용하여 결정되는 입력과 같은 꼴을 갖는 해로서, 입력의 특성이 반영된 출력이다.

- **특성방정식**은 차분방정식의 출력 항들로부터 다음과 같이 정의되며, 입력과는 무관하고 시스템 자체의 특성을 반영한다. 특성방정식의 해 $\{\gamma_i\}$를 **특성근**이라고 한다.

$$\gamma^p + a_1 \gamma^{p-1} + \cdots + a_{p-1}\gamma + a_p = (\gamma - \gamma_1)(\gamma - \gamma_2) \cdots (\gamma - \gamma_p) = 0 \tag{9.27}$$

- **초기 조건**은 출력의 초깃값으로서 차분방정식의 해를 유일하게 결정하려면 꼭 필요하다. 초기 조건이 다르면 당연히 차분방정식의 해도 달라진다.

식 (9.27)의 특성방정식은 식 (9.21)의 차분방정식의 좌변 출력항들에 대해 시간 지연이 k인 항을 γ^{-k}으로 대체하여 구성한 다음 γ^{-1}의 최고차 항으로 묶어서 얻어진 것이다. 따라서 차분방정식의 우변, 즉 입력항들과는 관련이 없으므로, **특성방정식은 입력과는 무관하게 시스템 자체의 특성을 반영한다**고 볼 수 있다. 특성근은 차분방정식에 따라 실수나 복소수가 될 수 있다. 그러므로 가장 일반적인 형태는 $\gamma_i = r_i e^{j\phi_i}$이다.

동차해는 p개의 특성근 γ_1, γ_2, $\cdots$, γ_p 에 대응되는 γ_1^n, γ_2^n, $\cdots$, γ_p^n의 조합으로 주어진다. $\{\gamma_i^n\}$은 특성근 $\{\gamma_i\}$가 차분방정식의 해, 즉 시스템의 출력으로 모습을 드러낸 것이라 **시스템 (특성**characteristic**/고유**eigen**) 모드**라고 한다. 동차해의 계수 c_1, c_2, $\cdots$, c_p는 차분방정식의 p개의 초기 조건을 이용하여 결정해야 한다.

특이해는 입력이 있을 때만 생기는 입력과 같은 꼴의 해로서, 시스템 모드 성분을 전혀 포함하지 않는다. 따라서 초기 조건과는 전혀 상관없이 독립적으로 구할 수 있다. 특이해를 구하는 과정은 먼저 [표 9-4]를 이용하여 특이해의 꼴을 결정한 뒤, 이를 차분방정식에 대입하여 등식의 양변을 비교함으로써 계수를 결정하여 특이해를 확정한다.

[표 9-4] 입력 형태에 따른 차분방정식의 특이해

입력 형태	특이해	
$au[n]$	$cu[n]$	
$\cos(\Omega_0 n + \theta)$	$c_1\cos(\Omega_0 n + \theta) + c_2\sin(\Omega_0 n + \theta) = c\cos(\Omega_0 n + \phi)$	
n^m	$c_m n^m + c_{m-1}n^{m-1} + \cdots + c_1 n + c_0$	
r^n	$r \neq$ 특성근	cr^n
	$r =$ 특성근	cnr^n
	$r = m$ 중 특성근	$cn^m r^n$
$(a_m n^m + a_{m-1}n^{m-1} + \cdots + a_1 n + a_0)r^n$	$(c_m n^m + c_{m-1}n^{m-1} + \cdots + c_1 n + c_0)r^n$	

동차해와 특이해를 각각 구하여 식 (9.24)와 같이 차분방정식의 완전해(일반해)를 얻었다 하더라도 풀이가 끝난 것이 아니다. 마지막으로 주어진 초기 조건을 이용해 동차해의 계수를 결정해야만 해가 유일하게 결정되어 시스템의 동작과 일치하는 응답을 얻게 된다. 그러므로 **초기 조건이 다르면 차분방정식의 해, 즉 시스템의 출력이 달라진다.** **차분방정식의 해 식 (9.24)는 입력이 인가된 후의 시스템 응답을 나타내는 것이기 때문에 반드시 초기 조건을 입력이 인가된 시점 이후의 값을 사용함**을 주의해야 한다.

차분방정식의 풀이 과정 : 고전적 해법

> **차분방정식의 고전적 해법**
>
> - 1단계 : 차분방정식으로부터 특성방정식과 특성근 $\{\gamma_i\}$을 구한다.
>
> $$\gamma^p + a_{p-1}\gamma^{p-1} + \cdots + a_1\gamma + a_0 = (\gamma - \gamma_1)(\gamma - \gamma_2)\cdots(\gamma - \gamma_p) = 0$$
>
> - 2단계 : 특성근을 이용하여 동차해의 형태를 다음과 같이 둔다.
>
> $$y_h[n] = c_1\gamma_1^n + c_2\gamma_2^n + \cdots + c_p\gamma_p^n \quad \text{(특성근들이 서로 다른 경우)}$$
> $$y_h[n] = (c_1 + c_2 n + \cdots + c_m n^{m-1})\gamma_1^n + c_{m+1}\gamma_{m+1}^n + \cdots + c_p\gamma_p^n$$
> $$\text{(특성근 } \gamma_1 \text{이 } m\text{-중근)}$$
>
> - 3단계 : [표 9-4]를 이용하여 입력과 같은 꼴로 특이해 $y_p[n]$을 설정하고, 이를 차분방정식에 대입하여 계수를 비교하여 값을 완전히 결정한다.
> - 4단계 : $y[n] = y_h[n] + y_p[n]$이라 두고, 입력이 인가된 후$(n \geq 0)$의 초기 조건을 대입하여 동차해의 계수를 구함으로써 차분방정식의 완전해(유일해)를 확정한다.

차분방정식은 반복 대입법을 이용할 수 있기 때문에 미분방정식에 비해 초기 조건을 찾아내거나 이를 이용해 동차해의 계수를 결정하는 일이 훨씬 쉽고 간단하다.

예제 **9-16** 고전적 해법에 의한 차분방정식의 해

다음과 같은 차분방정식으로 표현되는 LTI 시스템에 대해 계단 입력 $x[n] = u[n]$에 대한 응답을 구하라. 단, 초기 조건은 $y[0] = -1$, $y[1] = 1$이다.

$$y[n] - \frac{3}{4}y[n-1] + \frac{1}{8}y[n-2] = \frac{3}{8}x[n]$$

풀이

차분방정식의 특성방정식은 다음과 같고,

$$\gamma^2 - \frac{3}{4}\gamma + \frac{1}{8} = \left(\gamma - \frac{1}{2}\right)\left(\gamma - \frac{1}{4}\right) = 0$$

이로부터 특성근은 $\gamma = \frac{1}{2}$, $\gamma = \frac{1}{4}$이다. 따라서 동차해는 다음과 같이 된다.

$$y_h[n] = c_1\left(\frac{1}{2}\right)^n + c_2\left(\frac{1}{4}\right)^n$$

입력 $x[n] = u[n]$ 에 대한 특이해를 $y_p[n] = \beta$ 라 두고 차분방정식을 정리하면 $\beta - \dfrac{3}{4}\beta + \dfrac{1}{8}\beta = \dfrac{3}{8}$ 이 되므로, $\beta = 1$ 이 된다. 따라서 특이해는 $y_p[n] = 1$ 이 되므로, 차분방정식의 해는 다음과 같이 둘 수 있다.

$$y[n] = y_h[n] + y_p[n] = c_1 \left(\frac{1}{2}\right)^n + c_2 \left(\frac{1}{4}\right)^n + 1$$

위의 완전해는 입력 인가 후인 $n \geq 0$에서 성립되는 관계이고, 초기 조건 또한 $n \geq 0$의 값이 주어져 있으므로 이를 위 식에 대입하면 된다.

$$y[0] = c_1 \left(\frac{1}{2}\right)^0 + c_2 \left(\frac{1}{4}\right)^0 + 1 = -1, \quad y[1] = c_1 \left(\frac{1}{2}\right)^1 + c_2 \left(\frac{1}{4}\right)^1 + 1 = 1$$

이를 c_1과 c_2에 대해 연립하여 풀면 $c_1 = 2$, $c_2 = -4$를 얻는다. 따라서 차분방정식의 완전해, 즉 시스템의 출력은 다음과 같이 구해진다.

$$y[n] = 2 \left(\frac{1}{2}\right)^n - 4 \left(\frac{1}{4}\right)^n + 1$$

예제 9-17 차분방정식의 해 : 특성근이 서로 다른 경우

관련 예제 | [예제 9-19]

다음과 같은 차분방정식으로 표현되는 LTI 시스템에 대해 계단 입력 $x[n] = u[n]$에 대한 응답을 구하라. 단, 초기 조건은 $y[-1] = 1$, $y[-2] = 1$이다.

$$y[n] - y[n-1] - 2y[n-2] = x[n] - x[n-1]$$

풀이

차분방정식의 특성방정식은 다음과 같고,

$$\gamma^2 - \gamma - 2 = (\gamma + 1)(\gamma - 2) = 0$$

이로부터 특성근은 $\gamma = -1$, $\gamma = 2$이다. 따라서 동차해는 다음과 같이 된다.

$$y_h[n] = c_1 (-1)^n + c_2 (2)^n$$

입력 $x[n] = u[n]$에 대한 특이해를 $y_p[n] = \beta$ 라 두고 차분방정식을 정리하면 $\beta - \beta - 2\beta = 1 - 1 = 0$이므로, $\beta = 0$이 된다. 따라서 특이해는 $y_p[n] = 0$이 되어, 시스템의 출력은 다음과 같이 동차해만으로 이루어진다.

$$y[n] = y_h[n] + y_p[n] = c_1 (-1)^n + c_2 (2)^n \tag{9.28}$$

주어진 초기 조건은 입력이 인가되기 전인 $n < 0$에서의 값이므로, 입력이 인가된 이후의 초기 조건으로 바꾸어야 한다. 차분방정식은 반복 대입법을 이용하여 손쉽게 구할 수 있다.

반복 대입법을 적용하기 위해 차분방정식을 좌변에 $y[n]$만 남기고 정리하면

$$y[n] = y[n-1] + 2y[n-2] + x[n] - x[n-1]$$

과 같다. 이 식에 $n = 0, 1$을 차례로 대입하고 초기 조건을 이용하여 순차적으로 풀면

$$y[0] = y[-1] + 2y[-2] + x[0] - x[-1] = 1 + 2 + 1 - 0 = 4$$

$$y[1] = y[0] + 2y[-1] + x[1] - x[0] = 4 + 2 + 1 - 1 = 6$$

이고, 구한 초기 조건을 식 (9.28)에 대입하면

$$y[0] = c_1(-1)^0 + c_2(2)^0 = 4, \quad y[1] = c_1(-1)^1 + c_2(2)^1 = 6$$

이 된다. 이를 c_1과 c_2에 대해 연립하여 풀면 $c_1 = \dfrac{2}{3}$, $c_2 = \dfrac{10}{3}$을 얻는다. 따라서 차분방정식의 완전해, 즉 시스템의 출력은 다음과 같이 된다.

$$y[n] = \frac{2}{3}(-1)^n + \frac{10}{3}(2)^n$$

이 문제의 경우는 특이해가 0이 되어 출력에 입력과 같은 꼴의 성분이 포함되지 않는다.

예제 9-18 차분방정식의 해 : 특성근이 중근인 경우
관련 예제 | [예제 9-15]

[예제 9-15]에 대해 고전적 해법을 적용하여 시스템 임펄스 응답을 구하라.

풀이

임펄스 응답은 다음과 같이 시스템의 차분방정식에 $x[n] = \delta[n]$을 대입하여 구한다.

$$h[n] - 4h[n-1] + 4h[n-2] = \delta[n] \qquad \cdots ❶$$

그런데 식 ❶은 특정한 순간($n = 0$)을 제외하고는 우변이 항상 0이 되므로 **임펄스 응답 $h[n]$은 동차해가 될 수밖에 없다. 이때 우변이 0이 되지 않는 특정한 순간의 관계는 초기 조건을 결정할 때 이용한다.** 다시 말해 임펄스 입력을 마치 $n = 0$에서 시스템에 초기 조건을 부과하는 것처럼 취급하면 된다.

특성방정식은 다음과 같으므로,

$$\gamma^2 - 4\gamma + 4 = (\gamma - 2)^2 = 0$$

특성근은 $\gamma = 2$로 중근이 된다. 따라서 임펄스 응답은 다음과 같은 형태가 된다.

$$h[n] = (c_1 + c_2 n) 2^n$$

$n \geq 0$에서의 초기 조건이 필요하므로, 식 ❶에 $n = 0, 1$을 대입하면

$$n = 0 \text{ 일 때,} \quad h[0] = 4h[-1] - 4h[-2] + \delta[0] = 1$$
$$n = 1 \text{ 일 때,} \quad h[1] = 4h[0] - 4h[-1] + \delta[1] = 4$$

이다. 구해진 초기 조건을 임펄스 응답 식에 대입하면 다음과 같다.

$$h[0] = (c_1 + c_2 \cdot 0) 2^0 = c_1 = 1, \quad h[1] = (c_1 + c_2 \cdot 1) 2^1 = 2c_1 + 2c_2 = 4$$

이를 c_1과 c_2에 대해 풀면 $c_1 = 1$, $c_2 = 1$을 얻는다. 따라서 시스템 임펄스 응답은 다음과 같이 구해지며, [예제 9-15]에서 반복 대입법으로 구한 결과와 일치한다.

$$h[n] = (1 + n) 2^n$$

예제 9-19 초기 조건에 따른 차분방정식의 해 관련 예제 | [예제 9-17]

[예제 9-17]에서 초기 조건 $y[-1] = 1$, $y[-2] = 1$을 완전해의 계수 결정에 직접 사용하면 시스템 출력이 어떻게 달라지는지 구하라.

풀이

완전해에서 동차해의 계수를 결정할 때, 입력이 인가되기 이전의 초기 조건 $y[-1] = 1$, $y[-2] = 1$을 직접 사용하면, 다시 말해 이 초기 조건을 식 (9.28)에 대입하면

$$y[-1] = c_1 (-1)^{-1} + c_2 (2)^{-1} = -c_1 + \frac{1}{2} c_2 = 1$$
$$y[-2] = c_1 (-1)^{-2} + c_2 (2)^{-2} = c_1 + \frac{1}{4} c_2 = 1$$

이다. 이를 c_1과 c_2에 대해 연립하여 풀면 $c_1 = \frac{1}{3}$, $c_2 = \frac{8}{3}$을 얻는다. 이 경우 차분방정식의 해는 다음과 같이 된다.

$$y[n] = \frac{1}{3}(-1)^n + \frac{8}{3}(2)^n$$

이것은 [예제 9-17]과는 전혀 다른 결과이다. 이렇게 잘못된 결과를 얻은 이유는, 식 (9.28)은 시스템의 초기 조건과 외부 입력 모두에 대한 응답이 다 포함되어 있는 형태임에도 입력이 들어오지 않은 순간의 값인 $y[-1]$과 $y[-2]$를 사용하여 계수를 결정했기 때문이다.

차분방정식과 임펄스 응답

이산 시스템의 임펄스 응답은 차분방정식에서 입력 $x[n] = \delta[n]$으로 두어 구할 수 있다. 그런데 차분방정식의 우변은 [예제 9-19]에서 본 것처럼 특정한 몇 개의 n 값을 제외하면 항상 0이 된다. 즉 시스템에 입력이 들어오지 않으므로, 차분방정식의 완전해는 특이해를 포함하지 않고 동차해만으로 이루어질 것이다. 다시 말해, **임펄스 응답은 동차해와 같은 꼴로서 시스템 모드 $\{\gamma_i^n\}$으로 구성된다.** 우변이 0이 아닌 순간의 값들은 동차해의 계수를 구하는 데 필요한 조건을 찾는 데 쓰인다.

그런데 임펄스 응답이 시스템 모드 $\{\gamma_i^n\}$으로 이루어지기 때문에, 임펄스 응답이 식 (9.11)의 BIBO 안정도 조건을 만족시키기 위해서는 시스템 모드들이 시간이 지남에 따라 지수적으로 감쇠하여 0이 되지 않으면 안 된다. 그렇게 되기 위해서는 특성근 γ_i의 크기가 $|\gamma_i| < 1$이 되어야 한다. 즉 **시스템이 BIBO 안정하려면 $|\gamma_i| < 1$이어야 한다.** 이 조건을 그림으로 나타내면 [그림 9-15]와 같다. $|\gamma_i| = 1$의 경우는 시스템이 안정에서 불안정으로 넘어가는 경계로 특별히 **임계 안정**marginally stable이라고 구분하기도 한다.

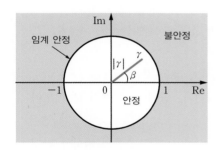

[그림 9-15] **특성근의 위치와 시스템 안정도**

Quick Review

■ 다음 문제에서 맞는 것을 골라라.

(1) 이산 시스템의 임펄스 응답은 물리적으로 구할 수 (있다, 없다).

(2) 입력의 이동 평균 항으로만 나타낼 수 있는 것은 (FIR, IIR) 시스템이다.

(3) IIR 시스템은 차분방정식에 항상 자기 회귀 항을 포함한다. (○, ×)

(4) 컨벌루션 표현에 의한 시스템 출력은 초기 상태에 의한 응답도 포함한다. (○, ×)

(5) 시스템에 대한 컨벌루션 표현은 (비선형, 선형, 선형 시불변) 시스템에만 적용된다.

(6) 임펄스 응답이 임펄스가 아니면 (순시적, 동적) 시스템이다.

(7) 비인과 시스템은 $n < 0$에서 임펄스 응답의 값이 0이 아니다. (○, ×)

(8) BIBO 안정한 이산 시스템의 임펄스 응답은 절대 (적분, 총합, 곱) 가능하다.

(9) 순시적 시스템은 BIBO 불안정할 수 있다. (○, ×)

(10) 컨벌루션 계산이 진행되는 시간축과 결과를 표시하는 시간축은 같다. (○, ×)

(11) 길이 3과 길이 4인 두 이산 신호를 컨벌루션한 신호의 길이는 (3, 4, 6, 7, 12)이다.

(12) 인과 신호와 비인과 신호의 컨벌루션은 $n < 0$에서도 값을 갖는다. (○, ×)

(13) 이산 시스템의 구현도는 (적분기, 미분기, 시간지연기, 곱셈기, 덧셈기)로 이루어진다.

(14) 시스템의 표준형 구현도에서 입력과 출력 마디를 바꾸고 신호 흐름의 방향을 반대로 하여 얻어지는 구현도를 원 구현도와 (대칭, 전치, 역) 관계라고 한다.

(15) 이산 시스템 구현도에서 제1직접형과 제2직접형은 시간 지연기 수가 같다. (○, ×)

(16) 반복 대입법은 항상 닫힌 꼴의 차분방정식 해를 제공한다. (○, ×)

(17) 차분방정식의 특이해는 초기 조건과 상관없이 결정할 수 있다. (○, ×)

(18) 차분방정식의 고전적 해법은 완전해에 ($n < 0$, $n \geq 0$)의 초기 조건을 대입하여 동차해 계수를 결정한다.

(19) 임펄스 응답은 시스템 모드들로 이루어진다. (○, ×)

(20) 이산 LTI 시스템의 특성근이 음의 실수이면 시스템이 BIBO 안정이다. (○, ×)

기초문제

9.1 이산 LTI 시스템에 입력 $x[n] = 2\delta[n-1]$을 인가하면 출력 $y[n]$이 다음과 같이 나올 때 시스템의 임펄스 응답 $h[n]$을 구하라.

$$y[n] = 2\left(-\frac{1}{2}\right)^n + 8\left(\frac{1}{4}\right)^n$$

9.2 [그림 9-16]의 $x[n]$과 $h[n]$에 대해 컨벌루션 연산을 수행하고 그 결과를 그려라.

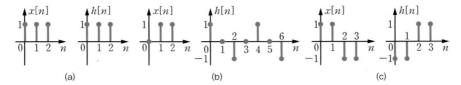

[그림 9-16]

9.3 [그림 9-17]과 같이 네 개의 이산 LTI 시스템을 연결하였다. 이때 전체 시스템의 임펄스 응답을 구하라. 단, 각 시스템의 임펄스 응답은 (a), (b)와 같다.

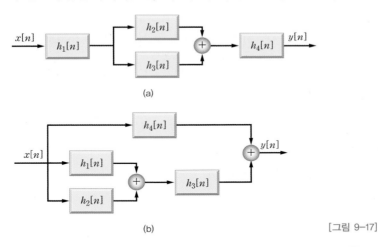

[그림 9-17]

(a) $h_1[n] = \delta[n] - 3\delta[n-1]$,　　　$h_2[n] = nu[n] + \left(\frac{1}{2}\right)^n u[n]$,

　　$h_3[n] = (1-n)u[n-1]$,　　$h_4[n] = 3^{n+1}u[n]$

(b) $h_1[n] = u[n]$,　　　　　　$h_2[n] = -u[n] + u[n-2]$,

　　$h_3[n] = \delta[n-2]$,　　　　$h_4[n] = a^n u[n]$

9.4 다음과 같은 함수들의 쌍에 대해 컨벌루션 $y[n] = x[n] * h[n]$을 구하라.

(a) $x[n] = \left(\dfrac{1}{2}\right)^n (u[n+2] - u[n-2]), \quad h[n] = u[n]$

(b) $x[n] = \left(\dfrac{1}{2}\right)^n u[n], \ h[n] = \delta[n] - \delta[n-3]$

(c) $x[n] = \left(\dfrac{1}{2}\right)^n u[n], \ h[n] = u[n]$

9.5 다음의 임펄스 응답을 갖는 LTI 시스템의 인과성과 안정성을 판별하라.

(a) $h[n] = (-1)^n u[n]$ (b) $h[n] = (2)^n u[1-n]$

(c) $h[n] = (0.5)^{|n|}$ (d) $h[n] = (0.5)^{-n} u[-n]$

9.6 다음 <보기> 중 차분방정식으로 표현되는 이산 LTI 시스템의 시스템 모드가 될 수 없는 것들을 모두 골라라.

〈보기〉	㉮ $(2)^n$	㉯ $(3)^{-n}$	㉰ $(2n)^n$	㉱ $(-0.5 + j0.8)^n$
	㉲ $0.8^n e^{j\pi n}$	㉳ $n^2 (2)^n$	㉴ e^{2n}	㉵ $\left(\dfrac{1}{n+1}\right)^n$

9.7 임펄스 응답이 $h[n] = (-0.5)^n u[n] + (0.5)^n u[n]$으로 주어지는 2차 이산 LTI 시스템의 차분방정식 표현을 구하라.

9.8 다음의 차분방정식으로 표현되는 이산 시스템의 임펄스 응답을 반복 대입법과 고전적 해법으로 각각 구하라.

(a) $y[n] + 2y[n-1] = x[n]$

(b) $y[n] - \dfrac{5}{6} y[n-1] + \dfrac{1}{6} y[n-2] = x[n]$

(c) $y[n] + 3y[n-1] + 2y[n-2] = x[n] + x[n-1]$

9.9 다음의 차분방정식으로 표현되는 이산 LTI 시스템에 입력 $x[n]$을 인가할 때, 출력 $y[n]$을 구하라.

(a) $y[n] + 0.5y[n-1] = x[n] - 0.5x[n-1]$, $x[n] = (0.5)^n u[n]$, $y[-1] = 1$

(b) $y[n] - y[n-1] - 2y[n-2] = x[n]$, $x[n] = u[n]$, $y[-1] = 1$, $y[-2] = 1$

(c) $y[n] + y[n-1] + 0.25y[n-2] = x[n]$, $x[n] = u[n]$, $y[-1] = 0$, $y[-2] = 1$

9.10 다음의 차분방정식으로 표현되는 이산 시스템에 대해 (ⅰ) 제2직접형 및 전치 제2직접형 구현도를 그리고, (ⅱ) 시스템의 안정도를 판정하라.

(a) $y[n] + 0.6y[n-1] - 0.16y[n-2] = x[n-1] - 2x[n-2]$

(b) $y[n] - y[n-4] = x[n-3]$

(c) $y[n] - 1.5y[n-1] + 0.5y[n-3] = x[n-2] + 2x[n-3]$

응 용 문 제

9.11 이산 LTI 시스템의 입력 $x[n]$에 대한 출력 $y[n]$이 다음과 같을 때, 임펄스 응답 $h[n]$을 구하라.

(a) $x[n] = [1,\ 1,\ 2]$, $y[n] = [1,\ -1,\ 3,\ -1,\ 6]$
       ↑   ↑

(b) $x[n] = [2,\ -1,\ 3]$, $y[n] = [2,\ 3,\ 5,\ 10, 3,\ 9]$
       ↑   ↑

(c) $x[n] = [2,\ 4,\ 6,\ 8,\ 10,\ \cdots]$, $y[n] = [1,\ 3,\ 5,\ 7,\ 9,\ 11,\ \cdots]$
       ↑   ↑

9.12 임펄스 응답이 $h[n] = [1, \ -1, \ 1, \ -1]$인 이산 LTI 시스템에 다음과 같은 입력

$x[n]$을 반으로 나누어 $x_1[n]$과 $x_2[n]$을 구성하였다. 물음에 답하라.

$$x[n] = [1, \ 2, \ 3, \ 4, \ 5, \ 5, \ 4, \ 3, \ 2, \ 1]$$

(a) $y_1[n] = x_1[n] * h[n]$ 을 계산하라.

(b) $y_2[n] = x_2[n] * h[n]$을 계산하라.

(c) $y[n] = x[n] * h[n]$을 계산하라.

(d) $y_1[n]$과 $y_2[n]$으로부터 어떻게 $y[n]$을 구할 수 있는가?

9.13 LTI 시스템의 입출력 관계가 다음과 같이 주어졌다. 각각의 경우에 대하여 시스템의 임펄스 응답을 구하고, 인과성과 안정성을 판별하라.

(a) $y[n] = x[n-3]$ (b) $y[n] = \sum_{k=-\infty}^{n} x[k-3]$

(c) $y[n] = \sum_{k=-\infty}^{n} 2^{k-n} x[k-3]$

9.14 다음 차분방정식으로 표현되는 이산 LTI 시스템에 대해 입력이 $x[n] = 0$, $x[n] = \delta[n]$, $x[n] = u[n]$, $x[n] = (0.5)^n u[n]$일 때의 출력을 각각 구하라.

(a) $y[n] + 3y[n-1] + 2y[n-2] = x[n], \ y[-1] = 0, \ y[-2] = 1$

(b) $y[n] + 2y[n-1] + y[n-2] = x[n], \ y[-1] = 1, \ y[-2] = 1$

9.15 2차 이산 LTI 시스템이 $n < 0$에서 모든 초기 조건이 0일 때 입력 $x[n] = u[n]$에 대한 출력이 다음과 같다고 한다. 이 시스템의 차분방정식을 구하라.

$$y[n] = -\frac{1}{2}(-1)^n + \frac{4}{3}(-2)^n + \frac{1}{6}, \quad n \geq 0$$

Chapter 10

이산 시간 푸리에 급수

Discrete Time Fourier Series

이산 정현파 신호의 특성 **10.1**

이산 시간 푸리에 급수(DTFS) **10.2**

이산 시간 푸리에 급수의 성질 **10.3**

연습문제

학습목표

- 이산 정현파 신호의 주기성으로 인한 특성을 이해할 수 있다.

- 이산 시간 푸리에 급수(DTFS)의 개념과 특징을 이해할 수 있다.

- 이산 주기 신호의 스펙트럼 특성을 이해할 수 있다.

- 연속 시간 푸리에 급수와 이산 시간 푸리에 급수의 관계를 이해할 수 있다.

- DTFS가 갖는 여러 유용한 성질들을 이해하고 잘 활용할 수 있다.

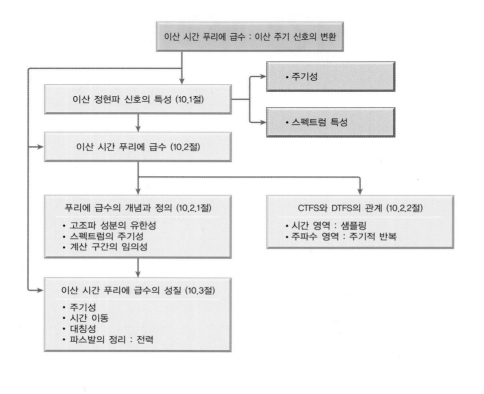

10.1 이산 정현파 신호의 특성

주기 신호에 대한 주파수 영역 변환이라는 점에서 연속 시간 푸리에 급수((CT)FS)와 이산 시간 푸리에 급수(DTFS)는 비슷하지만, 8장에서 살펴보았던 이산 정현파의 특성으로 인해 뚜렷이 구분되는 차이점도 있다. 그러므로 이 절에서는 이산 시간 푸리에 급수를 설명하기에 앞서 이산 정현파의 특성을 되짚어보기로 한다.

학습포인트

- 이산 정현파 신호의 주기성과 이와 관련한 주요 성질을 파악한다.
- 이산 신호의 주파수 스펙트럼의 특징과 표현 방법에 대해 알아본다.

이산 정현파 신호의 주기성

이산 신호에 대해서도 연속 신호 때와 마찬가지로, 주파수 영역으로 표현을 변환해주는 기본 신호로 (복소) 정현파를 사용한다. 그런데 8.1.4절에서 살펴본 것처럼 이산 정현파 신호는 연속 정현파와 비교해 다음의 차이점을 가진다.

- 각주파수가 Ω_0와 $\Omega_0 + 2\pi k$인 두 이산 (복소) 정현파는 서로 구분할 수 없는 동일한 신호이다.

$$\cos\left((\Omega_0 + 2\pi k)n\right) = \cos\left(\Omega_0 n + 2\pi k n\right) = \cos\left(\Omega_0 n\right) \qquad (10.1a)$$

$$e^{j(\Omega_0 + 2\pi k)n} = e^{j\Omega_0 n}e^{j2\pi k n} = e^{j\Omega_0 n} \qquad (10.1b)$$

- 이산 정현파 신호는 주파수 $0 \leq \Omega \leq 2\pi (0 \leq F \leq 1)$ 범위 내에서만 구분할 수 있고, 따라서 가질 수 있는 최대 주파수가 $\Omega_{\max} = 2\pi \, (F_{\max} = 1)$를 넘지 않는다.

- 이산 주기 정현파 신호의 최대 주파수는 $\Omega_{\max} = \pi (F_{\max} = 0.5)$이다.

연속 (복소) 정현파의 경우에는 시간 변수 t가 연속적인 값을 가지므로, t 값이 정수인 순간들을 제외하면 $e^{j\omega_0 t}$과 $e^{j(\omega_0 + 2\pi k)t}$이 같지 않다. 그러나 이산 (복소) 정현파는 시간 변수 n이 항상 정수이므로 어떠한 순간에도 $e^{j\Omega_0 n}$과 $e^{j(\Omega_0 + 2\pi k)n}$이 완벽하게 일치한다.

이산 정현파 신호의 스펙트럼

> - 이산 신호의 스펙트럼은 2π 주기로 같은 값이 반복되는 주기 함수이다. 따라서 한 주기 구간인 2π의 주파수 범위에 대해서만 나타내어도 충분하다.
> - 이산 실수 신호의 스펙트럼은 $0 \le \Omega \le \pi (0 \le F \le 0.5)$에서만 나타내어도 충분하다.

이산 신호는 연속 신호를 샘플링한 것으로 취급할 수 있으므로, 스펙트럼이 연속 신호의 스펙트럼을 샘플링 주파수를 주기로 반복한 형태가 된다. 원래부터 이산 신호라면 샘플링 주기 $T_s = 1$이므로, 스펙트럼은 주기가 $\omega_s = \dfrac{2\pi}{T_s} = 2\pi$인 주기 함수가 된다. 따라서 전 주파수 구간이 아니라 한 주기 구간에서만 나타내도 충분하다. 또한 실수 신호의 스펙트럼의 대칭성을 적용하면 $0 \le \Omega \le \pi (0 \le F \le 0.5)$에 대해서만 스펙트럼을 나타내면 된다.

예제 10-1 이산 정현파 신호의 2π – 주기성과 스펙트럼

이산 정현파 $x[n] = \cos \Omega_0 n$과 $y[n] = \cos(\Omega_0 + 2\pi)n$의 스펙트럼을 그려 그 관계를 설명하라.

풀이

$x[n]$의 스펙트럼은 [그림 10-1(a)]와 같이 검은 굵은 실선으로 표시된 선 스펙트럼 쌍이 2π 간격으로 반복되는 형태이다. [그림 10-1(b)]는 그림과 같이 짝을 지어 선 스펙트럼을 구분하지 않는다면, 두 신호는 모든 선 스펙트럼이 같은 주파수에서 존재한다. 그러므로 두 신호는 구분할 수 없는 같은 신호이다.

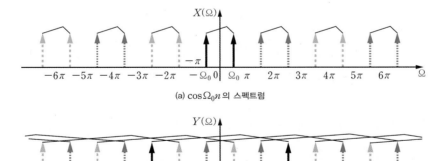

(a) $\cos \Omega_0 n$의 스펙트럼

(b) $\cos(\Omega_0 + 2\pi)n$의 스펙트럼

[그림 10-1] **스펙트럼에 의한 이산 정현파의 2π – 주기성 확인**

10.2 이산 시간 푸리에 급수(DTFS)

이 절에서는 이산 주기 신호에 대한 주파수 영역 표현인 이산 시간 푸리에 급수(DTFS)에 대해 살펴본다. 이 책에서는 이산 신호에 대한 푸리에 표현에 항상 '이산 시간(DT)'이란 용어를 앞에 붙여서 연속 시간의 경우와 구분할 것이다. 연속 시간 푸리에 급수((CT)FS)와는 달리 이산 시간 푸리에 급수는 유한개의 주파수 성분만으로 구성되는 주기 함수로, 계산이나 성질 등에서 이에 따른 차이가 있다.

학습포인트

- 연속계와 이산계의 푸리에 해석의 유사성과 차이를 이해한다.
- 이산 주기 신호가 유한개의 주파수 성분만을 가진다는 사실을 이해한다.
- 이산 시간 푸리에 급수(DTFS)의 정의와 계산 방법을 명확히 이해한다.
- 여러 이산 주기 신호의 DTFS 계산을 통해 DTFS의 특성을 파악한다.
- 연속시간 푸리에 급수와 이산시간 푸리에 급수의 관계에 대해 이해한다.
- 이산 주기 신호의 스펙트럼의 특성에 대해 이해한다.

10.2.1 이산 시간 푸리에 급수의 정의

연속 주기 신호와 마찬가지로, 주파수 영역으로 이산 주기 신호의 표현을 바꾸기 위한 기저 신호로 (복소) 정현파 신호가 사용된다. 신호의 주기성을 맞추기 위해 기본 주파수의 정수 배인 주파수를 갖는 정현파(기본파 및 고조파) 성분들만 갖게 된다.

이산 주기 신호의 주파수 성분

- 이산 주기 신호의 주파수 성분은 DC와 기본 주파수의 정수배 주파수를 갖는 기본파 및 고조파 성분으로 이루어진다.
- 주기가 N인 이산 주기 신호의 (서로 다른) 주파수 성분은 N개를 넘을 수 없다.
- 이산 주기 신호의 N개의 주파수 성분은 복소평면의 단위원을 실축에서부터 N등분한 각 점에 상응한다.

주기가 N인 이산 N-주기 신호의 기본 주파수는 $\Omega_0 = \dfrac{2\pi}{N} \left(F_0 = \dfrac{1}{N}\right)$이고, k고조파의 주파수는 $k\Omega_0 = \dfrac{2\pi}{N}k$가 된다. 그런데 식 (10.1)의 2π-주기성에 의해 다음과 같이 k고조파와 $k+N$, $k+2N$, $k+3N$, $\cdots$ 고조파는 구분되지 않는 같은 신호이므로, **이산 주기 신호가 가질 수 있는 주파수 성분은 1, $e^{j\Omega_0}$, $e^{j2\Omega_0}$, $\cdots$, $e^{j(N-1)\Omega_0}$ 의 N개밖에 없다.**

$$e^{j\frac{2\pi}{N}(k+mN)n} = e^{j\frac{2\pi}{N}kn} e^{j2\pi mn} = e^{j\frac{2\pi}{N}kn} \tag{10.2}$$

하나의 예로, [그림 10-2]는 $N=8$인 이산 신호의 주파수 성분들을 나타낸 것이다. $e^{jk\Omega_0 n}$은 크기가 1이므로 복소평면의 단위원을 실축에서부터 N등분한 점에 위치하며, k가 1씩 커짐에 따라 반시계 방향으로 위상이 $\Omega_0 = \dfrac{2\pi}{8}$씩 회전한다. 따라서 k가 8번 증가하면 한 바퀴 돌아서 움직이기 전의 원 위치로 되돌아오게 된다. 즉 주기 $N=8$로 동일한 패턴을 반복하기 때문에, 구분 가능한 주파수 성분은 오직 $N=8$개뿐이다.

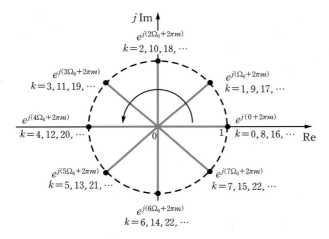

[그림 10-2] **주기 신호의 고조파**($N=8$)

이산 시간 푸리에 급수(DTFS)의 정의

이산 N-주기 신호 $x_N[n]$에 대한 **이산 시간 푸리에 급수(DTFS)**Discrete Time Fourier Series는 다음과 같이 N개의 주파수 성분에 대응하는 복소 정현파의 일차 결합으로 표현된다.

- 푸리에 급수(주파수 합성) : $x_N[n] = \displaystyle\sum_{m=0}^{N-1} X_m e^{jm\Omega_0 n}$ (10.3)

- 푸리에 계수(주파수 분석) : $X_k = \dfrac{1}{N} \displaystyle\sum_{n=0}^{N-1} x_N[n] e^{-jk\Omega_0 n}$ (10.4)

이산 시간 푸리에 급수는 최대 N개의 주파수 성분만 가지며, 스펙트럼이 2π 구간 내에 대역 제한되어 주기적으로 반복된다. 또한 식 (10.3)에서 보듯이 한 주기에 대한 계산이므로 항상 수렴한다. 이런 특성들은 일반적으로 무한개의 주파수 성분을 갖고, 스펙트럼의 대역폭도 무한대가 되며, 수렴 조건을 충족해야만 급수 전개가 가능한 연속 시간 푸리에 급수와 대비되는 특성이다.

식 (10.4)는 연속 시간의 경우와 마찬가지로 직교성을 이용하여 얻을 수 있다. 식 (10.3)의 양변에 $e^{-jk\Omega_0 n}$을 곱하여 한 주기에 대한 총합을 취하면 다음과 같이 된다.

$$
\begin{aligned}
\sum_{n=0}^{N-1} x_N[n] e^{-jk\Omega_0 n} &= \sum_{n=0}^{N-1} \sum_{m=0}^{N-1} X_m e^{j(m-k)\Omega_0 n} \\
&= \sum_{m=0}^{N-1} X_m \left[\sum_{n=0}^{N-1} e^{j(m-k)\Omega_0 n} \right]
\end{aligned}
\tag{10.5}
$$

그런데 $e^{jN\Omega_0 n} = 1$이므로 다음과 같다.

$$
\sum_{n=0}^{N-1} e^{jl\Omega_0 n} =
\begin{cases}
\displaystyle\sum_{n=0}^{N-1} 1 = N, & l = 0, \pm N, \pm 2N, \cdots \\[2mm]
\dfrac{1 - e^{jl\Omega_0 N}}{1 - e^{jl\Omega_0}} = 0, & l \neq 0, \pm N, \pm 2N, \cdots
\end{cases}
\tag{10.6}
$$

따라서 식 (10.5)의 대괄호 안의 총합은 모든 $m \neq k$에 대해 0이고, 오직 $m = k$일 때만 N이 되어 푸리에 계수 X_k가 식 (10.4)와 같이 구해진다. X_k도 이산 정현파의 2π-주기성 때문에 주기 N인 주기 함수가 되는데, 이는 다음과 같이 간단히 보일 수 있다.

$$
\begin{aligned}
X_{k+lN} &= \frac{1}{N} \sum_{n=0}^{N-1} x[n] e^{-j(k+lN)\Omega_0 n} = \frac{1}{N} \sum_{n=0}^{N-1} x[n] e^{-jk\Omega_0 n} e^{-jlN\Omega_0 n} \\
&= \frac{1}{N} \sum_{n=0}^{N-1} x[n] e^{-jk\Omega_0 n} e^{-j2\pi ln} = \frac{1}{N} \sum_{n=0}^{N-1} x[n] e^{-jk\Omega_0 n} = X_k
\end{aligned}
\tag{10.7}
$$

연속 주기 신호의 경우와 마찬가지로 푸리에 계수 X_k는 일반적으로 복소수이다. 따라서 극좌표 형식 $\boldsymbol{X_k} = |\boldsymbol{X_k}| e^{j\angle \boldsymbol{X_k}}$으로 나타낼 수 있고, 여기서 $|\boldsymbol{X_k}|$는 진폭 스펙트럼, $\angle \boldsymbol{X_k}$는 위상 스펙트럼이 된다.

이산 정현파 $x[n] = \sin(0.2\pi n)$에 대한 이산 시간 푸리에 급수(DTFS)를 구하고 진폭 및 위상 스펙트럼을 그려라.

풀이

$\sin(0.2\pi n)$은 $\Omega_0 = 0.2\pi$, $F_0 = \dfrac{\Omega_0}{2\pi} = \dfrac{1}{10}$이므로 주기 $N = 10$인 주기 신호이다. 따라서 식 (10.4)에 의해 푸리에 계수를 구하면 다음과 같다.

$$X_k = \frac{1}{10}\sum_{n=0}^{9}\sin(0.2\pi n)\, e^{-j0.2\pi kn} = \frac{1}{j20}\sum_{n=0}^{9}\left(e^{j0.2\pi n} - e^{-j0.2\pi n}\right)e^{-j0.2\pi kn}$$

$$= \frac{1}{j20}\left(\sum_{n=0}^{9}e^{j0.2\pi n(1-k)} - \sum_{n=0}^{9}e^{-j0.2\pi n(1+k)}\right)$$

위 식의 마지막 등식의 첫 번째 총합은, 식 (10.6)의 직교성에 의해 $k = 1$의 경우를 제외한 모든 k에 대해 0이고, $k = 1$일 때 합은 $N = 10$이 된다. 두 번째 총합도 같은 방법으로 계산하면 다음과 같이 X_1과 X_9만 값을 가지며, 나머지 모든 다른 계수는 0이 된다.

$$X_1 = \frac{1}{j2} = \frac{1}{2}e^{-j\frac{\pi}{2}}, \quad X_9 = -\frac{1}{j2} = \frac{1}{2}e^{j\frac{\pi}{2}}$$

따라서 $x[n]$에 대한 이산 시간 푸리에 급수는 다음과 같이 된다.

$$x[n] = \sum_{k=0}^{9}X_k e^{j0.2\pi kn} = \frac{1}{j2}\left(e^{j0.2\pi n} - e^{j1.8\pi n}\right) = \frac{1}{j2}\left(e^{j0.2\pi n} - e^{-j0.2\pi n}\right)$$

이 결과는 오일러 공식을 이용하여 복소 정현파로 삼각 함수를 나타낸 것과 같다. 그러므로 **정현파들의 경우에는 정의식에 의한 계산보다 오일러 공식을 쓰는 것이 간편하다.**

얻어진 푸리에 계수로부터 진폭 스펙트럼과 위상 스펙트럼을 구하면 다음과 같으며, 이는 [그림 10-3]에 나타내었다.

$$|X_1| = |X_9| (= |X_{-1}|) = \frac{1}{2}$$

$$\angle X_1 = -\frac{\pi}{2}, \quad \angle X_9 = \angle X_{-1} = \frac{\pi}{2}$$

[그림 10-3]에서 주파수축을, 진폭 스펙트럼은 기본주파수 Ω_0의 배수인 k로, 위상 스펙트럼은 각주파수 Ω로 나타내었는데, **주파수축은 k, Ω, F 중 어느 것을 채택해도 무방하다.** 주파수축에서 고조파 $0 \le k < 10$에 대응하는 주파수 구간은 $0 \le \Omega < 2\pi\,(0 \le F < 1)$이며, $2\pi(1)$ 주기로 스펙트럼이 반복됨을 볼 수 있다.

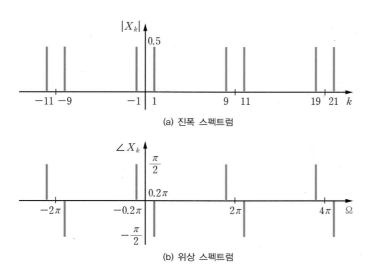

(a) 진폭 스펙트럼

(b) 위상 스펙트럼

[그림 10-3] 이산 정현파 $\sin(0.2\pi n)$의 스펙트럼

예제 10-3 이산 임펄스열의 푸리에 급수

주기 N인 이산 임펄스열 $x[n] = \displaystyle\sum_{m=-\infty}^{\infty} \delta[n-mN]$의 이산 시간 푸리에 급수(DTFS)를 구하고 스펙트럼을 그려라.

풀이

주기 N이므로 기본주파수는 $\Omega_0 = \dfrac{2\pi}{N}$이다. 식 (10.4)의 정의식을 이용하여 푸리에 계수를 구하면 다음과 같이 모든 주파수 성분의 크기가 $\dfrac{1}{N}$로 동일하게 구해진다.

$$X_k = \frac{1}{N}\sum_{n=0}^{N-1} x[n]e^{-jk\Omega_0 n} = \frac{1}{N}\left(\delta[n]e^{-jk\Omega_0 0} + \sum_{n=1}^{N-1} 0e^{-jk\Omega_0 n}\right) = \frac{1}{N}$$

임펄스열 신호와 그 스펙트럼을 [그림 10-4]에 나타내었다. 그림에서 보면, **이산 임펄스열의 스펙트럼 또한 간격이 Ω_0인 이산 임펄스열**이 됨을 알 수 있다.

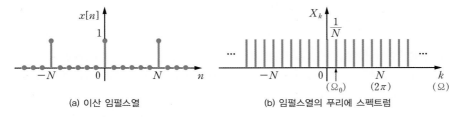

(a) 이산 임펄스열   (b) 임펄스열의 푸리에 스펙트럼

[그림 10-4] 이산 임펄스열과 스펙트럼

이산 주기 신호 $x[n] = 1 + \sin\dfrac{\pi}{4}n + 2\cos\dfrac{\pi}{2}n$에 대해 푸리에 급수를 구하라.

풀이

$x[n]$이 정현파들로 구성되어 있으므로, 오일러 공식을 이용하여 직관적으로 푸리에 계수를 결정하는 것이 더 수월하다. 사인 항의 주기는 $N_1 = 8$이고 코사인 항의 주기는 $N_2 = 4$이므로, 두 항의 공통 주기인 $N = 8$이 신호 $x[n]$의 주기가 되고 기본 주파수는 $\Omega_0 = \dfrac{\pi}{4}$이다. 따라서 오일러 공식을 이용하여 정현파들을 복소 정현파로 바꾸어 나타내면 다음과 같다.

$$x[n] = e^{j0\frac{\pi}{4}n} + \frac{1}{j2}\left(e^{j\frac{\pi}{4}n} - e^{-j\frac{\pi}{4}n}\right) + \left(e^{j2\frac{\pi}{4}n} + e^{-j2\frac{\pi}{4}n}\right)$$

$$= e^{j0\frac{\pi}{4}n} - j\frac{1}{2}\left(e^{j\frac{\pi}{4}n} - e^{j\left(-\frac{\pi}{4}+2\pi\right)n}\right) + \left(e^{j2\frac{\pi}{4}n} + e^{j\left(-\frac{2\pi}{4}+2\pi\right)n}\right)$$

$$= e^{j0\frac{\pi}{4}n} - j\frac{1}{2}e^{j\frac{\pi}{4}n} + e^{j2\frac{\pi}{4}n} + e^{j6\frac{\pi}{4}n} + j\frac{1}{2}e^{j7\frac{\pi}{4}n}$$

첫 번째 등식($<N> = [-4, 3]$) 또는 마지막 등식($<N> = [0, 7]$)과 식 (10.3)을 비교하여 다음과 같은 푸리에 계수를 얻을 수 있는데, $\boldsymbol{X_{N-k} = X_{-k} = X_k^*}$가 성립함을 볼 수 있다.

$$\begin{cases} X_{-4} = 0 \\ X_{-3} = 0 \\ X_{-2} = 1 \\ X_{-1} = j\dfrac{1}{2} \\ X_0 = 1 \\ X_1 = -j\dfrac{1}{2} \\ X_2 = 1 \\ X_3 = 0 \end{cases} \quad \text{또는} \quad \begin{cases} X_0 = 1 \\ X_1 = -j\dfrac{1}{2} \\ X_2 = 1 \\ X_3 = 0 \\ X_4 = 0 \\ X_5 = 0 \\ X_6 = 1 \\ X_7 = j\dfrac{1}{2} \end{cases}$$

푸리에 계수로부터 구한 진폭 스펙트럼과 위상 스펙트럼을 [그림 10-5]에 나타내었다. 그림에서 보면 스펙트럼도 주기 $N = 8$로 반복되고 있으며, **진폭 스펙트럼은 우대칭, 위상 스펙트럼은 기대칭**을 만족하고 있다. 따라서 6장에서 살펴본 연속 실수 신호의 푸리에 스펙트럼에 대한 대칭성이 이산 실수 신호의 경우에도 성립함을 알 수 있다. 그런데 스펙트럼이 주기적으로 반복되면서 대칭성을 만족하려면 **한 주기 내에서도 반주기에 해당하는 점**(그림에서 $k = \pm 4$ 또는 $\Omega = \pm \pi$의 경우)**을 대칭축으로 하여 대칭성이 그대로 성립해야 한다.** 이 사실은 그림에서 바로 확인할 수 있다. 따라서 **실수 신호는 스펙트럼이 반주기 구간 $0 \le \Omega \le \pi$에서만 주어지면 전체 주파수에 대한 스펙트럼을 구성할 수 있다.**

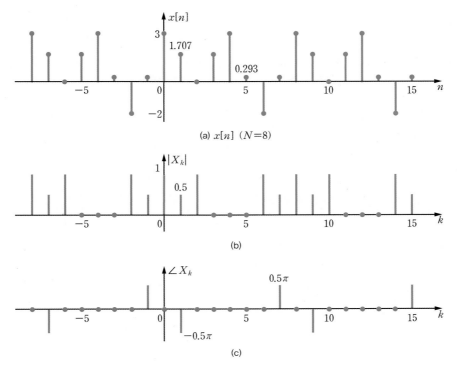

(a) $x[n]$ ($N=8$)

(b)

(c)

[그림 10-5] [예제 10-4]의 이산 주기 신호와 스펙트럼

거꾸로 스펙트럼이 주어지면 이로부터 주기 신호를 합성할 수 있다.

예제 10-5 스펙트럼에 의한 이산 주기 신호의 합성   관련 예제 | [예제 10-4]

[예제 10-4]에 주어진 [그림 10-5]의 스펙트럼으로부터 대응되는 이산 신호를 구하라.

풀이

우선 [그림 10-5]의 스펙트럼이 주기가 8인 선 스펙트럼이므로, 대응되는 신호는 주기 $N=8$ 인 주기 신호이며 $\Omega_0 = \dfrac{\pi}{4}$ 임을 알 수 있다. $0 \le k \le 4 (0 \le \Omega \le \pi)$에 대해 $k=0 (\Omega=0)$에서 $|X_0|=1$, $\angle X_0=0$이고, $k=1 (\Omega=\Omega_0)$에서 $|X_1|=\dfrac{1}{2}$, $\angle X_1=-\dfrac{\pi}{2}$이고, $k=2 (\Omega=2\Omega_0)$ 에서 $|X_2|=1$, $\angle X_2=0$이고, $k=3 (\Omega=3\Omega_0)$에서 $X_3=0$이고, $k=4 (\Omega=4\Omega_0)$에서 $X_4=0$ 이므로 $x[n]$은 다음과 같이 된다.

$$x[n] = |X_0|e^{j\angle X_0} + 2|X_1|\cos(\Omega_0 n + \angle X_1) + 2|X_2|\cos(2\Omega_0 n + \angle X_2)$$

$$= 1 + \cos\left(\frac{\pi}{4}n - \frac{\pi}{2}\right) + 2\cos\left(\frac{2\pi}{4}n\right)$$

$$= 1 + \sin\left(\frac{\pi}{4}n\right) + 2\cos\left(\frac{\pi}{2}n\right)$$

얻어진 결과는 [예제 10-4]의 신호 $x[n]$과 일치한다. 이처럼 **직류 항은 그대로 두고 양의 주파수의 스펙트럼을 크기가 2배인 정현파로 바꾸면** 식 (10.3)의 계산을 직접 하지 않고서도 간편하게 합성 신호를 얻을 수 있다.

이산 시간 푸리에 급수(DTFS)의 효율적 계산

식 (10.3) $x_N[n] = \displaystyle\sum_{m=0}^{N-1} X_m e^{jm\,\Omega_0 n}$과 식 (10.4) $X_k = \dfrac{1}{N}\displaystyle\sum_{m=0}^{N-1} x_N[n]\,e^{-jk\Omega_0 n}$의 $x_N[n]$과 X_k를 계산할 때, 총합 계산의 구간을 반드시 0에서부터 $(N-1)$까지로 한정할 필요 없이 임의의 연속된 N개의 샘플을 더해도 결과는 같아진다. 따라서 이산 시간 푸리에 급수 표현은 다음과 같이 다시 쓸 수 있다.

> - 푸리에 급수(주파수 합성) : $x_N[n] = \displaystyle\sum_{k=<N>} X_k e^{jk\,\Omega_0 n}$ $\qquad$ (10.8)
>
> - 푸리에 계수(주파수 분석) : $X_k = \dfrac{1}{N}\displaystyle\sum_{n=<N>} x_N[n]\,e^{-jk\Omega_0 n}$ $\qquad$ (10.9)
>
> - 일반적으로 총합 구간은 신호의 대칭성을 이용해 계산이 간단해지도록 정한다.

$\displaystyle\sum_{k=<N>}$ 은 구간이 어디든지 **연속된 N개의 샘플을 더한다**는 뜻이다. 식 (10.3)과 식 (10.4)의 $x_N[n]$과 X_k는 N-주기 신호이고, 고조파 $e^{jk\Omega_0 n}$의 공통 주기도 N이다. 그런데 주기가 N인 두 신호의 곱도 주기 N인 주기 신호가 되므로, $X_k e^{jk\Omega_0 n}$과 $x_N[n]\,e^{-jk\Omega_0 n}$도 N-주기 신호이다. N-주기 신호는 주기마다 같은 값이 반복되므로 한 주기에 대한 총합 계산은 임의의 연속된 N개의 샘플을 더하기만 하면 같은 결과를 얻는다. 그러므로 **신호와 스펙트럼의 대칭성을 이용하여 계산이 간단해지도록 총합 구간을 정하면 편리하다.**

예제 **10-6** 이산 주기 신호의 푸리에 급수와 스펙트럼 　　　관련 예제 | [예제 10-7], [예제 10-9]

[그림 10-6]의 이산 주기 신호에 대해 푸리에 급수 표현과 스펙트럼을 구하라.

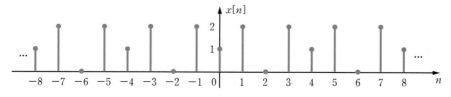

[그림 10-6] [예제 10-6]의 이산 주기 신호

풀이

이 신호의 주기는 $N=4$이며, 기본 주파수는 $\Omega_0 = \dfrac{\pi}{2}$이다. 신호가 우대칭이므로 식 (10.9)에서 $n=-2$부터 $n=1$까지 총합을 취하는 것이 좋다.

$$X_k = \frac{1}{4} \sum_{n=-2}^{1} x[n] e^{-jk\frac{\pi}{2}n} = \frac{1}{4}\left(2e^{j\frac{k\pi}{2}} + 1 + 2e^{-j\frac{k\pi}{2}}\right) = \frac{1}{4}\left(1 + 4\cos\frac{k\pi}{2}\right)$$

이 결과에 $k=0,\ 1,\ 2,\ 3$을 대입하여 정리하면 다음을 얻는다.

$$X_0 = \frac{1}{4}\left(1 + 4\cos\frac{0\pi}{2}\right) = \frac{5}{4}, \qquad X_1 = \frac{1}{4}\left(1 + 4\cos\frac{\pi}{2}\right) = \frac{1}{4},$$

$$X_2 = \frac{1}{4}\left(1 + 4\cos\frac{2\pi}{2}\right) = -\frac{3}{4}, \quad X_3 = \frac{1}{4}\left(1 + 4\cos\frac{3\pi}{2}\right) = \frac{1}{4}$$

$k=-2,\ -1,\ 0,\ 1$을 넣어도 마찬가지이다. 예를 들어, $k=-1\,(=3-4)$이면 다음과 같다.

$$X_{-1} = \frac{1}{4}\left(1 + 4\cos\frac{-\pi}{2}\right) = \frac{1}{4}\left(1 + 4\cos\frac{3\pi}{2}\right) = X_3$$

푸리에 계수 X_k는 모두 실수이므로 이를 [그림 10-7]에 나타내었는데, [그림 10-6]과 마찬가지로 주기 4로 반복되고 있음을 확인할 수 있다.

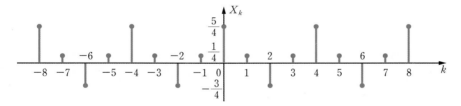

[그림 10-7] [예제 10-6]의 이산 주기 신호의 스펙트럼

[예제 10-6]과는 반대로 주어진 스펙트럼으로부터 주기 신호를 합성할 수 있는데, **스펙트럼으로부터 이산 N-주기 신호를 합성하려면 단지 연속되는 N개의 주파수 성분만 더하면 된다. 이때 구간의 위치는 상관이 없다.** 다음 예제를 통해 주기 신호의 합성을 이해해보자.

예제 10-7 스펙트럼에 의한 이산 주기 신호의 합성 　　　　　관련 예제 | [예제 10-6]

[그림 10-7]의 스펙트럼이 주어질 때, 이로부터 대응되는 이산 신호를 구하라.

풀이

[그림 10-7]의 스펙트럼이 주기가 4인 선 스펙트럼이므로, 대응되는 신호는 주기 $N=4$인 주기 신호로서 $\Omega_0 = \dfrac{\pi}{2}$이다. $0 \le k \le 2(0 \le \Omega \le \pi)$에 대해 $k=0(\Omega=0)$에서 $X_0 = \dfrac{5}{4}$, $k=1$

$(\Omega = \Omega_0)$에서 $X_1 = \dfrac{1}{4}$, $k = 2(\Omega = 2\Omega_0)$에서 $X_2 = -\dfrac{3}{4}$ 이므로 $x[n]$은 다음과 같이 된다.

$$x[n] = |X_0|e^{j\angle X_0} + 2|X_1|\cos(\Omega_0 n + \angle X_1) + |X_2|e^{j(2\Omega_0 n + \angle X_2)}$$

$$= \frac{5}{4} + \frac{1}{2}\cos\left(\frac{\pi}{2}n\right) + \frac{3}{4}e^{j(\pi n - \pi)}$$

$$= \frac{5}{4} + \frac{1}{2}\cos\left(\frac{\pi}{2}n\right) - \frac{3}{4}(-1)^n$$

이 경우에도 [예제 10-5]와 같은 방법을 사용하였지만, $k=2$의 경우처럼 **정현파로 바꾸기 위한 짝이 없는 주파수 성분은 DC 성분과 마찬가지로 그냥 복소 정현파로 두어 계산해야 한다.** 위 식에 $n = 0,\ 1,\ 2,\ 3$을 대입하면 [그림 10-6]의 신호가 얻어짐을 확인할 수 있다.

이 결과는 스펙트럼의 대칭성을 이용하기 위해 다음과 같이 식 (10.8)의 총합 구간을 $<N> = [-2, 1]$로 하여 계산한 것에 해당된다.

$$x[n] = X_{-2}e^{-j\frac{2\pi}{2}n} + X_{-1}e^{-j\frac{\pi}{2}n} + X_0 e^{j\frac{0\pi}{2}n} + X_1 e^{j\frac{\pi}{2}n}$$

$$= \frac{5}{4}e^{j\frac{0\pi}{2}n} + \frac{1}{4}\left(e^{-j\frac{\pi}{2}n} + e^{j\frac{\pi}{2}n}\right) - \frac{3}{4}e^{-j\frac{2\pi}{2}n}$$

$$= \frac{5}{4} + \frac{1}{2}\cos\left(\frac{\pi}{2}n\right) - \frac{3}{4}(-1)^n$$

다음과 같이 총합 구간을 $<N> = [0, 3]$으로 해도 같은 결과가 얻어지지만 계산이 더 번거롭다. 그러므로 총합 구간은 되도록 오일러 공식을 적용하기 쉽도록 잡는 것이 좋다.

$$x[n] = X_0 e^{j0\frac{\pi}{2}n} + X_1 e^{j\frac{\pi}{2}n} + X_2 e^{j\frac{2\pi}{2}n} + X_3 e^{j\frac{3\pi}{2}n}$$

$$= \frac{5}{4} + \frac{1}{4}\left(e^{j\frac{\pi}{2}n} + e^{j\frac{3\pi}{2}n}\right) - \frac{3}{4}e^{j\frac{2\pi}{2}n} = \frac{5}{4} + \frac{1}{4}\left(e^{j\frac{\pi}{2}n} + e^{-j\frac{\pi}{2}n}\right) - \frac{3}{4}e^{j\frac{2\pi}{2}n}$$

$$= \frac{5}{4} + \frac{1}{2}\cos\left(\frac{\pi}{2}n\right) - \frac{3}{4}(-1)^n$$

예제 10-8 스펙트럼에 의한 이산 주기 신호의 합성

[그림 10-8]의 스펙트럼이 주어질 때, 이로부터 대응되는 이산 신호를 구하라.

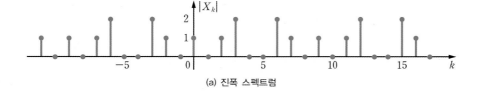

(a) 진폭 스펙트럼

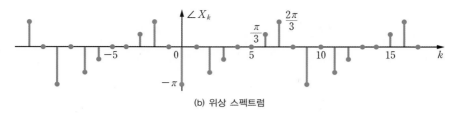

(b) 위상 스펙트럼

[그림 10-8] [예제 10-8]의 이산 주기 신호의 스펙트럼

풀이

그림에서 보면 스펙트럼이 주기 $N=9$로 반복되고 있으므로 기본 주파수는 $\Omega_0 = \dfrac{2\pi}{9}$이다. 반주기 구간 $0 \leq \Omega \leq \pi\,(0 \leq k < 5)$ 내에 주파수 0에서 크기 1이고 위상 $-\pi$, $2\Omega_0$에서 크기 1이고 위상 $-\dfrac{2\pi}{3}$, $3\Omega_0$에서 크기 2이고 위상 $-\dfrac{\pi}{3}$인 주파수 성분이 있으므로 합성 신호 $x[n]$은 다음과 같이 된다.

$$x[n] = |X_0|e^{j\angle X_0} + 2|X_2|\cos\left(2\Omega_0 n + \angle X_2\right) + 2|X_3|\cos\left(3\Omega_0 n + \angle X_3\right)$$

$$= -1 + 2\cos\left(\frac{4\pi}{9}n - \frac{2\pi}{3}\right) + 4\cos\left(\frac{6\pi}{9}n - \frac{\pi}{3}\right)$$

식 (10.8)의 DTFS 합성식에서 총합 구간을 $<N> = [-4, 4]$로 하여 구해도

$$x[n] = \sum_{k=-4}^{4} X_k e^{jk\frac{2\pi}{9}n} = 2e^{j\frac{\pi}{3}}e^{-j\frac{6\pi}{9}n} + e^{j\frac{2\pi}{3}}e^{-j\frac{4\pi}{9}n} + 1e^{-j\pi} + e^{-j\frac{2\pi}{3}}e^{j\frac{4\pi}{9}n} + 2e^{-j\frac{\pi}{3}}e^{j\frac{6\pi}{9}n}$$

$$= -1 + \left(e^{j\left(\frac{4\pi}{9}n - \frac{2\pi}{3}\right)} + e^{-j\left(\frac{4\pi}{9}n - \frac{2\pi}{3}\right)}\right) + 2\left(e^{j\left(\frac{6\pi}{9}n - \frac{\pi}{3}\right)} + e^{-j\left(\frac{6\pi}{9}n - \frac{\pi}{3}\right)}\right)$$

$$= -1 + 2\cos\left(\frac{4\pi}{9}n - \frac{2\pi}{3}\right) + 4\cos\left(\frac{6\pi}{9}n - \frac{\pi}{3}\right)$$

가 되어 같은 결과를 얻는다. 두 계산 과정을 비교해보면, 앞의 방법이 더 간편하다는 것을 알 수 있다.

10.2.2 연속 시간 및 이산 시간 푸리에 급수의 관계

이산 주기 신호는 연속 주기 신호를 샘플링한 것으로 생각할 수 있고, 이산 주기 신호의 스펙트럼은 연속 주기 신호의 스펙트럼을 $\Omega = 2\pi$ 주기로 반복한 형태가 된다. 이런 관계를 [표 10-1]과 [그림 10-9]에 나타내었다. 이로부터 **푸리에 급수에 의해 시간 영역에서 샘플링은 주파수 영역에서 주기적 반복에 대응되고, 시간 영역에서 주기 함수는 주파수 영역에서 이산 함수로 대응**됨을 알 수 있다.

[표 10-1] 연속 시간 푸리에 급수와 이산 시간 푸리에 급수

시간 영역	주기			
	연속		이산	
CTFS	합성 $$x_T(t) = \sum_{k=-\infty}^{\infty} X_k e^{jk\omega_0 t}$$	DTFS	합성 $$x_N[n] = \sum_{k=<N>} X_k e^{jk\Omega_0 n}$$	
	분석 $$X_k = \frac{1}{T}\int_T x_T(t) e^{-jk\omega_0 t} dt$$		분석 $$X_k = \frac{1}{N}\sum_{n=<N>} x_N[n] e^{-jk\Omega_0 n}$$	
	비주기		주기	주파수 영역
	이산			

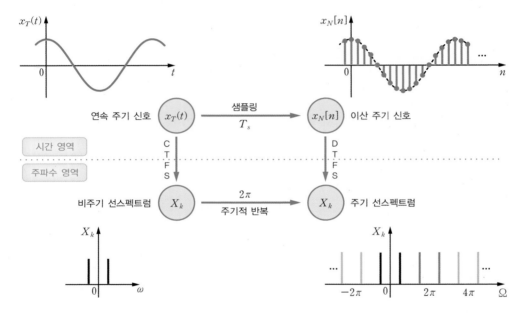

[그림 10-9] 연속 시간 푸리에 급수와 이산 시간 푸리에 급수의 관계

이산 시간 푸리에 급수의 성질

지금까지 살펴본 푸리에 표현(연속 시간 푸리에 급수, 연속 시간 푸리에 변환, 이산 시간 푸리에 급수)과 다음 장에서 다룰 이산 시간 푸리에 변환은 기본적으로 성질이 비슷하다. 다만 이산 신호의 스펙트럼이 주기 함수이기 때문에 일부 성질에서 차이가 나게 된다. 이 절에서는 그러한 성질들을 중심으로 간단히 결과만 살펴보고, 자세한 내용은 11.3절. 이산 시간 푸리에 변환(DTFT)의 성질에서 다루기로 한다.

학습포인트

• DTFS의 주기성과 대칭성에 대해 이해한다.
• 신호의 시간 이동에 대한 스펙트럼의 결과는 무엇인지 이해한다.
• 주기 신호의 전력에 대한 파스발의 정리를 이해한다.

주기성

이산 정현파의 $2\pi-$주기성 때문에 식 (10.7)에서 보았듯이 **이산 주기 신호의 푸리에 계수 X_k는 주기 N인 주기 함수**가 된다. 즉 다음의 관계가 성립한다.

$$x[n+mN] = x[n] \quad \Leftrightarrow \quad X_{k+lN} = X_k \tag{10.10}$$

시간 이동

신호의 시간 이동에 대해 진폭 스펙트럼은 바뀌지 않고 위상 스펙트럼만 선형적으로 바뀐다. 즉 시간 이동된 주기 신호 $x[n-n_0]$의 푸리에 계수는 다음 관계를 만족한다.

$$x[n-n_0] \quad \Leftrightarrow \quad e^{-jn_0 k\Omega_0} X_k \tag{10.11}$$

식 (10.11)은 푸리에 계수 정의식 식 (10.9)에서 $n-n_0 = m$으로 변수 치환하여 간단히 얻을 수 있다.

$$X_k{}' = \frac{1}{N} \sum_{n=<N>} x[n-n_0] e^{-jk\Omega_0 n} = \frac{1}{N} \sum_{m=<N>} x[m] e^{-jk\Omega_0(m+n_0)}$$

$$= e^{-jk\Omega_0 n_0} \frac{1}{N} \sum_{m=<N>} x[m] e^{-jk\Omega_0 m} = e^{-jn_0 k\Omega_0} X_k \tag{10.12}$$

예제 10-9 신호의 시간 이동에 대한 스펙트럼 변화

관련 예제 | [예제 10-6]

[그림 10-10]의 이산 주기 신호에 대해 푸리에 급수 표현과 스펙트럼을 구하라.

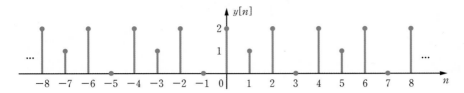

[그림 10-10] **[예제 10-9]의 이산 주기 신호**

풀이

이 신호는 [예제 10-6]의 신호 $x[n]$을 $n_0=1$만큼 지연한 신호이다. 즉 $y[n]=x[n-1]$으로, 주기 $N=4$, 기본 주파수 $\Omega_0=\frac{\pi}{2}$이다. 이 경우는 신호의 대칭성을 이용할 수 없으므로 식 (10.9)에서 $n=0$부터 $n=3$까지 총합을 취하여 푸리에 계수를 구하면 다음과 같다.

$$Y_k=\frac{1}{4}\sum_{n=0}^{3}y[n]e^{-jk\frac{\pi}{2}n}=\frac{1}{4}\left(2+e^{-j\frac{k\pi}{2}}+2e^{-j\frac{2k\pi}{2}}\right)$$

$$=\frac{1}{4}e^{-j\frac{k\pi}{2}}\left(2e^{j\frac{k\pi}{2}}+2e^{-j\frac{k\pi}{2}}+1\right)=\frac{1}{4}e^{-j\frac{k\pi}{2}}\left(1+4\cos\frac{k\pi}{2}\right)$$

이 결과를 [예제 10-6]에서 구한 $X_k=\frac{1}{4}\left(1+4\cos\frac{k\pi}{2}\right)$와 비교하면, $Y_k=e^{-jn_0k\Omega_0}X_k$가 된다.

대칭성

실수 주기 신호 $x[n]$의 푸리에 계수는 공액 대칭을 만족한다.

$$X_k=X_{-k}^*=X_{N-k}^*,\qquad x[n]\text{은 실수} \tag{10.13}$$

이로부터 **진폭 스펙트럼은 우대칭, 위상 스펙트럼은 기대칭**이라는 결과를 얻을 수 있다.

$$\begin{cases}|X_k|=|X_{-k}|, & x[n]\text{은 실수}\\ \angle X_k=-\angle X_{-k}, & x[n]\text{은 실수}\end{cases} \tag{10.14}$$

이산 실수 주기 신호의 스펙트럼은 이러한 대칭성과 주기성을 동시에 만족해야 하므로 **반주기점 $\frac{N}{2}(\Omega=\pi)$을 대칭축으로 하여 대칭성이 그대로 성립한다. 따라서 스펙트럼이 반주기 구간 $0\le\Omega\le\pi$에서만 주어지면 전체 주파수에 대한 스펙트럼을 구성할 수 있다.**

파스발의 정리 : 전력

- 이산 주기 신호에 대해서도 신호의 전력에 대한 파스발의 정리가 성립한다.

$$P = \frac{1}{N}\sum_{n=0}^{N-1}|x[n]|^2 = \sum_{k=0}^{N-1}|X_k|^2 \qquad (10.15)$$

- 주기 신호의 전력은 시간 영역에서 구하나 주파수 영역에서 구하나 마찬가지이다.
- 서로 다른 주파수 성분 간에는 전력이 전혀 만들어지지 않는다. 그러므로 주기 신호의 전력은 각 고조파 성분의 전력을 더하면 된다.

푸리에 급수에 의해 신호의 표현만 주파수 함수로 바뀌었을 뿐 신호 자체가 바뀐 게 아니기 때문에 어느 영역에서 전력을 계산하든지 마찬가지임은 당연한 결과이다. 또한 서로 다른 주파수 성분 간에 전력이 만들어지지 않는 것은 푸리에 급수 표현의 기저 신호로 사용되는 (복소) 정현파의 직교성 때문이다.

예제 10-10 푸리에 급수 표현에 의한 주기 신호의 전력

관련 예제 ┃ [예제 10-4]

주기 신호 $x[n] = 1 + \sin\dfrac{\pi}{4}n + 2\cos\dfrac{\pi}{2}n$ 의 전력을 계산하라.

풀이

주어진 신호는 [예제 10-4]의 신호 $x[n]$으로서 주기는 $N=8$, 기본 주파수는 $\Omega_0 = \dfrac{\pi}{4}$ 이다. 이 신호의 전력을 시간 영역에서 직접 계산하면 다음의 총합 계산을 수행해야 한다.

$$P = \frac{1}{N}\sum_{n=0}^{N-1}|x[n]|^2 = \frac{1}{8}\sum_{n=0}^{7}\left(1 + \sin\left(\frac{\pi}{4}n\right) + 2\cos\left(\frac{\pi}{2}n\right)\right)^2$$

위의 총합 계산을 하는 것보다는 파스발의 정리를 이용하여 스펙트럼으로부터 전력을 계산하는 것이 쉽다. [예제 10-4]에서 구한 $x[n]$의 푸리에 계수는 다음과 같으므로,

$$X_0 = 1, \; X_1 = -j\frac{1}{2}, \; X_2 = 1, X_6 = 1, X_7 = j\frac{1}{2}$$

파스발의 정리를 적용하면 다음과 같이 전력을 구할 수 있다.

$$P = \sum_{k=0}^{7}|X_k|^2 = 1^2 + \left(\frac{1}{2}\right)^2 + 1^2 + 1^2 + \left(\frac{1}{2}\right)^2 = 3.5$$

Quick Review

■ 다음 문제에서 맞는 것을 골라라.

(1) 주파수 Ω_0와 $\Omega_0 + 2\pi k$인 이산 정현파는 서로 다른 신호이다. (○, ×)

(2) 이산 정현파가 가질 수 있는 최대 각주파수는 $(2\pi, \infty)$이다.

(3) 이산 신호의 스펙트럼은 (주기, 비주기) 함수이다.

(4) 이산 주기 신호의 주파수 성분은 주기 N보다 많을 수 없다. (○, ×)

(5) 이산 신호의 스펙트럼의 반복 주기는 연속 신호의 (기본, 샘플링) 주파수에 해당된다.

(6) 이산 주기 신호의 고조파는 복소평면의 (단위원, 허축)에 (등간격, 임의)(으)로 존재한다.

(7) 연속이든 이산이든 상관없이 주기 신호의 스펙트럼은 선 스펙트럼이다. (○, ×)

(8) DTFS는 항상 $[0, N-1]$의 주기 구간에 대해서 계산을 수행해야 한다. (○, ×)

(9) DTFS는 디리클레 조건과 같은 별도의 수렴 조건을 요구한다. (○, ×)

(10) 이산 실수 신호의 스펙트럼은 최소한 (반주기, 한 주기, 전주파수)에서 주어지면 된다.

(11) 이산 실수 주기 신호의 푸리에 계수는 (공액 대칭, 우대칭, 기대칭)을 만족한다.

(12) 신호를 시간 이동하면 진폭과 위상 스펙트럼이 모두 변한다. (○, ×)

(13) 신호의 다른 주파수 성분끼리도 에너지를 형성한다. (○, ×)

10.1 다음과 같은 이산 신호가 주기 $N=4$로 반복되는 이산 주기 신호 $x[n]$의 이산 시간 푸리에 급수를 구하라.

   (a) $[1,\ 2,\ 1,\ 0]$ (b) $[-1,\ 2,\ -1,\ 0]$ (c) $[1,\ 1,\ 0,\ 0]$
     ↑   ↑   ↑

10.2 다음과 같은 이산 주기 신호의 이산 시간 푸리에 급수를 구하라.

   (a) $x[n]=\begin{cases}1, & 0\le n\le 3 \\ 0, & 4\le n\le 7\end{cases},\ N=8$ (b) $x[n]=\cos\left(\dfrac{\pi}{2}n-\dfrac{\pi}{4}\right)$

10.3 다음과 같은 이산 주기 신호에 대해서 이산 시간 푸리에 급수의 계수를 구하고, 진폭 및 위상 스펙트럼을 그려라.

   (a) $x[n]=\cos\left(\dfrac{\pi}{4}(n-1)\right)$ (b) $x[n]=\sin\left(\dfrac{3\pi}{2}(n-1)\right)$

   (c) $x[n]=\cos\left(\dfrac{2\pi}{3}n\right)+\sin\left(\dfrac{2\pi}{4}n\right)$

10.4 [그림 10–11]과 같은 이산 주기 신호에 대해서 이산 시간 푸리에 급수의 계수를 구하고, 진폭 및 위상 스펙트럼을 그려라.

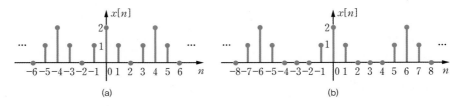

[그림 10–11]

10.5 다음 각 경우에 주기 $N=8$인 이산 주기 신호의 DTFS 계수가 주어져 있다. 이에 대응하는 신호 $x[n]$을 구하라.

   (a) $X_k=\delta[k+3]+2\delta[k]+\delta[k-3],\ \ -4\le k\le 3$

   (b) $X_k=(-1)^k,\ \ 0\le k\le 7$ (c) $X_k=\begin{cases}1, & -4\le k\le 3,\ k\ne\pm 2 \\ 0, & k=\pm 2\end{cases}$

10.6 다음과 같은 이산 주기 신호의 DTFS를 구하라.

(a) $x[n] = \begin{cases} 1, & n = 짝수 \\ 0, & n = 홀수 \end{cases}$ (b) $x[n] = \begin{cases} +1, & n = 짝수 \\ -1, & n = 홀수 \end{cases}$

10.7 [그림 10-12]의 이산 주기 신호에 대한 DTFS를 구하고, 스펙트럼을 그려라.

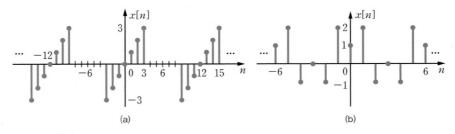

[그림 10-12]

10.8 [그림 10-13]의 푸리에 계수에 대해 이산 주기 신호를 구하라.

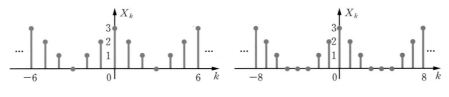

[그림 10-13]

10.9 주기 N인 이산 주기 신호 $x[n]$의 푸리에 계수를 X_k라고 할 때, 다음에 주어진 신호의 푸리에 계수를 X_k로 나타내어라.

(a) $x[n] - x[n-1]$ (b) $(-1)^n x[n]$ (c) $x[n] + x\left[n + \dfrac{N}{2}\right]$, N은 짝수

10.10 다음 주기 신호의 전력을 계산하라.

$$x[n] = 1 + 2\sin\left(\frac{\pi}{6}n\right) - 4\cos\left(\frac{\pi}{3}n\right) + 2\cos\left(\frac{\pi}{2}n\right) - 4\sin\left(\frac{3\pi}{4}n\right)$$

Chapter 11

이산 시간 푸리에 변환

Discrete Time Fourier Transform

이산 시간 푸리에 변환(DTFT)의 개요 11.1

주요 신호의 이산 시간 푸리에 변환쌍 11.2

이산 시간 푸리에 변환의 성질 11.3

DTFT를 이용한 이산 시스템 해석 11.4

연습문제

학습목표

• 이산 시간 푸리에 변환(DTFT)의 개념과 DTFS와의 관계를 이해할 수 있다.

• 여러 푸리에 표현의 연관성과 상호 관계에 대해 이해할 수 있다.

• 주요 신호의 이산 시간 푸리에 변환쌍들을 익힐 수 있다.

• 이산 시간 푸리에 변환이 갖는 여러 유용한 성질들을 이해하고 잘 활용할 수 있다.

• 주파수 응답의 개념과 활용에 대해 이해할 수 있다.

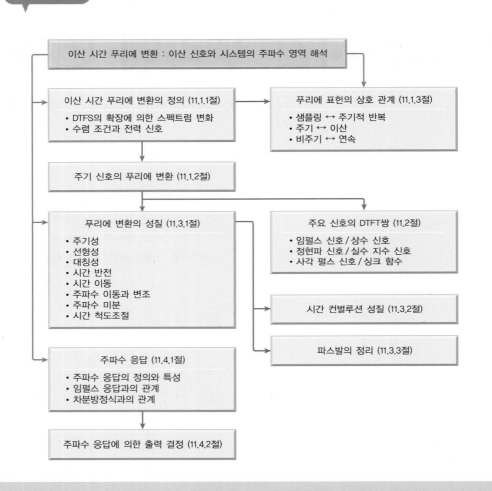

이산 시간 푸리에 변환 : 이산 신호와 시스템의 주파수 영역 해석

이산 시간 푸리에 변환의 정의 (11.1.1절)
• DTFS의 확장에 의한 스펙트럼 변화
• 수렴 조건과 전력 신호

푸리에 표현의 상호 관계 (11.1.3절)
• 샘플링 ↔ 주기적 반복
• 주기 ↔ 이산
• 비주기 ↔ 연속

주기 신호의 푸리에 변환 (11.1.2절)

푸리에 변환의 성질 (11.3.1절)
• 주기성
• 선형성
• 대칭성
• 시간 반전
• 시간 이동
• 주파수 이동과 변조
• 주파수 미분
• 시간 척도조절

주요 신호의 DTFT쌍 (11.2절)
• 임펄스 신호 / 상수 신호
• 정현파 신호 / 실수 지수 신호
• 사각 펄스 신호 / 싱크 함수

시간 컨벌루션 성질 (11.3.2절)

파스발의 정리 (11.3.3절)

주파수 응답 (11.4.1절)
• 주파수 응답의 정의와 특성
• 임펄스 응답과의 관계
• 차분방정식과의 관계

주파수 응답에 의한 출력 결정 (11.4.2절)

이산 시간 푸리에 변환(DTFT)의 개요

주기 신호는 이산 신호의 일부분에 불과하므로 이산 비주기 신호에 대한 주파수 영역 해석 도구도 필요하다. 이 절에서는 연속 신호의 경우와 같은 방법으로 푸리에 급수의 결과를 확장하여 이산 비주기 신호에 대한 주파수 영역 변환인 이산 시간 푸리에 변환(DTFT)을 이끌어내고 그 특징을 간단히 살펴볼 것이다.

학습포인트

- 이산 시간 푸리에 급수(DTFS)로부터 이산 시간 푸리에 변환(DTFT)을 유도하는 과정을 이해한다.
- 이산 시간 푸리에 변환의 정의와 특징을 이해한다.
- 이산 시간 푸리에 변환의 수렴 조건을 알아본다.
- 전력 신호, 특히 주기 신호의 이산 시간 푸리에 변환에 대해 이해한다.
- 네 가지 푸리에 표현의 각각의 특징을 이해한다.
- 네 가지 푸리에 표현의 상호 관계 및 시간 신호와 주파수 스펙트럼의 관계를 명확히 이해한다.

11.1.1 이산 시간 푸리에 변환(DTFT)

이산 시간 푸리에 급수의 확장

이산 비주기 신호 $x[n]$을 [그림 11-1]과 같이 주기 N으로 반복하여 N-주기 신호 $x_N[n]$을 만들면, 두 신호의 관계는 다음과 같다.

$$x[n] = \begin{cases} x_N[n], & 0 \leq n \leq N-1 \\ 0, & \text{그 외} \end{cases} \tag{11.1}$$

이때 주기 N을 점점 크게 하여 무한대까지 접근시키면 주기 신호와 비주기 신호는 점차 같아지게 될 것이다. 즉 $x[n]$은 $x_N[n]$의 주기 N이 무한대인 경우로 간주할 수 있다. 따라서 주기 신호의 이산 시간 푸리에 급수에 $N \to \infty$의 극한을 취하면 비주기 신호 $x[n]$의 주파수 영역 표현을 얻을 수 있으며, 이를 **이산 시간 푸리에 변환**(DTFT)$^{\text{Discrete Time Fourier Transform}}$이라고 한다.

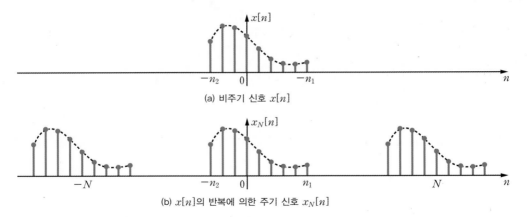

(a) 비주기 신호 $x[n]$

(b) $x[n]$의 반복에 의한 주기 신호 $x_N[n]$

[그림 11-1] 신호 $x[n]$을 주기적으로 반복시켜 얻은 주기 신호 $x_N[n]$

이산 시간 푸리에 변환의 정의

주기 신호 $x_N[n]$에 대한 이산 시간 푸리에 급수의 계수 X_k는 식 (11.1)의 관계를 이용하여 다음과 같이 쓸 수 있다.

$$X_k = \frac{1}{N} \sum_{n=<N>} x_N[n] e^{-jk\Omega_0 n} = \frac{1}{N} \sum_{n=-\infty}^{\infty} x[n] e^{-jk\Omega_0 n} \tag{11.2}$$

$N \to \infty$의 극한을 취할 경우 X_k의 크기가 0으로 수렴하는 것을 피하기 위해 먼저 다음과 같이 NX_k의 포락선^{envelope} 함수 $X(\Omega)$를 정의하면,

$$X(\Omega) = \sum_{n=-\infty}^{\infty} x[n] e^{-j\Omega n} \tag{11.3}$$

$x_N[n]$의 이산 시간 푸리에 급수 표현은 다음과 같이 쓸 수 있다.

$$\begin{aligned} x_N[n] &= \sum_{k=<N>} X_k e^{jk\Omega_0 n} = \frac{1}{N} \sum_{k=<N>} X(k\Omega_0) e^{jk\Omega_0 n} \\ &= \frac{\Omega_0}{2\pi} \sum_{k=<N>} X(k\Omega_0) e^{jk\Omega_0 n} \end{aligned} \tag{11.4}$$

이제 식 (11.4)에 $N \to \infty$의 극한을 취하면, $x_N[n]$은 $x[n]$이 되고 Ω_0는 무한소인 $d\Omega$로, $k\Omega_0$는 연속적인 변수 Ω로, 한 주기 구간 $<N>$에 대한 총합은 주파수 Ω의 한 주기 2π에 대한 적분으로 바뀐다.

$$x[n] = \frac{1}{2\pi} \int_{2\pi} X(\Omega) e^{j\Omega n} d\Omega \qquad (11.5)$$

- **이산 시간 푸리에 변환(DTFT)**은 시간 신호 $x[n]$의 주파수 영역 표현인 스펙트럼 $X(\Omega)$를 구하는 주파수 분해이다.

$$X(\Omega) = \mathscr{F}\{x[n]\} = \sum_{n=-\infty}^{\infty} x[n] e^{-j\Omega n} \qquad (11.3)$$

- $X(\Omega) = |X(\Omega)| e^{j\angle X(\Omega)}$은 연속된 주파수에 대해 값을 갖는 복소함수로서, 여기서 $|X(\Omega)|$와 $\angle X(\Omega)$를 각각 진폭 스펙트럼과 위상 스펙트럼이라 한다.
- **이산 시간 푸리에 역변환(IDTFT)**은 스펙트럼 $X(\Omega)$로부터 시간 신호 $x[n]$을 재현하는 주파수 합성이다.

$$x[n] = \mathscr{F}^{-1}\{X(\Omega)\} = \frac{1}{2\pi} \int_{2\pi} X(\Omega) e^{j\Omega n} d\Omega \qquad (11.5)$$

- 이산 시간 푸리에 급수와 마찬가지로, 식 (11.5)는 기저 신호 $e^{j\Omega n}$을 이용하여 $x[n]$을 주파수 성분별로 구분하여 표시한 것으로 이해할 수 있다.
- **이산 시간 푸리에 변환쌍** $x[n] \Leftrightarrow X(\Omega)$는 1:1 대응 관계가 성립하는 쌍이다.

연속 시간 푸리에 변환에서와 마찬가지로, 분석식 식 (11.3)은 이산 신호 $x[n]$이 어떤 주파수 성분을 가지는가를 보여준다. 그리고 합성식 식 (11.5)는 스펙트럼 $X(\Omega)$로부터 어떻게 이산 신호 $x[n]$을 재현할 수 있는지를 나타내는데, **단지 주파수의 한 주기 2π 내의 복소 정현파 성분들만 모두 더하여 만들어낼 수 있다는** 점이 연속 시간 푸리에 변환과는 다르다.

예제 11-1 이산 비주기 신호의 푸리에 변환   관련 예제 | [예제 11-8]

[그림 11-2]의 이산 신호에 대해 이산 시간 푸리에 변환(DTFT)을 구하라.

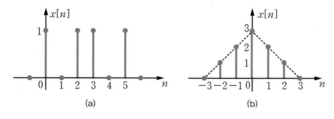

(a)   (b)

[그림 11-2] [예제 11-1]의 비주기 이산 신호

풀이

(a) 이산 시간 푸리에 변환의 정의식 식 (11.3)으로부터 $x[n]$의 DTFT는 다음과 같다.

$$X(\Omega) = \sum_{n=0}^{5} x[n]e^{-j\Omega n} = 1 + e^{j2\Omega} + e^{j3\Omega} + e^{j5\Omega}$$

$$= e^{j\Omega}(e^{-j\Omega} + e^{j\Omega}) + e^{j4\Omega}(e^{-j\Omega} + e^{j\Omega})$$

$$= 2(e^{j\Omega} + e^{j4\Omega})\cos(\Omega) = 4e^{j\frac{5}{2}\Omega}\cos\left(\frac{3}{2}\Omega\right)\cos(\Omega)$$

풀이에서 보듯이, 오일러 공식을 이용해서 복소 지수함수를 삼각함수 정현파로 바꾸어 정리하는 것이 바람직하다.

(b) 이산 시간 푸리에 변환의 정의식 식 (11.3)으로부터 $x[n]$의 DTFT는 다음과 같다.

$$X(\Omega) = \sum_{n=-2}^{2} x[n]e^{-j\Omega n} = e^{j2\Omega} + 2e^{j\Omega} + 3 + 2e^{-j\Omega} + e^{-j2\Omega}$$

$$= 3 + 2(e^{j\Omega} + e^{-j\Omega}) + (e^{j2\Omega} + e^{-j2\Omega})$$

$$= 3 + 4\cos(\Omega) + 2\cos(2\Omega)$$

예제 11-2 **이산 사각 펄스 신호의 푸리에 변환**   관련 예제 | [예제 11-4]

[그림 11-3]에 나타낸 이산 사각 펄스의 푸리에 변환(DTFT)을 구하라.

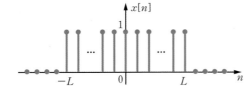

[그림 11-3] **이산 사각 펄스**

풀이

이산 시간 푸리에 변환의 정의식 식 (11.3)으로부터 $x[n]$의 DTFT는 다음과 같다.

$$X(\Omega) = \sum_{n=-\infty}^{\infty} x[n]e^{-j\Omega n} = \sum_{n=-L}^{L} (e^{-j\Omega})^n$$

$\Omega = 0,\ \pm 2\pi,\ \pm 4\pi,\ \cdots$이면 $e^{-j\Omega n} = 1$이므로 $X(\Omega) = 2L + 1$이 되며, 이 경우를 제외하면 $X(\Omega)$는 공비 $e^{-j\Omega}$인 등비급수이므로 다음과 같이 된다.

$$X(\Omega) = e^{jL\Omega}\frac{1 - e^{-j(2L+1)\Omega}}{1 - e^{-j\Omega}} = e^{jL\Omega}\frac{e^{-j\frac{2L+1}{2}\Omega}\left(e^{j\frac{2L+1}{2}\Omega} - e^{-j\frac{2L+1}{2}\Omega}\right)}{e^{-j\frac{\Omega}{2}}\left(e^{j\frac{\Omega}{2}} - e^{-j\frac{\Omega}{2}}\right)}$$

$$= \frac{e^{j\frac{2L+1}{2}\Omega} - e^{-j\frac{2L+1}{2}\Omega}}{e^{j\frac{\Omega}{2}} - e^{-j\frac{\Omega}{2}}} = \frac{\sin\left(\frac{2L+1}{2}\Omega\right)}{\sin\left(\frac{\Omega}{2}\right)}$$

$X(\Omega)$는 [그림 11-4]와 같이 나타낼 수 있다. 이는 sinc 함수를 2π 주기로 반복한 것을 합한 것과 같은 형태로서 **디리클레**^{Dirichlet} **함수**라고 한다.

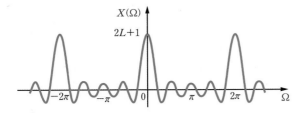

[그림 11-4] **이산 사각 펄스의 푸리에 스펙트럼**

한 주기에 대한 총합 계산인 이산 시간 푸리에 급수와 달리, 식 (11.3)의 이산 시간 푸리에 변환은 전 시간 구간에 대한 총합이므로 수렴을 보장하기 위한 $x[n]$의 조건이 필요하다.

> **이산 시간 푸리에 변환의 수렴 조건**
> - $x[n]$이 **절대 총합 가능**^{absolutely summable}하면 이산 시간 푸리에 변환이 존재한다.
>
> $$\sum_{n=-\infty}^{\infty} |x[n]| < \infty \tag{11.6}$$
>
> - 에너지 신호는 항상 수렴 조건을 만족하여 이산 시간 푸리에 변환이 존재한다.
> - 전력 신호는 수렴 조건을 만족하지 않지만 특별히 푸리에 변환이 가능한 것으로 취급한다. 전력 신호의 이산 시간 푸리에 변환은 임펄스를 포함한다.

유한한 에너지를 갖는 에너지 신호는 식 (11.6)의 수렴 조건을 항상 충족시킨다. 이와 달리, 계단 신호나 주기 신호처럼 에너지는 무한하고 전력이 유한한 전력 신호는 식 (11.6)을 충족시키지 못해 이론적으로는 푸리에 변환이 불가능하지만 특별히 푸리에 변환이 가능한 것으로 취급한다. 대신에 **전력 신호의 푸리에 변환은 식 (11.3)의 정의식을 사용하여 구할 수 없다.** 따라서 우회적인 방법을 이용하여 구해야 한다. 전력 신호에 대해서도 푸리에 변환이 가능한 것으로 취급하면 주기 신호도 푸리에 변환으로 다룰 수 있게 되어 푸리에 변환 하나만으로 주기, 비주기 가릴 것 없이 신호를 주파수 영역으로 변환할 수 있게 되므로 편리하다.

예제 11-3 임펄스 스펙트럼의 이산 시간 푸리에 역변환(IDTFT)

스펙트럼이 임펄스인 $X(\Omega) = 2\pi\delta(\Omega - \Omega_0)$에 대응되는 시간 신호 $x[n]$을 구하라.

풀이

IDTFT의 정의식에 임펄스 함수의 체 거르기 성질을 적용하면 $x[n]$은 다음과 같이 된다.

$$x[n] = \frac{1}{2\pi}\int_{2\pi} 2\pi\delta(\Omega - \Omega_0)e^{j\Omega n}\,d\Omega = e^{j\Omega_0 n}$$

따라서 다음의 DTFT 쌍을 얻는다.

$$e^{j\Omega_0 n} \quad \Leftrightarrow \quad 2\pi\delta(\Omega - \Omega_0) \tag{11.7}$$

시간 신호 $x[n] = e^{j\Omega_0 n}$은 모든 n에 대해 $|x[n]| = 1$ 이므로 $\sum_{n=-\infty}^{\infty}|x[n]| = \infty$가 되어 식 (11.6)의 수렴 조건을 만족하지 않는다. 그러므로 식 (11.3)의 정의식으로는 값을 계산할 수가 없어서, 이 예제와 같이 다른 방법으로 변환쌍을 찾은 것이다.

이산 시간 푸리에 변환과 스펙트럼

$x[n]$의 이산 시간 푸리에 변환 $X(\Omega)$는 $x[n]$의 주파수 성분을 나타낸 스펙트럼으로서 극좌표 표현 $X(\Omega) = |X(\Omega)|e^{j\angle X(\Omega)}$으로부터 진폭 스펙트럼과 위상 스펙트럼을 구할 수 있다. **진폭 스펙트럼 $|X(\Omega)|$는 $x[n]$의 주파수 성분들의 상대적 크기를, 위상 스펙트럼 $\angle X(\Omega)$는 주파수 성분들의 시간축 상에서의 상대적인 위치를 나타낸다.**

이산 정현파의 2π-주기성으로 인해 **이산 비주기 신호의 스펙트럼도 주기 2π로 반복된다.**

$$
\begin{aligned}
X(\Omega + 2m\pi) &= \sum_{n=-\infty}^{\infty} x[n]e^{-j(\Omega + 2m\pi)n} \\
&= \sum_{n=-\infty}^{\infty} x[n]e^{-j\Omega n}e^{-j2m\pi n} = X(\Omega)
\end{aligned}
\tag{11.8}
$$

식 (11.8)은 이산 신호를 합성하는 데 필요한 주파수 정보는 스펙트럼의 2π 구간에 모두 들어있음을 의미한다. 따라서 식 (11.5)의 합성식에서 적분 구간을 2π로 제한해도 아무런 문제가 없게 되는 것이다.

예제 11-4 사각 펄스 스펙트럼의 이산 시간 푸리에 역변환   관련 예제 | [예제 11-2]

[그림 11-5]와 같이 스펙트럼이 주기 사각 펄스일 때 이에 대응되는 이산 신호를 구하라.

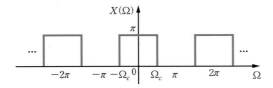

[그림 11-5] **주기 사각 펄스 스펙트럼**

풀이

$X(\Omega) = \pi$, $|\Omega| < \Omega_c$이므로, IDTFT 정의식인 식 (11.5)를 이용하면 다음을 얻는다.

$$x[n] = \frac{1}{2\pi} \int_{-\Omega_c}^{\Omega_c} \pi e^{j\Omega n} d\Omega = \frac{1}{j2n} e^{j\Omega n} \Big|_{-\Omega_c}^{\Omega_c} = \frac{1}{j2n} \left(e^{j\Omega_c n} - e^{-j\Omega_c n} \right)$$

$$= \frac{\Omega_c}{\Omega_c n} \sin(\Omega_c n) = \Omega_c \text{sinc}\left(\frac{\Omega_c}{\pi} n \right) = 2\pi F_c \text{sinc}(2F_c n)$$

[그림 11-6]은 신호 $x[n]$을 나타낸 것이다.

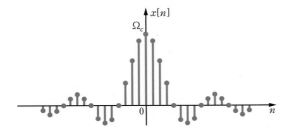

[그림 11-6] **주기 사각 펄스 스펙트럼의 역 DTFT 결과**

[예제 11-2]와 [예제 11-4]의 결과를 비교해보면, 수식적으로 엄밀하게 성립되는 것은 아니지만 살짝 변형된 형태로 '사각 펄스 $\Leftrightarrow$ sinc 함수'의 짝이 유지되고 있음을 알 수 있다.

11.1.2 주기 신호의 이산 시간 푸리에 변환

주기 신호는 대표적인 전력 신호이다. 따라서 **주기 신호는 푸리에 급수와 푸리에 변환의 두 가지 표현이 가능하다.** 주기 신호 $x_N[n]$의 푸리에 급수와 푸리에 변환 $X_N(\Omega)$, 그리고 $x_N[n]$의 한 주기만 떼어낸 비주기 신호 $x[n]$의 푸리에 변환 $X(\Omega)$의 관계를 살펴보자.

식 (11.2)와 식 (11.3)으로부터 X_k는 $X(\Omega)$를 등간격 Ω_0로 샘플링하여 $\frac{1}{N}$배 한 것과 같다.

$$X_k = \frac{1}{N}X(k\Omega_0) \qquad (11.9)$$

$x_N[n]$의 푸리에 변환은 식 (11.5)와 식 (11.9)로부터 다음과 같이 되는데, 식 (11.10)에서 네 번째 등식은 식 (11.7)의 변환쌍을 적용한 결과이다.

$$\begin{aligned} X_N(\Omega) &= \sum_{n=-\infty}^{\infty} x_N[n]e^{-j\Omega n} = \sum_{n=-\infty}^{\infty}\left(\sum_{k=<N>} X_k e^{jk\Omega_0 n}\right)e^{-j\Omega n} \\ &= \sum_{k=<N>} X_k\left(\sum_{n=-\infty}^{\infty} e^{jk\Omega_0 n}e^{-j\Omega n}\right) = \sum_{k=<N>} 2\pi X_k \delta(\Omega - k\Omega_0) \\ &= \frac{2\pi}{N}\sum_{k=<N>} X(k\Omega_0)\delta(\Omega - k\Omega_0) = \Omega_0 \sum_{k=<N>} X(k\Omega_0)\delta(\Omega - k\Omega_0) \end{aligned} \qquad (11.10)$$

- **이산 주기 신호의 푸리에 급수와 이산 비주기 신호의 푸리에 변환의 관계**

  X_k는 $X(\Omega)$를 기본주파수의 정수배, 즉 $k\Omega_0$에서 샘플링하여 $\frac{1}{N}$배 한 것과 같다.

  $$X_k = \frac{1}{N}X(k\Omega_0)$$

- **이산 주기 신호의 푸리에 급수와 이산 주기 신호의 푸리에 변환의 관계**

  $X_N(\Omega)$는 $k\Omega_0$에 위치한 세기 $2\pi X_k$인 임펄스들로 이루어진다.

  $$X_N(\Omega) = \sum_{k=<N>} 2\pi X_k \delta(\Omega - k\Omega_0) \qquad (11.11)$$

- **이산 주기 신호의 푸리에 변환과 이산 비주기 신호의 푸리에 변환의 관계**

  $X_N(\Omega)$는 $X(\Omega)$를 $k\Omega_0$에서 세기 Ω_0인 임펄스들로 샘플링한 것이다.

  $$X_N(\Omega) = \Omega_0 \sum_{k=<N>} X(k\Omega_0)\delta(\Omega - k\Omega_0) \qquad (11.12)$$

- 주기 신호의 푸리에 변환은 임펄스들로 구성된다.

식 (11.12)는, **이산 주기 신호의 스펙트럼은 같은 파형을 가진 이산 비주기 신호의 푸리에 변환(스펙트럼)을 샘플링한 이산 함수**로서 샘플링 간격은 기본주파수 Ω_0로 주어짐을 말해준다. 이상의 논의에서 어떤 경우이든지 **이산 주기 신호의 스펙트럼은 기본주파수의 정수배인 $k\Omega_0$에서만 존재하는 불연속적인 이산 함수**임을 알 수 있다.

예제 11-5 이산 신호의 푸리에 변환

다음 물음에 답하라.

(a) $x[n] = [1,\ 0,\ 1]$의 DTFT를 구하라.

(b) $x[n]$을 주기 $N=3$으로 반복한 주기 신호 $x_N[n]$의 DTFT를 구하라.

(c) $y[n] = [0,\ x[n],\ 0]$을 주기 $N=5$로 반복한 $y_N[n]$의 DTFT를 구하라.

풀이

(a) DTFT의 정의식으로부터 $x[n]$의 DTFT는 다음과 같이 된다.

$$X(\Omega) = \sum_{n=-1}^{1} x[n] e^{-j\Omega n} = e^{j\Omega} + e^{-j\Omega} = 2\cos\Omega$$

(b) $x_N[n]$의 기본주파수는 $\Omega_0 = \dfrac{2\pi}{3}$이므로, 식 (11.12)로부터 DTFT는 다음과 같다.

$$X_N(\Omega) = \Omega_0 \sum_{k=<N>} X(k\Omega_0)\,\delta(\Omega - k\Omega_0) = \sum_{k=<N>} \frac{4\pi}{3}\cos\left(\frac{2\pi}{3}k\right)\delta\left(\Omega - \frac{2\pi}{3}k\right)$$

(c) $y_N[n]$은 $x[n]$의 반복 간격, 즉 주기만 더 늘려 주기 신호로 만든 것이다. $y_N[n]$의 기본주파수는 $\Omega_0 = \dfrac{2\pi}{5}$이므로, 식 (11.12)로부터 DTFT는 다음과 같다.

$$Y_N(\Omega) = \Omega_0 \sum_{k=<N>} X(k\Omega_0)\,\delta(\Omega - k\Omega_0) = \sum_{k=<N>} \frac{4\pi}{5}\cos\left(\frac{2\pi}{5}k\right)\delta\left(\Omega - \frac{2\pi}{5}k\right)$$

(b)와 (c)의 결과를 비교해보면, 같은 비주기 신호라 하더라도 반복 주기에 따라 만들어진 주기 신호의 기본주파수가 달라지므로 주기 신호의 스펙트럼(DTFT)은 달라진다. [그림 11-7]에 각 신호의 파형과 스펙트럼을 나타내었다. 이 그림에서 $X_N(\Omega)$와 $Y_N(\Omega)$ 모두 $X(\Omega)$를 임펄스로 샘플링하는 것은 같지만, 기본주파수에 따라 샘플링된 스펙트럼이 달라짐을 확인할 수 있다. 한 주기에 $X_N(\Omega)$는 3개, $Y_N(\Omega)$는 5개의 주파수 성분을 가진다.

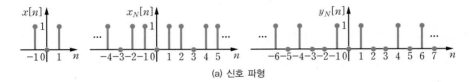

(a) 신호 파형

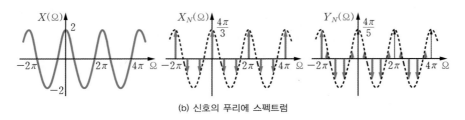

(b) 신호의 푸리에 스펙트럼

[그림 11-7] [예제 11-5]의 신호 파형 및 스펙트럼

11.1.3 다른 푸리에 표현들과의 관계

이산 시간 푸리에 급수와 이산 시간 푸리에 변환

이산 신호에 대한 푸리에 급수와 푸리에 변환의 역할을 알기 쉽게 [그림 11-8]에 나타내었다. 푸리에 급수에서도 보았듯이, 변환, 즉 $x[n] \rightarrow X(\Omega)$는 신호를 주파수 성분으로 나누는 주파수 분석에 해당하고, 역변환, 즉 $X(\Omega) \rightarrow x[n]$은 주파수 성분들을 모아서 신호를 만드는 주파수 합성에 해당한다. **주기 신호의 스펙트럼은 기본 주파수의 정수배 성분들만 존재하는 선 스펙트럼으로 주파수에 대해 이산 함수였지만, 푸리에 변환에 의한 비주기 신호의 스펙트럼은 주파수에 대해 연속 함수이다. 또한 주기든 비주기이든 상관없이 이산 신호의 스펙트럼은 주기 함수이다.**

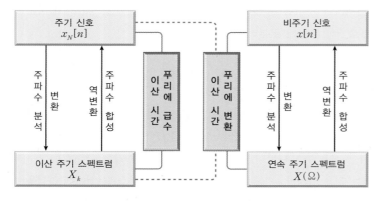

[그림 11-8] **이산 신호의 시간 영역 및 주파수 영역 표현과 변환**

(연속 시간) 푸리에 변환과 이산 시간 푸리에 변환

이산 신호는 연속 신호를 샘플링한 것으로 생각할 수 있으므로, 이산 비주기 신호의 스펙트럼은 연속 비주기 신호의 스펙트럼을 $\Omega = 2\pi$ 주기로 반복한 형태가 된다. 이런

관계를 [표 11-1]과 [그림 11-9]에 나타내었다. 이로부터 **푸리에 변환에 의해 시간 영역에서 샘플링은 주파수 영역에서 주기적 반복에 대응되며, 시간 영역에서 비주기 함수는 주파수 영역에서 연속 함수로 대응**됨을 알 수 있다.

[표 11-1] **연속 시간 푸리에 변환과 이산 시간 푸리에 변환**

시간 영역	비주기			
	연속		**이산**	
CTFT	합성 $$x(t) = \frac{1}{2\pi}\int_{-\infty}^{\infty} X(\omega)e^{j\omega t}\,d\omega$$	DTFT	합성 $$x[n] = \frac{1}{2\pi}\int_{2\pi} X(\Omega)e^{j\Omega n}\,d\Omega$$	
	분석 $$X(\omega) = \int_{-\infty}^{\infty} x(t)e^{-j\omega t}\,dt$$		분석 $$X(\Omega) = \sum_{n=-\infty}^{\infty} x[n]e^{-j\Omega n}$$	
	비주기		**주기**	주파수 영역
	연속			

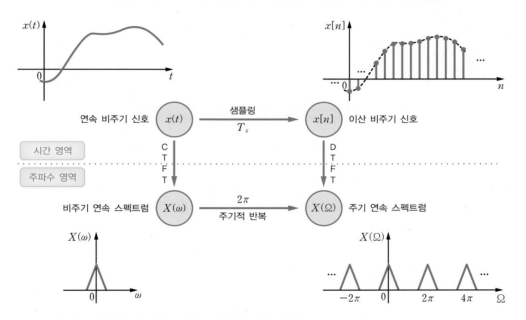

[그림 11-9] **연속 시간 푸리에 변환과 이산 시간 푸리에 변환의 관계**

네 가지 푸리에 표현의 상호 관계

지금까지 4개의 장(5, 6, 10, 11장)에 걸쳐 4가지 푸리에 표현을 배웠다. 이 4가지 푸리에 표현은 서로 전혀 관련이 없는 별개의 변환이 아니라 이론적 토대가 같다. 그러므로 신호의 유형에 따라 수식 표현이 달라지긴 하지만 **푸리에 표현의 기본 구조는 동일하다.** 신호는 주파수와 일대일 대응 관계에 있는 복소 정현파 신호의 가중합으로

표현된다. 다만 신호의 유형에 따라 변환을 통해 얻어진 스펙트럼의 차이가 발생한다. **연속 신호의 스펙트럼은 비주기적이고 이산 신호의 스펙트럼은 주기적이다.** 또한 주기 신호는 이산 스펙트럼을 가지고 비주기 신호는 연속 스펙트럼을 가지며, 주기 신호의 스펙트럼은 비주기 신호의 스펙트럼의 샘플 값에 대응된다.

[그림 11-10]은 지금까지 살펴본 각기 다른 형태의 시간 신호와 네 가지 푸리에 표현으로 얻어지는 스펙트럼의 관계를 이해하기 쉽게 정리한 것이다. **신호와 스펙트럼의 각 영역 내부의 관계는 샘플링과 주기적 반복이라는 두 개의 조작으로 설명할 수 있고 영역 간의 관계는 푸리에 표현으로 규정된다.** 한 영역에서 샘플링은 다른 영역에서는 주기적 반복에 대응된다.

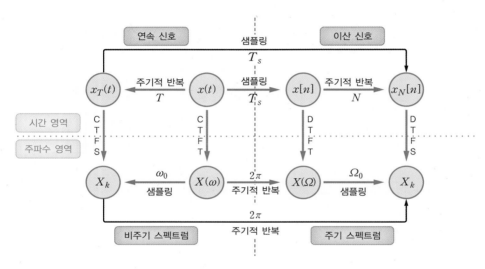

[그림 11-10] **시간 신호와 주파수 스펙트럼의 관계**

[그림 11-10]에서 보면, 연속 비주기 신호 $x(t)$로부터 샘플링과 주기적 반복 조작을 통해 나머지 모든 신호, 즉 연속 주기 신호 $x_T(t)$, 이산 비주기 신호 $x[n]$, 이산 주기 신호 $x_N[n]$을 만들어낼 수 있다. 이러한 관계는 주파수 영역에서도 그대로 보존되므로, **이론적으로는 (CT)FT가 푸리에 표현의 가장 근간이 되는 변환**이라고 할 수 있다.

주요 신호의 이산 시간 푸리에 변환쌍

기본적인 신호들의 푸리에 변환쌍을 알고 있으면, 이로부터 다른 신호의 푸리에 변환을 쉽게 구하거나 주파수 영역 해석에 도움이 되는 정보를 파악할 수 있는 등 여러모로 편리하다. 제시되는 푸리에 변환은 주기 함수로서 한 주기 $|\Omega| \leq \pi$에 대해서만 나타낸 것이다.

학습포인트

- 임펄스 신호와 상수 신호의 DTFT 쌍을 익혀둔다.
- 정현파 신호와 실수지수 신호의 DTFT 쌍과 스펙트럼의 특징을 익혀둔다.
- 사각 펄스 신호와 싱크 함수의 DTFT 쌍을 익혀둔다.

임펄스 신호

단위 임펄스 신호 $x[n] = \delta[n]$의 이산 시간 푸리에 변환을 구하면

$$X(\Omega) = \sum_{n=-\infty}^{\infty} \delta[n] e^{-j\Omega n} = e^{j0} = 1 \tag{11.13}$$

이다. 따라서 임펄스 신호의 DTFT 쌍은 다음과 같다.

$$\delta[n] \quad \Leftrightarrow \quad 1 \tag{11.14}$$

이를 [그림 11-11]에 보였다. 즉 (연속 신호와 마찬가지로) **임펄스 신호는 모든 주파수 성분을 포함한다.** 따라서 시스템의 주파수에 따른 응답 특성을 알아보려면 임펄스 신호를 입력으로 인가하면 될 것이다.

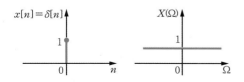

[그림 11-11] 이산 임펄스 신호의 DTFT 쌍

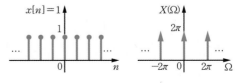

[그림 11-12] 이산 상수 신호의 DTFT 쌍

상수(DC) 신호

상수 신호 $x[n] = 1$은 전력 신호이므로 식 (11.3)으로는 푸리에 스펙트럼을 계산할 수 없다. 그러므로 역으로 스펙트럼이 임펄스일 때($X(\Omega) = 2\pi\delta(\Omega)$) 대응되는 이산 신호를 구해보면, 식 (11.7)의 DTFT 쌍에서 $\Omega_0 = 0$인 경우로서 $x[n] = e^{j0n} = 1$이다. 이로부터 다음의 DTFT 쌍을 얻을 수 있고, 이를 [그림 11-12]에 보였다.

$$1 \quad \Leftrightarrow \quad 2\pi\delta(\Omega) \tag{11.15}$$

즉 상수 신호의 주파수 스펙트럼은 임펄스가 된다. 이 결과로부터도 전력 신호의 스펙트럼에는 임펄스가 포함됨을 확인할 수 있다. 식 (11.14)와 식 (11.15)의 결과는 시간 신호와 주파수 스펙트럼이 서로 역할을 맞바꾸어도 '임펄스 ⇔ 상수'의 변환쌍 관계가 그대로 유지됨을 보여준다.

정현파 신호

오일러 공식을 이용하여 이산 정현파를 이산 복소 정현파로 바꾸어 나타내면, 식 (11.7)의 변환쌍으로부터 이산 정현파에 대한 푸리에 변환쌍도 손쉽게 구할 수 있다.

$$\mathscr{F}\{\cos \Omega_0 n\} = \mathscr{F}\left\{\frac{e^{j\Omega_0 n} + e^{-j\Omega_0 n}}{2}\right\} = \pi\delta(\Omega - \Omega_0) + \pi\delta(\Omega + \Omega_0) \tag{11.16}$$

$$\cos \Omega_0 n \quad \Leftrightarrow \quad \pi\delta(\Omega - \Omega_0) + \pi\delta(\Omega + \Omega_0) \tag{11.17}$$

주파수 $\pm\Omega_0$에서 스펙트럼이 존재하는 것은 푸리에 급수 표현과 같지만, 정현파 신호가 전력 신호이기 때문에 스펙트럼이 임펄스로 이루어진 것이 다르다.

실수 지수 신호

정의식을 이용하여 실수 지수 신호 $x[n] = a^n u[n]$, $|a| < 1$의 DTFT를 나타내면

$$X(\Omega) = \sum_{n=0}^{\infty} a^n e^{-j\Omega n} = \sum_{n=0}^{\infty} (ae^{-j\Omega})^n = \frac{1}{1 - ae^{-j\Omega}} \tag{11.18}$$

이다. 따라서 이산 실수 지수 신호의 푸리에 변환쌍은 다음과 같다.

$$a^n u[n] \quad \Leftrightarrow \quad \frac{1}{1 - ae^{-j\Omega}} \tag{11.19}$$

[그림 11-13]은 이산 실수 지수 신호의 진폭 및 위상 스펙트럼을 나타낸 것으로, (a)는 $0 < a < 1$, (b)는 $-1 < a < 0$인 경우이다. 그림에서 보듯이, 진폭 스펙트럼과 위상 스펙트럼 모두 주기 2π인 주기 함수이며, **진폭 스펙트럼은 우함수 대칭이고 위상 스펙트럼은 기함수 대칭이다.** 이미 [예제 10-4]를 통해 이산 시간 푸리에 급수(DTFS)에서도 살펴본 것처럼, 이러한 **주기성과 대칭성**을 동시에 만족시키기 위해 π, 3π, $\cdots$ 축에 대해서도 **진폭 스펙트럼은 우함수 대칭, 위상 스펙트럼은 기함수 대칭을 만족한다.**

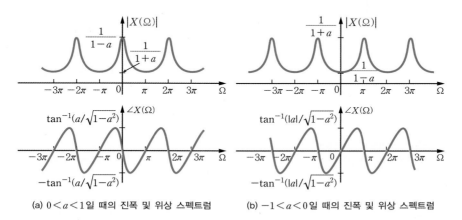

(a) $0 < a < 1$일 때의 진폭 및 위상 스펙트럼   (b) $-1 < a < 0$일 때의 진폭 및 위상 스펙트럼

[그림 11-13] **이산 실수 지수 신호** $x[n] = a^n u[n]$, $|a| < 1$**의 스펙트럼**

사각 펄스 신호

[예제 11-2]의 풀이로부터 이산 사각 펄스 신호의 푸리에 변환쌍은 다음과 같다.

$$p_L[n] = \text{rect}[n/2L] \quad \Leftrightarrow \quad P_L(\Omega) = \frac{\sin\left(\dfrac{2L+1}{2}\Omega\right)}{\sin\left(\dfrac{\Omega}{2}\right)} \tag{11.20}$$

싱크 함수

[예제 11-4]의 풀이로부터 이산 싱크 함수 신호의 푸리에 변환쌍은 다음으로 주어진다.

$$\text{sinc}\left(\frac{\Omega_c}{\pi}n\right) \quad \Leftrightarrow \quad \frac{\pi}{\Omega_c}\text{rect}(\Omega/2\Omega_c) \tag{11.21}$$

주요 신호들에 대한 이산 시간 푸리에 변환쌍을 [부록]에 정리해 두었다.

이산 시간 푸리에 변환의 성질

이산 시간 푸리에 변환 역시 신호 및 시스템의 해석에 유용한 성질들이 많다. 주파수 영역 변환들의 기본적인 바탕 개념은 동일하므로 그 성질들이 서로 비슷하다. 이미 6장에서 연속 시간 푸리에 변환의 성질을 자세하게 다룬 바 있으므로, 이 절에서는 DTFT의 주요 성질들을 결과 중심으로 간단히 살펴보되 몇몇 중요한 성질들은 좀 더 깊이 있게 다루도록 한다.

학습포인트

- DTFT의 주기성과 대칭성에 대해 이해한다.
- 시간 이동 및 주파수 이동 성질을 알아본다.
- 시간 척도조절에 따른 스펙트럼의 변화를 이해한다.
- 시간 컨벌루션 성질과 그 중요성을 이해한다.
- 파스발 정리와 의미를 이해한다.
- 예제들을 통해 DTFT의 성질들의 실질적인 활용법을 잘 익혀둔다.

11.3.1 DTFT의 기본 성질

주기성

$$X(\Omega + 2\pi l) = X(\Omega), \quad l \text{은 정수} \tag{11.22}$$

$X(\Omega)$는 주기 2π인 주기 함수이며, 이 점이 연속 신호의 스펙트럼 $X(\omega)$와 다른 점이다.

선형성

$$\alpha x[n] + \beta y[n] \quad \Leftrightarrow \quad \alpha X(\Omega) + \beta Y(\Omega) \tag{11.23}$$

선형성은 이산 시간 푸리에 변환의 정의식으로부터 바로 얻을 수 있다. 선형성은 간단한 기본 신호들의 선형 결합으로 이루어진 신호의 푸리에 변환을 쉽게 구할 수 있게 해준다.

선형성을 이용하여 신호 $x[n] = a^{|n|}$, $|a| < 1$의 DTFT를 구하라.

풀이

주어진 신호는 다음과 같이 정의되는 $x_1[n]$과 $x_2[n]$의 합 $x[n] = x_1[n] + x_2[n]$으로 나타낼 수 있다. 그러므로 DTFT는 선형성에 의해 $X(\Omega) = X_1(\Omega) + X_2(\Omega)$가 된다.

$$x_1[n] = \begin{cases} a^n, & n \geq 0 \\ 0, & n < 0 \end{cases}, \qquad x_2[n] = \begin{cases} a^{-n}, & n < 0 \\ 0, & n \geq 0 \end{cases}$$

$x_1[n]$의 DTFT는 식 (11.19)와 같고, $x_2[n]$의 DTFT는 정의식으로부터 다음과 같다.

$$X_2(\Omega) = \sum_{n=-\infty}^{-1} a^{-n} e^{-j\Omega n} = \sum_{m=1}^{\infty} (ae^{j\Omega})^m = \frac{ae^{j\Omega}}{1 - ae^{j\Omega}}$$

따라서 $x[n]$의 DTFT는 다음과 같이 되어, 식 (11.24)의 DTFT 쌍이 성립한다.

$$X(\Omega) = \frac{1}{1 - ae^{-j\Omega}} + \frac{ae^{j\Omega}}{1 - ae^{j\Omega}} = \frac{1 - a^2}{1 - 2a\cos\Omega + a^2}$$

$$x[n] = a^{|n|}, |a| < 1 \quad \Leftrightarrow \quad \frac{1 - a^2}{1 - 2a\cos\Omega + a^2} \tag{11.24}$$

대칭성

$$X(\Omega) = X^*(-\Omega) \quad \& \quad X^*(\Omega) = X(-\Omega), \quad x[n]\text{은 실수} \tag{11.25}$$

$$\begin{cases} \mathrm{Re}\{X(\Omega)\} = \mathrm{Re}\{X(-\Omega)\}, & x[n]\text{은 실수} \\ \mathrm{Im}\{X(\Omega)\} = -\mathrm{Im}\{X(-\Omega)\}, & x[n]\text{은 실수} \end{cases} \tag{11.26}$$

$$\begin{cases} |X(\Omega)| = |X(-\Omega)|, & x[n]\text{은 실수} \\ \angle X(\Omega) = -\angle X(-\Omega), & x[n]\text{은 실수} \end{cases} \tag{11.27}$$

$$\begin{cases} \mathrm{Re}\{X(\Omega)\} = \mathrm{Re}\{X(-\Omega)\}, & x[n]\text{은 실수 우함수} \\ \mathrm{Im}\{X(\Omega)\} = 0, & x[n]\text{은 실수 우함수} \end{cases} \tag{11.28}$$

$$\begin{cases} \mathrm{Re}\{X(\Omega)\} = 0, & x[n]\text{은 실수 기함수} \\ \mathrm{Im}\{X(\Omega)\} = -\mathrm{Im}\{X(-\Omega)\}, & x[n]\text{은 실수 기함수} \end{cases} \tag{11.29}$$

이산 실수 신호 $x[n]$의 DTFT도 연속 실수 신호의 CTFT와 똑같은 대칭성을 만족한다. 즉 스펙트럼이 공액 대칭을 만족하여 **실수 신호 $x[n]$의 DTFT의 실수부 $\mathrm{Re}\{X(\Omega)\}$는 우함수 대칭이고, 허수부 $\mathrm{Im}\{X(\Omega)\}$는 기함수 대칭이다.** 그리고 진폭 스펙트럼은 우함수이고, 위상 스펙트럼은 기함수가 된다. 또한 $x[n]$이 실수 우함수이면 $X(\Omega)$도 순수한 실수 우함수가 되고, $x[n]$이 실수 기함수이면 $X(\Omega)$는 순수한 **허수 기함수가 된다.** 한편 이산 실수 신호의 스펙트럼은 대칭성과 주기성을 동시에 만족해야 하므로 **반주기점 $\Omega = (2l+1)\pi$를 대칭축으로 대칭성이 그대로 성립한다.**

시간 반전

$$x[-n] \quad \Leftrightarrow \quad X(-\Omega) \tag{11.30}$$

신호를 시간축에 대해 뒤집는 **시간 반전의 효과는 주파수 반전이다.**

예제 11-7 시간 반전 성질을 이용한 이산 시간 푸리에 변환

[그림 11-14]의 이산 정현파 신호의 이산 시간 푸리에 변환을 구하라.

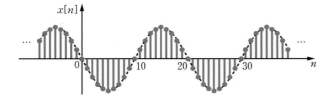

[그림 11-14] [예제 11-7]의 이산 정현파 신호

풀이

주어진 정현파는 주기 $N = 20$이므로 주파수는 $\Omega_0 = \dfrac{2\pi}{N} = 0.1\pi$ 이며, $y[n] = \sin(0.1\pi n)$이라 하면 $x[n] = y[-n]$이다. $y[n]$의 DTFT를 구하면 다음과 같이 된다.

$$Y(\Omega) = \mathscr{F}\{\sin(0.1\pi n)\} = \mathscr{F}\left\{\frac{1}{j2}\left(e^{j0.1\pi n} - e^{-j0.1\pi n}\right)\right\}$$

$$= -j\pi[\delta(\Omega - 0.1\pi) - \delta(\Omega + 0.1\pi)]$$

따라서 식 (11.30)의 시간 반전 성질에 의해 $x[n]$의 DTFT는 다음과 같이 구해진다.

$$X(\Omega) = Y(-\Omega) = -j\pi[\delta(-\Omega - 0.1\pi) - \delta(-\Omega + 0.1\pi)]$$

$$= -j\pi[\delta(\Omega + 0.1\pi) - \delta(\Omega - 0.1\pi)]$$

시간 이동

$$x[n-n_0] \iff e^{-jn_0\Omega}X(\Omega) \tag{11.31}$$

이미 10.3절에서 이산 시간 푸리에 급수의 경우에 대해 살펴보았듯이, **DTFT는 신호의 시간 이동에 대해 진폭 스펙트럼은 바뀌지 않고 위상 스펙트럼만 선형적으로 바뀐다.** 이때 시간 이동 값이 선형 위상 변화의 기울기가 된다.

예제 11-8 시간 이동 성질을 이용한 이산 시간 푸리에 변환

관련 예제 | [예제 11-1]

[그림 11-15]의 이산 신호에 대해 이산 시간 푸리에 변환을 구하라.

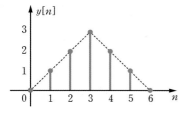

[그림 11-15] [예제 11-8]의 신호

풀이

주어진 신호는 [예제 11-1(b)]의 신호를 $n_0=3$만큼 시간 지연시킨 것이다. 즉 $y[n]=x[n-3]$ 이므로 [예제 11-1]에서 구한 $X(\Omega)=3+4\cos(\Omega)+2\cos(2\Omega)$에 식 (11.31)의 시간 이동 성질을 적용하면 다음과 같이 $y[n]$의 DTFT가 얻어진다.

$$Y(\Omega)=e^{-j3\Omega}X(\Omega)=e^{-j3\Omega}(3+4\cos(\Omega)+2\cos(2\Omega))$$

이산 시간 푸리에 변환의 정의식 식 (11.3)을 이용하여 이 결과가 옳은지 확인해보자. $y[n]$ 의 DTFT는 다음과 같이 계산된다.

$$Y(\Omega)=\sum_{n=1}^{5}y[n]e^{-j\Omega n}=e^{-j\Omega}+2e^{-j2\Omega}+3e^{-j3\Omega}+2e^{-j4\Omega}+e^{-j5\Omega}$$

$$=e^{-j3\Omega}(e^{j2\Omega}+2e^{j\Omega}+3+2e^{-j\Omega}+e^{-j2\Omega})$$

$$=e^{-j3\Omega}(3+4\cos(\Omega)+2\cos(2\Omega))$$

두 결과가 일치하므로 식 (11.31)의 시간 이동 성질이 유효함을 알 수 있다.

단위 계단 신호 $u[n]$의 DTFT를 구하라.

풀이

단위 계단 신호 $u[n]$은 전력 신호이므로 정의식을 이용하여 직접적으로 DTFT를 구할 수 없다. 따라서 $u[n] - u[n-1] = \delta[n]$과 같은 차분을 이용한다. 이에 대해 DTFT를 구하면 시간 이동 성질에 의해 다음과 같이 된다.

$$U(\Omega)(1 - e^{-j\Omega}) = 1$$

그런데 $\Omega = 0$이면 $1 - e^{-j\Omega} = 0$이므로 등식이 모든 Ω에 대해 성립하기 위해서는 $U(\Omega)$가 반드시 다음과 같은 형태여야 한다.

$$U(\Omega) = \frac{1}{1 - e^{-j\Omega}} + c\delta(\Omega), \quad |\Omega| \le \pi$$

한편, DTFT 쌍 $1 \Leftrightarrow 2\pi\delta(\Omega)$로부터 $c\delta(\Omega)$는 크기 $\frac{c}{2\pi}$인 상수(DC)의 DTFT임을 알 수 있는데, $u[n]$의 직류 성분은 전 시간 $[-\infty, \infty]$에 대한 평균인 $\frac{1}{2}$이므로 $c = \pi$이다. 따라서 다음의 DTFT 쌍이 성립한다.

$$u[n] \quad \Leftrightarrow \quad \frac{1}{1 - e^{-j\Omega}} + \pi\delta(\Omega), \quad |\Omega| \le \pi \tag{11.32}$$

주파수 이동과 변조

$$\text{주파수 이동} : x[n]e^{j\Omega_0 n} \quad \Leftrightarrow \quad X(\Omega - \Omega_0) \tag{11.33}$$

$$\text{변조} : x[n]\cos\Omega_0 n \quad \Leftrightarrow \quad \frac{1}{2}\big[X(\Omega - \Omega_0) + X(\Omega + \Omega_0)\big] \tag{11.34}$$

시간 이동과는 반대로, 주파수 영역에서 스펙트럼을 Ω_0만큼 이동시키면 이와 동일한 주파수를 갖는 복소 정현파 $e^{j\Omega_0 n}$을 시간 영역 신호 $x[n]$에 곱하는 것과 같다. 그런데 $e^{j\Omega_0 n}$은 물리적으로 만들 수 없는 신호이므로, 실제로 주파수 이동을 시키려면 오일러 공식을 이용하여 $x[n]$에 정현파 $\cos\Omega_0 n$을 곱하면 된다. 결과적으로 다음과 같은 변조 동작이 된다.

$$x[n]\cos\Omega_0 n = \frac{1}{2}x[n]\big(e^{j\Omega_0 n} + e^{-j\Omega_0 n}\big) \tag{11.35}$$

실수 지수 신호의 푸리에 변환쌍 $a^n u[n] \Leftrightarrow \dfrac{1}{1-ae^{-j\Omega}}$ 과 푸리에 변환의 변조 성질을 이용하여 $x[n] = a^n \cos(\Omega_0 n)u[n]$ 의 푸리에 변환을 구하라.

풀이

$x[n]$ 은 실수 지수 신호 $a^n u[n]$ 에 $\cos(\Omega_0 n)$ 을 곱한 것이다. 따라서 식 (11.34)에 의해 다음과 같이 $x[n]$ 의 푸리에 변환을 구할 수 있다.

$$X(\Omega) = \frac{1}{2}\left(\frac{1}{1-ae^{-j(\Omega+\Omega_0)}} + \frac{1}{1-ae^{-j(\Omega-\Omega_0)}}\right)$$

$$= \frac{1}{2}\frac{2-a(e^{-j(\Omega+\Omega_0)}+e^{-j(\Omega-\Omega_0)})}{(1-ae^{-j(\Omega+\Omega_0)})(1-ae^{-j(\Omega-\Omega_0)})}$$

$$= \frac{1-ae^{-j\Omega}\cos(\Omega_0)}{1-2ae^{-j\Omega}\cos(\Omega_0)+a^2e^{-j2\Omega}}$$

주파수 미분

$$n\,x[n] \quad \Leftrightarrow \quad j\frac{dX(\Omega)}{d\Omega} \tag{11.36}$$

식 (11.3)의 양변을 Ω 에 대해 미분하면 주파수 미분 성질을 얻을 수 있다.

$x[n] = n\,a^n u[n]$ 의 DTFT를 주파수 미분 성질을 이용하여 구하라.

풀이

$x'[n] = a^n u[n]$ 이라 두면 $x[n] = n\,a^n u[n] = nx'[n]$ 으로 나타낼 수 있다. $x'[n]$ 의 DTFT는 $X'(\Omega) = \dfrac{1}{1-ae^{-j\Omega}}$ 과 같고, 이에 주파수 미분 성질을 적용하면 다음과 같이 $x[n]$ 의 DTFT가 구해지므로, 식 (11.37)의 DTFT 쌍이 성립한다.

$$X(\Omega) = j\frac{dX'(\Omega)}{d\Omega} = j\frac{-jae^{-j\Omega}}{(1-ae^{-j\Omega})^2} = \frac{ae^{-j\Omega}}{(1-ae^{-j\Omega})^2}$$

$$na^n u[n] \quad \Leftrightarrow \quad \frac{ae^{-j\Omega}}{(1-ae^{-j\Omega})^2} \tag{11.37}$$

시간 척도조절

$$x[an] \iff X\left(\frac{\Omega}{a}\right) \tag{11.38}$$

이산 신호는 시간 변수 n이 항상 정수여야 하므로, 시간 척도조절은 제한적인 조건에서만 가능함을 8.2.2절에서 살펴보았다([표 8-1] 참조). 여기서 시간 늘이기(보간)는 0을 삽입한 경우로 한정한다. 신호의 시간 척도를 바꾸면 스펙트럼에 정반대의 효과가 나타난다. 다시 말해, 시간 영역에서 신호를 압축하면 주파수 스펙트럼은 늘어나고, 역으로 신호를 늘이면 주파수 스펙트럼이 압축된다. 식 (11.38)은 DTFT의 정의식에 $an = m$으로 변수 치환하여 쉽게 얻을 수 있다. [그림 11-16]은 이산 사각 펄스의 예를 보인 것이다.

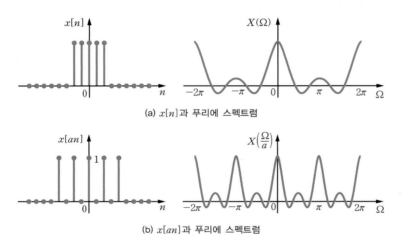

(a) $x[n]$과 푸리에 스펙트럼

(b) $x[an]$과 푸리에 스펙트럼

[그림 11-16] **신호의 시간 척도조절과 주파수 스펙트럼의 관계**

예제 **11-12**　시간 척도조절을 이용한 DTFT 구하기

[그림 11-17]의 이산 신호에 대해 (a) $x[n]$의 DTFT를 구하고, (b) 이를 이용하여 $y[n]$의 DTFT를 구하라.

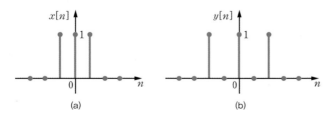

(a)　　　　　　　　　　　(b)

[그림 11-17] **[예제 11-12]의 신호**

풀이

(a) $x[n]$의 DTFT를 구하면 다음과 같다.

$$X(\Omega) = \sum_{n=-1}^{1} x[n]e^{-j\Omega n} = e^{j\Omega} + 1 + e^{-j\Omega} = 1 + 2\cos(\Omega)$$

(b) $y[n]$은 $x[n]$에 대해 0 삽입으로 시간축을 2배로 늘인 것과 같다. 즉 $y[n] = x\left[\dfrac{n}{2}\right]$이다. 그러므로 식 (11.38)의 시간 척도조절 성질에 의해 $y[n]$의 DTFT는 다음과 같이 된다.

$$Y(\Omega) = X(2\Omega) = 1 + 2\cos(2\Omega)$$

$y[n]$을 직접 푸리에 변환해도 다음과 같이 일치하는 결과를 얻는다.

$$Y(\Omega) = \sum_{n=-2}^{2} x[n]e^{-j\Omega n} = e^{j2\Omega} + 1 + e^{-j2\Omega} = 1 + 2\cos(2\Omega)$$

11.3.2 시간 컨벌루션 성질

LTI 시스템의 출력은 입력과 임펄스 응답의 컨벌루션으로 주어지므로, 시간 컨벌루션의 푸리에 변환을 구하는 것은 대단히 중요하다. **시간 영역에서 두 신호의 컨벌루션은 주파수 영역에서 각 신호의 푸리에 변환(스펙트럼)의 곱하기가 된다.**

$$x[n] * h[n] \quad \Leftrightarrow \quad X(\Omega)H(\Omega) \tag{11.39}$$

시간 컨벌루션 성질은 컨벌루션과 DTFT의 정의식을 이용하여 다음과 같이 구한다.

$$
\begin{aligned}
\mathscr{F}\{x[n] * h[n]\} &= \sum_{n=-\infty}^{\infty} \left(\sum_{k=-\infty}^{\infty} x[k]h[n-k] \right) e^{-j\Omega n} \\
&= \sum_{k=-\infty}^{\infty} x[k] \left(\sum_{n=-\infty}^{\infty} h[n-k]e^{-j\Omega n} \right) \\
&= \sum_{k=-\infty}^{\infty} x[k] \left(\sum_{m=-\infty}^{\infty} h[m]e^{-j\Omega(m+k)} \right) \\
&= \left(\sum_{k=-\infty}^{\infty} x[k]e^{-j\Omega k} \right) \left(\sum_{m=-\infty}^{\infty} h[m]e^{-j\Omega m} \right) \\
&= X(\Omega)H(\Omega)
\end{aligned}
\tag{11.40}
$$

$x[n] = a^n u[n]$과 $h[n] = a^n u[n]$의 컨벌루션 $y[n] = x[n] * h[n]$을 DTFT를 이용하여 구하라.

풀이

$x[n]$과 $h[n]$의 DTFT는 다음과 같으므로,

$$X(\Omega) = H(\Omega) = \frac{1}{1 - ae^{-j\Omega}}$$

식 (11.39)의 시간 컨벌루션 성질을 이용하여 다음과 같이 $Y(\Omega)$를 얻는다.

$$Y(\Omega) = X(\Omega)H(\Omega) = \frac{1}{(1 - ae^{-j\Omega})^2} = \frac{1}{1 - ae^{-j\Omega}} + \frac{ae^{-j\Omega}}{(1 - ae^{-j\Omega})^2}$$

$a^n u[n] \Leftrightarrow \dfrac{1}{1 - ae^{-j\Omega}}$ 과 [예제 11-11]에서 구한 $na^n u[n] \Leftrightarrow \dfrac{ae^{-j\Omega}}{(1 - ae^{-j\Omega})^2}$ 을 이용하여 역변환

하면 다음과 같이 $y[n]$을 얻으므로, 식 (11.41)의 변환쌍이 성립한다.

$$y[n] = a^n u[n] + na^n u[n] = (n+1)a^n u[n]$$

$$(n+1)a^n u[n] \quad \Leftrightarrow \quad \frac{1}{(1 - ae^{-j\Omega})^2} \tag{11.41}$$

11.3.3 파스발의 정리

푸리에 급수에서는 주기 신호가 전력 신호이므로 파스발 정리에 의해 전력 관계를 다루었지만, 푸리에 변환의 수렴 조건을 만족하는 신호는 에너지 관계를 다룰 수 있다.

- 신호의 에너지에 대해 다음과 같은 파스발의 정리가 성립한다.

$$E = \sum_{n=-\infty}^{\infty} |x[n]|^2 = \frac{1}{2\pi} \int_{2\pi} |X(\Omega)|^2 d\Omega \tag{11.42}$$

- 신호의 에너지는 시간 영역에서 구하나 주파수 영역에서 구하나 마찬가지이다.
- 서로 다른 주파수 성분 간에는 에너지가 전혀 만들어지지 않는다. 그러므로 신호의 에너지는 각 주파수 성분의 에너지를 모으면 된다.
- $|X(\Omega)|^2$은 신호 $x[n]$이 갖는 에너지의 주파수 분포를 알려주기 때문에 **에너지 밀도 스펙트럼**energy density spectrum이라고 한다.

에너지 밀도 스펙트럼 $|X(\Omega)|^2$은 스펙트럼의 크기만 관련되므로, **같은 에너지 밀도 스펙트럼을 가지는 신호가 여럿 존재할 수 있지만, 어떤 신호이든 오직 하나의 에너지 밀도 스펙트럼만 가진다.** DTFT에 대한 파스발의 정리는 다음과 같이 간단히 유도할 수 있다.

$$
\begin{aligned}
\sum_{n=-\infty}^{\infty} |x[n]|^2 &= \sum_{n=-\infty}^{\infty} x[n]\,x^*[n] \\
&= \sum_{n=-\infty}^{\infty} x[n]\left(\frac{1}{2\pi}\int_{2\pi} X^*(\Omega)e^{-j\Omega n}d\Omega\right) \\
&= \frac{1}{2\pi}\int_{2\pi} X^*(\Omega)\left(\sum_{n=-\infty}^{\infty} x[n]e^{-j\Omega n}\right)d\Omega \\
&= \frac{1}{2\pi}\int_{2\pi} |X(\Omega)|^2 d\Omega
\end{aligned}
\tag{11.43}
$$

예제 11-14 파스발의 정리를 이용한 싱크 함수의 에너지

$x[n] = \mathrm{sinc}\left(\dfrac{1}{2}n\right)$의 에너지를 구하라.

풀이

$x[n]$의 에너지는 다음과 같이 시간 영역에서 계산할 수 있다.

$$
E_x = \sum_{n=-\infty}^{\infty} |x[n]|^2 = \sum_{n=-\infty}^{\infty} \left|\mathrm{sinc}\left(\frac{1}{2}n\right)\right|^2
$$

하지만 식 (11.21)의 푸리에 변환쌍과 파스발의 정리를 이용하면 보다 간단하게 구할 수 있다.

$$
E_x = \frac{1}{2\pi}\int_{-\pi}^{\pi} |2\mathrm{rect}(\Omega/\pi)|^2 d\Omega = \frac{4}{2\pi}\int_{-\pi/2}^{\pi/2} 1\,d\Omega = 2
$$

지금까지 살펴본 이산 시간 푸리에 변환의 주요 성질들을 [표 11-2]에 정리하였다. 이 성질들은 푸리에 변환의 개념을 이해하고, 기본 DTFT 쌍을 이용하여 다양한 신호의 DTFT 쌍을 구하는 데 유용하게 활용되므로 잘 익혀두기 바란다.

[표 11-2] 이산 시간 푸리에 변환(DTFT)의 주요 성질

	성질	푸리에 변환쌍
1	주기성	$X(\Omega + 2\pi l) = X(\Omega)$
2	선형성	$\alpha x[n] + \beta y[n] \Leftrightarrow \alpha X(\Omega) + \beta Y(\Omega)$
3	대칭성	$X^{*}(\Omega) = X(-\Omega), \quad x[n]$은 실수 $\begin{cases} \mathrm{Re}\{X(\Omega)\} = \mathrm{Re}\{X(-\Omega)\}, & x[n]\text{은 실수} \\ \mathrm{Im}\{X(\omega)\} = -\mathrm{Im}\{X(-\omega)\}, & x[n]\text{은 실수} \end{cases}$ $\begin{cases} |X(\Omega)| = |X(-\Omega)|, & x[n]\text{은 실수} \\ \angle X(\Omega) = -\angle X(-\Omega), & x[n]\text{은 실수} \end{cases}$ $\begin{cases} \mathrm{Re}\{X(\Omega)\} = \mathrm{Re}\{X(-\Omega)\}, & x[n]\text{은 실수 우함수} \\ \mathrm{Im}\{X(\Omega)\} = 0, & x[n]\text{은 실수 우함수} \end{cases}$ $\begin{cases} \mathrm{Re}\{X(\Omega)\} = 0, & x[n]\text{은 실수 기함수} \\ \mathrm{Im}\{X(\Omega)\} = -\mathrm{Im}\{X(-\Omega)\}, & x[n]\text{은 실수 기함수} \end{cases}$
4	시간 반전	$x[-n] \Leftrightarrow X(-\Omega)$
5	시간 이동	$x[n-n_0] \Leftrightarrow e^{-jn_0\Omega} X(\Omega)$
6	주파수 이동	$e^{j\Omega_0 n} x[n] \Leftrightarrow X(\Omega - \Omega_0)$
	변조	$x[n]\cos\Omega_0 n \Leftrightarrow \dfrac{1}{2}\left[X(\Omega-\Omega_0) + X(\Omega+\Omega_0)\right]$
7	주파수 미분	$nx[n] \Leftrightarrow j\dfrac{dX(\Omega)}{d\Omega}$
8	시간 척도조절	$x[an] \Leftrightarrow X\left(\dfrac{\Omega}{a}\right), \quad \begin{cases} \text{솎음}: a\text{는 정수} \\ \text{보간}: \dfrac{1}{a}\text{은 정수} \end{cases}$
9	시간 컨벌루션	$x[n] * y[n] \Leftrightarrow X(\Omega)\, Y(\Omega)$
10	파스발의 정리	$\displaystyle\sum_{n=-\infty}^{\infty} |x[n]|^2 = \dfrac{1}{2\pi}\int_{2\pi} |X(\Omega)|^2 d\Omega$

DTFT를 이용한 이산 시스템 해석

이미 6장에서 연속 시스템을 대상으로 하여 푸리에 변환을 이용한 시스템의 주파수 영역 해석의 개념과 주요 내용에 대해서 자세히 살펴보았다. 이산 시스템이라고 해서 크게 다를 것은 없으므로, 여기서는 간결하게 결과 위주로 살펴볼 것이다.

학습포인트

- 이산 시스템의 주파수 응답의 정의와 개념을 이해한다.
- 임펄스 응답, 주파수 응답, 차분방정식의 상호 관계를 이해한다.
- 주파수 응답을 이용한 시스템의 출력 결정 방법에 대해 알아본다.

11.4.1 이산 시스템의 주파수 응답

주파수 응답의 정의

시스템의 주파수 응답은 입력 주파수의 변화에 대한 시스템의 응답 특성이다.

- **이산 시스템 주파수 응답** $H(\Omega)$는 주파수의 함수로 표현된 입력과 출력의 비, 즉 입력 $x[n]$의 DTFT인 $X(\Omega)$에 대한 출력 $y[n]$의 DTFT인 $Y(\Omega)$의 비로 정의한다.

$$H(\Omega) = \frac{Y(\Omega)}{X(\Omega)} = |H(\Omega)|e^{j\angle H(\Omega)} \qquad (11.44)$$

- 주파수 응답 $H(\Omega)$의 크기 $|H(\Omega)|$와 위상 $\angle H(\Omega)$를 Ω에 대해 각각 그린 것을 **진폭 (주파수) 응답**과 **위상 (주파수) 응답** 곡선이라고 한다.
- 주파수 응답은 입력 정현파에 대한 출력 정현파의 진폭과 위상 변화를 나타낸 것으로, 주파수에 따라 입력 신호의 크기와 위상을 증가 또는 감소시키는 시스템의 응답 특성을 보여준다.
- 주파수 응답은 시스템 임펄스 응답 $h[n]$의 푸리에 변환 $H(\Omega) = \mathcal{F}\{h[n]\}$이다. 따라서 입력의 형태와 상관없고 시스템이 바뀌지 않는 한 달라지지 않는다.

이산 LTI 시스템의 입출력 관계가 컨벌루션 $x[n] * h[n]$으로 주어질 때, DTFT의 시간 컨벌루션 성질을 적용하면 $Y(\Omega) = H(\Omega)X(\Omega)$가 되므로 주파수 응답은 다음과 같이 임펄스 응답의 DTFT가 된다. 따라서 **주파수 응답 $H(\Omega)$도 주기 함수이다.**

$$H(\Omega) = \mathscr{F}\{h[n]\} = \frac{Y(\Omega)}{X(\Omega)} \tag{11.45}$$

그러므로 [그림 11-18]에 나타낸 것처럼, 임펄스 응답 또는 주파수 응답 중 어느 것을 사용하여 이산 LTI 시스템을 표시해도 무방하다.

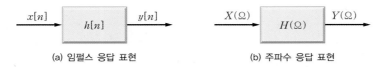

(a) 임펄스 응답 표현   (b) 주파수 응답 표현

[그림 11-18] 이산 LTI 시스템의 표현

차분방정식과 주파수 응답의 관계

이산 LTI 시스템은 일반적으로 다음과 같은 차분방정식으로 표현된다.

$$y[n] + a_1 y[n-1] + \cdots + a_p y[n-p] = b_0 x[n] + \cdots + b_q x[n-q] \tag{11.46}$$

식 (11.46)의 양변을 선형성과 시간 이동 성질을 이용하여 DTFT하면 다음과 같이 된다.

$$\begin{aligned}
&Y(\Omega) + a_1 e^{-j\Omega} Y(\Omega) + \cdots + a_p (e^{-j\Omega})^p Y(\Omega) \\
&= b_0 X(\Omega) + b_1 e^{-j\Omega} X(\Omega) + \cdots + b_q (e^{-j\Omega})^q X(\Omega)
\end{aligned} \tag{11.47}$$

이를 정리하여 주파수 응답 $H(\Omega)$를 구하면 다음과 같다.

$$H(\Omega) = \frac{Y(\Omega)}{X(\Omega)} = \frac{b_0 + b_1 e^{-j\Omega} + \cdots + b_q (e^{-j\Omega})^q}{1 + a_1 e^{-j\Omega} + \cdots + a_p (e^{-j\Omega})^p} = \frac{\sum_{i=0}^{q} b_i (e^{-j\Omega})^i}{\sum_{i=0}^{p} a_i (e^{-j\Omega})^i} \tag{11.48}$$

여기서 $a_0 = 1$이다. 식 (11.48)에서 보듯이 분자 다항식의 계수는 차분방정식의 입력 항들의 계수와 같고, 분모 다항식의 계수는 출력 항들의 계수와 같다. 그러므로 주파수 응답은 시스템이 바뀌지 않는 한 달라지지 않으며 입력과는 무관하다. 식 (11.48)에서 주파수 응답을 $e^{j\Omega}$의 함수로 볼 수 있는데, $e^{j\Omega}$은 복소평면에서 단위원에 해당된다. 따라서 **이산 시스템의 주파수 응답은 복소평면의 단위원을 따라 주파수 Ω를 변화시켜가며 구한 값이다. 그러므로 2π의 주기로 같은 모양이 반복되는 것이다.**

다음의 차분방정식으로 표현되는 LTI 시스템의 주파수 응답과 임펄스 응답을 구하라. 그리고 어떤 시스템인지 설명하라.

(a) $y[n] - 0.8y[n-1] = x[n]$ (b) $y[n] + 0.8y[n-1] = x[n]$

풀이

(a) 주어진 차분방정식을 시간 이동 성질을 이용하여 DTFT하면 $Y(\Omega) - 0.8e^{-j\Omega}Y(\Omega) = X(\Omega)$ 가 되므로 주파수 응답과 진폭 응답은 다음과 같이 구해진다.

$$H_1(\Omega) = \frac{Y(\Omega)}{X(\Omega)} = \frac{1}{1 - 0.8e^{-j\Omega}}$$

$$|H_1(\Omega)| = \frac{1}{\sqrt{(1 - 0.8\cos\Omega)^2 + (0.8\sin\Omega)^2}}$$

한편 주파수 응답을 역변환하면 다음의 임펄스 응답을 얻는다.

$$h_1[n] = \mathscr{F}^{-1}\{H(\Omega)\} = (0.8)^n u[n]$$

(b) (a)와 같은 방법으로 주파수 응답, 진폭 응답, 임펄스 응답을 구하면 다음과 같다.

$$H_2(\Omega) = \frac{1}{1 + 0.8e^{-j\Omega}}$$

$$|H_2(\Omega)| = \frac{1}{\sqrt{(1 + 0.8\cos\Omega)^2 + (0.8\sin\Omega)^2}}$$

$$h_2[n] = (-0.8)^n u[n] = (-1)^n (0.8)^n u[n]$$

두 시스템의 진폭 응답을 그리면 [그림 11-19]와 같다. 그림에서 보면 (a)의 $|H_1(\Omega)|$는 DC 이득이 제일 크고, 고주파($\Omega = \pi$) 이득이 제일 작은 저역통과 특성을, (b)의 $|H_2(\Omega)|$는 이와 반대로 DC 이득이 제일 작고, 고주파($\Omega = \pi$) 이득이 제일 큰 고역통과 특성을 보이고 있다. 다시 말해 (a)의 시스템은 IIR 시스템 중에서 가장 간단한 저역통과 필터, (b)의 시스템은 IIR 시스템 중에서 가장 간단한 고역통과 필터이다.

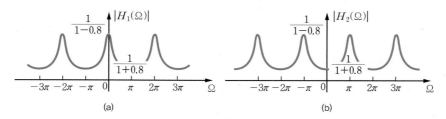

[그림 11-19] [예제 11-15]의 이산 (IIR) 시스템의 진폭 응답

LTI 시스템에 입력 $x[n] = \left(-\dfrac{1}{2}\right)^n u[n]$을 넣었을 때 출력이 $y[n] = \left(2\left(\dfrac{1}{2}\right)^n - \left(\dfrac{1}{4}\right)^n\right)u[n]$이라고 한다. 이 시스템의 주파수 응답, 임펄스 응답, 그리고 시스템 차분방정식을 구하라.

풀이

우선 입력과 출력을 각각 이산 시간 푸리에 변환하면 다음과 같고,

$$X(\Omega) = \frac{1}{1 + \dfrac{1}{2}e^{-j\Omega}}$$

$$Y(\Omega) = \frac{2}{1 - \dfrac{1}{2}e^{-j\Omega}} - \frac{1}{1 - \dfrac{1}{4}e^{-j\Omega}} = \frac{1}{\left(1 - \dfrac{1}{2}e^{-j\Omega}\right)\left(1 - \dfrac{1}{4}e^{-j\Omega}\right)}$$

주파수 응답은 정의식인 식 (11.44)로부터 다음과 같이 구할 수 있다.

$$H(\Omega) = \frac{Y(\Omega)}{X(\Omega)} = \frac{\dfrac{1}{\left(1 - \dfrac{1}{2}e^{-j\Omega}\right)\left(1 - \dfrac{1}{4}e^{-j\Omega}\right)}}{\dfrac{1}{1 + \dfrac{1}{2}e^{-j\Omega}}} = \frac{1 + \dfrac{1}{2}e^{-j\Omega}}{\left(1 - \dfrac{1}{2}e^{-j\Omega}\right)\left(1 - \dfrac{1}{4}e^{-j\Omega}\right)}$$

주파수 응답을 부분분수로 전개하면 다음과 같이 되고,

$$H(\Omega) = \frac{1 + \dfrac{1}{2}e^{-j\Omega}}{\left(1 - \dfrac{1}{2}e^{-j\Omega}\right)\left(1 - \dfrac{1}{4}e^{-j\Omega}\right)} = \frac{4}{1 - \dfrac{1}{2}e^{-j\Omega}} - \frac{3}{1 - \dfrac{1}{4}e^{-j\Omega}}$$

이를 역변환하면 다음과 같이 임펄스 응답을 얻을 수 있다.

$$h[n] = \left(4\left(\frac{1}{2}\right)^n - 3\left(\frac{1}{4}\right)^n\right)u[n]$$

한편 주파수 응답으로부터 다음의 관계를 얻을 수 있고,

$$\left(1 - \frac{1}{2}e^{-j\Omega}\right)\left(1 - \frac{1}{4}e^{-j\Omega}\right)Y(\Omega) = \left(1 + \frac{1}{2}e^{-j\Omega}\right)X(\Omega)$$

위 식을 시간 이동 성질을 이용하여 역변환하면 다음과 같은 차분방정식을 얻는다.

$$y[n] - \frac{3}{4}y[n-1] + \frac{1}{8}y[n-2] = x[n] + \frac{1}{2}x[n-1]$$

11.4.2 주파수 응답을 이용한 시스템 출력 결정

까다로운 컨벌루션 계산보다는 단순한 곱셈이 훨씬 간편하기 때문에 주파수 영역에서 출력의 스펙트럼을 구한 뒤 이를 푸리에 역변환하여 시스템 출력을 구하는 게 더 낫다.

> **주파수 응답을 이용한 시스템 출력 계산 과정**
>
> ❶ 입력과 임펄스 응답의 푸리에 변환을 수행한다.
> ❷ 입력 스펙트럼에 시스템 주파수 응답을 곱해 출력 스펙트럼을 구한다.
> ❸ 출력 스펙트럼의 푸리에 역변환을 수행하여 출력 신호를 구한다.

위 계산 과정을 [그림 11-20]에 정리하여 나타냈다. 언뜻 보기엔 여러 단계를 거치므로 더 복잡해 보이지만, 고속 푸리에 변환(FFT)이라는 알고리즘을 이용하면 컨벌루션을 직접 계산하는 것보다 훨씬 효율적이므로 널리 사용된다.

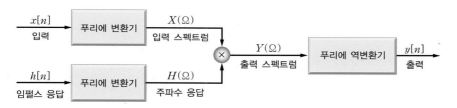

[그림 11-20] **주파수 응답과 DTFT를 이용한 이산 LTI 시스템의 출력 계산**

주파수 영역에서 스펙트럼 그래프를 이용하면 계산을 보다 효율적으로 할 수 있으며, 주파수와 관련한 시스템의 동작 특성을 직관적으로 이해할 수도 있다.

> **주파수 영역에서 출력 스펙트럼의 계산**
>
> - 출력의 진폭 스펙트럼은 입력의 진폭 스펙트럼에 시스템의 진폭 응답을 곱한 것이다.
>
> $$|Y(\Omega)| = |H(\Omega)||X(\Omega)| \qquad (11.49a)$$
>
> 출력 진폭 스펙트럼 = 시스템 진폭 응답 × 입력 진폭 스펙트럼 (11.49b)
>
> - 출력의 위상 스펙트럼은 입력의 위상 스펙트럼에 시스템의 위상 응답을 더한 것이다.
>
> $$\angle Y(\Omega) = \angle H(\Omega) + \angle X(\Omega) \qquad (11.50a)$$
>
> 출력 위상 스펙트럼 = 시스템 위상 응답 + 입력 위상 스펙트럼 (11.50b)

위의 결과는 $Y(\Omega) = H(\Omega)X(\Omega)$를 다음과 같이 극좌표 형식으로 나타내어 얻어진 것이다.

$$|Y(\Omega)|e^{j\angle Y(\Omega)} = |H(\Omega)|e^{j\angle H(\Omega)}|X(\Omega)|e^{j\angle X(\Omega)}$$

$$= |H(\Omega)||X(\Omega)|e^{j(\angle H(\Omega) + \angle X(\Omega))} \tag{11.51}$$

예제 11-17 **DTFT를 이용한 이산 시스템의 출력**　　　관련 예제 ｜ [예제 11-15]

[예제 11-15(a)]의 시스템(임펄스 응답 $h[n] = (0.8)^n u[n]$)에 다음의 입력을 인가하였을 때 출력을 구하라.

(a) $x[n] = (0.8)^n u[n]$　　　　　　　　(b) $x[n] = (-0.8)^n u[n]$

풀이

주어진 시스템의 주파수 응답은 임펄스 응답을 DTFT하여 다음과 같이 얻어진다.

$$H(\Omega) = \sum_{n=0}^{\infty} (0.8)^n e^{-j\Omega n} = \frac{1}{1 - 0.8 e^{-j\Omega}}$$

(a) 입력의 DTFT는 주파수 응답과 같다. 즉 $X(\Omega) = \dfrac{1}{1 - 0.8 e^{-j\Omega}}$ 이므로 시스템 출력의 스펙트럼은 다음과 같이 된다.

$$Y(\Omega) = H(\Omega) X(\Omega) = \frac{1}{(1 - 0.8 e^{-j\Omega})^2}$$

[예제 11-13]에서 구한 식 (11.41)의 변환쌍 $(n+1)a^n u[n] \Leftrightarrow \dfrac{1}{(1 - a e^{-j\Omega})^2}$ 을 이용하여 $Y(\Omega)$를 역변환하면 다음과 같이 $y[n]$이 구해진다.

$$y[n] = (n+1)(0.8)^n u[n] = (n+1)x[n]$$

(b) 입력을 DTFT하면 다음과 같이 된다.

$$X(\Omega) = \sum_{n=0}^{\infty} (-0.8)^n e^{-j\Omega n} = \frac{1}{1 + 0.8 e^{-j\Omega}}$$

따라서 시스템 출력의 스펙트럼은 다음과 같이 된다.

$$Y(\Omega) = H(\Omega) X(\Omega) = \frac{1}{(1 - 0.8 e^{-j\Omega})(1 + 0.8 e^{-j\Omega})} = \frac{0.5}{1 - 0.8 e^{-j\Omega}} + \frac{0.5}{1 + 0.8 e^{-j\Omega}}$$

변환쌍 $a^n u[n] \Leftrightarrow \dfrac{1}{1 - a e^{-j\Omega}}$ 을 이용하여 $Y(\Omega)$를 역변환하면 다음과 같이 $y[n]$을 구할 수 있다.

$$y[n] = 0.5(0.8)^n u[n] + 0.5(-0.8)^n u[n] = 0.5(1 + (-1)^n)(0.8)^n u[n]$$

$$= \begin{cases} (0.8)^n u[n], & n = \text{짝수} \\ 0, & n = \text{홀수} \end{cases}$$

두 입력에 대한 결과를 비교해보면, (a)의 경우는 입력에 $(n+1)$을 곱한 것이 출력이므로 시간이 갈수록 입력을 점점 키워서 출력으로 내는 경우에 해당한다. 즉 입력에 대한 공진이 발생한 것이다. 반면에 (b)의 경우는 오히려 $n =$ 홀수일 때에는 입력이 출력으로 전혀 나오지 않는 차단 특성을 보인다. 이런 차이가 발생하는 이유는 [그림 11-19]를 보면 알 수 있다. (a)는 주파수 응답과 입력 스펙트럼 모두 [그림 11-19(a)]인 경우로 둘의 곱인 출력 스펙트럼이 더욱 커진다. 그러나 (b)는 입력 스펙트럼이 주파수 응답과 정반대의 특성을 가지므로 둘의 곱인 출력 스펙트럼은 입력의 주된 주파수 성분들의 크기가 확 줄어든, 즉 차단된 결과가 되기 때문이다. 이상의 논의에서 알 수 있듯이 **시스템의 주파수 응답 대역과 입력 스펙트럼 대역의 관계에 따라 출력 특성이 달라진다.**

예제 11-18 DTFT를 이용한 이산 시스템의 출력 구하기

[그림 11-21]의 주파수 응답을 갖는 시스템이 있다. 이 시스템에 다음의 입력을 넣었을 때의 출력을 구하라.

$$x[n] = \cos\left(\frac{\pi}{4}n\right) + \cos\left(\frac{\pi}{2}n\right) + \cos\left(\frac{3\pi}{4}n\right)$$

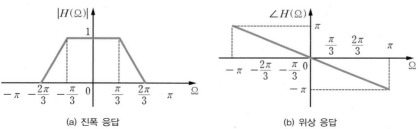

(a) 진폭 응답   (b) 위상 응답

[그림 11-21] [예제 11-18]의 시스템의 주파수 응답

풀이

입력을 DTFT하여 스펙트럼을 구하면 다음과 같다.

$$X(\Omega) = \pi\left[\delta\left(\Omega + \frac{\pi}{4}\right) + \delta\left(\Omega - \frac{\pi}{4}\right)\right] + \pi\left[\delta\left(\Omega + \frac{\pi}{2}\right) + \delta\left(\Omega - \frac{\pi}{2}\right)\right] + \pi\left[\delta\left(\Omega + \frac{3\pi}{4}\right) + \delta\left(\Omega - \frac{3\pi}{4}\right)\right]$$

입력 신호의 스펙트럼 $X(\Omega)$를 그리면 [그림 11-22(a)]와 같고, 진폭은 곱하고 위상은 더하여 출력 신호의 스펙트럼을 구하면 [그림 11-22(b)]와 같이 된다. 이를 수식으로 나타내면 다음과 같다.

$$Y(\Omega) = \pi \left[e^{j\frac{\pi}{4}} \delta\left(\Omega + \frac{\pi}{4}\right) + e^{-j\frac{\pi}{4}} \delta\left(\Omega - \frac{\pi}{4}\right) \right] + \frac{1}{2}\pi \left[e^{j\frac{\pi}{2}} \delta\left(\Omega + \frac{\pi}{2}\right) + e^{-j\frac{\pi}{2}} \delta\left(\Omega - \frac{\pi}{2}\right) \right]$$

$Y(\Omega)$를 역변환하면 다음과 같이 진폭과 위상이 달라진 정현파의 합이 된다.

$$y[n] = \cos\left(\frac{\pi}{4}n - \frac{\pi}{4}\right) + \frac{1}{2}\cos\left(\frac{\pi}{2}n - \frac{\pi}{2}\right) = \cos\left(\frac{\pi}{4}(n-1)\right) + \frac{1}{2}\cos\left(\frac{\pi}{2}(n-1)\right)$$

즉 입력의 주파수 성분들이 $\Omega_1 = \dfrac{\pi}{4}$인 정현파는 진폭이 그대로, $\Omega_2 = \dfrac{\pi}{2}$인 정현파는 진폭이 반으로 줄어들어 $n_0 = 1$만큼 시간 지연되어 출력으로 나오게 된다. 그리고 $\Omega_3 = \dfrac{3\pi}{4}$인 정현파는 차단되어 전혀 출력으로 나오지 않는다. [그림 11–21]은 전형적인 저역 통과 필터의 주파수 응답을 근사화한 것이다.

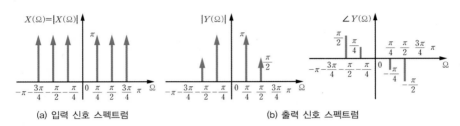

(a) 입력 신호 스펙트럼   (b) 출력 신호 스펙트럼

[그림 11–22] **입력과 출력의 스펙트럼**

Quick Review

■ 다음 문제에서 맞는 것을 골라라.

[1] 이산 비주기 신호의 스펙트럼은 (이산, 연속)인 (주기, 비주기) 함수이다.

[2] 이산 시간 푸리에 역변환은 전 주파수 구간에 대해 적분해야 한다. (○, ×)

[3] DTFT를 할 수 없는 신호는 존재하지 않는다. (○, ×)

[4] (에너지, 전력) 신호는 DTFT의 수렴 조건을 만족한다.

[5] DTFT한 스펙트럼에 임펄스가 포함되는 것은 (에너지, 전력, 불연속) 신호이다.

[6] 주기 신호의 DTFS와 DTFT에 의한 선 스펙트럼 간격은 (같다, 다르다).

[7] 네 가지 푸리에 표현은 서로 관련이 없다. (○, ×)

[8] 푸리에 표현에서 (주기 ⇔ 이산, 주기 ⇔ 연속)이라는 시간−주파수 쌍대성이 성립한다.

[9] 시간 영역에서 샘플링은 주파수 영역에서 주기적 반복으로 나타난다. (○, ×)

[10] 이론적으로 푸리에 표현의 근간은 (CTFS, CTFT, DTFS, DTFT)이다.

[11] 임펄스 신호의 스펙트럼은 모든 주파수에 대해 존재한다. (○, ×)

[12] 이산 실수 신호의 (진폭 스펙트럼, 위상 스펙트럼)은 기대칭을 만족한다.

[13] 시간축 상에서 신호를 늘이면 주파수축 상에서 스펙트럼이 (압축된다, 늘어난다).

[14] 두 이산 신호 곱의 DTFT는 두 신호 스펙트럼을 (선형, 원형) 컨벌루션한 것과 같다.

[15] 이산 시스템의 주파수 응답은 주기 함수이다. (○, ×)

[16] 이산 시스템의 주파수 응답은 (임펄스 응답, 고유 응답. 영상태 응답)의 DTFT이다.

[17] 이산 시스템의 차분방정식의 계수와 주파수 응답은 무관하다. (○, ×)

[18] 이산 시스템의 주파수 응답은 복소평면의 (실축, 허축, 단위원)을 따라 계산한 값이다.

[19] 출력의 진폭 스펙트럼은 입력의 진폭 스펙트럼과 진폭 응답의 (합, 곱)이다.

[20] 출력의 위상 스펙트럼은 입력의 위상 스펙트럼과 위상 응답의 (합, 곱)이다.

11.1 다음 신호의 이산 시간 푸리에 변환을 구하고, 진폭 및 위상 스펙트럼을 그려라.

(a) $x[n] = [1, \underset{\uparrow}{1}, 1]$ (b) $x[n] = [1, 0, \underset{\uparrow}{1}]$ (c) $x[n] = [-1, 1, \underset{\uparrow}{-1}]$

11.2 [그림 11-23]과 같은 신호의 이산 시간 푸리에 변환을 구하라.

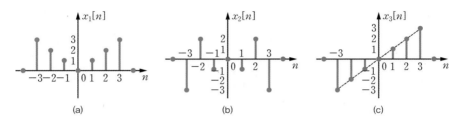

[그림 11-23]

11.3 다음과 같은 이산 주기 신호의 DTFT를 구하라.

(a) $x[n] = \begin{cases} 1, & 0 \le n \le 2 \\ 0, & 3 \le n \le 7 \end{cases}, \quad N = 8$ (b) $x[n] = \begin{cases} 1, & n = \text{짝수} \\ 0, & n = \text{홀수} \end{cases}$

(c) $x[n] = \cos\left(\dfrac{\pi}{2}n - \dfrac{\pi}{4}\right)$

11.4 다음 신호의 이산 시간 푸리에 변환을 구하라.

(a) $x[n] = (n-1)(0.5)^n u[n]$ (b) $x[n] = (0.5)^n \cos\left(\dfrac{\pi}{2}n\right) u[n]$

11.5 다음과 같이 DTFT가 주어질 때, 이에 대응하는 이산 신호를 구하라.

(a) $X(\Omega) = 1 - 2e^{-j3\Omega} + 4e^{j2\Omega} + 3e^{-j6\Omega}$

(b) $X(\Omega) = \begin{cases} 0, & 0 \le |\Omega| \le \dfrac{3\pi}{4} \\ 1, & \dfrac{3\pi}{4} < |\Omega| \le \pi \end{cases}$

11.6 $x[n]$의 DTFT가 $X(\Omega) = \dfrac{1}{1 - 0.5e^{-j\Omega}}$ 일 때, 각 신호의 DTFT를 구하라.

(a) $y[n] = x[-n]$

(b) $y[n] = x[n+1] + x[n-1]$

(c) $y[n] = x[n]\cos(\pi n)$

(d) $y[n] = x[n] * x[n]$

11.7 다음과 같은 차분방정식으로 표현되는 이산 LTI 시스템의 주파수 응답과 임펄스 응답을 구하라.

(a) $y[n] + 0.8y[n-1] = x[n] - 0.5x[n]$

(b) $y[n] + 0.64y[n-2] = x[n-1]$

(c) $y[n] - 0.3y[n-1] - 0.4y[n-2] = 2x[n-1] - x[n-2]$

11.8 다음의 임펄스 응답을 갖는 이산 LTI 시스템에 $x[n] = \cos\left(\dfrac{3\pi}{4}n\right)$을 입력으로 인가할 때 출력 $y[n]$을 구하라.

(a) $h[n] = [1\ \ \underset{\uparrow}{1},\ 1]$

(b) $h[n] = [-1\ \ 1,\ \underset{\uparrow}{-1}]$

11.9 입력 $x[n] = \delta[n] + 0.5\delta[n-1]$에 대한 출력이
$y[n] = \delta[n] - 2\delta[n-1] - \delta[n-2]$와 같은 이산 시스템에 대해 다음을 구하라.

(a) 이산 시스템의 주파수 응답

(b) 이산 시스템의 임펄스 응답

(c) 이산 시스템을 나타내는 차분방정식 표현

11.10 [그림 11-24]의 주파수 응답을 갖는 이산 시스템에 대하여 물음에 답하라.

(a) 임펄스 응답을 구하라.

(b) $\Omega_c = \dfrac{\pi}{2}$ 일 때, 입력 $x[n] = 1 + \cos\left(\dfrac{\pi}{3}n\right) + \sin\left(\dfrac{2\pi}{3}\right)$에 대한 출력을 구하라.

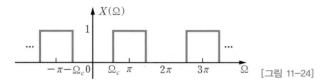

[그림 11-24]

11.11 [그림 11-25]의 이산 신호에 대해 이산 시간 푸리에 변환을 구하라.

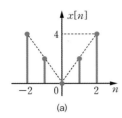

(a)

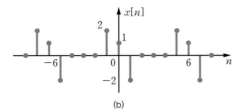

(b)

[그림 11-25]

11.12 [그림 11-26]의 신호 $x[n]$에 대해, $X(\Omega)$를 구하지 말고 다음 값을 구하라.

(a) $X(0)$ (b) $X(\pi)$

(c) $\dfrac{1}{2\pi}\displaystyle\int_{-\pi}^{\pi} X(\Omega)\,d\Omega$ (d) $\dfrac{1}{2\pi}\displaystyle\int_{-\pi}^{\pi} |X(\Omega)|^2\,d\Omega$

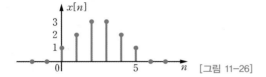

[그림 11-26]

11.13 다음 신호의 이산 시간 푸리에 변환을 구하라.

(a) $x[n] = (0.5)^n u[n] + (-1)^n (0.5)^n u[n]$

(b) $x[n] = (0.5)^n u[n] + (0.5)^{-n} u[-n-1]$

11.14 차분방정식 $y[n] = ay[n-1] + bx[n]$으로 표현되는 이산 LTI 시스템이 있다.

(a) $H(0) = 1$이고 $H(\pi)$가 최소가 되기 위한 a, b의 조건을 구하라.

(b) $H(\pi) = 1$이고 $H(0)$가 최소가 되기 위한 a, b의 조건을 구하라.

11.15 인과 LTI 시스템이 차분방정식 $y[n] + 0.5\,y[n-1] = x[n]$으로 표현된다고 한다.

(a) 시스템의 주파수 응답 $H(\Omega)$를 구하라.

(b) 시스템의 임펄스 응답 $h[n]$을 구하라.

(c) 입력의 DTFT가 $X(\Omega) = 1 + 2\,e^{-j3\Omega}$일 때 시스템 출력을 구하라.

Chapter 12

z 변환

z Transform

z 변환의 개요 **12.1**

주요 신호의 z 변환 **12.2**

z 변환의 성질 **12.3**

z 역변환 **12.4**

z 변환에 의한 차분방정식 해석 **12.5**

전달 함수 **12.6**

연습문제

학습목표

- z 변환의 개념과 수렴 영역에 대해 이해할 수 있다.

- 주요 신호의 z 변환쌍을 잘 익혀둘 수 있다.

- z 변환의 주요 성질을 이해할 수 있다.

- 부분분수 전개를 이용한 z 역변환 방법을 잘 익혀둘 수 있다.

- z 변환을 이용한 차분방정식의 해석 방법에 대해 잘 익혀둘 수 있다.

- 전달 함수의 개념과 중요성에 대해 이해할 수 있다.

- 전달 함수 극/영점의 역할과 중요성에 대해 이해할 수 있다.

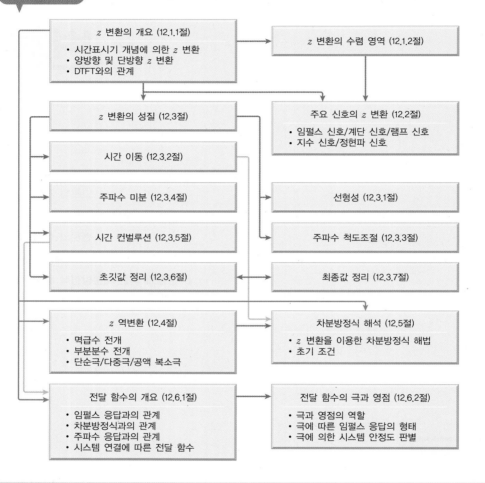

z 변환의 개요 (12.1.1절)
- 시간표시기 개념에 의한 z 변환
- 양방향 및 단방향 z 변환
- DTFT와의 관계

z 변환의 수렴 영역 (12.1.2절)

z 변환의 성질 (12.3절)

주요 신호의 z 변환 (12.2절)
- 임펄스 신호/계단 신호/램프 신호
- 지수 신호/정현파 신호

시간 이동 (12.3.2절)

주파수 미분 (12.3.4절)

선형성 (12.3.1절)

시간 컨벌루션 (12.3.5절)

주파수 척도조절 (12.3.3절)

초깃값 정리 (12.3.6절)

최종값 정리 (12.3.7절)

z 역변환 (12.4절)
- 멱급수 전개
- 부분분수 전개
- 단순극/다중극/공액 복소극

차분방정식 해석 (12.5절)
- z 변환을 이용한 차분방정식 해법
- 초기 조건

전달 함수의 개요 (12.6.1절)
- 임펄스 응답과의 관계
- 차분방정식과의 관계
- 주파수 응답과의 관계
- 시스템 연결에 따른 전달 함수

전달 함수의 극과 영점 (12.6.2절)
- 극과 영점의 역할
- 극에 따른 임펄스 응답의 형태
- 극에 의한 시스템 안정도 판별

z 변환은 다른 변환들과 달리 출발점이 매우 단순하다. 이산 신호 샘플의 발생 시간(순서)을 알려주는 시간표시기로 복소 변수 z를 사용하여 급수 형태로 표현하면 바로 z 변환이 된다. 그렇지만 z 변환은 연속 신호에 대한 라플라스 변환과 똑같이 이산 신호에 대한 푸리에 변환 (DTFT)을 보다 일반화한 주파수 영역 변환의 역할을 담당한다. 이 절에서는 z 변환의 바탕 개념과 정의를 설명하고 그 특징, 특히 수렴 영역에 대해 간단히 살펴본다. 그리고 양방향 및 단방향 변환의 차이를 알아보기로 한다.

학습포인트 ─

- z 변환의 바탕 개념이 다른 주파수 영역 변환과 다른 점을 이해한다.
- 단방향과 양방향 z 변환의 차이를 이해한다.
- z 변환의 수렴 조건과 수렴 영역(ROC)에 대해 이해하고, 신호의 형태에 따른 z 변환의 수렴 영역을 알아본다.

12.1.1 z 변환의 개요

z 변환의 바탕 개념

다음과 같은 이산 신호를 생각해보자.

$$x[n] = \begin{cases} (2)^n, & n \geq 0 \\ (3)^n, & n < 0 \end{cases} \tag{12.1}$$

이 신호는 $\left\{ \cdots, \left(\dfrac{1}{3}\right)^2, \dfrac{1}{3}, \underset{\uparrow}{1}, 2, (2)^2, \cdots, (2)^n, \cdots \right\}$과 같이 순서대로 값을 나열한 무한수열로 나타낼 수 있지만, 이 수열 표현으로는 값이 어떻게 변화하고 있는지만 파악할 수 있을 뿐이고, 하나의 함수로 표현되었을 때처럼 사칙연산을 비롯한 다양한 수학적인 조작이 불가능하다. 그러나 다음과 같이 복소 변수 z에 관한 무한급수로 표현하면 간결한 형태의 z의 함수로 나타낼 수 있으므로 수학적인 접근이 가능해진다.

$$\cdots + \left(\frac{1}{3}\right)^2 z^2 + \frac{1}{3}z + 1 + 2z^{-1} + (2)^2 z^{-2} + \cdots + (2)^n z^{-n} + \cdots \tag{12.2}$$

식 (12.2)는 $x[n]$의 **샘플 값의 발생 시간**을 알려주는 시간표시기로 복소 변수 z를 사용하여 급수 형태로 표현한 것에 불과하다. 예를 들어, z^{-3}은 시간 $n = 3$이고, z^4은 시간 $n = -4$임을 가리킨다. 양의 시간에 대한 시간표시기로 z^n이 아닌 z^{-n}을 사용한 것은 뒤에 보겠지만 이산 시간 푸리에 변환과의 일관성을 고려했기 때문이다.

식 (12.2)의 무한급수의 합을 닫힌 꼴의 수식으로 나타내면, 신호 $x[n]$을 z의 함수로 나타낸 새로운 표현 $X(z)$를 얻게 되는데, 이것이 바로 z 변환이다. 이때 **무한급수의 합이 존재하려면 수렴해야 하므로 이를 위한 z의 조건이 필요한데, 이를 z 변환의 수렴 영역(ROC)**Region Of Convergence**이라고 한다.** 예를 들어, 식 (12.2)의 무한급수는 다음과 같이 두 개의 무한급수의 합이 되며, 등비급수의 수렴 조건(|공비| < 1)에 의해 $|z| < 3$과 $|z| > 2$를 동시에 만족시키는 $2 < |z| < 3$에서 수렴한다.

$$X(z) = \frac{\frac{1}{3}z}{1 - \frac{1}{3}z} + \frac{1}{1 - 2z^{-1}} = \frac{-z}{z-3} + \frac{z}{z-2} = \frac{-z}{(z-2)(z-3)} \tag{12.3}$$

z 변환의 정의

$x[n]$과 $X(\Omega)$가 1:1 대응되는 이산 시간 푸리에 변환과 달리, z 변환은 수렴 영역에 따라 변환쌍이 유일하지 않아 양방향 변환과 단방향 변환으로 나누어 취급한다.

- **양방향**bilateral **z 변환** : $X(z) = Z\{x[n]\} = \displaystyle\sum_{n=-\infty}^{\infty} x[n]z^{-n}$ (12.4)

- **단방향**unilateral **z 변환** : $X(z) = Z\{x[n]\} = \displaystyle\sum_{n=0}^{\infty} x[n]z^{-n}$ (12.5)

- **z 역**inverse**변환** : $x[n] = Z^{-1}\{X(z)\} = \dfrac{1}{2\pi j} \displaystyle\oint_{\Gamma} X(z)z^{n-1}dz$ (12.6)

- 양방향 z 변환은 $-\infty < n < \infty$에 존재하는 모든 신호를 변환할 수 있다.

- 양방향 z 변환은 수렴 영역이 지정되지 않으면 $x[n]$과 $X(z)$가 1:1 대응이 되지 않는다. 그러므로 항상 수렴 영역을 표시해야 한다.

- 단방향 z 변환은 인과 신호($x[n] = 0$, $n < 0$)만을 대상으로 한 변환이다.

- 단방향 z 변환은 $x[n]$과 $X(z)$가 1:1로 대응된다. 그러므로 수렴 영역을 별도로 표시할 필요가 없다.

- DTFT는 z 변환의 특수한 경우로서 $z = e^{j\Omega}$, 즉 z 평면의 단위원 상에서 계산된 z 변환이다. 그러므로 z 변환이 더 포괄적인 변환이다.

$$X(\Omega) = \sum_{n=-\infty}^{\infty} x[n]e^{-j\Omega n} = \sum_{n=-\infty}^{\infty} x[n]z^{-n}\Big|_{z=e^{j\Omega}} = X(z)\Big|_{z=e^{j\Omega}} \tag{12.7}$$

식 (12.2)를 일반적인 수식으로 나타내면 다음과 같이 $x[n]$의 z 변환이 정의된다.

$$X(z) = \cdots + x[-1]z^1 + x[0]z^0 + x[1]z^{-1} + \cdots + x[n]z^{-n} + \cdots$$

$$= Z\{x[n]\} = \sum_{n=-\infty}^{\infty} x[n]z^{-n} \tag{12.8}$$

z 변환 또한 $Z\{\cdot\}$와 변환쌍 $x[n] \Leftrightarrow X(z)$로 나타낸다. $\boldsymbol{z}$**는** $\boldsymbol{z = e^{\Sigma + j\Omega} = re^{j\Omega}}$**인 복소 변수이다**(라플라스 변환에서도 변수 s는 $s = \sigma + j\omega$인 복소 변수이다). 라플라스 변환과 마찬가지로 z 역변환은 정의식 대신 부분분수 전개법을 주로 사용한다.

양방향 z 변환과 단방향 z 변환의 차이는 급수의 총합 구간이다. 양방향 z 변환은 총합 구간이 $(-\infty, \infty)$이므로 수렴 조건만 만족되면 어떠한 신호라도 변환 가능하다. 따라서 $n < 0$에서 값을 가지는 비인과 신호의 변환도 가능하다. 반면에 단방향 z 변환은 총합의 하한이 0으로 인과 신호만을 대상으로 한 변환이다. 두 개의 z 변환을 별도로 구분하는 이유는 **양방향 z 변환에서는 $X(z)$에 대응되는 $x[n]$이 유일하지 않기 때문이다.** 그러나 단방향 z 변환에서는 $x[n]$과 $X(z)$가 1:1로 대응되어 역변환을 할 때에도 아무런 어려움이 없다.

식 (12.4)에서 $z = e^{j\Omega}$으로 두면 z 변환은 DTFT와 같아진다. 다시 말해 $\boldsymbol{z}$ **변환이 더 일반화된 변환이며, DTFT는 $\boldsymbol{z}$ 변환의 특수한 경우로 볼 수 있다.** 게다가 DTFT는 $e^{j\Omega}$ 항이 드러나 있어 계산과 취급이 불편하였으나, z 변환은 복소수가 변수 내로 숨어 겉으로 보이지 않아 간결하고 편리한 표현이 된 것도 z 변환의 장점이다.

예제 12-1 우편향 인과 신호의 양방향 z 변환과 수렴 영역   관련 예제 | [예제 12-2], [예제 12-3]

실수 지수 신호 $x[n] = a^n u[n]$의 z 변환과 수렴 조건을 구하라.

풀이

$x[n]$은 우편향 인과 신호로서 양방향 z 변환은 식 (12.4)로부터 다음과 같이 되며, $|az^{-1}| < 1$, 즉 $|z| > |a|$인 영역(z 평면에서 반지름이 $|a|$인 원의 외부)에서 수렴한다.

$$X(z) = \sum_{n=0}^{\infty} a^n z^{-n} = \frac{1}{1 - az^{-1}} = \frac{z}{z - a}, \quad |z| > |a| \tag{12.9}$$

12.1.2 z 변환의 수렴 영역

무한 급수로 표현된 $X(z)$가 수렴하려기 위해서는 다음과 같이 $x[n]z^{-n}$이 **절대 총합 가능**^{absolutely summable}해야 한다.

$$\sum_{n=-\infty}^{\infty} |x[n]z^{-n}| < \infty \tag{12.10}$$

z 변환의 수렴 영역(ROC)은 $X(z)$가 존재하는, 즉 식 (12.10)의 수렴 조건을 충족시키는 복소수 z의 집합이다.

수렴 영역과 단방향 z 변환의 필요성

양방향 z 변환에서는 서로 다른 두 시간 신호가 수렴 영역만 다를 뿐 똑같은 $X(z)$로 표현되는 경우가 발생한다. 따라서 역변환을 통해 $X(z)$로부터 오직 하나의 $x[n]$으로 되돌아가기 위해서는 반드시 $X(z)$의 수렴 영역이 지정되어야만 한다. 다음 예제를 통해 이를 살펴보자.

예제 12-2 **좌편향 비인과 신호의 양방향 z 변환과 수렴 영역**　관련 예제 ∣ [예제 12-1], [예제 12-3]

실수 지수 신호 $y[n] = -a^n u[-n-1]$의 z 변환과 수렴 영역을 구하라.

풀이

$y[n]$은 좌편향 비인과 신호로 z 변환은 식 (12.4)로부터 다음과 같이 되며, $|a^{-1}z| < 1$, 즉 $|z| < |a|$인 영역(z 평면에서 반지름이 $|a|$인 원의 내부)에서 수렴한다.

$$Y(z) = -\sum_{n=-\infty}^{-1} a^n z^{-n} = -\sum_{n=1}^{\infty} a^{-n} z^n = -a^{-1}z\sum_{n=0}^{\infty} (a^{-1}z)^n$$

$$= -\frac{a^{-1}z}{1-a^{-1}z} = \frac{1}{1-az^{-1}} = \frac{z}{z-a}, \quad |z| < |a| \tag{12.11}$$

식 (12.11)의 $Y(z)$는 식 (12.9)의 $X(z)$와 같고 수렴 영역만 다를 뿐이다. 따라서 수렴 영역이 명시되지 않으면 역변환의 결과가 $x[n]$인지 $y[n]$인지 결정할 수 없다. 즉 **양방향 z 변환은 수렴 영역이 명시되지 않는 한 z 역변환이 유일하지 않다.**

[그림 12-1]은 [예제 12-1]과 [예제 12-2]의 신호와 수렴 영역을 나타낸 것이다. 그림을 보면 두 신호 및 수렴 영역의 특징과 차이를 확연히 알 수 있다. [예제 12-1]의 우편향 신호의 z 변환의 수렴 영역은 반지름이 $a(|z|=a)$인 원의 바깥이 되고, 반대로 [예제 12-2]의 좌편향 신호의 z 변환의 수렴 영역은 반지름이 $a(|z|=a)$인 원의 내부가 된다.

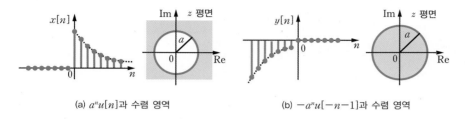

(a) $a^n u[n]$과 수렴 영역   (b) $-a^n u[-n-1]$과 수렴 영역

[그림 12-1] [예제 12-1], [예제 12-2] 신호의 양방향 z 변환의 수렴 영역

[예제 12-1]과 [예제 12-2]에서 보듯이, 하나의 $X(z)$에 대해 $x[n]$이 1:1 대응이 되지 않는 것은 양방향 z 변환이 좌편향 신호와 우편향 신호를 모두 변환할 수 있기 때문이다. 따라서 양방향 z 변환에서는 역변환이 가능하려면 단 하나의 신호를 지정할 수 있도록 수렴 영역이 항상 주어져야만 한다. 만약 변환 가능한 대상 신호를 둘 중의 하나로 제한한다면 이런 애매모호함은 사라질 것이다. 우편향 신호만을 대상으로 하는 단방향 z 변환에서 수렴 영역은 항상 $|z| > \rho$의 꼴로 한정되기 때문에 역변환의 결과는 $x[n]$으로 유일해진다. 다시 말해, **단방향 z 변환으로 한정하면 굳이 수렴 영역을 밝힐 필요가 없고 역변환도 유일하다.** 게다가 대부분의 물리적 시스템은 인과적이고 인과 신호를 취급하므로, 인과 신호만을 대상으로 하는 단방향 z 변환을 주로 사용한다. 따라서 이 책에서는 단방향 z 변환만을 다룰 것이다. 이후 별도의 언급이 없는 한 z 변환이라 하면 단방향 z 변환을 뜻한다.

예제 12-3   **양방향 z 변환과 수렴 영역**   관련 예제 | [예제 12-1], [예제 12-2]

다음 신호의 양방향 z 변환과 수렴 영역을 구하라.

(a) $x[n] = (2)^n u[n] - u[n]$

(b) $x[n] = -(2)^n u[-n-1] - u[n]$

(c) $x[n] = -(2)^n u[-n-1] + u[-n-1]$

(d) $x[n] = (2)^n u[n] + u[-n-1]$

풀이

(a) [예제 12-1]의 풀이로부터 $x[n]$의 양방향 z 변환은 다음과 같이 구해진다.

$$X(z) = Z\{(2)^n u[n]\} - Z\{u[n]\} = \frac{1}{1-2z^{-1}} - \frac{1}{1-z^{-1}} = \frac{z}{(z-2)(z-1)}$$

이때 수렴 영역은 우편향 항 $(2)^n u[n]$의 $|z| > 2$와 또 다른 우편향 항 $u[n]$의 $|z| > 1$을 동시에 만족해야 하므로 $|z| > 2$이다. 수렴 영역이 존재하므로 $X(z)$가 $x[n]$의 z 변환이 된다.

(b) [예제 12-1]과 [예제 12-2]의 풀이로부터 $x[n]$의 양방향 z 변환은 다음과 같이 구해진다.

$$X(z) = Z\{-(2)^n u[-n-1]\} - Z\{u[n]\} = -\frac{\frac{1}{2}z}{1-\frac{1}{2}z} - \frac{1}{1-z^{-1}} = \frac{z}{(z-2)(z-1)}$$

이때 수렴 영역은 좌편향 항 $(2)^n u[-n-1]$의 $|z| < 2$와 우편향 항 $u[n]$의 $|z| > 1$을 동시에 만족해야 하므로 $1 < |z| < 2$이다. 이 역시 수렴 영역이 존재하므로 $X(z)$가 $x[n]$의 z 변환이 된다.

(c) [예제 12-2]의 풀이로부터 $x[n]$의 양방향 z 변환은 다음과 같이 구해진다.

$$X(z) = Z\{-(2)^n u[-n-1]\} + Z\{u[-n-1]\} = -\frac{\frac{1}{2}z}{1-\frac{1}{2}z} + \frac{z}{1-z} = \frac{z}{(z-2)(z-1)}$$

이때 수렴 영역은 좌편향 항 $u[-n-1]$의 $|z| < 1$과 좌편향 항 $(2)^n u[-n-1]$의 $|z| < 2$를 동시에 만족해야 하므로 $|z| < 1$이다. 이 역시 수렴 영역이 존재하므로 $X(z)$가 $x[n]$의 z 변환이 된다.

(d) [예제 12-1]과 [예제 12-2]의 풀이로부터 $x[n]$의 양방향 z 변환은 다음과 같이 구해진다.

$$X(z) = Z\{(2)^n u[n]\} + Z\{u[-n-1]\} = \frac{1}{1-2z^{-1}} + \frac{z}{1-z} = \frac{z}{(z-2)(z-1)}$$

수렴 영역은 우편향 항의 $|z| > 2$와 좌편향 항의 $|z| < 1$을 동시에 만족해야 하는데 겹치는 구간이 존재하지 않는다. 따라서 z 변환이 존재하지 않는다. 즉 $X(z)$는 $x[n]$의 z 변환이 아니다.

4가지 경우 모두 똑같이 $X(z) = \frac{z}{(z-2)(z-1)}$가 되지만, 해당되는 시간 신호는 모두 다르고, (d)의 경우는 수렴 영역이 존재하지 않으므로 z 변환을 할 수가 없다. 이처럼 신호에 따라 수렴 영역이 존재하거나 존재하지 않으므로 반드시 수렴 영역을 따져봐야만 한다. 단방향 z 변환으로 변환이 가능한 신호는 (a)의 경우뿐이다.

다음과 같은 이산 신호에 대해 z 변환을 수행하고, 수렴 영역을 구하라.

(a) $x_1[n] = \delta[n]$

(b) $x_2[n] = [1,\ 1,\ \underset{\uparrow}{1}] = \delta[n] + \delta[n-1] + \delta[n-2]$ (우편향 유한 구간 신호)

(c) $x_3[n] = [1,\ \underset{\uparrow}{1},\ 1] = \delta[n+2] + \delta[n+1] + \delta[n]$ (좌편향 유한 구간 신호)

(d) $x_4[n] = [1,\ \underset{\uparrow}{1},\ 1] = \delta[n+1] + \delta[n] + \delta[n-1]$ (양방향 유한 구간 신호)

풀이

(a) 주어진 신호를 z 변환하면 다음과 같다.

$$X_1(z) = \delta[n]z^0 = 1$$

$X_1(z)$는 1이므로 $z=0$을 포함한 z 평면의 모든 z 값에서 수렴한다.

(b) 주어진 신호를 z 변환하면 다음과 같다.

$$X_2(z) = \delta[n]z^0 + \delta[n-1]z^{-1} + \delta[n-2]z^{-2} = 1 + z^{-1} + z^{-2}$$

$X_2(z)$는 z^{-1}과 z^{-2} 항 때문에 $z=0$에서 값이 정의되지 않으므로, $z=0$을 제외한 모든 z 값에서 수렴한다.

(c) 주어진 신호를 z 변환하면 다음과 같다.

$$X_3(z) = \delta[n+2]z^2 + \delta[n+1]z^1 + \delta[n]z^0 = z^2 + z^1 + 1$$

$X_3(z)$는 z와 z^2 항 때문에 $|z| = \infty$인 점에서 발산한다. 따라서 $|z| = \infty$를 제외한 모든 z 값에서 수렴한다.

(d) 주어진 신호를 z 변환하면 다음과 같다.

$$X_4(z) = \delta[n+1]z + \delta[n]z^0 + \delta[n-1]z^{-1} = z^1 + 1 + z^{-1}$$

$X_4(z)$는 z와 z^{-1} 항을 모두 포함하고 있으므로 $z=0$과 $|z| = \infty$인 점을 제외한 모든 z 값에서 수렴한다.

[예제 12-4]에서 보듯이, 유한 구간 신호의 수렴 영역은 기본적으로 전 z 평면이며, 다만 인과 신호이면 $z=0$, 비인과 신호이면 $|z| = \infty$가 제외될 뿐이다.

신호 유형에 따른 수렴 영역의 형태

앞의 예제들에서 살펴본 것처럼, 신호에 따라 z 변환의 수렴 영역은 다르다. [그림 12–2]에 신호의 유형에 따른 z 변환의 수렴 영역을 나타내었다.

> z 변환의 수렴 영역은 다음과 같은 특징을 보인다.
> ❶ 수렴 영역의 경계는 원점이 중심인 원($|z| = \rho$)이 된다.
> ❷ 유한 구간 신호는 전 z–평면이 수렴 영역이 된다(단, 인과 신호는 $z = 0$ 제외, 비인과 신호는 $|z| = \infty$ 제외).
> ❸ 우편향 신호는 경계선의 바깥쪽 $|z| > \rho_1$이 수렴 영역이다.
> ❹ 좌편향 신호는 경계선의 안쪽 $|z| < \rho_2$가 수렴 영역이다.
> ❺ 양방향 신호는 일반적으로 좌편향 신호의 경계선 $|z| = \rho_2$와 우편향 신호의 경계선 $|z| = \rho_1$ 사이의 도넛 형태로 수렴 영역이 주어진다($\rho_1 < \rho_2$). 만약 $\rho_1 > \rho_2$이면 수렴 영역이 정의되지 않는다. 즉 z 변환이 존재하지 않는다.
> ❻ 수렴 영역이 단위원($|z| = 1$)을 포함하지 않는 신호들은 z 변환은 존재하지만 푸리에 변환은 존재하지 않는다.

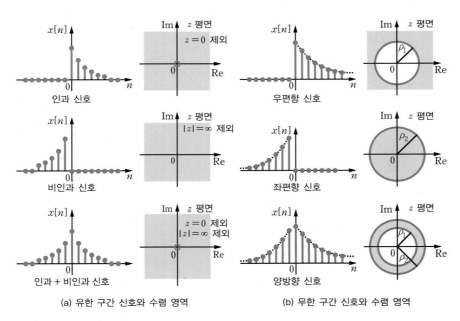

[그림 12–2] **신호의 형태에 따른 z 변환의 수렴 영역**

수렴 영역의 모든 z에 대해 $X(z)$가 값을 가져야 하므로, 식 (12.3)과 같이 $X(z)$가 유리 함수로 주어질 때 분모 값이 0이 되는 점($X(z)$의 극)이 수렴 영역에 포함되면 안 된다. 또한 DTFT가 불가능한 신호일지라도 z 변환은 존재할 수 있다. DTFT는 식 (11.6)에 정의된 것처럼 $x[n]$이 절대 총합 가능한 경우에만 존재하는데, z를 특정 하게 선정하면 비록 $x[n]$이 절대 총합 가능하지 않더라도 식 (12.10)을 만족시킬 수 있다. 예를 들어, 식 (12.1)의 신호같이 $x[n] = a^n u[n]$에서 $|a| > 1$이면 DTFT는 존 재하지 않는다. 그런데, $|z| = r > a$로 선정하면 $|az^{-1}| < 1$이 되어 $x[n]z^{-n}$은 절대 총합 가능해지므로 z 변환이 존재하게 된다. 이와 같이 z 변환은 DTFT보다 훨씬 많 은 신호를 주파수 영역으로 변환할 수 있게 해준다. 식 (12.7)에서 보듯이 푸리에 변 환은 z 평면의 단위원을 따라 계산된 z 변환이므로, **z 변환의 수렴 영역이 단위원을 포함하지 않으면 그 신호의 푸리에 변환은 계산할 수 없다.**

예제 12-5 양방향 무한 구간 신호의 z 변환과 수렴 영역

다음 신호의 양방향 z 변환과 수렴 영역을 구하라.

(a) $x[n] = 2^{|n|}$
(b) $x[n] = \left(\dfrac{1}{2}\right)^{|n|}$

풀이

(a) 주어진 신호를 다시 쓰면

$$x[n] = 2^n u[n] + 2^{-n} u[-n-1] = 2^n u[n] + \left(\frac{1}{2}\right)^n u[-n-1]$$

과 같이 되고, 따라서 $x[n]$의 z 변환은 [예제 12-1]과 [예제 12-2]에서 구한 식 (12.9)와 식 (12.11)로부터 다음과 같이 구할 수 있다.

$$X(z) = \frac{z}{z-2} - \frac{z}{z-\frac{1}{2}} = \frac{\frac{3}{2}z}{(z-2)\left(z-\frac{1}{2}\right)} = \frac{3z}{(z-2)(2z-1)}$$

$2^n u[n]$의 수렴 영역은 $|z| > 2$, $2^{-n} u[-n-1]$의 수렴 영역은 $|z| < \dfrac{1}{2}$이다. $X(z)$의 수렴 영역은 두 수렴 영역을 동시에 만족시켜야 하는데, 겹치는 구간이 없으므로 z 변환은 존 재하지 않는다. 다시 말해 위에서 구해진 $X(z)$는 $x[n]$의 z 변환이 될 수 없다.

(b) 주어진 신호를 다시 쓰면

$$x[n] = \left(\frac{1}{2}\right)^n u[n] + \left(\frac{1}{2}\right)^{-n} u[-n-1] = \left(\frac{1}{2}\right)^n u[n] + 2^n u[-n-1]$$

과 같이 되고, 따라서 $x[n]$의 z 변환은 식 (12.9)와 식 (12.11)로부터 다음과 같이 구할 수 있다.

$$X(z) = \frac{z}{z-\frac{1}{2}} - \frac{z}{z-2} = -\frac{\frac{3}{2}z}{(z-2)\left(z-\frac{1}{2}\right)} = -\frac{3z}{(z-2)(2z-1)}$$

$\left(\frac{1}{2}\right)^n u[n]$의 수렴 영역은 $|z| > \frac{1}{2}$, $\left(\frac{1}{2}\right)^{-n} u[-n-1]$의 수렴 영역은 $|z| < 2$이다. $X(z)$의 수렴 영역은 두 수렴 영역을 동시에 만족시켜야 하므로 $\frac{1}{2} < |z| < 2$이다.

이상의 두 결과에서 보듯이 양방향 신호의 경우 우편향 신호와 좌편향 신호의 수렴 영역이 겹치는 구간이 있어야만 z 변환이 존재하게 된다.

예제 12-6 인과 신호의 z 변환

인과 신호 $x[n] = \begin{cases} 2^n - 3^n, & n \geq 0 \\ 0, & n < 0 \end{cases}$의 z 변환을 구하라.

풀이

$x[n]$의 z 변환은 식 (12.4)로부터 다음과 같이 된다.

$$X(z) = \sum_{n=0}^{\infty} 2^n z^{-n} - \sum_{n=0}^{\infty} 3^n z^{-n}$$

$$= \frac{1}{1-2z^{-1}} - \frac{1}{1-3z^{-1}} = \frac{-z}{(z-2)(z-3)}$$

(12.12)

수렴 영역은 $|2z^{-1}| < 1$, 즉 $|z| > 2$와 $|3z^{-1}| < 1$, 즉 $|z| > 3$을 동시에 만족시켜야 하므로 $|z| > 3$이 되는데, 인과 신호의 수렴 영역이 $|z| > \rho$의 꼴이라는 사실에 들어맞는다. z 변환의 수렴 영역 $|z| > 3$은 단위원($|z| = 1$)을 포함하지 않으므로 수렴 영역의 특징 ❻에 의해 DTFT가 존재하지 않지만, 이렇게 수렴 영역에 따라 z 변환이 가능해진다. 주어진 신호 $x[n]$에 대해 DTFT의 수렴 조건 식 (11.6)을 따져보아도 같은 결론을 얻을 수 있다.

그런데 식 (12.12)는 식 (12.3)과 같으므로, 하나의 $X(z)$에 대해 식 (12.1)의 신호와 이 예제의 신호가 동시에 대응되는 상황이 발생한다. 그러나 단방향 z 변환, 즉 수렴 영역을 $|z| > \rho$의 꼴이라고 한정하면 더 이상의 혼란 없이 오직 이 예제의 $x[n]$으로 역변환된다.

12.2 주요 신호의 z 변환

자주 사용되는 기본적이고 중요한 신호들에 대한 z 변환쌍을 알고 있으면 역변환을 비롯해 여러모로 편리하다. 이 절에서는 몇 가지 주요 신호들에 대한 z 변환쌍을 구해보기로 한다. 특별한 언급이 없는 한 z 변환이라 함은 단방향 z 변환을 가리킨다.

학습포인트 ──────────────

- 임펄스 신호, 계단 신호, 램프 신호 등의 z 변환쌍을 익혀둔다.
- 지수 신호와 정현파 신호에 대한 z 변환쌍을 익혀둔다.

임펄스 신호

[예제 12-4]에서 구한 바와 같이, 임펄스 신호 $\delta[n]$에 대한 z 변환쌍은 다음과 같고, 수렴 영역은 모든 z 평면이다.

$$\delta[n] \iff 1 \tag{12.13}$$

(단위) 계단 신호

단위 계단 신호 $x[n] = u[n]$은 $x[0] = x[1] = \cdots = x[n] = \cdots = 1$이므로, z 변환은

$$X(z) = \sum_{n=0}^{\infty} x[n]z^{-n} = 1 + z^{-1} + z^{-2} + \cdots + z^{-n} + \cdots$$
$$= \frac{1}{1 - z^{-1}} = \frac{z}{z-1} \tag{12.14}$$

이고, 수렴 영역은 $|z^{-1}| < 1$, 즉 $|z| > 1$이다. 따라서 $u[n]$에 대한 z 변환쌍은 다음과 같다.

$$u[n] \iff \frac{z}{z-1}, \quad |z| > 1 \tag{12.15}$$

(단위) 램프 신호

램프 신호 $x[n] = nu[n]$에 대해서는

$$X(z) = \sum_{n=0}^{\infty} n z^{-n} = 0 + z^{-1} + 2z^{-2} + \cdots + n z^{-n} + \cdots \tag{12.16}$$

이므로, 합을 구하기 좋게 다음과 같이 등비급수로 바꾸면

$$(1 - z^{-1})X(z) = z^{-1} + z^{-2} + \cdots + z^{-n} + \cdots \tag{12.17}$$

이 된다. 식 (12.17)을 정리하면 다음과 같이 $X(z)$를 구할 수 있다.

$$X(z) = \frac{z^{-1}}{(1 - z^{-1})^2} = \frac{z}{(z-1)^2} \tag{12.18}$$

식 (12.18)의 수렴 영역은 $|z| > 1$로, 램프 신호의 z 변환쌍은 다음과 같다.

$$nu[n] \iff \frac{z}{(z-1)^2}, \quad |z| > 1 \tag{12.19}$$

지수 신호

[예제 12-1]에서 구한 바와 같이, 지수 신호 $a^n u[n]$에 대한 z 변환쌍은 다음과 같고, 수렴 영역은 $|z| > |a|$이다.

$$a^n u[n] \iff \frac{z}{z-a}, \quad |z| > |a| \tag{12.20}$$

정현파 신호

코사인파 $x[n] = (\cos \Omega n)u[n]$은 오일러 공식에 의해 $e^{j\Omega n}$으로 나타낼 수 있고, $e^{j\Omega n}$은 $a = e^{j\Omega}$인 지수 신호와 같으므로 식 (12.20)을 이용해 다음과 같이 변환할 수 있다.

$$\begin{aligned}
X(z) &= Z\left\{ \left(\frac{e^{j\Omega n} + e^{-j\Omega n}}{2} \right) u[n] \right\} = \frac{1}{2}\left[\frac{z}{z - e^{j\Omega}} + \frac{z}{z - e^{-j\Omega}} \right] \\
&= \frac{z}{2}\left[\frac{2z - (e^{j\Omega} + e^{-j\Omega})}{z^2 - (e^{j\Omega} + e^{-j\Omega})z + 1} \right] = \frac{z(z - \cos\Omega)}{z^2 - 2\cos\Omega z + 1}
\end{aligned} \tag{12.21}$$

이때 수렴 영역은 $|z| > |e^{\pm j\Omega}| = 1$이다. 사인파 $x[n] = (\sin\Omega n)u[n]$의 경우도 같은 방법으로 z 변환을 구할 수 있으며, 수렴 영역도 코사인파의 경우와 마찬가지로 $|z| > 1$이 된다.

$$X(z) = Z\left\{\left(\frac{e^{j\Omega n} - e^{-j\Omega n}}{2j}\right)u[n]\right\} = \frac{1}{2j}\left[\frac{z}{z - e^{j\Omega}} - \frac{z}{z - e^{-j\Omega}}\right]$$

$$= \frac{z}{2j}\left[\frac{e^{j\Omega} - e^{-j\Omega}}{z^2 - (e^{j\Omega} + e^{-j\Omega})z + 1}\right] = \frac{\sin\Omega\, z}{z^2 - 2\cos\Omega\, z + 1} \tag{12.22}$$

따라서 정현파에 대한 z 변환쌍은 다음과 같다.

$$(\cos\Omega n)u[n] \quad \Leftrightarrow \quad \frac{z(z - \cos\Omega)}{z^2 - 2\cos\Omega\, z + 1}, \quad |z| > 1 \tag{12.23}$$

$$(\sin\Omega n)u[n] \quad \Leftrightarrow \quad \frac{\sin\Omega\, z}{z^2 - 2\cos\Omega\, z + 1}, \quad |z| > 1 \tag{12.24}$$

지수적으로 진폭이 변하는 정현파 $(a^n\cos\Omega n)u[n]$, $(a^n\sin\Omega n)u[n]$의 경우에는 식 (12.21)과 식 (12.22)에서 $e^{j\Omega} \rightarrow a e^{j\Omega}$, $e^{-j\Omega} \rightarrow a e^{-j\Omega}$으로 치환하면 쉽게 z 변환을 구할 수 있다. 이때 수렴 영역은 $|z| > |a|$이다.

$$(a^n\cos\Omega n)u[n] \quad \Leftrightarrow \quad \frac{z(z - a\cos\Omega)}{z^2 - (2a\cos\Omega)z + a^2}, \quad |z| > |a| \tag{12.25}$$

$$(a^n\sin\Omega n)u[n] \quad \Leftrightarrow \quad \frac{a\sin\Omega\, z}{z^2 - (2a\cos\Omega)z + a^2}, \quad |z| > |a| \tag{12.26}$$

지금까지 중요한 기본 신호에 대한 z 변환을 살펴보았다. 이 절에서 설명하지 않는 주요 신호에 대한 z 변환쌍은 [부록]의 z 변환쌍표를 참조하기 바라며, 잘 익혀두어야 한다.

예제 12-7 **주요 신호의 단방향 z 변환**   관련 예제 | [예제 12-9], [예제 12-12], [예제 12-17]

다음 신호의 z 변환을 구하라.

(a) $x[n] = \delta[n - n_0]$

(b) $x[n] = [1,\ 1,\ 1,\ 1,\ 1] = \mathrm{rect}[(n-2)/4]$
$\uparrow$

(c) $x[n] = n\,a^n u[n]$

풀이

(a) z 변환의 정의식과 임펄스의 체 거르기 성질로부터 $x[n] = \delta[n - n_0]$의 z 변환은 다음과 같이 구해진다.

$$X(z) = Z\{\delta[n - n_0]\} = \sum_{n=0}^{\infty} \delta[n - n_0]z^{-n} = z^{-n_0}$$

(b) 정의식 식 (12.5)로부터 사각 펄스 $x[n] = \text{rect}[(n-2)/4]$의 z 변환은 다음과 같다.

$$X(z) = \sum_{n=0}^{\infty} x[n]z^{-n} = 1 + z^{-1} + z^{-2} + z^{-3} + z^{-4} = \frac{z^4 + z^3 + z^2 + z + 1}{z^4}$$

(c) $na^n u[n]$의 z 변환은 정의식 식 (12.5)에 의해 다음과 같다.

$$X(z) = \sum_{n=0}^{\infty} na^n z^{-n} = 0 + az^{-1} + 2a^2 z^{-2} + \cdots + na^n z^{-n} + \cdots$$

이를 급수의 합이 간단히 얻어지도록 다음과 같이 등비 급수 형태로 바꾸어 나타낸 뒤,

$$(1 - az^{-1})X(z) = az^{-1} + a^2 z^{-2} + \cdots + a^n z^{-n} + \cdots = \frac{az^{-1}}{1 - az^{-1}}$$

$X(z)$에 관해 정리하면 다음의 결과를 얻는다.

$$X(z) = \frac{az^{-1}}{(1 - az^{-1})^2} = \frac{az}{(z-a)^2}$$

즉 다음의 변환쌍이 성립한다.

$$na^n u[n] \iff \frac{az}{(z-a)^2} \tag{12.27}$$

12.3 z 변환의 성질

z 변환도 신호 및 시스템의 해석에 크게 도움이 되는 유용한 성질들이 많다. z 변환은 이산 시간 푸리에 변환(DTFT)을 일반화한 것으로 볼 수 있기 때문에 그 성질도 DTFT와 유사하다. 이 절에서는 z 변환의 성질들을 살펴보고 예들을 통해 활용법을 익히도록 한다. 시간 이동을 제외하면 단방향과 양방향 z 변환의 성질은 별 차이가 없다.

학습포인트

- 시간 이동 성질에 대해 이해한다. 특히 단방향 z 변환의 경우 주의해야 할 점을 잘 익혀둔다.
- 주파수 척도조절 성질과 주파수 미분 성질에 대해 알아본다.
- 시간 컨벌루션 성질과 그 중요성을 이해한다.
- 초깃값 정리와 최종값 정리에 대해 이해한다.

12.3.1 선형성

$$\alpha x[n] + \beta y[n] \quad \Leftrightarrow \quad \alpha X(z) + \beta Y(z) \tag{12.28}$$

z 변환도 선형성을 만족한다. 식 (12.28)은 z 변환의 정의식을 이용하여 다음과 같이 간단히 증명할 수 있다.

$$
\begin{aligned}
Z\{\alpha x[n] + \beta y[n]\} &= \sum_{n=0}^{\infty} (\alpha x[n] + \beta y[n]) z^{-n} \\
&= \alpha \sum_{n=0}^{\infty} x[n] z^{-n} + \beta \sum_{n=0}^{\infty} y[n] z^{-n} \\
&= \alpha X(z) + \beta Y(z)
\end{aligned}
\tag{12.29}
$$

선형성은 앞에서 정현파의 z 변환쌍을 구할 때 이미 적용한 바 있다. 선형성은 신호가 간단한 기본 신호들의 선형 결합으로 이루어진 경우에 z 변환을 쉽게 구할 수 있게 해준다.

신호 $x[n] = 4\cos^2\left(\dfrac{\pi}{6}n\right)u[n]$의 z 변환을 구하라.

풀이

주어진 신호를 삼각함수의 배각 공식을 이용해 다시 쓰면 다음과 같다.

$$x[n] = 4\cos^2\left(\frac{\pi}{6}n\right)u[n] = 2\left(1 + \cos\left(\frac{\pi}{3}n\right)\right)u[n]$$

따라서 선형성을 적용하면, 계단 신호의 z 변환쌍 식 (12.15)와 코사인파의 z 변환쌍 식 (12.23)으로부터 다음과 같이 z 변환이 구해진다.

$$x(t) = 2\left(Z\{u[n]\} + Z\left\{\cos\left(\frac{\pi}{3}n\right)u[n]\right\}\right) = \frac{2z}{z-1} + \frac{2z\left(z - \cos\left(\frac{\pi}{3}\right)\right)}{z^2 - 2\cos\left(\frac{\pi}{3}\right)z + 1}$$

$$= \frac{2z}{z-1} + \frac{z(2z-1)}{z^2 - z + 1} = \frac{z(4z^2 - 5z + 3)}{(z-1)(z^2 - z + 1)}$$

12.3.2 시간 이동

시간 이동 성질은 양방향 z 변환과 단방향 z 변환에 대해 차이가 존재한다. 시간 이동 성질은 z 변환을 이용한 차분방정식의 해석에 요긴하게 사용되므로 잘 익혀두어야 한다.

$$\textbf{시간 지연 : } \quad x[n-n_0]u[n] \;\Leftrightarrow\; z^{-n_0}X(z) + z^{-n_0}\sum_{n=1}^{n_0} x[-n]z^n \tag{12.30}$$

$$x[n-n_0]u[n], \; x[n] = 0, \; n < 0 \;\Leftrightarrow\; z^{-n_0}X(z) \tag{12.31}$$

$$\textbf{시간 선행 : } \quad x[n+n_0]u[n] \;\Leftrightarrow\; z^{n_0}X(z) - z^{n_0}\sum_{n=0}^{n_0-1} x[n]z^{-n} \tag{12.32}$$

단방향 z 변환은 총합 계산의 구간이 $n \geq 0$이므로, [그림 12-3]에서 보듯이 신호의 시간 이동에 대해 $n = 0$을 경계로 **비인과 신호를 시간 지연시키면 (점선으로 표시된) 샘플들이 추가로 나타나고, 인과 신호를 시간 선행시키면 (점선으로 표시된) 샘플들이 사라져 없어진다.** 인과 신호 $x[n]$을 $n_0 = -3$ 만큼 시간 선행시킨 $x[n+3]$에 대한 단방향 z 변환에서는 세로축 $n = 0$ 왼쪽으로 이동된 샘플 $x[0]$, $x[1]$, $x[2]$가 사라지고, 비인과 신호 $y[n]$을 $n_0 = 3$만큼 시간 지연시킨 $y[n-3]$에 대한 단방향 z 변환에서는 세로축 $n = 0$의 오른쪽으로 이동된 샘플 $x[-3]$, $x[-2]$, $x[-1]$이 추가되어 나타난다. 그러므로 **시간 지연과 시간 선행의 결과로 단방향 z 변환되어야 할 신호는 $x[n-n_0]u[n]$과 $x[n+n_0]u[n]$임에 주의한다.** 다만 **인과 신호, 즉 $x[n]=0$, $n<0$ 이면 시간 지연 $x[n-n_0]u[n] \Leftrightarrow z^{-n_0}X(z)$가 된다.** [그림 12-3]에 나타낸 4개의 신호에 대한 단방향 z 변환은 다음과 같다.

❶ [그림 12-3(a)] $x[n]$:
$$x[0]z^0 + x[1]z^{-1} + x[2]z^{-2} + x[3]z^{-3} + x[4]z^{-4} + x[5]z^{-5}$$

❷ [그림 12-3(b)] $x[n+3]$: $x[3]z^0 + x[4]z^{-1} + x[5]z^{-2}$

❸ [그림 12-3(c)] $y[n]$: $y[0]z^0 + y[1]z^{-1} + y[2]z^{-2}$

❹ [그림 12-3(d)] $y[n-3]$:
$$y[-3]z^0 + y[-2]z^{-1} + y[-1]z^{-2} + y[0]z^{-3} + y[1]z^{-4} + y[2]z^{-5}$$

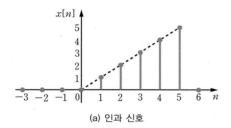

(a) 인과 신호

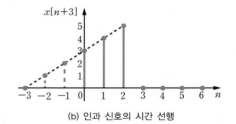

(b) 인과 신호의 시간 선행

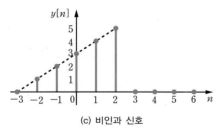

(c) 비인과 신호

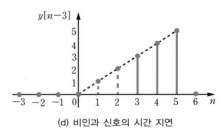

(d) 비인과 신호의 시간 지연

[그림 12-3] **신호의 시간 이동과 샘플의 추가 및 상실**

예제 12-9 **시간 이동 성질을 이용한 단방향 z 변환** 　　　　관련 예제 | [예제 12-7]

시간 이동 성질을 이용하여 다음 신호의 z 변환을 구하라.

(a) $x[n] = \text{rect}[(n-2)/4]$　　　　　　(b) $x[n] = n(u[n] - u[n-6])$

__풀이__

(a) 주어진 신호를 계단 신호를 이용하여 나타내면 다음과 같다.

$$x[n] = \text{rect}[(n-2)/4] = u[n] - u[n-5]$$

계단 신호의 z 변환쌍과 시간 이동 성질로부터 $x[n]$의 z 변환은 다음과 같이 구해진다.

$$X(z) = Z\{u[n]\} - Z\{u[n-5]\} = \frac{z}{z-1} - z^{-5}\frac{z}{z-1}$$

$$= \frac{z(z^5-1)}{z^5(z-1)} = \frac{z^4+z^3+z^2+z+1}{z^4}$$

이 결과는 [예제 12-7(b)]의 결과와 일치한다.

(b) 이 신호는 [그림 12-3(a)]의 신호로 램프 신호 $nu[n]$에 사각 펄스 $u[n]-u[n-6]$을 곱한 것이다. 시간 이동 성질을 적용하기 위해 $x[n]$을 다시 쓰면 다음과 같다.

$$x[n] = nu[n] - \{(n-6)u[n-6] + 6u[n-6]\}$$

시간 이동 성질을 적용하려면 $(n-6)u[n-6]$과 같이 함수와 곱해지는 계단 신호의 시간 변수를 일치시켜야 한다. 계단 신호와 램프 신호의 z 변환쌍과 식 (12.31)의 시간 지연 성질로부터 $x[n]$의 z 변환은 다음과 같이 된다.

$$X(z) = \frac{z}{(z-1)^2} - z^{-6}\frac{z}{(z-1)^2} - z^{-6}\frac{6z}{(z-1)} = \frac{z^6-6z+5}{z^5(z-1)^2}$$

예제 12-10 **시간 이동 성질을 이용한 단방향 z 변환**

계단 신호 $u[n]$을 한 스텝 시간 선행시킨 $u[n+1]$의 z 변환을 구하라.

풀이

식 (12.32)의 시간 이동 성질을 적용하면 $u[n+1]$의 z 변환은 다음과 같이 구해진다.

$$Z\{u[n+1]\} = z\,U(z) - u[0]z = \frac{z^2}{z-1} - z = \frac{z}{z-1}$$

이것은 $u[n]$의 z 변환과 동일한데, $n \geq 0$에서 $u[n+1] = u[n]$이므로 당연한 결과이다.

12.3.3 주파수 척도조절

$$z_0^n\, x[n] \quad \Leftrightarrow \quad X\left(\frac{z}{z_0}\right) \tag{12.33}$$

주파수 척도조절은 시간 영역에서 보면 두 신호의 곱으로 되어 있으므로 신호에 대한 변조이다. $z_0 = e^{j\Omega_0}$인 경우에는 식 (12.33)의 변환쌍 관계가 다음과 같이 된다.

$$e^{j\Omega_0 n} x[n] \quad \Leftrightarrow \quad X\!\left(z e^{-j\Omega_0}\right) \tag{12.34}$$

$\cos(\Omega_0 n) = \dfrac{1}{2}(e^{j\Omega_0 n} + e^{-j\Omega_0 n})$이므로 식 (12.34)로부터 변조에 대한 다음의 변환쌍도 얻게 된다.

$$x[n]\cos(\Omega_0 n) \quad \Leftrightarrow \quad \frac{1}{2}\left[\, X\!\left(z e^{j\Omega_0}\right) + X\!\left(z e^{-j\Omega_0}\right)\right] \tag{12.35}$$

식 (12.34)는 주파수 영역에서 각 Ω_0만큼 이동(회전)시키는 동작에 대응된다. 식 (12.33)의 변환쌍은 z 변환의 정의식을 이용하여 다음과 같이 간단히 증명할 수 있다.

$$Z\{z_0^n x[n]\} = \sum_{n=-\infty}^{\infty} z_0^n x[n] z^{-n} = \sum_{n=-\infty}^{\infty} x[n]\left(\frac{z}{z_0}\right)^{-n} = X\!\left(\frac{z}{z_0}\right) \tag{12.36}$$

예제 12-11 주파수 척도조절 성질을 이용한 z 변환

$s[n] = \cos(\Omega n)\, u[n]$의 z 변환쌍으로부터 $x[n] = a^n \cos(\Omega n)\, u[n]$의 z 변환을 구하라.

풀이

$x[n]$은 $\cos(\Omega n)\, u[n]$에 a^n이 곱해진 신호이므로 식 (12.23)의 코사인파의 변환쌍에 식 (12.33)의 주파수 척도조절 성질을 적용하면 다음과 같이 z 변환을 얻을 수 있다.

$$X(z) = S\!\left(\frac{z}{a}\right) = \frac{\dfrac{z}{a}\left(\dfrac{z}{a} - \cos\Omega\right)}{\left(\dfrac{z}{a}\right)^2 - 2\cos\Omega\,\dfrac{z}{a} + 1} = \frac{z(z - a\cos\Omega)}{z^2 - (2a\cos\Omega)z + a^2}$$

위의 풀이가 $a^n u[n]$의 변환쌍에 식 (12.35)를 적용하는 것보다 계산이 좀 더 간편하다.

12.3.4 주파수 미분

$$n x[n] \quad \Leftrightarrow \quad -z\frac{d}{dz}X(z) \tag{12.37}$$

다음과 같이 z 변환의 정의식을 z에 관해 미분함으로써 식 (12.37)을 증명할 수 있다.

$$-z\frac{d}{dz}X(z) = -z\frac{d}{dz}\left\{\sum_{n=-\infty}^{\infty}x[n]z^{-n}\right\} = -z\sum_{n=-\infty}^{\infty}x[n]\cdot\frac{dz^{-n}}{dz} \qquad (12.38)$$

$$= -z\sum_{n=-\infty}^{\infty}x[n]\cdot(-nz^{-n-1}) = \sum_{n=-\infty}^{\infty}nx[n]z^{-n}$$

$$= Z\{nx[n]\}$$

예제 12-12 주파수 미분 성질을 이용한 z 변환   관련 예제 | [예제 12-7], [예제 12-17], [예제 12-23]

주파수 미분 성질을 이용하여 $x[n] = n^2 a^n u[n]$의 z 변환을 구하라.

풀이

$x_1[n] = a^n u[n]$이라 두면 $x[n] = n^2 x_1[n]$이므로, 식 (12.20)의 변환쌍에 식 (12.37)의 관계를 2번 거듭 적용하면 다음과 같이 $x[n]$의 z 변환을 구할 수 있다.

$$Z\{x[n]\} = (-z)\frac{d}{dz}\left(-z\frac{dX_1(z)}{dz}\right) = (-z)\frac{d}{dz}\left(\frac{az^{-1}}{(1-az^{-1})^2}\right)$$

$$= (-z)\frac{d}{dz}\frac{az}{(z-a)^2} = \frac{az(z+a)}{(z-a)^3}$$

$$n^2 a^n u[n] \quad\Leftrightarrow\quad \frac{az(z+a)}{(z-a)^3} \qquad (12.39)$$

풀이 과정에서 [예제 12-7(c)]에서 구한 $na^n u[n]$의 z 변환 $\dfrac{az}{(z-a)^2}$도 구해졌는데, 이는 [예제 12-7(c)]의 결과와 일치한다.

12.3.5 시간 컨벌루션

$$x[n] * y[n] \quad\Leftrightarrow\quad X(z)Y(z) \qquad (12.40)$$

시간 영역에서 두 신호의 컨벌루션은 z 영역에서 두 신호의 z 변환의 대수 곱으로 주어진다. 이 성질을 이용하면 시스템 해석을 간편하게 할 수 있다.

식 (12.40)은 z 변환의 정의를 이용하여 다음과 같이 간단히 증명할 수 있다.

$$Z\{x[n] * y[n]\} = \sum_{n=0}^{\infty} \left(\sum_{k=0}^{\infty} x[k]y[n-k] \right) z^{-n} = \sum_{k=0}^{\infty} x[k] \left(\sum_{n=0}^{\infty} y[n-k]z^{-n} \right)$$

$$= \sum_{k=-\infty}^{\infty} x[k] \left(\sum_{l=-k}^{\infty} y[l]z^{-l-k} \right) = \left(\sum_{k=0}^{\infty} x[k]z^{-k} \right) \left(\sum_{l=0}^{\infty} y[l]z^{-l} \right) \quad (12.41)$$

$$= X(z)\,Y(z)$$

예제 12-13 컨벌루션 성질을 이용한 누적 합의 z 변환

다음과 같이 인과 신호 $x[n]$의 값을 누적하는 누적 합의 z 변환을 구하라.

$$y[n] = \sum_{k=0}^{n} x[k]$$

풀이

인과 신호 $x[n]$을 $u[n]$과 컨벌루션하면, $u[n-k] = \begin{cases} 1, & 0 \le k \le n \\ 0, & \text{그 외} \end{cases}$ 이므로 다음과 같이 된다.

$$x[n] * u[n] = \sum_{k=0}^{\infty} x[k]u[n-k] = \sum_{k=0}^{n} x[k]u[n-k] = \sum_{k=0}^{n} x[k]$$

즉 $x[n] * u[n]$은 누적 합 $y[n]$과 같다. 따라서 시간 컨벌루션 성질을 이용하여 $y[n]$의 z 변환을 다음과 같이 구할 수 있으므로, 식 (12.42)의 변환쌍 관계가 성립한다.

$$Y(z) = X(z)\,U(z) = \frac{z}{z-1}X(z)$$

$$\sum_{k=0}^{n} x[k] \quad \Leftrightarrow \quad \frac{z}{z-1}X(z) \qquad (12.42)$$

예제 12-14 컨벌루션 성질을 이용한 z 변환

[그림 12-4]의 $x[n]$과 $h[n]$의 컨벌루션 $y[n] = x[n] * h[n]$을 z 변환을 이용하여 구하라.

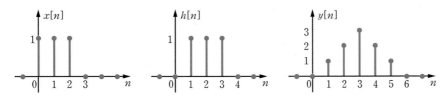

[그림 12-4] [예제 12-14]의 신호

풀이

$x[n]$과 $h[n]$의 z 변환은 다음과 같고,

$$X(z) = \sum_{n=0}^{2} x[n]z^{-n} = 1 + z^{-1} + z^{-2}, \quad H(z) = \sum_{n=0}^{3} h[n]z^{-n} = z^{-1} + z^{-2} + z^{-3}$$

시간 컨벌루션 성질에 의해 $y[n] = x[n] * h[n]$의 z 변환은 다음과 같이 구해진다.

$$Y(z) = X(z)H(z) = (1 + z^{-1} + z^{-2})(z^{-1} + z^{-2} + z^{-3})$$
$$= z^{-1} + 2z^{-2} + 3z^{-3} + 2z^{-4} + z^{-5}$$

$Y(z)$를 z 역변환하면 $y[n]$은 다음과 같이 구해진다.

$$y[n] = [0, \underset{\uparrow}{1}, 2, 3, 2, 1] = \delta[n-1] + 2\delta[n-2] + 3\delta[n-3] + 2\delta[n-4] + \delta[n-5]$$

12.3.6 초깃값 정리

$$x[0] = \lim_{z \to \infty} X(z) \tag{12.43}$$

초깃값 정리는 신호의 초깃값 $x[0]$을 그 신호의 z 변환으로부터 직접적으로 구하는 것과 연관되며, z 변환의 정의로부터 z를 무한대로 극한을 취함으로써 초깃값 정리를 얻을 수 있다.

$$\lim_{z \to \infty} X(z) = \lim_{z \to \infty} (x[0] + x[1]z^{-1} + x[2]z^{-2} + \cdots) = x[0] \tag{12.44}$$

12.3.7 최종값 정리

$$\lim_{n \to \infty} x[n] = x[\infty] = \lim_{z \to 1} (z-1)X(z) \tag{12.45}$$

최종값 정리는 신호의 z 변환으로부터 직접 최종값(신호의 정상상태 값)을 구할 수 있게 해주는데, 이는 **신호가 최종값을 가질 때에만, 즉 안정한 신호에 대해서만 유효하다.** 식 (12.45)의 관계는 다음과 같이 유도할 수 있다.

$$\lim_{z \to 1} Z\{x[n+1] - x[n]\} = \lim_{z \to 1} \left[\lim_{k \to \infty} \left(\sum_{n=0}^{k} x[n+1]z^{-n} - \sum_{n=0}^{k} x[n]z^{-n} \right) \right] \tag{12.46}$$

위 식 우변의 극한을 취하는 순서를 바꾸면 다음과 같이 되어 식 (12.45)가 얻어진다.

$$\lim_{z \to 1}((z-1)X(z) - zx[0]) = \lim_{k \to \infty}(x[k+1] - x[0]) \qquad (12.47)$$

예제 12-15 임펄스 응답의 초깃값과 최종값 관련 예제 | [예제 12-21], [예제 12-29]

임펄스 응답 $h[n]$의 z 변환이 다음과 같을 때, 이의 초깃값과 정상상태 값을 구하라.

$$H(z) = \frac{0.5z(z+1)}{(z-1)(z-0.5)}$$

풀이

초깃값 정리를 적용하면 임펄스 응답의 초깃값은 다음과 같이 구해진다.

$$h[0] = \lim_{z \to \infty}H(z) = \lim_{z \to \infty}\frac{0.5z(z+1)}{(z-1)(z-0.5)} = 0.5$$

최종값 정리를 적용하면 임펄스 응답의 정상상태 값은 다음과 같다.

$$h[\infty] = \lim_{z \to 1}(z-1)H(z) = \lim_{z \to 1}(z-1)\frac{0.5z(z+1)}{(z-1)(z-0.5)} = \frac{1}{0.5} = 2$$

$H(z)$를 역변환하여 임펄스 응답을 구하면 다음과 같다([예제 12-21] 참조).

$$h[n] = (2 - 1.5(0.5)^n)u[n]$$

위 식에 $n=0$을 대입하면 $h[0] = 0.5$로 초깃값 정리에 의해 얻은 값과 일치한다. 또한 $h[n]$에 $n = \infty$를 대입하면 $h[\infty] = 2$로 최종값 정리에서 구한 값이 옳음을 알 수 있다.

예제 12-16 정현파 신호의 초깃값과 최종값

정현파 신호 $x[n] = \left(\cos\dfrac{\pi}{3}n\right)u[n]$에 초깃값 정리와 최종값 정리를 적용해 값을 구하라.

풀이

주어진 정현파 신호의 z 변환은 식 (12.23)으로부터 다음과 같이 구할 수 있다.

$$X(z) = \frac{z\left(z - \cos\dfrac{\pi}{3}\right)}{z^2 - 2z\cos\dfrac{\pi}{3} + 1} = \frac{z(z-0.5)}{z^2 - z + 1}$$

여기에 초깃값 정리를 적용하면 다음과 같이 되며, 이는 $x[0] = \cos 0 = 1$과 일치한다.

$$x[0] = \lim_{z \to \infty}X(z) = \lim_{z \to \infty}\frac{z(z-0.5)}{z^2 - z + 1} = 1$$

이제 $X(z)$에 최종값 정리를 적용해보자. 식 (12.45)에 의해

$$x[\infty] = \lim_{z \to 1}(z-1)X(z) = \lim_{z \to 1}(z-1)\frac{z(z-0.5)}{z^2-z+1} = 0$$

이 되는데, 이는 끊임없이 진동하는 정현파에 맞지 않는 결과이다.

[표 12-1] z 변환의 주요 성질

	성질	변환쌍 관계
1	선형성	$\alpha x[n] + \beta y[n] \Leftrightarrow \alpha X(z) + \beta Y(z)$
2	시간 선행	$x[n+n_0]u[n] \Leftrightarrow z^{n_0}\left(X(z) - \sum_{n=0}^{n_0-1} x[n]z^{-n}\right),\ n_0 > 0$
	시간 지연	$x[n-n_0]u[n] \Leftrightarrow z^{-n_0}\left(X(z) + \sum_{n=1}^{n_0} x[-n]z^{n}\right),\ n_0 > 0$
	시간 지연(인과 신호)	$x[n-n_0]u[n] \Leftrightarrow z^{-n_0}X(z)$
3	주파수 척도조절	$z_0^n x[n] \Leftrightarrow X\left(\dfrac{z}{z_0}\right),\ e^{\Omega_0 n}x[n] \Leftrightarrow X\left(ze^{-j\Omega_0}\right)$
4	주파수 미분	$nx[n] \Leftrightarrow -z\dfrac{dX(z)}{dz}$
5	시간 컨벌루션	$x[n] * y[n] \Leftrightarrow X(z)Y(z)$
6	초깃값 정리	$x[0] = \lim_{z \to \infty} X(z)$
7	최종값 정리	$\lim_{n \to \infty} x[n] = x[\infty] = \lim_{z \to 1}(z-1)X(z)$

예제 12-17 z 변환 성질들의 혼합 적용

관련 예제 | [예제 12-7], [예제 12-12]

$x[n] = na^n u[n]$의 z 변환을 시간 컨벌루션 및 선형성 성질을 이용하여 구하라.

풀이

$x'[n] = a^n u[n] * a^n u[n]$이라 두면 다음과 같이 되므로, $x[n] = x'[n] - a^n u[n]$이 된다.

$$x'[n] = a^n u[n] * a^n u[n] = \sum_{k=0}^{n} a^k a^{n-k} = \sum_{k=0}^{n} a^n = (n+1)a^n u[n]$$

시간 컨벌루션 성질에 의해 $x'[n]$의 z 변환은 다음과 같다.

$$X'(z) = \frac{1}{1-az^{-1}} \frac{1}{1-az^{-1}} = \frac{1}{(1-az^{-1})^2} = \frac{z^2}{(z-a)^2}$$

따라서 $x[n]$의 z 변환은 선형성에 의해 다음과 같이 구해진다.

$$X(z) = X'(z) - Z\{a^n u[n]\} = \frac{z^2}{(z-a)^2} - \frac{z}{z-a} = \frac{az}{(z-a)^2}$$

예제 12-18 z 변환 성질들의 혼합 적용

$X(z) = \log(1 + az^{-1})$에 대해 z 변환의 성질을 이용하여 $x[n]$을 구하라.

풀이

주파수 미분 성질과 $\dfrac{d}{dz} \log(V(z)) = \dfrac{1}{V(z)} \dfrac{dV(z)}{dz}$를 이용하면 다음의 관계를 얻는다.

$$-z \frac{dX(z)}{dz} = \frac{az^{-1}}{1+az^{-1}} = Z\{nx[n]\}$$

그런데 $(-a)^n u[n] \Leftrightarrow \dfrac{1}{1+az^{-1}}$이므로 위 식의 우변은 선형성과 시간 이동 성질에 의해 $(-a)^n u[n]$을 a배 하고 1만큼 시간 지연시킨 것에 대응된다. 즉 다음과 같다.

$$\frac{az^{-1}}{1+az^{-1}} = Z\{a(-a)^{n-1} u[n-1]\}$$

따라서 두 식을 비교하면 다음과 같은 결과를 얻을 수 있다.

$$x[n] = \frac{-(-a)^n}{n} u[n-1]$$

12.4 z 역변환

식 (12.6)의 z 역변환은 까다로운 복소 적분을 요구하므로, 라플라스 변환과 마찬가지로 변환쌍 표와 부분분수 전개를 결합하여 역변환을 하게 된다. 그런데 z 변환은 라플라스 변환과 달리 손쉽게 역변환할 수 있는 방법으로 긴 나눗셈에 의한 멱급수 전개법도 있다. 따라서 이 절에서는 먼저 멱급수 전개에 의한 역변환 방법을 간단히 살펴본 다음, 부분분수 전개에 의한 역변환의 원리와 부분분수 항의 계수 결정에 대해 자세히 알아보기로 한다.

학습포인트 ────────────────────────────────

- 멱급수 전개에 의한 역변환 방법을 이해하고 잘 익혀둔다.
- 부분분수 전개법에 의한 역변환 방법을 잘 익혀둔다. 특히 $X(z)/z$를 부분분수로 전개해야 하는 이유를 명확히 이해한다.
- 단순극, 다중극, 공액복소극에 따른 부분분수의 계수 계산 방법과 이에 따른 역변환 결과의 형태를 잘 익혀둔다.

12.4.1 멱급수 전개에 의한 z 역변환

- 멱급수 전개법은 유리함수 형태로 주어진 $X(z)$에 대해 직접 긴 나눗셈을 수행하여 z^{-1}의 멱급수 형태로 전개하는 방법이다.
- 멱급수 전개법은 닫힌 꼴의 해를 제공하지 못하므로 짧은 유한 구간 신호의 z 역변환이나 신호의 처음 몇 개의 샘플 값을 구하는 데 주로 사용한다.

z 변환의 정의식인 식 (12.4)를 보면, z 변환을 z^{-1}에 대한 멱급수로 전개했을 때 급수의 계수는 $\cdots,\ x[0],\ x[1], \cdots,\ x[n],\ \cdots$ 에 해당된다.

예제 12-19   유한 구간 신호의 z 역변환

다음의 $X(z)$에 대해 z 역변환을 수행하여 시간 신호 $x[n]$을 구하라.

$$X(z) = \frac{z^2 + 2z + 3}{z^2}$$

풀이

분자를 분모로 직접 나누면 다음과 같다.

$$
\begin{array}{r|l}
 & 1 \quad +2z^{-1}+3z^{-2} \\ \hline
z^2 & z^2+2z \quad +3 \\
 & z^2 \\ \hline
 & \quad 2z \quad +3 \\
 & \quad 2z \\ \hline
 & \qquad\quad 3 \\
 & \qquad\quad 3 \\ \hline
 & \qquad\quad 0
\end{array}
$$

따라서 $X(z)$는 다음과 같이 z^{-1}의 멱급수로 전개된다.

$$X(z)=1+2z^{-1}+3z^{-2}=x[0]+x[1]z^{-1}+x[2]z^{-2}$$

그러므로 $x[n]$은 $x[0]=1$, $x[1]=2$, $x[3]=3$의 세 샘플로 이루어진다.

$$x[n]=\delta[n]+2\delta[n-1]+3\delta[n-2]$$

예제 12-20 무한 구간 신호의 z 역변환

다음의 z 변환에 대해 z 역변환을 구하라.

$$X(z)=\frac{0.5z}{z^2-1.5z+0.5}$$

풀이

분자를 분모로 직접 나누면 다음과 같다.

$$
\begin{array}{r|l}
 & 0.5z^{-1}+0.75z^{-2}+0.875z^{-3}+0.9375z^{-4}+\cdots \\ \hline
z^2-1.5z+0.5 & 0.5z \\
 & 0.5z \quad -0.75 \quad +0.25z^{-1} \\ \hline
 & \qquad 0.75 \quad -0.25z^{-1} \\
 & \qquad 0.75 \quad -1.125z^{-1}+0.375z^{-2} \\ \hline
 & \qquad\qquad 0.875z^{-1}-0.375z^{-2} \\
 & \qquad\qquad 0.875z^{-1}-1.3125z^{-2}+0.4375z^{-3} \\ \hline
 & \qquad\qquad\qquad 0.9375z^{-2}-0.43755z^{-3} \\
 & \qquad\qquad\qquad\quad \vdots
\end{array}
$$

그러므로 $X(z)$는 다음과 같은 멱급수 형태로 쓸 수 있다.

$$X(z)=\sum_{n=0}^{\infty}x[n]z^{-n}=0.5z^{-1}+0.75z^{-2}+0.875z^{-3}+0.9735z^{-4}+\cdots$$

따라서 $x[0]=0$, $x[1]=0.5$, $x[2]=0.75$, $x[3]=0.875$, $x[4]=0.9375$, $\cdots$와 같이 $x[n]$의 값을 구할 수는 있으나, 완전한 해를 구하려면 나눗셈을 무한정 계속해야만 한다.

이처럼 멱급수 전개법은 n 값이 큰 경우에는 $x[n]$을 구하기가 번거로울 뿐만 아니라 $x[n]$을 닫힌 꼴로 표현하기 어렵다. 그러므로 주로 초기의 몇 개 샘플 값을 찾을 때 이용한다.

12.4.2 부분분수 전개에 의한 z 역변환

부분분수 전개에 의해 $X(z)$를 다음과 같이 변환쌍표에 나와 있는 간단한 함수의 합으로 표현하면 별도의 추가적인 계산 없이 바로 역변환을 할 수 있다.

$$a^n u[n] \quad \Leftrightarrow \quad \frac{1}{1-az^{-1}} = \frac{z}{z-a} \tag{12.48}$$

그런데 식 (12.48)을 비롯한 주요 신호의 z 변환쌍들은 공통적으로 분자에 z 항을 가진다. 그러므로 z 변환쌍들을 이용해 z 역변환을 하고자 한다면 전개된 부분분수의 분자에 z가 있어야 하지만, $X(z)$를 그대로 부분분수 전개하면 $\dfrac{K_i}{z-p_i}$의 꼴이 되어 이를 만족시키지 못한다. 그러므로 먼저 $\dfrac{X(z)}{z}$를 부분분수로 전개한 뒤 z를 곱해주면 $\dfrac{K_i z}{z-p_i}$의 꼴로 되어 변환쌍을 이용한 역변환이 가능해진다. 부분분수로 전개했을 때 각 부분분수 항의 계수는 라플라스 역변환과 마찬가지로 헤비사이드의 커버업 기법을 이용하면 간편하게 구할 수 있다.

부분분수 전개에 의한 z 역변환

❶ $X(z)$의 극 $\{p_i\}$를 구하여(분모를 인수분해해서) $\dfrac{X(z)}{z}$를 부분분수로 전개한다.

단순극 : $\dfrac{X(z)}{z} = \dfrac{K_1}{z-p_1} + \dfrac{K_2}{z-p_2} + \cdots + \dfrac{K_p}{z-p_m} = \sum_{i=1}^{m} \dfrac{K_i}{z-p_i}$ $\qquad$ (12.49)

다중극 : $\dfrac{X(z)}{z} = \dfrac{K_{11}}{(z-p_1)} + \dfrac{K_{12}}{(z-p_1)^2} + \cdots + \dfrac{K_{1r}}{(z-p_1)^r} + \sum_{i=r+1}^{m} \dfrac{K_i}{z-p_i}$

$\qquad\qquad\qquad\qquad\qquad\qquad\qquad\qquad\qquad\qquad\qquad\qquad\qquad\qquad$ (12.50)

❷ 단순극에 대응되는 부분분수 항의 계수 K_i는 다음과 같이 구한다.

$$K_i = (z-p_i)X(z)\big|_{z=p_i} \tag{12.51}$$

다중극에 대응되는 부분분수 항의 계수 $K_{1j}, \; j=r,\cdots,1$은 다음과 같이 최고차 항의 계수부터 내림차순으로 계산한다.

$$K_{1j} = \frac{1}{(r-j)!} \frac{d^{r-j}}{dz^{r-j}} \Big[(z-p_1)^r X(z) \Big]\bigg|_{z=p_1} \tag{12.52}$$

❸ 부분분수 전개된 $\dfrac{X(z)}{z}$의 양변에 z를 곱하여 $X(z)$의 부분분수 항의 분자에 z 항이 있도록 하여 식 (12.48)의 변환쌍과 주파수 미분 성질을 이용하여 역변환한다.

단순극에 해당하는 부분분수 항 $\dfrac{K_i z}{z - p_i}$ 는 식 (12.48)의 변환쌍에 의해 $K_i a^n u[n]$ 으로 역변환되고, 다중극에 해당하는 부분분수 항 $\dfrac{K_i z}{(z - p_i)^j}$ 는 [예제 12-12]에서 본 것처럼 식 (12.48)의 변환쌍에 주파수 미분 성질을 적용하면 역변환을 구할 수 있다.

예제 12-21 $X(z)$ 의 분모가 서로 다른 근을 갖는 경우의 z 역변환

관련 예제 | [예제 12-15], [예제 12-20], [예제 12-29]

다음 함수에 대한 역 z 변환을 부분분수 전개법으로 구하라.

(a) $X(z) = \dfrac{0.5z}{z^2 - 1.5z + 0.5}$
(b) $H(z) = \dfrac{0.5z(z+1)}{(z-1)(z-0.5)}$

풀이

(a) $X(z)$ 는 [예제 12-20]의 $X(z)$ 로서, $\dfrac{X(z)}{z}$ 를 부분분수 전개하면 다음과 같다.

$$\frac{X(z)}{z} = \frac{0.5}{(z-1)(z-0.5)} = \frac{K_1}{z-1} + \frac{K_2}{z-0.5}$$

식 (12.51)을 이용하여 부분분수 항들의 계수를 결정하면

$$K_1 = \frac{0.5}{(z-1)(z-0.5)}(z-1)\Big|_{z=1} = \frac{0.5}{1-0.5} = 1$$

$$K_2 = \frac{0.5}{(z-1)(z-0.5)}(z-0.5)\Big|_{z=0.5} = \frac{0.5}{0.5-1} = -1$$

이므로, $X(z)$ 는 다음과 같이 부분분수로 전개된다.

$$X(z) = \frac{z}{z-1} - \frac{z}{z-0.5}$$

따라서 식 (12.48)로부터 $x[n]$ 은 다음과 같이 역변환된다.

$$x[n] = u[n] - (0.5)^n u[n] = (1 - (0.5)^n)u[n]$$

(b) $H(z)$ 는 [예제 12-15]의 $H(z)$ 로서, $\dfrac{H(z)}{z}$ 를 부분분수로 전개하면 다음과 같다.

$$\frac{H(z)}{z} = \frac{0.5(z+1)}{(z-1)(z-0.5)} = \frac{K_1}{z-1} + \frac{K_2}{z-0.5}$$

식 (12.51)을 이용하여 부분분수 항들의 계수를 결정하면 다음과 같다.

$$K_1 = \frac{0.5(z+1)}{(z-1)(z-0.5)}(z-1)\Big|_{z=1} = \frac{1}{1-0.5} = 2$$

$$K_2 = \frac{0.5(z+1)}{(z-1)(z-0.5)}(z-0.5)\Big|_{z=0.5} = \frac{0.75}{0.5-1} = -1.5$$

구해진 부분분수 전개 결과를 z 역변환하면 다음과 같이 $h[n]$을 얻을 수 있다.

$$H(z) = \frac{2z}{z-1} - \frac{1.5z}{z-0.5}$$

$$h[n] = 2u[n] - 1.5(0.5)^n u[n] = (2 - 1.5(0.5)^n)u[n]$$

예제 12-22 $X(z)$의 분모가 중근을 갖는 경우의 z 역변환

다음의 $X(z)$에 대해 부분분수 전개법으로 z 역변환을 구하라.

$$X(z) = \frac{2z^3 + 3z^2 - z}{z^3 + z^2 - z - 1} = \frac{2z^3 + 3z^2 - z}{(z-1)(z+1)^2}$$

풀이

$\dfrac{X(z)}{z}$를 부분분수로 전개하면

$$\frac{X(z)}{z} = \frac{2z^2 + 3z - 1}{(z-1)(z+1)^2} = \frac{K_1}{z-1} + \frac{K_{22}}{(z+1)^2} + \frac{K_{21}}{z+1}$$

이고, 계수 K_1은 식 (12.51)에 의해 다음과 같이 구할 수 있다.

$$K_1 = \frac{2z^2 + 3z - 1}{(z-1)(z+1)^2}(z-1)\bigg|_{z=1} = \frac{4}{4} = 1$$

중근 $z = -1$에 해당되는 부분분수 항들의 계수는 식 (12.52)에 의해 가장 높은 차수부터 차수를 낮춰가며 다음과 같이 구할 수 있다.

$$K_{22} = \frac{2z^2 + 3z - 1}{(z-1)(z+1)^2}(z+1)^2\bigg|_{z=-1} = \frac{-2}{-2} = 1$$

$$K_{21} = \frac{d}{dz}\left(\frac{2z^2 + 3z - 1}{z-1}\right)\bigg|_{z=-1} = \frac{2(z^2 - 2z - 1)}{(z-1)^2}\bigg|_{z=-1} = \frac{4}{4} = 1$$

따라서 $X(z)$의 부분분수 전개는 다음과 같다.

$$X(z) = \frac{z}{z-1} + \frac{z}{z+1} + \frac{z}{(z+1)^2}$$

따라서 $X(z)$는 식 (12.48)과 식 (12.27)의 z 변환쌍을 이용하여 다음과 같이 역변환된다.

$$x[n] = u[n] + (-1)^n u[n] - n(-1)^n u[n] = u[n] + (1-n)(-1)^n u[n]$$

다음의 $X(z)$에 대해 부분분수 전개법으로 z 역변환을 구하라.

$$X(z) = \frac{z(2z^2 - 11z + 12)}{(z-1)(z-2)^3}$$

풀이

$\dfrac{X(z)}{z}$를 부분분수로 전개하면 다음과 같다.

$$\frac{X(z)}{z} = \frac{2z^2 - 11z + 12}{(z-1)(z-2)^3}$$

$$= \frac{K_1}{z-1} + \frac{K_{23}}{(z-2)^3} + \frac{K_{22}}{(z-2)^2} + \frac{K_{21}}{z-2}$$

여기서 K_1과 K_{23}은 헤비사이드의 커버업 방법으로 다음과 같이 계산된다.

$$K_1 = \left. \frac{2z^2 - 11z + 12}{(z-1)(z-2)^3}(z-1) \right|_{z=1} = -3$$

$$K_{23} = \left. \frac{2z^2 - 11z + 12}{(z-1)(z-2)^3}(z-2)^3 \right|_{z=2} = -2$$

따라서 $\dfrac{X(z)}{z}$는 다음과 같이 쓸 수 있다.

$$\frac{X(z)}{z} = \frac{2z^2 - 11z + 12}{(z-1)(z-2)^3}$$

$$= -\frac{3}{z-1} - \frac{2}{(z-2)^3} + \frac{K_{22}}{(z-2)^2} + \frac{K_{21}}{z-2} \tag{12.53}$$

K_{21}과 K_{22}는 식 (12.52)를 사용하지 않고서도 손쉽게 구할 수 있다. 식 (12.53)의 양변에 z를 곱하여 $z \to \infty$로 극한을 취하면 $0 = -3 - 0 + 0 + K_{21}$이고, 따라서 $K_{21} = 3$이다. 이 값을 식 (12.53)에 대입한 뒤 양변의 z에 임의의 편리한 값을 취하면 K_{22}를 쉽게 구할 수 있다. 예를 들어 $z = 0$을 대입하면 $\dfrac{12}{8} = 3 + \dfrac{1}{4} + \dfrac{K_{22}}{4} - \dfrac{3}{2}$이 되므로, 이를 정리하면 $K_{22} = -1$이다(이 상의 방법은 앞의 예제에도 적용할 수 있다). 따라서 다음과 같이 부분분수 전개된 $X(z)$를 구할 수 있다.

$$X(z) = -3\frac{z}{z-1} - 2\frac{z}{(z-2)^3} - \frac{z}{(z-2)^2} + 3\frac{z}{z-2}$$

$\dfrac{2z}{(z-2)^3}$는 [예제 12-12]에서 구한 식 (12.39)의 변환쌍 $n^2 a^n u[n] \Leftrightarrow \dfrac{az(z+a)}{(z-a)^3}$를 이용하여 역변환해야 하므로 다음과 같이 다시 정리한다.

$$\frac{2z}{(z-2)^3} = \frac{1}{4}\frac{2z(z+2)}{(z-2)^3} - \frac{1}{2}\frac{z}{(z-2)^2}$$

이를 부분분수 전개된 $X(z)$에 집어넣어 다시 쓰면 다음과 같다.

$$X(z) = -3\frac{z}{z-1} - \frac{1}{4}\frac{2z(z+2)}{(z-2)^3} - \frac{1}{2}\frac{z}{(z-2)^2} + 3\frac{z}{z-2}$$

식 (12.48), 식 (12.27), 식 (12.39)의 변환쌍을 이용하여 $X(z)$를 z 역변환하면 다음과 같이 구할 수 있다.

$$x[n] = -3u[n] - \frac{1}{4}n^2(2)^n u[n] - \frac{1}{2}n(2)^n u[n] + 3(2)^n u[n]$$

$$= -\left\{3 + \left(\frac{1}{4}n^2 + \frac{1}{2}n - 3\right)(2)^n\right\}u[n]$$

$X(z)$의 분모가 복소근을 가지는 경우에는 반드시 공액쌍으로 존재하며, 이를 부분분수 전개한 계수도 서로 공액쌍이 된다. 따라서 역변환 결과는 실수 신호가 되며, 보통 지수 함수와 정현파가 곱해진 형태를 갖는다. $X(z)$의 분모가 공액 복소근을 가지는 경우에는 단순근을 갖는 부분분수 항으로 전개하기보다 다음과 같이 2차 항으로 전개하여 지수 감쇠 정현파의 z 변환쌍 식 (12.25) $(a^n\cos\Omega n)u[n] \Leftrightarrow \dfrac{z(z-a\cos\Omega)}{z^2-(2a\cos\Omega)z+a^2}$와 식 (12.26) $(a^n\sin\Omega n)u[n] \Leftrightarrow \dfrac{a\sin\Omega z}{z^2-(2a\cos\Omega)z+a^2}$를 이용하여 역변환하는 것이 복소수 계산을 피할 수 있으므로 더 쉽고 편리하다. 그리고 필요할 경우 삼각함수 합성 공식을 적용하여 정리하면 된다.

$$\frac{X(z)}{z} = \frac{Az+B}{z^2-2bz+a^2}$$
$$= \frac{A(z-b)}{z^2-2bz+a^2} + \frac{Ab+B}{z^2-2bz+a^2} \tag{12.54}$$

예제 12-24 $X(z)$의 분모가 공액 복소근을 갖는 경우의 z 역변환

다음과 같은 $X(z)$를 z 역변환하여 $x[n]$을 구하라.

$$X(z) = \frac{z(4z-1+\sqrt{3})}{4z^2-2z+1}$$

풀이

$X(z)$를 식 (12.54)의 형태로 다시 쓰면 다음과 같으므로

$$X(z) = \frac{z(4z - 1 + \sqrt{3})}{4z^2 - 2z + 1}$$

$$= \frac{4z(z - 0.25)}{4(z^2 - 0.5z + 0.25)} + \frac{\sqrt{3}\,z}{4(z^2 - 0.5z + 0.25)}$$

이를 식 (12.25)와 비교하면 다음 관계를 얻는다.

$$\begin{cases} 2a\cos\Omega = 0.5 \\ a^2 = 0.25 \end{cases} \quad \rightarrow \quad \begin{cases} a = \dfrac{1}{2} \\ \Omega = \cos^{-1}\dfrac{1}{2} = \dfrac{\pi}{3} \end{cases}$$

그러므로 $X(z)$의 역변환은 식 (12.25)와 식 (12.26)의 z 변환쌍으로부터 다음과 같이 된다. 마지막 등식은 삼각함수 합성 공식을 적용한 결과이다.

$$x[n] = (a^n \cos(\Omega n) + a^n \sin(\Omega n))u[n]$$

$$= \left(\frac{1}{2}\right)^n \left(\cos\left(\frac{\pi}{3}n\right) + \sin\left(\frac{\pi}{3}n\right)\right)u[n]$$

$$= \left(\frac{1}{2}\right)^n \cos\left(\frac{\pi}{3}n - \frac{\pi}{4}\right)u[n]$$

z 변환에 의한 차분방정식 해석

z 변환을 이용하여 차분방정식을 풀고 해석하는 문제는 7.5절에서 살펴본 라플라스 변환을 이용하여 미분방정식을 해석하는 문제와 완전히 같은 구조이다. 이산 LTI 시스템을 나타내는 차분방정식에 z 변환의 시간 이동 성질을 적용하면 z에 대한 대수방정식으로 바뀔 뿐만 아니라 변환 과정에서 초기 조건이 자동적으로 포함되기 때문에 해를 구하기가 훨씬 간편하다. 일반적으로 시스템과 입력이 모두 인과적이므로 단방향 z 변환이면 충분하다. 이 절에서는 z 변환을 이용한 차분방정식의 해법에 대해서 살펴보기로 한다.

학습포인트

- z 변환과 시간 이동 성질을 이용한 차분방정식의 풀이 방법을 숙지한다.
- 초기 조건의 처리에 유의하고, 입력 인가 전후의 초기 조건의 차이와 중요성에 대해 이해한다.

---

z 변환을 이용한 차분방정식의 풀이 과정

❶ 차분방정식의 z 변환을 구한다. 이때 시간 이동(지연) 성질에 의해 초기 조건은 방정식에 자동적으로 포함된다.

$$x[n-n_0] \quad \Leftrightarrow \quad z^{-n_0}\left(X(z) + \sum_{n=1}^{n_0} x[-n]z^n\right) \qquad (12.55)$$

❷ z에 대한 대수방정식을 미지수 $Y(z)$에 대해 푼다. 이 결과는 z에 대한 유리 함수 형태로 주어진다.

❸ 얻어진 $Y(z)$에 대해 부분분수 전개법을 이용하여 z 역변환하여 응답을 구한다.

이 방법은 '시간 함수의 변환 → 주파수 영역에서 대수방정식 풀이 → 시간 영역으로 역변환'의 과정을 거쳐 해를 구하므로 언뜻 보기에는 복잡해보이지만, 실제로는 시간 영역에서의 고전적 해법에 비해 오히려 풀이가 쉽고 간단하다.

차분방정식 $y[n] - 0.25y[n-1] = x[n]$으로 표현되는 이산 시스템에 $x[n] = (0.5)^n u[n]$을 입력으로 인가할 때, 출력을 z 변환을 이용하여 구하라. 단, 초기 조건은 $y[-1] = 1$이다.

풀이

먼저 입력 $x[n]$의 z 변환을 구하면 $X(z) = \dfrac{z}{z-0.5}$이다.

z 변환의 시간 이동 성질을 이용하여 차분방정식을 z 변환할 때, $y[-1]$이 시간 이동되면서 $n \geq 0$의 위치로 옮겨오게 되므로 이를 반드시 z 변환에 포함시켜야 한다.

$$Y(z) - 0.25\left(z^{-1}Y(z) + y[-1]\right) = X(z) \qquad \cdots \ \text{❶}$$

식 ❶에서 보듯이, 초기 조건이 방정식에 저절로 포함되었을 뿐만 아니라 z에 대한 대수방정식으로 바뀌어 취급이 쉬워진다. 이를 정리하여 $Y(z)$에 대해 나타내면 다음과 같다.

$$Y(z) = \frac{0.25y[-1]}{1 - 0.25z^{-1}} + \frac{1}{1 - 0.25z^{-1}}X(z) = \frac{0.25z}{z - 0.25} + \frac{z^2}{(z-0.25)(z-0.5)} \qquad \cdots \ \text{❷}$$

식 ❷의 우변의 첫째 항은 초기 조건에 의한 응답이고, 둘째 항은 입력에 의한 응답이다. 또한 두 항 모두 분모에 $z - 0.25$의 공통인수를 가지고 있는데, 이것은 주어진 차분방정식의 특성 다항식(방정식)과 동일하다. 그리고 식 ❷에서 보면 초기 조건에 의한 응답이 입력과는 무관하게 분리되어 있으므로 $n < 0$의 초기 조건을 써야 옳은 것이다.

식 ❷의 $Y(z)$는 다음과 같이 우변의 둘째 항만 부분분수로 전개하면 된다.

$$\frac{Y(z)}{z} = \left[\frac{0.25}{z - 0.25}\right] + \left[\frac{K_1}{z - 0.25} + \frac{K_2}{z - 0.5}\right]$$

부분분수 항의 계수는 다음과 같이 구해진다.

$$K_1 = \left.\frac{z}{(z-0.25)(z-0.5)}(z - 0.25)\right|_{z = 0.25} = -1$$

$$K_2 = \left.\frac{z}{(z-0.25)(z-0.5)}(z - 0.5)\right|_{z = 0.5} = 2$$

따라서 $Y(z)$는 다음과 같이 쓸 수 있다.

$$Y(z) = \left[\frac{0.25z}{z - 0.25}\right] + \left[-\frac{z}{z - 0.25} + 2\frac{z}{z - 0.5}\right]$$

이를 z 역변환하면 다음과 같이 시스템의 출력을 구할 수 있다.

$$y[n] = \left[0.25(0.25)^n u[n]\right] + \left[-(0.25)^n u[n] + 2(0.5)^n u[n]\right]$$

$$= -0.75(0.25)^n u[n] + 2(0.5)^n u[n]$$

다음과 같은 차분방정식으로 표현되는 LTI 시스템에 대해 계단 입력 $x[n] = u[n]$에 대한 응답을 구하라. 단, 초기 조건은 $y[-1] = 1$, $y[-2] = 1$이다.

$$y[n] - y[n-1] - 2y[n-2] = x[n] - x[n-1]$$

풀이

주어진 차분방정식을 z 변환하면 다음과 같이 된다.

$$Y(z) - (z^{-1}Y(z) + y[-1]) - 2(z^{-2}Y(z) + y[-1]z^{-1} + y[-2]) = X(z) - z^{-1}X(z)$$

이를 정리하면 다음과 같다.

$$(1 - z^{-1} - 2z^{-2})Y(z) = y[-1] + 2y[-2] + 2y[-1]z^{-1} + (1 - z^{-1})X(z)$$

양변에 z^2을 곱하고 $X(z)$와 초기 조건을 대입하여 $Y(z)$에 관해 정리하면 다음과 같다.

$$Y(z) = \frac{z(3z+2)}{z^2 - z - 2} + \frac{z(z-1)}{z^2 - z - 2}\frac{z}{z-1} = \frac{z(3z+2)}{(z+1)(z-2)} + \frac{z^2}{(z+1)(z-2)} \qquad \cdots \text{❶}$$

식 ❶에서 입력에 의한 $(z-1)$ 항이 분모, 분자 간에 약분되어 나타나지 않는다. 따라서 식 ❶의 우변 항들은 분모에 특성근에 해당하는 공통인수들만 가지고 있으므로 합쳐서 다음과 같이 부분분수 전개할 수 있다.

$$\frac{Y(z)}{z} = \frac{K_1}{z+1} + \frac{K_2}{z-2} \qquad \cdots \text{❷}$$

❶을 통분하지 않고 그대로 식 (12.51)에 의해 부분분수 계수를 계산하면 다음과 같다.

$$K_1 = \frac{Y(z)}{z}(z+1)\bigg|_{z=-1} = \left(\frac{3z+2}{z-2} + \frac{z}{z-2}\right)\bigg|_{z=-1} = \frac{-1}{-3} + \frac{-1}{-3} = \frac{2}{3}$$

$$K_2 = \frac{Y(z)}{z}(z-2)\bigg|_{z=2} = \left(\frac{3z+2}{z+1} + \frac{z}{z+1}\right)\bigg|_{z=2} = \frac{8}{3} + \frac{2}{3} = \frac{10}{3}$$

구해진 값을 식 ❷에 대입하여 역변환을 구하면 다음과 같이 시스템 응답이 얻어진다.

$$y[n] = Z^{-1}\{Y(z)\} = Z^{-1}\left\{\frac{2}{3}\frac{z}{z+1} + \frac{10}{3}\frac{z}{z-2}\right\} = \left(\frac{2}{3}(-1)^n + \frac{10}{3}(2)^n\right)u[n]$$

LTI 시스템 $y[n] - \dfrac{3}{4}y[n-1] + \dfrac{1}{8}y[n-2] = \dfrac{3}{8}x[n-2]$의 계단 응답을 구하라.

풀이

$x[n] = u[n]$에 의한 시스템 출력을 구하는 문제이므로, 모든 초기 조건은 $y[-1] = 0$, $y[-2] = 0$으로 두고 주어진 차분방정식을 z 변환하여 정리하면 다음과 같이 된다.

$$Y(z) - \frac{3}{4}z^{-1}Y(z) + \frac{1}{8}z^{-2}Y(z) = \left(1 - \frac{3}{4}z^{-1} + \frac{1}{8}z^{-2}\right)Y(z) = \frac{3}{8}X(z)$$

위 식의 양변에 z^2을 곱하고 $X(z)$을 대입하여 $Y(z)$에 관해 정리하면 다음과 같고,

$$Y(z) = \frac{\dfrac{3}{8}}{z^2 - \dfrac{3}{4}z + \dfrac{1}{8}}\frac{z}{z-1} = \frac{\dfrac{3}{8}z}{\left(z - \dfrac{1}{2}\right)\left(z - \dfrac{1}{4}\right)(z-1)}$$

이를 다음과 같이 부분분수 전개하여

$$\frac{Y(z)}{z} = \frac{K_1}{z - \dfrac{1}{2}} + \frac{K_2}{z - \dfrac{1}{4}} + \frac{K_3}{z - 1} \qquad \cdots \; \mathbf{①}$$

식 (12.51)을 이용하여 부분분수 항들의 계수를 계산하면 다음과 같다.

$$K_1 = \left.\frac{Y(z)}{z}\left(z - \frac{1}{2}\right)\right|_{z = \frac{1}{2}} = \left.\frac{\dfrac{3}{8}}{\left(z - \dfrac{1}{4}\right)(z - 1)}\right|_{z = \frac{1}{2}} = \frac{\dfrac{3}{8}}{-\dfrac{1}{8}} = -3$$

$$K_2 = \left.\frac{Y(z)}{z}\left(z - \frac{1}{4}\right)\right|_{z = \frac{1}{4}} = \left.\frac{\dfrac{3}{8}}{\left(z - \dfrac{1}{2}\right)(z - 1)}\right|_{z = \frac{1}{4}} = \frac{\dfrac{3}{8}}{\dfrac{3}{16}} = 2$$

$$K_3 = \left.\frac{Y(z)}{z}(z - 1)\right|_{z = 1} = \left.\frac{\dfrac{3}{8}}{\left(z - \dfrac{1}{2}\right)\left(z - \dfrac{1}{4}\right)}\right|_{z = 1} = \frac{\dfrac{3}{8}}{\dfrac{3}{8}} = 1$$

구해진 값을 식 ❶에 대입하여 역변환을 구하면 다음과 같이 시스템 응답이 얻어진다.

$$y[n] = Z^{-1}\left\{-\frac{3z}{z - \dfrac{1}{2}} + \frac{2z}{z - \dfrac{1}{4}} + \frac{z}{z - 1}\right\} = \left(-3\left(\frac{1}{2}\right)^n + 2\left(\frac{1}{4}\right)^n + 1\right)u[n]$$

12.6 전달 함수

연속 시스템이든 이산 시스템이든 전달 함수의 개념은 똑같다. 이산 시스템의 전달 함수는 z 변환이 갖는 장점으로 인해 주파수 응답보다 훨씬 폭넓게 시스템 해석과 설계에 활용된다. 이 절에서는 전달 함수의 개념, 주파수 응답 및 임펄스 응답과의 상호 관계, 그리고 극과 영점의 정의와 중요성에 대해 살펴보기로 한다. 또한 전달 함수로부터 안정도 등의 시스템 특성을 해석하는 방법에 대해서도 알아볼 것이다.

학습포인트 ─────────────────────────────

- 전달 함수의 정의와 개념을 이해하고, 전달 함수, 주파수 응답, 임펄스 응답, 차분방정식의 상호 관계를 이해한다.
- 시스템(전달함수)의 극과 영점의 정의와 역할 및 중요성에 대해 이해한다.
- 극의 위치에 따른 임펄스 응답의 형태에 대해 알아본다.
- 전달 함수로부터 시스템의 안정도를 판별하는 방법에 대해 알아본다.

12.6.1 전달 함수의 개요

전달 함수의 정의

주파수 응답과 마찬가지로 전달 함수도 주파수 영역에서 나타낸 입력과 출력의 비이지만, 겉보기에 복소수가 드러나지 않아 취급이 편리하고, 주파수 응답을 전달 함수의 특수한 경우로 취급할 수 있기 때문에 시스템 해석에 일반적으로 다양하게 활용된다.

- 시스템의 **전달 함수**^{transfer function} $H(z)$는 복소 주파수 z의 함수로 표현된 입력과 출력의 비, 즉 입력 $x[n]$의 z 변환 $X(z)$에 대한 출력 $y[n]$의 z 변환 $Y(z)$의 비로 정의한다.

$$H(z) = \frac{Y(z)}{X(z)} = \frac{N(z)}{D(z)} \tag{12.56}$$

- 전달 함수는 시스템이 입력을 출력 쪽으로 전달한 정도를 보여주는 함수이다.
- 전달 함수는 시스템 임펄스 응답 $h[n]$의 z 변환 $H(z) = Z\{h[n]\}$이다. 따라서 입력의 형태와 상관없고 시스템이 바뀌지 않는 한 달라지지 않는다.

임펄스 응답이 $h[n]$인 LTI 시스템의 입출력 관계는 $y[n] = x[n] * y[n]$으로 주어지고, 이를 z 변환하면 시간 컨벌루션 성질에 의해 $Y(z) = H(z)X(z)$가 된다. 이로부터 전달 함수는 임펄스 응답의 z 변환과 같음을 알 수 있고, 따라서 전달 함수는 입력의 형태와는 무관한 시스템의 고유한 성질임을 파악할 수 있다.

$$H(z) = Z\{h[n]\} = \frac{Y(z)}{X(z)} \tag{12.57}$$

임펄스 응답의 z 변환이 전달 함수이므로 시스템의 블록선도 표현에 [그림 12-5]와 같이 임펄스 응답 대신 전달 함수를 이용하여 나타낼 수 있으며, 널리 쓰인다.

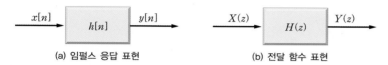

(a) 임펄스 응답 표현　　　　(b) 전달 함수 표현

[그림 12-5] **이산 LTI 시스템의 표현**

차분방정식과 전달 함수의 관계

다음과 같은 차분방정식으로 시스템이 주어질 경우를 살펴보자.

$$y[n] + a_1 y[n-1] + \cdots + a_p y[n-p] = b_0 x[n] + \cdots + b_q x[n-q] \tag{12.58}$$

식 (12.58)을 **모든 초기 조건은 0으로 두고** z 변환하면 다음과 같다.

$$Y(z) + a_1 z^{-1} Y(z) + \cdots + a_p z^{-p} Y(z) = b_0 X(z) + \cdots + b_q z^{-q} X(z) \tag{12.59}$$

- 시스템 차분방정식 식 (12.58)을 z 변환하면 다음과 같은 전달 함수를 얻을 수 있다.

$$H(z) = \frac{N(z)}{D(z)} = \frac{b_0 + b_1 z^{-1} + \cdots + b_q z^{-q}}{1 + a_1 z^{-1} + \cdots + a_p z^{-p}}$$

$$= \frac{b_0 z^p + b_1 z^{p-1} + \cdots + b_q z^{p-q}}{z^p + a_1 z^{p-1} + \cdots + a_p} \tag{12.60}$$

- 전달 함수의 분모 $D(z) = 0$인 방정식을 전달 함수(시스템)의 특성방정식이라고 하며, 이는 시스템의 고유한 특성을 반영한다.

$$D(z) = z^p + a_1 z^{p-1} + \cdots + a_p = 0 \tag{12.61}$$

식 (12.60)에서 전달 함수의 분모 $D(z) = 0$은 변수의 표기만 γ 대신 z로 바뀌었을 뿐 9장에서 살펴본 차분방정식의 특성방정식과 같다. 한편 주파수 응답과 달리 전달 함수의 수식 표현에는 복소수 표현이 겉으로 전혀 나타나지 않기 때문에 다루기가 간편하다.

식 (12.60)의 분자 다항식의 계수는 차분방정식의 입력 항들의 계수와, 분모 다항식의 계수는 출력 항들의 계수와 같다. 그러므로 **전달 함수는 별다른 중간 계산 과정을 거칠 필요 없이 차분방정식으로부터 직접 간단히 구할 수 있다. 거꾸로, 전달 함수가 주어지면 식 (12.58)과 같이 차분방정식으로 바로 바꾸는 것도 어렵지 않다.** 또한 이러한 결과로부터, 전달 함수는 입력의 형태와는 무관한 시스템의 고유한 성질임을 다시 확인할 수 있다.

전달 함수와 주파수 응답

주파수 응답과 전달 함수 둘 다 주파수 영역에서 LTI 시스템을 표현하는 방법으로 어떤 변환 방법에 의해 임펄스 응답을 주파수 영역 표현으로 바꾼 것인가의 차이만 있을 뿐 본질은 같다. **주파수 응답은 임펄스 응답 $h[n]$을 푸리에 변환, 전달 함수는 $h[n]$을 z 변환한 것이다.** 그런데 z 변환에서 $z = e^{j\Omega}$으로 두면 푸리에 변환이 되므로 **주파수 응답을 전달 함수의 특수한 경우로 취급할 수 있다.**

$$H(\Omega) = H(z)\big|_{z = e^{j\Omega}} = b_0 \frac{(z - z_1)(z - z_2)\cdots(z - z_q)}{(z - p_1)(z - p_2)\cdots(z - p_p)}\bigg|_{z = e^{j\Omega}} \tag{12.62}$$

시스템의 필터링 특성을 분석할 때 등 일부 경우를 제외하면, 전달 함수 쪽이 복소수 계산을 피할 수 있을 뿐만 아니라 필요하다면 식 (12.62)에 의해 주파수 응답도 구할 수 있어 훨씬 편리하므로 시스템의 취급과 분석에는 전달함수가 일반적으로 사용된다.

예제 12-28 차분방정식으로부터 전달 함수와 임펄스 응답 구하기

인과 LTI 시스템이 다음 차분방정식으로 표현될 때, 전달함수와 임펄스 응답을 구하라.

$$y[n] - \frac{1}{4}y[n-1] - \frac{3}{8}y[n-2] = x[n] - 2x[n-1]$$

풀이

모든 초기 조건을 0으로 두고($y[-1] = y[-2] = 0$) 차분방정식을 z 변환하면

$$Y(z) - \frac{1}{4}z^{-1}Y(z) - \frac{3}{8}z^{-2}Y(z) = X(z) - 2z^{-1}X(z)$$

이고, 이를 정리하여 전달 함수를 구하면 다음과 같다.

$$H(z) = \frac{Y(z)}{X(z)} = \frac{1 - 2z^{-1}}{1 - \frac{1}{4}z^{-1} - \frac{3}{8}z^{-2}} = \frac{z^2 - 2z}{z^2 - \frac{1}{4}z - \frac{3}{8}}$$

임펄스 응답을 구하기 위해 $\dfrac{H(z)}{z}$를 부분분수로 전개하면

$$\frac{H(z)}{z} = \frac{z - 2}{\left(z + \frac{1}{2}\right)\left(z - \frac{3}{4}\right)} = \frac{K_1}{z + \frac{1}{2}} + \frac{K_2}{z - \frac{3}{4}}$$

이고, 각각의 계수를 구하면 다음과 같다.

$$K_1 = \frac{z - 2}{\left(z + \frac{1}{2}\right)\left(z - \frac{3}{4}\right)}\left(z + \frac{1}{2}\right)\Bigg|_{z = -\frac{1}{2}} = 2$$

$$K_2 = \frac{z - 2}{\left(z + \frac{1}{2}\right)\left(z - \frac{3}{4}\right)}\left(z - \frac{3}{4}\right)\Bigg|_{z = \frac{3}{4}} = -1$$

따라서 $H(z)$는 다음과 같이 부분분수로 전개된다.

$$H(z) = \frac{2z}{z + \frac{1}{2}} - \frac{z}{z - \frac{3}{4}}$$

이를 역변환하면 다음의 임펄스 응답이 얻어진다.

$$h[n] = 2\left(-\frac{1}{2}\right)^n u[n] - \left(\frac{3}{4}\right)^n u[n]$$

예제 12-29 입출력으로부터 전달 함수와 차분방정식 구하기

관련 예제 | [예제 12-15], [예제 12-21]

LTI 시스템에 입력 $x[n] = (-1)^n u[n] x[n]$을 넣었을 때 출력이 $y[n] = \left(1 - \frac{1}{2}\left(\frac{1}{2}\right)^n\right)u[n]$ 이라고 한다. 이 시스템과 관련하여 (a) 전달 함수와 (b) 시스템 차분방정식을 구하라.

풀이

(a) 주어진 입력과 출력의 z 변환을 구하면

$$X(z) = \frac{z}{z + 1}, \quad Y(z) = \frac{z}{z - 1} - \frac{1}{2}\frac{z}{z - 0.5} = \frac{0.5z^2}{(z - 1)(z - 0.5)}$$

이므로, 전달 함수는 다음과 같다.

$$H(z) = \frac{Y(z)}{X(z)} = \frac{0.5z(z+1)}{(z-1)(z-0.5)}$$

이는 [예제 12-15]의 $H(z)$와 같다. 그리고 [예제 12-21]에서 $H(z)$를 역변환하여 임펄스 응답을 $h[n] = (2 - 1.5(0.5)^n)u[n]$으로 구한 바 있다.

(b) 차분방정식을 구하기 위해 전달 함수 $H(z)$의 분자와 분모 모두를 z^2으로 나누어 $H(z)$를 z^{-1}의 다항식으로 바꾸면

$$H(z) = \frac{Y(z)}{X(z)} = \frac{0.5 + 0.5z^{-1}}{1 - 1.5z^{-1} + 0.5z^{-2}}$$

이다. 이로부터 다음의 등식을 얻을 수 있다.

$$(1 - 1.5z^{-1} + 0.5z^{-2})\,Y(z) = (0.5 + 0.5z^{-1})\,X(z)$$

따라서 이를 z 역변환하여 다음과 같이 시스템의 차분방정식을 구한다.

$$y[n] - 1.5y[n-1] + 0.5y[n-2] = 0.5x[n] + 0.5x[n-1]$$

시스템 연결에 따른 전달 함수

- 시스템이 종속연결되면 전달 함수는 각 시스템의 전달 함수를 곱하면 된다.

$$H(z) = H_1(z) \cdots H_M(z) \tag{12.63}$$

- 시스템이 병렬연결되면 주파수 응답은 각 시스템의 주파수 응답을 더하면 된다.

$$H(z) = H_1(z) + \cdots + H_M(z) \tag{12.64}$$

- 전달 함수는 시스템 연결 순서와는 무관하게 동일하다.

컨벌루션의 성질에 z 변환의 시간 컨벌루션 성질(종속연결)과 선형성(병렬연결)을 적용하면 식 (12.63)과 식 (12.64)의 결과를 얻을 수 있다. 이를 [그림 12-6]에 나타내었다.

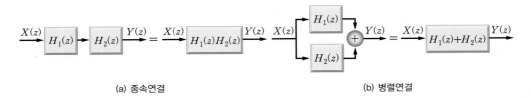

(a) 종속연결　　　　　　　　(b) 병렬연결

[그림 12-6] 시스템 연결에 따른 전달 함수

다음과 같은 임펄스 응답을 갖는 두 개의 시스템을 (a) 종속연결, (b) 병렬연결할 경우의
전체 시스템의 전달 함수 $H(z)$를 구하라.

$$h_1[n] = a^n u[n], \quad h_2[n] = \delta[n] + b\delta[n-1]$$

풀이

우선 주어진 두 시스템의 임펄스 응답을 z 변환하여 전달 함수를 구하면 다음과 같다.

$$H_1(z) = \frac{1}{1 - az^{-1}} = \frac{z}{z-a}, \quad H_2(z) = 1 + bz^{-1} = \frac{z+b}{z}$$

(a) 종속연결의 경우 $H(z)$는 두 시스템의 전달 함수를 곱하여 얻는다.

$$H(z) = H_1(z)H_2(z) = \frac{z}{z-a}\frac{z+b}{z} = \frac{z+b}{z-a}$$

임펄스 응답 $h[n]$은 $H(z)$를 다음과 같이 부분분수로 전개한 뒤 역변환하면 얻어진다.

$$H(z) = \frac{z}{z-a} + z^{-1}\frac{bz}{z-a}$$

$$h[n] = a^n u[n] + ba^{n-1}u[n-1]$$

(b) 병렬연결의 경우 $H(z)$는 두 시스템의 전달 함수를 더하여 얻는다.

$$H(z) = H_1(z) + H_2(z) = \frac{z}{z-a} + \frac{z+b}{z} = \frac{2z^2 + (b-a)z - ab}{z(z-a)}$$

병렬연결의 임펄스 응답 $h[n]$은 두 시스템의 임펄스 응답을 그냥 더하면 된다.

$$h[n] = h_1[n] + h_2[n] = a^n u[n] + \delta[n] + b\delta[n-1]$$

12.6.2 전달 함수의 극과 영점

극과 영점의 정의 및 역할

시스템의 전달함수 $H(z)$와 관련하여 z 평면에서 두 종류의 특별한 z 값에 관심을 가지게 된다. 하나는 $H(z)$의 값이 0이 되는 경우이고, 다른 하나는 $H(z)$의 값이 정의되지 않는 경우이다. 전자를 영점, 후자를 극이라고 한다.

$$H(z) = \frac{N(z)}{D(z)} = \frac{b_0 z^p + b_1 z^{p-1} + \cdots + b_q z^{p-q}}{z^p + a_1 z^{p-1} + \cdots + a_p}$$

$$= b_0 \frac{(z-z_1)(z-z_2)\cdots(z-z_q)}{(z-p_1)(z-p_2)\cdots(z-p_p)}$$

(12.65)

- 전달 함수 $H(z)$의 **극**은 특성방정식 $D(z) = 0$을 만족하는 p개의 근 $\{p_i\}$이다.
- 전달 함수 $H(z)$의 **영점**은 분자 다항식 $N(z) = 0$을 만족하는 q개의 근 $\{z_i\}$이다.
- 극과 영점이 복소수가 될 경우에는 반드시 공액쌍으로 존재한다.
- 극이 곧 특성근이므로 극에 의해 시스템 자체의 고유한 특성을 나타내는 시스템 모드가 결정되고, 따라서 극에 의해 안정도, 과도 응답 등 시스템 동작 특성이 지배된다.
- 임펄스 응답은 시스템 모드들로 이루어지므로 그 형태가 극에 의해 결정된다.
- 전달 함수(시스템)의 분자 다항식 $N(s)$는 차분방정식 우변의 입력 항들에 의해 결정되는 다항식이므로 영점은 시스템과 입력의 연관 작용을 결정하는 요소이다.

z 평면상에서 극은 ×, 영점은 ○으로 표시한다. 이때 통상적으로 z 평면의 원점이 중심인 단위원을 함께 그려서 영점과 극들의 위치 및 상호 관계들을 쉽게 파악할 수 있도록 한다.

극에 의한 임펄수 응답의 형태

전달 함수를 부분분수로 전개하여 역변환하면 시스템의 임펄스 응답이 얻어진다. 이로부터 임펄스 응답의 형태가 극에 의해 결정됨을 알 수 있다.

$$H(z) = \sum_{i=1}^{m} \frac{K_i z}{z - p_i} \quad \Leftrightarrow \quad h[n] = \sum_{i=1}^{m} K_i (p_i)^n u[n]$$

(12.66)

극의 위치에 따른 시스템 임펄스 응답의 형태는 다음과 같으며, 이를 [그림 12-7]에 나타내었다.

극에 의한 임펄스 응답의 형태
- 극이 z 평면의 단위원 내부에 있으면 임펄스 응답이 수렴하여 시스템은 안정하다.
- 극이 z 평면의 단위원 외부에 있으면 임펄스 응답이 발산하여 시스템은 불안정하다.
- 공액 복소극의 경우 진동이 발생하며, 단위원 상에 있으면 순수 진동한다.

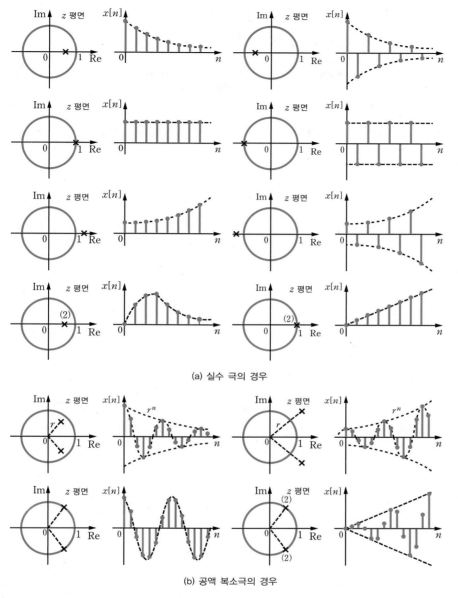

(a) 실수 극의 경우

(b) 공액 복소극의 경우

[그림 12-7] 전달 함수의 극의 위치에 따른 시스템 임펄스 응답의 형태

극과 시스템 안정도

- 이산 인과 LTI 시스템이 BIBO 안정하기 위해서는 $|p_i| < 1$, 다시 말해 전달 함수의 극 p_i가 z 평면에서 단위원 안에 존재해야 한다.

9장에서 이산 인과 LTI 시스템이 BIBO 안정이기 위해서는 임펄스 응답이 다음과 같이 절대 총합 가능해야 함을 이미 배운 바 있다.

$$\sum_{n=0}^{\infty} |h[n]| < \infty \qquad (12.67)$$

임펄스 응답에 대한 z 변환의 정의식에 절댓값을 취하면 다음의 부등식을 얻을 수 있다.

$$|H(z)| = \left| \sum_{n=0}^{\infty} h[n] z^{-n} \right| \leq \sum_{n=0}^{\infty} |h[n]| |z^{-n}| \qquad (12.68)$$

전달 함수의 극 $z = p_i$에서는 식 (12.68)의 좌변이 ∞ 가 되고, 이때 만일 $|p_i| \geq 1$이면 $|p_i^{-n}| \leq 1$이므로 식 (12.68)은 다음과 같이 된다.

$$\infty \leq \sum_{n=0}^{\infty} |h[n]| |p_i^{-n}| \leq \sum_{n=0}^{\infty} |h[n]| \qquad (12.69)$$

이는 식 (12.67)의 BIBO 안정 조건에 부합되지 않는다. 따라서 $|p_i| < 1$이어야 한다. 이러한 결론은 [그림 12-7]에서도 확인할 수 있다. 그림에서 보면, 극이 단위원 내부에 있을 때에는 값이 점차 작아져서 0으로 수렴하여 식 (12.67)의 조건을 충족시키고, 단위원 외부에 있으면 시간이 지남에 따라 발산한다. 또한 단위원 상에 있으면 계속 진동하거나 상수가 되어 BIBO 안정 조건을 만족시키지 못한다.

예제 12-31 시스템의 안정도 판별

전달 함수가 다음과 같은 LTI시스템의 안정도를 판별하라.

(a) $H(z) = \dfrac{(z+1)(z-1)}{(z+0.5)(z-0.8)(z+0.3)}$

(b) $H(z) = \dfrac{(z+0.5)(z-0.3)}{(z-1)(z^2-z+1)}$

(c) $H(z) = \dfrac{(z+3)(z-4)}{(z^2+0.5z+0.25)(z+0.5)}$

(d) $H(z) = \dfrac{(z+0.5)(z-0.4)}{(z+2)(z-0.5)(z+0.4)}$

(e) $H(z) = \dfrac{(z+0.5)(z+1)}{(z-1)^2(z-0.5)}$

(f) $H(z) = \dfrac{(z-3)(z+0.5)}{(z-0.5)(z+0.4)(z-3)}$

풀이

(a) 극이 $z = -0.5,\ 0.8,\ -0.3$ 으로 모두 단위원 안에 있다. 그러므로 안정한 시스템이다.

(b) 극이 $z = 1,\ \dfrac{1}{2} \pm j\dfrac{\sqrt{3}}{2}$ 으로 모두 단위원 위에 있다. 그러므로 임계 안정한 시스템이다. 안정, 불안정으로 나누면 불안정한 시스템이다.

(c) 극이 $z = \dfrac{1}{4} \pm j\dfrac{\sqrt{3}}{4}$, -0.5로 모두 단위원 안에 있다. 그러므로 안정한 시스템이다.

(d) 극이 $z = -2$, 0.5, -0.4로 극 하나가 단위원 밖에 있다. 그러므로 불안정한 시스템이다.

(e) 극이 $z = 1$, 1, 0.5로 단위원 위에 중극이 존재한다. 그러므로 불안정한 시스템이다.

(f) 극이 $z = 0.5$, -0.4, 3으로 극 하나가 단위원 밖에 있지만, $z = 3$의 영점과 상쇄되어 사라지므로 단위원 안에 $z = 0.5$, -0.4만 있는 셈이다. 그러므로 안정한 시스템이다.

예제 12-32 순허극을 갖는 시스템의 안정도

2개의 순허극을 가지는 인과 LTI 시스템의 전달 함수가 다음과 같다고 한다. 이 시스템의 안정도를 판별하라.

$$H(z) = \frac{2z^2}{(z-ja)(z+ja)} = \frac{z}{z-ja} + \frac{z}{z+ja}$$

풀이

$H(z)$를 역변환하면 다음과 같이 임펄스 응답 $h[n]$이 얻어진다.

$$h[n] = \big((ja)^n + (-ja)^n\big)u[n] = \left(\Big(ae^{j\frac{\pi}{2}}\Big)^n + \Big(ae^{-j\frac{\pi}{2}}\Big)^n\right)u[n]$$

$$= a^n\Big(e^{j\frac{\pi}{2}n} + e^{-j\frac{\pi}{2}n}\Big)u[n] = 2a^n\cos\Big(\frac{\pi}{2}n\Big)u[n]$$

따라서 $|a| < 1$이면 $h[n]$은 0으로 수렴하고, $|a| = 1$이면 $h[n]$은 정현파로 순수하게 진동하며, $|a| > 1$이면 $h[n]$은 ∞로 발산한다. 시스템의 극이 $z = \pm ja$이므로, 결국 극의 위치에 따라 시스템의 안정도가 달라진다. 즉 극이 단위원 안에 있으면 안정, 단위원 위에 있으면 임계 안정, 단위원 밖에 있으면 불안정한 시스템이 된다. 임계 안정은 안정, 불안정으로 구분하면 식 (12.67)의 안정도 조건을 만족시키지 못하므로 불안정으로 판별하면 된다.

Quick Review

■ 다음 문제에서 맞는 것을 골라라.

[1] z 변환은 DTFT에 비해 더 (많은, 적은) 이산 신호를 변환할 수 있다.

[2] 단방향 z 변환은 (인과, 비인과) 신호를 대상으로 한다.

[3] z 변환은 모든 이산 신호를 주파수 영역으로 변환할 수 있다. (○, ×)

[4] $x[n]$과 $X(z)$가 일대일 대응이 되는 것은 (단방향, 양방향) z 변환이다.

[5] z 변환의 수렴 영역이 정의되지 않는 양방향 신호도 있다. (○, ×)

[6] 단방향 z 변환에서 항상 $x[n-n_0] \Leftrightarrow z^{-n_0}X(z)$가 성립한다. (○, ×)

[7] 차분방정식의 풀이에 유용한 성질은 (시간 컨벌루션, 시간 이동) 성질이다.

[8] 최종값 정리는 모든 신호에 대해 적용 가능하다. (○, ×)

[9] z 역변환은 ($\dfrac{X(z)}{z}$, $X(z)$, $zX(z)$)를 부분분수로 전개하는 것이 간편하다.

[10] 다중극에 대한 부분분수 계수 결정은 보통 최저차항부터 오름차순으로 한다.

$$(○, ×)$$

[11] 공액 복소극을 갖는 $X(z)$를 역변환하면 (실수, 복소수) 함수가 된다.

[12] z 변환을 이용한 차분방정식 풀이의 초기 조건은 $n < 0$에서의 값이다. (○, ×)

[13] 시스템의 전달 함수는 입력의 형태에 따라 달라질 수 있다. (○, ×)

[14] 전달 함수는 (임펄스 응답, 차분방정식, 특성방정식)으로부터 구할 수 있다.

[15] 시스템의 특성방정식은 전달 함수의 (분모, 분자)= 0인 방정식이다.

[16] 두 시스템을 직렬 연결한 시스템의 전달 함수는 각 전달 함수의 (합, 곱)과 같다.

[17] 임펄스 응답의 형태는 극의 위치에 따라 결정된다. (○, ×)

[18] z 평면의 단위원 위에 중극을 가지면 시스템은 불안정하다. (○, ×)

[19] 시스템이 안정하려면 (극, 영점)이 z 평면의 단위원 (안, 밖)에 위치해야 한다.

[20] 전달 함수에서 ($z = j\Omega$, $z = e^{j\Omega}$, $z = re^{j\Omega}$)(으)로 두면 주파수 응답이 된다.

12.1 z 변환의 정의식을 이용하여 다음 신호의 z 변환을 구하라.

(a) $x[n] = [1, \ 2, \ 3, \ 2, \ 1]$ $\uparrow$ (b) $x[n] = (0.5)^n (u[n] - u[n-5])$

(c) $x[n] = \begin{cases} 1, \ n \geq 0 \text{인 짝수} \\ 0, \ n \geq 0 \text{인 홀수} \end{cases}$ (d) $x[n] = \begin{cases} +1, \ n \geq 0 \text{인 짝수} \\ -1, \ n \geq 0 \text{인 홀수} \end{cases}$

12.2 z 변환의 성질과 변환쌍표를 이용하여 다음 신호의 z 변환을 구하라.

(a) $x[n] = u[n-m]$ (b) $x[n] = (0.5)^{n+1} u[n-1]$

(c) $\left((0.5)^n \cos\left(\dfrac{\pi}{3} n \right) \right) u[n-1]$

12.3 $x[n]$의 z 변환이 다음과 같을 때, 다음 신호들의 z 변환을 구하라.

$$X(z) = \frac{z}{(z+0.5)^2}, \quad |z| > 0.5$$

(a) $y[n] = x[n-1]$ (b) $y[n] = (2)^n x[n]$ (c) $y[n] = (-1)^n x[n]$

12.4 다음에 주어진 두 신호 $x[n]$과 $h[n]$의 컨벌루션 $y[n] = x[n] * h[n]$을 z 변환을 이용하여 구하라.

(a) $x[n] = [1, \ 2, \ 3], \ h[n] = [1, \ 1, \ 1]$ $\uparrow$ $\uparrow$

(b) $x[n] = \delta[n] + \delta[n-4], \ h[n] = u[n]$

(c) $x[n] = u[n], \ h[n] = u[n]$

(d) $x[n] = u[n], \ h[n] = \left(\dfrac{1}{2} \right)^n u[n]$

12.5 $X(z)$가 신호 $x[n] = (0.5)^n u[n]$의 z 변환이라고 할 때, 다음의 z 변환에 대응되는 시간 신호를 구하라.

(a) $Y(z) = X(z^{-1})$ (b) $Y(z) = X(-z)$ (c) $Y(z) = X^2(z)$

12.6 다음과 같은 단방향 z 변환에 대해 역변환을 하지 말고 초깃값과 최종값을 구하라. 만약 값을 구할 수 없다면 그 이유를 설명하라.

(a) $X(z) = \dfrac{z}{z^2 - 0.3z - 0.1}$ (b) $X(z) = \dfrac{z(z - 0.5)}{z^2 - z + 1}$

(c) $X(z) = \dfrac{z^2}{z^2 + 1.5z - 1}$ (d) $X(z) = \dfrac{z(z - 0.25)}{z^2 - 0.5z + 0.25}$

12.7 다음의 단방향 z 변환의 역변환 $x[n]$을 부분분수 전개법으로 구하라.

(a) $X(z) = \dfrac{z^2}{(z - 1)(z - 0.5)}$ (b) $X(z) = \dfrac{z^3}{(z + 1)(z - 1)^2}$

(c) $X(z) = \dfrac{z^2}{z^2 - z + 0.5}$ (d) $X(z) = \dfrac{z(3z - 1)}{(z + 1)(z - 1)^3}$

12.8 다음 차분방정식으로 표현된 LTI 시스템의 출력을 z 변환을 이용하여 구하라.

(a) $y[n] - 0.25y[n - 1] = x[n]$, $x[n] = u[n]$, $y[-1] = 1$

(b) $y[n] - \dfrac{3}{4}y[n - 1] + \dfrac{1}{8}y[n - 2] = \dfrac{3}{8}x[n]$, $x[n] = u[n]$, $y[-1] = 1$,

     $y[-2] = 5$

(c) $2y[n] - 3y[n - 1] + y[n - 2] = 4x[n] - 3x[n - 1]$, $x[n] = u[n]$,

     $y[-1] = 0$, $y[-2] = 1$

12.9 다음의 차분방정식으로 표현되는 인과 LTI 시스템의 전달 함수와 임펄스 응답을 구하라. 또한 시스템의 극과 영점을 구하고 안정도를 판별하라.

(a) $y[n] - 0.3y[n-1] - 0.1y[n-2] = x[n]$

(b) $y[n] - \dfrac{5}{6}y[n-1] + \dfrac{1}{6}y[n-2] = 5x[n-1] - x[n-2]$

(c) $y[n] + 2y[n-1] + 2y[n-2] = x[n] + x[n-1]$

12.10 다음과 같은 임펄스 응답을 갖는 두 개의 시스템을 종속연결할 경우, 병렬연결할 경우의 전체 시스템의 전달 함수 $H(z)$를 구하라.

$$h_1[n] = a^n u[n], \quad h_2[n] = b^{(n-1)} u[n-1]$$

응 용 문 제

12.11 $x[n] \Leftrightarrow \dfrac{z}{(z-1)^2}$ 일 때 다음의 단방향 z 변환쌍 중 틀린 것은?

㉮ $x[n+1]u[n] \Leftrightarrow \dfrac{z^2}{(z-1)^2}$ 　　㉯ $x[n-1]u[n-1] \Leftrightarrow \dfrac{1}{(z-1)^2}$

㉰ $x[n-1]u[n] \Leftrightarrow \dfrac{z}{(z-1)^2}$ 　　㉱ $x[n]u[n-1] \Leftrightarrow \dfrac{z}{(z-1)^2}$

12.12 다음의 $X(z)$에 대해 주어진 수렴 영역을 만족하는 $x[n]$을 구하라.

$$X(z) = \frac{2z-1}{z^2 - z - 0.75}$$

(a) $|z| > 1.5$ 　　　(b) $0.5 < |z| < 1.5$ 　　　(c) $|z| < 0.5$

12.13 신호 $x[n]$의 z 변환이 $X(z) = \dfrac{z^3}{z^3 - 3z^2 + 5z - 9}$ 이라 할 때, 다음 물음에 답하라.

(a) $x_1[n] = x[n-3]u[n-3]$의 z 변환을 구하라.

(b) $x_2[n] = x[n+3]u[n]$의 z 변환을 구하라.

(c) 긴 나눗셈을 이용한 멱급수 형태의 역변환을 통해 $n = 0$, 3일 때의 $x[n]$ 값, $n = 3$일 때의 $x_1[n]$ 값, $n = 0$일 때의 $x_2[n]$ 값을 구하여 비교하라.

12.14 인과 LTI 시스템의 입출력이 다음과 같이 주어질 때, 이 시스템의 전달 함수, 임펄스 응답, 차분방정식을 구하라.

(a) $x[n] = \left(\dfrac{1}{2}\right)^n u[n],$ $\qquad y[n] = \left(\dfrac{1}{4}\right)^n u[n]$

(b) $x[n] = \left(-\dfrac{1}{3}\right)^n u[n],$ $\qquad y[n] = \left(3(-1)^n + \left(\dfrac{1}{3}\right)^n\right)u[n]$

(c) $x[n] = 2u[n],$ $\qquad\qquad y[n] = \left(4\left(\dfrac{1}{2}\right)^n - 3\left(-\dfrac{3}{4}\right)^n\right)u[n]$

12.15 [그림 12-8]과 같은 이산시간 시스템의 블록선도가 있다. 물음에 답하라.

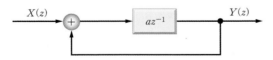

[그림 12-8]

(a) 이 시스템의 차분방정식 모델을 구하라.

(b) 시스템의 전달 함수를 구하라.

(c) 이 시스템이 BIBO 안정일 경우 파라미터 a의 범위를 결정하라.

(d) $a = 0.5$일 때 이 시스템의 단위 계단 응답을 구하라.

Appendix

변환쌍표

Transform Table

푸리에 변환쌍표 **A.1**

라플라스 변환쌍표 **A.2**

이산 시간 푸리에 변환쌍표 **A.3**

z 변환쌍표 **A.4**

A.1 푸리에 변환쌍표

	$x(t)$	$X(\omega)$
1	$e^{-at}u(t), \ a>0$	$\dfrac{1}{a+j\omega}$
2	$e^{-a\lvert t\rvert}, \ a>0$	$\dfrac{2a}{a^2+\omega^2}$
3	$te^{-at}u(t), \ a>0$	$\dfrac{1}{(a+j\omega)^2}$
4	$t^n e^{-at}u(t), \ a>0$	$\dfrac{n!}{(a+j\omega)^{n+1}}$
5	1	$2\pi\delta(\omega)$
6	$\delta(t)$	1
7	$sgn(t)$	$\dfrac{2}{j\omega}$
8	$u(t)$	$\pi\delta(\omega)+\dfrac{1}{j\omega}$
9	$\cos\omega_0 t$	$\pi[\delta(\omega+\omega_0)+\delta(\omega-\omega_0)]$
10	$\sin\omega_0 t$	$j\pi[\delta(\omega+\omega_0)-\delta(\omega-\omega_0)]$
11	$e^{j\omega_0 t}$	$2\pi\delta(\omega-\omega_0)$
12	$e^{-at}\sin\omega_0 t\,u(t)$	$\dfrac{\omega_0}{(a+j\omega)^2+\omega_0^2}$
13	$e^{-at}\cos\omega_0 t\,u(t)$	$\dfrac{a+j\omega}{(a+j\omega)^2+\omega_0^2}$
14	$\displaystyle\sum_{n=-\infty}^{\infty}\delta(t-nT_s)$	$\displaystyle\omega_0\sum_{n=-\infty}^{\infty}\delta(\omega-n\omega_0)$
15	$\text{rect}_\tau(t)$ (너비 τ 인 사각 펄스)	$\tau\,\text{sinc}\left(\dfrac{\omega\tau}{2\pi}\right)$
16	$\dfrac{W}{2\pi}\,\text{sinc}\left(\dfrac{W}{2\pi}t\right)$	$rect_W(\omega)$
17	$\Delta\left(\dfrac{t}{\tau}\right)$ (기울기 $\dfrac{1}{\tau}$ 인 삼각파)	$\tau\,\text{sinc}^2\left(\dfrac{\omega\tau}{2\pi}\right)$
18	$e^{-\frac{t^2}{2\sigma^2}}$	$\sigma\sqrt{\pi}\,e^{-\frac{\sigma^2\omega^2}{2}}$

A.2 라플라스 변환쌍표

	$x(t)$	$X(s)$
1	$\delta(t)$	1
2	$u(t)$	$\dfrac{1}{s}$
3	$\dfrac{t^n}{n!}u(t)$	$\dfrac{1}{s^{n+1}}$
4	$e^{-at}u(t)$	$\dfrac{1}{s+a}$
5	$\dfrac{t^n e^{-at}}{n!}u(t)$	$\dfrac{1}{(s+a)^{n+1}}$
6	$\sin\omega_0 t\, u(t)$	$\dfrac{\omega_0}{s^2+\omega_0^2}$
7	$\cos\omega_0 t\, u(t)$	$\dfrac{s}{s^2+\omega_0^2}$
8	$t\sin\omega_0 t\, u(t)$	$\dfrac{2\omega_0 s}{(s^2+\omega_0^2)^2}$
9	$t\cos\omega_0 t\, u(t)$	$\dfrac{(s^2-\omega_0^2)}{(s^2+\omega_0^2)^2}$
10	$e^{-at}\sin\omega_0 t\, u(t)$	$\dfrac{\omega_0}{(s+a)^2+\omega_0^2}$
11	$e^{-at}\cos\omega_0 t\, u(t)$	$\dfrac{s+a}{(s+a)^2+\omega_0^2}$
12	$Ae^{-at}\cos\omega_0 t\, u(t) + Be^{-at}\sin\omega_0 t\, u(t)$	$\dfrac{A(s+a)-B\omega_0}{(s+a)^2+\omega_0^2}$
13	$Ae^{-at}\cos\omega_0 t\, u(t) + \left(\dfrac{(B-Aa)}{\omega_0}\right)e^{-at}\sin\omega_0 t\, u(t)$	$\dfrac{As+B}{(s+a)^2+\omega_0^2}$

A.3 이산 시간 푸리에 변환쌍표

	$x[n]$	$X(z)$
1	$\delta[n]$	1
2	$\delta[n-n_0]$	$e^{-jn_0\Omega}$
3	1	$2\pi\delta(\Omega)$
4	$u[n]$	$\dfrac{1}{1-e^{-j\Omega}}+\pi\delta(\Omega),\ 0\le\Omega<2\pi$
5	$e^{j\Omega_0 n}$	$2\pi\delta(\Omega-\Omega_0)$
6	$x[n]=\begin{cases}1,&\|n\|\le N_1\\0,&\|n\|>N_1\end{cases}$	$\dfrac{\sin\left[\Omega\left(N_1+\dfrac{1}{2}\right)\right]}{\sin\left(\dfrac{\Omega}{2}\right)}$
7	$a^n u[n],\ \|a\|<1$	$\dfrac{1}{1-ae^{-j\Omega}}$
8	$(n+1)a^n u[n],\ \|a\|<1$	$\dfrac{1}{(1-ae^{-j\Omega})^2}$
9	$\dfrac{W}{\pi}\mathrm{sinc}\left(\dfrac{Wn}{\pi}\right),\ 0<W<\pi$	$X(\Omega)=\begin{cases}1,&0\le\|\Omega\|\le W\\0,&W<\|\Omega\|\le\pi\end{cases}$
10	$\cos(\Omega_0 n)$	$\pi\left\{\delta(\Omega+\Omega_0)+\delta(\Omega-\Omega_0)\right\}$
11	$\sin(\Omega_0 n)$	$j\pi\left\{\delta(\Omega+\Omega_0)+\delta(\Omega-\Omega_0)\right\}$
12	$sgn[n]=\begin{cases}+1,&n\ge 0\\1,&n<0\end{cases}$	$j\dfrac{\sin(\Omega)}{\cos(\Omega)-1}$
13	$\dfrac{(n+r-1)!}{n!\,(r-1)!}a^n u[n],\ \|a\|<1$	$\dfrac{1}{(1-ae^{-j\Omega})^r}$

A.4 z 변환쌍표

	$x[nT]$ *	$X(z)$
1	$\delta[nT]$	1
2	$u[nT]$	$\dfrac{1}{1-z^{-1}}$
3	$a^n u[nT]$	$\dfrac{1}{1-az^{-1}}$
4	$nTu[nT]$	$\dfrac{Tz^{-1}}{(1-z^{-1})^2}$
5	$(nT)^2 u[nT]$	$\dfrac{Tz^{-1}(1+z^{-1})}{(1-z^{-1})^3}$
6	$na^n u[nT]$	$\dfrac{az^{-1}}{(1-az^{-1})^2}$
7	$n^2 a^n u[nT]$	$\dfrac{az^{-1}(1+az^{-1})}{(1-az^{-1})^3}$
8	$\cos(\Omega_0 n)u[nT]$	$\dfrac{1-\cos(\Omega_0)z^{-1}}{1-2\cos(\Omega_0)z^{-1}+z^{-2}}$
9	$\sin(\Omega_0 n)u[nT]$	$\dfrac{\sin(\Omega_0)z^{-1}}{1-2\cos(\Omega_0)z^{-1}+z^{-2}}$
10	$a^n\cos(\Omega_0 n)u[nT]$	$\dfrac{1-a\cos(\Omega_0)z^{-1}}{1-2a\cos(\Omega_0)z^{-1}+a^2 z^{-2}}$
11	$a^n\sin(\Omega_0 n)u[nT]$	$\dfrac{a\sin(\Omega_0)z^{-1}}{1-2a\cos(\Omega_0)z^{-1}+a^2 z^{-2}}$
12	$a^n\{A\cos(\Omega_0 n)+B\sin(\Omega_0 n)\}u[nT]$	$\dfrac{A-a\{A\cos(\Omega_0)-B\sin(\Omega_0)\}z^{-1}}{1-2a\cos(\Omega_0)z^{-1}+a^2 z^{-2}}$

* 샘플링으로 얻은 이산 신호가 아닌 경우에는 $T=1$로 두면 된다.

참고문헌

[1] Ashok Ambarda, 『Digital Signal Processing : A Modern Introduction』, THOMSON, 2007

[2] Leslie Balmer, 『Signals and Systems : An Introduction, 2nd ed.』, Prentice Hall, 1997

[3] Benoit Boulet, Leo Chartrand, 『Fundamentals of Signals and Systems』, Cengage Learning, 2006

[4] Gordon E. Carlson, 『Signal and Linear System Analysis, 2nd ed.』, John Willy & Sons, 1998

[5] Bernd Girod, Rudolf Rabenstein, Alexander Stenger, 『Signals and Systems』, Wiley, 2001

[6] Simon Haykin, Barry Van Veen, 『Signals and Systems, 2nd ed.』, John Willy & Sons, 2002

[7] Hwei P. Hsu, 『Signals and Systems』, Schaums' Outline Series, McGraw Hill, 1995

[8] Edward W. Kamen, Bonnie S. Heck, 『Fundamentals of Signals and Systems Using MATLAB, 2nd ed.』, Prentice Hall, 1997

[9] B.P. Lathi, 『Linear Systems and Signals』, Berkeley-Cambridge Press, 1992

[10] James H. McClellan, Ronald W. Schafer, Mark A. Yoder, 『Signal Processing First』, Prentice Hall, 2003

[11] Alan V. Oppenheim, and Alan S. Willsky, 『Signals and Systems, 2nd ed.』, Prentice Hall, 199

[12] Charles L. Phillips, John M. Parr, 『Signals, Systems, and Transforms』, Prentice Hall, 1995

[13] John G. Proakis, Dimitris G. Manolakis, 『Introduction to Digital Signal Processing, 3rd ed.』, Prentice Hall, 1996

[14] Michale J. Robert, 『Signal and Systems』, McGraw Hill, 2003

[15] Samir S. Soliman, Mandyam D. Srinath, 『Continuous and Discrete Signals and Systems"S, 2nd ed.』, Prentice Hall, 1998

[16] 강철호, 유지상, 박호종, 『신호 및 시스템』, 생능출판사, 2002

[17] 김진영, 『Matlab을 이용한 신호 및 시스템』, GS인터비전, 2009

[18] 신윤기, 『신호 그리고 시스템』, 교보문고, 2009

[19] 양원영, 장태규 외, 『Signals and Systems with MATLAB』, 홍릉과학출판사, 2007

[20] 이철희, 『신호 및 시스템』, 다성출판사, 2001

[21] 이철희, 『디지털 신호 처리 : 기본 이론부터 MATLAB 실습까지』, 한빛아카데미, 2013

[22] 장영범, 『신호 및 시스템』, 생능출판사, 2010

[23] 최태영, 나상신, 『신호와 시스템』, 대영사, 1996

[24] 황재호, 『아카데미 신호와 시스템』, 교우사, 2001

[25] 김명진, 『MATLAB 실습과 함께 배우는 신호와 시스템』, 생능출판사, 2014

[26] 이철희, 『핵심이 보이는 신호 및 시스템』, 한빛아카데미, 2015

ㄱ

가산성	57
가역 시스템	69
각주파수	34
결합법칙	120
고역 통과(HP)	227
고전적 해법	132, 134, 353
고조파	152
공액 대칭	199
공액 복소극	269
교환법칙	120
구형파(사각 펄스) 신호	192
궤환연결	25
극	285, 472
극과 시스템 안정도	473
극에 의한 임펄스 응답의 형태	285, 472
기본 연산의 조합	97, 309
(기본)주기	34
기본 주파수	152
기본파	152
기억성	126, 335
기저 신호	150
기(함수)대칭 신호	51
깁스 현상	165

ㄴ ~ ㄷ

나이퀴스트 샘플링 주파수	320
누적 합	306
다중극	266
단방향 z 변환	430
단방향 라플라스 변환	238
단순극	264
(단위) 계단 신호	195, 246
(단위) 계단 함수	79
(단위) 램프 신호	246
(단위) 램프 함수	83
대역 저지(BS)	227
대역 제한	319
대역 통과(BP)	227
대칭성	382, 405
데시벨	38
동적(기억) 시스템	68
동차성	57
동차해	132, 353
디지털 신호	48

ㄹ ~ ㅁ

라플라스 변환	238
라플라스 변환의 수렴 영역(ROC)	240
라플라스 역변환	238, 262
멱급수 전개	454
무한 임펄스 응답(IIR) 시스템	328
미끄럼 방식 컨벌루션 적분 계산	116
미끄럼 방식 컨벌루션 합	338
미분방정식	129, 271

ㅂ

반복 대입법	350
배분법칙	120
변조	204, 408
변환	149
병렬연결	25, 470
보간	307
복소 정현파	87
부분분수 전개	262, 456
부호 함수	83, 194
부호화	313
불규칙 신호	56
불안정 시스템	66
블록선도	24
비가역 시스템	69
비선형 시스템	57
비인과 시스템	64
비주기 신호	49

ㅅ

사각 펄스 함수	81
삼각 펄스 함수	84
상수(DC) 신호	192
샘플링	314
샘플링 정리	320
샘플링 주기	314
샘플링 주파수	314
샘플링 함수	86
선 스펙트럼	167
선형 시불변(LTI) 시스템	63
선형 시스템	57
선형성	57, 404
솎음	307

찾아보기

수렴 조건 : 디리클레 조건	153, 188
수학적 모형	27
순시적(무기억) 시스템	68
스펙트럼	27, 167
시간 미분	206, 253
시간 반전	94, 406
시간 변환	94, 305
시간 영역	27, 151
시간 영역 해석	107
시간 이동	94, 203, 250, 381, 407, 444
시간 척도조절	94, 201, 253, 410
시간 컨벌루션	208, 257, 448
시간 컨벌루션 성질	411
시간–주파수 쌍대성	196
시변 시스템	61
시불변 시스템	61
시스템	20
시스템 (특성/고유) 모드	133
신호	19
신호 처리	22
신호의 길이	30
신호의 실효값(RMS 값)	38
신호의 에너지	37
신호의 전력	37
실수 지수 신호	192
싱크 함수	86

ㅇ

아날로그 신호	48
아날로그/디지털(A/D) 변환	312
안정 시스템	66
안정도	127, 286, 335
앨리어스	314
양방향 z 변환	430
양방향 라플라스 변환	238
양자화	313
에너지 신호	54
역 시스템	68
연속 (단위) 임펄스 함수	84
연속 (시간) 신호	29
(연속 시간) 푸리에 변환(CTFT)	187
(연속 시간) 푸리에 역변환(ICTFT)	187
연속 시스템	32
연속 신호	47

영상태 응답	108
영입력 응답	108
영점	285, 472
오일러 공식	88
우(함수)대칭 신호	51
우편향 신호	240
위상	34
위상 (주파수) 응답	218
위상 스펙트럼	147, 171, 371, 394
유한 임펄스 응답(FIR) 시스템	328
유한 입력 유한 출력(BIBO) 안정도	66
이동 평균(MA)	328
이산 (단위) 계단 함수	296
이산 (단위) 임펄스 함수	295
이산 (복소) 정현파 함수	301
이산 (시간) 신호	29
이산 시간 푸리에 급수(DTFS)	370
이산 시간 푸리에 변환(DTFT)	391
이산 시간 푸리에 변환의 수렴 조건	393
이산 시간 푸리에 역변환(IDTFT)	391
이산 시스템	32
이산 신호	47
이산 정현파 신호의 스펙트럼	368
이산 정현파 신호의 주기성	367
이산 지수함수	299
인과 시스템	64
인과성	126, 334
임계 안정	137, 359
임펄스 신호	191, 246
임펄스 응답	109, 327
임펄스열 변조	318

ㅈ

자기 회귀(AR)	328
저역 통과(LP)	227
저지 대역	227
전달 함수	277, 466
전달 함수와 주파수 응답	468
전력 스펙트럼	176
전력 신호	54, 189
전치 관계	130, 348
전치 제2직접형	348
절대 적분 가능	126
절대 총합 가능	334

정현파	33
정현파 신호	193, 247
제1직접형	348
제1표준형	130
제2직접형	348
제2표준형	130
조파 합성	164
종속연결	25, 470
좌편향 신호	241
주기 신호	49, 213
주기성	381, 404
주파수	34
주파수 미분	409
주파수 분석(분해)	163
주파수 영역	27, 151
주파수 응답	218, 415
주파수 이동	252
(주파수) 스펙트럼	147
주파수 중첩	320
주파수 합성	163
중첩의 원리	57
지수 신호	247
지수함수	87
직교성	154
진폭	34
진폭 (주파수) 응답	218
진폭 반전	92
진폭 변조(AM)	204
진폭 변환	92, 305
진폭 스펙트럼	147, 168, 371, 394
진폭 이동	92
진폭 척도조절	92

ㅊ

차분	306
차분방정식	346
차분방정식과 전달 함수	467
차분방정식과 주파수 응답의 관계	416
차분방정식의 고전적 해법	355
차분방정식의 풀이	462
체 거르기(샘플링)	85, 296
초기 조건	132, 353
초깃값 정리	258, 450
최종값 정리	259, 450

ㅋ

컨벌루션 적분	111
컨벌루션 표현	111, 330
컨벌루션 합	330
크로네커 델타	296

ㅌ

탭부 지연기열	348
통과 대역	227
특성근	353
특성방정식	132, 278, 353
특이해	132, 353

ㅍ ~ ㅎ

파스발의 정리	176, 210, 383, 412
파형	23
표준형 구현도	130, 348
푸리에 계수	154
푸리에 급수(FS)	152
푸리에 변환쌍	187
푸리에 표현의 상호 관계	399
필터	226
헤비사이드 커버업 기법	264
확정 신호	56

영문

alias	314
BIBO 안정도	359
block diagram	24
conjugate symmetric	199
continuous (time) signal	29
convolution integral	111
discrete (time) signal	29
distinct poles	264
frequency domain	27
impulse response	327
Laplace	238
modulation	204
pole	285

찾아보기

repeated poles	266
RMS 값	38
signal	19
signal processing	22
sinusoids	33
spectrum	27
system	20
time domain	27
transfer function	466
transform	149
z 변환의 수렴 영역	432, 436
z 역변환	430
zero	285